# 物理化学

朱元强　余宗学　柯　强　主编

化学工业出版社

·北京·

《物理化学》针对工科专业，遵照教育部高等学校化学类专业教学指导委员会对化学知识的要求进行编写。重点阐述了物理化学的基本概念和基本理论，同时考虑不同读者的需要，适当介绍了一些与学科发展趋势有关的前沿内容。为便于读者巩固所学到的知识，提高分析问题和解决问题的能力，同时也为了便于自学，书中编入了较多的例题和习题，供读者练习之用。为了便于读者快速了解每一章的内容和减轻读者负担，在书中加入了二维码。通过扫描二维码，读者可以快速了解章节主要内容、拓展例题和习题讲解。全书采用以国际单位制（SI）单位为基础的"中华人民共和国法定计量单位"和国家标准（GB 3100~3102—1993）所规定的符号。

全书共 10 章。内容包括：气体的性质，热力学第一定律，热力学第二定律，多组分系统热力学，化学平衡，相平衡，电化学，化学动力学，表面化学和胶体化学。即将与本书配套的教学资源有：多媒体电子课件，网络课程等，形成一套新型的立体教材。

本书可作为理、工科本科物理化学课程的教材，也可作为要求较多化学基本知识的理工科非化学类专业的教师、科研工作者的参考书。

### 图书在版编目（CIP）数据

物理化学/朱元强，余宗学，柯强主编. —北京：化学工业出版社，2018.9（2022.1重印）
ISBN 978-7-122-32672-0

Ⅰ.①物… Ⅱ.①朱…②余…③柯… Ⅲ.①物理化学-高等学校-教材 Ⅳ.①O64

中国版本图书馆 CIP 数据核字（2018）第 158830 号

责任编辑：李　琰　宋林青　　　　　　装帧设计：关　飞
责任校对：边　涛

出版发行：化学工业出版社（北京市东城区青年湖南街 13 号　邮政编码 100011）
印　装：北京印刷集团有限责任公司
787mm×1092mm　1/16　印张 21　字数 534 千字　2022 年 1 月北京第 1 版第 2 次印刷

购书咨询：010-64518888　　　　　　售后服务：010-64518899
网　　址：http://www.cip.com.cn
凡购买本书，如有缺损质量问题，本社销售中心负责调换。

定　价：45.00 元　　　　　　　　　　　　　　　　　　版权所有　违者必究

# 前 言

化学是与人类社会发展关系最密切的学科之一，化学正深入地渗透到材料、能源、环境、粮食、人口、资源等领域。为了培养出基础扎实、知识面宽、能力强、素质高的科学研究及工程技术人才，使其具有正确的科学观、社会观和科学的思维方法、创新能力，在高等理工科院校非化学类专业开设《物理化学》课程的重要性是显而易见的。

本教材内容符合教育部高等学校化学类专业教学指导委员会对非化学类工科专业化学知识的要求，可以适应理工类各专业大学本科物理化学教学的需要。教师可根据不同专业教学计划，选择、优化内容进行教学，其余部分内容可作为大学生自学以拓宽知识面之用。

本书力图通过对气体、热力学第一定律、热力学第二定律、多组分系统热力学、化学平衡、相平衡、电化学、化学动力学、表面化学和胶体化学的简明阐述，使学生了解物理化学的基本概念、基本原理，理解物理化学学科的知识体系，能够运用物理化学的基本理论、观点和方法去审视并解决科研、工作和生活中的相关问题。

为适应教材建设的时代发展需要，教材中加入了二维码扫码功能，主要包含：章节内容提要、拓展例题和习题参考答案。读者可以通过扫描二维码快速浏览内容提要和参考答案详细信息。

本书是西南石油大学"《物理化学》课程改革与实践研究"的研究成果之一，是西南石油大学《物理化学》课程教学团队全体教师多年教学实践与教学成果的结晶，同时也吸取了许多兄弟院校相关教材的体系和内容。在教材的编写过程中得到了西南石油大学教务处、化学化工学院领导、教研室长期从事物理化学课程教学的教授的关心、支持和帮助。本书的出版得到了西南石油大学教务处和化学工业出版社的大力支持。在此一并致以衷心的感谢。

本书由下列人员合作完成：柯强（第1、6、7章），朱元强（第2～5章及附录），余宗学（第8～10章），全书由朱元强统稿。在本书的编写过程中，参考了相关的物理化学等参考书，在此对这些参考书的编者表示感谢。

由于编者水平有限，学识浅陋，书中难免存在疏漏和不当之处，恳请使用本书的读者批评指正。

编者<br>2018年5月

# 目 录

## 第1章 气体的性质 / 1

- 1.1 理想气体状态方程 ········································································· 1
  - 1.1.1 理想气体状态方程 ···································································· 1
  - 1.1.2 摩尔气体常数 R ······································································· 3
  - 1.1.3 理想气体模型 ········································································· 4
- 1.2 理想气体混合物 ············································································· 4
  - 1.2.1 道尔顿定律与分压力 ································································· 4
  - 1.2.2 气体分体积定律 ······································································· 5
- 1.3 真实气体的状态方程 ······································································· 6
  - 1.3.1 实际气体的性质 ······································································· 6
  - 1.3.2 范德华方程 ············································································ 7
  - 1.3.3 维里（Virial）方程 ·································································· 8
  - 1.3.4 贝赛罗（Berthelot）方程 ························································· 9
  - 1.3.5 R.K（Redlich·Kwong）方程 ····················································· 9
  - 1.3.6 马丁·侯（Martin·侯虞均）方程 ················································ 9
  - 1.3.7 卢嘉锡·田昭武方程 ································································· 10
- 1.4 真实气体的液化与液体的饱和蒸气压 ················································· 10
  - 1.4.1 实际气体的液化 ······································································ 10
  - 1.4.2 超临界流体性质及其应用简述 ···················································· 10
- 1.5 对应状态原理与压缩因子图 ····························································· 11
  - 1.5.1 范德华常数与临界参数的关系 ···················································· 11
  - 1.5.2 对应状态原理及压缩因子图 ······················································· 12
  - 1.5.3 压缩因子图应用示例 ································································ 14
- 习题 ································································································· 15

## 第2章 热力学第一定律 / 18

- 2.1 热力学基本术语 ············································································· 19
  - 2.1.1 系统与环境 ············································································ 19
  - 2.1.2 物质的聚集状态和相 ································································ 19
  - 2.1.3 状态和状态函数 ······································································ 20
  - 2.1.4 热力学平衡态 ········································································· 22
  - 2.1.5 过程和途径 ············································································ 22
- 2.2 热力学第一定律 ············································································· 23
  - 2.2.1 热和功 ·················································································· 23
  - 2.2.2 热力学能 ··············································································· 25
  - 2.2.3 热力学第一定律的表达 ····························································· 26

- **2.3 恒容热、恒压热和焓** ········································································· 27
  - 2.3.1 恒容热 ······················································································ 27
  - 2.3.2 恒压热和焓 ················································································ 27
  - 2.3.3 恒压热与焓变和恒容热与热力学能变的关系与意义 ························ 28
- **2.4 焦耳实验和焦耳-汤姆逊实验** ······························································ 28
  - 2.4.1 焦耳实验 ···················································································· 28
  - 2.4.2 理想气体的热力学能和焓 ····························································· 28
  - 2.4.3 焦耳-汤姆逊实验 ········································································· 29
  - 2.4.4 节流膨胀的热力学特征 ································································ 29
- **2.5 摩尔热容** ······························································································· 30
  - 2.5.1 摩尔恒容热容 ·············································································· 30
  - 2.5.2 摩尔恒压热容 ·············································································· 31
  - 2.5.3 摩尔恒压热容与摩尔恒容热容的关系 ············································ 32
  - 2.5.4 摩尔恒压热容与温度的关系 ························································· 34
  - 2.5.5 平均摩尔热容 ·············································································· 34
- **2.6 可逆过程与可逆体积功** ········································································· 34
  - 2.6.1 可逆过程 ···················································································· 34
  - 2.6.2 可逆体积功 ················································································· 37
- **2.7 相变焓** ··································································································· 40
  - 2.7.1 相与相变 ···················································································· 40
  - 2.7.2 摩尔相变焓 ················································································· 40
  - 2.7.3 摩尔相变焓与温度的关系 ····························································· 41
- **2.8 化学反应焓** ··························································································· 42
  - 2.8.1 反应进度 ···················································································· 42
  - 2.8.2 摩尔反应焓 ················································································· 43
  - 2.8.3 标准摩尔反应焓 ·········································································· 43
  - 2.8.4 标准摩尔反应焓的计算 ································································ 45
  - 2.8.5 盖斯定律 ···················································································· 48
  - 2.8.6 非恒温反应热的计算 ···································································· 49
- 习题 ·················································································································· 50

# 第3章 热力学第二定律 / 55

- **3.1 热力学第二定律** ···················································································· 56
  - 3.1.1 自发过程 ···················································································· 56
  - 3.1.2 热力学第二定律的文字表述 ························································· 56
- **3.2 卡诺循环与卡诺定理** ············································································ 57
  - 3.2.1 热功转换与热机效率 ···································································· 57
  - 3.2.2 卡诺循环 ···················································································· 58
  - 3.2.3 卡诺定理及其推论 ······································································· 60
- **3.3 熵与克劳修斯不等式** ············································································ 60
  - 3.3.1 熵的引出 ···················································································· 60
  - 3.3.2 克劳修斯不等式 ·········································································· 62
  - 3.3.3 熵增原理 ···················································································· 63
- **3.4 熵变的计算** ··························································································· 63
  - 3.4.1 单纯 $pVT$ 过程熵变的计算 ·························································· 63
  - 3.4.2 相变过程熵变的计算 ···································································· 66
  - 3.4.3 化学变化过程熵变的计算 ····························································· 68
- **3.5 亥姆霍兹函数和吉布斯函数** ································································· 69

3.5.1 亥姆霍兹函数 ································································································ 70
3.5.2 吉布斯函数 ···································································································· 71
3.5.3 亥姆霍兹函数变和吉布斯函数变的计算 ························································ 72
3.6 热力学函数间的基本关系 ······················································································ 75
3.6.1 热力学函数定义式之间的关系 ········································································ 75
3.6.2 热力学基本方程 ····························································································· 75
3.6.3 对应系数关系式 ····························································································· 76
3.6.4 麦克斯韦关系式 ····························································································· 77
3.6.5 吉布斯函数变随温度和压力的变化 ································································· 78
习题 ································································································································· 79

## 第 4 章  多组分系统热力学  / 84

4.1 分散系统及其组成表示方法 ················································································· 84
4.1.1 分散系统 ······································································································· 84
4.1.2 分散系统的组成表示方法 ·············································································· 85
4.2 偏摩尔量 ··············································································································· 86
4.2.1 偏摩尔量的定义 ···························································································· 86
4.2.2 偏摩尔量的集合公式和吉布斯-杜亥姆方程 ···················································· 88
4.3 化学势 ·················································································································· 89
4.3.1 化学势的定义 ································································································ 89
4.3.2 多相多组分系统的热力学基本方程 ································································ 90
4.3.3 化学势判据及其应用 ····················································································· 91
4.4 气体的化学势 ······································································································· 92
4.4.1 理想气体的化学势 ························································································· 92
4.4.2 真实气体的化学势 ························································································· 93
4.5 稀溶液的两个经验定律 ························································································ 94
4.5.1 拉乌尔定律 ··································································································· 94
4.5.2 亨利定律 ······································································································· 95
4.6 理想液态混合物 ··································································································· 96
4.6.1 理想液态混合物 ····························································································· 96
4.6.2 理想液态混合物中各组分的化学势 ································································ 97
4.6.3 理想液态混合物的混合性质 ·········································································· 98
4.7 稀溶液中各组分的化学势 ···················································································· 98
4.7.1 稀溶液 ·········································································································· 98
4.7.2 稀溶液中溶剂的化学势 ················································································· 99
4.7.3 稀溶液中溶质的化学势 ················································································· 99
4.8 化学势在稀溶液中的应用 ···················································································· 100
4.8.1 溶剂蒸气压下降 ···························································································· 100
4.8.2 凝固点降低（析出固态纯溶剂） ································································· 100
4.8.3 沸点升高（溶质不挥发） ············································································ 103
4.8.4 渗透压 ·········································································································· 104
4.8.5 分配定律 ······································································································ 106
4.9 真实溶液中任一组分的化学势 ············································································ 107
4.9.1 真实溶液及其特点 ······················································································· 107
4.9.2 真实溶液中任一组分的化学势 ····································································· 107
习题 ································································································································ 108

## 第 5 章  化学平衡  / 113

5.1 化学反应的方向和限度 ······················································································· 113

##### 5.1.1 化学反应的方向和限度 ··· 113
##### 5.1.2 化学反应等温方程 ··· 115
#### 5.2 化学反应的标准平衡常数 ··· 115
##### 5.2.1 标准平衡常数 ··· 115
##### 5.2.2 标准平衡常数的测定 ··· 117
#### 5.3 不同反应系统平衡常数的表达 ··· 118
##### 5.3.1 气相反应的标准平衡常数 ··· 118
##### 5.3.2 液相反应的标准平衡常数 ··· 120
##### 5.3.3 多相反应的标准平衡常数 ··· 120
#### 5.4 平衡常数与平衡组成的计算 ··· 121
##### 5.4.1 平衡常数的计算 ··· 121
##### 5.4.2 平衡组成的计算 ··· 123
#### 5.5 化学平衡的移动 ··· 125
##### 5.5.1 压力或浓度对化学平衡移动的影响 ··· 125
##### 5.5.2 温度对化学平衡移动的影响 ··· 126
##### 5.5.3 惰性组分对化学平衡移动的影响 ··· 128
##### 5.5.4 原料配比对化学平衡移动的影响 ··· 129
##### 5.5.5 化学平衡移动原理 ··· 130
#### 5.6 同时平衡 ··· 130
#### 习题 ··· 131

### 第6章 相平衡 / 137

#### 6.1 相律 ··· 137
##### 6.1.1 基本术语 ··· 137
##### 6.1.2 相律 ··· 139
#### 6.2 单组分系统相图 ··· 141
##### 6.2.1 单组分系统相律依据与图像特征 ··· 141
##### 6.2.2 典型相图举例 ··· 141
##### 6.2.3 克拉佩龙-克劳修斯方程 ··· 144
#### 6.3 二组分液态完全互溶系统的气液平衡相图 ··· 146
##### 6.3.1 完全互溶双液系统 ··· 146
##### 6.3.2 有极值类型的气液平衡相图 ··· 152
#### 6.4 二组分液态完全不互溶系统的气液平衡相图 ··· 155
##### 6.4.1 二组分液态完全不互溶系统的气液平衡相图 ··· 155
##### 6.4.2 水蒸气蒸馏原理 ··· 155
#### 6.5 二组分液态部分互溶系统的液液平衡和气液平衡相图 ··· 157
##### 6.5.1 二组分液态部分互溶系统的液液平衡 ··· 157
##### 6.5.2 二组分液态部分互溶系统的气液平衡相图 ··· 158
#### 6.6 二组分固态完全不互溶系统的固液平衡相图 ··· 159
##### 6.6.1 形成低共熔物混合物系统的相图 ··· 159
##### 6.6.2 形成化合物的固相不互溶系统的相图 ··· 162
#### 6.7 二组分固态完全互溶及部分互溶系统的液固平衡相图 ··· 164
##### 6.7.1 二组分固态完全互溶系统的液固平衡相图 ··· 164
##### 6.7.2 固相部分互溶系统的液固平衡相图 ··· 165
#### 6.8 三组分系统平衡相图 ··· 167
##### 6.8.1 三组分系统组成的等边三角形表示法 ··· 167
##### 6.8.2 三组分系统的液液平衡相图 ··· 168
#### 习题 ··· 171

# 第 7 章　电化学　/ 177

- 7.1 电解质溶液的导电机理及法拉第定律 ……………………………………………… 177
  - 7.1.1 电解质溶液的导电机理 ……………………………………………………… 177
  - 7.1.2 法拉第定律 …………………………………………………………………… 178
- 7.2 电导、电导率和摩尔电导率 …………………………………………………………… 181
  - 7.2.1 电导及电导率 ………………………………………………………………… 181
  - 7.2.2 摩尔电导率 …………………………………………………………………… 182
  - 7.2.3 电导率、摩尔电导率与浓度的关系 ………………………………………… 183
  - 7.2.4 离子独立移动定律与离子的摩尔电导率 …………………………………… 184
- 7.3 离子的迁移数 …………………………………………………………………………… 185
  - 7.3.1 电迁移率及迁移数 …………………………………………………………… 185
  - 7.3.2 离子迁移数的测定方法 ……………………………………………………… 187
- 7.4 可逆电池及其电动势的测定 …………………………………………………………… 188
  - 7.4.1 可逆电池 ……………………………………………………………………… 188
  - 7.4.2 可逆电池电动势的测定 ……………………………………………………… 191
- 7.5 电化学系统热力学 ……………………………………………………………………… 191
  - 7.5.1 电池的能斯特方程 …………………………………………………………… 191
  - 7.5.2 电池反应温度系数与电池反应热力学量的关系 …………………………… 193
- 7.6 电极电势和液体接界电势 ……………………………………………………………… 194
  - 7.6.1 电池电动势产生的机理 ……………………………………………………… 194
  - 7.6.2 标准氢电极和标准电极电势 ………………………………………………… 195
- 7.7 电极的种类 ……………………………………………………………………………… 200
  - 7.7.1 第一类电极 …………………………………………………………………… 200
  - 7.7.2 第二类电极 …………………………………………………………………… 201
  - 7.7.3 氧化还原电极 ………………………………………………………………… 202
  - 7.7.4 原电池设计举例 ……………………………………………………………… 202
- 7.8 分解电压和极化作用 …………………………………………………………………… 204
  - 7.8.1 理论分解电压 ………………………………………………………………… 204
  - 7.8.2 实际分解电压 ………………………………………………………………… 205
  - 7.8.3 电解时的电极反应 …………………………………………………………… 208
- 7.9 金属的腐蚀与防护 ……………………………………………………………………… 208
  - 7.9.1 金属的化学腐蚀 ……………………………………………………………… 209
  - 7.9.2 金属的电化学腐蚀 …………………………………………………………… 209
  - 7.9.3 金属腐蚀的防护 ……………………………………………………………… 211
- 习题 ………………………………………………………………………………………… 214

# 第 8 章　化学动力学　/ 219

- 8.1 化学反应的反应速率及速率方程 ……………………………………………………… 220
  - 8.1.1 反应速率的定义 ……………………………………………………………… 220
  - 8.1.2 基元反应和非基元反应 ……………………………………………………… 221
  - 8.1.3 基元反应的速率方程——质量作用定律 …………………………………… 222
  - 8.1.4 化学反应速率方程的一般形式和反应级数 ………………………………… 223
  - 8.1.5 用气体组分的分压表示的速率方程 ………………………………………… 224
  - 8.1.6 反应速率的测定 ……………………………………………………………… 224
- 8.2 速率方程的积分形式 …………………………………………………………………… 224
  - 8.2.1 零级反应 ……………………………………………………………………… 224
  - 8.2.2 一级反应 ……………………………………………………………………… 225

|     |     |     |     |
| --- | --- | --- | --- |
|     | 8.2.3 | 二级反应 | 226 |
|     | 8.2.4 | 三级反应 | 227 |
|     | 8.2.5 | $n$ 级反应 | 228 |
| 8.3 | 速率方程的确定 | | 229 |
|     | 8.3.1 | 微分法 | 229 |
|     | 8.3.2 | 积分法 | 230 |
|     | 8.3.3 | 半衰期法 | 231 |
|     | 8.3.4 | 隔离法 | 231 |
| 8.4 | 温度对反应速率的影响 | | 231 |
|     | 8.4.1 | 阿伦尼乌斯公式 | 232 |
|     | 8.4.2 | 活化能 | 233 |
| 8.5 | 反应速率理论简介 | | 234 |
|     | 8.5.1 | 碰撞理论 | 234 |
|     | 8.5.2 | 过渡状态理论 | 236 |
| 8.6 | 典型的复合反应 | | 238 |
|     | 8.6.1 | 对峙反应 | 238 |
|     | 8.6.2 | 平行反应 | 239 |
|     | 8.6.3 | 连串反应 | 240 |
| 8.7 | 复合反应的近似处理方法 | | 241 |
|     | 8.7.1 | 速度控制步骤法 | 242 |
|     | 8.7.2 | 平衡态近似法 | 242 |
|     | 8.7.3 | 稳态近似法 | 243 |
| 8.8 | 链反应 | | 244 |
| 8.9 | 催化作用及其特征 | | 246 |
|     | 8.9.1 | 催化作用对反应速率的影响 | 246 |
|     | 8.9.2 | 催化作用的特性 | 247 |
|     | 8.9.3 | 催化剂具有特殊的选择性 | 247 |
|     | 8.9.4 | 酶催化的特性及其应用 | 248 |
| 习题 | | | 249 |

# 第9章 表面化学 / 254

|     |     |     |     |
| --- | --- | --- | --- |
| 9.1 | 比表面、表面吉布斯函数和表面张力 | | 254 |
|     | 9.1.1 | 比表面 | 254 |
|     | 9.1.2 | 界面张力 | 255 |
|     | 9.1.3 | 表面功及表面吉布斯函数 | 255 |
|     | 9.1.4 | 影响界面张力的因素 | 256 |
|     | 9.1.5 | 表面热力学 | 257 |
| 9.2 | 弯曲液面的附加压力及其后果 | | 258 |
|     | 9.2.1 | 弯曲液面的附加压力 | 258 |
|     | 9.2.2 | 毛细现象 | 259 |
|     | 9.2.3 | 弯曲表面上的饱和蒸气压——开尔文公式 | 261 |
| 9.3 | 润湿现象 | | 263 |
|     | 9.3.1 | 液体对固体表面的润湿作用 | 263 |
|     | 9.3.2 | 液体和气体对固体表面润湿的关系 | 265 |
| 9.4 | 气体在固体表面上的吸附 | | 265 |
|     | 9.4.1 | 物理吸附和化学吸附 | 266 |
|     | 9.4.2 | 弗里德里希吸附经验式 | 267 |
|     | 9.4.3 | 朗缪尔单分子层吸附理论 | 268 |

|    |    |    |
|---|---|---|
| 9.4.4 | BET 多分子层理论 | 271 |
| 9.5 | 溶液表面的吸附 | 272 |
| 9.5.1 | 溶液的表面张力和表面活性物质 | 272 |
| 9.5.2 | 表面活性剂 | 274 |
| 9.5.3 | 特洛贝规则 | 277 |
| 9.5.4 | 吉布斯吸附等温式 | 277 |
| 习题 | | 279 |

## 第 10 章　胶体化学　/ 283

|    |    |    |
|---|---|---|
| 10.1 | 溶胶系统 | 283 |
| 10.1.1 | 溶胶的分类 | 283 |
| 10.1.2 | 溶胶系统的特征 | 284 |
| 10.1.3 | 溶胶溶液的制备 | 285 |
| 10.1.4 | 溶胶的纯化 | 285 |
| 10.2 | 溶胶的光学性质 | 285 |
| 10.2.1 | 丁铎尔效应 | 286 |
| 10.2.2 | 瑞利（Rayleigh）公式 | 286 |
| 10.3 | 溶胶的动力学性质 | 288 |
| 10.3.1 | 布朗运动 | 288 |
| 10.3.2 | 扩散运动 | 288 |
| 10.3.3 | 沉降和沉降平衡 | 289 |
| 10.4 | 溶胶的电学性质 | 290 |
| 10.4.1 | 电学现象 | 291 |
| 10.4.2 | 双电层理论 | 292 |
| 10.4.3 | 溶胶的胶团结构 | 294 |
| 10.5 | 溶胶的稳定性与聚沉作用 | 299 |
| 10.5.1 | 溶胶的稳定性 | 299 |
| 10.5.2 | 溶胶的聚沉 | 299 |
| 10.6 | 乳状液和泡沫 | 302 |
| 10.6.1 | 乳状液的形成和类型 | 302 |
| 10.6.2 | 乳化剂的作用 | 302 |
| 10.6.3 | 乳状液类型的鉴定 | 303 |
| 10.6.4 | 乳状液的转化和破坏 | 304 |
| 10.6.5 | 乳状液的应用 | 304 |
| 10.6.6 | 泡沫 | 305 |
| 习题 | | 305 |

## 附　录　/ 309

|    |    |    |
|---|---|---|
| 附录 1 | 国际单位制 | 309 |
| 附录 2 | 希腊字母表 | 309 |
| 附录 3 | 气体的范德华常数 | 310 |
| 附录 4 | 物质的临界参数 | 311 |
| 附录 5 | 气体的摩尔定压热容与温度的关系 | 312 |
| 附录 6 | 物质的部分热力学数据 | 313 |
| 附录 7 | 水溶液中电解质的平均离子活度因子 $\gamma_\pm$ | 317 |
| 附录 8 | 酸性水溶液中电对的标准电极电势 | 318 |

## 参考文献　/ 326

内容提要

# 第1章 气体的性质

各种物质总是以一定的聚集状态而存在着。通常认为物质有4种不同的物理聚集状态,即气态、液态、固态和等离子态。物质处于什么状态与外界条件密切相关。在通常的压力和温度条件下,物质主要呈现气态、液态或固态。

物质处于不同状态时,在界面、密度、分子间距离、分子间吸引力、分子运动情况、能量等方面的差别,使其各具特征。就目前人们对物质状态性质的认识程度来讲,气体较为充分,固体次之,液体最差,等离子体正处于探索研究之中。

本章首先介绍理想气体相关理论,包括理想气体状态方程、理想气体模型及气体的分压定律、分体积定律,进而介绍了实际气体的范德华方程、维里方程等,然后介绍了普遍化压缩因子图。

## 1.1 理想气体状态方程

气体的基本特征是其具有无限的可膨胀性、无限的掺混性和外界条件(温度、压力)对其体积影响的敏感性。将一定量的气体引入任何容器中时,气体分子无规则的运动将使其向各个方向扩散,并均匀地充满整个容器。因此,气体既没有固定的体积,又无确定的形状,气体的体积实为容器的容积。在常温常压下,气体分子相距甚远,分子间作用力就小,不同气体可无限均匀地混合,也极易压缩或膨胀。在一定温度下,气体分子具有一定能量,在无规则的运动中,气体分子彼此之间及气体分子与器壁之间发生碰撞,而使气体表现出一定的压力。气体的这些性质在高温、低压的情况下表现得比较充分。此时,用来描述气体状态的压力 $p$、体积 $V$、热力学温度 $T$ 之间有着简单的定量关系,这个关系称为理想气体状态方程。

### 1.1.1 理想气体状态方程

常用易于直接测量的物理量如 $p$、$V$、$T$ 和 $n$(物质的量)来描述气体的状态。实验证实,当气体组成不变时(即 $n$ 为恒量),一定状态下,$p$、$V$、$T$ 三个变量中只有两个是独立的,也就是当压力和温度确定之后,体系的体积也随着确定了下来:

$$V = f(p, T) \tag{1.1}$$

对于数量可变的纯气体体系，描述体系性质时则需多引入另一变量——气体物质的量 $n$，即：

$$V = f(p, T, n) \tag{1.2}$$

理想气体状态方程的实验基础是三个实验定律：(1) 波义耳 (Boyle) 定律；(2) 查理-盖·吕萨克 (Charles-Gay-Lussac) 定律和 (3) 阿伏伽德罗 (Avogadro) 定律。1662 年波义耳由实验得出如下结论：恒温下一定量气体的体积与其压力成反比。即

$$V = \frac{K'}{p} \quad (T, n \text{ 恒定}) \tag{1.3}$$

或

$$pV = K' \quad (T, n \text{ 恒定}) \tag{1.4}$$

式中，$K'$ 为取决于气体温度和数量的常数。

上述结论常称为"波义耳定律"。如作 $p \sim V$ 图，则可得如图 1.1 所示的双曲线型的等温线。

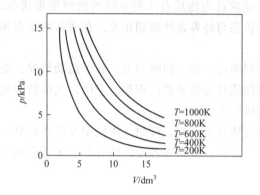
图 1.1 波义耳等温线

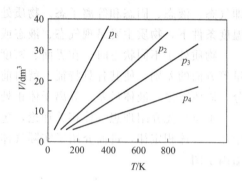
图 1.2 按查理-盖·吕萨克定律作出的等压线

1802 年盖·吕萨克在查理的实验基础上进一步总结出如下规律，称为"查理-盖·吕萨克定律"：恒压下一定量气体的体积与其温度成正比。

可表示为：

$$V = K''T \quad (p, n \text{ 恒定}) \tag{1.5}$$

作 $V \sim T$ 图，则可得如图 1.2 所示的等压线。

1811 年阿伏伽德罗作了如下假设，这一假设后经实验证实，常称为"阿伏伽德罗定律"：温度和压力恒定时，气体的体积与其物质的量成正比。

$$V = K'''n \quad (p, T \text{ 恒定}) \tag{1.6}$$

状态函数具有单值性，其微分为全微分。根据这一性质，由式 (1.2) 微分得：

$$dV = \left(-\frac{V}{p}\right)dp + \left(\frac{V}{T}\right)dT + \left(\frac{V}{n}\right)dn \tag{1.7}$$

自以上三个实验定律可得出式 (1.7) 中有关的偏微系数。

由波义耳定律式 (1.3)：

$$\left(\frac{\partial V}{\partial p}\right)_{T,n} = -\frac{K'}{p^2} = -\frac{V}{p} \tag{1.8}$$

由查理-盖·吕萨克定律式 (1.5)：

$$\left(\frac{\partial V}{\partial T}\right)_{p,n} = K'' = \frac{V}{T} \tag{1.9}$$

由阿伏伽德罗定律式(1.6)：

$$\left(\frac{\partial V}{\partial n}\right)_{p,T} = K''' = \frac{V}{n} \tag{1.10}$$

以式(1.8)、式(1.9)、式(1.10)结果代入式(1.7)：

$$dV = \left(-\frac{V}{p}\right)dp + \left(\frac{V}{T}\right)dT + \left(\frac{V}{n}\right)dn \tag{1.11}$$

或

$$\frac{dV}{V} = -\frac{dp}{p} + \frac{dT}{T} + \frac{dn}{n} \tag{1.12}$$

上述两边不定积分的结果为：

$$\ln V = -\ln p + \ln T + \ln n + \ln R$$

式中，积分常数 $\ln R$ 为与气体性质无关的常数；$R$ 为摩尔气体常数。上式移项并除去对数符号，可得：

$$pV = nRT \tag{1.13}$$

此式称为理想气体状态方程。波义耳定律、查理-盖·吕萨克定律和阿伏伽德罗定律，仅在低压（$p \to 0$）时才与实验结果符合，故由它们导出的理想气体状态方程式也仅适用于低压情况下。

如以摩尔体积 $V_m = \frac{V}{n}$ 代入，则上式可写成：

$$pV_m = RT \tag{1.14}$$

### 1.1.2 摩尔气体常数 R

摩尔气体常数 $R$ 可根据式(1.15)由实验确定：

$$R = \frac{\lim\limits_{p \to 0}(pV)}{nT} \tag{1.15}$$

压力趋于零时实验测量有困难，但可用外推法求得。恒温下，测量 $V$ 随 $p$ 变化关系，作 $pV \sim p$ 图，外推至 $p \to 0$，由 $pV$ 轴截距可求出 $\lim\limits_{p \to 0}(pV)$ 值，代入式(1.15)即可得 $R$ 数值。如，已知 0℃（273.15K）温度下当气体的物质的量为 1mol 时 $pV$ 值为 2271.1J，代入式(1.15)得：

$$R = \frac{2271.1\text{J}}{1\text{mol} \times 273.15\text{K}} = 8.314\text{J} \cdot \text{mol}^{-1} \cdot \text{K}^{-1}$$

**【例1.1】** 某氮气钢瓶容积为 40.0dm³，25℃时，压强为 250kPa，计算钢瓶中氮气的质量。

**解：** 由式(1.13)得

$$n = \frac{pV}{RT} = \left(\frac{250 \times 10^3 \times 40 \times 10^{-3}}{8.314 \times 298.15}\right)\text{mol}$$
$$= 4.0\text{mol}$$

$N_2$ 的摩尔质量为 28.0g·mol⁻¹，钢瓶中 $N_2$ 的质量为：$m = (4.0 \times 28.0)\text{g} = 112\text{g}$。

## 1.1.3 理想气体模型

实际气体只有在相对高的温度和低的压力下才服从波义耳定律和查理-盖·吕萨克定律且有较大的偏离，显然，在此情况下，实际气体也是偏离理想气体状态方程的，只有具备如下特点的气体才完全遵守理想气体的状态方程，这样的气体就是理想气体。

符合如下特点的气体为理想气体模型。

（1）气体分子只有位置而不占体积，只是一个"质点"；
（2）气体分子间没有相互作用力；
（3）气体分子在不停地运动，气体分子间及气体分子与器壁的碰撞不造成气体分子动能的损失，即做"弹性碰撞"。

理想气体是一种人为的模型，实际中并不存在。建立这种模型是为了在研究中使问题简化，而实际问题可以通过修正这一模型而得以解决。在高温、低压下，实际气体很接近理想气体，因为在高温低压下，气体分子间距离大，气体分子体积与气体体积相比可以忽略，此时气体分子间的作用力相当小也可以忽略。

# 1.2 理想气体混合物

实际工作中常遇到气体混合物体系。混合气体的状态除一般 $pVT$ 外还取决于各组分的组成，故此类体系的状态方程式具有如下形式：

$$f(p,V,T,n_1,n_2,\cdots)=0$$

式中，$p$、$V$、$T$ 分别为混合气体的压力、体积和温度；$n_1,n_2,\cdots$ 为各组分的物质的量。

若混合气体中每一组分都服从理想气体状态方程，则称为"理想气体混合物"。道尔顿（J. Dalton）是最早从实验中得出有关混合气体性质规律的科学家。

## 1.2.1 道尔顿定律与分压力

1807 年，道尔顿指出：低压混合气体的总压力 $p$ 等于各组分单独在混合气体所处温度、体积条件下产生的分压力之和。各组分气体的分压力是指在混合物的温度下，该组分气体单独占有与混合物相同体积时所具有的压力。后人称此为道尔顿定律，此定律可写成如下形式

$$p = \sum_B p_B = p_A + p_B + p_C \cdots \tag{1.16}$$

式中，$p$ 为混合气体的总压；$p_B$ 为某组分 B 在相同温度下单独占有混合气体容积时对器壁所施加的压力，即组分 B 的分压力。

若气体服从理想气体混合物假设，则道尔顿定律可作如下推导：

根据理想气体状态方程，
$$p = n\frac{RT}{V}$$

因
$$n = \sum_B n_B$$

所以 $p = \dfrac{\sum\limits_B n_B RT}{V}$，即

$$p = \sum_B p_B \tag{1.17}$$

物理化学中常用物质的量分数即物质的物质的量分数 $x_B$（气体常用 $y_B$）表示组分的浓度。其定义为某组分气体物质的量与混合气体总的物质的量之比：

$$\frac{n_B}{n} = x_B (= y_B) \tag{1.18}$$

混合气体均满足理想气体状态方程，于是有：$p = n\dfrac{RT}{V}$，$p_B = n_B\dfrac{RT}{V}$

即：$\dfrac{p_B}{p} = \dfrac{n_B}{n}$，则 $p_B = p\dfrac{n_B}{n}$，所以

$$p_B = p y_B \tag{1.19}$$

式(1.19)指出，在恒温恒容条件下各组分气体单独存在时的压力与其物质的量分数成正比。

因 $\dfrac{n_B}{V}$ 为混合气体中某组分 B 的"物质的量浓度"，可用 $c_B$ 表示。则组分 B 的分压也可表示为：

$$p_B = c_B RT \tag{1.20}$$

式(1.20)指出了恒温条件下气体的分压与其物质的量浓度成正比。因此，在气体混合物中，常以分压表示气体的组成。

### 1.2.2 气体分体积定律

19 世纪，阿马格（E. H. Amagat）指出：低压混合气体中各组分的分体积之和等于总体积。后人称之为阿马格定律。气体的分体积是指混合气体中任一组分 B 单独存在于混合气体的温度、总压力条件下占有的体积。阿马格定律可表示为：

$$V = \sum_B V_B = V_A + V_B + V_C + \cdots \tag{1.21}$$

理想气体混合物系，在 $T$，$p$ 一定时，气体体积仅与气体的物质的量有关，据状态方程有：

$$\begin{aligned} n &= \frac{pV}{RT} = n_A + n_B + n_C + \cdots \\ &= \frac{pV_A}{RT} + \frac{pV_B}{RT} + \frac{pV_C}{RT} + \cdots \\ &= \frac{p(V_A + V_B + V_C + \cdots)}{RT} \end{aligned}$$

故有 $V = V_A + V_B + V_C + \cdots$

显然，阿马格定律是从理想气体方程推导而得，说明阿马格定律仅适用于理想气体混合物或接近理想气体的混合物。将阿马格定律和理想气体状态方程应用于理想气体混合物时，有

$$V_B = V y_B \tag{1.22}$$

式中，$V_B$ 为气体组分 B 的分体积；$y_B$ 为该物质的物质的量分数。

应该指出，道尔顿、阿马格定律虽不能较好地适应非理想混合气体，但人们常用这两个定律对非理想混合气体作近似的估算。

**【例 1.2】** 冬季草原上的空气主要含氮气、氧气和氩气。在压力为 $9.9 \times 10^4$ Pa 及温度为 $-20\ ℃$ 时，收集的一份空气试样，经测定，其中氮气、氧气和氩气的体积分数分别为

0.790、0.20、0.010。计算收集试样时各气体的分压。

**解**：根据式(1.19)和式(1.22)可得 $p_B = p\dfrac{V_B}{V}$

$$p(N_2) = 0.790p = 0.790 \times 9.9 \times 10^4 = 7.82 \times 10^4 \text{Pa}$$
$$p(O_2) = 0.20p = 0.20 \times 9.9 \times 10^4 = 1.98 \times 10^4 \text{Pa}$$
$$p(Ar) = 0.010p = 0.010 \times 9.9 \times 10^4 = 0.099 \times 10^4 \text{Pa}$$

## 1.3 真实气体的状态方程

### 1.3.1 实际气体的性质

在温度恒定条件下，对理想气体来说，$pV_m$（$V_m$ 为摩尔体积）乘积是一个常数 $RT$，但实际气体却不是这样。如图 1.3 所示，图中线条是某些 1mol 实际气体在 273.15K 时的 $pV_m \sim p$ 等温线。其中水平直线是理想气体的 $pV_m$ 乘积，任何压力下该乘积均相同。而实际气体（CO，$CH_4$，$H_2$，He）的 $pV_m$ 均随压力变化而变化，不是一个常数 $RT$。实际气体与理想气体的 $pV_m$ 等温线有显著偏差。如在 $CH_4$ 的等温线上，当压力开始增加时，$pV_m$ 值逐渐减少，$pV_m < RT$，压力再增加，经一最低点，$pV_m$ 值又逐渐增加，超过理想气体的 $pV_m$ 等温线，而使 $pV_m > RT$。而图中 $H_2$ 的等温线无最低点。$pV_m$ 随压力增加而增大，且总是大于 $RT$。实验表明，在更低温度下，$H_2$ 的等温线也会像 $CH_4$、CO 一样出现一个最低点。但不管是何种实际气体，当压力趋近于零时，$pV_m$ 总是等于 $RT$，成为理想气体。图 1.4 是实际气体在不同温度时的 $pV_m \sim p$ 等温线，结合图 1.3 和图 1.4 可得如下结论。

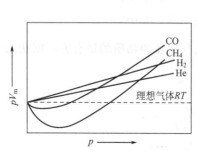

图 1.3 某些实际气体的 $pV_m \sim p$ 等温线

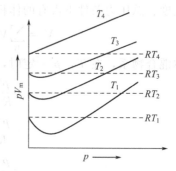

图 1.4 实际气体在不同温度时的 $pV_m \sim p$ 等温线

(1) 任意实际气体都有一个特定温度，在此温度下，压力较低时，其 $pV_m$ 都等于或接近于 $RT$（图 1.4 中 $T_3$ 所示），符合波义耳定律，故称此温度为波义耳温度 $T_B$。$H_2$、He、$CH_4$ 的 $T_B$ 分别为 155℃、249℃、244℃。在 $T_B$ 时，超过一定压力，则 $pV_m > RT$。

(2) 任意实际气体在高于波义耳温度时，$pV_m$ 随 $p$ 增大总是大于 $RT$（如图 1.3 中 $T_4$）。

(3) 任意实际气体低于波义耳温度时，当压力趋近于零时，$pV_m = RT$，经极小值后，在某一压力下再次出现 $pV_m = RT$，进一步增大 $p$ 时，又出现 $pV_m > RT$。

这表明，任何实际气体在相应的温度下随压力变化都会出现 $pV_m = RT$，$pV_m < RT$，

$pV_m > RT$ 的情况，这是由于实际气体分子本身具有一定的体积以及分子之间有吸引力这两个因素所造成。低于 $T_B$ 时，随着压力增大，两个因素均增加，但分子间引力因素占优势，所以 $pV_m < RT$，比理想气体易压缩，越过最低点后，压力增大，这时体积因素占优势，使 $pV_m$ 增大，到一定压力时，两个相反因素的影响刚好抵消，使 $pV_m = RT$，再增加压力，体积因素更加突出，使 $pV_m > RT$，比理想气体难压缩。

### 1.3.2 范德华方程

从气体液化曲线的讨论中可以看出：实际气体低温时易于液化，说明在这种情况下分子间引力非常显著；而高压时气体难以压缩，则说明气体分子占有一定的体积，不能再把它当成无体积的质点。于是范德华从理论角度在理想气体状态方程式的基础上，考虑了由于这两方面因素所需引入的修正项，提出了一个实际气体的状态方程。另一类气体方程则是作为纯经验方程提出的，如卡末林·昂内斯（Kamerlingh Onnes）方程。目前，用理论的、经验的或半理论半经验的修正方法提出的实际气体状态方程不下数百种，本书仅对几个有代表性的状态方程式进行简介。

1873 年，荷兰科学家范德华（J. D. van der Walls）针对引起实际气体与理想气体产生偏差的两个主要原因，即实际气体分子自身的体积和分子间作用力，对理想气体状态方程进行了修正。体积不能忽视，那么每一个实际气体分子可以活动的空间要比容器的体积 $V$ 小，因此应减去一个反映气体分子自身所占体积的修正项 $b$。在忽略分子间引力时，理想气体状态方程被修正为

$$p(V - nb) = nRT \tag{1.23}$$

式中，$nb$ 为体积项修正值；$b$ 表示 1mol 气体所需引入的体积修正值，则能供气体自由活动的空间应该是 $V_m - b$，而不是 $V_m$；一定温度下气体压力应与 $V_m - b$ 而不是与 $V_m$ 成反比，也就是应该用 $V_m - b$ 代替理想气体状态方程式中的 $V_m$：

$$p(V_m - b) = RT \tag{1.24}$$

式中，$b$ 为与气体性质有关的常数，约为 1mol 气体分子本身体积的 4 倍。可以这样来理解：如果把分子当成是半径为 $r$ 的球体，则当两个分子相互靠近时，它们的质心（质量中心）不能靠得比 $2r$ 的距离更近些（见图 1.5），设想以某一分子 A 的质心为中心，而以 $2r$ 为半径作一球体，则其它分子的质心不能进入此球体内。此球体即为 A 分子的"禁区"，其体积为 $\frac{4}{3}\pi(2r)^3 = 8\left(\frac{4}{3}\pi r^3\right)$，相当于分子本身体积的 8 倍。进行双分子碰撞时（三分子和三分子以上的碰撞机会很小）只有禁区的一半朝着分子接近的方向，对 A 分子而言，有效禁区只是半个球体，相当于一个分子本身体积的 4 倍，对于 1mol 气体则为 1mol 气体分子本身体积的 4 倍。所以对于实际气体而言，其分子的自由活动空间为 $V_m - b$。

在实际气体处于高压时分子间引力不容忽略，往往碰撞器壁的分子受到内部分子的吸引力作用，称此力为内压力 $p_i$，$p_i$ 使得气体碰撞器壁时表现出的压力比分子间无引力的理想气体产生的压力要小（见图 1.6），因而气体施于器壁的压力为：

$$p = \frac{nRT}{V - nb} - p_i \tag{1.25}$$

式中，$p_i$ 就是压力项修正值。内压力取决于内部分子对靠近器壁分子的作用，其大小既与靠近器壁分子的密度（$\rho$）成正比，也与内部分子的密度成正比。而气体的密度又与其摩尔体积 $V_m$ 成反比。所以有：

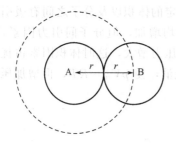

图 1.5 分子间的碰撞与有效半径

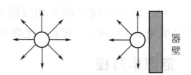

图 1.6 分子间相互作用减弱了分子对器壁的碰撞

$$p_i \propto \rho^2 \propto \left(\frac{1}{V_m}\right)^2, \text{或 } p_i \propto \left(\frac{n}{V}\right)^2$$

设其比例常数为 $a$，则有：

$$p_i = a\left(\frac{1}{V_m}\right)^2 = \frac{a}{V_m^2} = \frac{an^2}{V^2}$$

这样，代入式(1.25)，经修正的理想气体状态方程式变成

$$\left(p + \frac{an^2}{V^2}\right)(V - nb) = nRT \tag{1.26}$$

该式既考虑了分子自身体积，又考虑了分子间引力的实际气体状态方程，称为范德华方程。对 1mol 实际气体

$$\left(p + \frac{a}{V_m^2}\right)(V_m - b) = RT \tag{1.27}$$

式中，$a$ 是与分子间引力有关的常数；$b$ 是与分子自身体积有关的常数，统称范德华常数，它们可由实验确定，附录 3 列出了一些气体的范德化常数。

由附录 3 可知不同的气体有不同的 $a$、$b$ 值。经过修正的气态方程即范德华方程较理想气体状态方程能在更为广泛的温度和压力范围内得到应用。由式(1.25) 可见，当 $p \to 0$ 时，$V \to \infty$，则该式还原为理想气体状态方程。

【例 1.3】 $CO_2$ 气体在 40℃ 时的摩尔体积为 $0.381 \mathrm{dm^3 \cdot mol^{-1}}$。设 $CO_2$ 为范德华气体，试求其压力，并比较与实验值 5066.3kPa 的相对误差。

解：查附录 3 知 $CO_2$ 气体的范德华常数 $a = 0.366 \mathrm{m^6 \cdot Pa \cdot mol^{-2}}$；$b = 4.29 \times 10^{-5} \mathrm{m^3 \cdot mol^{-1}}$

由 $(p + a/V_m^2)(V_m - b) = RT$ 得

$$p = RT/(V_m - b) - a/V_m^2$$

代入数据得

$$p = [8.314 \times 313.15/(0.381 \times 10^{-3} - 4.29 \times 10^{-5}) - 0.366/(0.381 \times 10^{-3})^2] \mathrm{Pa}$$
$$= 5179.1 \mathrm{kPa}$$

相对误差 $= \dfrac{p_{\text{计算}} - p_{\text{实测}}}{p_{\text{实测}}} \times 100\% = \dfrac{5179.1 - 5066.3}{5066.3} \times 100\%$
$= 2.23\%$

## 1.3.3 维里(Virial)方程

维里方程用一个无穷级数来修正不同条件下实际气体的压缩因子 $Z$ 偏离理想值 1 的情

况，有下列两种表达方式

$$Z(p,T) = \frac{pV_m}{RT} = 1 + Bp + Cp^2 + Dp^3 + \cdots \quad (1.28)$$

或

$$Z(V_m,T) = \frac{pV_m}{RT} = 1 + \frac{b}{V_m} + \frac{c}{V_m^2} + \frac{d}{V_m^3} + \cdots \quad (1.29)$$

式中，$B$，$C$，$D$ 及 $b$，$c$，$d$，$\cdots$ 是上式各修正项的比例常数，依次称为第二，第三，第四，……维里系数，显然，两种表达式中对应的维里系数的数值和单位不同。实际气体的维里系数的值与气体性质有关，且随气体温度变化而变化，通常由实测的 $pVT$ 数据拟合出来。显然，在 $p \to 0$ 时，$V_m \to \infty$，两式中的 $Z$ 值均还原为 1，在此条件下的气体均表现出理想气体的 $pVT$ 性质。

维里方程原是一个纯经验公式，但随着统计学的发展，它已发展成具有一定理论意义的关系式，即维里方程中的修正项考虑了实际气体分子间力的作用，第二维里系数反映了两气体分子的相互作用对气体 $pVT$ 关系的影响，第三维里系数反映了三分子相互作用引起的偏差。

### 1.3.4 贝赛罗（Berthelot）方程

$$\left(p + \frac{a}{TV_m^2}\right)(V_m - b) = RT \quad (1.30)$$

这个方程的特点是在内压力项中引入了温度的影响因素。在低压下它可以表示成：

$$pV_m = RT\left[1 + \frac{9}{128}\frac{p}{p_C}\frac{T_C}{T}\left(1 - \frac{6T_C^2}{T^2}\right)\right] \quad (1.31)$$

后一种形式为 $V_m$ 的一次函数，可直接由 $T$、$p$ 的临界常数求 $V_m$，而不必像范德华方程计算 $V_m$ 时需求解三次方程。贝赛罗方程只有低压和较低温度下才准确。式(1.30) 中的常数：

$$a = \frac{27}{64}\frac{R^2 T_C^3}{p_C}, \quad b = \frac{RT_C}{8p_C} \quad (1.32)$$

### 1.3.5 R.K（Redlich·Kwong）方程

$$\left[p + \frac{a}{T^{\frac{1}{2}}V_m^2(V_m + b)}\right](V_m - b) = RT \quad (1.33)$$

这是目前公认的最为准确的二常数气体状态方程式，适用于烃类等非极性气体，适用的温度和压力范围较广，对极性气体精度较差。虽然方程式推导时曾作了些理论解释，但一般认为其作为半经验方程较为适宜。其中 $a = 0.4278\dfrac{R^2 T_C^{\frac{5}{2}}}{p_C}$，$b = 0.0867\dfrac{RT_C}{p_C}$。

### 1.3.6 马丁·侯（Martin·侯虞均）方程

这是处理实际气体比较准确的状态方程，其基本形式为：

$$p = \frac{F_1(T)}{V-b} + \frac{F_2(T)}{(V-b)^2} + \frac{F_3(T)}{(V-b)^3} + \frac{F_4(T)}{(V-b)^4} + \frac{F_5(T)}{(V-b)^5} = \sum_{i=1}^{5}\frac{F_i(T)}{(V-b)^i} \quad (1.34)$$

式中，$F_i(T) = A_i + B_i(T) + C_i \exp\left(-\dfrac{KT}{T_C}\right)$。其中 $A_i$、$B_i$、$C_i$、$b$、$K$ 均为常数，称为马丁·侯常数，虽然比较准确，但常数太多了，应用十分麻烦。

### 1.3.7 卢嘉锡·田昭武方程

中科院院士卢嘉锡和中科院院士田昭武,在仔细研究比较2参数的van der Waals方程和5参数的Beattie.Bridgeman方程各自固有缺点后,于1955年提出一个含有3个常数的气态经验方程,发表在1955年1期的《化学学报》上:

$$p = \left[\frac{RT}{V_m}\left(1+\frac{b}{V_m}+\frac{5}{8}\frac{b^2}{V_m^2}\right)-\frac{a}{V_m^2}\right]\left(1-\frac{ce^{\frac{a}{bRT}}}{V_m}\right) \tag{1.35}$$

式中,$a$、$b$基本上是范氏常数,而卢-田方程引入的第三个常数$c$,同样可从临界参数得到。

该方程的优点是基本上克服了van der Waals方程在临界点附近的偏差,在高压时能够满意地描述临界点附近气态密度的变化,无疑扩大了应用范围。

## 1.4 真实气体的液化与液体的饱和蒸气压

### 1.4.1 实际气体的液化

气体变成液体的过程叫液化或凝聚,液体变成气体的过程叫蒸发。在一定温度下,液体蒸发与蒸气凝聚速率相等,达到动态平衡时,相应的蒸气称为饱和蒸气,饱和蒸气所产生的压力称之为饱和蒸气压。温度升高,则饱和蒸气压增大。要使气体液化,需要减小气体分子热运动产生的离散倾向,缩小分子间距离从而增大分子间相互吸引力,因此,可采用降温与加压的方式。实验结果表明,单纯用降温的方法可以使所有气体液化,但单靠加压的方法却不能,只有将温度降到一定数值后,再施加足够的压力方可使气体液化。若温度高于这个数值,则无论加多大压力,都不能达到液化的目的。这是因为用加压来缩小分子间距离是无法克服分子热运动的离散倾向的。用加压的方法能使气体液化的最高温度,称为临界温度,以$T_C$表示,在临界温度时,使气体液化所需的最低压力称为临界压力,以$p_C$表示,在临界温度和临界压力下,1mol气态物质所占体积,称为临界体积,以$V_C$表示。$p_C$、$V_C$、$T_C$统称为临界参数,附录4列出了一些气体的临界参数,表1.1列出了一些气体的熔点和沸点。

从表1.1和附录4中可以看出,He、$H_2$、$N_2$、$O_2$等非极性分子熔点、沸点低,临界温度很低,难以液化,原因是其分子间作用力很小,而一些强极性分子如$NH_3$等则容易液化。

表1.1 一些气体的熔点和沸点

| 气体 | He | $H_2$ | $N_2$ | $O_2$ | $CH_4$ | $CO_2$ | $NH_3$ | $Cl_2$ |
|---|---|---|---|---|---|---|---|---|
| $T_m/K$ | 1 | 14 | 63 | 54 | 90 | 104 | 195 | 122 |
| $T_b/K$ | 4.6 | 20 | 104 | 90 | 156 | 169 | 240 | 239 |

气态物质处于临界温度、临界压力和临界体积的状态下,我们说它处于临界状态(critical state)。临界状态是一种不够稳定的特殊状态,在这种状态下气体和液体之间的性质差别将消失,两者之间的界面亦将消失。应该指出,理想气体是不能液化的,因为分子间根本不存在相互作用力。

### 1.4.2 超临界流体性质及其应用简述

超过了物质的临界温度和临界压力的流体,称为超临界流体(supercritical fluid),简称

SCF。超临界流体具有十分独特的物理化学性质，它的密度与液体相近、黏度只有液体的1%左右、扩散系数大约是液体的100倍。因此，SCF 与液体相比具有较大的传质速率，与气体相比，具有较大的溶解能力。也就是说，SCF 兼有气体和液体的长处。

1955 年，美国就有 SCF 分离技术在工业上应用的报道，1970 年以后，德国发现 SCF 提取法可分离天然物质中的许多特定成分。20 世纪 80 年代，日本开始采用超临界提取技术研究天然物的分离，并建立了商业规模的试验工厂。目前，SCF 萃取正处于工业开发阶段。超临界萃取装置的研制，在国外竞争很激烈，德国、美国、英国、日本、瑞士等国纷纷推出了各具特长的提取装置，我国也已经开展了 SCF 萃取的研究。

SCF 萃取技术用于石蜡族、芳香族、环烷族等同系物的分离精制，己内酰胺、己二酸等水溶液脱水、有机物的回收、醇水共沸混合物分离等化学工业；萃取食用油、香精油及脱除香烟中的尼古丁等食品工业；化学废液处理的环境工程；用于色谱分析制成超临界色谱仪，可强化传质能力，提高分析速度和准确度。近些年，SCF 萃取技术应用于反应过程，SCF 参与反应，提高反应速率，并在参与反应的同时除去反应体系中使催化剂中毒的有害成分。

与蒸馏和液体萃取比较，SCF 萃取技术有如下特点：①同类物质能按沸点由低到高的顺序进入 SCF 相，具有极高的选择性；②能在常温或温度不高的情况下溶解出相对难挥发的物质；③SCF 的溶解能力随其密度增加而提高，当密度恒定时，则随温度升高而增大；④可通过降低 SCF 的密度使萃取物分离，萃取工艺过程是靠恒温降压或恒压升温两种方式来实现 SCF 密度的降低；⑤SCF 兼有气体和液体的优点，其萃取效率高于液体萃取，也不会污染被萃取物；⑥只需靠重新压缩的手段就可使与溶质分离后的 SCF 循环使用，消除了萃取剂回收复杂过程，从而节省能源；⑦SCF 技术同时利用了蒸馏和萃取，可分馏难分离的有机物，对同系物的分馏精制更有利；⑧SCF 萃取技术属于高压技术范围，所需设备费用较高。

SCF 作为溶剂应具备如下必要条件：①化学性质稳定，对设备无腐蚀性；②临界温度接近常温，不宜太低或太高；③操作温度应低于提取物分解温度；④临界压力低，以节省动力费用；⑤纯度高，溶解度好，以减少溶剂循环量；⑥容易制取和购置，价格低。常用的超临界萃取剂很多，但人们特别感兴趣的是 $CO_2$。

继 SCF 技术应用于提取分离之后，人们又开辟了利用 SCF 重结晶获取微细颗粒的新领域，这种重结晶技术可获得微细球高分子聚合物、两种物质的内部结合的混合物细微粒、药物细颗粒、内部无空腔的三次甲基三硝基胺细颗粒。非挥发性物质在 SCF 中的溶解度比在相同温度、相同压力下的理想气体中的溶解度大几个甚至十几个数量级，因此，当溶有非挥发性物质的 SCF 通过特定的装置，由于流体溶解能力发生巨变而产生很大的过饱和度，物质很快沉淀析出，导致颗粒微细化，SCF 的快速传递扰动使介质中组分均一，从而形成颗粒尺寸分布窄的粒子。

## 1.5 对应状态原理与压缩因子图

### 1.5.1 范德华常数与临界参数的关系

范德华为了在其方程式中消去常数 $a$ 和 $b$，使之成为通用气体方程，作了如下的尝试。

范德华方程也可表示为：

$$p = \frac{RT}{V_m - b} - \frac{a}{V_m^2}$$

范德华参数 $a$、$b$ 可从实验上测定，但比较方便的是利用它与临界参数的关系，通过测定临界参数，从而求得。在临界点，斜率和曲率为零，于是有

$$\left(\frac{\partial p}{\partial V_m}\right)_{T_C} = 0 = \frac{-RT_C}{(V_C - b)^2} + \frac{2a}{V_C^3} \tag{1.36}$$

$$\left(\frac{\partial^2 p}{\partial V_m^2}\right)_{T_C} = 0 = \frac{2RT_C}{(V_C - b)^3} - \frac{6a}{V_C^4} \tag{1.37}$$

联立式(1.36)和式(1.37)，求解得：

$$b = \frac{1}{3} V_C \tag{1.38}$$

将式(1.38)代入式(1.36)得

$$a = \frac{9}{8} RT_C V_C \tag{1.39}$$

$$T_C = \frac{8a}{27Rb} \tag{1.40}$$

以式(1.39)、式(1.10)代入临界点的范德华方程：

$$\left(p_C + \frac{a}{V_C^2}\right)(V_C - b) = RT_C$$

得

$$R = \frac{8}{3} \frac{p_C V_C}{T_C} \tag{1.41}$$

而 $V_C$ 在实验上难以测定，故常以 $T_C$、$p_C$ 求 $a$、$b$。由式(1.41)可知 $V_C = \frac{3RT_C}{8p_C}$，于是：

$$b = \frac{1}{3} V_C = \frac{RT_C}{8p_C} \tag{1.42}$$

$$a = \frac{9}{8} RT_C V_C = \frac{27(RT_C)^2}{64 p_C} \tag{1.43}$$

### 1.5.2 对应状态原理及压缩因子图

我们知道，实际气体在各自的临界状态时具有气体和液体已无差别的共同性质，那么我们就可以将实际的压力、温度、体积分别以相应临界参数为基准，获得其比值，即

$$p_r = \frac{p}{p_C}, \quad V_r = \frac{V_m}{V_C}, \quad T_r = \frac{T}{T_C} \tag{1.44}$$

这些比值统称为对比状态参数。显然，这些对比状态参数也应该存在某一共同的性质，实验结果表明，这一共同性质为：若不同的气体有两个对比状态参数彼此相等，则第三个对比状态参数大体上具有相同的值，这也称为对应状态原理。表明在对比状态参数 $p_r$，$V_r$，$T_r$ 之间，有一个基本上能普遍适用于各实际气体的函数关系，即

$$f(p_r, V_r, T_r) = 0 \tag{1.45}$$

那么如何使这一函数关系反映实际气体对理想气体的偏差呢？于是，引出了另一个能综合反

映各种气体性质的方程式,即压缩因子式。

由于真实气体 $pV_m$ 不等于 $RT$,我们将理想气体状态方程引入一个校正因子可得到反映各种气体性质的方程,即

$$pV_m = ZRT \tag{1.46}$$

对于理想气体,任何温度、压力下,$Z=1$,对于实际气体 $Z \neq 1$,$Z$ 值的大小反映了实际气体偏离理想气体的程度。据前面讨论可知,$Z<1$ 即 $pV_m$ 的实测值小于按理想气体公式计算的 $pV_m$ 值,表示实际气体较易压缩;$Z>1$ 即实测的 $pV_m$ 值大于按理想气体公式计算的 $pV_m$ 值,表示实际气体不易压缩,故将 $Z$ 称为压缩因子,$Z$ 数值与温度、压力有关,需从实验获得,将式(1.44)代入式(1.46)得

$$Z = \frac{pV_m}{RT} = \left(\frac{p_C V_C}{RT_C}\right)\left(\frac{p_r V_r}{T_r}\right), \quad 令 \ Z_C = \left(\frac{p_C V_C}{RT_C}\right)$$

则

$$Z = Z_C \left(\frac{p_r V_r}{T_r}\right) \tag{1.47}$$

式中,$Z_C$ 为临界压缩因子。实验表明:多数实际气体的 $Z_C$ 较为接近,常在 0.27~0.29 范围内,因此,可近似作为常数。式中 $p_r$、$V_r$、$T_r$ 项可近似表达为一个普遍化的双变量函数,即

$$Z = f(p_r, T_r) \tag{1.48}$$

20 世纪 40 年代,霍根(Hougen)和华德生(J. D. Watson)用多种气体的实验数据的平均值,绘制了图 1.7 的等 $T_r$ 线,称双参数普遍化压缩因子图,表达了式(1.48)的普遍化关系。由图 1.7 可见,任何对比温度下随着对比压力趋近于零,则 $Z$ 值均趋于 1,即符合理想气体状态方程式。随着 $p_r$ 由零逐渐增大,等 $T_r$ 线的变化和图 1.2 实际气体等温线类似,即 $Z$ 从小于 1 经最低点后又上升为大于 1,表明实际气体升高压力时从易压缩转为难压缩。图中 $T_r<1$ 的曲线均在 $p_r$ 某处中断,这是因为 $T<T_r$ 时,压力升高到饱和蒸气压时会液化,则不可能再对气体状态进行实验测定所致,有了双参数压缩因子图,可对实际气体的 $p$、$V$、$T$ 进行计算。

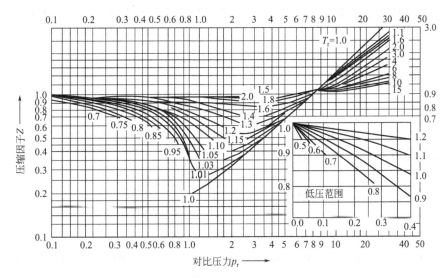

图 1.7 双参数压缩因子图

式(1.47)形式简单,计算方便,并可应用于高温高压,作为一般估算,准确度基本上

可以满足，在化工计算上常常采用。一般说来，对非极性气体，准确度较高（误差约在5%以内）；对极性气体，误差大些。但对$H_2$、$He$、$Ne$等小分子气体例外，根据经验采用以下修正公式：$p_r = \dfrac{p}{p_C + 8.08 \times 10^5 \text{Pa}}$ 和 $T_r = \dfrac{T}{T_C + 8\text{K}}$。

实验表明，上述三种气体按上述公式计算对比压力和对比温度，所得的$Z$的值更准确。为进一步提高计算方法的准确性，常需引入更多的参数，最常用的是三参数法。

### 1.5.3 压缩因子图应用示例

（1）已知实际气体$p$，$T$，求实际气体$V_m$，其过程如下：

通过$p$、$T$计算出对比状态参数$p_r$、$T_r$，利用$p_r$、$T_r$在压缩因子图上找出相应的压缩因子$Z$，再利用$pV_m = ZRT$计算得出$V_m$。

（2）已知实际气体$p$，$V_m$，求实际气体$T$。

通过$p$计算出对比状态参数$p_r$，利用$p_r$在压缩因子图上找出不同一系列不同$T_r$对应的压缩因子$Z$，绘制$T_r \sim Z$图。

因$pV_m = ZRT$，$T = T_r T_C$，$Z = \dfrac{pV_m}{RT_C} \dfrac{1}{T_r}$，其中$\dfrac{pV_m}{RT_C}$已知，绘制$T_r \sim Z$图。

两曲线的交点所对应的$T_r$即为所求，再计算得出$T$。

以上求解实质上是$Z = f(p_r, T_r)$和$Z = pV_m/RT$两式的联解。

**【例1.4】** 已知某一气体的临界参数为$T_C = 385.0\text{K}$和$p_C = 4123.9\text{kPa}$，试分别用压缩因子图和理想气体状态方程计算$T = 366.5\text{K}$，$p = 2067\text{kPa}$条件下该气体的摩尔体积（文献值为$1.109 \times 10^{-3} \text{m}^3 \cdot \text{mol}^{-1}$）。

**解：**
$$T_r = \dfrac{T}{T_C} = \dfrac{366.5}{385.0} = 0.952$$

$$p_r = \dfrac{p}{p_C} = \dfrac{2067000}{4123900} = 0.501$$

在图1.6中按内插法估计出$T_r = 0.952$的等$T_r$点的位置，再读出$p_r = 0.501$对应的压缩因子$Z$，得

$$Z = 0.72$$

将$Z = 0.72$，$T = 366.5\text{K}$，$p = 2067\text{kPa}$代入式(1.46)得

$$V_m = \dfrac{ZRT}{p} = \left(\dfrac{0.72 \times 8.314 \times 366.5}{2067 \times 10^3}\right) \text{m}^3 \cdot \text{mol}^{-1}$$
$$= 1.06 \times 10^{-3} \text{m}^3 \cdot \text{mol}^{-1}$$

按理想气体状态方程$pV_m = RT$计算

$$V_m = \dfrac{RT}{p} = \left(\dfrac{8.314 \times 366.5}{2067 \times 10^3}\right) \text{m}^3 \cdot \text{mol}^{-1}$$
$$= 1.47 \times 10^{-3} \text{m}^3 \cdot \text{mol}^{-1}$$

显然，按压缩因子图计算出的结果较接近文献值。

**【例1.5】** 一容积为$30\text{dm}^3$的钢筒内装有$3.20\text{kg}$甲烷，室温为$273.4\text{K}$。试求此钢筒中气体的压力。已知甲烷$T_c = 190.56\text{K}$，$p_c = 4599\text{kPa}$。

**解：**
$$T_r = \dfrac{T}{T_c} = \dfrac{273.4}{190.56} = 1.43$$

$$p_r = \frac{p}{p_c} = Z\left(\frac{nRT}{p_c V}\right) = \left(\frac{3.2 \times 10^3 \times 8.314 \times 273.4}{16 \times 4599 \times 10^3 \times 30 \times 10^{-3}}\right) Z$$

$$p_r = 3.29 Z$$

然后需要在 $T_r$ 附近，作一条 $p_r = 3.29Z$ 的直线，与 $T_r = 1.43$ 的内插线的交点所对应的 $Z$ 即为该条件下气体的压缩因子。由作图 $Z = 0.76$，此 $Z$ 值即同时满足 $T_r = 1.43$ 和 $p_r = 3.29Z$ 的对应态的压缩因子值。将此值代入

$$p = p_r p_c = 3.29 Z p_c$$

$$p = 3.29 \times 0.76 \times 4599 = 1.14 \times 10^4 \, \text{kPa}$$

求得钢筒压力为 $1.14 \times 10^4 \, \text{kPa}$。

拓展例题

## 习 题

### 一、选择题

1. 当用压缩因子 $Z = pV/(nRT)$ 来讨论实际气体时，如 $Z > 1$，则表示该气体和理想气体相比较（　　）。

　　A. 易于压缩　　B. 不易压缩　　C. 易于液化　　D. 不易液化

2. 25℃，总压为 1000kPa 时，下面几种气体的混合气体中分压最大的是（　　）。

　　A. 0.1g $H_2$　　B. 1.0g He　　C. 1.0g $N_2$　　D. 1.0g $CO_2$

3. 气体与理想气体更接近的条件是（　　）。

　　A. 高温高压　　B. 高温低压　　C. 低温高压　　D. 低温低压

4. 压力为 200kPa 的 $O_2$ 5.0dm³ 和 100kPa 的 $H_2$ 5.0dm³ 同时混合在 20dm³ 的密闭容器中，在温度不变的条件下，混合气体的总压力为（　　）。

　　A. 120kPa　　B. 125kPa　　C. 180kPa　　D. 75kPa

5. 温度为 $T$ 时，体积恒定为 $V$ 的容器中有 A 与 B 二组分的混合理想气体，分体积分别为 $V_A$ 与 $V_B$。若往容器中注入 $n$ mol 理想气体 C，则 A 与 B 的分体积（　　）。

　　A. 均不变　　　　　　　　B. $V_A$ 增大，$V_B$ 减小

　　C. $V_A$ 减小，$V_B$ 增大　　D. 均减小

6. 在 20℃ 时，0.1g 水的饱和蒸气压为 $p_1^*$，1kg 水的饱和蒸气压为 $p_2^*$，则 $p_1^*$ 和 $p_2^*$ 的关系是（　　）。

　　A. $p_1^* > p_2^*$　　B. $p_1^* = p_2^*$　　C. 不能确定　　D. $p_1^* < p_2^*$

### 二、填空题

1. 已知 25℃，100kPa 下 $O_2$ 的对比温度 $T_r = 1.926$，其临界温度 $T_c = $ _____ K。

2. 质量均为 1.0g 的 $H_2$、$N_2$ 和 $CO_2$ 三种气体。在 25℃ 和总压力为 100kPa 条件下混合后，分压力最大的气体是 _____，分压力最小的气体是 _____（相对分子质量：$H_2$ 为 2，$N_2$ 为 28，$CO_2$ 为 44）。

3. 真实气体处于 _____ 条件时，表现出来的性质接近于理想气体。

4. 相同温度下两种理想气体 A 和 B，气体 A 的体积质量是气体 B 的体积质量的两倍，气体 A 的摩尔质量是气体 B 的一半，则 $p_A : p_B = $ _____。

5. 在恒定压力下，要将某 20℃ 烧瓶中的气体赶出 1/5，需将烧瓶加热到 _____ ℃。

## 三、问答题

1. 在常压下，将沸腾的开水迅速倒入保温瓶中，若水未加满便迅速塞紧塞子，往往会使瓶塞崩开，请解释这种现象。

2. 两个体积相同的密闭容器，用一根细管相连（细管体积可略）。问

   a. 当两边温度相同时，两容器中的压力和气体的物质的量是否相同？

   b. 当两边温度不同时，两容器中的压力和气体的物质的量是否相同？为什么？

3. （1）对理想气体，压缩因子 $Z=1$。能否说当气体的 $Z=1$ 时，该气体必定是理想气体。

  （2）当温度足够低时，任何实际气体的 $Z\sim p$ 曲线与理想气体的 $Z\sim p$ 曲线均交于两点，试解释这种现象。

4. 以下说法对吗？为什么？

   a. 临界温度是气体可以被液化的最高温度。

   b. 当气体的温度降到临界温度以下时，气体就一定会液化。

## 四、计算题

1. 27℃、99.99kPa 压力下，取 0.1dm³ 含有 $N_2$、$H_2$、$NH_3$ 的混合气体，经用 $H_2SO_4$ 溶液吸收 $NH_3$ 后，混合气体体积减小到 0.086dm³，求混合气体中 $NH_3$ 的分压及物质的量。

2. 在 0℃ 101.325kPa 下，$CO_2$ 的密度是 1.96kg·dm³，试求它在 86.66kPa 和 25℃ 的密度。

3. 25℃ 时被水蒸气饱和的氢气，经冷凝器冷却至 10℃ 以除去其中大部分的水蒸气。冷凝器的操作压力恒定为 128.5kPa。已知水在 10℃ 及 25℃ 时的饱和蒸气压分别为 1227.8Pa，3167.2Pa。试求：

  （1）在冷却前、后混合气体中水蒸气的物质的量分数；

  （2）每摩尔氢气经过冷凝器时冷凝出水的物质的量。

4. 某气体在 293K 与 $9.97\times10^4$Pa 占有体积 0.19dm³，其质量为 0.132g，试求这种气体的相对分子质量，它可能是何种气体？

5. 一容器中有 4.4g $CO_2$，14g $N_2$ 和 12.8g $O_2$，总压力为 $2.026\times10^5$Pa，求各组分分压。

6. 在 300K，$1.013\times10^5$Pa 时，加热一敞口细颈瓶到 500K，然后封闭其细颈口，并冷却至原来的温度，求这时瓶内的压力。

7. 在 273K 和 $1.013\times10^5$Pa 下，将 1.0dm³ 洁净干燥的空气缓慢通过 $H_3COCH_3$ 液体，在此过程中，液体损失 0.0335g，求该液体在 273K 时的饱和蒸气压。

8. 氮气在 273.2K 时的摩尔体积为 $70.3\times10^{-6}$m³·mol⁻¹，试计算其压力。（1）用理想气体状态方程。（2）用范德华方程。（3）用压缩因子图法。将上述结果与实验值比较（实验值为 40530kPa）。

已知压缩因子 $Z=0.96$，$N_2$ 的范德华常数 $a=0.137$ Pa·m⁶·mol⁻²，$b=3.87\times10^{-5}$ m³·mol⁻¹。

9. 在 273K 时测得一氯甲烷在不同压力下的密度如下：

| $p/10^5$Pa | 1.013 | 0.675 | 0.507 | 0.338 | 0.253 |
|---|---|---|---|---|---|
| $\rho/g\cdot dm^{-3}$ | 2.3074 | 1.5263 | 1.1401 | 0.7571 | 0.5666 |

用作图外推法（$p$ 对 $p/\rho$ 作图）求一氯甲烷的摩尔质量。

10. 7.70g CO 与多少克 $CO_2$ 所含的分子个数相等？与多少克 $CO_2$ 所含的氧原子个数相等？在同温度、同压力下与多少克 $CO_2$ 所占据的体积相同？

11. 今有 0℃、40530kPa 的氮气，分别用理想气体状态方程及范德华方程计算其摩尔体积。将上述结果与实验值比较（实验值为 70.3$cm^3 \cdot mol^{-1}$）。

12. 某气球驾驶员计划设计一氢气球，设气球运行周围的压力和温度为 $10^5$ Pa 和 20℃，气球携带的总质量为 100kg，空气分子量为 29$g \cdot mol^{-1}$。设所有气体均为理想气体。问气球的半径应为多少？

13. 干空气中含 $N_2$ 79％、$O_2$ 21％，计算在相对湿度为 60％，温度为 25℃ 和压力为 101.325kPa 下湿空气的密度。已知水在 25℃ 的饱和蒸气为 3.168kPa。

习题解答

# 第 2 章 热力学第一定律

内容提要

热力学（源于希腊语"热"和"力"）涉及由热产生的物理、化学作用的领域，是研究热、功及其相互转换关系的一门自然科学。任何形式能量的相互转换必然伴随着系统状态的改变，广义地说，热力学是研究系统宏观状态性质变化之间关系的学科。

热力学的建立源于实践中的三件事实。

(1) 不能制成永动机。

(2) 不能使一个自然发生的过程完全复原。

(3) 不能达到绝对零度。

热力学是自然科学中建立最早的学科之一。19 世纪中叶，焦耳（Joule）在热功当量实验基础上建立了热力学第一定律。开尔文（Kelvin）和克劳修斯（Clausius）分别在卡诺（Carnot）工作的基础上建立了热力学第二定律。这两个定律的建立标志着热力学的形成。20 世纪初，能斯特（Nernst）建立了热力学第三定律，完善了热力学理论的内容。这三个热力学基本定律是人类在长期生产实践和科学实验的基础上总结出来的，虽然不能用其它理论证明，但由他们给出的热力学关系和结论都与事实和经验相符，这有力地证明了热力学基本定律的正确性。

热力学是研究各种形式的能量相互转化过程中所应遵循的规律的科学。把热力学的基本原理用于研究化学现象以及和化学有关的物理现象，就形成了化学热力学。化学热力学主要讨论、解决两大问题。

(1) 化学过程中能量转化的衡算问题。

(2) 化学变化与物理变化的方向和限度问题。

热力学在科学研究和生产实践中都具有重要的指导作用。例如，人们试图用石墨来制造金刚石时，无数次的实验都以失败而告终。后来通过热力学的研究指出，只有当压力超过大气压力 15000 倍时，石墨才有可能在 25℃下转变成金刚石。人造金刚石的制造成功，充分显示了热力学在解决实际问题中的重要指导作用。

热力学的研究方法是采用严格的数理逻辑推理方法，研究大量微观粒子组成的系统的宏观性质，对于物质的微观性质无法解答，所得结论只反映微观粒子的平均行为，具有统计意义。热力学无须知道物质的微观结构和反应机理，只需知道系统的始态和终态及过程进行的外界条件，就可进行相应的计算和判断。热力学的研究方法虽然只知道其宏观结果而不知其微观结构，但却可靠易行，这正是热力学能得到广泛应用的重要原因。此外，热力学只研究系统变化的可能性及限度问题，不研究变化的现实性问题，不涉及时间概念，不考虑反应进行的细节，因而无法预测变化的速率和过程进行的机理。

本教材只介绍经典热力学的主要内容。经典热力学的研究对象是含有大量质点的宏观系统，只考虑平衡问题和系统由始态到终态的净结果，不考虑由始态到终态的过程是如何发生的、沿什么途径、变化的快慢等问题。因此，其原理、结论不能用于描述单个的微观粒子。热力学经过一百多年的发展，在研究平衡态热力学方面已形成一套完整的理论和方法。但热力学也是一门不断发展的科学，它已经从平衡态热力学发展到非平衡态热力学。特别是近几十年来，在远离平衡态的不可逆过程热力学的研究方面已取得了一些显著的成果。

本章主要介绍热力学第一定律及其简单应用。

## 2.1 热力学基本术语

### 2.1.1 系统与环境

化学是研究物质变化的科学。物质世界是无限的，物质之间是相互联系、相互影响的。为了研究的方便，把作为研究对象的那一部分物质称为系统，而把与系统密切联系的外界称为环境。例如，研究烧杯中硫酸和锌粒的反应，烧杯中的硫酸和锌粒以及反应产物就可作为一个系统，而与烧杯、溶液密切相关的外界作为环境。为了强调热力学性质，有时把系统称为热力学系统。环境的选择，根据研究的需要而定，无特别说明时，一般环境远远大于系统，这样，当系统发生有限变化过程时，其温度、压力等性质改变，但是可认为环境的性质不变。

系统和环境之间是密切联系的，可能存在物质和能量的交换。根据系统和环境之间的相互关系，可以将热力学系统分为三类。

（1）敞开系统：系统与环境之间既有物质的交换，又有能量的交换。

（2）封闭系统：系统与环境之间没有物质的交换，只有能量的交换。

（3）隔离系统：系统与环境之间既没有物质的交换，也没有能量的交换。

世界上一切事物总是有机的，相互联系的、相互制约的，因此不可能有绝对的隔离系统。但是为了研究问题的方便，在适当的条件下，可以近似把一个系统看作隔离系统。而敞开系统在实际问题中是很常见的。例如，把一个盛有一定量热水的广口瓶作为系统，则此系统为敞开系统。因为这时在瓶内外除有热量交换外，还不断产生水的蒸发和气体的溶解。如果在广口瓶上加上一个塞子，此系统就成为封闭系统，这时系统与环境只有能量的交换。如果再把广口瓶改为保温瓶，则此系统就可以近似看作隔离系统了。

本书中主要研究封闭系统，若未经特别指明，本教材中涉及的系统均指封闭系统。

### 2.1.2 物质的聚集状态和相

物质的聚集状态是在一定条件下物质的存在形式，简称物态。常见的聚集状态及其符号为：气体（g）、液体（l）、固体（s）、水溶液（aq）。

系统中物理性质和化学性质相同，且在分子水平上混合均匀的部分称为相。相与相之间有明确的界面，常以此为特征来区分不同的相，越过界面时，物理性质和/或化学性质发生突变。根据系统中所含相的数目，可将系统分为两类。

(1) 均相系统也称单相系统，系统中只含有一个相。一个相不一定是一种物质。例如，气体混合物是由几种物质混合成的，各组分都是以分子状态均匀分布的，没有界面存在。这样的系统只有一个相，称为均相系统或单相系统。

(2) 非均相系统也称多相系统，系统中含有两个或两个以上的相。

注意，不要将聚集状态和相的概念混淆。例如，碳酸钙分解达到平衡时，

$$CaCO_3(s) \rightleftharpoons CaO(s) + CO_2(g)$$

是一个包括固相 $CaCO_3(s)$、固相 $CaO(s)$ 和气相 $CO_2(g)$ 平衡共存的三相系统，而非仅含固气两相。又如一个油水分层的系统，虽然都是液态，但油-水界面清楚，含有油相和水相。

## 2.1.3 状态和状态函数

### 2.1.3.1 状态与状态函数

热力学系统的状态是系统的物理性质和化学性质的综合表现。热力学用系统的所有性质来描述它所处的状态，即系统所有性质确定后，系统就处于确定的状态。反之，系统的状态确定后，其所有的性质均有唯一确定的值。换言之，系统的所有性质均随状态的确定而确定，与达到此状态的过程无关。鉴于状态与性质之间的这种对应关系，系统的热力学性质又称作状态函数。如温度 $T$，压力 $p$，体积 $V$，热力学能 $U$，焓 $H$，熵 $S$，亥姆霍兹函数 $A$，吉布斯函数 $G$ 等都是热力学函数中很重要且经常用到的状态函数。

例如，1mol 理想气体在标准状况下的体积为 $22.4dm^3$，这完全是由该系统当时所处的状态决定，而和系统此前是否经历冷却、加热、膨胀、压缩等过程毫无关系，无论系统曾经如何千变万化，只要最终达到标准状况，1mol 该理想气体的体积就必然是 $22.4dm^3$，而不可能是别的任何数值。

描述热力学系统的某一确定的状态，是否需要罗列其所有的状态性质呢？回答是否定的，因为既不可能，也无必要。更重要的原因是同一系统的各种性质之间是相互关联、相互制约的，如数学中函数与变数的关系，这也是系统的性质称之为状态函数的原因之一。系统热力学函数间的关系方程，称为热力学基本方程。例如，理想气体的某一状态可以具有压力 ($p$)、体积 ($V$)、温度 ($T$)、物质的量 ($n$)、热力学能 ($U$)、熵 ($S$) 等多种状态性质，这些性质之间存在着特定的关系。如 $p$、$V$、$T$、$n$ 之间就存在着由理想气体状态方程所反映的依赖关系。

$$pV = nRT$$

而 $U$、$S$ 和系统的其它热力学性质都可以由 $p$、$V$、$T$、$n$ 所确定。所以，要确定系统的状态并不需要知道全部状态性质，而只要知道其中几个就可以了，其它状态性质由状态方程和相应的热力学方程即可确定。

原则上，任何一个状态性质既可做状态变数，又可做状态函数。仍以理想气体为例，$p$、$V$、$T$、$n$ 之间存在如下函数关系：

$$p = f(T, V, n)$$

描述一个系统的状态所需要的独立变量的数目随系统的特点而定，又随着考虑问题的复杂程度的不同而不同。一般情况下，对于一个组成不变的均相封闭系统，只需要两个独立变量就可以确定系统的状态，这样理想气体的状态方程就可以写成：

$$T=f(p,V)$$

对于由于化学变化、相变化等会引起系统或各相的组成发生变化的系统，还必须指明各相的组成或整个系统的组成，决定系统的状态所需的性质的数目就会相应增加。如对于敞开系统，系统的状态可以写成 $p$，$V$，$n_1$，$n_2$，…的函数。

$$T=f(p,V,n_1,n_2,\cdots)$$

#### 2.1.3.2 状态函数的特征

热力学解决各种实际问题，正是以状态函数的特征为基础的。状态函数具有如下重要的特征。

(1) 系统的状态函数由系统的状态确定，系统的状态确定，其状态函数具有唯一确定的值，系统的状态改变，必定有至少一个状态函数改变，反之如系统的状态函数改变，系统的状态也随之改变。

(2) 系统状态的微小变化所引起的状态函数 $X$ 的变化用全微分 $\mathrm{d}X$ 表示。比如一定量的理想气体的压力可以表示为温度和体积的函数：

$$p=f(T,V)$$

则微小变化所引起的 $p$ 的变化用全微分 $\mathrm{d}p$ 表示为：

$$\mathrm{d}p=\left(\frac{\partial p}{\partial T}\right)_V\mathrm{d}T+\left(\frac{\partial p}{\partial V}\right)_T\mathrm{d}V \tag{2.1}$$

(3) 系统状态函数的改变量仅与始态和终态有关，而与经历的具体过程无关。如系统由始态 1 变化到终态 2 所引起的状态函数的改变量 $\Delta_1^2 X$ 应为终态和始态对应状态函数的差值，即 $\Delta_1^2 X = X_2 - X_1$，它只与始态和终态有关，而与变化的具体途径或经历无关，状态函数改变的这一特征，是热力学研究中的一种极为重要的状态函数法的基础。热力学解决各种实际问题，正是以状态函数的这些特征为基础的。

例如，将 1kg 的水从 20℃ 的始态加热到 50℃ 的终态，其温度差为 30℃，这个差值不会因为中间经历别的冷却、加热等过程而发生改变。

#### 2.1.3.3 状态函数的分类

热力学系统是由大量微观粒子组成的宏观集合体。这个集合体所表现出来的集体行为，包括通过实验可以直接测定的压力、体积、温度、热容、表面张力等，还包括无法通过实验直接测定的热力学能、焓、熵、吉布斯函数等，都属于热力学系统的宏观性质，简称热力学性质。由于一个确定的系统，都具有这些性质，所以这些性质也称为系统的性质。根据性质与物质的数量有无关系，可以将这些性质分为两类。

(1) 广度性质　广度性质又称容量性质，其数值与系统中物质的量有关，具有加和性。整个系统的广度性质是系统中各部分该性质的总和。如体积 $V$、质量 $m$、热力学能 $U$ 等。

(2) 强度性质　强度性质的数值取决于系统自身的特性，与物质的量无关，不具有加和性，整个系统的强度性质的数值与系统中各部分该性质的数值相同。如温度 $T$、压力 $p$ 等。

广度性质和强度性质之间存在特定的联系。系统的两个广度性质之比成为系统的一个强度性质，而系统的一个广度性质和系统的一个强度性质之积则成为系统的一个广度性质。例如，密度是质量和体积之比；摩尔体积是体积和物质的量之比；摩尔热容是热容和物质的量之比，而这些均是强度性质。质量是密度和体积之积；体积是摩尔体积和物质的量之积；热容是摩尔热容和物质的量之积。

## 2.1.4 热力学平衡态

在没有外界影响的条件下,系统的各性质不随时间变化时,则系统就处于热力学平衡态。热力学系统,必须同时实现下列几个平衡,才能成为热力学平衡态。

(1) **热平衡** 系统中没有绝热壁存在的条件下,系统各部分的温度相等。若系统不是绝热的,则系统与环境的温度也相等。

(2) **力平衡** 系统中没有刚性壁存在的条件下,系统各部分压力相等。

(3) **相平衡** 系统中相与相之间没有物质的净转移,各相的组成和数量不随时间改变。

(4) **化学平衡** 当系统中存在化学反应时,达到平衡后,系统的组成不随时间变化。

若不能同时满足上述四个平衡,则系统就不处于热力学平衡态,其状态就不能用简单的热力学方法加以描述。在以后的讨论中,说系统处于某种状态,均指系统处于热力学平衡态。

需要说明的是,在系统内有绝热壁存在的条件下,则绝热壁两侧的温度不再是确定系统是否处于热平衡的条件。同理,在系统内有刚性壁存在的条件下,则刚性壁两侧的压力也不再是确定系统是否处于热平衡的条件。若系统内有绝热壁或者刚性壁存在时,只要壁两侧各自满足热力学平衡的四个条件,壁的两侧各自处在相应的平衡态,系统也处在平衡态。

## 2.1.5 过程和途径

在一定的环境条件下,系统状态所发生的任何变化均称为过程。而将系统变化所经历的从始态到终态的具体路径称为途径。按照变化的性质,可将过程分为三类。

### 2.1.5.1 单纯 $pVT$ 变化过程

系统中没有发生任何相变化和化学变化,只有单纯的压力、体积、温度变化的过程称为单纯 $pVT$ 变化过程。根据过程本身的特点,过程的方式可以多种多样,热力学中经常遇到的单纯 $pVT$ 过程主要有下列几种。

(1) **恒温过程** 变化过程中,系统温度始终恒定不变,且等于环境的温度,即

$$T = T_{amb} = 常数$$

下角标"amb"表示"环境";$T_{amb}$ 表示环境的温度;$T$ 表示系统的温度。今后的讨论中,物理量不加下标均表示系统的性质。如果变化过程中仅始态的温度等于终态的温度,即

$$T_{始} = T_{终}$$

则该过程称为等温过程。

(2) **恒压过程** 变化过程中,系统压力始终恒定不变,且等于环境的压力,即

$$p = p_{amb} = 常数$$

$p_{amb}$ 表示环境对系统施加的压力。如果变化过程中仅始态的压力等于终态的压力,即

$$p_{始} = p_{终}$$

则该过程称为等压过程。

(3) **恒容过程** 变化过程中,系统的体积始终恒定不变,即

$$V = 常数$$

(4) **绝热过程** 变化过程中,系统与环境之间没有热传递,但可以有功的传递。如系统和环境之间有绝热壁隔开,或变化过程太快,系统来不及和环境交换热量的过程,就可以近似看作绝热过程。

(5) 恒外压过程　变化过程中，系统的压力不断改变，而环境的压力始终恒定不变，即
$$p_{amb}=常数$$

(6) 循环过程　系统从始态出发，经过一系列的变化过程之后，又回到原来的状态称为循环过程。循环过程中，所有状态函数的改变量都等于零，如 $\Delta p=0$，$\Delta V=0$，$\Delta T=0$。

#### 2.1.5.2　相变化过程

系统中发生聚集状态变化的过程称为相变化过程。如液体的汽化，气体的液化，液体的凝固，固体的熔化，固体的升华，气体的凝华、固体不同晶型间的转化等都是典型的相变过程。通常，相变化是在等温等压条件下进行的。

#### 2.1.5.3　化学变化过程

系统中发生化学反应，致使组成发生变化的过程称为化学变化过程。1748年，俄国科学家罗蒙诺索夫（М.В. Ломоносов）首先提出了物质的质量守恒定律：参加反应的全部物质的质量等于全部反应生成物的质量。这就是说，在化学变化中，物质的性质发生了改变，但其总质量不会改变。他的结论后来被法国科学家拉瓦锡（A. L. Lavoisier）通过一系列实验所证实。这个定律也可表述为物质不灭定律，即：在化学反应中，质量既不能创造，也不能毁灭，只能由一种形式转变为另一种形式。

一个化学反应，如
$$a\mathrm{A}+b\mathrm{B}=y\mathrm{Y}+z\mathrm{Z}$$

为了表达方便，可以简写为
$$0=\sum_{\mathrm{B}}\nu_{\mathrm{B}}\mathrm{B} \tag{2.2}$$

式中，B是参与化学反应的各种物质（反应物A，B和产物Y，Z），可以是分子、原子或离子；$\nu_{\mathrm{B}}$ 是物质B的化学计量数，它是一个量纲为"1"的量，$\nu_{\mathrm{B}}$ 对反应物规定为负，对生成物规定为正，即 $\nu_{\mathrm{A}}=-a$，$\nu_{\mathrm{B}}=-b$，$\nu_{\mathrm{Y}}=y$，$\nu_{\mathrm{Z}}=z$。

以合成氨反应为例
$$\mathrm{N}_2(\mathrm{g})+3\mathrm{H}_2(\mathrm{g})=2\mathrm{NH}_3(\mathrm{g})$$

此反应方程式表述了反应物与生成物之间的原子数目和质量的平衡关系，称为化学反应计量方程式。它是质量守恒定律在化学变化中的具体体现。根据反应式所描述的变化，将反应物的计量数定为负值，而生成物的计量数定为正值。若以B表示物质（反应物和生成物），按式(2.2)，合成氨的化学计量方程式可表示为：
$$0=2\mathrm{NH}_3(\mathrm{g})-\mathrm{N}_2(\mathrm{g})-3\mathrm{H}_2(\mathrm{g})$$

## 2.2　热力学第一定律

### 2.2.1　热和功

#### 2.2.1.1　热

当两个温度不同的物体相互接触时，高温物体温度下降，低温物体温度上升。在两者之间发生了能量的交换，最后达到相同的温度。这种由于温度不同而在系统与环境之间传递的能量就称为热。热用符号 $Q$ 来表示。热力学上规定，系统从环境吸热，$Q$ 为正值，$Q>0$；系统向环境放热，$Q$ 为负值，$Q<0$。因为热是传递的能量，即系统在其状态发生变化的过

程中与环境交换的能量,因而热是与系统所进行的具体过程相联系的,没有过程就没有热。因此,热不是系统的状态函数,其值与具体的过程有关。从微观的角度看,热是大量质点以无序运动方式而传递的能量。在许多过程中都能看到热的吸收或释放,如热的水蒸气冷凝时会放出相变潜热,化学反应过程中也常伴随热的释放或吸收。

系统进行不同过程所伴随的热,常冠以不同的名称。如均相系统单纯从环境吸热或向环境放热,使温度升高或降低,则根据体积或压力是否变化称为恒容热或恒压热,恒容热与恒压热又称为热效应。系统因发生化学反应而吸收或放出的热称为反应热,也分恒容反应热与恒压反应热。系统在相态变化中与环境交换的热则称为相变热(如汽化热、熔化热、升华热等),物质在溶解过程产生的热则称为溶解热。

#### 2.2.1.2 功

除热以外,在系统与环境之间能量传递的任何其它形式统称为功。功用符号 $W$ 来表示。热力学上也规定,系统从环境得到功,$W$ 为正值,$W>0$;系统对环境做功,$W$ 为负值,$W<0$。微量的功以 $\delta W$ 表示,它也不是全微分。从微观的角度看,功是大量质点以有序运动方式而传递的能量。功可以分为两大类。

① 体积功 广义上,功是外力与在外力的方向上发生的位移的乘积,即

$$W = F_{amb} \Delta l$$

根据功的定义,对于热力学系统,广义的力为压力,即作用在某一面积上的压强,$F_{amb} = p_{amb} A$。体积功示意图如图 2.1 所示,热力学系统的体积功定义为在环境压力的作用下,体积发生改变时系统与环境之间传递的能量,再根据系统与环境间交换的功的符号规定,一个微小变化过程的体积功即为

$$\delta W = -F_{amb} dl = -p_{amb} dV \tag{2.3}$$

积分得

$$W = -\int_{V_1}^{V_2} p_{amb} dV \tag{2.4}$$

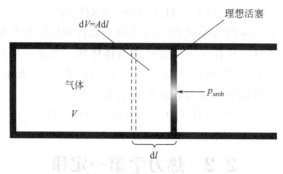

图 2.1 体积功示意图

可见,当 $p<p_{amb}$,系统体积缩小,$dV<0$,该过程的 $\delta W>0$,系统得到环境所做的功;当 $p>p_{amb}$,系统体积缩小,$dV>0$,该过程的 $\delta W<0$,系统对环境做功。

功也不是系统的状态函数,其值也与具体的过程有关,并且不同过程一般有不同的功。由体积功的定义式知,计算体积功必须用环境压力 $p_{amb}$,而非系统的压力 $p$,而 $p_{amb}$ 不是描述系统状态的参量,或者说不是系统的性质,但它与途径密切相关。如图 2.2 所示,1mol 理想气体在恒定温度 0℃ 下,沿不同途径:a. 向真空膨胀;b. 反抗恒外压 $p_{amb}=50.663$kPa 膨胀到终态 $p=50.663$kPa,则由功的定义式可计算求得 $W_a=0$,$W_b=-1135$J。

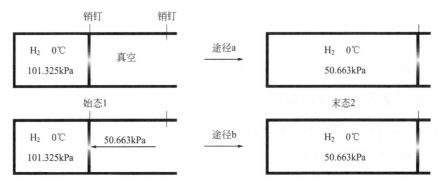

图 2.2 不同途径的功

可见，过程的功不是状态函数或状态函数的增量，它与过程的具体途径有关，故称其为途径函数。前面讲到的热也是途径函数。

② 非体积功 除体积功之外的所有其它功均称为非体积功，用符号 $W'$ 表示。如机械功、电功、表面功，在后面的章节或课程中将会讲到。

### 2.2.2 热力学能

一个系统在某状态下的总能量包括系统作为整体的动能、外场中的势能及系统内部的能量。系统内部的能量即热力学能，以前称之为内能。热力学能是大量微观粒子组成系统内部所有粒子全部能量的总和，用符号 $U$ 表示，为广度量，单位为 J。热力学能是指包括系统内部各种物质的分子平动能、分子转动能、分子振动能、电子运动能、核能等（不包括系统整体运动时的动能和系统整体处于外力场中具有的势能）。在一定条件下，系统的热力学能与系统中物质的量成正比，即热力学能具有加和性，是广度性质的物理量。

热力学能是一个状态函数，系统处于一定状态时，热力学能具有一定的值。当系统状态发生变化时，其热力学能也就发生改变。此时，热力学能的改变量只取决于系统的始态和终态，而与其经历的具体途径无关。

随着人类对微观世界认识的深入，还会不断发现新的运动形式的能量。因此，热力学能的绝对数值无法确定。但系统状态变化时，热力学能的改变量（$\Delta U = U_2 - U_1$）可以从过程中系统与环境所交换的热和功的数值来确定。在实际应用中，只要知道热力学能的改变量就可以了，无需追究它的绝对数值。

热力学能概念的引入有着科学的实验基础。从 1840 年，焦耳做了各种实验，证明了使一定量的物质从同样始态升高到同样的温度达到同样的终态，在绝热条件下所需要的各种形式的功，在数量上是完全相同的。这些实验表明，系统具有一个反映其内部能量的函数，这一函数的值仅取决于始态和终态，故是一个状态函数。这个函数就是热力学能 $U$。若始态系统的热力能为 $U_1$，终态的热力能为 $U_2$，则绝热条件下

$$\Delta U = U_2 - U_1 = W_{绝热}$$

式中，$W_{绝热}$ 为绝热过程中的功。

前边已经提到，对物质的量及组成确定的系统，确定其状态只需要两个独立变量，如选 $T$，$V$，则对热力学能 $U$，有

$$U = f(T, V) \tag{2.5}$$

由式（2.5）可以导出

$$dU = \left(\frac{\partial U}{\partial T}\right)_V dT + \left(\frac{\partial U}{\partial V}\right)_T dV \tag{2.6}$$

热力学能 $U$ 的量值虽然无法确定，但这并不影响热力学能概念的实际应用，热力学所关心的是系统状态变化时热力学能的增量 $\Delta U$。

### 2.2.3 热力学第一定律的表达

#### 2.2.3.1 热力学第一定律的文字表述

把能量守恒与转化定律用于热力学中即称热力学第一定律。其表述形式很多，如下所述。

在任何过程中能量都不会自生自灭，只能从一种形式转换为另一种形式，在转换过程中能量的总值不变，这就是能量守恒定律。在化学反应过程中，系统内部微粒的动能和相互作用能都会发生改变，因此，必然导致系统热力学能的变化，往往以系统与环境之间的能量传递和功的交换的形式表现出来。例如反应系统的吸热与放热，得功与做功。这样，系统热力学能的变化就可以通过热和功来确定。

第一类永动机不能制造成功，这也是热力学第一定律的一种表述。所谓第一类永动机，就是一种无需消耗人力和燃料或能量而能不断循环对外做功的机器。

无论哪种表述，它们都是等价的，从本质上反映了同一个规律，即能量既不能无中生有，也不可能无缘无故地消灭，只能从一种形式转化为另一种形式，在转换过程中，能量的总值不变。能量守恒原理是经过人们长期大量的实践，总结失败的教训和成功的经验之后才认识到的，它是具有普遍意义的自然规律之一，无需证明。数百年来，有许多人曾经热衷于设计制造第一类永动机，结果无一例外均以失败告终，其原因在于这种设想违背了能量守恒原理。

#### 2.2.3.2 封闭系统热力学第一定律的数学表达式

有一封闭系统，它处于状态 I 时，具有一定的热力学能 $U_1$。从环境吸收一定量的热 $Q$，并对环境做了功 $W$，过渡到状态 II，此时具有热力学能 $U_2$。对于组成不变的封闭系统发生的有限变化过程，根据能量守恒定律，有

$$\Delta U = U_2 - U_1 = Q + W \tag{2.7}$$

对于无限小的过程，有

$$dU = \delta Q + \delta W \tag{2.8}$$

式(2.7)和式(2.8)均为热力学第一定律的数学表达式。它表明封闭系统的热力学能的改变量等于变化过程中系统与环境间传递的热和功的总和。

这两个公式表明，虽然系统在某状态下热力学能的量值不能确定，但封闭系统状态变化时的热力学能变化 $\Delta U$，可由过程的热和功之和 $Q+W$ 来衡量。两式也说明，尽管 $Q$、$W$ 均为途径函数，而它们的和 $Q+W$ 却与状态函数的增量 $\Delta U$ 相等。这表明，沿不同途径所交换的热和功之和，只取决于封闭系统的始态、终态，而与具体途径无关。

【例 2.1】 能量状态为 $U_1$ 的系统，吸收 600J 的热，又对环境做了 450J 的功。求系统的能量变化和终态能量 $U_2$。

**解：** 由题意得知，$Q=600$J，$W=-450$J，由热力学第一定律

$$\Delta U = Q + W = 600\text{J} - 450\text{J} = 150\text{J}$$

又因 $U_2 - U_1 = \Delta U$,所以 $U_2 = U_1 + \Delta U = U_1 + 150\text{J}$

答：系统的能量变化为150J；终态能量为 $U_1 + 150\text{J}$。

【例 2.2】 与例 2.1 相同的系统，开始能量状态为 $U_1$，系统放出 100J 的热，环境对系统做了 250J 的功。求系统的能量变化和终态能量 $U_2$。

**解**：由题意得知，$Q = -100\text{J}$，$W = 250\text{J}$，由热力学第一定律

$$\Delta U = Q + W = -100\text{J} + 250\text{J} = 150\text{J}$$

$$U_2 = U_1 + \Delta U = U_1 + 150\text{J}$$

答：系统的能量变化是150J；终态能量是 $U_1 + 150\text{J}$。

从上述两个例题可清楚看到，系统的始态（$U_1$）和终态（$U_2 = U_1 + 150\text{J}$）确定时，虽然变化途径不同（$Q$ 和 $W$ 不同），热力学能的改变量（$\Delta U = 150\text{J}$）却是相同的。

## 2.3 恒容热、恒压热和焓

### 2.3.1 恒容热

恒容热是指系统进行一个恒容且非体积功为零的过程中，系统与环境交换的热，以 $Q_V$ 表示。在恒容过程中，系统与环境交换的体积功为零，由于不做非体积功，$W' = 0$，则该过程的总功，$W = 0$。根据热力学第一定律，有：

$$Q_V = \Delta U \quad (\text{d}V = 0, W' = 0) \tag{2.9}$$

对于微小的恒容、且无非体积功的过程，有

$$\delta Q_V = \text{d}U \quad (\text{d}V = 0, W' = 0) \tag{2.10}$$

式(2.9)和式(2.10)表示在恒容、且非体积功为零的条件下，系统与环境之间交换的热，它与过程的热力学能变 $\Delta U$ 在量值上相等。而 $\Delta U$ 只取决于始态和终态，故恒容热也取决于系统的始态和终态。若进行的是化学反应，其反应的热效应等于该系统热力学能的改变量。

### 2.3.2 恒压热和焓

恒压热是指系统进行恒压且非体积功为零的过程中与环境交换的热，以 $Q_p$ 表示。对于恒压、只做体积功的有限过程，根据热力学第一定律，有：

$$\Delta U = U_2 - U_1 = Q_p + W = Q_p - \int p\text{d}V = Q_p - (p_2V_2 - p_1V_1)$$

整理，得

$$Q_p = (U_2 + p_2V_2) - (U_1 + p_1V_1)$$

定义

$$H \stackrel{\text{def}}{=\!=} U + pV \tag{2.11}$$

将 $H$ 称为焓。由定义式(2.11)可知，由于 $U$、$p$、$V$ 是状态函数，所以焓也是状态函数。$U$ 和 $V$ 的广度性质也决定了 $H$ 是属于广度性质的物理量。焓与热力学能有相同的量纲，在 SI 单位制中为 J。因为热力学能的绝对值无法测算，所以，焓的绝对值也无法测算。

将 $H$ 的定义式代入 $Q_p$ 的表达式中，得

$$Q_p = \Delta H \tag{2.12}$$

对于微小的变化过程，它们的改变量为

$$\delta Q_p = \text{d}H \tag{2.13}$$

式（2.12）和式（2.13）表明，在恒压且没有非体积功的过程中，封闭系统吸收或释放的热量，在数值上等于系统焓值的改变量。上述两式对于等压且非体积功为零的过程同样适用。

焓是热力学中重要的热力学函数，虽然它没有明确的物理意义，绝对值也无法确定，但由于其增量与 $Q_p$ 相关，并且大多数化学反应都是在等压条件下进行的，所以焓的引入为热力学，特别是化学反应热力学的研究带来了很大的方便。

### 2.3.3 恒压热与焓变和恒容热与热力学能变的关系与意义

关系式 $Q_p = \Delta H$ 与 $Q_V = \Delta U$ 是热力学第一定律分别应用于恒压且非体积功为零和恒容且非体积功为零过程的结果，其重要意义体现在以下两个方面。

（1）在 $Q_p = \Delta H$ 与 $Q_V = \Delta U$ 中，左侧均为过程的热，过程的热是可以直接测量的，而右侧是不可以直接测量、但在热力学里又极为重要的两个状态函数的改变量。上述两个等式的成立，为 $\Delta H$ 和 $\Delta U$ 中在热力学中的计算及应用奠定了基础，即通过对 $Q_p$ 和 $Q_V$ 的测定，可以获得一系列重要的基础热力学数据，比如热容 $C_{p,m}$ 和 $C_{V,m}$。有了这些数据，才能计算过程的 $\Delta H$、$\Delta U$ 等其它热力学函数的改变量，从而解决相应的热力学问题。

（2）在 $Q_p = \Delta H$ 与 $Q_V = \Delta U$ 中，右侧是两个状态函数 $H$ 和 $U$ 的改变量，而状态函数的改变量只取决于系统的始态和终态，与经历的过程无关。这个性质是公式左侧过程函数 $Q$ 所不具备的，这两个等式就起到了桥梁的作用，将过程量和状态函数联系起来，将可以直接测定的量与不能直接测定的量联系起来，这给热力学函数的实际应用带来了很大的方便。使得有关热效应的计算也可以使用"状态函数"这一特性计算。

## 2.4 焦耳实验和焦耳-汤姆逊实验

### 2.4.1 焦耳实验

Gay-Lussac 在 1807 年，Joule 在 1843 年，在绝热条件下进行了低压气体的真空自由膨胀实验，如图 2.3 所示。

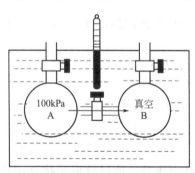

图 2.3 盖·吕萨克-焦耳实验

将两个容量相等的容器，放在水浴中，左球（A）充满气体，右球（B）为真空，打开活塞，气体由左球（A）扩散进入右球（B），直到达到平衡，然后通过水浴中的温度计观测水温的变化。实验中发现水温维持不变。

### 2.4.2 理想气体的热力学能和焓

实验过程中，气体向真空膨胀，因为环境的压力 $p_{amb} = 0\text{Pa}$，则系统和环境间交换的功为零，即 $W = 0$。实验中，温度没有改变，则系统与环境间也没有热的交换，即 $Q = 0$。根据热力学第一定律，$\Delta U = Q + W = 0$，即，过程中热力学能不变。

对于组成不变的均相封闭系统，令 $U = U(T, V)$，根据状态函数的全微分性质，有

$$dU = \left(\frac{\partial U}{\partial T}\right)_V dT + \left(\frac{\partial U}{\partial V}\right)_T dV$$

由于 $dT=0$,$dU=0$,所以

$$\left(\frac{\partial U}{\partial V}\right)_T dV = 0$$

又 $dV \neq 0$,所以

$$\left(\frac{\partial U}{\partial V}\right)_T = 0 \tag{2.14}$$

由于实验是在低压条件下进行的,所以气体可以看作是理想气体。这就证明了,理想气体在恒温过程中,热力学能不随体积的改变而改变。

同理,令 $U=U(T,p)$,根据状态函数的全微分性质和实验结果,很容易证明:

$$\left(\frac{\partial U}{\partial p}\right)_T = 0 \tag{2.15}$$

也就是说,理想气体在恒温过程中,热力学能也不随压力的改变而改变。以上两式说明,只要温度 $T$ 恒定,理想气体的热力学能 $U$ 就恒定,这就证明了理想气体的热力学能仅是温度的函数,而与体积和压力无关,即

$$U = f(T) \tag{2.16}$$

这一实验结论也可以用理想气体模型加以解释:理想气体分子间没有相互作用力,因而不存在分子间相互作用的势能,其热力学能只是分子平动、转动、分子内各原子间的振动、电子的运动、核的运动的能量等,而这些能量均取决于温度。

同理,根据焓的定义 $H=U+pV$ 以及焦耳实验的结论,也容易证明,理想气体的焓也仅是温度的函数,与体积和压力无关,即

$$H = f(T) \tag{2.17}$$

需要指出的是,焦耳实验的设计是不够精确的,因为焦耳实验时气体的压力较低,气体自由膨胀后即使与环境交换了少量的热,但由于水的量较多,并且水的比热容又较大,交换的少量热不足以使水的温度改变到足够大而能够由不太精密的温度计观测出来。尽管如此,焦耳实验的不精确性并不影响"理想气体的热力学能仅是温度的函数"这一结论的正确性。

### 2.4.3 焦耳-汤姆逊实验

前面讲到焦耳实验是不够精确的,用它来研究真实气体的膨胀,因水的热容很大,会使实验因温度测量困难而影响得出正确结论。针对这一问题,焦耳和汤姆逊(Thomson)于1825年设计了另一实验,即焦耳-汤姆逊实验。并以此对真实气体进行了研究,得出 $U$ 和 $H$ 不仅仅是温度的函数,还与 $p$ 或 $V$ 有关。在这个实验中,使人们对实际气体的 $U$ 和 $H$ 的性质有所了解,并且在获得低温和气体液化工业中有重要应用。

如图 2.4 所示,在一个圆形绝热筒中有两个绝热活塞,其中部有一个刚性多孔塞使气体不能很快通过,并维持塞两边的压力差。实验前,作为研究对象的气体 $(p_1,V_1,T_1)$ 全在多孔塞左侧,在维持左、右两边压力分别保持 $p_1$、$p_2$($p_1>p_2$)不变的条件下,将左侧气体通过多孔塞逐渐压入右侧,至气体全部压入右侧。这种在绝热条件下,气体的始态、终态压力分别保持恒定不变情况下的膨胀过程,称为节流膨胀过程。实际生产过程中,当稳定流动的流体在流动时突然受阻而使压力下降的情况,就可认为是节流膨胀过程。

### 2.4.4 节流膨胀的热力学特征

节流过程是在绝热筒中进行的,$Q=0$,根据热力学第一定律,所以:

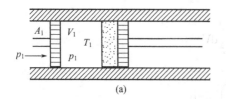 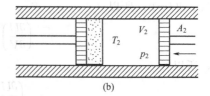

图 2.4 焦耳-汤姆逊实验（节流膨胀过程）

$$U_2 - U_1 = \Delta U = W$$

过程的功由两部分组成：因压缩左侧气体，环境对系统做的功 $W_1 = -p_1(0 - V_1) = p_1 V_1$；气体通过多孔活塞压入右侧，因膨胀而对环境做的功 $W_2 = -p_2(V_2 - 0) = -p_2 V_2$。整个节流膨胀过程的功为

$$W = p_1 V_1 - p_2 V_2$$

将 $Q$、$W$ 代入热力学第一定律，有

$$\Delta U = Q + W = p_1 V_1 - p_2 V_2$$

整理得

$$U_2 + p_2 V_2 = U_1 + p_1 V_1$$

即

$$H_2 = H_1$$

可见，节流膨胀过程为恒焓过程。

根据焦耳-汤姆逊实验的结果，对压力足够低的低压气体（可看作理想气体）经节流膨胀后，温度保持不变，这一结果表明理想气体的焓仅仅是温度的函数。而对真实气体，经节流膨胀后温度改变了，这说明真实气体的焓不仅与温度有关，还与压力或者体积有关。真实气体经节流膨胀后温度可能降低，产生制冷效应，也可能升高，产生制热效应，这是 $H = f(T, p)$ 这一关系的必然结果。

为了描述气体经节流膨胀制冷或制热能力的大小，引入如下的焦耳-汤姆逊系数，即，节流膨胀系数：

$$\mu_{\text{J-T}} = \left(\frac{\partial T}{\partial p}\right)_H \tag{2.18}$$

根据焦耳-汤姆逊系数的定义，理想气体的 $\mu_{\text{J-T}} \equiv 0$；对真实气体，若节流膨胀产生制冷效应 $\mu_{\text{J-T}} > 0$，产生制热效应 $\mu_{\text{J-T}} < 0$。$|\mu_{\text{J-T}}|$ 越大表明其制冷或制热的能力越强。几种气体在 100℃、100kPa 下的 $\mu_{\text{J-T}}$ 的值如表 2.1 所示。

表 2.1 几种气体在 100℃，100kPa 下的 $\mu_{\text{J-T}}$ 的值

| 气体 | He | Ar | $N_2$ | CO | $CO_2$ | 空气 |
|---|---|---|---|---|---|---|
| $10^6 \mu_{\text{J-T}}/\text{K} \cdot \text{Pa}^{-1}$ | -0.62 | 4.31 | 2.67 | 2.95 | 12.90 | 2.75 |

## 2.5 摩尔热容

### 2.5.1 摩尔恒容热容

在不发生相变化和化学变化的情况下，一个温度为 $T$ 的封闭系统中，物质的量为 $n\,\text{mol}$

的物质在恒容、且非体积功为零的条件下，温度升高无限小量 d$T$ 时，吸收的热量为 $Q_V$，则 $\frac{1}{n}\frac{\delta Q_V}{dT}$ 就称为该物质在该温度下的摩尔恒容热容，以 $C_{V,m}$ 表示，即

$$C_{V,m} \stackrel{\text{def}}{=\!=} \frac{1}{n}\frac{\delta Q_V}{dT} \tag{2.19}$$

对于恒容、且非体积功为零的过程，根据热力学第一定律，有 $\delta Q_V = dU_V = n dU_{m,V}$，代入式(2.19)并整理得

$$C_{V,m} = \frac{1}{n}\left(\frac{\partial U}{\partial T}\right)_V = \left(\frac{\partial U_m}{\partial T}\right)_V \tag{2.20}$$

式(2.20) 即为 $C_{V,m}$ 的定义式，其单位在 SI 单位制中为：$J \cdot K^{-1} \cdot mol^{-1}$。

根据摩尔恒容热容 $C_{V,m}$ 的定义，移项积分，得

$$Q_V = \Delta U = \int_{T_1}^{T_2} n C_{V,m} dT \tag{2.21}$$

式(2.21) 可以计算理想气体在恒容、非体积功为零的条件下，系统发生单纯 $pVT$ 变化时的 $\Delta U$ 和 $Q_V$，对液体和固体的单纯 $pVT$ 的恒容过程也适用。

若过程不恒容，理想气体发生单纯 $pVT$ 过程的 $\Delta U$ 也可以利用 $C_{V,m}$ 进行计算，但此时 $\Delta U \neq Q_V$，分析讨论如下。

设有物质的量为 $n$ 的某理想气体由始态 $(T_1, V_1)$ 变化到终态 $(T_2, V_2)$，为求此非恒容过程中系统的 $\Delta U$，可将过程分为两步实现，即先沿途径 a 恒容变温至 $T_2$，然后再沿途径 b 恒温变容至 $V_2$。

$$\begin{array}{ccc}
(T_1, V_1) & \xrightarrow{\Delta U} & (T_2, V_2) \\
a \downarrow \Delta_V U & & \uparrow \Delta_T U \; b \\
& (T_2, V_1) &
\end{array}$$

利用状态函数法，有

$$\Delta U = \Delta_V U + \Delta_T U$$

其中

$$\Delta_V U = \int_{T_1}^{T_2} n C_{V,m} dT$$

$$\Delta_T U = 0 (理想气体恒温过程)$$

将以上两式代入 $\Delta U = \Delta_V U + \Delta_T U$，则有

$$\Delta U = \int_{T_1}^{T_2} n C_{V,m} dT \tag{2.22}$$

可见，理想气体的单纯 $pVT$ 过程中，不论过程恒容与否，系统的热力学能的改变量均可由式(2.22)计算。恒容与否的区别仅在于：恒容过程 $\Delta U = Q_V$，而非恒容过程 $\Delta U \neq Q_V$。

## 2.5.2 摩尔恒压热容

在不发生相变化和化学变化的情况下，一个温度为 $T$ 的封闭系统，物质的量为 $n$ mol 的物质在恒压、且非体积功为零的条件下，温度升高无限小量 d$T$ 时，吸收的热量为 $Q_p$，则 $\frac{1}{n}\frac{\delta Q_p}{dT}$ 就称为该物质在该温度下的摩尔恒压热容，以 $C_{p,m}$ 表示，即

$$C_{p,m} = \frac{1}{n}\frac{\delta Q_p}{dT} \tag{2.23}$$

对于恒压且非体积功为零的过程，根据热力学第一定律，有 $\delta Q_p = \mathrm{d}H_p = n\mathrm{d}H_{\mathrm{m},p}$，代入式(2.23)并整理，得

$$C_{p,\mathrm{m}} = \frac{1}{n}\left(\frac{\partial H}{\partial T}\right)_p = \left(\frac{\partial H_{\mathrm{m}}}{\partial T}\right)_p \tag{2.24}$$

此式即为 $C_{p,\mathrm{m}}$ 的定义式，其单位在 SI 单位制中为：$\mathrm{J\cdot K^{-1}\cdot mol^{-1}}$。

根据摩尔恒容热容 $C_{p,\mathrm{m}}$ 的定义，移项积分，得

$$Q_p = \Delta H = \int_{T_1}^{T_2} nC_{p,\mathrm{m}}\mathrm{d}T \tag{2.25}$$

式(2.25)可以计算理想气体在恒压、非体积功为零的条件下，系统发生单纯 $pVT$ 变化时的 $\Delta H$ 和 $Q_p$，对液体和固体也适用。

若过程不恒压，系统发生单纯 $pVT$ 过程的 $\Delta H$ 也可以利用 $C_{p,\mathrm{m}}$ 进行计算，但此时 $\Delta H \neq Q_p$。现分理想气体、凝聚态物质两种情况加以讨论。

A. 理想气体

由焓的定义和理想气体的状态方程有

$$H = U + pV = U + nRT$$

因理想气体的热力学能仅是温度的函数，故理想气体的焓也仅是温度的函数。这样，对于理想气体单纯 $pVT$ 过程，无论恒压与否，其 $\Delta H$ 均可由如下通式计算

$$\Delta H = \int_{T_1}^{T_2} nC_{p,\mathrm{m}}\mathrm{d}T$$

也可以采用类似方法推导非恒容过程热力学能的计算公式方法，证明非恒压过程的 $\Delta H$ 可由上式计算。需要说明的是，若过程不恒压，则过程的 $\Delta H \neq Q_p$。

B. 凝聚态物质

凝聚态物质是指处于液态或固态的物质，如液态水、固态金属银等。对于这类物质，在温度 $T$ 一定时，只要压力变化不大，压力对 $\Delta H$ 的影响往往可以忽略，故凝聚态物质发生单纯 $pVT$ 过程时，系统的焓变 $\Delta H$ 仅取决于始态、终态的温度，即凝聚态物质的 $\Delta H$ 可由下式计算

$$\Delta H = \int_{T_1}^{T_2} nC_{p,\mathrm{m}}\mathrm{d}T$$

对于凝聚态物质单纯 $pVT$ 的 $\Delta U$，由于 $\Delta H = \Delta U + \Delta(pV)$，对于凝聚态物质 $\Delta(pV) \approx 0$，因此

$$\Delta U \approx \Delta H = \int_{T_1}^{T_2} nC_{p,\mathrm{m}}\mathrm{d}T \tag{2.26}$$

需要注意的是，尽管凝聚态物质变温过程中，系统的体积改变很小，如果没有明确指出为恒容过程，$\Delta U$ 的值不能按照下式计算过程的热和热力学能变。

$$Q = \Delta U = \int_{T_1}^{T_2} nC_{V,\mathrm{m}}\mathrm{d}T$$

### 2.5.3 摩尔恒压热容与摩尔恒容热容的关系

由 $C_{p,\mathrm{m}}$ 和 $C_{V,\mathrm{m}}$ 的定义，可以导出两者之间的关系：

$$\begin{aligned}C_{p,\mathrm{m}} - C_{V,\mathrm{m}} &= \left(\frac{\partial H_{\mathrm{m}}}{\partial T}\right)_p - \left(\frac{\partial U_{\mathrm{m}}}{\partial T}\right)_V \\ &= \left\{\frac{\partial(U_{\mathrm{m}} + pV_{\mathrm{m}})}{\partial T}\right\}_p - \left(\frac{\partial U_{\mathrm{m}}}{\partial T}\right)_V\end{aligned} \tag{2.27}$$

$$= \left(\frac{\partial U_\mathrm{m}}{\partial T}\right)_p - \left(\frac{\partial U_\mathrm{m}}{\partial T}\right)_V + p\left(\frac{\partial V_\mathrm{m}}{\partial T}\right)_p$$

将热力学能表达为温度和体积的函数，即 $U_\mathrm{m} = f(T, V_\mathrm{m})$，根据全微分性质

$$\mathrm{d}U_\mathrm{m} = \left(\frac{\partial U_\mathrm{m}}{\partial T}\right)_V \mathrm{d}T + \left(\frac{\partial U_\mathrm{m}}{\partial V_\mathrm{m}}\right)_T \mathrm{d}V_\mathrm{m}$$

在等压的条件下，上式两边同除以 $\mathrm{d}T$，得

$$\left(\frac{\partial U_\mathrm{m}}{\partial T}\right)_p - \left(\frac{\partial U_\mathrm{m}}{\partial T}\right)_V = \left(\frac{\partial U_\mathrm{m}}{\partial V_\mathrm{m}}\right)_T \left(\frac{\partial V_\mathrm{m}}{\partial T}\right)_p$$

将上式代入 $C_{p,\mathrm{m}}$ 和 $C_{V,\mathrm{m}}$ 的关系式，得

$$C_{p,\mathrm{m}} - C_{V,\mathrm{m}} = \left[\left(\frac{\partial U_\mathrm{m}}{\partial V_\mathrm{m}}\right)_T + p\right]\left(\frac{\partial V_\mathrm{m}}{\partial T}\right)_p \tag{2.28}$$

从式(2.28)可以看出，$C_{p,\mathrm{m}}$ 和 $C_{V,\mathrm{m}}$ 的差别，来自于两个方面：一方面 1mol 物质由于温度升高单位热力学温度时，由于体积膨胀，要克服分子间吸引力，使得热力学能增加而从环境吸收的热量；另一方面由于体积膨胀对环境做功而从环境吸收的热量。

对理想气体 $pV_\mathrm{m} = RT$，有

$$\left(\frac{\partial V_\mathrm{m}}{\partial T}\right)_p = \frac{R}{p}, \quad \left(\frac{\partial U_\mathrm{m}}{\partial V_\mathrm{m}}\right)_T = 0$$

代入 $C_{p,\mathrm{m}}$ 和 $C_{V,\mathrm{m}}$ 的关系式(2.27)，得

$$C_{p,\mathrm{m}} - C_{V,\mathrm{m}} = R \tag{2.29}$$

若没有给出理想气体的摩尔热容时，在常温下

单原子理想气体：$\quad C_{V,\mathrm{m}} = \frac{3}{2}R, \quad C_{p,\mathrm{m}} = \frac{5}{2}R$

双原子理想气体：$\quad C_{V,\mathrm{m}} = \frac{5}{2}R, \quad C_{p,\mathrm{m}} = \frac{7}{2}R$

多原子理想气体：$\quad C_{V,\mathrm{m}} = 3R, \quad C_{p,\mathrm{m}} = 4R$

理想气体的摩尔热容可由统计热力学知识导出，请查阅相关书籍。当温度变化范围较大时，摩尔恒容热容和摩尔恒压热容都会随温度的改变而改变，它们是温度的函数，即 $C_{V,\mathrm{m}} = f(T)$，$C_{p,\mathrm{m}} = f(T)$。实际科研活动和生产实践中，$C_{p,\mathrm{m}}$ 更常用。

**【例 2.3】** 体积为 $0.1\mathrm{m}^3$ 的绝热恒容容器中有 4mol Ar(g) 和 2mol Cu(s)，始态温度为 0℃。现将系统加热至 100℃，求该过程的 $Q$、$W$、$\Delta U$、$\Delta H$。已知 Ar(g) 和 Cu(s) 的 $C_{p,\mathrm{m}}$ 分别为 20.768J·K$^{-1}$·mol$^{-1}$ 和 24.435J·K$^{-1}$·mol$^{-1}$，且不随温度变化。气体看作理想气体。

**解：** 理想气体 Ar(g)：$C_{V,\mathrm{m}} = C_{p,\mathrm{m}} - R = 12.472$ J·K$^{-1}$·mol$^{-1}$

$\Delta U = \Delta U(\mathrm{Ar,g}) + \Delta U(\mathrm{Cu,s}) \approx n(\mathrm{Ar,g}) C_{V,\mathrm{m}}(\mathrm{Ar,g})(T_2 - T_1) +$
$\quad n(\mathrm{Ar,g}) C_{p,\mathrm{m}}(\mathrm{Ar,g})(T_2 - T_1)$
$= (4 \times 12.472 + 2 \times 24.435) \times (373.15 - 273.15)$ J $= 9876$ J

$\Delta H = \Delta H(\mathrm{Ar,g}) + \Delta H(\mathrm{Cu,s}) = n(\mathrm{Ar,g}) C_{p,\mathrm{m}}(\mathrm{Ar,g})(T_2 - T_1) +$
$\quad n(\mathrm{Ar,g}) C_{p,\mathrm{m}}(\mathrm{Ar,g})(T_2 - T_1)$
$= (4 \times 20.768 + 2 \times 24.435) \times (373.15 - 273.15)$ J $= 13201$ J

过程恒容 $\mathrm{d}V = 0$，

$$W = 0, \quad Q_V = \Delta U = 9876 \text{J}$$

## 2.5.4 摩尔恒压热容与温度的关系

由于 $C_{p,m}$ 和 $C_{V,m}$ 之间存在一定的关系，故只要测定其中一种热力学数据即可。它们作为重要的基础热力学数据，是通过量热实验获得的。实验结果表明：它们往往随温度而变化。目前通过手册能直接查到的是许多纯物质和空气等组成恒定的混合物的 $C_{p,m}$ 数据。表达 $C_{p,m}$ 与温度的关系的方法通常有三种。

(1) 数据列表　将实验测定的不同温度 $T$ 下的 $C_{p,m}$ 数据列表，这样可直接读出温度 $T$ 下的 $C_{p,m}$ 数值。

(2) 温度 $T$ 下的 $C_{p,m} \sim T$ 曲线　用不同温度下实验测定的 $C_{p,m}$ 绘制曲线，这种方法的优点是可以直观地看出 $C_{p,m}$ 随温度 $T$ 的变化趋势。

(3) 函数关系式　实验测定 $C_{p,m}$ 与 $T$ 的数据，拟合成温度的二次或三次多项式，如

$$C_{p,m} = a + bT + cT^2 \tag{2.30}$$

$$C_{p,m} = a + bT + cT^2 + dT^3 \tag{2.31}$$

式中，$a, b, c, \cdots$ 是经验常数，与各物质自身性质有关，可从各种手册中查到，见书后附录。

## 2.5.5 平均摩尔热容

工程上引入平均摩尔热容 $\overline{C}_{V,m}$ 或 $\overline{C}_{p,m}$，可以避免利用 $C_{p,m} \sim T$ 函数关系式计算恒容热、恒压热、热力学能变和焓变需要积分的麻烦。

物质的量为 $n$ 的某物质，在恒压且非体积功为零的条件下，若温度由 $T_1$ 升高到 $T_2$ 吸热 $Q_p$，则在该温度范围内的平均摩尔热容定义为

$$\overline{C}_{p,m} = \frac{Q_p}{n(T_2 - T_1)} \tag{2.32}$$

整理上式，得到恒压热的计算公式

$$Q_p = n\overline{C}_{p,m}(T_2 - T_1) \tag{2.33}$$

可见，平均摩尔热容的引入使得恒压热的计算变得简单了。

以上介绍了摩尔恒容热容 $C_{V,m}$ 和摩尔恒压热容 $C_{p,m}$，除此之外我们还经常遇到恒容热容 $C_V$、恒压热容 $C_p$（单位为 $J \cdot K^{-1}$）、质量恒容热容 $c_V$、质量恒压热容 $c_p$（单位为 $J \cdot kg^{-1} \cdot K^{-1}$）。它们间的简单关系为 $C_V = nC_{V,m}$，$C_p = nC_{p,m}$，$c_V = C_{V,m}/M$，$c_p = C_{p,m}/M$。

【例 2.4】　求常压下 62.5 kmol $CH_4$ 由 260℃升至 538℃所需的热量 $Q_p$。

解：$C_{p,m} = a + bT + cT^2$

$a = 14.15, b = 0.075496, c = -1.799 \times 10^{-5}, T_1 = 533.2K, T_2 = 811.2K$

$$Q_p = n\int_{T_1}^{T_2} C_{p,m} dT = n\left[a(T_2 - T_1) + \frac{b}{2}(T_2^2 - T_1^2) + \frac{c}{3}(T_2^3 - T_1^3)\right]$$

代入数据计算得：$Q_p = 9.96 \times 10^8 J$

# 2.6　可逆过程与可逆体积功

## 2.6.1　可逆过程

从推动力的角度可将可逆过程定义为：推动力无限小、系统内及系统与环境之间在无限

接近平衡条件下进行的过程。

从能量的角度可将可逆过程定义为：系统和环境均能复原的过程，称为可逆过程。

现在以一定量理想气体在气缸内恒温膨胀和恒温压缩过程为例讨论可逆过程的特点。

设有 1mol 理想气体，置于一带有理想活塞的气缸内，活塞为单位面积，整个气缸置于温度为 $T$ 的恒温热源中，活塞上放有两堆极细的沙粒，每堆沙粒产生的压力等于大气压力 $p_0$，现将理想气体在恒温 $T$ 下由始态（$T$，$3p_0$，$V_0$）恒温膨胀至末态（$T$，$p_0$，$3V_0$），如图 2.5 所示。假设膨胀过程沿下列三种途径实现。

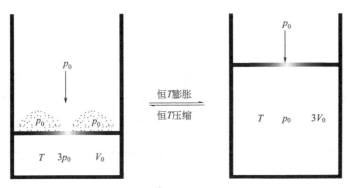

图 2.5 可逆过程示意图

① 过程 a　将两堆沙一次全拿掉，系统反抗恒外压 $p_0$ 由 $V_0$ 膨胀到 $3V_0$。该过程系统对环境做功为

$$W_a = -p_0(3V_0 - V_0) = -2p_0V_0$$

因气缸内是理想气体，$3p_0V_0 = RT$，即 $p_0V_0 = \dfrac{1}{3}RT$

代入上式得
$$W_a = -\dfrac{2}{3}RT$$

即图 2.6 中(a)图中阴影部分的面积。

② 过程 b　将两堆沙分两次全拿掉，系统先反抗恒外压 $2p_0$ 由 $V_0$ 膨胀到 $1.5V_0$，再反抗恒外压 $p_0$ 由 $1.5V_0$ 膨胀到 $3V_0$。该过程系统对环境做功为

$$W_b = -[2p_0(1.5V_0 - V_0) + p_0(3V_0 - 1.5V_0)] = -2.5p_0V_0 = -\dfrac{2.5}{3}RT$$

即图 2.6 中(b)图的阴影部分的面积。

③ 过程 c　每次拿掉一无限小的细沙，使系统在非常接近平衡态条件下体积逐渐膨胀到 $3V_0$。在此过程中，系统的压力与环境的压力每时每刻都相差一无限小量，可以认为系统的压力与环境的压力相等，所以整个过程系统对环境做的功为

$$W_c = -\int_{V_0}^{3V_0} p_{amb}dV = -\int_{V_0}^{3V_0} pdV = -\int_{V_0}^{3V_0} \dfrac{RT}{V}dV = -RT\ln 3$$

即图 2.6 中(c)图的阴影部分的面积。

与过程 a、b 比较，过程 c 的推动力为无限小，系统和环境均是在无限接近平衡条件下进行的，变化过程的系统一瞬间也无限接近平衡，因而过程是可逆过程。而过程 a、b 的推动力不是无限小，过程中系统与环境之间也不处于平衡态，所以过程 a、b 是不可逆过程。

比较过程的功，有 $|W_a| < |W_b| < |W_c|$，即恒温可逆膨胀过程系统对环境做最大功，而对于不可逆过程，越接近可逆过程的系统做的功也越大。

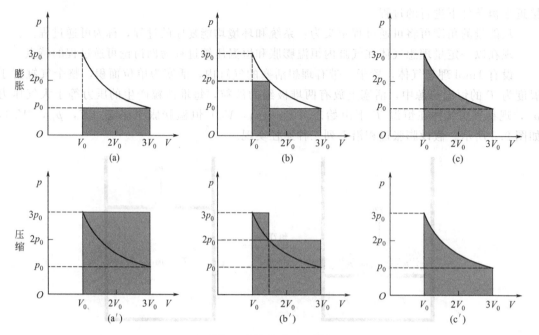

图 2.6 不同过程的可逆体积功

为了理解"可逆"的含义,并分析过程中能量转化关系,现将系统由终态($T$,$p_0$,$3V_0$)经三条不同的途径恒温压缩回始态($T$,$3p_0$,$V_0$)。

④ 过程 a'  将两堆细沙一次全加上,使系统在反抗 $3p_0$ 的恒外压由 $3V_0$ 直接压缩到 $V_0$。该过程环境对系统做功为

$$W_{a'} = -3p_0(V_0 - 3V_0) = 6p_0V_0 = 2RT$$

即图 2.6 中(a')图阴影部分的面积。

⑤ 过程 b'  将两堆细沙分两次分别加上,使系统在恒温下先反抗恒外压 $2p_0$ 由 $3V_0$ 压缩到 $1.5V_0$,然后再反抗恒外压 $3p_0$ 由 $1.5V_0$ 压缩到 $V_0$。该过程环境对系统做功为

$$W_{b'} = -[2p_0(1.5V_0 - 3V_0) + 3p_0(V_0 - 1.5V_0)] = 4.5p_0V_0 = 1.5RT$$

即图 2.6 中(b')图阴影部分的面积。

⑥ 过程 c'  每次拿掉一无限小的细沙,使系统在非常接近平衡态条件下体积被缓慢从 $3V_0$ 压缩到 $V_0$。在此过程中,系统的压力与环境的压力每时每刻都相差一无限小量,可以认为系统的压力与环境的压力相等,所以整个过程环境对系统做的功为

$$W_{c'} = -\int_{3V_0}^{V_0} p_{amb}\,dV = -\int_{3V_0}^{V_0} p\,dV = -\int_{3V_0}^{V_0} \frac{RT}{V}\,dV = RT\ln 3$$

即图 2.6 中(c')图阴影部分的面积。与过程 c 类似,该过程也可视为可逆过程。

比较三个压缩过程的功,有 $W_{a'} > W_{b'} > W_{c'}$,即恒温可逆压缩过程系统对环境做最小功,而对于不可逆过程,越接近可逆过程的环境做的功也越小。

上述过程 a 和 a',过程 b 和 b' 形成的是不可逆循环,而过程 c 和 c' 形成的是可逆循环,各循环过程的总功如下:

a+a' 途径的总功为:$W_{a+a'} = \dfrac{4}{3}RT$

b+b' 途径的总功为:$W_{b+b'} = \dfrac{2}{3}RT$

$$c+c'途径的总功为：W_{c+c'}=0$$

可见，只有可逆循环过程的功为零，又因循环过程的热力学能变也为零，由热力学第一定律 $\Delta U=Q+W$ 可知，可逆循环过程的热效应 $Q=0$，这表明系统经可逆膨胀和沿原途径的可逆压缩这一循环过程后，总的结果是：系统与环境既没有得到功，也没有失去功；既没有吸热，也没有放热。也就是说，系统和环境完全复原，没有留下任何能量"痕迹"，这正是"可逆"的含义所在。而两个不可逆循环过程结束后，系统还原，环境的功转化为等量的热，留下了能量"痕迹"，所不同的是 $a+a'$ 循环过程的功损失更大，即不可逆程度越大。

需要指明的是，可逆过程是从实际过程趋近极限而抽象出来的理想化过程，它在客观世界中是不存在的。因为过程要想在无限接近平衡的条件下进行，过程的推动力应该无限小，过程进行就无限缓慢，需要无限长的时间才能完成。而实际进行的过程往往都是在有限时间内以一定速度进行的，故严格意义上讲实际存在的过程都是不可逆过程。但这并不影响以后将一些过程按可逆过程处理，如相变过程、化学反应过程等。

### 2.6.2 可逆体积功

由可逆过程的定义可知，在可逆过程中，$p_{amb}=p$，在计算体积功时就可以用系统压力 $p$ 代替环境的压力 $p_{amb}$，则可逆体积功为

$$W_r = -\int_{V_1}^{V_2} p\,dV \tag{2.34}$$

应用式(2.34)计算气体的可逆体积功时，只要将相应的气体的状态方程 $p=f(T,V)$ 代入上式并积分即可。

下面针对理想气体的恒温可逆过程和绝热可逆过程进行讨论。

#### 2.6.2.1 理想气体恒温可逆过程的体积功

物质的量为 $n$ 的理想气体在温度 $T$ 下由始态 $(p_1, V_1, T)$ 恒温可逆变化到终态 $(p_2, V_2, T)$，过程的体积功为

$$W_{T,r} = -\int_{V_1}^{V_2} p\,dV = \int_{V_1}^{V_2} \frac{nRT}{V}dV$$

积分得

$$W_{T,r} = -nRT\ln\frac{V_2}{V_1} = nRT\ln\frac{V_1}{V_2} \tag{2.35}$$

根据理想气体的状态方程 $nRT=p_1V_1=p_2V_2$，代入式(2.35)，有

$$W_{T,r} = -nRT\ln\frac{p_1}{p_2} = nRT\ln\frac{p_2}{p_1} \tag{2.36}$$

#### 2.6.2.2 理想气体绝热可逆过程的体积功

(1) 理想气体绝热可逆过程方程式

对于理想气体绝热、非体积功为零的微小变化过程，根据热力学第一定律，有

$$dU = \delta W$$

当理想气体进行可逆变化时，因 $dU=nC_{V,m}dT$，体积功 $\delta W=-pdV=-\dfrac{nRT}{V}dV$，代入上式，有

$$nC_{V,m}dT = -\frac{nRT}{V}dV, \quad 即 \frac{nC_{V,m}}{T}dT = -\frac{nR}{V}dV$$

当理想气体经绝热可逆过程由始态（$p_1$，$V_1$，$T_1$）可逆变化到终态（$p_2$，$V_2$，$T_2$），积分上式，有

$$\int_{T_1}^{T_2} \frac{nC_{V,m}}{T} dT = -\int_{V_1}^{V_2} \frac{nR}{V} dV$$

对理想气体，若$C_{V,m}$为常数，则有

$$nC_{V,m} \ln \frac{T_2}{T_1} = nR \ln \frac{V_1}{V_2}$$

即

$$\frac{T_2}{T_1} = \left(\frac{V_1}{V_2}\right)^{\frac{R}{C_{V,m}}} \tag{2.37}$$

将$\frac{V_1}{V_2} = \frac{T_1}{T_2} \times \frac{p_2}{p_1}$代入式(2.37)，并利用理想气体摩尔热容之间的关系$C_{p,m} - C_{V,m} = R$，可得

$$\frac{T_2}{T_1} = \left(\frac{p_2}{p_1}\right)^{\frac{R}{C_{p,m}}} \tag{2.38}$$

式(2.37)和式(2.38)即为理想气体绝热可逆过程方程式。之所以称为过程方程式，是因为该方程描述了理想气体绝热可逆过程始态、终态的$p$、$V$、$T$之间的关系。

将上述理想气体绝热可逆过程方程式整理还会得到其它形式的方程，如

$$\frac{T_2}{T_1} = \left(\frac{V_1}{V_2}\right)^{\gamma-1} \quad \text{或} \quad TV^{\gamma-1} = C(C\text{为常数}) \tag{2.39}$$

$$\frac{T_2}{T_1} = \left(\frac{p_2}{p_1}\right)^{\frac{1-\gamma}{\gamma}} \quad \text{或} \quad Tp^{\frac{1-\gamma}{\gamma}} = C(C\text{为常数}) \tag{2.40}$$

$$\frac{p_2}{p_1} = \left(\frac{V_1}{V_2}\right)^{\gamma} \quad \text{或} \quad pV^{\gamma} = C(C\text{为常数}) \tag{2.41}$$

式(2.39)、式(2.40)和式(2.41)中$\gamma = \frac{C_{p,m}}{C_{V,m}}$称为理想气体的热容比。以上三式也称为理想气体绝热可逆过程方程式。

（2）理想气体绝热可逆过程的体积功

理想气体绝热可逆过程的体积功可由可逆功计算通式结合过程方程式得到：

$$W_{a,r} = -\int_{V_1}^{V_2} p \, dV = -\int_{V_1}^{V_2} \frac{C}{V^{\gamma}} dV = \frac{C}{\gamma-1}\left(\frac{1}{V_2^{\gamma-1}} - \frac{1}{V_1^{\gamma-1}}\right) = \frac{pV^{\gamma}}{\gamma-1}\left(\frac{1}{V_2^{\gamma-1}} - \frac{1}{V_1^{\gamma-1}}\right) \tag{2.42}$$

式(2.42)虽然可计算理想气体绝热可逆过程的功，但是比较繁琐。根据过程的特征，简便方法为：

$$W_{a,r} = \Delta U = nC_{V,m}(T_2 - T_1) \tag{2.43}$$

**【例 2.5】** 某双原子理想气体 4mol，从始态 $p_1 = 50\text{kPa}$，$V_1 = 160\text{dm}^3$，经绝热可逆压缩到终态压力 $p_2 = 200\text{kPa}$。求终态的温度和过程的 $W$、$\Delta U$ 及 $\Delta H$。

**解：** 先求出始态温度

$$T_1 = \frac{p_1 V_1}{nR} = \left(\frac{50 \times 10^3 \times 160 \times 10^{-3}}{4 \times 8.314}\right)\text{K} = 240.55\text{K}$$

对双原子理想气体 $C_{p,m} = 3.5R$

由绝热可逆过程方程式，终态温度

$$T_2 = T_1 \left(\frac{p_2}{p_1}\right)^{R/C_{p,m}} = 240.53 \times \left(\frac{200}{50}\right)^{2/7} K = 357.43 K$$

$$\Delta U = nC_{V,m}(T_2 - T_1)$$
$$= [4 \times 2.5 \times 8.314 \times (357.43 - 240.53)]J = 9720J$$

$$\Delta H = nC_{p,m}(T_2 - T_1)$$
$$= [4 \times 3.5 \times 8.314 \times (357.43 - 240.53)]J = 13608J$$

由于过程绝热可逆，所以 $Q=0$，根据热力学第一定律，有

$$W = \Delta U = 9720J$$

**【例 2.6】** 设 $1dm^3$ $O_2$ 由 298.15K, 500kPa 用下列几种不同方式膨胀到最后压力为 100kPa：(1) 等温可逆膨胀；(2) 绝热可逆膨胀；(3) 在恒外压 100kPa 下绝热膨胀。计算终态体积、终态温度，过程的功、热力学能变和焓变。假定 $O_2$ 为理想气体，$C_{p,m} = \frac{7}{2}R$，且不随温度而变。

**解：** 气体物质的量为

$$n = \frac{pV}{RT} = \left(\frac{500 \times 10^3 \times 1.0 \times 10^{-3}}{8.314 \times 298.15}\right)mol = 0.202 mol$$

(1) 等温可逆膨胀

终态温度：$T_2 = 298.15K$

终态体积：$V_2 = \frac{p_1 V_1}{p_2} = \frac{500 \times 10^3 \times 1.0 \times 10^{-3}}{100 \times 10^3} m^3 = 5.0 \times 10^{-3} m^3$

理想气体等温过程：$\Delta U = 0$，$\Delta H = 0$

$$W_2 = nRT \ln \frac{p_2}{p_1} = \left(0.202 \times 8.314 \times 298.15 \times \ln \frac{100}{500}\right)J = -805.52J$$

$$Q = -W = 805.52J$$

(2) 绝热可逆膨胀

$$C_{V,m} = C_{p,m} - R = \frac{7}{2}R - R = \frac{5}{2}R$$

$$\gamma = \frac{C_{p,m}}{C_{V,m}} = \frac{\frac{7}{2}R}{\frac{5}{2}R} = 1.4$$

由绝热可逆过程方程式可知终态体积为

$$V_2 = V_1 \left(\frac{p_1}{p_2}\right)^{\frac{1}{\gamma}} = \left[1.0 \times 10^{-3} \left(\frac{500 \times 10^3}{100 \times 10^3}\right)^{\frac{1}{1.4}}\right] m^3 = 3.16 \times 10^{-3} m^3$$

终态温度：$T_2 = \frac{p_2 V_2}{nR} = \left(\frac{100 \times 10^3 \times 3.16 \times 10^{-3}}{0.202 \times 8.314}\right)K = 188.16K$

绝热可逆膨胀功

$$\Delta U = nC_{V,m}(T_2 - T_1) = [0.202 \times 2.5 \times 8.314 \times (188.16 \times 298.15)]J = -462J$$

$$W = \Delta U = -462J$$

$$\Delta H = nC_{p,m}(T_2 - T_1) = [0.202 \times 3.5 \times 8.314 \times (188.16 - 298.15)]J = -647J$$

(3) 恒外压绝热膨胀

此过程为不可逆膨胀。首先求终态温度。因系统绝热，所以
$$W = nC_{V,m}(T_2 - T_1)$$
同时，对于恒外压膨胀，有
$$W = -p_{amb}\Delta V = -p_2(V_2 - V_1) = -p_2\left(\frac{nRT_2}{p_2} - \frac{nRT_1}{p_1}\right)$$
联合上面两式，得
$$C_{V,m}(T_2 - T_1) = -p_2\left(\frac{RT_2}{p_2} - \frac{RT_1}{p_1}\right)$$

$$2.5 \times 8.314 \times (T_2 - 298.15) = -100 \times 10^3 \times \left(\frac{8.314 \times T_2}{100} - \frac{8.314 \times 298.15}{500 \times 10^3}\right)$$

由上式求出终态温度：$T_2 = 230\text{K}$。

终态体积：$V_2 = \dfrac{nRT_2}{p_2} = \dfrac{0.202 \times 8.314 \times 230}{100 \times 10^3}\text{m}^3 = 3.86 \times 10^{-3}\text{m}^3$

$$W = nC_{V,m}(T_2 - T_1) = [0.202 \times 2.5 \times 8.314 \times (230 - 298.15)]\text{J} = -286\text{J}$$
$$\Delta U = W = -286\text{J}$$
$$\Delta H = nC_{p,m}(T_2 - T_1) = [0.202 \times 3.5 \times 8.314 \times (230 - 298.15)]\text{J} = -400\text{J}$$

由此例题可见，从同样的始态出发，终态压力又相同，但因过程不同，终态温度也不同，所做功也不同，可逆等温膨胀的功最大，绝热不可逆膨胀的功最小。并且从同一始态出发，经由一绝热可逆过程和一绝热不可逆过程，不可能达到相同的终态。

## 2.7 相 变 焓

### 2.7.1 相与相变

系统中物理性质和化学性质完全相同，且在分子水平混合均匀的部分称为相。如在101.325kPa，273.15K下水与冰平衡共存的系统中，尽管水和冰有相同的化学组成，化学性质相同，但是其物理性质（如密度、热容）不同，所以水是一个相，冰是另一个相。

相变化是指系统中一种物质在不同相之间的转变。由于物质的聚集状态通常条件下为气、液、固，所以常见的相变化有液体的蒸发、凝固，固体的熔化、升华，气体的凝结、凝华以及不同晶体形态之间的转化，即晶型转变。

### 2.7.2 摩尔相变焓

为了计算包含相变的各种过程的热和其它状态函数的改变量，需要用到另一类基础热力学数据，即摩尔相变焓。

摩尔相变焓定义为单位物质的量的物质在没有非体积功时，在恒定温度及该温度的平衡压力下发生相变时的焓变，记作 $\Delta_\alpha^\beta H_m$，在 SI 单位制中的单位为 $\text{J} \cdot \text{mol}^{-1}$。

若物质的量为 $n$ 的物质在温度 $T$ 及该温度的平衡压力下发生相变，则其相变焓为
$$\Delta_\alpha^\beta H = n\Delta_\alpha^\beta H_m \tag{2.44}$$

使用摩尔相变焓时需要注意以下几点。

(1) 因为定义中的相变过程是恒压且无非体积功，所以摩尔相变焓与摩尔等压热相等，即 $\Delta_\alpha^\beta H_m = Q_{p,m}$，因而这里的摩尔相变焓在量值上就等于摩尔相变热。由于相变过程中温

度没有变，所以这个相变热也称为潜热。

（2）对纯物质两相平衡系统，温度 $T$ 一旦确定，其平衡压力也就确定了，故摩尔相变焓仅是温度的函数，即 $\Delta_\alpha^\beta H_m(T)$，当温度改变时，摩尔相变焓也随之改变。

（3）根据焓的状态函数性质可知，同一物质、在相同条件下互为相反的两种相变过程，其摩尔相变焓量值相等，符号相反，即

$$\Delta_\alpha^\beta H_m = -\Delta_\beta^\alpha H_m \tag{2.45}$$

如蒸发和凝结过程摩尔相变焓就互为相反数。

### 2.7.3 摩尔相变焓与温度的关系

通常由文献给出的是 101.325kPa 及其平衡温度下的相变数据。但有时需要其它温度下的相变热力学数据，这可以利用某已知温度下的相变焓及相变前后两种相的热容数据，通过设计途径利用状态函数法求出。

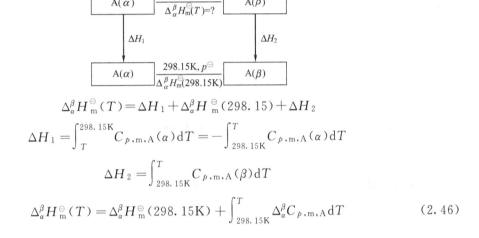

$$\Delta_\alpha^\beta H_m^\ominus(T) = \Delta H_1 + \Delta_\alpha^\beta H_m^\ominus(298.15) + \Delta H_2$$

$$\Delta H_1 = \int_T^{298.15K} C_{p,m,A}(\alpha) dT = -\int_{298.15K}^T C_{p,m,A}(\alpha) dT$$

$$\Delta H_2 = \int_{298.15K}^T C_{p,m,A}(\beta) dT$$

$$\Delta_\alpha^\beta H_m^\ominus(T) = \Delta_\alpha^\beta H_m^\ominus(298.15K) + \int_{298.15K}^T \Delta_\alpha^\beta C_{p,m,A} dT \tag{2.46}$$

其中，

$$\Delta_\alpha^\beta C_{p,m,A} = C_{p,m,A}(\beta) - C_{p,m,A}(\alpha) \tag{2.47}$$

式(2.46) 称为相变过程的基希霍夫 (Kirchhoff) 定律。该定律给出了两个不同温度下摩尔相变焓之间的关系。

【例 2.7】 已知 100℃、101.325kPa 下，$H_2O(l)$ 的摩尔蒸发焓 $\Delta_{vap} H_m(100℃) = 40.668 kJ \cdot mol^{-1}$，100~142.9℃之间水蒸气的摩尔定压热容为：$C_{p,m}[H_2O(g), T] = [29.16 + 14.49 \times 10^{-3}(T/K) - 2.022 \times 10^{-6}(T/K)^2] J \cdot K^{-1} \cdot mol^{-1}$，水的平均摩尔热容为 $\overline{C}_{p,m} = 76.56 J \cdot K^{-1} \cdot mol^{-1}$。试求 $H_2O(l)$ 在 142.9℃ 平衡条件下的蒸发焓 $\Delta_l^g H_m (142.9℃)$。

**解：** 设水蒸气为理想气体，忽略压力的影响，根据相变过程的基希霍夫定律，有

$$\Delta_{vap} H_m(142.9℃) = \Delta_{vap} H_m(100℃) + \int_{373.15K}^{416.05K} \Delta_{vap} C_{p,m} dT$$

$$\Delta_{vap} C_{p,m} = C_{p,m}(g,T) - C_{p,m}(l)$$
$$= [29.16 + 14.49 \times 10^{-3}(T/K) - 2.022 \times 10^{-6}(T/K)^2 - 76.56] J \cdot mol^{-1} \cdot K^{-1}$$
$$= [-47.40 + 14.49 \times 10^{-3}(T/K) - 2.022 \times 10^{-6}(T/K)^2] J \cdot mol^{-1} \cdot K^{-1}$$

$$\Delta_{vap}H_m(142.9℃) = \left\{40.64 + \int_{373.15K}^{416.05K}[-47.40 + 14.49 \times 10^{-3}(T/K)]\right\} kJ \cdot mol^{-1} -$$
$$\left\{\left[\int_{373.15K}^{416.05K} 2.022 \times 10^{-6}(T/K)^2 d(T/K) \times 10^{-3}\right]\right\} kJ \cdot mol^{-1}$$
$$= (40.64 - 1.80) kJ \cdot mol^{-1} = 38.64 kJ \cdot mol^{-1}$$

## 2.8 化学反应焓

### 2.8.1 反应进度

1748 年，俄国科学家罗蒙诺索夫（M. B.Ломоносов）首先提出了物质的质量守恒定律，即参加反应的全部反应物的质量等于反应物全部作用完生成的产物的质量，用等号表示这种等量关系。对任一化学反应

$$aA + bB = yY + zZ$$

移项有

$$0 = yY + zZ - aA - bB$$

为了表达方便，上式可写成如下通式

$$0 = \sum_B \nu_B B \quad (2.48)$$

式中，B 是参与化学反应的任一反应组分（反应物 A、B 和产物 Y、Z）；$\nu_B$ 是物质 B 的化学计量数，它是一个量纲为"1"的量，对反应物规定为负，对生成物规定为正，即 $\nu_A = -a$，$\nu_B = -b$，$\nu_Y = y$，$\nu_Z = z$。

当反应进行一段时间后，反应物就消耗掉一部分，并生成相应的产物。为了表示一个化学反应在某时刻的进行程度，需要引入一个重要的物理量——反应进度，用符号 $\xi$ 表示。对任一化学反应 $0 = \sum_B \nu_B B$，反应进度定义为

$$d\xi \stackrel{def}{=\!=\!=} \frac{dn_B}{\nu_B} \quad (2.49)$$

式中，$n_B$ 为系统中任一物质 B 的物质的量；$\nu_B$ 为该物质 B 在化学反应方程式中的化学计量数。

若规定反应开始时 $\xi = 0$，对上式积分

$$\int_0^\xi d\xi \stackrel{def}{=\!=\!=} \int_{n_B(0)}^{n_B(\xi)} \frac{dn_B}{\nu_B}$$

$$\xi = \frac{n_B(\xi) - n_B(0)}{\nu_B} = \frac{\Delta n_B}{\nu_B} \quad (2.50)$$

式中，$n_B(0)$ 为反应前 B 物质的量；$n_B(\xi)$ 为反应进度为 $\xi$ 时 B 物质的量。对反应物 $\Delta n_B$、$\nu_B$ 均为负值，对产物 $\Delta n_B$、$\nu_B$ 均为正值，因此，反应进度总是正值，反应进度 $\xi$ 在 SI 单位制中的单位为 mol。

在任意时刻，同一化学反应中任一物质的 $\Delta n_B/\nu_B$ 的数值都相同，所以反应进度 $\xi$ 的值与选用何种物质的量的变化来进行相关计算无关。但应该注意，在确定反应进度时，必须指定化学反应的计量方程。对于一个实际的化学反应系统，在某一时刻，其 $n_B(0)$ 及 $n_B(\xi)$ 都有确定的值，随化学反应计量方程写法的不同，其 $\nu_B$ 不同，因而导致反应进度 $\xi$ 的值不

同。当 $\xi=1$ mol 时，称化学反应进行了 1mol 的反应进度，简称摩尔反应进度。

以合成氨反应为例，当有 1mol $N_2(g)$ 和 3mol $H_2(g)$ 完全反应生成 2mol $NH_3(g)$ 时，对于计量方程 $N_2(g)+3H_2(g) = 2NH_3(g)$，其 $\xi=1$mol。而对于计量方程 $\frac{1}{2}N_2(g)+\frac{3}{2}H_2(g) = NH_3(g)$，其 $\xi=2$mol。

### 2.8.2 摩尔反应焓

化学反应常伴随有吸热或放热现象发生。对于这些热效应进行精密测定并对其规律进行研究就构成了化学热力学的一个重要组成部分热化学。热化学是热力学第一定律在化学变化过程中的具体应用。热化学相关数据是运用热力学方法处理、解决问题时最基本的实验数据。人们根据热化学提供的资料，设计化工设备、确定生产程序，以便充分、合理地利用能源。本部分介绍热力学标准态的规定和化学反应焓变。反应热的大小可以用摩尔反应焓变来衡量。

设有一气相化学反应：$aA+bB = yY+zZ$，在温度 $T$、压力 $p$ 以及各组分物质的量分数均确定的条件下，参与反应的各物质的摩尔焓均为定值，分别记为 $H_A$，$H_B$，$H_Y$，$H_Z$。反应在恒定温度 $T$、压力 $p$ 下进行微量反应进度 $d\xi$，无限小的变化不致引起任何物质的物质的量分数发生明显的变化，此时可认为物质 B 的焓 $H_B$ 不变。那么反应进度改变 $d\xi$ 引起系统广度量 $H$ 的变化为

$$dH = (yH_Y + zH_Z - aH_A - bH_B)d\xi$$

即

$$dH = \left(\sum_B \nu_B H_B\right) d\xi$$

移项可得

$$\frac{dH}{d\xi} = \left(\sum_B \nu_B H_B\right) \tag{2.51}$$

式中左端为变化率，表示在恒定温度 $T$、压力 $p$ 以及反应组分组成不变的情况下，若进行微量反应进度变 $d\xi$ 引起反应焓的变化为 $dH$，则折合为进行单位反应进度引起的焓变 $\frac{dH}{d\xi}$ 即为该条件下的摩尔反应焓，记作 $\Delta_r H_m$，其 SI 单位为 $J\cdot mol^{-1}$，常用的单位为 $kJ\cdot mol^{-1}$。

需要注意的是，这里的"$mol^{-1}$"是每摩尔反应进度而不是每摩尔物质的量。对于同一实验数据，由于计算反应进度 $\xi$ 所依据的化学反应方程式不同，得到的 $\Delta_r H_m$ 也不同。所以，在表达 $\Delta_r H_m$ 时，必须同时指明对应的化学反应方程式。

$$\Delta_r H_m = \sum_B \nu_B H_B \tag{2.52}$$

对于物质的量为无限大量的反应系统，恒定 $T$、$p$ 条件下进行单位反应进度时，可以认为反应前后各组分的组成不变，其对应的焓变，即为摩尔反应焓变 $\Delta_r H_m$。

### 2.8.3 标准摩尔反应焓

#### 2.8.3.1 标准态

许多热力学量，如热力学能、焓、熵、吉布斯函数等的绝对值是无法直接测量的，能测量的仅是当温度、压力和组成发生变化时引起的这些热力学量的改变量 $\Delta U$、$\Delta H$、$\Delta S$、$\Delta G$ 等，而这正是我们所需要的。大量事实表明，同一化学反应在不同条件下的热力学量的

改变量有所不同。为了便于比较和计算，需要规定一个参考状态，即标准状态，这种标准状态称为热力学标准状态，简称标准态。国家标准（GB 3102 8—1992 物理化学和分子物理学的量和单位）规定 100kPa 作为标准压力，用 $p^{\ominus}$ 表示，由此出发对各种系统的标准态规定如下。

（1）气体的标准态：在指定温度 $T$ 下，压力为 $p^{\ominus}$（在气体混合物中，要求各物质的分压力均为 $p^{\ominus}$），且具有理想气体性质的状态，即为气体的标准态。由于理想气体是一种假想状态，所以气体的标准态也是一种假想的状态。

（2）纯液体的标准态：在指定温度 $T$ 下，压力为 $p^{\ominus}$ 的纯液体，即为液体的标准态。

必须强调指出，物质的热力学标准态的温度 $T$ 是任意的，未作具体的规定。不过，通常查表所得的热力学有关数据都是温度 $T=298.15K$ 的标准态。

（3）纯固体的标准态：在指定温度 $T$ 下，压力为 $p^{\ominus}$ 的纯固体，即为固体的标准态。若固体有不同的存在形态，则选最稳定的形态作为标准态。例如，碳有石墨和金刚石等多种形态，石墨最为稳定，以石墨为标准态物质。

规定了物质的标准态后就可以将化学反应在标准态下的热效应和热力学量的改变量进行比较，并将其它任意状态热力学量的改变量与标准态的改变量比较，从而获得任意状态下化学反应热力学量的改变量。

#### 2.8.3.2 标准摩尔反应焓

在一定温度下，各自处在标准压力下的反应物，反应生成相同温度下，各自处在标准压力下的产物，这一化学反应的摩尔焓即为标准摩尔反应焓，以 $\Delta_r H_m^{\ominus}(T)$ 表示。根据焓的状态函数的性质，$\Delta_r H_m^{\ominus}(T)$ 可以根据下式计算

$$\Delta_r H_m^{\ominus}(T) \stackrel{\text{def}}{=\!=} \sum_B \nu_B H_m^{\ominus}(B,相态,T) \tag{2.53}$$

式中，$H_m^{\ominus}(B,相态,T)$ 表示参加反应的某种物质 B 单独存在于温度为 $T$、压力为 $p^{\ominus}$ 下的某一确定相态时的摩尔焓。因为物质 B 的 $H_m^{\ominus}(B,相态,T)$ 的值无法求算，所以上式没有实际计算意义，它仅仅是反应的标准摩尔焓变的定义式。

由标准态的规定可知，各种物质的标准摩尔焓 $H_m^{\ominus}$ 只是温度的函数，所以 $\Delta_r H_m^{\ominus}(T)$ 也只是温度的函数

$$\Delta_r H_m^{\ominus}(T) \stackrel{\text{def}}{=\!=} \sum_B \nu_B H_m^{\ominus}(B,相态,T) = f(T) \tag{2.54}$$

在标准摩尔反应焓的规定中，各反应组分均处于各自的标准态，它们均为纯态，这与我们理解一个反应系统中各物质处于混合状态是有差别的。

对于任一反应 $aA+bB \Longrightarrow yY+zZ$，其标准摩尔反应焓变 $\Delta_r H_m^{\ominus}(T)$ 与摩尔反应焓变 $\Delta_r H_m(T)$ 之间的差异如下

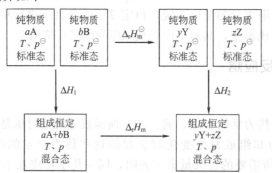

由状态函数法，有
$$\Delta_r H_m^\ominus = \Delta_r H_m + \Delta H_1 - \Delta H_2$$

式中，$\Delta H_1$ 和 $\Delta H_2$ 分别为反应物与产物恒温混合、变压过程的焓变。对理想气体，$\Delta H_1 = 0$、$\Delta H_2 = 0$，故 $\Delta_r H_m^\ominus(T) = \Delta_r H_m(T)$。对于非理想气体反应，尽管 $\Delta_r H_m^\ominus(T)$ 对应的是一个假想的反应，但该假想反应的 $\Delta_r H_m^\ominus(T)$ 与相同温度下实际反应的 $\Delta_r H_m(T)$ 有定量关系，并且大多数情况下，二者近似相等。因此，$\Delta_r H_m^\ominus(T)$ 具有实际的应用价值。

### 2.8.4 标准摩尔反应焓的计算

等温、等压、非体积功为零时，化学反应的摩尔反应焓变 $\Delta_r H_m(T)$ 等于生成物的焓之和减去反应物的焓之和。为了有效地利用实验数据和方便地计算反应过程的焓变，基于物质的焓的绝对值无法求算的事实，人们用了一种相对的办法来计算 $\Delta_r H_m(T)$。这里主要介绍标准摩尔生成焓和标准摩尔燃烧焓。

#### 2.8.4.1 标准摩尔生成焓

（1）标准摩尔生成焓的定义

将物质 B 的标准摩尔生成焓定义为：在指定温度 $T$（通常是 298.15K）的标准状态下，由参考态单质生成 1mol 物质 B 时的焓变，称为该物质在该温度条件下的标准摩尔生成焓，用 $\Delta_f H_m^\ominus$（B，相态，$T$）符号表示，其中下标"f"表示生成，是 formation 的首字母。其相应的生成反应方程式中物质 B 的化学计量数 $\nu_B = +1$。其 SI 单位为 $J \cdot mol^{-1}$，常用的单位为 $kJ \cdot mol^{-1}$。

例如，$\Delta_f H_m^\ominus (H_2O, l)$ 对应的是下列反应在 298.15K 下的标准摩尔反应焓变，也是 $H_2O$ (l) 在 298.15K 的标准摩尔生成焓。

$$H_2(g) + \frac{1}{2}O_2(g) \Longrightarrow H_2O(l)$$

化合物 B 的生成焓并不是这个化合物的焓的绝对值，而是相对于合成它的参考态单质的相对焓。这里的参考态单质，一般是指每种单质在所讨论的温度和压力时的最稳定的状态（磷除外）。显然，参考态单质的标准摩尔生成焓为零，即

$$\Delta_f H_m^\ominus(\text{参考态单质，相态}, T) = 0 \text{J} \cdot \text{mol}^{-1}$$

常见的参考态单质如下所述。

A. 稀有气体的参考态单质为单原子气体。

B. 氢、氧、氮、氟、氯的参考态单质为双原子气体。

C. 其余元素的参考态单质为固态或液体。但碳为石墨而非金刚石，硫为正交硫而非单斜硫，磷为白磷而非红磷。$Br_2$ 的稳定形态是液态溴，而不是气态溴。

（2）由标准摩尔生成焓计算标准摩尔反应焓

298.15K 下，设反应物的标准状态为始态，生成物的标准状态为终态。由于焓是状态函数，其增量只与始态、终态有关，则

$$\Delta_r H_m^\ominus = \sum \{\Delta_f H_m^\ominus\}_{生成物} - \sum \{\Delta_f H_m^\ominus\}_{反应物} \tag{2.55}$$

即一定温度下，化学反应的标准摩尔反应焓变等于同样温度下，生成物的标准摩尔生成焓之和减去反应物的标准摩尔生成焓之和。

对于任意一化学反应：$0 = \sum\limits_B \nu_B B$，式（2.55）变为

$$\Delta_r H_m^\ominus = \sum_B \nu_B \Delta_f H_m^\ominus(B, 相态) \tag{2.56}$$

即一定温度下，化学反应的标准摩尔反应焓变等于同样温度下参与反应的各组分标准摩尔生成焓与其化学计量数的乘积之和。利用式(2.56)即可利用标准摩尔生成焓计算298.15K时反应的标准摩尔反应焓变。

如，对反应 $a\text{A}(g)+b\text{B}(s) == y\text{Y}(g)+z\text{Z}(s)$，根据式(2.56)，可得

$$\Delta_r H_m^{\ominus} = y\Delta_f H_m^{\ominus}(\text{Y},g) + z\Delta_f H_m^{\ominus}(\text{Z},s) - a\Delta_f H_m^{\ominus}(\text{A},g) - b\Delta_f H_m^{\ominus}(\text{B},s)$$

由教材附录和物理化学手册可查得某些物质在298.15K时的标准摩尔生成焓的数据。

#### 2.8.4.2 标准摩尔燃烧焓

(1) 标准摩尔燃烧焓的定义

物质B的标准摩尔燃烧焓的定义为：在指定温度 $T$（通常是298.15K）的标准状态下，1mol的物质B完全氧化生成指定产物时的标准摩尔反应焓变，用符号 $\Delta_c H_m^{\ominus}$（B，相态，$T$）表示，其中下标"c"表示燃烧，是combustion的首字母。其相应的燃烧反应方程式中，物质B的化学计量数 $\nu_B = -1$。其SI单位为 $J \cdot mol^{-1}$，常用的单位是 $kJ \cdot mol^{-1}$。

例如，$\Delta_c H_m^{\ominus}(\text{H}_2)$ 对应的是下列燃烧反应的标准摩尔反应焓变。

$$\text{H}_2(g) + \frac{1}{2}\text{O}_2(g) == \text{H}_2\text{O}(l)$$

化合物B的燃烧焓也不是这个化合物的焓的绝对值，而是相对于指定产物的相对焓。这里的指定产物，如C，H，N，Cl完全氧化的指定产物分别是 $CO_2(g)$，$H_2O(l)$，$N_2(g)$，$HCl(aq)$，其它一些元素的指定产物，有关数据表上会注明，查阅时需加注意。

显然，298.15K时，指定产物的标准摩尔燃烧焓为零。

$$\Delta_c H_m^{\ominus}(\text{指定产物},\text{相态},T) = 0 \text{J} \cdot mol^{-1}$$

(2) 由标准摩尔燃烧焓计算标准摩尔反应焓

298.15K下，设反应物的标准状态为始态，生成物的标准状态为终态。由于焓是状态函数，其增量只与始态、终态有关，则

$$\Delta_r H_m^{\ominus} = \sum \{\Delta_c H_m^{\ominus}\}_{反应物} - \sum \{\Delta_c H_m^{\ominus}\}_{生成物} \tag{2.57}$$

即一定温度下，化学反应的标准摩尔反应焓变等于同样温度下，反应物的标准摩尔燃烧焓之和减去生成物的标准摩尔燃烧焓之和。

引入化学计量数，对于任意的化学反应，$0 = \sum_B \nu_B \text{B}$，式(2.57)变为

$$\Delta_r H_m^{\ominus} = -\sum_B \nu_B \Delta_c H_m^{\ominus}(\text{B},\text{相态}) \tag{2.58}$$

即一定温度下，化学反应的标准摩尔反应焓变等于同样温度下参与反应的各组分标准摩尔燃烧焓与其化学计量数的乘积之和的相反数。利用式(2.58)即可利用标准摩尔燃烧焓计算298.15K时反应的标准摩尔反应焓变。

如，对反应 $a\text{A}(g) + b\text{B}(s) == y\text{Y}(g) + z\text{Z}(s)$，根据式(2.58)可得

$$\Delta_r H_m^{\ominus} = a\Delta_c H_m^{\ominus}(\text{A},g) + b\Delta_c H_m^{\ominus}(\text{B},s) - y\Delta_c H_m^{\ominus}(\text{Y},g) - z\Delta_c H_m^{\ominus}(\text{Z},s)$$

由教材附录和物理化学手册可查得某些物质在298.15K的标准摩尔燃烧焓的数据。

**【例2.8】** 在298.15K及100kPa下，石墨、氢气和环丙烷气体的标准摩尔燃烧焓分别为 $-393.8 kJ \cdot mol^{-1}$、$-285.84 kJ \cdot mol^{-1}$ 及 $-2092.0 kJ \cdot mol^{-1}$，丙烯 $CH_3CH=CH_2$ 气体的标准摩尔生成焓为 $20.5 kJ \cdot mol^{-1}$。求(1) 环丙烷的标准摩尔生成焓；(2) 环丙烷异构化为丙烯的标准摩尔反应焓变。

**解：**(1) 环丙烷的生成反应为：$3C(s,石墨) + 3H_2(g) == C_3H_6(g)$

该反应的标准摩尔焓变即为环丙烷的标准摩尔生成焓

$$\Delta_f H_m^\ominus(环己烷, g) = -\sum_B \nu_B \Delta_c H_m^\ominus(B, 相态)$$
$$= [3 \times (-393.8) + 3 \times (-285.84) - (-2090)] kJ \cdot mol^{-1} = 53.08 kJ \cdot mol^{-1}$$

(2) 环丙烷异构化反应 $C_3H_6$(环丙烷, g) === $CH_3CH$===$CH_2$(丙烯, g)的标准摩尔焓变

$$\Delta_r H_m^\ominus = \sum_B \nu_B \Delta_f H_m^\ominus(B, 相态) = (20.5 - 53.08) kJ \cdot mol^{-1} = 53.08 kJ \cdot mol^{-1}$$

#### 2.8.4.3 标准摩尔反应焓变与温度的关系

由于物质的等压摩尔热容与温度有关，所以化学反应的焓变也与温度有关。已知在 298.15K 时，反应的标准摩尔焓变可以查表求出。以此为基础，可以利用状态函数的特点，使用状态函数法，设计过程来计算任意温度条件下，化学反应的标准摩尔反应焓变。

设 298.15K 至温度 $T$ 范围内，各物质不发生相变化，则在两个温度的标准态下，反应的始态和终态之间可以设计如下框图所示的不同途径实现。

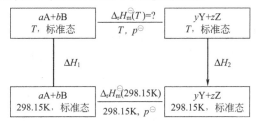

根据焓的状态函数性质，有

$$\Delta_r H_m^\ominus(T) = \Delta H_1 + \Delta_r H_m^\ominus(298.15K) + \Delta H_2$$

$$\Delta H_1 = \int_T^{298.15K} (aC_{p,m,A} + bC_{p,m,B})dT = -\int_{298.15K}^T (aC_{p,m,A} + bC_{p,m,B})dT$$

$$\Delta H_2 = \int_{298.15K}^T (yC_{p,m,Y} + zC_{p,m,Z})dT$$

$$\Delta H_1 + \Delta H_2 = \int_{298.15K}^T \sum_B \nu_B C_{p,m,B} dT$$

所以

$$\Delta_r H_m^\ominus(T) = \Delta_r H_m^\ominus(298.15K) + \int_{298.15K}^T \sum_B \nu_B C_{p,m,B} dT \tag{2.59}$$

式(2.59)中

$$\sum_B \nu_B C_{p,m,B} = (yC_{p,m,Y} + zC_{p,m,Z}) - (aC_{p,m,A} + bC_{p,m,B}) \tag{2.60}$$

式(2.59)称之为基希霍夫(Kirchhoff)公式。

利用该公式可以计算任意温度的标准态条件下，化学反应的标准摩尔反应焓变。

虽然化学反应的焓变与温度有关，但化学反应的摩尔等压热容一般不大，而化学反应的焓变一般较大。所以，只要反应过程中，各物质没有相变化发生，温度变化较小的条件下，化学反应的焓变一般变化不大。近似计算时，可以不考虑温度对反应焓变的影响。

【例 2.9】 已知 25℃ 时，$O_2(g)$，$SO_2(g)$，$SO_3(g)$的摩尔等压热容 $C_{p,m}$(J·$K^{-1}$·$mol^{-1}$)分别为：29.4，45.0，58.5；它们的标准摩尔生成焓 $\Delta_f H_m^\ominus$(298.15K)(kJ·$mol^{-1}$)分别为：0，−296.83，−395.72。计算反应 $2SO_2(g) + O_2(g)$===$2SO_3(g)$ 在 25℃ 及 800℃ 下的标准摩尔反应焓变。

**解：** $\Delta_r H_m^{\ominus}(298.15K) = 2\Delta_f H_m^{\ominus}[SO_3(g)] - 2\Delta_f H_m^{\ominus}[SO_2(g)] - \Delta_f H_m^{\ominus}[O_2(g)]$
$= [2\times(-395.72) - 2\times(-297.04) - 0]kJ\cdot mol^{-1}$
$= -197.36 kJ\cdot mol^{-1}$

$\sum_B \nu_B C_{p,m,B} = 2C_{p,m}[SO_3(g)] - 2C_{p,m}[SO_2(g)] - C_{p,m}[O_2(g)]$
$= (2\times 58.5 - 2\times 45.0 - 29.4)J\cdot K^{-1}\cdot mol^{-1} = -2.4 J\cdot K^{-1}\cdot mol^{-1}$

$\therefore \Delta_r H_m^{\ominus}(1073.15K) = \Delta_r H_m^{\ominus}(298.15K) + \int_{298.15K}^{1073.15K} \sum_B \nu_B C_{p,m,B} dT$
$= [-196.6 + (-2.4)\times(1073.15 - 298.15)\times 10^{-3}] kJ\cdot mol^{-1}$
$= -199.16 kJ\cdot mol^{-1}$

结果表明，温度改变 775℃，标准摩尔反应焓只减小 $1.8 kJ\cdot mol^{-1}$，相对于 298.15K 的标准摩尔反应焓变 $-197.36 kJ\cdot mol^{-1}$ 还是很小，所以，当温度变化不大时，可以忽略温度的影响。

### 2.8.5 盖斯定律

1840 年，盖斯在总结了大量实验结果的基础上，提出了盖斯定律。其内容为：一个化学反应，无论是一步完成，还是经几步完成，其热效应总是相同的。

盖斯定律是热力学第一定律对研究化学反应热的应用。对一个化学反应来说，在等容、不做非体积功条件下进行时，其反应过程的等容热效应等于系统在该过程的热力学能的改变量；在等压、不做非体积功条件下进行时，其反应过程的等压热效应等于系统在该过程的焓的改变量。由于热力学能和焓都是状态函数，其改变量只与始态和终态有关，与经历的途径无关。

对于反应：A ⟶ C 的过程，可以设计如下从 A 到 B 再到 C 的途径来实现，

$$A \xrightarrow{\Delta_r H_m^{\ominus}(T)} C$$
$$\Delta_r H_{m,1}^{\ominus}(T) \searrow \nearrow \Delta_r H_{m,2}^{\ominus}(T)$$
$$B$$

由于焓是状态函数，所以

$$\Delta_r H_m^{\ominus}(T) = \Delta_r H_{m,1}^{\ominus}(T) + \Delta_r H_{m,2}^{\ominus}(T) \tag{2.61}$$

根据盖斯定律，利用热化学方程式的线性组合，可由已知化学反应的 $\Delta_r H_m^{\ominus}(T)$ 来求算未知反应的 $\Delta_r H_m^{\ominus}(T)$。因此，盖斯定律可以解决实验无法测定的某些反应的焓变的计算，也可以获得某些物质的标准摩尔生成焓和标准摩尔燃烧焓。

**【例 2.10】** 石墨在 298.15K 的标准压力下很难转变为金刚石，其反应热无法直接从实验得到，但是，石墨和金刚石在常温常压下都可直接氧化为 $CO_2(g)$，已知反应为

$$C(石墨) + O_2(g) = CO_2(g), \quad \Delta_r H_{m,1}^{\ominus} = -393.51 kJ\cdot mol^{-1} \tag{1}$$
$$C(金刚石) + O_2(g) = CO_2(g), \quad \Delta_r H_{m,2}^{\ominus} = -395.41 kJ\cdot mol^{-1} \tag{2}$$

利用盖斯定律计算石墨在 298.15K 的标准压力下转变为金刚石的标准摩尔反应焓变。

**解：** 根据盖斯定律，反应（1）减去反应（2）即为石墨转变为金刚石的反应

$$C(石墨) = C(金刚石), \quad \Delta_r H_{m,3}^{\ominus} \tag{3}$$

$\Delta_r H_{m,3}^{\ominus} = \Delta_r H_{m,1}^{\ominus} - \Delta_r H_{m,2}^{\ominus} = -393.51 kJ\cdot mol^{-1} - (-395.41 kJ\cdot mol^{-1})$
$= 1.90 kJ\cdot mol^{-1}$

因此,处理热化学方程式可以像处理代数方程式一样。如果一个化学反应可以由其它化学反应相加减而得,则该化学反应的热效应也可以由这些反应的热效应相加减而得到。

### 2.8.6 非恒温反应热的计算

以上介绍的均是恒温、标准态下反应过程的热。实际化学化工生产过程中,情况要复杂得多,反应不在标准态下进行,且反应前后系统的温度可能有变化;系统中还可能有不参加反应的惰性组分等。但不管情况如何复杂均可以利用状态函数法,根据已知条件,设计合理途径解决相应问题。这里主要介绍绝热反应的两种情况。

(1) 计算物质恒压燃烧所能达到的最高火焰温度,"最高"意味着没有热损失,即绝热,此时系统经历的过程为恒压、绝热过程,所以计算的依据为

$$Q_p = \Delta_r H_m^{\ominus}(T) = \Delta_r H_m^{\ominus}(298.15\text{K}) + \int_{298.15\text{K}}^{T} \sum_B \nu_B C_{p,m,B} dT = 0 \quad (2.62)$$

(2) 计算物质恒容燃烧爆炸反应所能达到的最高温度、最高压力时,也可以作为绝热过程处理。因为爆炸反应往往瞬间完成,不会有热损失;要使爆炸反应产生最高的压力,反应只有在恒容容器中才能达到。因此,这类反应经历的过程为恒容、绝热过程,所以计算依据为

$$Q_V = \Delta_r U_m^{\ominus}(T) = \Delta_r U_m^{\ominus}(298.15\text{K}) + \int_{298.15\text{K}}^{T} \sum_B \nu_B C_{V,m,B} dT = 0 \quad (2.63)$$

**【例 2.11】** 甲烷与过量100%的空气混合,于始态25℃、101.325kPa条件下燃烧,求燃烧产物能达到的最高温度。假设空气中仅有$O_2(g)$、$N_2(g)$,且两者物质的量之比为21∶79,所需热容及燃烧焓数据见附录。

**解**:甲烷于空气中燃烧反应为

$$CH_4(g) + 2O_2(g) \longrightarrow CO_2(g) + 2H_2O(g)$$

以1mol甲烷作计算基准,过程始态各物质的量见如下框图

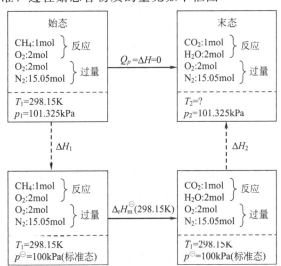

整个过程为恒压、绝热,即

$$Q_p = \Delta H = 0$$

根据状态函数法,有

$$\Delta H = \Delta_r H_m^{\ominus}(298.15\text{K}) + \Delta H_1 + \Delta H_2 = 0$$

其中，根据附录中的标准摩尔生成焓或者标准摩尔燃烧焓，查表可以计算 $\Delta_r H_m^{\ominus}$ (298.15K)

$$\Delta_r H_m^{\ominus}(298.15K) = [\Delta_f H_m^{\ominus}(CO_2,g) + 2\Delta_f H_m^{\ominus}(H_2O,g)] - [\Delta_f H_m^{\ominus}(CH_4,g) + 2\Delta_f H_m^{\ominus}(O_2,g)]$$
$$= [-393.51 + 2(-241.82) - (-74.81) - 2 \times 0] \text{kJ} \cdot \text{mol}^{-1}$$
$$= -802.34 \text{kJ} \cdot \text{mol}^{-1}$$

假设系统中的气体为理想气体，则，$\Delta H_1 = 0$

$$\Delta H_2 = \int_{298.15K}^{T_2} \{C_{p,m}(CO_2) + 2C_{p,m}(H_2O,g) + 2C_{p,m}(O_2) + 15.05 C_{p,m}(N_2)\} dT$$
$$= \left\{\int_{298.15K}^{T_2} [552.576 + 177.533 \times 10^{-3}(T/K) - 34.0933 \times 10^{-6}(T/K)^2] d(T/K)\right\} J$$
$$= \{552.576[(T_2/K) - 298.15] + 88.767 \times 10^{-3}[(T_2/K)^2 - 298.15^2] - 11.364 \times 10^{-6}[(T_2/K)^3 - 298.15^3]\} J$$

代入求解得终态最高温度

$$T_2 = 1497K, \quad t_2 = 1223.85 \degree C$$

此计算结果说明之前假设燃烧反应生成的水为气态是正确的。

拓展例题

# 习 题

**一、判断题**（正确的画"√"，错误的画"×"）

1. 因为 $Q, W$ 不是系统的性质，热力学过程中 $Q$、$W$ 的值也由具体过程决定。（  ）
2. 当理想气体反抗一定外压，做绝热膨胀时，内能总是减小。（  ）
3. 热力学能是状态的单质函数，所以两个状态相同时，其热力学能值必然相同。（  ）
4. 101325Pa，100℃ 1mol液态水经定温蒸发成水蒸气（若水蒸气可视为理想气体），因温度不变，所以 $\Delta U = 0$，$\Delta H = 0$。（  ）
5. 水可以在定温定压条件下电解形成氧气和氢气，此过程中 $\Delta H = Q_p$。（  ）
6. 理想气体的定压摩尔热容与定容摩尔热容之差为 $R$。（  ）
7. 化学反应的定容反应热与定压反应热的关系式 $\Delta H = \Delta U + RT\Delta n$ 中，$\Delta n$ 是指产物的总摩尔数与反应物的总摩尔数之差。（  ）
8. 当系统的状态一定时，所有的状态函数都有一定的数值。当系统的状态发生变化时，所有的状态函数的数值也随之发生变化。（  ）
9. 汽缸内有一定量的理想气体，反抗一定外压做绝热膨胀，则 $\Delta H = Q_p = 0$。（  ）
10. 根据热力学第一定律，因为能量不能无中生有，所以一个系统若要对外做功，必须从外界吸收能量。（  ）

**二、选择题**

1. 物质的量为 $n$ 的纯理想气体，该气体在如下的哪一组物理量确定之后，其它状态函数方有定值。（  ）
   A. $p$  B. $V$  C. $T, U$  D. $T, p$
2. 体系的下列各组物理量中都是状态函数的是（  ）。
   A. $T, p, V, Q$  B. $m, V_m, C_p, \Delta V$

C. $T$, $p$, $V$, $n$   D. $T$, $p$, $U$, $W$

3. 在一个绝热钢瓶中,发生一个放热的分子数增加的化学反应,那么(　　)。
   A. $Q>0$,$W>0$,$\Delta U>0$   B. $Q=0$,$W=0$,$\Delta U<0$
   C. $Q=0$,$W=0$,$\Delta U=0$   D. $Q<0$,$W>0$,$\Delta U<0$

4. 如图,A——B和A——C均为理想气体变化过程,若B、C在同一条绝热线上,那么$\Delta U_{AB}$与$\Delta U_{AC}$的关系是(　　)。

   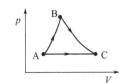

   A. $\Delta U_{AB}>\Delta U_{AC}$
   B. $\Delta U_{AB}<\Delta U_{AC}$
   C. $\Delta U_{AB}=\Delta U_{AC}$
   D. 无法比较两者大小

5. 一定量的理想气体,经如图所示的循环过程,A——B为等温过程,B——C等压过程,C——A为绝热过程,那么ACca围起的面积表示的功等于(　　)。

   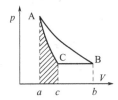

   A. B——C的热力学能变化
   B. A——B的热力学能变化
   C. C——A的热力学能变化
   D. C——B的热力学能变化

6. 对于凝聚相体系,压力$p$表示什么含义?(　　)
   A. $1\times10^2$ kPa   B. 外压
   C. 分子间引力总和   D. 分子运动量改变量的统计平均值

7. 1mol 373.15K,标准压力下的水经下列两个不同过程变成373.15K,标准压力下的水气,(1)等温等压可逆蒸发,(2)真空蒸发 这两个过程中功和热的关系为(　　)。
   A. $|W_1|>|W_2|$ $Q_1>Q_2$   B. $|W_1|<|W_2|$ $Q_1<Q_2$
   C. $|W_1|=|W_2|$ $Q_1=Q_2$   D. $|W_1|>|W_2|$ $Q_1<Q_2$

8. 某理想气体的$\gamma=C_p/C_V=1.40$,则该气体为几原子分子气体?(　　)
   A. 单原子理想气体   B. 双原子理想气体
   C. 三原子理想气体   D. 四原子理想气体

9. 实际气体绝热恒外压膨胀时,其温度将(　　)
   A. 升高   B. 降低   C. 不变   D. 不确定

10. 当以5mol $H_2$与4mol $Cl_2$混合,最后生成2mol HCl。若以下式为基本单元,$H_2(g)$+$Cl_2(g)$——$2HCl(g)$,则反应进度$\xi$应是(　　)
    A. 1mol   B. 2mol   C. 4mol   D. 5mol

11. 1mol 单原子分子理想气体,从273K,202.65kPa,经$pT=$常数的可逆途径压缩到405.3kPa的终态,该气体的$\Delta U$为(　　)。
    A. 1702J   B. $-406.8$J   C. 406.8J   D. $-1702$J

12. 一定量的理想气体从同一初态分别经历等温可逆膨胀、绝热可逆膨胀到具有相同压力的终态,终态体积分别为$V_1$,$V_2$,则(　　)。
    A. $V_1>V_2$   B. $V_1<V_2$   C. $V_1=V_2$   D. 无法确定

13. 人在室内休息时,大约每天要吃0.2kg的酪酪(摄取的能量约为4000kJ)。假定这些能量全部不储存在体内,为了维持体温不变,这些能量全部变为热使汗水蒸发。已知水的汽化热为44kJ·$mol^{-1}$,则每天需喝水(　　)。

A. 0.5kg      B. 1.0kg      C. 1.6kg      D. 3.0kg

14. 在298.15K的标准状态下，$N_2(g)$和$H_2(g)$反应生成10g $NH_3(g)$时，放出27.12kJ的热量，则$\Delta_f H_m^\ominus(NH_3,g,298.15K)$等于（    ）。

    A. $-54.24$kJ·mol$^{-1}$            B. $46.11$kJ·mol$^{-1}$

    C. $54.24$kJ·mol$^{-1}$             D. $-46.11$kJ·mol$^{-1}$

15. 由下列数据确定$CH_4(g)$的$\Delta_f H_m^\ominus(CH_4,g,298.15K)$等于（    ）。

$C(石墨)+O_2(g)=\!=\!=CO_2(g)$    $\Delta_r H_m^\ominus(298.15K)=-393.51$kJ·mol$^{-1}$

$2H_2(g)+O_2(g)=\!=\!=2H_2O(g)$    $\Delta_r H_m^\ominus(298.15K)=-571.60$kJ·mol$^{-1}$

$CH_4(g)+O_2(g)=\!=\!=2H_2O(l)+CO_2(g)$    $\Delta_r H_m^\ominus(298.15K)=-890.30$kJ·mol$^{-1}$

    A. $211$kJ·mol$^{-1}$             B. $-74.81$kJ·mol$^{-1}$

    C. $890.31$kJ·mol$^{-1}$            D. 条件不足，无法计算

### 三、填空题

1. 节流膨胀过程又称为_____过程，多数气体经此过程后引起温度_____。

2. 25℃下，1mol $N_2$（可视为理想气体）由1dm³膨胀到5dm³，吸热2kJ，则对外做功$W=$_____。

3. 1mol $H_2$（可看作理想气体）等温可逆地由100kPa、20dm³压缩至200kPa，终态体积$V=$_____。

4. 化学反应的热效应变换公式$Q_p - Q_V = \Delta nRT$的适用条件是封闭系统，_____，_____。

5. 热力学系统必须同时实现_____平衡、_____平衡、_____平衡和_____平衡，才达到热力学平衡。

6. 理想气体恒温可逆膨胀，$\Delta U$ _____ 0，$\Delta H$ _____ 0，$\Delta H$ _____ $W$，$Q$ _____ 0。

7. 1mol理想气体绝热可逆膨胀，$W$ _____ 0。

8. 1mol理想气体经恒温可逆膨胀、恒容加热、恒压压缩回到始态，$\Delta U$ _____ 0，$\Delta H$ _____ 0，$W$ _____ 0。

9. $H_2$和$O_2$以2:1的比例在绝热钢瓶中反应生成水，则$\Delta U$ _____ 0。

10. 理想气体绝热反抗外压膨胀，$Q$ _____ 0，$\Delta U$ _____ 0，$\Delta H$ _____ 0。

11. 300K时0.125mol的正庚烷（液体）在氧弹量热计中完全燃烧，放热602kJ，反应$C_7H_{16}(l)+11O_2(g)\longrightarrow 7CO_2(g)+8H_2O(l)$的$\Delta_r U_m=$_____kJ·mol$^{-1}$，$\Delta_r H_m=$_____kJ·mol$^{-1}$。

12. 理想气体经一次卡诺循环后回到原来的状态，则此过程$\Delta H$ _____ $Q$。

13. 10mol单原子理想气体在恒外压$0.987 p^\ominus$下由400K，$2p^\ominus$等温膨胀至$0.987 p^\ominus$，物体对环境做功_____kJ。

14. 某化学反应在恒压、绝热和只做膨胀功的条件下进行，系统的温度由$T_1$升高至$T_2$，则此过程的焓变_____ 0；如果这一反应在恒温$T_1$、恒压和只做膨胀功的条件下进行，则其焓变_____ 0。

15. 反应$C(s)+O_2(g)\longrightarrow CO_2(g)$的$\Delta_r H_m^\ominus(298.15K)<0$。若此反应在恒容绝热器中

进行,则该体系的 $\Delta T$ _____ 0, $\Delta U$ _____ 0, $\Delta H$ _____ 0。

## 四、计算题

1. 始态为25℃,200kPa的5mol某理想气体,经a,b两不同途径到达相同的末态。途径a先经绝热膨胀到 $-28.57$℃,100kPa,步骤的功 $W_a = -5.57$kJ;在恒容加热到压力200kPa的末态,步骤的热 $Q_a = 25.42$kJ。途径b为恒压加热过程。求途径b的 $W_b$ 及 $Q_b$。

2. 已知水在25℃的密度 $\rho = 997.04$ kg·m$^{-3}$。求1mol水($H_2O$, l)在25℃下:(1)压力从100kPa增加到200kPa时的 $\Delta H$;(2)压力从100kPa增加到1MPa时的 $\Delta H$。假设水的密度不随压力改变,在此压力范围内水的摩尔热力学能近似认为与压力无关。

3. 2mol某理想气体, $C_{p,m} = \frac{7}{2}R$。由始态100kPa,50dm$^3$,先恒容加热使压力升高至200kPa,再恒压冷却使体积缩小至25dm$^3$。求整个过程的 $W$, $Q$, $\Delta H$ 和 $\Delta U$。

4. 有4mol某理想气体, $C_{p,m} = \frac{5}{2}R$。由始态100kPa,100dm$^3$,先恒压加热使体积增大到150dm$^3$,再恒容加热使压力增大到150kPa。求过程的 $W$, $Q$, $\Delta H$ 和 $\Delta U$。

5. 容积为0.1m$^3$的恒容密闭容器中有一绝热隔板,其两侧分别为0℃,4mol的Ar(g)及150℃,2mol的Cu(s)。现将隔板撤掉,整个系统达到热平衡,求末态温度 $t$ 及过程的 $\Delta H$。已知:Ar(g)和Cu(s)的摩尔定压热容 $C_{p,m}$ 分别为20.786J·mol$^{-1}$·K$^{-1}$及24.435J·mol$^{-1}$·K$^{-1}$,且假设均不随温度而变。

6. 单原子理想气体A与双原子理想气体B的混合物共5mol,物质的量分数 $y_B = 0.4$,始态温度 $T_1 = 400$K,压力 $p_1 = 200$kPa。今该混合气体绝热反抗恒外压 $p = 100$kPa膨胀到平衡态。求末态温度 $T_2$ 及过程的 $W$, $\Delta U$, $\Delta H$。

7. 已知水($H_2O$, l)在100℃的饱和蒸气压 $p^s = 101.325$kPa,在此温度、压力下水的摩尔蒸发焓 $\Delta_{vap}H_m = 40.668$kJ·mol$^{-1}$。求在100℃,101.325kPa下使1kg水蒸气全部凝结成液态水时的 $Q$, $W$, $\Delta U$ 及 $\Delta H$。设水蒸气适用理想气体状态方程。

8. 求1mol $N_2$(g)在300K恒温下从2dm$^3$可逆膨胀到40dm$^3$时的体积功 $W_r$。(1)假设 $N_2$(g)为理想气体;(2)假设 $N_2$(g)为范德华气体,其范德华常数见附录。

9. 某双原子理想气体1mol从始态350K,200kPa经过如下四个不同过程达到各自的平衡态,求各过程的功 $W$。(1)恒温可逆膨胀到50kPa;(2)恒温反抗50kPa恒外压不可逆膨胀;(3)绝热可逆膨胀到50kPa;(4)绝热反抗50kPa恒外压不可逆膨胀。

10. 5mol双原子理想气体1mol从始态300K,200kPa,先恒温可逆膨胀到压力为50kPa,再绝热可逆压缩末态压力200kPa。求末态温度 $T$ 及整个过程的 $Q$, $W$, $\Delta U$ 及 $\Delta H$。

11. 100kPa下,冰($H_2O$, s)的熔点为0℃,在此条件下冰的摩尔熔化焓 $\Delta_{fus}H_m = 6.012$kJ·mol$^{-1}$。已知在 $-10 \sim 0$℃范围内过冷水($H_2O$, l)和冰的摩尔定压热容分别为 $C_{p,m}(H_2O, l) = 76.28$J·mol$^{-1}$·K$^{-1}$ 和 $C_{p,m}(H_2O, s) = 37.20$J·mol$^{-1}$·K$^{-1}$。求在常压下及 $-10$℃下过冷水结冰的摩尔凝固焓。

12. 已知下列热化学方程式:
(1) $Fe_2O_3(s) + 3CO(g) = 2Fe + 3CO_2(g)$, $\Delta_r H_m^{\ominus}(298.15K) = -27.60$ kJ·mol$^{-1}$
(2) $3Fe_2O_3(s) + CO(g) = 2Fe_3O_4(s) + CO_2(g)$, $\Delta_r H_m^{\ominus}(298.15K) = -58.60$ kJ·mol$^{-1}$
(3) $Fe_3O_4(s) + CO(g) = 3FeO(s) + CO_2(g)$, $\Delta_r H_m^{\ominus}(298.15K) = 38.10$ kJ·mol$^{-1}$

不用查表,计算反应 $FeO(s) + CO(g) = Fe(s) + CO_2(g)$ 的 $\Delta_r H_m^{\ominus}(298.15K)$。

13. 应用附录中有关物质在25℃的标准摩尔生成焓的数据，计算下列反应的 $\Delta_r H_m^\ominus$ (298.15K)，$\Delta_r U_m^\ominus$ (298.15K)。

(1) $4NH_3(g) + 5O_2(g) = 4NO(g) + 6H_2O(g)$

(2) $Fe_2O_3(s) + 3C(石墨) = 2Fe(s) + 3CO(g)$

14. 应用附录中有关物质的热化学数据，计算25℃时反应

$$2CH_3OH(l) + O_2(g) = HCOOCH_3(l) + 2H_2O(l)$$

的标准摩尔反应焓，要求：(1) 应用25℃的标准摩尔生成焓数据；$\Delta_f H_m^\ominus (HCOOCH_3, l) = -379.07 kJ \cdot mol^{-1}$。(2) 应用25℃的标准摩尔燃烧焓数据。

15. 已知25℃甲酸乙酯（$HCOOCH_3$, l）的标准摩尔摩尔燃烧焓 $\Delta_c H_m^\ominus$ 为 $-979.5 kJ \cdot mol^{-1}$，甲酸乙酯（$HCOOCH_2CH_3$, l）、甲醇（$CH_3OH$, l）、水（$H_2O$, l）及二氧化碳（$CO_2$, g）的标准摩尔生成焓数据 $\Delta_f H_m^\ominus$ 分别为 $-424.72 kJ \cdot mol^{-1}$，$-238.66 kJ \cdot mol^{-1}$，$-285.83 kJ \cdot mol^{-1}$ 及 $-393.509 kJ \cdot mol^{-1}$。应用这些数据求25℃时下列反应的标准摩尔反应焓。

$$HCOOH(l) + CH_3OH(l) = HCOOCH_3(l) + H_2O(l)$$

16. 在298.15K的标准状态下，稳定单质的标准摩尔生成焓为零。下列物质燃烧的热化学反应方程式如下：

(1) $2C_2H_2(g) + 5O_2 = 4CO_2(g) + 2H_2O(l)$， $\Delta_r H_{m,1}^\ominus = -2599.16 kJ \cdot mol^{-1}$

(2) $2C_2H_6(g) + 7O_2 = 4CO_2(g) + 6H_2O(l)$， $\Delta_r H_{m,2}^\ominus = -3121.66 kJ \cdot mol^{-1}$

(3) $H_2(g) + \frac{1}{2}O_2 = H_2O(l)$， $\Delta_r H_{m,3}^\ominus = -285.83 kJ \cdot mol^{-1}$

根据以上反应的标准摩尔反应焓变，不查表计算乙炔[$C_2H_2(g)$]在298.15K的标准状态下，发生氢化反应 $C_2H_2(g) + 2H_2(g) = C_2H_6(g)$ 的标准摩尔反应焓变 $\Delta_r H_{m,4}^\ominus$。

17. 已知 $\Delta_f H_m^\ominus [H_2O(g), 298.15K] = -241.82 kJ \cdot mol^{-1}$，$\Delta_f H_m^\ominus [CO(g), 298.15K] = -393.509 kJ \cdot mol^{-1}$，摩尔热容 $C_{p,m}[C(石墨)] = 8.527 J \cdot K^{-1} \cdot mol^{-1}$，$H_2O(g)$、$H_2(g)$ 及 $CO(g)$ 的等压摩尔热容均按 $C_{p,m} = 29.29 J \cdot K^{-1} \cdot mol^{-1}$ 计。求反应：$H_2O(g) + C(石墨) = H_2(g) + CO(g)$ 的 $\Delta_r H_m^\ominus$ (298.15K) 和 $\Delta_r H_m^\ominus$ (800.15K)，假定气体均可看作理想气体。

习题解答

内容提要

# 第 3 章　热力学第二定律

热力学第一定律即能量转化与守恒原理。违背热力学第一定律的变化与过程一定不能发生。不违背热力学第一定律的过程一定能发生吗？

利用热力学第一定律并不能判断一定条件下什么过程不可能进行，什么过程可能进行，进行的最大限度是什么。要解决此类过程方向与限度的问题，就需要用到自然界的另一普遍规律——热力学第二定律。

热力学第二定律是随着蒸汽机的发明、应用及热机效率等理论研究逐步发展、完善并建立起来的。卡诺（Carnot）、克劳修斯（Clausius）、开尔文（Kelvin）等在热力学第二定律的建立过程中做出了重要贡献。

热力学第一定律说明当一个系统的状态发生变化时，系统与环境之间的能量交换总是守恒的。在此基础上确立了热力学能 $U$，并定义了焓 $H$，建立了各种热效应的概念，解决了化学变化过程中的热效应问题。并且生产实践中，没有发现任何不遵守热力学第一定律的例外情况。那么，是不是所有不违背热力学第一定律的过程，都能够顺利发生呢？这就是本章要解决的问题。

事实上，自然界中所发生的一切变化都遵从热力学第一定律。但是许多不违背热力学第一定律的变化，却未必能发生。对于指定条件下，系统中的状态变化能否自动发生；若能发生，进行到什么程度；若不能发生，能否改变条件促使其发生这类问题，热力学第一定律无法回答。然而上述问题与生产、科研以及日常生活有着密切的关系，也是人们所关心的重要问题。事实证明，自然界中发生的变化都有一定的方向性。要了解它的规律，必须研究自发变化的特点，确定判断自发过程方向和限度的准则，这就是热力学第二定律要解决的问题。

例如，对于反应

$$CaSO_4(s) \Longrightarrow SO_3(g) + CaO(s), \quad \Delta_r H_m^\ominus = 402 \text{kJ} \cdot \text{mol}^{-1}$$

热力学第一定律仅能告诉我们，在 298.15K 的标准态下，1mol $CaSO_4$（s）分解为 1mol $SO_3$（g）和 1mol CaO(s) 时需要吸收 402kJ 的热量；相同条件下，1mol $SO_3$（g）与 1mol CaO(s) 化合则会放出同样数量的热量。在某一给定条件下，究竟是自动发生 $CaSO_4$(s) 的分解反应，还是 CaO(s) 吸收 $SO_3$(g) 生成 $CaSO_4$(s) 的反应呢？热力学第一定律不能解决这一问题，但这个问题对我们来说却很重要。

## 3.1 热力学第二定律

### 3.1.1 自发过程

自发过程是指无需外界干涉即可自动发生的过程。自发过程虽然各自的表现形式不同，但都有某些共同的本质特征，即它们都有明确的方向性，它们都是从非平衡态向平衡态的方向变化。过程进行的限度就是一定条件下的平衡态。而自发过程的逆过程一定是非自发过程。当然非自发过程也是可以发生的，不过这时环境要对系统做功，需要消耗环境的功。

自然界中发生的过程都有一定的方向性。自发过程总是自动地、单向地趋于平衡态，而其逆过程是不能自动发生的。例如，热量总是由高温物体传入低温物体，这就是变化的方向，热量的传递直到两者温度相等为止，此状态就是热量传递的限度，其逆过程，即热量从低温物体流向高温物体，两者温差越来越大的过程，是不会自动发生的。类似的例子很多，如锌与硫酸铜溶液的反应，水的流动，电流的流动，溶液的扩散等。

从这些例子中可以看出，一切自发变化都有一定的方向和限度，并且都不会自动逆向进行，这就是自发变化的共同特征。概括地说：自发过程是热力学的不可逆过程。这个结论是经验的总结，也是热力学第二定律的基础。对于一个自发过程，只要合理设计就可以用来做功。如水从高水位处往下流，可以推动水轮机做功。不过，一旦达到平衡态，水位差为零时，就不能继续做功了。

上述自发变化都不会自动逆向进行，但这并不意味着它们根本不可能逆转，借助于外力是可以使一个自发变化逆向进行的。例如，气体在恒温下向真空膨胀是一个自发过程，过程中 $Q=0$，$W=0$，$\Delta U=0$。若消耗环境的功将活塞等温压缩，能使气体恢复到原来状态。但其净的结果是环境付出了功，并将这部分功转化为热传给了系统。

一切自发过程都具有不可逆性，它们在进行时都具有确定的方向与限度，怎样才能知道一个自发过程进行的方向和限度呢？对于一些简单的自发过程来说，根据经验已可判断。如：用温度差 $dT$ 可以判断热传导的方向和限度（$dT=0$）；用压力差 $dp$ 可以判断气体流动的方向和限度（$dp=0$）。但是，对于一些比较复杂的过程，例如各种化学反应，判断其自发进行的方向、限度就不那么简单了。对于那些不能凭经验来判断的过程的方向和限度怎么办呢？大量的实践经验表明，可以在各种不同的热力学过程之间建立起统一的、普遍适用的判据，判断复杂过程的方向和限度，这就是热力学第二定律。

### 3.1.2 热力学第二定律的文字表述

当人们从大量实践中总结出热力学第一定律之后，宣告了第一类永动机的彻底破产。但是，在不违反热力学第一定律的情况下，能否设计出一种能从大海、空气这样巨大的单一热源中不断吸取热量并把它全部转化为功而不产生其它后果的机器——第二类永动机呢？如果能实现，那么这个大热源的热量几乎是取之不尽的。但是实践也证明第二类永动机是不可能造成的。

开尔文（Kelvin）将热力学第二定律表述为："不可能从单一热源取出热使之完全变为功，而不发生其它变化。"应该注意，这里并没有说热不能转变为功，事实上许多热机（如蒸汽机、内燃机）就能把热转变为功。这里也没有说热不能全部转化为功。正确的理解是在不引起其它变化的条件下，热不能完全变为功。这个条件是必不可少的。例如，理想气体等温膨胀时，$\Delta U=0$，$Q=-W$，就将其吸收的热全部转化为功，但这时系统的状态发生了变化，体积变大了。如果要让它继续不断地工作，那就必须把体积压缩，这时原来系统对外作的功又完全还给系统了。开尔文说法表明了功变热的不可逆性。

克劳修斯（Clausius）将热力学第二定律表述为："不可能把热从低温物体传到高温物体，而不引起其它变化。"热能够自发地从高温物体传至低温物体，这一过程不但不需要外界做功，而且还可以通过一个热机循环对外做功。但热只有借助"热泵"，消耗环境的功，才能由低温物体传向高温物体。克劳修斯说法表明了热传导的不可逆性。

Clausius 和 Kelvin 的说法都是指一件事情是"不可能的"，Clausius 的说法指明热传导的不可逆性，Kelvin 的说法指明热和功转化的不可逆性。两种说法实际上是等效的。因此，原则上可以根据 Clausius 或 Kelvin 的说法判断一个过程的方向，但实际上很不方便，也太抽象，同时还不能指出过程的限度。热力学第二定律能不能像热力学第一定律得出热力学能 $U$ 和焓 $H$ 这样的热力学函数，通过计算热力学函数的变化来判断过程的方向和限度呢？Clausius 从热和功转化关系入手，最终发现了热力学第二定律中最基本的状态函数熵，由此引出了热力学第二定律最普遍的说法：孤立系统总是向热力学概率（混乱度）最大的状态变化。

## 3.2 卡诺循环与卡诺定理

### 3.2.1 热功转换与热机效率

热力学第二定律是人们在研究热机效率的基础上建立起来的。所以早期的研究都与热功转换有关。按照热力学第二定律，热功转换是有方向性的，即功可以全部转变为热，钻木取火就是摩擦做功生热的典型实例，而热转变为功却是有限度的。

设有一带活塞的气缸，其内的气体通过吸热导致气缸内的气体的温度、压力升高，体积发生膨胀推动活塞对外做功，吸收的热转变成了功，但要使这一过程再次进行，需要将气体压缩回复原态，这需要环境对系统做功，这使得系统对外做的功一部分被抵消掉，所以气缸内的气体从膨胀到压缩回复原态的循环中，热只有一部分转变为了功。要想利用热对外做功必须借助一种能够循环操作的机器——热机来实现。最早的热机是 18 世纪发明的蒸汽机，其工作原理是：利用燃料煤燃烧产生的热，使水（工作介质）在高压锅炉内变为高温、高压水蒸气，然后进入绝热的气缸膨胀从而对外做功，而膨胀后的水蒸气进入冷凝器降温并凝结为水（向冷凝器散热过程），然后被压入高压锅炉循环使用。将上述蒸汽热机工作的能量转化关系抽象的结果是：从高温热源吸收的热（$Q_1$），一部分对外做了功（$-W$），另一部分（$Q_2$）传给了低温热源，如图 3.1 所示。

为了表示不同热机工作时的能量转化效率，定义热机效率为：热机对外做的功与热机从高温热源吸的热的比值，用 $\eta$ 表示，即

$$\eta=\frac{-W}{Q_1} \tag{3.1}$$

若热机不向低温热源散热，即吸收的热全部用来对外做功，此时热机效率可达到 100%，实践证明，这样的热机是根本不能实现的，这也是热力学第二定律的另一种表示方

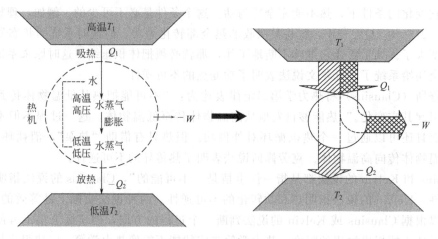

图 3.1 热机工作原理

式——第二类永动机是不可能造成的。

蒸汽机的发明及其在各生产领域的广泛应用，不仅对当时欧洲的产业革命，而且对后来人类社会的进步与文明具有划时代的意义。显然，热机效率越高越好。那么，热机的极限效率是多少呢？极限效率与两个热源的温度有什么关系呢？1824 年法国青年工程师卡诺（N. L. S. Carnot）设计了一个理想热机，解答了这个问题。

## 3.2.2 卡诺循环

1824 年，法国工程师卡诺在《论火的动力》论文中，首次明确提出，热机效率是有理论极限的，即使在理想情况下，热也不能全部转变为功，而存在一个限度。为此，他提出了由如下四个步骤组成的循环过程作为可逆热机的模型：恒温可逆膨胀，绝热可逆膨胀，恒温可逆压缩，绝热可逆压缩。后来人们将这种循环称为卡诺循环，如图 3.2 所示，将按卡诺循环工作的热机称为卡诺热机。

现在以 $n\,\mathrm{mol}$ 的理想气体为工作介质，计算工作于温度为 $T_1$ 和 $T_2$ 两个热源之间的卡诺热机推导热机的效率。

(1) 恒温可逆膨胀，如图 3.2 中 AB 段。理想气体在高温热源的温度 $T_1$ 下，从状态 A$(T_1, V_1, p_1)$ 恒温可逆膨胀到状态 B$(T_1, V_2, p_2)$。系统从高温热源吸热 $Q_1$，对环境做功 $-W_1$。过程为理想气体的恒温可逆过程，所以

$$\Delta U_1 = Q_1 + W_1 = 0$$

$$Q_1 = W_1 = -nRT_1 \ln \frac{V_2}{V_1}$$

即系统从高温热源吸热对外做功。

(2) 绝热可逆膨胀，如图 3.2 中 BC 段。理想气体从状态 B$(T_1, V_2, p_2)$ 绝热可逆膨胀到状态 C$(T_2, V_3, p_3)$。过程为理想气体的绝热可逆过程，所以

$$Q_2 = \Delta U_2 - W_2 = 0$$

$$W_2 = \Delta U_2 = \int_{T_1}^{T_2} nC_{V,m} \mathrm{d}T = nC_{V,m}(T_2 - T_1)$$

即系统消耗自身的热力学能而对外做功，这导致系统温

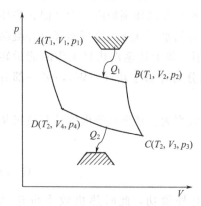

图 3.2 卡诺循环示意图

度降低。

(3) 恒温可逆压缩，如图 3.2 中 CD 段。系统从状态 $C(T_2, V_3, p_3)$ 恒温可逆压缩到状态 $D(T_2, V_4, p_4)$。温度为 $T_2$ 的理想气体与温度为 $T_2$ 的低温环境接触，经恒温可逆压缩消耗环境的功，同时向环境放热。

$$\Delta U_3 = Q_3 + W_3 = 0$$

$$Q_3 = -W_3 = -nRT_2 \ln \frac{V_4}{V_3}$$

即系统消耗环境的功，同时向环境放热。

(4) 绝热可逆压缩，如图 3.2 中 DA 段。理想气体从状态 $D(T_2, V_4, p_4)$ 绝热可逆压缩到始态 $A(T_1, V_1, p_1)$，完成一个循环操作。过程为理想气体的绝热可逆过程，所以

$$Q_4 = \Delta U_4 - W_4 = 0$$

$$W_4 = \Delta U_4 = \int_{T_2}^{T_1} nC_{V,m} dT = nC_{V,m}(T_1 - T_2)$$

即系统得功而不放热，功全部转变为系统的热力学能。

整个循环结束后，系统从高温热源 $T_1$ 吸热 $Q_1$，一部分对外做功 $-W$，另一部分以热的形式向低温热源 $T_2$ 传热 $Q_2$。根据循环，有

$$-W = -(W_1 + W_2 + W_3 + W_4) = nRT_1 \ln \frac{V_2}{V_1} + nRT_2 \ln \frac{V_4}{V_3}$$

对绝热可逆过程 BC、DA，应用绝热可逆过程方程式，分别有

$$\frac{T_1}{T_2} = \left(\frac{V_4}{V_1}\right)^{\gamma - 1}$$

和

$$\frac{T_1}{T_2} = \left(\frac{V_3}{V_2}\right)^{\gamma - 1}$$

将以上两式相除有

$$\frac{V_1}{V_2} = \frac{V_4}{V_3}$$

所以

$$-W = nR(T_1 - T_2) \ln \frac{V_2}{V_1}$$

这样，卡诺热机的效率为

$$\eta = \frac{-W}{Q_1} = \frac{nR(T_1 - T_2) \ln \frac{V_2}{V_1}}{nRT_1 \ln \frac{V_2}{V_1}} = \frac{T_1 - T_2}{T_1} = 1 - \frac{T_2}{T_1} \tag{3.2}$$

式(3.2) 就是著名的卡诺热机的效率公式。但要指出的是，该公式并不体现热力学第二定律的任何内容，且第二步和第四步只对绝热可逆过程成立。

由于 $Q_2$、$Q_4$ 均等于零，$Q_1$ 为系统从高温热源吸的热为正值，$Q_2$ 为系统向低温热源放的热为负值，根据热力学第一定律，系统向环境做的功为 $-W = Q_1 + Q_2$，这样

$$\eta = \frac{Q_1 + Q_2}{Q_1} = \frac{T_1 - T_2}{T_1} \tag{3.3}$$

整理式(3.3)，有

$$\frac{Q_1}{T_1} + \frac{Q_2}{T_2} = 0 \tag{3.4}$$

式中，$\frac{Q_1}{T_1}$ 和 $\frac{Q_2}{T_2}$ 称为过程的热温商；$T$ 代表热源温度，也是系统的温度。从式中可得出一个重要结论：卡诺循环的热温商之和为零。从这一结论出发，我们将在下一节导出一个新的状态函数——熵。

### 3.2.3 卡诺定理及其推论

分析卡诺循环可知，两个绝热可逆过程的功数值相等，符号相反，两个恒温可逆过程的功则不同。恒温可逆膨胀时，因为过程可逆使得热机对外做的功最大，恒温可逆压缩时，因为过程可逆使系统从外界得的功最小。故一个循环过程的总结果是热机以极限的做功能力向外界提供了最大功，因而其效率是最大的。

对此，卡诺在1824年提出了著名的卡诺定理：在两个不同温度的热源之间工作的所有热机，以可逆热机的效率最高。由卡诺定理又可以得出以下两个推论。

（1）工作在两个一定温度的热源之间的热机，其它可逆热机与卡诺热机的效率相等，不可逆热机的效率小于卡诺热机的效率。

（2）可逆热机的效率只与高温热源和低温热源的温度有关，与工作介质无关。通常可逆热机的效率用 $\eta_r$ 表示，不可逆热机的效率用 $\eta_i$ 表示。

在此要强调指出的是，卡诺定理可以用反证法证明，在证明卡诺定理时要用到热力学第二定律的说法。因此，卡诺定理本身也就自然成为热力学第二定律的一种表述了。

## 3.3 熵与克劳修斯不等式

### 3.3.1 熵的引出

根据卡诺循环，我们得到一个重要结论：卡诺循环的热温商之和为零。

$$\frac{Q_1}{T_1} + \frac{Q_2}{T_2} = 0$$

对于一个无限小的卡诺循环，也有

$$\frac{\delta Q_1}{T_1} + \frac{\delta Q_2}{T_2} = 0$$

即任意卡诺循环的可逆热温商之和为零。

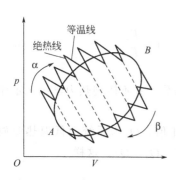

图 3.3 任意可逆循环的卡诺循环替代

设想有任意可逆循环，如图3.3所示。它在 $p$-$V$ 图上的环形曲线可以是任何形状，但必须要全程是可逆的。现在用许多排列接近的绝热可逆线、等温可逆线把整个封闭曲线划分为无限多个小卡诺循环，在这些小卡诺循环中，中间的虚线所代表的过程实际上是不存在的，因为对上一个循环是绝热压缩过程，而对下一个循环则是绝热膨胀过程，二者相互抵消。因此，这些小卡诺循环的总和就是 $ABA$ 边界上的曲折线。设想把小卡诺循环选取得无限小，则曲折线和曲线重合，曲折线和原来的曲线 $ABA$ 是等效的，这无限多个小卡诺循环就可以代替原来的任意可逆循环过程。

对于每一个小卡诺循环：

$$\frac{Q_i}{T_i}+\frac{Q_{i+1}}{T_{i+1}}=0$$

对于整个可逆循环过程，包含很多小的卡诺循环，有：

$$\frac{\delta Q_1}{T_1}+\frac{\delta Q_2}{T_2}+\frac{\delta Q_3}{T_3}+\frac{\delta Q_4}{T_4}+\cdots=0$$

即

$$\sum_i \left(\frac{\delta Q_i}{T_i}\right)_R = 0 \tag{3.5}$$

在极限条件下，上式可以写成

$$\oint \left(\frac{\delta Q}{T}\right)_R = 0 \tag{3.6}$$

即任意可逆循环的可逆热温商沿封闭曲线的环程积分为零。

如果将任意可逆循环过程看作是由两个任意可逆过程 α 和 β 所构成，如图 3.3 所示，沿可逆过程 α 由 A 到 B，再沿可逆过程 β 由 B 回到 A，组成一个任意可逆循环过程。则封闭曲线的环程积分可以看作是两项积分之和：

$$\int_A^B \left(\frac{\delta Q}{T}\right)_{R_1} + \int_B^A \left(\frac{\delta Q}{T}\right)_{R_2} = 0$$

可得

$$\int_A^B \left(\frac{\delta Q}{T}\right)_{R_1} = \int_A^B \left(\frac{\delta Q}{T}\right)_{R_2}$$

说明任意可逆过程的热温商的值决定于始终状态，而与可逆途径无关，这个热温商具有状态函数的性质。

Clausius 根据可逆过程的热温商值决定于始态和终态而与可逆过程无关，定义了熵 (entropy)，用符号 S 表示，单位为 J·K$^{-1}$。

设始态 A、终态 B 的熵分别为 $S_A$ 和 $S_B$，则：

$$S_B - S_A = \Delta S = \int_A^B \left(\frac{\delta Q}{T}\right)_R \tag{3.7}$$

对微小变化

$$dS = \left(\frac{\delta Q}{T}\right)_R \tag{3.8}$$

这两个公式习惯上称为熵的定义式，即熵的变化值可用可逆过程的热温商值来衡量。

热力学研究的是大量质点集合的宏观系统，热力学能、焓和熵都是系统的宏观物理量。熵是系统的状态函数，当系统的状态一定时，系统有确定的熵值，系统状态发生变化，熵值也要发生改变。

热力学第二定律指出，凡是自发过程都是热力学不可逆过程。而一切不可逆过程都归结为热功转换的不可逆性。从微观角度来看，热是分子混乱运动的一种表现，而功是分子有秩序的一种规则运动。功转变为热的过程是规则运动转化为无规则运动，向系统无序性增加的方向进行。因此，有序运动会自发地变为无序运动，而无序运动却不会自发地变为有序运动。

例如，低压下的晶体恒压加热变成高温的气体。该过程需要吸热、系统的熵值不断增大。

从微观来看,晶体中的分子按一定方向、距离有规则地排列,分子只能在平衡位置附近振动。当物体受热熔化时,分子离开原来的平衡位置,系统变为液体,系统的无序性增大。当液体继续受热时,分子完全克服其它分子对它的束缚,可以在空间自由运动,系统的无序性进一步增大。

因此,熵是系统无序程度的一种度量,这就是熵的物理意义。玻耳兹曼(Boltzmann)用统计热力学的方法给出了熵与系统混乱程度的定量关系式,即玻尔兹曼熵定理。

$$S = k \ln \Omega \tag{3.9}$$

式中,$k$ 为玻尔兹曼常数;$\Omega$ 为系统总的微观状态数。式(3.9)说明系统总的微观状态数越大,系统越混乱,系统的熵越大。

### 3.3.2 克劳修斯不等式

根据卡诺定理:工作于两个热源间的任意热机 I 与可逆热机 R,其热机效率间关系为:

$$\eta_I \leqslant \eta_R \quad \begin{array}{l} \text{不可逆} \\ \text{可逆} \end{array}$$

即

$$\frac{Q_1 + Q_2}{Q_1} \leqslant \frac{T_1 - T_2}{T_1} \quad \begin{array}{l} \text{不可逆} \\ \text{可逆} \end{array}$$

整理得

$$\frac{Q_1}{T_1} + \frac{Q_2}{T_2} \leqslant 0 \quad \begin{array}{l} \text{不可逆} \\ \text{可逆} \end{array}$$

对于一个无限小的卡诺循环,也有

$$\frac{\delta Q_1}{T_1} + \frac{\delta Q_2}{T_2} \leqslant 0 \quad \begin{array}{l} \text{不可逆} \\ \text{可逆} \end{array}$$

即任意热机完成一个微小循环后,其热温商之和对不可逆过程小于零,对可逆过程等于零。

采用推导封闭曲线环程乘积分的方法,一个任意的不可逆循环过程可由无限多个小的不可逆循环过程组成,每一个小的不可逆循环过程的热温商都小于零,因此,对任意的不可逆循环过程有:

$$\oint \frac{\delta Q}{T} \leqslant 0$$

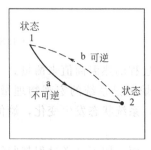

图 3.4 不可逆过程示意图

假设一任意不可逆循环由两部分组成:不可逆途径 a 和可逆途径 b,如图 3.4 所示。

应用上式,并拆成两项,有

$$\int_1^2 \frac{\delta Q_{IR}}{T} + \int_2^1 \frac{\delta Q_R}{T} < 0$$

对于可逆途径 b,有

$$\int_2^1 \frac{\delta Q_R}{T} = -\int_1^2 \frac{\delta Q_R}{T} = -\Delta_1^2 S$$

代入上式,有

$$\Delta_1^2 S \geqslant \int_1^2 \frac{\delta Q}{T} \tag{3.10}$$

对于微小变化过程

$$dS \geqslant \frac{\delta Q}{T} \tag{3.11}$$

式中，$\delta Q$ 是实际过程的热效应；$T$ 是环境温度。以上两式即为克劳修斯（Clausius）不等式，也称作熵判据，式中等号表示用于热力学可逆过程，大于号表示用于热力学不可逆过程。由于热力学第二定律的核心问题是解决过程的方向和限度，故克劳修斯不等式也称为热力学第二定律的数学表达式。

### 3.3.3 熵增原理

克劳修斯不等式应用于绝热系统中发生的变化，因为过程绝热 $\delta Q = 0$，所以克劳修斯不等式可写成

$$\Delta S \geqslant 0 \quad \begin{matrix} \text{不可逆} \\ \text{可逆} \end{matrix}$$

式中，等号表示热效力学可逆过程；大于号表示热力学不可逆过程。系统在绝热的条件下，只能发生熵增加或熵不变的过程，不可能发生熵减小的过程，这就是熵增原理。在绝热系统中发生的不可逆过程可以是自发的，如绝热真空膨胀；也可以是非自发的，如绝热压缩过程，需要环境对系统做功。

如果将克劳修斯不等式应用于孤立系统，则由于孤立系统与环境之间无热交换，$Q=0$，克劳修斯不等式可以写成 $\Delta S_{iso} \geqslant 0$。孤立系统是个理想化的系统，多数情况下系统与环境之间有能量交换。如果把与系统直接发生作用的那部分环境从大环境中划分出来，这部分与系统有相互作用的环境与原系统合在一起可以组成一个新的系统，这个新的系统也可以看作与外界既无物质交换又无能量交换的孤立系统或称隔离系统。则有

$$\Delta S_{iso} = \Delta S_{sys} + \Delta S_{amb} \geqslant 0 \quad \begin{matrix} \text{不可逆} \\ \text{可逆} \end{matrix}$$

这表明在孤立系统或隔离系统中所发生的一切可逆过程，其 $\Delta S_{iso}=0$，即系统的熵值不变；而在孤立系统中所发生的一切不可逆过程，其 $\Delta S_{iso}>0$，即系统的熵值总是增大的。由于孤立系统环境不可能对它做功，一旦发生一个不可逆过程，那一定是自发过程。因此，就可以用上式来判断自发过程的方向。

熵增原理是热力学第二定律的必然结果，有时也把此原理作为热力学第二定律的一种说法。更进一步叙述，孤立系统中发生的一切实际过程总是朝着熵值增加的方向进行，直到系统的熵值达到最大，整个系统就达到热力学平衡态过程或以热力学可逆的方式进行。

## 3.4 熵变的计算

### 3.4.1 单纯 pVT 过程熵变的计算

根据熵的定义式

$$dS = \left(\frac{\delta Q}{T}\right)_R$$

结合可逆且无非体积功过程的热力学第一定律和焓的定义，有

$$\delta Q_r = dU + p\,dV$$

则
$$dS = \frac{dU + p\,dV}{T} \tag{3.12}$$

又根据焓的定义，有 $dU = dH - d(pV) = dH - p\,dV - V\,dp$，所以
$$dS = \frac{dH - V\,dp}{T} \tag{3.13}$$

根据以上两式便可以计算理想气体、凝聚态物质单纯 $pVT$ 过程的熵变。

#### 3.4.1.1 理想气体单纯 $pVT$ 过程的熵变

对于理想气体，假设其 $C_{p,m}$ 和 $C_{V,m}$ 均为常数，又因为 $U$、$H$ 仅仅是温度的函数，将 $dU = nC_{V,m}dT$ 和 $p = \frac{nRT}{V}$ 代入式(3.12)并积分可得

$$\Delta S = nC_{V,m}\ln\left(\frac{T_2}{T_1}\right) + nR\ln\left(\frac{V_2}{V_1}\right) \tag{3.14}$$

将 $dH = nC_{p,m}dT$ 和 $p = \frac{nRT}{V}$ 代入式(3.13)并积分可得

$$\Delta S = nC_{p,m}\ln\left(\frac{T_2}{T_1}\right) + nR\ln\left(\frac{p_1}{p_2}\right) \tag{3.15}$$

将不同状态一定量的理想气体的状态方程 $\frac{T_2}{T_1} = \frac{p_2 V_2}{p_1 V_1}$ 与 $C_{p,m} - C_{V,m} = R$ 代入式(3.14)可得

$$\Delta S = nC_{p,m}\ln\left(\frac{V_2}{V_1}\right) + nC_{V,m}\ln\left(\frac{p_2}{p_1}\right) \tag{3.16}$$

以上三式是计算理想气体单纯 $pVT$ 过程的熵变的通式，是由熵的定义式和可逆过程热力学第一定律导出的，但由于熵是状态函数，其改变量只与始态终态有关，而与过程无关，所以以上三式可以用于理想气体 $pVT$ 的任一过程，不管过程可逆与否。

#### 3.4.1.2 凝聚态物质单纯 $pVT$ 过程的熵变

（1）凝聚态物质恒容过程

恒容过程 $dV = 0$，$dU = nC_{V,m}dT$，假定 $C_{V,m}$ 为一常数，代入式(3.16)并积分有

$$\Delta S = nC_{V,m}\ln\left(\frac{T_2}{T_1}\right) \tag{3.17}$$

（2）凝聚态物质恒压过程

恒压过程 $dp = 0$，$dH = nC_{p,m}dT$，假定 $C_{p,m}$ 为一常数，代入式(3.16)并积分有

$$\Delta S = nC_{p,m}\ln\left(\frac{T_2}{T_1}\right) \tag{3.18}$$

（3）凝聚态物质非恒容、非恒压过程

熵是系统混乱度的量度，压力的改变对凝聚态物质的混乱度影响一般很小。例如，有一块铁，在其它条件不变的情况下，仅改变其压力，如由 1 个大气压加压到 3 个大气压，铁内部质点的混乱度改变是很小的，铁原子依然在晶格点附近振动，完全可以忽略其引起的熵的改变。结合第 2 章凝聚态物质焓变的计算，有 $dp = 0$，$dH = nC_{p,m}dT$，假定 $C_{p,m}$ 为一常数，代入式(3.13)并积分，有

$$\Delta S = nC_{p,m}\ln\left(\frac{T_2}{T_1}\right) \tag{3.19}$$

### 3.4.1.3 混合过程的熵变

这里只考虑两种或两种以上理想气体的混合过程以及不同温度的两部分或多部分同一种液态物质的混合。对于这样的混合过程的熵变，总的计算原则是分别计算各个组成部分的熵变，然后求和。尽管混合过程是不可逆过程，但是由于熵是状态函数，也可以按照单纯 $pVT$ 过程熵变的计算方式进行，所以，对于混合系统中的一种组分 B，同样有

$$\Delta S_B = n_B C_{V,m,B} \ln\left(\frac{T_{B,2}}{T_{B,1}}\right) + n_B R \ln\left(\frac{V_{B,2}}{V_{B,1}}\right) \tag{3.20}$$

式中，$T_{B,1}$ 和 $T_{B,2}$ 分别是混合前后 B 组分的温度；$V_{B,1}$ 是混合前的体积；$V_{B,2}$ 是混合后 B 组分的分体积。

$$\Delta S_B = n_B C_{p,m,B} \ln\left(\frac{T_{B,2}}{T_{B,1}}\right) + n_B R \ln\left(\frac{p}{p_{B,1}}\right) \tag{3.21}$$

式中，$T_{B,1}$ 和 $T_{B,2}$ 分别是混合前后 B 组分的温度；$p$ 是混合后的系统的总压力；$p_{B,1}$ 是混合后 B 组分的分压力。

如果是不同理想气体恒温恒压的混合过程，结合分压定律和分体积定律，则混合过程 B 组分的熵变的计算公式可以简化为

$$\Delta S_B = -n_B R \ln y_B \tag{3.22}$$

【**例 3.1**】 始态为 0℃、100kPa 的 2mol 单原子理想气体 A 与 150℃、100kPa 的 5mol 双原子理想气体 CB，在恒压 100kPa 下绝热混合达到平衡态，求过程的 $W$、$\Delta U$ 及 $\Delta S$。

**解**：单原子理想气体 A 的 $C_{V,m} = \frac{3}{2}R$，$C_{p,m} = \frac{5}{2}R$

双原子理想气体 A 的 $C_{V,m} = \frac{5}{2}R$，$C_{p,m} = \frac{7}{2}R$

| 2mol B<br>0℃<br>100kPa | 5mol C<br>150℃<br>100kPa | 恒压<br>绝热 | 2mol B + 5mol C<br>$T$<br>100kPa |

因为过程恒压、绝热，即 $Q_p = \Delta H = 0$，则有

$$\Delta H = n_B C_{p,m,B}(T - T_{B0}) + n_C C_{p,m,C}(T - T_{C0})$$
$$= n_B C_{p,m,B}(T - 273.15K) + n_C C_{p,m,C}(T - 423.15K) = 0$$

代入数据，解得混合后达到平衡后系统的温度为

$$T = 389.82K$$

混合气体中各组分的分压力为

$$p_A = p y_A = \frac{2}{7} \times 100\text{kPa} = 28.57\text{kPa}$$

$$p_B = p y_B = \frac{5}{7} \times 100\text{kPa} = 71.43\text{kPa}$$

则过程的熵变为组分 A 和组分 B 的熵变之和，即

$$\Delta S = \Delta S_A + \Delta S_B$$
$$= \left(n_A C_{p,m,A} \ln\frac{T}{T_{A,0}} + n_A R \ln\frac{p}{p_A}\right) + \left(n_B C_{p,m,B} \ln\frac{T}{T_{B,0}} + n_B R \ln\frac{p}{p_B}\right)$$
$$= \left(2 \times 2.5 \times 8.315 \ln\frac{389.82}{273.15} + 2 \times 8.315 \ln\frac{100}{28.57}\right) \text{J} \cdot \text{K}^{-1} +$$
$$\left(5 \times 3.5 \times 8.315 \ln\frac{389.82}{423.15} + 5 \times 8.315 \ln\frac{100}{71.43}\right) \text{J} \cdot \text{K}^{-1}$$

$$= (35.62 + 2.05) \text{J} \cdot \text{K}^{-1} = 37.67 \text{J} \cdot \text{K}^{-1}$$

由于过程绝热，而系统的熵变大于零，所以该过程为自发过程。

系统绝热 $Q = 0$，根据热力学第一定律，有

$$W = \Delta U = \Delta U_A + \Delta U_B = n_A C_{V,m,A}(T - T_{A,0}) + n_B C_{V,m,B}(T - T_{B,0})$$
$$= [2 \times 1.5 \times 8.315 \times (389.82 - 273.15) + 5 \times 2.5 \times 8.315 \times (389.82 - 423.15)] \text{J}$$
$$= -554 \text{J}$$

### 3.4.2 相变过程熵变的计算

相变过程熵变的计算，需要区分可逆相变和不可逆相变，对于可逆相变过程熵变的计算可以直接根据熵的定义式计算。而对于不可逆相变过程，则需要设计可逆途径来计算。

#### 3.4.2.1 可逆相变过程熵变的计算

在相平衡条件下发生的相变是可逆相变，其特征为恒温恒压。最常见的可逆相变是在正常熔点、沸点温度下发生的相变，也称为正常相变。根据正常相变的特征，有 $Q_r = Q_p = n\Delta_\alpha^\beta H_m$，我们可以在有关的手册中查出一般物质在 298.15K 条件下的摩尔相变焓 $\Delta_\alpha^\beta H_m$，再根据熵的定义式计算正常相变的熵变：

$$\Delta_\alpha^\beta S = \frac{n \Delta_\alpha^\beta H_m}{T} \tag{3.23}$$

式中，$T$ 为相变温度；$n$ 为发生相变物质的物质的量。

若温度 $T$ 下的可逆摩尔相变焓未知，但另一温度 $T_0$ 下的可逆摩尔相变焓已知，则可以根据相变过程的基希霍夫定律先求温度 $T$ 下可逆摩尔相变焓，再根据熵的定义式计算正常相变的熵变：

$$\Delta_\alpha^\beta S(T) = \frac{n \left[ \Delta_\alpha^\beta H_m(T_0) + \int_{T_0}^{T} \Delta_\alpha^\beta C_{p,m} dT \right]}{T} \tag{3.24}$$

例如已知 100℃，101.325kPa 下水的摩尔蒸发焓，要计算 80℃ 及其饱和蒸气压下的摩尔相变熵，即可利用上式计算。

#### 3.4.2.2 不可逆相变过程熵变的计算

凡不是在指定温度及该温度的饱和蒸气压条件下进行的相变均为不可逆相变。例如在 100℃，99kPa 条件下的液态水变为水蒸气的相变就不是可逆相变，因为在 100℃ 时水的饱和蒸气压为 101.325kPa 而不是 99kPa。要计算不可逆相变过程的熵变，需要借助状态函数法，在不可逆相变过程的始态和终态之间设计一条包含可逆相变和单纯 $pVT$ 变化的途径，再根据基础热力学数据可逆摩尔相变焓和摩尔热容计算。具体过程见如下例题。

【例 3.2】 计算在 $-10$℃，101.325kPa 下 1mol 过冷水结冰过程系统的熵变 $\Delta S$。已知：$C_{p,m}(\text{冰}) = 37.6 \text{J} \cdot \text{mol}^{-1} \cdot \text{K}^{-1}$，$C_{p,m}(\text{水}) = 75.3 \text{J} \cdot \text{mol}^{-1} \cdot \text{K}^{-1}$，$\Delta_s^l H_m = 6020 \text{J} \cdot \text{mol}^{-1}$。

**解**：过冷水结冰是不可逆相变，设计的可逆相变和单纯 $pVT$ 变化的途径如下。

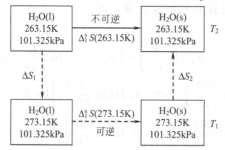

由状态函数法,有
$$\Delta_l^s S(263.15\text{K}) = \Delta_l^s S(273.15\text{K}) + \Delta S_1 + \Delta S_2$$

$$\Delta_l^s S(273.15\text{K}) = n\frac{\Delta_l^s H_m}{T} = \left(1 \times \frac{-6020}{273.15}\right) \text{J} \cdot \text{K}^{-1} = -22.039 \text{J} \cdot \text{K}^{-1}$$

$$\Delta S_1 = nC_{p,m}(\text{H}_2\text{O}(l))\ln\frac{T_1}{T_2} = \left(1 \times 75.3 \times \ln\frac{273.15}{263.15}\right) \text{J} \cdot \text{K}^{-1} = 2.808 \text{J} \cdot \text{K}^{-1}$$

$$\Delta S_2 = nC_{p,m}(\text{H}_2\text{O}(s))\ln\frac{T_2}{T_1} = \left(1 \times 37.6 \times \ln\frac{263.15}{273.15}\right) \text{J} \cdot \text{K}^{-1} = -1.402 \text{J} \cdot \text{K}^{-1}$$

$$\Delta_l^s S(263.15\text{K}) = (-22.039 + 2.808 - 1.402) \text{J} \cdot \text{K}^{-1} = -20.633 \text{J} \cdot \text{K}^{-1}$$

上述结果不能用于判断过程的方向,因为系统进行的过程不是绝热过程,要用熵做判据必须考虑环境的熵变,计算隔离系统的熵变。

#### 3.4.2.3 环境熵变的计算

一般的环境是大气或很大的热源,所以环境远远大于系统,当系统与环境间发生有限量的热量交换时,仅引起环境温度、压力无限小的变化,可认为环境时刻处于无限接近平衡的状态。这样,整个热交换过程对环境而言可看成是在恒温下的可逆过程,则由熵的定义,有

$$\Delta S_{\text{amb}} = \frac{Q_{\text{amb}}}{T_{\text{amb}}}$$

式中,$T_{\text{amb}}$ 为环境的温度。

又因为 $Q_{\text{amb}} = -Q_{\text{sys}}$,代入上式,得

$$\Delta S_{\text{amb}} = -\frac{Q_{\text{sys}}}{T_{\text{amb}}} \tag{3.25}$$

此式即为环境熵变的计算公式。上式表明,系统与环境交换热量的负值与环境温度的比值即为环境的熵变。

计算得到环境的熵变,则可结合系统的熵变,用 $\Delta S_{\text{iso}} = \Delta S_{\text{sys}} + \Delta S_{\text{amb}}$ 来判断过程的方向和限度。

【例3.3】 计算在 $-10\text{℃}$,$101.325\text{kPa}$ 下 $1\text{mol}$ 过冷水结冰过程环境的熵变 $\Delta S_{\text{amb}}$。已知:$C_{p,m}(\text{冰}) = 37.6 \text{J} \cdot \text{mol}^{-1} \cdot \text{K}^{-1}$,$C_{p,m}(\text{水}) = 75.3 \text{J} \cdot \text{mol}^{-1} \cdot \text{K}^{-1}$,$\Delta_s^l H_m = 6020 \text{J} \cdot \text{mol}^{-1}$。

**解:** 过冷水结冰是不可逆相变,设计的可逆相变和单纯 $pVT$ 变化的途径如下

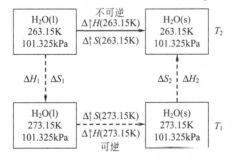

由状态函数法,有
$$Q_{\text{sys}} = \Delta_l^s H(263.15\text{K}) = \Delta_l^s H(273.15\text{K}) + \Delta H_1 + \Delta H_2$$

$$\Delta_l^s H(263.15\text{K}) = nC_{p,m}[\text{H}_2\text{O}(l)](T_2 - T_1) + \Delta_l^s H(273.15\text{K}) + nC_{p,m}(\text{H}_2\text{O}(l))(T_2 - T_1)$$
$$= [1 \times 75.30 \times 10 - 6020 + 1 \times 75.30 \times (-10)] \text{J}$$
$$= -5643 \text{J}$$

$$\Delta S_{amb} = -\frac{Q_{sys}}{T_{amb}} = \frac{-5643}{263.15} J \cdot K^{-1} = 21.444 J \cdot K^{-1}$$

结合上以例题的结果，则

$$\Delta_l^s S_{iso}(263.15K) = \Delta_l^s S_{sys} + \Delta_l^s S_{amb} = (-20.633 + 21.444) J \cdot K^{-1} = 0.811 J \cdot K^{-1}$$

$\Delta_l^s S > 0$ 说明 $-10℃$，101.325kPa 下过冷水结冰的过程是自发的不可逆过程。

### 3.4.3 化学变化过程熵变的计算

一定条件下化学反应通常是不可逆的，化学反应热也不是可逆热，因而化学反应热与温度的比值也不是化学反应的熵变。要想由熵的定义计算化学反应的熵变，必须设计一条可逆化学变化途径。这就需要该可逆化学反应的有关数据。然而，由于能斯特热定理的发现，热力学第三定律的提出，物质标准摩尔熵的确立，使得化学反应熵变的计算变得简单。

#### 3.4.3.1 热力学第三定律

在二十世纪初，人们通过对低温下凝聚系统电池反应的实验发现：随着温度的降低，凝聚系统恒温反应对应的熵变在下降，当温度趋于 0K 时，熵变最小。在此基础上，能斯特（Nernst）于 1906 年提出如下假定：凝聚系统在恒温过程中的熵变，随温度趋于 0K 而趋于零。此假设称为能斯特热定理，它奠定了热力学第三定律的基础。

在不违背能斯特热定理的前提下，为了应用方便，1911 年 Planck 进一步做了如下假定：0K 下凝聚态、纯物质的熵为零。但 0K 下的凝聚相态没有特别指明，而玻璃体、晶体等又都是凝聚相态，故为了更严格起见，路易斯（Lewis G N）和吉布森（Gibson G E）在 1920 年对此进行了严格界定，提出了完美晶体的概念，这才使得热力学第三定律的表述更加科学、严谨。

在热力学温度为 0K 时，纯物质完美晶体的熵值为零，即

$$S^*(0K, 纯物质, 完美晶体) = 0 J \cdot K^{-1} \tag{3.26}$$

这就是热力学第三定律。这里所谓的完美晶体是指晶体中的原子或分子只有一种排列形式。这种表述方式与熵的物理意义是一致的。0K 下、纯物质、完美晶体的有序度最大，原子或分子只有一种排列形式，即微观状态数 $\Omega = 1$，由玻耳兹曼熵定理 $S = k\ln\Omega$ 知，熵也为零。这样，热力学第三定律将其规定为零也就顺理成章了。

#### 3.4.3.2 规定熵与标准熵

根据热力学第三定律，可以用热力学方法计算某物质在任意温度时的熵值。如定压下

$$S(T) - S(0K) = \int_{0K}^{T} \frac{C_p}{T} dT$$

根据热力学第三定律，$S(0K) = 0$，于是在 $TK$ 时某物质的熵值为：

$$S(T) = \int_{0K}^{T} \frac{C_p}{T} dT$$

式中，$S(T)$ 是规定 $S(0K) = 0$ 时所得的熵，故称规定熵。如果物质在等压下 0K→T 时发生相变，求 $S(T)$ 时应按单纯 $pVT$ 过程和相变过程分步计算。1mol 物质在标准态下、温度 $T$ 时的规定熵，称为该物质在温度 $T$ 时的标准摩尔熵，以 $S_m^\ominus(T)$ 表示。如某物质 B 的标准摩尔熵为

$$B(s) \xrightarrow{1} B(s) \xrightleftharpoons{2} B(l) \xrightarrow{3} B(l) \xrightarrow{4} B(g) \xrightarrow{5} B(g) \xrightarrow{6} B(pg) \xrightarrow{7} B(pg)$$

0K      $T_f$      $T_f$      $T_b$      $T_b$      $T$      $T$      $T$

$p = 101.325$kPa      $p$      $p$      $p$      $p$      $p$      $p$      $p^\ominus$

$$S_m^\ominus(g,T) = \Delta S_1 + \Delta S_2 + \Delta S_3 + \Delta S_4 + \Delta S_5 + \Delta S_6 + \Delta S_7$$
$$= \int_{0K}^{T_f} \frac{C_{p,m}(s)}{T} dT + \frac{\Delta_s^l H_m}{T_f} + \int_{T_f}^{T_b} \frac{C_{p,m}(l)}{T} dT + \frac{\Delta_l^g H_m}{T_b} + \quad (3.27)$$
$$\int_{T_b}^{T} \frac{C_{p,m}(g)}{T} dT + \Delta_g^{pg} S_m + R \ln \frac{p}{p^\ominus}$$

#### 3.4.3.3 标准摩尔反应熵及其计算

298.15K下物质的标准摩尔熵可查表,则如下反应在恒定298.15K、各反应组分均处于标准态时,进行1mol反应进度的熵变即为标准摩尔反应熵:

$$aA + bB \xrightarrow{298.15K} yY + zZ$$
$$\Delta_r S_m^\ominus = (yS_{m,Y}^\ominus + zS_{m,Z}^\ominus) - (aS_{m,A}^\ominus + bS_{m,B}^\ominus)$$
$$= \sum \nu_B S_{m,B}^\ominus \quad (3.28)$$

即298.15K下标准摩尔反应熵等于终态各产物标准摩尔熵之和减去始态各反应物标准摩尔熵之和。

需要注意的是,由于物质在恒温、恒压下混合时存在熵变,故利用上式计算所得的标准摩尔反应熵并非物质A、B混合后发生反应,生成混合的产物Y、Z时的熵变,而是假定反应物和产物均处于各自的标准态时,进行1mol反应进度这一假想过程的熵变。

多数情况下,反应并非在298.15K下进行,此时要利用298.15K下各物质的标准摩尔熵计算任意温度下的标准摩尔反应熵,需要用状态函数法,设计包含298.15K标准态下的反应和单纯$pVT$过程以及相变过程的途径来计算。方法类似于反应标准摩尔反应焓变的计算,这里不再阐述。

**【例3.4】** 若参加化学反应各物质的摩尔定压热容可表示成$C_{p,m} = a + bT + cT^2$。试推导化学反应$0 = \sum_B \nu_B B$的标准摩尔反应熵$\Delta_r S_m^\ominus(T)$与温度$T$的函数关系式,并说明积分常数$\Delta_r S_{m,0}^\ominus$如何确定。

**解:** 对于化学反应$0 = \sum_B \nu_B B$,
$$d\Delta_r S_m^\ominus / dT = \Delta C_{p,m}^\ominus / T$$

在温度区间$T_1$至$T_2$内,若所有反应物及产物均不发生相变化,反应物和产物的标准定压摩尔热容随温度的关系式均为
$$C_{p,m}^\ominus = a + bT + cT^2$$

令 $\Delta a = \sum_B \nu_B a_B$,$\Delta b = \sum_B \nu_B b_B$,$\Delta c = \sum_B \nu_B c_B$,则有
$$\Delta_r C_{p,m}^\ominus = \Delta a + \Delta b T + \Delta c T^2$$

代入微分式,可得不定积分式
$$\Delta_r S_m^\ominus(T) = \Delta_r S_{m,0}^\ominus + \Delta a \ln T + \Delta b T + \frac{1}{2} \Delta c T^2$$

式中,$\Delta_r S_{m,0}^\ominus$为积分常数,将某一温度下的标准摩尔反应熵代入即可求得。

## 3.5 亥姆霍兹函数和吉布斯函数

利用熵判据可以判断系统中过程的方向和限度,但必须考虑实际过程的热温商。当涉及

环境复杂的情况时，就难以对过程的性质做出判断。在化学热力学中，最引人关注的是化学反应的方向和限度问题，而化学反应一般是在定温定容或定温定压的条件下进行的。亥姆霍兹（Helmholtz）和吉布斯（Gibbs）为此定义了两个热力学状态函数，分别称为亥姆霍兹函数和吉布斯函数。

## 3.5.1 亥姆霍兹函数

### 3.5.1.1 亥姆霍兹函数的定义

根据克劳修斯不等式，对于封闭系统进行的可逆过程，有

$$dS \geqslant \frac{\delta Q}{T}$$

即

$$T dS \geqslant \delta Q$$

根据热力学第一定律，有

$$\delta Q = dU - \delta W_总$$

这里 $\delta W_总$ 包含过程的体积功 $\delta W$ 和非体积功 $\delta W'$，即

$$\delta W_总 = \delta W + \delta W'$$

代入上式，得

$$T dS \geqslant dU - \delta W_总$$

恒温下，有

$$dU - T dS = dU - dTS = d(U - TS)$$
$$-d(U - TS) \geqslant -\delta W_总$$

定义

$$A = U - TS \tag{3.29}$$

这里 $A$ 称为亥姆霍兹函数。因为 $U$、$T$、$S$ 都是状态函数，故 $A$ 也为状态函数，它是一个广度量，其 SI 单位为 J。

将亥姆霍兹函数的定义代入，得

$$-dA_T \geqslant -\delta W_总$$

对于有限量的过程，有

$$-\Delta A_T \geqslant -W_总 \text{ 或者 } \Delta A_T \leqslant W_总$$

由以上两式可得两点有意义的结论。

(1) 亥姆霍兹函数是状态函数，具有能量的量纲。因 $U$ 的绝对值无法确定，所以 $A$ 的绝对值也无法确定。

(2) 恒温可逆过程中，系统亥姆霍兹函数的增量等于过程的可逆功，$\Delta A_T = W_R$。而过程恒温可逆进行时，系统对环境做最大功，这表示恒温可逆变化时系统对外做总功能力的大小。因此，亥姆霍兹函数的物理意义在于反映了系统进行恒温变化时所具有的对外做总功能力的大小。

### 3.5.1.2 亥姆霍兹函数判据

恒温条件下的亥姆霍兹函数判据

$$\Delta A_T \leqslant W \tag{3.30}$$

若系统发生过程的始态和终态一定，其 $\Delta A$ 为定值。在始态和终态间，若进行恒温可逆

过程，则 $\Delta A_T = W_R$，系统所做的最大功等于 $A$ 的减少；若进行的是不可逆过程，$\Delta A_T < W_R$。$\Delta A_T > W_R$ 的过程是不可能发生的。

恒温恒容条件下的亥姆霍兹函数判据。恒容过程 $W=0$，$W_{总}=W'$ 则有

$$\Delta A_{T,V} \leqslant W' \quad \begin{array}{l} \text{自发过程} \\ \text{平衡} \end{array} \tag{3.31}$$

恒温恒容、且非体积功为零条件下的亥姆霍兹函数判据：

$$\Delta A_{T,V,W'=0} \leqslant 0 \quad \begin{array}{l} \text{自发过程} \\ \text{平衡} \end{array} \tag{3.32}$$

以上两式表明：恒温、恒容且 $W'=0$ 的条件下，一切可能自动进行的过程，其亥姆霍兹函数减小，而对于平衡过程，其亥姆霍兹函数不变。因为可逆过程中每个状态无限接近平衡态，所以也可用 $\Delta A_{T,V,W'=0}=0$ 判断系统处于平衡状态。

### 3.5.2 吉布斯函数

#### 3.5.2.1 吉布斯函数的定义

根据克劳修斯不等式，对于封闭系统进行的可逆过程，有

$$\mathrm{d}S \geqslant \frac{\delta Q}{T}$$

即

$$T\mathrm{d}S \geqslant \delta Q$$

根据热力学第一定律，有

$$\delta Q = \mathrm{d}U - \delta W_{总}$$

这里 $\delta W_{总}$ 包含过程的体积功 $\delta W$ 和非体积功 $\delta W'$，即

$$\delta W_{总} = \delta W + \delta W' = -p\mathrm{d}V + \delta W'$$

将热力学第二定律和功的表达式代入上式，得

$$T\mathrm{d}S - \mathrm{d}U - p\mathrm{d}V \geqslant -\delta W'$$

$$-(\mathrm{d}U + p\mathrm{d}V - T\mathrm{d}S) \geqslant -\delta W'$$

恒温恒压下，有

$$\mathrm{d}U + p\mathrm{d}V - T\mathrm{d}S = \mathrm{d}U + \mathrm{d}(pV) - \mathrm{d}(TS) = \mathrm{d}(U + pV - TS)$$

定义

$$G = U + pV - TS = H - TS \tag{3.33}$$

这里 $G$ 称为吉布斯函数。因为 $U$、$p$、$V$、$T$、$S$ 都是状态函数，故 $G$ 也为状态函数，它是一个广度量，其 SI 单位为 J。

将吉布斯函数的定义代入，得

$$\mathrm{d}G_{T,p} \leqslant \delta W'$$

对于有限量的过程，有

$$\Delta G_{T,p} \leqslant W'$$

由以上两式可得两点有意义的结论。

（1）吉布斯函数 $G$ 是状态函数，具有能量量纲。绝对值无法确定，是容量性质。

（2）对可逆过程 $G_{T,p} = W'_R$，该式表明了 $G$ 的物理意义为：封闭系统在定温定压下对外做的最大非体积功等于系统的吉布斯函数的减少。

#### 3.5.2.2 吉布斯函数判据

恒温恒压下的吉布斯函数判据

$$\Delta G_{T,p} \leqslant W' \quad \begin{matrix} 自发过程 \\ 平衡 \end{matrix} \tag{3.34}$$

若系统发生过程始态和终态一定，则其 $\Delta G$ 为定值。在始态和终态间，若进行恒温恒压的可逆过程，则 $\Delta G_{T,p} = W'$；若进行的是不可逆过程，则 $\Delta G_{T,p} < W'$。$\Delta G_{T,p} > W'$ 的过程是不可能发生的。

恒温恒压、且非体积功为零条件下的吉布斯函数判据为

$$\Delta G_{T,p,W'=0} \leqslant 0 \quad \begin{matrix} 自发过程 \\ 平衡 \end{matrix} \tag{3.35}$$

该式表明：恒温过程系统吉布斯函数的增量等于过程的可逆功。而过程恒温可逆进行时，系统对环境做最大功。因此，吉布斯函数的物理意义在于反映了系统进行恒温变化时所具有的对外做非体积功能力的大小。它表明，在定温定压不做非体积功的封闭系统中，若发生一个不可逆过程，则该过程总是朝着吉布斯函数减少的方向进行，直到系统的吉布斯函数达到最小值为止，系统达到平衡状态。达平衡态后，系统进行可逆过程，$G$ 值保持不变。

一个在定温定容或定温定压下进行的化学反应，如果不特别指明系统做非体积功，即便是电池反应，也可看作系统满足 $W'=0$ 的条件。因此，应用式(3.35)判断过程的性质很方便。这样，在一定条件下，不再需要环境对系统做功（$W'=0$）的不可逆过程即为自发过程。故在恒温恒压且非体积功为零的条件下，应用该判据时，$\Delta G < 0$ 的不可逆过程即为自发过程。恒温恒压、且非体积功为零的条件下，$\Delta G > 0$ 的过程是不可能进行的。注意：不能说在恒温恒压的条件下，$\Delta G > 0$ 的过程是不可能进行的，而只能说它不能自发进行。

例如，在恒温恒压条件下，水分解成氢气和氧气是不能自发进行的，因为 $\Delta G > 0$。但是通入电流就能使水分解成氢气和氧气，该过程需要环境对系统做功，所以是非自发过程。

### 3.5.3 亥姆霍兹函数变和吉布斯函数变的计算

根据 $A$、$G$ 的定义式：$A = U - TS$，$G = H - TS$，有

$$\Delta A = \Delta U - \Delta(TS) = \Delta U - (T_2 S_2 - T_1 S_1) \tag{3.36}$$

$$\Delta G = \Delta H - \Delta(TS) = \Delta H - (T_2 S_2 - T_1 S_1) \tag{3.37}$$

恒温下，有

$$\Delta A = \Delta U - T \Delta S \tag{3.38}$$

$$\Delta G = \Delta H - T \Delta S \tag{3.39}$$

可见，要计算单纯 $pVT$ 过程、相变过程和化学变化过程的亥姆霍兹函数变和吉布斯函数变，只需要先计算过程的热力学能变、焓变和熵变，即可利用 $A$、$G$ 的定义计算。

吉布斯函数在化学中是应用最为广泛的热力学函数，$\Delta G$ 的计算在一定程度上比 $\Delta A$ 的计算更为重要。因为 $G$ 是状态函数，在指定的始态和终态之间 $\Delta G$ 为定值，所以，无论过程是否可逆，总是设计始态和终态相同的可逆过程来计算 $\Delta G$。下面主要介绍 $\Delta G$ 的计算。

#### 3.5.3.1 单纯 $pVT$ 过程

对于理想气体的恒温且非体积功为零的过程，有：

$$T dS = \delta Q_R = dU - \delta W_R = dU + p dV$$

整理得
$$dU = TdS - pdV$$
代入吉布斯函数定义式的微分式
$$dG = dU + pdV + Vdp - TdS - SdT$$
得
$$dG = -SdT + Vdp$$
对理想气体的恒温可逆过程，由上式可得
$$\Delta G = \int_{p_1}^{p_2} \frac{nRT}{p} dp = nRT \ln \frac{p_2}{p_1} \tag{3.40}$$

**【例 3.5】** 在 25℃，1mol 理想气体由 10.1325kPa 定温膨胀至 1.01325kPa，试计算此过程的 $\Delta U$，$\Delta H$，$\Delta S$，$\Delta A$，$\Delta G$。

**解**：对理想气体的恒温过程：
$$\Delta U = 0, \quad \Delta H = 0$$
$$Q_R = W_R = nRT \ln \frac{p_2}{p_1} = \left(8.314 \times 298.15 \times \ln \frac{1.01325 \text{kPa}}{10.1325 \text{kPa}}\right) \text{J} = -5708 \text{J}$$
$$\Delta S = \frac{Q_R}{T} = nR \ln \frac{p_2}{p_1} = \left(1 \times 8.314 \times \ln \frac{1.01325 \text{kPa}}{10.1325 \text{kPa}}\right) \text{J} = -19.14 \text{J} \cdot \text{K}^{-1}$$
$$\Delta A = \Delta G = nRT \ln \frac{p_2}{p_1} = \left(1 \times 8.314 \times 298.15 \times \ln \frac{1.01325 \text{kPa}}{10.1325 \text{kPa}}\right) \text{J} = -5708 \text{J}$$

#### 3.5.3.2 相变过程

相变是一个恒温恒压且无非体积功的过程，对不可逆相变的 $\Delta G$ 值，必须设计一可逆过程进行计算。

**【例 3.6】** 1mol 过冷水在 -10℃，101.325kPa 下结冰过程系统的熵变 $\Delta G$。已知：$C_{p,\text{m}}(\text{冰}) = 37.6 \text{J} \cdot \text{K}^{-1} \cdot \text{mol}^{-1}$，$C_{p,\text{m}}(\text{水}) = 75.3 \text{J} \cdot \text{K}^{-1} \cdot \text{mol}^{-1}$，$\Delta_s^l H_m = 6020 \text{J} \cdot \text{mol}^{-1}$。

**解**：该相变过程为不可逆相变，设计的可逆途径如下

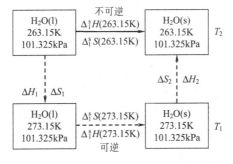

由状态函数法，有
$$Q_{\text{sys}} = \Delta_l^s H(263.15\text{K}) = \Delta_l^s H(273.15\text{K}) + \Delta H_1 + \Delta H_2$$
$$\Delta_l^s H(263.15\text{K}) = nC_{p,\text{m}}[\text{H}_2\text{O(l)}](T_2 - T_1) + \Delta_l^s H(273.15\text{K}) + nC_{p,\text{m}}[\text{H}_2\text{O(l)}](T_2 - T_1)$$
$$= [1 \times 75.30 \times 10 - 6020 + 1 \times 75.30 \times (-10)] \text{J}$$
$$= -5643 \text{J}$$
$$\Delta_l^s S(263.15\text{K}) = \Delta_l^s S(273.15\text{K}) + \Delta S_1 + \Delta S_2$$

$$\Delta_l^s S(273.15\text{K}) = n\frac{\Delta_l^s H_m}{T} = \left(1 \times \frac{-6020}{273.15}\right) \text{J} \cdot \text{K}^{-1} = -22.039 \text{J} \cdot \text{K}^{-1}$$

$$\Delta S_1 = nC_{p,m}[\text{H}_2\text{O}(l)]\ln\frac{T_1}{T_2} = \left(1 \times 75.3 \times \ln\frac{273.15}{263.15}\right) \text{J} \cdot \text{K}^{-1} = 2.808 \text{J} \cdot \text{K}^{-1}$$

$$\Delta S_2 = nC_{p,m}[\text{H}_2\text{O}(s)]\ln\frac{T_2}{T_1} = \left(1 \times 37.6 \times \ln\frac{263.15}{273.15}\right) \text{J} \cdot \text{K}^{-1} = -1.402 \text{J} \cdot \text{K}^{-1}$$

$$\Delta_l^s S(263.15\text{K}) = (-22.039 + 2.808 - 1.402) \text{J} \cdot \text{K}^{-1} = -20.633 \text{J} \cdot \text{K}^{-1}$$

所以

$$\Delta G = \Delta H - T\Delta S = -5643 - 263.15 \times (-20.633) = -205.532 \text{J} < 0$$

说明 $-10\text{°C}$，$101.325\text{kPa}$ 下过冷水结冰的过程是自发的不可逆过程。

### 3.5.3.3 化学反应过程

对于化学反应过程，则需先计算 $\Delta_r H_m^\ominus$，$\Delta_r S_m^\ominus$，对于恒温反应

$$\Delta_r G_m^\ominus = \Delta_r H_m^\ominus - T\Delta_r S_m^\ominus \tag{3.41}$$

式(3.41)表明 $\Delta_r G_m^\ominus$ 值由等式右边两项因素决定。若一个反应是一焓减（放热反应）和熵增（混乱度增加）的过程，则 $\Delta_r G_m^\ominus < 0$，必定是自发过程，若反应是焓减和熵减过程，或者是焓增和熵增过程，则要看两项的相对大小，才能确定过程的自发性。

或者根据标准摩尔生成吉布斯函数计算。标准摩尔生成吉布斯函数的定义类似于标准摩尔生成焓的定义，指在指定温度 $T$（通常是 298.15K）的标准状态下，由参考态单质生成 1mol 物质 B 时的吉布斯函数变，称为该物质在该温度条件下的标准摩尔生成吉布斯函数，用符号 $\Delta_f H_{m,B}^\ominus$ 表示，其中下标"$f$"表示生成，是 formation 的首字母。其相应的生成反应方程式中物质 B 的化学计量数 $\nu_B = +1$。其 SI 单位为 $\text{J} \cdot \text{mol}^{-1}$，常用的单位为 $\text{kJ} \cdot \text{mol}^{-1}$。

例如，$\Delta_f G_m^\ominus(\text{H}_2\text{O}, l)$ 对应的是下列反应在 298.15K 下的标准摩尔反应焓变，也是 $\text{H}_2\text{O}(l)$ 在 298.15K 的标准摩尔生成焓。

$$\text{H}_2(g) + \frac{1}{2}\text{O}_2(g) \Longrightarrow \text{H}_2\text{O}(l)$$

化合物 B 的生成焓并不是这个化合物的焓的绝对值，而是相对于合成它的参考态单质的相对焓。这里的参考态单质，一般是指每种单质在所讨论的温度和压力时最稳定的状态（磷除外）。显然，参考态单质的标准摩尔生成吉布斯函数为零，即

$$\Delta_f G_m^\ominus(\text{参考态单质},\text{相态},T) = 0 \text{J} \cdot \text{mol}^{-1}$$

在 298.15K 下，设某反应物的标准状态为始态，生成物的标准状态为终态。由于吉布斯函数是状态函数，其增量只与始态、终态有关，则

$$\Delta_r G_m^\ominus = \sum\{\Delta_f G_{m,B}^\ominus\}_{\text{生成物}} - \sum\{\Delta_f G_{m,B}^\ominus\}_{\text{反应物}} \tag{3.42}$$

即一定温度下，化学反应的标准摩尔反应吉布斯函数变等于同样温度下，生成物的标准摩尔生成吉布斯函数之和减去反应物的标准摩尔生成吉布斯函数之和。

对于任意化学反应：$0 = \sum_B \nu_B B$，式(3.42) 变为

$$\Delta_r G_m^\ominus = \sum \nu_B \Delta_f G_{m,B}^\ominus \tag{3.43}$$

即一定温度下，化学反应的标准摩尔反应吉布斯函数变等于同样温度下参与反应的各组分标准摩尔生成吉布斯函数与其化学计量数的乘积之和。利用式(3.43)即可利用标准摩尔生成吉布斯函数计算 298.15K 时反应的标准摩尔反应吉布斯函数变。

由教材附录和物理化学手册可查得某些物质在 298.15K 时的标准摩尔生成焓的数据。

## 3.6 热力学函数间的基本关系

### 3.6.1 热力学函数定义式之间的关系

根据定义，$U$，$H$，$S$，$A$，$G$ 五个状态函数之间的关系为
$$H = U + pV$$
$$A = U - TS$$
$$G = H - TS$$

从定义式可以得到
$$A = H - pV - TS$$
$$G = A + pV$$
$$G = U + pV - TS$$

这些式子有助于理清各状态函数之间的关系。

### 3.6.2 热力学基本方程

根据热力学第一定律有：
$$dU = \delta Q + \delta W$$

根据热力学第二定律，对于可逆且没有非体积功的过程有，
$$\delta Q = TdS, \quad \delta W = -pdV$$

代入热力学第一定律，有
$$dU = TdS - pdV \tag{3.44}$$

式(3.44)是第一个热力学基本方程，也是四个方程中最基本、最重要的一个。

将 $H = U + pV$ 微分，得
$$dH = dU + pdV + Vdp$$

代入第一个热力学基本方程，得
$$dH = TdS + Vdp \tag{3.45}$$

将 $A = U - TS$ 微分，得
$$dA = dU - SdT - TdS$$

将第一个热力学基本方程代入，得
$$dA = -SdT - pdV \tag{3.46}$$

将 $G = H - TS$ 微分，得
$$dG = dH - SdT - TdS$$

将第二个热力学基本方程代入，得
$$dG = -SdT + Vdp \tag{3.47}$$

式(3.44)~式(3.47)即四个热力学基本方程，从推导过程知道适用于任意封闭系统不做非体积功的可逆过程。但是由于基本关系式中涉及的函数均是状态函数，而状态函数的改变量只与始态和终态有关，所以热力学基本方程对于任意封闭系统不做非体积功的不可逆过程也适用。

## 3.6.3 对应系数关系式

根据第一个热力学基本方程
$$dU = TdS - pdV$$
对于任意组成不变的封闭系统，$U=U(S,V)$，$U$ 是状态函数具有全微分的性质
$$dU = \left(\frac{\partial U}{\partial S}\right)_T dS + \left(\frac{\partial U}{\partial V}\right)_S dV$$
与第一个热力学基本方程比较，有

$$\left(\frac{\partial U}{\partial S}\right)_T = T, \quad \left(\frac{\partial U}{\partial V}\right)_S = -p \tag{3.48}$$

这就是第一组对应系数关系式。

类似的，根据其它三个热力学基本关系式和状态函数的全微分性质，可得

$$\left(\frac{\partial H}{\partial S}\right)_p = T, \quad \left(\frac{\partial H}{\partial V}\right)_S = V \tag{3.49}$$

$$\left(\frac{\partial A}{\partial T}\right)_V = -S, \quad \left(\frac{\partial A}{\partial V}\right)_T = -p \tag{3.50}$$

$$\left(\frac{\partial G}{\partial T}\right)_p = -S, \quad \left(\frac{\partial G}{\partial p}\right)_T = V \tag{3.51}$$

式(3.48)~式(3.51)即为对应系数关系式。

热力学基本公式相对应系数关系式，在某些公式推导和证明方面有广泛的应用。例如 $\Delta G$ 的计算公式。恒温下关于 $G$ 的热力学基本方程可变为：
$$dG_T = Vdp$$
对理想气体的恒温过程，将 $V = \frac{nRT}{p}$ 代入上式并积分，得
$$\Delta G_T = \int_{p_1}^{p_2} \frac{nRT}{p} dp = nRT \ln \frac{p_2}{p_1}$$

【例3.7】 石墨生成金刚石的反应 C(s,石墨)⟶C(s,金刚石)，在298.15K，100kPa 下，$\Delta_r G_m^\ominus = 2862 \text{J} \cdot \text{mol}^{-1}$，金刚石和石墨的密度分别为 $3513 \text{kg} \cdot \text{m}^{-3}$ 和 $2260 \text{kg} \cdot \text{m}^{-3}$。在298.15K 下，需要多大压力才能将石墨转变为金刚石？

**解**：在298.15K，100kPa下，$\Delta_r G_m^\ominus > 0$，显然反应不能自发正向进行，要想使反应正向自发进行，需要改变压力，使 $\Delta_r G_m \leqslant 0$。

根据 $\left(\frac{\partial G}{\partial p}\right)_T = V$，有 $\left(\frac{\partial \Delta G}{\partial p}\right)_T = \Delta V$，对于该恒温化学反应，当压力从 $p^\ominus$ 变到 $p$，其 $\Delta_r G_m^\ominus$ 变为 $\Delta_r G_m$，代入

$$\int_{\Delta_r G_m^\ominus}^{\Delta_r G_m} d\Delta G = \int_{p^\ominus}^{p} \Delta V dp$$

积分，得

$$\Delta_r G_m - \Delta_r G_m^\ominus = \Delta V (p - p^\ominus)$$

$$\Delta V = \frac{0.012 \text{kg} \cdot \text{mol}^{-1}}{3513 \text{kg} \cdot \text{m}^{-3}} - \frac{0.012 \text{kg} \cdot \text{mol}^{-1}}{2260 \text{kg} \cdot \text{m}^{-3}} = -1.89 \times 10^{-6} \text{m}^3 \cdot \text{mol}^{-1}$$

$\Delta V$ 为负值说明随着压力增加，$\Delta_r G_m$ 将减小，这样可以增加压力使 $\Delta_r G_m \leqslant 0$

$$0 \text{J} \cdot \text{mol}^{-1} - 2862 \text{J} \cdot \text{mol}^{-1} = -1.89 \times 10^{-6} \text{m}^3 \cdot \text{mol}^{-1} \times (p - 100 \times 10^3)$$

$$p = 1.50 \times 10^9 \text{Pa}$$

计算结果表明，在 298.15K 时，要想使石墨转变为金刚石，压力应大于 $1.50 \times 10^9 \text{Pa}$，这个压力相当于标准压力的 15000 倍。

### 3.6.4 麦克斯韦关系式

为推导麦克斯韦关系式，我们先复习数学中讲的函数的全微分性质。设 $z$ 是两个自变量 $x$，$y$ 的函数，函数关系为 $Z = f(x, y)$，若 $Z$ 的变化值与过程无关，数学上称 $Z$ 具有全微分性质。对 $Z = f(x, y)$ 求全微分：

$$dZ = \left(\frac{\partial Z}{\partial x}\right)_y dx + \left(\frac{\partial Z}{\partial y}\right)_x dy = Mdx + Ndy$$

式中，$M = \left(\frac{\partial Z}{\partial x}\right)_y$；$N = \left(\frac{\partial Z}{\partial y}\right)_x$。

$M$、$N$ 也是 $x$、$y$ 的函数，把 $M$ 对 $y$，$N$ 对 $x$ 再求一次偏微分，得

$$\left(\frac{\partial M}{\partial y}\right)_x = \frac{\partial^2 Z}{\partial x \partial y}, \quad \left(\frac{\partial N}{\partial x}\right)_y = \frac{\partial^2 Z}{\partial y \partial x}$$

根据二阶偏微分的值与微分顺序无关，则有

$$\left(\frac{\partial M}{\partial y}\right)_x = \left(\frac{\partial N}{\partial x}\right)_y$$

状态函数的变化值与过程无关，所以上式对状态函数成立，将上式用到四个热力学基本关系式，可得：

$$\left(\frac{\partial T}{\partial V}\right)_S = -\left(\frac{\partial p}{\partial S}\right)_V \tag{3.52}$$

$$\left(\frac{\partial T}{\partial p}\right)_S = \left(\frac{\partial V}{\partial S}\right)_p \tag{3.53}$$

$$\left(\frac{\partial S}{\partial V}\right)_T = \left(\frac{\partial p}{\partial T}\right)_V \tag{3.54}$$

$$\left(\frac{\partial S}{\partial p}\right)_T = -\left(\frac{\partial V}{\partial T}\right)_p \tag{3.55}$$

式(3.52)～式(3.55)为麦克斯韦（Maxwell）关系式。根据这些关系式我们可用容易测出的偏微商代替不易测出的偏微商，为计算带来方便。

【例 3.8】 求证理想气体的热力学能 $U$ 只是温度的函数。

证明：热力学基本公式 $dU = TdS - pdV$，温度不变时，两边对 $V$ 求偏导数，得：

$$\left(\frac{\partial U}{\partial V}\right)_T = T\left(\frac{\partial S}{\partial V}\right)_T - p$$

将麦克斯韦关系式 $\left(\frac{\partial S}{\partial V}\right)_T = \left(\frac{\partial p}{\partial T}\right)_V$，代入得

$$\left(\frac{\partial U}{\partial V}\right)_T = T\left(\frac{\partial p}{\partial T}\right)_V - p$$

将理想气体状态方程 $p = \frac{nRT}{V}$，对 $T$ 求偏导数，得

$$\left(\frac{\partial p}{\partial T}\right)_V = \frac{nR}{V}$$

所以

$$\left(\frac{\partial U}{\partial V}\right)_T = T\frac{nR}{V} - p = 0$$

上式说明了 $p$、$V$ 不变时，$U$ 不变，即 $U$ 只是温度的函数。

**【例 3.9】** 证明 $\left(\dfrac{\partial T}{\partial p}\right)_V \left(\dfrac{\partial p}{\partial V}\right)_T \left(\dfrac{\partial V}{\partial T}\right)_p = -1$

证明：对组成不变的封闭均相系统，有 $T = f(p, V)$，求全微分，得

$$dT = \left(\frac{\partial T}{\partial p}\right)_V dp + \left(\frac{\partial T}{\partial V}\right)_p dV$$

在等温条件下，$dT = 0$，上式可化为

$$0 = \left(\frac{\partial T}{\partial p}\right)_V dp + \left(\frac{\partial T}{\partial V}\right)_p dV$$

$$\left(\frac{\partial T}{\partial p}\right)_V dp = -\left(\frac{\partial T}{\partial V}\right)_p dV$$

$$\left(\frac{\partial T}{\partial p}\right)_V \left(\frac{\partial p}{\partial V}\right)_T = -\left(\frac{\partial T}{\partial V}\right)_p$$

整理，得

$$\left(\frac{\partial T}{\partial p}\right)_V \left(\frac{\partial p}{\partial V}\right)_T \left(\frac{\partial V}{\partial T}\right)_p = -1$$

该式称为循环关系式，对双变量系统来说，任何三个状态性质之间都有这种关系。

### 3.6.5 吉布斯函数变随温度和压力的变化

#### 3.6.5.1 吉布斯函数变随温度的变化——吉布斯-亥姆霍兹方程

在化学反应中，298.15K 时反应的 $\Delta G$ 是较容易求出的，那么其它温度下的 $\Delta G$ 如何计算呢？这就要求了解 $\Delta G$ 与温度的关系。根据式热力学基本方程 $dG = -SdT + Vdp$，可得

$$\left(\frac{\partial G}{\partial T}\right)_p = -S$$

则对于某一变化过程，有

$$\left(\frac{\partial \Delta G}{\partial T}\right)_p = \left(\frac{\partial G_2}{\partial T}\right)_p - \left(\frac{\partial G_1}{\partial T}\right)_p = -\Delta S \tag{3.56}$$

在温度 $T$ 恒定时，$\Delta G = \Delta H - T\Delta S$，代入上式

$$\left(\frac{\partial \Delta G}{\partial T}\right)_p = -\frac{\Delta H - \Delta G}{T} \tag{3.57}$$

上式两边同时除以 $T$，并整理得

$$\frac{1}{T}\left(\frac{\partial \Delta G}{\partial T}\right)_p - \frac{\Delta G}{T^2} = -\frac{\Delta H}{T^2} \tag{3.58}$$

上式左边是 $\dfrac{\Delta G}{T}$ 对 $T$ 的微商，即

$$\left[\frac{\partial(\Delta G/T)}{\partial T}\right]_p = -\frac{\Delta H}{T^2} \tag{3.59}$$

上式即称为吉布斯-亥姆霍兹方程。从 $T_1$ 到 $T_2$ 进行积分，则：

$$\frac{\Delta G_2}{T_2} - \frac{\Delta G_1}{T_1} = -\int_{T_1}^{T_2} \frac{\Delta H}{T^2} dT \tag{3.60}$$

$$\frac{\Delta G_2}{T_2} - \frac{\Delta G_1}{T_1} = -\Delta H\left(\frac{1}{T_2} - \frac{1}{T_1}\right) \tag{3.61}$$

显然，有了这个公式，就可由某一温度下 $T_1$ 下的 $\Delta G$，求算另一温度 $T_2$ 下的 $\Delta G$。

同理，利用式热力学基本方程 $dG = -SdT + Vdp$ 和 $A = U - TS$，可得到

$$\left[\frac{\partial(\Delta A/T)}{\partial T}\right]_p = -\frac{\Delta U}{T^2} \tag{3.62}$$

式(3.62)也称为吉布斯-亥姆霍兹方程。该方程可以计算化学反应在不同温度时的 $\Delta G$ 和 $\Delta A$。

#### 3.6.5.2 吉布斯函数变随压力的变化

根据式热力学基本方程 $dG = -SdT + Vdp$，对于恒温过程可得

$$\left(\frac{\partial G}{\partial p}\right)_T = V$$

移项积分，得

$$G_2(T, p_2) = G_1(T, p_1) + \int_{p_1}^{p_2} Vdp$$

把 $T$、$p^\ominus$ 的纯物质选为标准状态，其吉布斯函数为 $G^\ominus$，则压力为 $p$ 时的吉布斯函数为

$$G_2(T, p) = G_1(T, p^\ominus) + \int_{p^\ominus}^{p_2} Vdp \tag{3.63}$$

对理想气体，有

$$G_2(T, p) = G_1(T, p^\ominus) + \int_{p^\ominus}^{p_2} \frac{nRT}{p} dp = G_1(T, p^\ominus) + nRT\ln\frac{p_2}{p^\ominus} \tag{3.64}$$

## 习 题

拓展例题

### 一、判断题（正确的画"√"，错误的画"×"）

1. 熵增加的放热反应是自发反应。（　　）
2. 第二类永动机是从单一热源吸热而循环不断对外做功的机器。（　　）
3. 在两个不同温度的热源之间工作的热机以卡诺热机的效率最大。（　　）
4. 卡诺热机的效率只与两个热源的温度有关而与工作物质无关。（　　）
5. 功可自发地全部变为热，但热不可能全部变为功。（　　）
6. 101325 Pa，100℃，1mol 液态水向真空蒸发为同温度同压力的水蒸气，因为过程是不可逆过程，所以 $\Delta G$ 不等于零。（　　）
7. 非理想气体，经不可逆循环后体系的 $\Delta S = 0$。（　　）
8. 气体等温膨胀时所吸收的热量全部用来对外做功，此即从单一热源吸热并使之全部变为功的过程，但这与热力学第二定律矛盾，因此是不可能的。（　　）
9. 卡诺循环是由两个定温过程和两个绝热过程组成的。（　　）
10. 系统的热力学能和体积恒定时，$\Delta S < 0$ 的过程不可能发生。（　　）

### 二、选择题

1. 工作在 25℃和 100℃两个大热源的卡诺热机，其效率为（　　）。

A. 20%  B. 25%  C. 75%  D. 50%

2. 可逆热机的效率最高，因此由可逆热机带动的火车（    ）。
   A. 跑得最快    B. 跑得最慢    C. 夏天跑得快    D. 冬天跑得快

3. 在一定速度下发生变化的孤立体系，其总熵的变化是什么？（    ）
   A. 不变                    B. 可能增大或减小
   C. 总是增大                D. 总是减小

4. 理想气体经绝热恒外压被压缩到终态，则系统与环境的熵变（    ）。
   A. $\Delta S(体)>0, \Delta S(环)>0$        B. $\Delta S(体)<0, \Delta S(环)<0$
   C. $\Delta S(体)>0, \Delta S(环)=0$        D. $\Delta S(体)>0, \Delta S(环)<0$

5. 下列过程中 $\Delta S$ 为负值的是哪一个（    ）。
   A. 液态溴蒸发成气态溴
   B. $SnO_2(s)+2H_2(g) = Sn(s)+2H_2O(l)$
   C. 电解水生成 $H_2$ 和 $O_2$
   D. 公路上撒盐使冰融化

6. 25℃时，将 11.2L $O_2$ 与 11.2L $N_2$ 混合成 11.2L 的混合气体，该过程（    ）。
   A. $\Delta S>0, \Delta G<0$              B. $\Delta S<0, \Delta G<0$
   C. $\Delta S=0, \Delta G=0$              D. $\Delta S=0, \Delta G<0$

7. 某化学反应，在低温下可自发进行，随温度的升高，自发倾向降低，这反应是（    ）。
   A. $\Delta S>0, \Delta H>0$              B. $\Delta S>0, \Delta H<0$
   C. $\Delta S<0, \Delta H>0$              D. $\Delta S<0, \Delta H<0$

8. 在-10℃和标准大气压下，1mol 过冷的水结成冰时，下列表述正确的是（    ）。
   A. $\Delta G<0, \Delta S_{体}>0, \Delta S_{环}>0, \Delta S_{孤}>0$
   B. $\Delta G>0, \Delta S_{体}<0, \Delta S_{环}<0, \Delta S_{孤}<0$
   C. $\Delta G<0, \Delta S_{体}<0, \Delta S_{环}>0, \Delta S_{孤}>0$
   D. $\Delta G<0, \Delta S_{体}>0, \Delta S_{环}<0, \Delta S_{孤}<0$

9. 一火车在我国的铁路上行驶，下述哪种地理和气候下，内燃机的热机效率最高？（    ）
   A. 南方的夏天    B. 北方夏天    C. 南方冬天    D. 北方冬天

10. 在标准压力下，90℃的液态水气化为90℃的水蒸气，体系的熵变为（    ）。
    A. $\Delta S_{体}>0$    B. $\Delta S_{体}<0$    C. $\Delta S_{体}=0$    D. 难以确定

11. 由热力学第二定律可知，在任一循环过程中（    ）。
    A. 功与热都可以完全相互转换
    B. 功可以完全转变为热，而热却不能完全转变为功
    C. 功与热都不能完全相互转变
    D. 功不能完全转变为热，而热却可以完全转变为功

12. 一个人精确地计算了他一天当中做功所需付出的能量，包括工作、学习、运动、散步、读报、看电视，甚至做梦等，共12800kJ。所以他认为每天所需摄取的能量总值就是12800kJ。这个结论是否正确？（    ）
    A. 正确                    B. 违背热力学第一定律
    C. 违背热力学第二定律      D. 违背热力学第三定律

13. 热温商表达式 dQ/T 中的 Q 是什么含义？（    ）
   A. 可逆吸热　　　　　　　　　　B. 该途径中的吸热
   C. 恒温吸热　　　　　　　　　　D. 该过程中的吸热

14. 体系由初态 A 经不同的不可逆途径到达终态 B 时，其熵变 dS 应如何？（    ）
   A. 各不相同　　　　　　　　　　B. 都相同
   C. 不等于经可逆途径的熵变　　　D. 不一定相同

15. 恒温时，封闭体系中亥姆霍兹自由能的降低量 $-\Delta A$ 应等于什么？（    ）
   A. 等于体系对外做膨胀功的多少
   B. 等于体系对外做非膨胀功的多少
   C. 等于体系对外做总功的多少
   D. 等于可逆条件下体系对外做总功的多少

### 三、填空题

1. 298.15K 下，将两种理想气体分别取 1dm³ 进行恒温混合成 1dm³ 的混合气体，则混合前后的热力学性质变化情况为：$\Delta U$ _____ 0，$\Delta S$ _____ 0，$\Delta G$ _____ 0。

2. 1mol 双原子理想气体由始态 370K、100kPa 分别经（1）等压过程；（2）等容过程；加热到 473K，则（1）、（2）两个过程下列物理量的关系是：$Q_1$ _____ $Q_2$，$W_1$ _____ $W_2$，$\Delta H_1$ _____ $\Delta H_2$，$\Delta S_1$ _____ $\Delta S_2$。

3. 在有一个无摩擦无质量的绝热活塞的绝热圆筒内装有理想气体，圆筒内壁烧有电炉丝。当通电时气体就慢慢膨胀，这是个恒压过程，分别（1）选择理想气体为系统，$Q$ _____ 0；$\Delta H$ _____ 0（2）选择理想气体和电炉丝为系统，$Q$ _____ 0；$\Delta H$ _____ 0。

4. 1mol 某理想气体绝热自由膨胀，体积由 $V_1$ 膨胀至 $V_2$，$\Delta S$（体系）_____ 0。

5. 理想气体真空膨胀，$W$ _____ 0，$Q$ _____ 0，$\Delta U$ _____ 0，$\Delta H$ _____ 0。

6. 实际气体的绝热可逆膨胀，$\Delta U = W$，$Q$ _____ 0，$\Delta S$ _____ 0。

7. $H_2(g)$ 和 $O_2(g)$ 在绝热钢瓶中反应生成水，$W$ _____ 0，$Q_V$ _____ 0，$\Delta U$ _____ 0。

8. $H_2(g)$ 和 $Cl_2(g)$ 在绝热钢瓶中反应生成 HCl(g)，$\Delta A = \Delta G$，$W$ _____ 0，$Q_p$ _____ 0，$\Delta U$ _____ 0，$\Delta H$ _____ 0。

9. 在 273.15K，101.325kPa 下，$H_2O(l) \Longrightarrow H_2O(s)$，$Q_p = \Delta H$，$\Delta A = W_r$，$\Delta G$ _____ 0。

10. 在等温等压不做非膨胀功的条件下，下列反应达到平衡 $3H_2(g) + N_2(g) \Longrightarrow 2NH_3(g)$，$\Delta H = Q_P$（等压），$\Delta A = \Delta G$，$\Delta U$ _____ 0（等温）。

11. 绝热恒压不做非膨胀功的条件下，发生了一个化学反应，$\Delta U = W$，$Q$ _____ 0。

12. 气相反应 $A(g) + B(g) \longrightarrow 2C(g)$ 在恒温恒压 $W' = 0$ 条件下可逆进行 $\Delta U = \Delta H$，则 $W$ _____ 0，$\Delta G$ _____ 0，$\Delta A$ _____ 0。

13. 理想气体自状态 $p_1 V_1 T_1$ 恒温膨胀至 $p_2 V_2 T_1$。此过程的 $\Delta A$ 与 $\Delta G$ 的关系为：$\Delta A$ _____ $\Delta G$。

14. 设范德华气体方程中，常数 $a$ 和 $b$ 均大于零。若用此气体作为工作介质进行卡诺循环时，其热力学效率与理想气体作为介质时的热力学效率之比应为：_____。

15. 298.15K 下，将两种理想气体分别取 1dm³ 进行恒温混合成 1dm³ 的混合气体，则混合前后的热力学性质变化情况为：$\Delta U$ _____ 0，$\Delta S$ _____ 0，$\Delta G$ _____ 0。

## 四、计算题

1. 不同的热机工作于 $T_1=600\text{K}$ 的高温热源及 $T_2=300\text{K}$ 的低温热源之间。求下列三种情况下，当热机从高温热源吸热 $Q_1=300\text{kJ}$ 时，两热源的总熵变 $\Delta S$。（1）可逆热机效率 $\eta=0.5$；（2）不可逆热机效率 $\eta=0.45$；（3）不可逆热机效率 $\eta=0.4$。

2. 已知水的比定压热容 $c_p=4.184\text{J}\cdot\text{K}^{-1}\cdot\text{g}^{-1}$。今有 1kg，10℃ 的水经下述三种不同过程加热成 100℃ 的水。求各过程的 $\Delta S_{sys}$，$\Delta S_{amb}$ 及 $\Delta S_{iso}$。（1）系统与 100℃ 热源接触；（2）系统先与 55℃ 热源接触至热平衡，再与 100℃ 热源接触；（3）系统先与 40℃、70℃ 热源接触至热平衡，再与 100℃ 热源接触。

3. 始态为 $T_1=300\text{K}$，$p_1=200\text{kPa}$ 的某双原子气体 1mol，经下列不同途径变化到 $T_2=300\text{K}$，$p_2=100\text{kPa}$ 的末态。求各步及途径的 $Q$，$\Delta S$。（1）恒温可逆膨胀；（2）先恒容冷却至使压力降至 100kPa，再恒压加热至 $T_2$；（3）先绝热可逆膨胀到使压力降至 100kPa，再恒压加热至 $T_2$。

4. 1mol 理想气体 $T=300\text{K}$ 下，从始态 100kPa 经下列各过程，求 $Q$，$\Delta S$ 及 $\Delta S_{iso}$。（1）可逆膨胀到末态压力为 50kPa；（2）反抗恒定外压 50kPa 不可逆膨胀至平衡态；（3）向真空自由膨胀至原体积的两倍。

5. 3mol 双原子理想气体从始态 100kPa，75dm³，先恒温可逆压缩使体积缩小至 50dm³，再恒压加热至 100dm³。求整个过程的 $Q$，$W$，$\Delta U$，$\Delta H$，$\Delta S$。

6. 5mol 单原子理想气体从始态 300K，50kPa，先绝热可逆压缩至 100kPa，再恒压冷却使体积缩小至 85dm³，求整个过程的 $Q$，$W$，$\Delta U$，$\Delta H$，$\Delta S$。

7. 始态 300K，1MPa 的单原子理想气体 2mol，反抗 0.2MPa 的恒定外压绝热不可逆膨胀平衡态。求整个过程的 $W$，$\Delta U$，$\Delta H$，$\Delta S$。

8. 组成为 $y(\text{B})=0.6$ 的单原子气体 A 与双原子气体 B 的理想化合物共 10mol，从始态 $T_1=300\text{K}$，$p_1=50\text{kPa}$，绝热可逆压缩至 $p_2=200\text{kPa}$ 的平衡态。求过程的 $W$，$\Delta U$，$\Delta H$，$\Delta S(\text{A})$，$\Delta S(\text{B})$。

9. 绝热恒容容器中有一绝热隔板，隔板一侧为 2mol 的 200K，50dm³ 的单原子理想气体 A，另一侧为 3mol 400K，100dm³ 的双原子理想气体 B。今将容器中绝热隔板抽去，气体 A 与气体 B 混合达到平衡态。求过程的 $\Delta S$。

10. 绝热恒容容器中有一绝热隔板，隔板两侧均为 $\text{N}_2(\text{g})$。一侧容积为 50dm³，内有 200K 的 $\text{N}_2(\text{g})$ 2mol；另一侧容积为 75dm³，内有 500K 的 $\text{N}_2(\text{g})$ 4mol。今将容器中绝热隔板抽去，使系统达到平衡态。求过程的 $\Delta S$。

11. 甲醇（$\text{CH}_3\text{OH}$）在 101.325kPa 下的沸点（正常沸点）为 64.65℃，在此条件下的摩尔蒸发焓 $\Delta_{vap}H_m=35.32\text{kJ}\cdot\text{mol}^{-1}$。求在上述温度、压力条件下，1kg 液态甲醇全部变成甲醇蒸气时的 $Q$，$W$，$\Delta U$，$\Delta H$ 及 $\Delta S$。

12. 容积为 20dm³ 的密闭容器中共有 2mol $\text{H}_2\text{O}$ 成气液两相平衡。已知 80℃，100℃ 下水的饱和蒸气压分别为 $p_1=47.343\text{kPa}$ 及 $p_2=101.325\text{kPa}$，25℃ 水的摩尔蒸发焓 $\Delta_{vap}H_m=44.106\text{kJ}\cdot\text{mol}^{-1}$；水和蒸气在 25~100℃ 间的平均摩尔定压热容 $\overline{C}_{p,m}(\text{H}_2\text{O},\text{l})=75.75\text{J}\cdot\text{mol}^{-1}\cdot\text{K}^{-1}$ 和 $\overline{C}_{p,m}(\text{H}_2\text{O},\text{g})=33.76\text{J}\cdot\text{mol}^{-1}\cdot\text{K}^{-1}$。今将系统从 80℃ 的平衡态加热到 100℃ 的平衡态。求过程的 $Q$，$\Delta U$，$\Delta H$ 及 $\Delta S$。

13. 已知在 100kPa 下水的凝固点为 0℃，在 -5℃，过冷水的比凝固焓 $\Delta_s^l h=-322.4\text{J}\cdot\text{g}^{-1}$，过冷水和冰的饱和蒸气压分别为 $p^s(\text{H}_2\text{O},\text{l})=0.422\text{kPa}$，$p^s(\text{H}_2\text{O},\text{s})=0.414\text{kPa}$。今在

100kPa 下，有 -5℃ 1kg 的过冷水变成同样温度、同样压力下的冰，设计可逆途径，分别按可逆途径计算过程的 $\Delta S$ 及 $\Delta G$。

14. 已知在 -5℃，水和冰的密度分别为 $\rho(H_2O,l) = 999.2 kg \cdot m^{-3}$ 和 $\rho(H_2O,s) = 916.7 kg \cdot m^{-3}$。在 -5℃，水和冰的相平衡压力为 59.8MPa。今有 -5℃ 的 1kg 水在 100kPa 下凝固成同样温度、压力下的冰，求过程的 $\Delta G$。假设水和冰的密度不随压力改变。

15. 化学反应如下：$CH_4(g) + CO_2(g) \rightleftharpoons 2CO(g) + 2H_2(g)$

(1) 利用附录中各物质的 $S_m^\ominus$，$\Delta_f H_m^\ominus$ 数据，求上述反应在 25℃ 时的 $\Delta_r S_m^\ominus$，$\Delta_r G_m^\ominus$；

(2) 利用附录中各物质的 $\Delta_f G_m^\ominus$ 数据，计算上述反应在 25℃ 时的 $\Delta_r G_m^\ominus$；

(3) 25℃，若始态 $CH_4(g)$ 和 $CO_2(g)$ 的分压均为 150kPa，末态 $CO(g)$ 和 $H_2(g)$ 的分压均为 50kPa，求反应的 $\Delta_r S_m$，$\Delta_r G_m$。

16. 已知 25℃ 时，液态水的标准摩尔生成吉布斯函数 $\Delta_f G_m^\ominus = -237.129 kJ \cdot mol^{-1}$，水在 25℃ 时的饱和蒸气压 $p^* = 3.1663 kPa$。求 25℃ 时水蒸气的标准摩尔生成吉布斯函数。

17. 1mol 单原子分子理想气体，初态为 25℃，202.6kPa：(1) 向真空膨胀至体积为原来的 2 倍；(2) 可逆绝热膨胀到 -86℃。分别计算这两种过程的 $W$，$Q$，$\Delta U$，$\Delta H$，$\Delta S$ 及 $\Delta G$（已知初态时该气体的摩尔熵 $S_m = 163.8 J \cdot K^{-1} \cdot mol^{-1}$）。

18. 求证：(1) $dH = C_p dT + \left[V - T\left(\frac{\partial V}{\partial T}\right)_p\right] dp$；(2) 对理想气体 $\left(\frac{\partial H}{\partial p}\right)_T = 0$。

19. 求证：(1) $\left(\frac{\partial U}{\partial p}\right)_T = (\kappa_T p - \alpha_V T) V$；(2) 对理想气体 $\left(\frac{\partial U}{\partial p}\right)_T = 0$。

式中，$\alpha_V = \frac{1}{V}\left(\frac{\partial V}{\partial T}\right)_p$ 为体膨胀系数；$\kappa_T = -\frac{1}{V}\left(\frac{\partial V}{\partial p}\right)_T$ 为等温压缩率。

20. 求证：(1) 焦耳-汤姆逊系数 $\mu_{J\text{-}T} = \frac{1}{C_{p,m}}\left[T\left(\frac{\partial V_m}{\partial T}\right)_p - V_m\right]$；(2) 对理想气体 $\mu_{J\text{-}T} = 0$。

习题解答

# 第4章 多组分系统热力学

内容提要

第2章和第3章讨论了热力学三个基本定律和 $U$，$H$，$S$，$A$，$G$ 等热力学基本函数，并导出了热力学函数之间的各种关系式。这些热力学基本函数受温度与压力（或体积）两个状态变量的影响，相应的关系式适用于纯物质或组成不变的封闭系统，对于组成改变的开放系统则不适用。对于组成改变的开放系统，这些热力学基本函数不仅与温度、压力（或体积）有关，还与系统的组成有关。如果系统中不同组分之间存在化学反应，则系统的组成将会改变。溶液的热力学性质对物质及材料的制备、分离、提纯具有重要的指导作用。本章的基本内容就是根据溶液的特点，运用前面已介绍的热力学基本原理，讨论混合气体和溶液的热力学性质。

## 4.1 分散系统及其组成表示方法

### 4.1.1 分散系统

这里讨论的分散系统仅指一种或几种物质分散于另一种物质中形成的均匀稳定的热力学系统，即混合物和溶液。

溶液是两种或两种以上物质或组分以分子、原子或离子形式相互混合所形成的单相系统，是热力学的稳定系统。常见的溶液有理想溶液、稀溶液和真实溶液等。氢氧化钠溶于水形成均匀液相，各部分浓度、密度、热容或化学行为都相同，因而是一种溶液。溶液中溶剂和溶质的概念，在溶液理论研究中，有时并没有严格的区分。固体或气体溶解于液体中，习惯上把固体或气体物质称为溶质，液体物质称为溶剂。不同的液体物质相互溶解形成溶液，通常把含量较多的物质称为溶剂，含量较少的物质称为溶质。在热力学上，溶剂和溶质有不相同的标准态，遵守不相同的经验定律，需要按不同的方法来研究。稀溶液是指溶质的含量非常少，其物质的量分数的总和远小于1的溶液。

多组分均匀系统中，各组分均可选用相同的方法处理，有相同的标准态，遵守相同的经验定律，这种系统称为混合物，混合物系统中各组分具有相同的地位，不区分溶剂和溶质。混合物可以是气相、液相或固相，可以是单相，也可以是多相。不同的气体能以任意比例均匀混合，气体混合物也是一种溶液，但习惯上还是称之为混合气体，混合气体中的各种组分遵循相同的规律，具有相同的标准态。

不同于化合物，混合物和溶液的组成则没有固定的组分比，可以有连续数值。溶液的组成可有多种表示方法。溶液的性质不因组成表示方法的不同而改变，但用不同的组成表示方法时，描述溶液性质的方式会有所不同。

本章主要讨论非电解质溶液。而电解质溶液则在电化学一章中专门讨论。

### 4.1.2 分散系统的组成表示方法

（1）物质的量分数

物质的量分数即物质的物质的量分数指混合物和溶液系统中某物质 B 的物质的量 $n_B$ 与溶液的总物质的量 $\sum\limits_B n_B$ 之比，也称为该物质 B 的物质的量分数，用 $x_B$ 表示，即：

$$x_B = \frac{n_B}{\sum\limits_B n_B} \tag{4.1}$$

$x_B$ 为纯数，且与温度的变化无关。如果系统中只有两种组分，则

$$x_B = \frac{n_B}{n_A + n_B}$$

为了区分液相和气相的物质的量分数，一般用 $x_B$ 表示液相的组成，而用 $y_B$ 表示气相的组成。

（2）物质的质量分数

溶液中物质 B 的质量与整个溶液的总质量之比称为该物质 B 的质量分数，用 $w_B$ 表示

$$w_B = \frac{m_B}{\sum\limits_B m_B} \tag{4.2}$$

如果系统中只有两种组分，则

$$w_B = \frac{m_B}{m_A + m_B}$$

（3）物质的量浓度

溶液中，溶质 B 的物质的量 $n$ 与溶液的体积 $V$ 之比，称为该物质 B 的量浓度，用 $c_B$ 表示，单位：$\text{mol} \cdot \text{m}^{-3}$，即

$$c_B = \frac{n_B}{V} \tag{4.3}$$

由于体积受到温度的影响，所以 $c_B$ 与温度有关。若溶液密度为 $\rho$，又只有两种组分，则 $\rho V = n_A M_A + n_B M_B$，因此，有

$$c_B = \frac{\rho n_B}{n_A M_A + n_B M_B} \tag{4.4}$$

将物质的物质的量分数的定义与物质的量浓度相比，可得

$$\frac{c_B}{x_B} = \frac{\rho(n_A + n_B)}{n_A M_A + n_B M_B} \tag{4.5}$$

对于稀溶液，

$$n_A + n_B \approx n_A, \quad n_A M_A + n_B M_B \approx n_A M_A$$

所以

$$c_B = \frac{\rho x_B}{M_A} \tag{4.6}$$

（4）物质的质量摩尔浓度

溶液中，溶质 B 的物质的量 $n_B$ 与溶液中溶剂 A 的质量 $m_A$ 之比，称为该物质 B 的质量摩尔浓度，用 $b_B$ 表示。单位为 $mol \cdot kg^{-1}$，即：

$$b_B = \frac{n_B}{m_A} \tag{4.7}$$

$b_B$ 与温度变化无关。其与 $x_B$ 的关系为

$$x_B = \frac{n_B}{n_A + n_B} = \frac{b_B}{1/M_A + b_B} = \frac{b_B M_A}{1 + b_B M_A} \tag{4.8}$$

对于稀溶液，

$$x_B = b_B M_A \tag{4.9}$$

$$b_B = \frac{c_B}{\rho} \tag{4.10}$$

溶液的组成可以在一定的范围内连续变化，因此溶液的性质也不断地发生改变。通常溶液的性质是在恒温恒压条件下显现的，也是在恒温恒压条件下研究的。为此，需要引入一个能表示溶液性质随组成、温度和压力变化而变化的新概念——偏摩尔量。

## 4.2 偏摩尔量

### 4.2.1 偏摩尔量的定义

多组分系统热力学中，一个非常重要的概念是偏摩尔量。各广度性质 $V$、$U$、$H$、$S$、$A$、$G$ 均有偏摩尔量。为了说明摩尔量与偏摩尔量的差异以及多组分系统中为什么要引入偏摩尔量这一概念，我们先来看一组实验。在 20℃，101.325kPa 下，将乙醇与水以不同的比例混合形成溶液，使溶液的总量为 100g，测定不同浓度时溶液的总体积，实验结果如表 4.1 所示。

表 4.1　20℃，101.325kPa 下乙醇与水形成溶液前后体积的比较

| $w_{乙醇}$ | $V_{乙醇}/cm^3$ | $V_{水}/cm^3$ | $V_{混合前}/cm^3$ | $V_{混合溶液}/cm^3$ | 体积改变量 $\Delta V/cm^3$ |
| --- | --- | --- | --- | --- | --- |
| 0.10 | 12.67 | 90.36 | 103.03 | 101.84 | −1.19 |
| 0.20 | 25.34 | 80.32 | 105.66 | 103.24 | −2.42 |
| 0.30 | 38.01 | 70.28 | 108.29 | 104.84 | −3.45 |
| 0.40 | 50.68 | 60.24 | 110.92 | 106.93 | −3.99 |
| 0.50 | 63.35 | 50.20 | 113.55 | 109.43 | −4.12 |
| 0.60 | 76.02 | 40.16 | 116.18 | 112.22 | −3.96 |
| 0.70 | 88.69 | 36.12 | 118.81 | 115.25 | −3.56 |
| 0.80 | 101.36 | 20.08 | 121.44 | 118.56 | −2.88 |
| 0.90 | 114.03 | 10.04 | 124.07 | 122.25 | −1.82 |

由表 4.1 中数据可知，溶液的体积并不等于各组分在纯态时的体积之和，而且混合前后

的体积差随浓度的不同也不同。实验结果表明，溶液在一定温度、压力下的摩尔体积随溶液组成而变化。这是因为水与乙醇这两种分子间的相互作用与它们在纯态时分子间的相互作用不同，所以，当水与乙醇进行混合时，分子间的相互作用发生变化，而且这种变化随系统浓度的不同而不同。即每种组分 1mol 的液体对系统体积的贡献与纯态时摩尔体积不同，而且浓度不同贡献也不同。由此说明，溶液的容量性质 $V$ 的摩尔量与形成溶液的纯溶剂、纯溶质的容量性质 $V$ 的摩尔量不同，不仅是温度、压力的函数，而且与溶液的组成有关。溶液的任一容量性质都具有这一特点。

这说明，真实多组分系统的体积与系统中各组分物质的量与纯组分摩尔体积的乘积不再具有线性关系。系统的其它广度量也存在同样的结论，这给混合物的研究带来不便。为了使混合物系统的广度性质与物质的量之间也具有纯组分系统类似的线性关系，这就需要引入偏摩尔量这一概念。

对于一个由 B，C，D，… 组成的单相多组分系统，设有各组分物质的量分别为 $n_B, n_C, n_D, \cdots$，系统的任意一容量性质 $X$（如 $V$、$U$、$H$、$S$、$A$、$G$ 等）可以看作是温度 $T$、压力 $p$ 及各物质的量 $n_B, n_C, n_D, \cdots$ 的函数，即有：

$$X = f(T, p, n_B, n_C, n_D, \cdots, n_K)$$

由于这些容量性质均为状态函数，具有全微分性质。因此，当状态变量发生任意无限小量的变化时，状态函数的全微分 $dX$ 可表示为：

$$dX = \left(\frac{\partial X}{\partial T}\right)_{p, n_B, n_C, \cdots, n_K} dT + \left(\frac{\partial X}{\partial p}\right)_{T, n_B, n_C, \cdots, n_K} dp + \left(\frac{\partial X}{\partial n_B}\right)_{T, p, n_C, n_D, \cdots, n_K} dn_B +$$

$$\left(\frac{\partial X}{\partial n_C}\right)_{T, p, n_B, n_D, \cdots, n_K} dn_C + \cdots + \left(\frac{\partial X}{\partial n_K}\right)_{T, p, n_B, n_C, \cdots, n_{K-1}} dn_K \tag{4.11}$$

如果在恒温、恒压下将系统中各组分的物质的量均增加微小的量，则有

$$dX = \left(\frac{\partial X}{\partial n_B}\right)_{T, p, n_C, n_D, \cdots, n_K} dn_B + \left(\frac{\partial X}{\partial n_C}\right)_{T, p, n_B, n_D, \cdots, n_K} dn_C + \cdots + \left(\frac{\partial X}{\partial n_K}\right)_{T, p, n_B, n_C, \cdots, n_{K-1}} dn_K$$

$$= \sum_{B=1}^{k} \left(\frac{\partial X}{\partial n_B}\right)_{T, p, n_C(C \neq B)} dn_B \tag{4.12}$$

定义

$$X_B \stackrel{\text{def}}{=\!=} \left(\frac{\partial X}{\partial n_B}\right)_{T, p, n_C(C \neq B)} \tag{4.13}$$

上式即为偏摩尔量的定义。

将偏摩尔量的定义代入恒温、恒压下系统广度性质的全微分式中，有

$$dX = \sum_{B=1}^{k} \left(\frac{\partial X}{\partial n_B}\right)_{T, p, n_C(C \neq B)} dn_B$$

$$= X_B dn_B + X_C dn_C + \cdots + X_K dn_K \tag{4.14}$$

$$= \sum_{B=1}^{K} X_B dn_B$$

偏摩尔量的物理意义可以从定义式看出。偏摩尔量是指在恒温恒压条件下，保持除 B 组分外的其它组分组成不变的条件下，某容量性质 $X$ 随 B 组分的物质的量改变而改变的变化率。从数学上讲，偏摩尔量是恒温恒压这种特定条件下的偏导数，不是其它条件（如恒温恒容条件）下的偏导数。

对多组分系统，常见的偏摩尔量的定义如下：

偏摩尔体积 $V_B$ 定义为：
$$V_B \overset{\text{def}}{=\!=\!=} \left(\frac{\partial V}{\partial n_B}\right)_{T,p,n_{C(C\neq B)}}$$

偏摩尔热力学能 $U_B$ 定义为：
$$U_B \overset{\text{def}}{=\!=\!=} \left(\frac{\partial U}{\partial n_B}\right)_{T,p,n_{C(C\neq B)}}$$

偏摩尔焓 $H_B$ 定义为：
$$H_B \overset{\text{def}}{=\!=\!=} \left(\frac{\partial H}{\partial n_B}\right)_{T,p,n_{C(C\neq B)}}$$

偏摩尔熵 $S_B$ 定义为：
$$S_B \overset{\text{def}}{=\!=\!=} \left(\frac{\partial S}{\partial n_B}\right)_{T,p,n_{C(C\neq B)}}$$

偏摩尔亥姆霍兹函数 $A_B$ 定义为：
$$A_B \overset{\text{def}}{=\!=\!=} \left(\frac{\partial A}{\partial n_B}\right)_{T,p,n_{C(C\neq B)}}$$

偏摩尔吉布斯函数 $G_B$ 定义为：
$$G_B \overset{\text{def}}{=\!=\!=} \left(\frac{\partial G}{\partial n_B}\right)_{T,p,n_{C(C\neq B)}}$$

使用偏摩尔量的注意事项如下所示。

（1）只有容量性质的状态函数才有偏摩尔量，强度量是不存在偏摩尔量的。

（2）只有恒温恒压和除组分 B 之外其它组分均不变的条件下，某一容量性质的状态函数对组分 B 物质的量的偏导数才能称为偏摩尔量，任何其它条件（如恒温恒容、恒熵恒容、恒熵恒压等）下的偏导数均不能称为偏摩尔量。

（3）偏摩尔量是具有强度性质的状态函数。因为它是相对单位物质的量，这点与纯物质的摩尔量相似。但偏摩尔量的取值可正、可负、亦可为零，这与纯物质的摩尔量就不一样了。

（4）对纯物质而言、偏摩尔量即为摩尔量，例如纯物质的偏摩尔吉布斯函数 $G_B$ 就是它的摩尔吉布斯函数 $G_m$。理想气体混合物不是纯物质，但理想气体混合物中某组分的偏摩尔吉布斯函数也就是它的摩尔吉市斯函数。

（5）偏摩尔量的概念是针对混合系统提出的，是混合系统中各组分的偏摩尔量。因此，混合系统作为一个整体时，只有摩尔量，无偏摩尔量之说，即：
$$X = n X_m \tag{4.15}$$

式中，$X$ 为溶液的某容量性质量；$X_m$ 为 1mol 溶液的某容量性质；$n$ 为溶液的某组分的物质的量。

### 4.2.2 偏摩尔量的集合公式和吉布斯-杜亥姆方程

（1）偏摩尔量的集合公式

恒温、恒压下由物质 A 和物质 B 构成二组分溶液，各组分的物质的量分别为 $n_A$ 和 $n_B$，溶液的某容量性质为 $X$。若该溶液中各组分的物质的量增加 $dn_A$ 和 $dn_B$，根据容量性质为 $X$ 的全微分式(4.11)，此过程中溶液的某个容量性质的改变值可表示为：
$$dX = X_A dn_A + X_B dn_B \tag{4.16}$$

如果在恒温、恒压下，连续不断地按比例往溶液中加入 $dn_A$ 和 $dn_B$ 的物质，保持系统的各组分的组成不变。此时各组分的偏摩尔量保持不变，$X_A$ 和 $X_B$ 应当为一常数，可对上式进行积分计算出溶液的某容量性质 $X$，即：

$$\int_0^X dX = \int_0^{n_A} X_A dn_A + \int_0^{n_B} X_B dn_B$$

则

$$X = X_A n_A + X_B n_B \tag{4.17}$$

上式称为偏摩尔量的集合公式。当多组分均相系统不只两种组分而是由 $K$ 种组分组成时，同理可得：

$$X = \sum_{B=1}^{K} X_B n_B \tag{4.18}$$

它指出了多组分均相系统的容量性质与系统中各组分相应偏摩尔量之间的定量关系，表明了系统的容量性质等于各组分的偏摩尔性质与其物质的量的乘积之和。

（2）吉布斯-杜亥姆方程

在恒温恒压条件下，若混合系统内发生化学变化或相变化，溶液中物质种类或物质的量都会发生变化。若各组分不按一定比例增加，则溶液的各组分的物质的量和偏摩尔量都将发生改变，系统的容量性质也随之改变。这种变化通过对偏摩尔量的集合公式的微分式用下式表示：

$$dX = \sum_{B=1}^{K} X_B dn_B + \sum_{B=1}^{K} n_B dX_B \tag{4.19}$$

结合恒温、恒压下系统广度性质的全微分式

$$dX = \sum_{B=1}^{K} X_B dn_B \tag{4.20}$$

将以上两式比较可得

$$\sum_{B=1}^{K} n_B dX_B = 0 \qquad 或者 \qquad \sum_{B=1}^{K} x_B dX_B = 0 \tag{4.21}$$

式(4.21) 称为吉布斯-杜亥姆方程，简称吉-杜方程，可用于由已知某组分的偏摩尔量求另一组分的未知偏摩尔量。它表明系统中各物质的偏摩尔量间是相互关联的。例如对于二组分溶液，当系统因组成改变而引起各组分偏摩尔体积发生变化时，若组分 A 的偏摩尔体积增加，则组分 B 的偏摩尔体积一定减少。

**【例 4.1】** 求证：

$$\left(\frac{\partial G_B}{\partial p}\right)_{T,n_B} = V_B$$

证明：根据定义

$$G_B = \left(\frac{\partial G}{\partial n_B}\right)_{T,p,n_C}$$

$$\left(\frac{\partial G_B}{\partial p}\right)_{T,n_B} = \left[\frac{\partial}{\partial p}\left(\frac{\partial G}{\partial n_B}\right)_{T,p,n_C}\right]_{T,n_B} = \left[\frac{\partial}{\partial n_B}\left(\frac{\partial G}{\partial p}\right)_{T,n_B}\right]_{T,p,n_C} = \left(\frac{\partial V}{\partial n_B}\right)_{T,p,n_C} = V_B$$

## 4.3 化 学 势

### 4.3.1 化学势的定义

混合物中组分 B 的偏摩尔吉布斯函数 $G_B$ 定义为组分 B 的化学势，用符号 $\mu_B$ 表示。

$$\mu_B \stackrel{\text{def}}{=\!=\!=} G_B = \left(\frac{\partial G}{\partial n_B}\right)_{T,p,n_C} \tag{4.22}$$

化学势是最重要的热力学函数之一，系统中其它偏摩尔量均可通过化学势、化学势的偏导数或他们的组合表示。

$$V_B = \left(\frac{\partial \mu_B}{\partial p}\right)_T, \quad S_B = \left(\frac{\partial \mu_B}{\partial T}\right)_p$$

$$A_B = \mu_B - pV_B = \mu_B - p\left(\frac{\partial \mu_B}{\partial p}\right)_T$$

$$H_B = \mu_B + TS_B = \mu_B - T\left(\frac{\partial \mu_B}{\partial T}\right)_p$$

$$U_B = A_B - TS_B = \mu_B - p\left(\frac{\partial \mu_B}{\partial p}\right)_T - T\left(\frac{\partial \mu_B}{\partial T}\right)_p$$

而系统的各热力学函数则由加和公式得到。

### 4.3.2 多相多组分系统的热力学基本方程

（1）单相多组分系统的热力学基本方程

对于单相多组分系统，若将混合物的吉布斯函数 $G$ 表示成 $T$，$p$ 及构成此混合物各组分 B，C，D，… 的物质的量 $n_B$，$n_C$，$n_D$，… 的函数，即

$$G = G(T, p, n_B, n_C, n_D, \cdots, n_K)$$

根据状态函数的全微分性质，有：

$$\begin{aligned}
dG &= \left(\frac{\partial G}{\partial T}\right)_{p,n_B,n_C,\cdots,n_K} dT + \left(\frac{\partial G}{\partial p}\right)_{T,n_B,n_C,\cdots,n_K} dp + \left(\frac{\partial G}{\partial n_B}\right)_{T,p,n_C,n_D,\cdots,n_K} dn_B + \\
&\quad \left(\frac{\partial G}{\partial n_C}\right)_{T,p,n_B,n_D,\cdots,n_K} dn_C + \cdots + \left(\frac{\partial G}{\partial n_K}\right)_{T,p,n_B,n_C,\cdots,n_{K-1}} dn_K \\
&= \left(\frac{\partial G}{\partial T}\right)_{p,n_B,n_C,\cdots,n_K} dT + \left(\frac{\partial G}{\partial p}\right)_{T,n_B,n_C,\cdots,n_K} dp + \sum_B \left(\frac{\partial G}{\partial n_B}\right)_{T,p,n_C} dn_B
\end{aligned} \tag{4.23}$$

由于 $G$ 对 $T$ 和 $p$ 的偏导数是在系统组成不变的条件下进行的，因此

$$V = \left(\frac{\partial G}{\partial p}\right)_{T,n_B}, \quad S = -\left(\frac{\partial G}{\partial T}\right)_{p,n_B}$$

结合化学势的定义，可得

$$dG = -SdT + Vdp + \sum_B \mu_B dn_B \tag{4.24}$$

式(4.24)即为单相系统的更为普遍的热力学基本方程，其适用条件为系统处于热平衡、力平衡和非体积功为零的情况。由于考虑了系统中各组分物质的量的变化对热力学状态函数的影响，因此该方程不仅能应用于组成变化的封闭系统，也适用于开放系统。

将上述基本方程代入 $dU = d(G - pV + TS)$，$dH = d(G - TS)$，$dA = d(G - pV)$ 的展开式，可得其它三个热力学基本方程：

$$dU = TdS - pdV + \sum_B \mu_B dn_B \tag{4.25}$$

$$dH = TdS + Vdp + \sum_B \mu_B dn_B \tag{4.26}$$

$$dA = -SdT - pdV + \sum_B \mu_B dn_B \tag{4.27}$$

这三个公式的适用条件与式(4.24)完全相同。

将以上三式在分别保持 $S$、$V$，$S$、$p$，$T$、$V$ 及除 B 组分以外其它组分的物质的量 $n_C$ 不变的情况下，等式两边同时除以 $dn_B$，可以得到以下不同的化学势的表达式：

$$\mu_B = \left(\frac{\partial U}{\partial n_B}\right)_{S,V,n_C} = \left(\frac{\partial H}{\partial n_B}\right)_{S,p,n_C} = \left(\frac{\partial A}{\partial n_B}\right)_{T,V,n_C} \tag{4.28}$$

这几个偏导数均不是偏摩尔量。

（2）多相多组分系统的热力学基本方程

多相多组分系统由多个单相多组分系统组成。多相系统中的相用希腊字母 $\alpha$、$\beta$、$\gamma$ 表示，则对于系统中每一个相，单相多组分系统的热力学基本方程均成立。对于任一相 $\alpha$，有

$$dG(\alpha) = -S(\alpha)dT + V(\alpha)dp + \sum_B \mu_B(\alpha)dn_B(\alpha) \tag{4.29}$$

式中，$G(\alpha)$，$S(\alpha)$，$V(\alpha)$，$\mu(\alpha)$ 和 $n(\alpha)$ 分别表示 $\alpha$ 相的吉布斯函数上、体积、$\alpha$ 相中 B 组分的化学势和 $\alpha$ 相中 B 组分的物质的量。如果忽略相与相间的界面现象，则系统的热力学函数为各相热力学函数之和：

$$\sum_\alpha dG(\alpha) = -\sum_\alpha S(\alpha)dT + \sum_\alpha V(\alpha)dp + \sum_\alpha \sum_B \mu_B(\alpha)dn_B(\alpha) \tag{4.30}$$

由于系统处于热平衡、力平衡，系统中各相的温度和压力相同。并且根据广度量具有加和性的性质，有

$$dG = d\sum_\alpha G(\alpha) = \sum_\alpha dG(\alpha), S = \sum_\alpha S(\alpha), V = \sum_\alpha V(\alpha)$$

这样

$$dG = -SdT + Vdp + \sum_\alpha \sum_B \mu_B(\alpha)dn_B(\alpha) \tag{4.31}$$

式中，$G$、$S$、$V$ 分别为系统的吉布斯函数、熵和体积。基于同样的推导，可得

$$dU = TdS - pdV + \sum_\alpha \sum_B \mu_B(\alpha)dn_B(\alpha) \tag{4.32}$$

$$dH = TdS + Vdp + \sum_\alpha \sum_B \mu_B(\alpha)dn_B(\alpha) \tag{4.33}$$

$$dA = -SdT - pdV + \sum_\alpha \sum_B \mu_B(\alpha)dn_B(\alpha) \tag{4.34}$$

以上四个多相多组分系统的热力学基本方程适用于封闭的多组分多相系统发生 $pVT$ 变化、相变化和化学变化过程，也适用于开放系统。

### 4.3.3 化学势判据及其应用

（1）化学势判据

对于一个封闭系统，如果非体积功为零，则系统经历任意的恒温恒容过程，亥姆霍兹函数判据为 $dA_{T,V} \leqslant 0$，将之应用于多相多组分系统，同样得到，$\sum_\alpha \sum_B \mu_B(\alpha)dn_B(\alpha) \leqslant 0$。若系统经历任意的恒温恒压过程，吉布斯函数判据为 $dG_{T,p} \leqslant 0$，将之应用于多相多组分系统，同样也得到，$\sum_\alpha \sum_B \mu_B(\alpha)dn_B(\alpha) \leqslant 0$。也就是说，在非体积功为零的情况下，无论是恒温恒容，还是恒温恒压过程，当系统达到平衡时，均有

$$\sum_\alpha \sum_B \mu_B(\alpha) dn_B(\alpha) \leqslant 0 \quad \begin{array}{l} \text{自发过程} \\ \text{平衡} \end{array} \quad (4.35)$$

式(4.35)即为一个系统是否达到平衡的化学势判据，即系统的物质平衡条件，与系统达到平衡的方式无关。但是，系统的热力学函数在平衡时的极值却与系统达到平衡的方式有关。例如平衡若在恒温恒容下达到，平衡时系统的亥姆霍兹函数为极小值；平衡若在恒温恒压下达到，平衡时系统的吉布斯函数为极小值。

（2）化学势判据在物质平衡中的应用

物质平衡包括相平衡和化学平衡。先讨论相平衡过程，假定由 A 和 B 两组分组成一两组分多相系统，存在 $\alpha$ 和 $\beta$ 两个相。在恒温恒压下，有物质的量为 $dn_B$ 的 B 组分由 $\beta$ 相转移到 $\alpha$ 相，其它组分在各项中的物质的量不变，则 $dn_B(\alpha) = -dn_B(\beta)$。化学势判据给出

$$\sum_\alpha \sum_B \mu_B(\alpha) dn_B(\alpha) = \mu_B(\alpha) dn_B(\alpha) + \mu_B(\beta) dn_B(\beta)$$
$$= [\mu_B(\beta) - \mu_B(\alpha)] dn_B(\beta) \leqslant 0 \quad (4.36)$$

由于 $dn_B(\beta) < 0$，因此

$$\mu_B(\beta) \geqslant \mu_B(\alpha) \quad (4.37)$$

根据假设，物质 B 是从 $\beta$ 相转移到 $\alpha$ 相，而 B 组分在 $\beta$ 相的化学势又高于其在 $\alpha$ 相的化学势，因此上式说明，物质总是从化学势高的相向化学势低的相转移，这一转移过程持续进行直到系统达平衡为止，此时系统中每个组分在其所处相中的化学势相等，即

$$\mu_B(\alpha) = \mu_B(\beta) = \mu_B(\delta) = \cdots$$

例如，在 100℃ 和 95kPa 条件下，$\mu_{H_2O}(l) \geqslant \mu_{H_2O}(g)$，因此，在此条件下水将完全蒸发变为水蒸气。

在有化学反应发生的情况下，假定系统已经处于相平衡，由于系统中任一组分 B 在其所处相中的化学势相等，可用 $\mu_B$ 表示 B 组分的化学势，故

$$\sum_B \mu_B(\alpha) dn_B(\alpha) = \sum_B \mu_B \left[ \sum_\alpha dn_B(\alpha) \right] = 0 \quad (4.38)$$

式中，$\sum_\alpha dn_B(\alpha)$ 为系统中 B 组分在每个相中物质的量的改变量之和，即为系统中 B 组分物质的量的改变量，用 $dn_B$ 表示。因此，化学反应的化学势判据为

$$\sum_B \mu_B dn_B = 0 \quad (4.39)$$

对一化学反应，产物的物质的量在增加，反应物的物质的量在减少，所以上式即为产物的化学势之和等于反应物的化学势之和，反应达到化学平衡。该平衡条件与化学反应达到平衡的方式无关。

从上面的讨论可以看出，化学势决定了系统的物质平衡。在这一点上它与温度、压力具有同等重要性：温度、压力分别决定系统的热平衡及力平衡，化学势与温度、压力共同决定系统的热力学平衡。

## 4.4 气体的化学势

### 4.4.1 理想气体的化学势

从上节推证可知，在恒温恒压不做非体积功的条件下，化学反应或相变化过程自发进行

的方向和限度，可通过物质在始态和终态的化学势做判断。如何才能知道系统中某一物质B的化学势究竟为多少？虽然物质B的化学势与其在混合气体系统中的组成有关，但对于理想气体混合物来说，当系统的温度、压力一定时，某组分B的分压力 $p_B$ 有确定数值，与其它组分的存在无关，因为各组分之间没有相互作用，故组成变化可用压力 $p_B$ 的变化来表示。下面从纯理想气体的化学势表达式来讨论理想气体混合物中某组分B的化学势与其分压力 $p_B$ 的关系。

(1) 理想气体的化学势

现有某理想气体B在恒定温度T下由标准压力 $p^\ominus$ 变至某一压力 $p$，其化学势由 $\mu^\ominus(g)$ 变为 $\mu^*(ig)$，该过程表示如下。这里 * 表示纯组分，g 表示气体，ig 表示理想气体。

$$B(ig, p^\ominus) \longrightarrow B(ig, p)$$
$$\mu^\ominus(g) \qquad\qquad \mu^*(ig)$$

根据化学势的定义及其在纯组分中的应用有 $d\mu = dG_m = -S_m dT + V_m dp$，对理想气体有 $V_m = \dfrac{RT}{p}$，过程恒温 $dT=0$，故

$$d\mu^* = dG_m^* = V_m^* dp = \frac{RT}{p} dp \tag{4.40}$$

对上式积分

$$\int_{\mu^\ominus(g)}^{\mu^*(ig)} d\mu^* = \int_{p^\ominus}^{p} \frac{RT}{p} dp$$

得

$$\mu^*(ig) = \mu^\ominus(g) + RT\ln\frac{p}{p^\ominus} \tag{4.41}$$

这就是理想气体纯组分在温度T、压力 $p$ 条件下的化学势的表达式。式中，$\mu^\ominus(g)$ 为气体在温度T的标准态下的化学势，规定为一定值。这样 $\mu^*(ig)$ 就是相对于这个标准态的一个相对值，而 $RT\ln\dfrac{p}{p^\ominus}$ 即为由于压力改变而引起的化学势的改变量。

(2) 理想气体混合物中B组分的化学势

根据理想气体模型的假设，气体分子的大小可忽略，分子间相互作用力也可忽略。因此，混合理想气体中气体的热力学性质都不会因其它种类分子的存在而有所改变。故混合理想气体中气体B的化学势应与其纯态时的化学势相等，即：

$$\mu_B(ig) = \mu_B^\ominus(g) + RT\ln\frac{p_B}{p^\ominus} \tag{4.42}$$

式中，$p_B$ 为混合理想气体中气体B的分压力，根据道尔顿分压定律 $p_B = py_B$，代入上式有

$$\mu_B(ig) = \mu_B^\ominus(g) + RT\ln\frac{py_B}{p^\ominus} = \mu_B^\ominus(g) + RT\ln\frac{p}{p^\ominus} + RT\ln y_B \tag{4.43}$$
$$= \mu_B^*(g) + RT\ln y_B$$

### 4.4.2 真实气体的化学势

(1) 真实气体的化学势

由于理想气体状态方程不能正确地反映实际气体的行为，因此，式(4.42)与式(4.43)

均不能正确地反映真实气体的化学势与压力的关系。如果将实际气体的压力加以校正,将其压力乘以校正系数 $\varphi$,以 $\varphi p = \tilde{p}$ 代替式(4.42)中的压力 $p$,使校正后所得化学势 $\mu$ 与 $\tilde{p}$ 的关系式与理想气体的化学势 $\mu$ 与其压力 $p$ 的关系式相同,则实际气体中任意组分的化学势为:

$$\mu_B = \mu_B^\ominus(g) + RT\ln\frac{\tilde{p}_B}{p^\ominus} \quad (4.44)$$

式中,$\tilde{p}_B$ 称为气体 B 的逸度。

$\varphi$ 称为逸度系数或逸度因子,它反映该实际气体对理想气体性质的偏差程度。$\varphi$ 不仅与气体的本性有关,而且还与温度、压力有关。一般来说,在一定温度下,当气体压力很大时,$\varphi>1$ 当气体压力不太大时,$\varphi<1$,当气体的压力趋向于零时,$\varphi=1$,实际气体接近理想气体,此时真实气体可以看作理想气体。

$$\lim_{p\to 0}\frac{\tilde{p}}{p}=1 \quad (4.45)$$

由式(4.44)可看出,对实际气体的校正是对压力的校正,而没有改变标准态的化学势。可见,实际气体的标准状态是其 $\tilde{p}=p^\ominus$ 的状态,而且是该气体仍具有理想气体性质($\varphi=1$)的状态。实际气体的标准状态是实际上并不存在的假想态,这样定义的标准状态不会因为不同实际气体对理想气体的偏差不同而有所改变,而是对于任何气体,其标准状态都是相同的一个状态。

(2) 路易斯-兰德尔逸度规则

真实气体混合物中组分 B 在温度 $T$,总压力 $p$ 下的偏摩尔体积等于组分 B 在混合气体温度 $T$ 及总压力 $p$ 下单独存在时的摩尔体积,也就是说在恒温恒压下几种纯真实气体混合时,系统的总体积不变,$V(g)=\sum_B n_B V_B(g)$,这时 $\varphi_B=\varphi_B^*$。这说明,真实气体混合物的体积具有加和性,混合气体中组分 B 的逸度因子等于该组分 B 在混合气体温度及总压力下单独存在时的逸度因子,于是

$$\tilde{p}_B = \varphi_B p_B = \varphi_B y_B p = \varphi_B^* p y_B = \tilde{p}_B^* y_B \quad (4.46)$$

此式说明,真实气体混合物中 B 组分的逸度等于该组分在混合气体的温度和总压力下单独存在时的逸度与该组分在混合物中物质的量分数的乘积。这就是路易斯-兰德尔逸度规则。可用于计算气体混合物中各组分的逸度。但是这一规则是近似的,因为在压力增大时,体积的加和性往往有较大的偏差,尤其在含有极性组分或含有临界温度相差较大的组分时,偏差就更为显著。

## 4.5 稀溶液的两个经验定律

饱和蒸气压是凝聚相的一种热力学性质,是指在一定温度下,凝聚相与其蒸气相两相平衡时蒸气相的压力。在溶液的蒸气压及其相关性质的研究中,有两个非常重要的经验定律:拉乌尔(Raoult)定律和亨利(Henry)定律。这两个经验定律虽来自于经验总结,却又是溶液热力学的理论基础。

### 4.5.1 拉乌尔定律

在一定温度下,向纯溶剂 A 中加入溶质 B,无论溶质挥发与否,溶剂 A 在气相中的蒸

气分压 $p_A$ 就要下降。1886 年，拉乌尔通过实验测定与总结发现：在一定温度下，稀溶液中溶剂的蒸气压 $p_A$ 等于同一温度下纯溶剂的蒸气压 $p_A^*$ 与溶液中溶剂的物质的量分数 $x_A$ 的乘积。这就是拉乌尔定律。用公式表示为

$$p_A = p_A^* x_A \tag{4.47}$$

溶液越稀，这种关系越正确。拉乌尔定律适用于计算稀溶液中的溶剂或性质相似物质组成的溶液中的各组分的气相分压力，如稀溶液中溶剂的分压力，理想液态混合物中各组分的分压力。

因为溶剂的物质的量分数 $x_A<1$，可见形成溶液后，溶剂的蒸气压都会下降。这可定性解释为：若溶质和溶剂分子间相互作用的差异可以不计，且当溶质和溶剂形成溶液时各自的体积都没有变化，则由于在纯溶剂中加入溶质后减少了溶液单位体积和单位表面上溶剂分子的数目，因而也减少了单位时间内可能离开液相表面而进入气相的溶剂分子数目，以致溶剂与其蒸气在较低的蒸气压力下即可达到平衡，所以溶液中溶剂的蒸气压较纯溶剂的蒸气压低。对二组分稀溶液，溶剂蒸气压的下降的值可表示为：

$$\Delta p = p_A^*(1-x_A) = p_A^* x_B \tag{4.48}$$

在使用拉乌尔定律时必须注意，在计算溶剂的物质的量时，其摩尔质量应该用气态时的摩尔质量。例如水有缔合现象，但摩尔质量应以水分子（$H_2O$）计算。

### 4.5.2 亨利定律

1803 年，Henry 发现：一定温度下，气体在液体里的溶解度和该气体的平衡分压成正比。这一规律对于稀溶液中挥发性溶质也适用。

一般来说，气体在溶剂中的溶解度很小，所形成的溶液属于稀溶液的范围。气体 B 在溶剂 A 中的溶解度无论是用溶质 B 的物质的量分数 $x_B$，物质的量浓度 $c_B$，质量摩尔浓度 $b_B$，还是质量分数 $w_B$ 等表示时，均与气体溶质 B 的压力近似成正比。因此，用公式表示亨利定律可以有如下不同形式：

$$p_B = \kappa_{x,B} x_B \tag{4.49}$$

$$p_B = \kappa_{c,B} c_B \tag{4.50}$$

$$p_B = \kappa_{b,B} b_B \tag{4.51}$$

$$p_B = \kappa_{w,B} w_B \tag{4.52}$$

因此，亨利定律可以表述为：一定温度下，稀溶液中挥发性溶质在气相中的平衡分压与其在溶液中的溶解度成正比。比例系数为亨利常数。同一系统中，当使用不同的组成标度表示浓度时，亨利系数的单位也不同，其数值也不同。$\kappa_{x,B}$，$\kappa_{c,B}$，$\kappa_{b,B}$ 的单位分别为：Pa，$Pa \cdot mol^{-1} \cdot m^3$，$Pa \cdot mol^{-1} \cdot kg$。表 4.2 列出了 25℃ 下几种气体在水中和苯中的亨利系数。

表 4.2　25℃ 下几种气体在水中和苯中的亨利系数 $\kappa_{x,B}$

| 气体 | | $H_2$ | $N_2$ | $O_2$ | $CO$ | $CO_2$ | $CH_4$ | $C_2H_2$ | $CH_4$ | $C_2H_6$ |
|---|---|---|---|---|---|---|---|---|---|---|
| $\kappa_{x,B}$/GPa | 溶剂水 | 7.2 | 8.68 | 4.40 | 5.79 | 0.166 | 4.18 | 0.135 | 1.16 | 3.07 |
| | 溶剂苯 | 0.367 | 0.239 | — | 0.163 | 0.114 | 0.0569 | — | — | — |

使用亨利定律要注意以下几点。

(1) 式中的 $p_B$ 是气体 B 在液面上达到溶解平衡时的分压力。对于气体混合物，在总压

力不大时,亨利定律能分别适用于每一种气体,可以近似认为与其它气体的分压无关。

(2) 溶质在气相和溶液中的分子状态需相同。例如气体 HCl 溶于苯或其它有机溶剂,在气相和液相中都呈 HCl 的分子状态,符合亨利定律,但 HCl 溶于水时,由于其电离出 $H^+$ 和 $Cl^-$,这时亨利定律就不适用了。所以一般电解质溶液都不符合亨利定律。

(3) 大多数气体溶于水时,溶解度随温度的升高而降低。因此升高温度或降低气体的分压都能使溶液的浓度更稀,更能符合亨利定律。

**【例 4.2】** 97.11℃时,纯水的饱和蒸气压为 91.3kPa。在此温度下,乙醇的质量分数为 3% 的乙醇水溶液达到气液两相平衡时,蒸气总压为 101.325kPa。今有另一乙醇的物质的量分数为 0.02 的乙醇水溶液,求此水溶液在 97.11℃下的蒸气总压。

**解**:两溶液均按乙醇在水中的稀溶液考虑。水符合拉乌尔定律,乙醇符合亨利定律。

$$x_B = \frac{m_B/M_B}{m_A/M_A + m_B/M_B} = \frac{w_B/M_B}{w_A/M_A + w_B/M_B}$$

对乙醇的质量分数为 3% 的乙醇水溶液,设乙醇为 3g,水为 97g,则

$$x_B = \frac{3/46.069 \text{g} \cdot \text{mol}^{-1}}{97/18.015 \text{g} \cdot \text{mol}^{-1} + 3/46.069 \text{g} \cdot \text{mol}^{-1}} = 0.01195$$

乙醇的质量分数为 3% 的乙醇水溶液的蒸气总压为

$$p = p_A + p_B = p_A^* x_A + k_{x,B} x_B$$

$$101325 \text{Pa} = 91300 \text{Pa} \times 0.01195 + k_{x,B} \times 0.08805$$

$$k_{x,B} = 930 \text{kPa}$$

乙醇的物质的量分数为 0.02 的乙醇水溶液

$$p = p_A + p_B = p_A^* x_A + k_{x,B} x_B$$

$$p = (91.3 \times 0.98 + 930 \times 0.02) \text{kPa} = 108.1 \text{kPa}$$

## 4.6 理想液态混合物

### 4.6.1 理想液态混合物

系统中各组分能以任意比例互溶、而且在全部组成范围内,系统中各组分均符合拉乌尔定律的混合物称为理想液态混合物。显然,理想液态混合物中各个组分的地位是相同的,不区分溶剂和溶质。

理想液态混合物与理想气体的概念不同。理想气体的分子自身没有体积,分子之间无相互作用,可视为每个分子周围无任何其它分子存在。而理想液态混合物的分子因间距较小,不能认为分子间无相互作用。因此,理想液态混合物模型包括三点要求:① 混合物中各组分的分子体积大小和形状非常相近;② 不同组分分子间的相互作用力与同一组分分子间的相互作用力基本相等;③ 与之平衡的气相为理想气体。例如外消旋体化合物组成的混合物,如 D-(+)-甘油醛和 L-(−)-甘油醛组成的混合物;相差一个 $CH_2$ 的同系物,如苯-甲苯混合物。

按照理想液态混合物的定义,由 A,B 两种组分组成的理想液态混合物,在定温下,其中各组分的蒸气压均遵从拉乌尔定律,分压力与组成的关系如图 4.1 所示。

理想液态混合物各组分的蒸气压与组成的关系因符合拉乌尔定律,所以在一定温度下的 $p$-$x$ 图上均为直线。结合分压定律,则理想液态混合物的蒸气总压由式(4.53)给出:

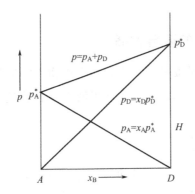

图 4.1 理想液态混合物各组分蒸气压与组成的关系

$$p = p_A + p_B = p_A^*(1-x_B) + p_B^* x_B$$
$$= p_A^* + (p_B^* - p_A^*) x_B \tag{4.53}$$

在一定温度下，组分 A、B 的饱和蒸气压 $p_A^*$，$p_B^*$ 为定值，所以二组分理想液态混合物的蒸气压与组成的关系也是一条直线。

## 4.6.2 理想液态混合物中各组分的化学势

在一定温度和压力下，当理想液态混合物与其蒸气达到平衡时，根据相平衡条件，对其中的任一组分 B 均有 $\mu_B(l) = \mu_B(g)$。由于蒸气为理想气体，由理想气体化学势表达式，有：

$$\mu_B(l) = \mu_B(g) = \mu_B^\ominus(g) + RT\ln\frac{p_B}{p^\ominus} \tag{4.54}$$

根据拉乌尔定律，$p_B = p_B^* x_B$，代入上式

$$\mu_B(l) = \mu_B^\ominus(g) + RT\ln\frac{p_B^* x_B}{p^\ominus} = \mu_B^\ominus(g) + RT\ln\frac{p_B^*}{p^\ominus} + RT\ln x_B \tag{4.55}$$

上式右边的前两项就是在温度 $T$，压力 $p$ 下纯液态 $B$ 的化学势 $\mu_B^*(l)$，因此，上式可写为：

$$\mu_B(l) = \mu_B^*(l) + RT\ln x_B \tag{4.56}$$

上式即为理想液态混合物中各组分的化学势表达式，也是理想液态混合物的热力学定义式。

从化学势表达式出发，可以证明，对理想液态混合物拉乌尔定律与亨利定律是等价的。在一定温度和压力下，当理想液态混合物与其蒸气达到平衡时，根据相平衡条件，对其中的任一组分 B 均有 $\mu_B(l) = \mu_B(g)$。根据 $\mu_B(l)$，$\mu_B(g)$ 的表达式，有

$$\mu_B^*(l) + RT\ln x_B = \mu_B^\ominus(g) + RT\ln\frac{p_B}{p^\ominus} \tag{4.57}$$

整理得

$$p_B = x_B p^\ominus \exp\left[\frac{\mu_B^*(l) - \mu_B^\ominus(g)}{RT}\right] \tag{4.58}$$

在确定的温度、压力下，等式中的指数项为常数，令 $\exp\left[\dfrac{\mu_B^*(l) - \mu_B^\ominus(g)}{RT}\right] = k_B$，得 $p_B = p^\ominus k_B x_B = k_{x,B} x_B$，这就是亨利定律。因任意组分 B 在全部浓度范围内都能符合此式，故当 $x_B = 1$ 时，即纯组分 $k_{x,B} = p_B^*$，此时 $p_B = p_B^* x_B$，这就是拉乌尔定律。因此，理想液态混合物中拉乌尔定律与亨利定律是等价的。也可以说，理想液态混合物中任一组分既符合

拉乌尔定律，也符合亨利定律。

### 4.6.3 理想液态混合物的混合性质

理想液态混合物的混合性质是指在恒温恒压下由物质的量分别为 $n_B, n_C, n_D, \cdots$ 的 B, C, D, $\cdots$ 混合形成组成分别为 $x_B, x_C, x_D, \cdots$ 的理想液态混合物这一过程中，系统广度性质 $V$、$U$、$H$、$S$、$A$、$G$ 等的改变量。

$$\left.\begin{array}{c} B, n_B \\ C, n_C \\ D, n_D \\ \vdots \end{array}\right\} \xrightarrow{dT=0, dp=0} \begin{array}{c} B, C, D, \cdots \\ x_B, x_C, x_D \cdots \end{array}$$

混合前的纯组分为始态，混合后为终态，则

$$G_{\text{始}} = \sum_B n_B G_{m,B}^* = \sum_B n_B \mu_{B(l)}^*$$

$$G_{\text{终}} = \sum_B n_B \mu_{B(l)} = \sum_B n_B \{\mu_{B(l)}^* + RT \ln x_B\}$$

混合过程的吉布斯函数变为终态的吉布斯函数减去始态吉布斯函数，即

$$\Delta_{\text{mix}} G = G_{\text{终}} - G_{\text{始}} = \sum_B n_B [\mu_{B(l)}^* + RT \ln x_B] - \sum_B n_B \mu_{B(l)}^* \tag{4.59}$$

$$= RT \sum_B n_B \ln x_B$$

由于 $x_B$ 在 0 到 1 之间，所以混合过程的吉布斯函数变小于零，因此理想液态混合物在恒温恒压下的混合过程是自发的过程。

由于 $V = \left(\dfrac{\partial G}{\partial p}\right)_{T, n_B}, S = -\left(\dfrac{\partial G}{\partial T}\right)_{p, n_B}$，故有

$$\Delta_{\text{mix}} S = \left(\dfrac{\partial \Delta_{\text{mix}} G}{\partial T}\right)_p = R \sum_B n_B \ln x_B$$

$$\Delta_{\text{mix}} V = \left(\dfrac{\partial \Delta_{\text{mix}} G}{\partial p}\right)_T = 0$$

根据定义，有

$$\Delta_{\text{mix}} A = \Delta_{\text{mix}} G - p \Delta_{\text{mix}} V = RT \sum_B n_B \ln x_B$$

$$\Delta_{\text{mix}} H = \Delta_{\text{mix}} G + T \Delta_{\text{mix}} S = 0$$

$$\Delta_{\text{mix}} U = \Delta_{\text{mix}} A + T \Delta_{\text{mix}} S = 0$$

上述混合过程的结果，对于理想气体的恒温恒压混合过程也适用，理想气体混合物为理想液态混合物所满足条件的特例。

## 4.7 稀溶液中各组分的化学势

### 4.7.1 稀溶液

两种挥发性物质组成溶液，在一定的温度和压力下，在一定的浓度范围内，溶剂蒸气压

与溶液组成的关系符合拉乌尔定律，溶质蒸气压与溶液组成的关系符合亨利定律，这种溶液称为稀溶液。依据此定义，对 A，B 二组分的稀溶液区分为溶剂 A 和溶质 B，若组分 A 在某一浓度区间内符合拉乌尔定律，则在该浓度区间内组分 B 必然符合亨利定律。由于稀溶液的溶剂和溶质蒸气压服从不同的定律，因此它们的化学势表达式也不同。值得注意的是，化学热力学中的稀溶液并不仅仅是指浓度很小的溶液。

### 4.7.2 稀溶液中溶剂的化学势

稀溶液中的溶剂 A 因服从拉乌尔定律，其化学势与理想液态混合物中任一组分的化学势表达式相同，即：

$$\mu_A(l) = \mu_A^*(l) + RT\ln x_A \tag{4.60}$$

$$\mu_A(l) = \mu_A^\ominus(l) + RT\ln x_A \text{（忽略压力的影响）} \tag{4.61}$$

式中，$\mu_A^*(l)$ 表示等温、等压时，纯溶剂 A 的化学势。稀溶液中溶剂的化学势表达式中的物质的量分数 $x_A$ 的定义范围为趋近于 1。$\mu_A^\ominus(l)$ 是指溶液中溶剂 A 的标准态是温度 $T$ 和标准压力 $p^\ominus$ 下的纯液体 A。由于凝聚相中物质的偏摩尔体积本身就非常小，因此，在压力对标准压力偏离不太远的情况下，假想状态下的标准态化学势与符合要求下的标准态化学势在数值上十分相近。实际应用中也就常常忽略这个差别，视二者为等同。

### 4.7.3 稀溶液中溶质的化学势

以挥发性组分为例导出溶质的化学势，然后将其推广到非挥发性溶质。稀溶液中的溶质服从亨利定律，当稀溶液的气、液两相达到平衡时，溶质在两相中的化学势相等，即：

$$\mu_B(l) = \mu_B(g) = \mu_B^\ominus(g) + RT\ln\frac{p_B}{p^\ominus} \tag{4.62}$$

因此，只要将亨利定律的表达式代入上式，就可得到稀溶液中溶质化学势的表达式。但因亨利常数随浓度表达式不同而不同，故溶质的化学势表达也有不同的形式。

若溶质 B 的浓度用质量摩尔浓度表示，亨利定律为 $p_B = \kappa_{b,B} b_B$，于是：

$$\mu_B(l) = \mu_B^\ominus(g) + RT\ln\frac{\kappa_{b,B} b_B}{p^\ominus} = \mu_B^\ominus(g) + RT\ln\frac{\kappa_{x,B} b^\ominus}{p^\ominus} + RT\ln\frac{b_B}{b^\ominus} \tag{4.63}$$

式中，$b^\ominus = 1\text{mol}\cdot\text{kg}^{-1}$ 是溶质的标准质量摩尔浓度。上式中令 $b_B = b_B^\ominus$，则 $RT\ln\frac{b_B}{b^\ominus} = 0$。因此，$\mu_B^\ominus(g) + RT\ln\frac{\kappa_{x,B} b^\ominus}{p^\ominus}$ 为温度 $T$、压力 $p$ 下，当 $b_B = b^\ominus$ 时溶质 B 遵守亨利定律的状态下的化学势。规定溶质 B 的标准态为在标准压力 $p^\ominus$，标准质量摩尔浓度 $b^\ominus$ 下具有稀溶液性质的状态，这是一种假想的状态，将该状态的化学势记为 $\mu_B^\ominus(l)$

$$\mu_B^\ominus(l) = \mu_B^\ominus(g) + RT\ln\frac{\kappa_{x,B} b^\ominus}{p^\ominus} \tag{4.64}$$

则稀溶液中溶质 B 的化学势记为

$$\mu_B(l) = \mu_B^\ominus(l) + RT\ln\frac{b_B}{b^\ominus} \tag{4.65}$$

这是常用的公式。需要指出的是，这里也忽略了压力的影响。

如果溶质的浓度表达式使用其它不同的表达形式，则相应的化学势可以表达为：

$$\mu_B(l) = \mu_B^\ominus(l) + RT\ln x_B \tag{4.66}$$

$$\mu_B(l) = \mu_B^{\ominus}(l) + RT\ln\frac{c_B}{c^{\ominus}} \tag{4.67}$$

$c^{\ominus} = 1\text{mol} \cdot \text{dm}^{-3}$ 是溶质的标准态物质的量浓度。相应的标准态可以类似地给出。应该指出，当溶液的状态一定时，溶质的化学势必为定值，它不会因溶质浓度的表示方法不同而改变。有了稀溶液各组分的化学势表达式，则将其代入吉布斯-杜亥姆方程可以证明：对 A，B 二组分的溶液，若组分 A 在某一浓度区间内符合拉乌尔定律，则在该浓度区间内组分 B 必然符合亨利定律，反之亦然。

## 4.8 化学势在稀溶液中的应用

在指定了溶剂的种类及其数量后，稀溶液的某些性质只取决于所含溶质质点的数目，而与溶质的本性无关，这些性质称为稀溶液的依数性，包括蒸气压下降，凝固点降低，沸点升高和产生渗透压。本节利用化学势就可以推导出稀溶液的依数性，使之上升到理论，便于我们更清楚地了解 $K_f$，$K_b$ 等经验常数的实质。

### 4.8.1 溶剂蒸气压下降

稀溶液中溶剂蒸气压 $p_A$ 低于相同温度下纯溶剂的饱和蒸气压 $p_A^*$，这一现象称为溶剂的蒸气压下降。溶剂蒸气压的下降值 $\Delta p_A = p_A^* - p_A$。对只有两种组分形成的稀溶液，将拉乌尔定律 $p_A = p_A^* x_A$ 代入得：

$$\Delta p_A = p_A^* - p_A^* x_A = p_A^*(1 - x_A) = p_A^* x_B \tag{4.68}$$

即稀溶液溶剂蒸气压的下降值与溶液中溶质的物质的量分数成正比，比例系数即同温度下纯溶剂的饱和蒸气压。

根据蒸气压下降，可以解释其它几个依数性规律，所以溶剂蒸气压下降是几个依数性值中的核心性质。

### 4.8.2 凝固点降低（析出固态纯溶剂）

在纯物质的正常凝固点温度下，固、液两相平衡共存，纯物质在两相的化学势相等。对于溶液而言，若溶质只溶解于液态溶剂而不溶于固态溶剂，少量溶质的存在使溶液的蒸气压降低，且使溶液中溶剂的化学势小于固态纯溶剂的化学势，固态纯溶剂因此融熔，并溶解进入溶液中，从而改变溶液的浓度。同时，固态溶剂融熔时吸热使体系的温度下降。直至某一温度时，固态纯溶剂与溶液才达到两相平衡。这个平衡温度称为溶液的凝固点，显然它低于纯溶剂的正常凝固点。图 4.2 示意地说明了稀溶液凝固点下降的原因。曲线 AC 和 AA' 分别表示固态纯溶剂和液态纯溶剂的蒸气压随温度变化的关系，曲线 AC 和 AA' 相交于 A 点，A 点所对应的温度 $T_f^*$ 表示纯溶剂

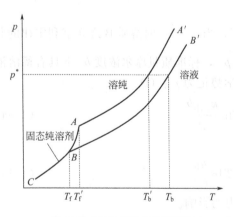

图 4.2 溶液的沸点升高和凝固点降低示意图

的凝固点。曲线 $BB'$ 表示溶液的蒸气压随温度变化的关系，加入溶质以后，溶剂的蒸气压就会下降，曲线 $AC$ 和 $BB'$ 相交于 $B$ 点，在交点处，固态纯溶剂的蒸气压与溶液的蒸气压相等，此时系统的温度 $T_f$ 为溶液的凝固点。显然，溶液的凝固点 $T_f$ 比纯溶剂的凝固点 $T_f^*$ 低。

从热力学上很容易导出凝固点降低值 $\Delta T_f = T_f^* - T_f$ 与溶液组成的关系。

假设压力为 $p$ 时，溶液的凝固点为 $T_f$，则溶液中溶剂 A 的化学势与固态纯溶剂 A 的化学势相等，即：

$$\mu_{A,l}(T,p,x_A) = \mu_{A,s}^*(T,p)$$

在恒压下，当溶液浓度 $x_A$ 变化 $dx_A$ 时，凝固点相应地由 $T$ 变为 $T+dT$，故重新建立两相平衡的条件是：

$$\mu_{A,l}(T+dT,p,x_A) = \mu_{A,s}^*(T+dT,p)$$

因而

$$d\mu_{A,l}(T,p,x_A) = d\mu_{A,s}^*(T,p)$$

对于稀溶液中的溶剂，$\mu_{A,l} = \mu_{A,l}^* + RT\ln x_A$，且 $\left(\dfrac{\partial \mu_{A,l}^*}{\partial T}\right)_p = -S_{A,l}^*$，对固相有，$\left(\dfrac{\partial \mu_{A,s}^*}{\partial T}\right)_p = -S_{A,s}^*$，代入上式得

$$-S_{m,A,l}^* dT + RT d(\ln x_A) = -S_{m,A,s}^* dT$$

整理得

$$d(\ln x_A) = \frac{S_{m,A,l}^* - S_{m,A,s}^*}{RT} dT = \frac{T\Delta_s^l S_m}{RT^2} dT$$

$$= \frac{\Delta_s^l H_m}{RT^2} dT$$

由于上述相变过程为可逆过程

$$S_{m,A,l}^* - S_{m,A,s}^* = \frac{H_{m,A,l}^* - H_{m,A,s}^*}{T} = \frac{\Delta_{fus} H_{m,A}^*}{T}$$

于是，

$$d(\ln x_A) = \frac{\Delta_{fus} H_{m,A}^*}{RT^2} dT$$

假设温度改变不大时，可以认为 $\Delta_{fus} H_{m,A}^*$ 与温度无关，则积分上式得：

$$\int_0^{x_A} d(\ln x_A) = \int_{T_f^*}^{T_f} \frac{\Delta_{fus} H_{m,A}^*}{RT^2} dT$$

$$\ln x_A = -\frac{\Delta_{fus} H_{m,A}^*}{R}\left(\frac{1}{T_f} - \frac{1}{T_f^*}\right) \tag{4.69}$$

因凝固点下降值 $\Delta T_f = T_f^* - T_f$ 通常很小，故 $T_f T_f^* \approx (T_f^*)^2$ 上式可改写成：

$$\ln x_A = -\frac{\Delta_{fus} H_{m,A}^*}{R(T_f^*)^2}(T_f^* - T_f)$$

因稀溶液中 $x_B$ 很小，故 $\ln x_A = \ln(1-x_B)$ 可作级数展开，并略去高次项

$$\ln x_A = \ln(1-x_B) = -x_B - \frac{1}{2}x_B^2 - \frac{1}{3}x_B^3 - \cdots \approx -x_B$$

这样就有

$$\Delta T_{\mathrm{f}} = \frac{R(T_{\mathrm{f}}^*)^2}{\Delta_{\mathrm{fus}}H_{\mathrm{m,A}}^*} x_{\mathrm{B}} \tag{4.70}$$

对稀溶液，$x_{\mathrm{B}} = \dfrac{n_{\mathrm{B}}}{n_{\mathrm{A}}+n_{\mathrm{B}}} \approx \dfrac{n_{\mathrm{B}}}{n_{\mathrm{A}}} = b_{\mathrm{B}}M_{\mathrm{A}}$，其中 $M_{\mathrm{A}}$ 为溶剂 A 的摩尔质量，上式变为

$$\Delta T_{\mathrm{f}} = \frac{R(T_{\mathrm{f}}^*)^2 M_{\mathrm{A}}}{\Delta_{\mathrm{fus}}H_{\mathrm{m,A}}^*} b_{\mathrm{B}} \tag{4.71}$$

令

$$K_{\mathrm{f}} = \frac{R(T_{\mathrm{f}}^*)^2 M_{\mathrm{A}}}{\Delta_{\mathrm{fus}}H_{\mathrm{m,A}}^*} \tag{4.72}$$

则

$$\Delta T_{\mathrm{f}} = K_{\mathrm{f}} b_{\mathrm{B}} \tag{4.73}$$

式中，$K_{\mathrm{f}}$ 称为溶剂的凝固点降低常数，可以看出 $K_{\mathrm{f}}$ 仅与纯溶剂的性质有关，例如水的 $K_{\mathrm{f}} = 1.86 \mathrm{K \cdot kg \cdot mol^{-1}}$。一般来说金属的 $K_{\mathrm{f}}$ 值较大，因此少量杂质也能使金属熔点下降很多。表 4.3 列出一些常见溶剂的 $K_{\mathrm{f}}$ 值。

表 4.3 一些常见溶剂的 $K_{\mathrm{f}}$ 值

| 溶剂 | 水 | 乙酸 | 萘 | 环己烷 | 樟脑 | 苯 | 苯酚 | 四氯化碳 |
|---|---|---|---|---|---|---|---|---|
| $K_{\mathrm{f}}/\mathrm{K \cdot kg \cdot mol^{-1}}$ | 1.86 | 3.90 | 6.94 | 20 | 40 | 5.12 | 7.27 | 30 |

由凝固点下降关系式可见，稀溶液的凝固点降低与溶质的浓度成正比，和溶质的本性无关。由于推导时并未涉及溶质能否挥发，因此对于挥发性和非挥发性溶质上式均适用，但只限于析出固态纯溶剂的情况。

若析出的固相不是纯溶剂 A，而是含有溶质 B 的固溶体，则推导就从 $\mu_{\mathrm{A,l}}(T, p, x_{\mathrm{A,l}}) = \mu_{\mathrm{A,s}}^*(T, p, x_{\mathrm{A,s}})$ 出发，得到凝固点下降的公式：

$$\Delta T_{\mathrm{f}} = T_{\mathrm{f}} - T_{\mathrm{f}}^* = \frac{RT_{\mathrm{f}}^* T_{\mathrm{f}}}{\Delta_{\mathrm{s}}^{\mathrm{l}} H_{\mathrm{m}}} \ln \frac{x_{\mathrm{A,s}}}{x_{\mathrm{A,l}}} \approx \frac{R(T_{\mathrm{f}}^*)^2}{\Delta_{\mathrm{s}}^{\mathrm{l}} H_{\mathrm{m}}} \ln \frac{x_{\mathrm{A,s}}}{x_{\mathrm{A,l}}} \tag{4.74}$$

式中，$x_{\mathrm{A,l}}$，$x_{\mathrm{A,s}}$ 分别为溶剂在液相和固相中的物质的量分数。由此可见，溶液中析出的固相为固溶体时，可能出现凝固点上升的现象。若 $x_{\mathrm{A,l}} > x_{\mathrm{A,s}}$，溶剂在液态溶液中的浓度大于在固溶体中的浓度，则 $\Delta T_{\mathrm{f}} < 0$，凝固点上升；反之，若 $x_{\mathrm{A,l}} < x_{\mathrm{A,s}}$，则 $\Delta T_{\mathrm{f}} > 0$，凝固点下降。

稀溶液凝固点降低通常被用于测定溶质的摩尔质量。由凝固点下降公式，要准确测定溶质的摩尔质量 $M_{\mathrm{B}}$ 时，需要测定几个不同浓度的 $\Delta T_{\mathrm{f}}$，计算出 $M_{\mathrm{B}}$，然后以 $M_{\mathrm{B}}$ 对 $b_{\mathrm{B}}$ 作图，外推至 $b_{\mathrm{B}} \to 0$ 处即得准确的 $M_{\mathrm{B}}$。

**【例 4.3】** 在 101.325kPa 下，有一质量分数为 1.5% 的氨基酸水溶液，测得其凝固点为 272.96K，试求该氨基酸的摩尔质量。

**解：** 根据稀溶液凝固点降低公式

$$\Delta T_{\mathrm{f}} = K_{\mathrm{f}} b_{\mathrm{B}}$$

$$b_{\mathrm{B}} = \frac{n_{\mathrm{B}}}{m_{\mathrm{A}}} = \frac{m_{\mathrm{B}}}{m_{\mathrm{A}} M_{\mathrm{B}}}$$

$$\Delta T_{\mathrm{f}} = K_{\mathrm{f}} \frac{m_{\mathrm{B}}}{m_{\mathrm{A}} M_{\mathrm{B}}}$$

$$M_B = K_f \cdot \frac{m_B}{m_A \Delta T_f}$$

由于该溶液浓度较小,所以 $m_A + m_B \approx m_A$,$m_B/m_A \approx 1.5\%$

$$M_B = \left(\frac{1.86 \text{K} \cdot \text{kg} \cdot \text{mol}^{-1} \times 1.5\%}{273.15\text{K} - 272.96\text{K}}\right) \text{kg} \cdot \text{mol}^{-1} = 0.147 \text{kg} \cdot \text{mol}^{-1}$$

该氨基酸的相对分子质量为147。

### 4.8.3 沸点升高(溶质不挥发)

在大气压力下,液体的蒸气压等于外压时,系统达成气-液两相平衡,此时系统的温度称为沸点。稀溶液的沸点是指纯溶剂气-液两相平衡共存的温度。如图4.2所示,在一定温度下,含有非挥发性溶质的溶液的蒸气压低于纯溶剂的蒸气压,只有升高温度使蒸气压增大到等于外压,才能使溶液沸腾,所以溶液的沸点比纯溶剂高,即 $\Delta T_b = T_b - T_b^*$。

在恒定压力 $p$ 下,非挥发性溶质形成的溶液中的溶剂达成气液两相平衡时,根据化学势判据,有:$\mu_{A,l}(T,p,x_A) = \mu_{A,g}^*(T,p)$。由此出发按照推导凝固点降低公式的方法,可以导出下列沸点升高公式:

$$\ln x_A = -\frac{\Delta_{vap} H_{m,A}^*}{R(T_b^*)^2}(T_b - T_b^*) \tag{4.75}$$

$$\Delta T_b = \frac{R(T_b^*)^2 M_A}{\Delta_{vap} H_{m,A}^*} b_B = K_b b_B \tag{4.76}$$

其中,$K_b = \frac{R(T_b^*)^2 M_A}{\Delta_{vap} H_{m,A}^*}$。这两个公式适用于非挥发性溶质的稀溶液。

式中,$\Delta_{vap} H_{m,A}^*$ 为纯溶剂 A 的摩尔蒸发焓;$\Delta T_b = T_b - T_b^*$ 为溶液的沸点与纯溶剂的沸点之差,称为沸点升高值;$K_b$ 为溶剂的沸点升高常数,它只与溶剂的性质有关,表4.4列出了一些常见溶剂的沸点升高常数。

表 4.4 一些常见溶剂的 $K_b$ 值

| 溶剂 | 水 | 乙酸 | 萘 | 环己烷 | 樟脑 | 苯 | 苯酚 | 四氯化碳 |
|---|---|---|---|---|---|---|---|---|
| $K_b/\text{K} \cdot \text{kg} \cdot \text{mol}^{-1}$ | 0.52 | 0.80 | 1.20 | 2.10 | 1.72 | 2.57 | 3.88 | 5.02 |

沸点升高与凝固点降低的测定常用于确定溶质的相对分子质量。由于凝固点降低常数较沸点升高常数大几倍甚至几十倍,因而采用凝固点降低法测得的实验数据误差小于采用沸点升高法测得的实验数据误差。除此之外沸点升高和凝固点降低还具有广泛的用途。例如,当外界气温发生变化时,植物细胞内的有机体会产生大量可溶性碳水化合物(氨基酸、糖等),使细胞液浓度增大,凝固点降低,保证了在一定的低温条件下细胞液不至结冰,使植物表现出一定的防寒功能。另外,细胞液浓度增大,有利于其蒸气压的降低,从而使细胞中水分的蒸发量减少,蒸发过程变慢,因此在较高的气温下能保持一定的水分而不枯萎,表现了相当的抗旱能力。汽车的散热器(水箱)的用水中,在寒冷的季节,通常加入乙二醇 $C_2H_4(OH)_2$ 使溶液的凝固点下降而防止结冰。用于降温的制冷剂等都是凝固点降低的应用。此外,有机化学实验中常常用测定化合物的熔点或沸点的办法来检验化合物的纯度。含有杂质的化合物其熔点比纯化合物低,沸点比纯化合物高,而且熔点的降低值和沸点的升高值与杂质含量有关。

【例 4.4】 在 $5.0 \times 10^{-2}$ kg $CCl_4$(A)中溶入 $5.13 \times 10^{-4}$ kg 萘(B)($M_B = 0.128$ kg ·

mol$^{-1}$),测得溶液的沸点较纯溶剂升高 0.402K。若在等量的 CCl$_4$ 溶剂中溶入 $6.22\times10^{-4}$ kg 的未知物,测得沸点升高值为 0.647K,求该未知物的摩尔质量。

**解**:根据

$$\Delta T_{\rm b}=K_{\rm b}b_{\rm B}=K_{\rm b}\frac{m_{\rm B}/M_{\rm B}}{W_{\rm A}}$$

代入数据,得

$$0.402=K_{\rm b}\frac{5.13\times10^{-4}/0.128}{5.0\times10^{-2}}$$

解得 $K_{\rm b}=5.02{\rm K\cdot kg\cdot mol^{-1}}$

$$0.647=5.02\times\frac{6.22\times10^{-4}/M_{\rm B}}{5.0\times10^{-2}}$$

解得 $M_{\rm B}=96.52{\rm g\cdot mol^{-1}}$

### 4.8.4 渗透压

物质自发地由高浓度向低浓度迁移的现象称为扩散,扩散现象不但存在于溶质与溶剂之间,它也存在于任何不同浓度的溶液之间。如果在两个不同浓度的溶液之间,存在一种多孔分离膜,它可以选择性地让一部分物质通过,而不让某些物质通过,这种膜称为半透膜,这种情况下会出现什么现象?我们以蔗糖水溶液与纯水形成的系统为例加以说明。

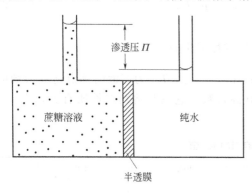

图 4.3 渗透压示意图

如图 4.3 所示,在一个连通器的两边各装着蔗糖溶液与纯水,中间用半透膜将它们隔开。在扩散开始之前,连通器两边的玻璃柱中的液面高度相同。经过一段时间的扩散以后,玻璃柱内的液面高度不再相同,蔗糖溶液一边的液面比纯水的液面要高。这是因为半透膜能够阻止蔗糖分子向纯水一边扩散,却不能阻止水分子向蔗糖溶液的扩散。由于单位体积内纯水中水分子比蔗糖溶液中的水分子多,因此进入溶液中的水分子通过半透膜比溶液进入纯水中的多,所以蔗糖溶液的液面升高。这种物质粒子通过半透膜扩散的现象称为渗透。随着蔗糖溶液液面的升高,液柱的静压力增大,使蔗糖溶液中水分子通过半透膜的速度加快。当压力达到一定值时,在单位时间内从两个相反方向通过半透膜的水分子数相等,渗透达到平衡,两侧液面不再发生变化。渗透平衡时液面高度差所产生的压力称为渗透压。换句话说,渗透压就是阻止渗透作用进行所需加给溶液的最小额外压力。

如果外加在溶液上的压力超过了渗透压,反而会使溶液中的溶剂向纯溶剂方向流动,使纯溶剂的体积增加,这个过程叫作反渗透。反渗透的原理广泛应用于海水淡化、工业废水或污水处理和溶液的浓缩等方面。

定温度下渗透平衡时,半透膜一边稀溶液中溶剂的化学势与另一边纯溶剂的化学势相等,即

$$\mu_{\rm A,l}(T,p+\Pi,x_{\rm A})=\mu_{\rm A,l}^{*}(T,p)$$

根据稀溶液中溶剂的化学势表达式,有

$$\mu_{A,1}(T,p+\Pi,x_A) = \mu^*_{A,1}(T,p+\Pi) + TR\ln x_A$$

所以
$$\mu^*_{A,1}(T,p) = \mu^*_{A,1}(T,p+\Pi) + TR\ln x_A$$

因稀溶液中 $x_B$ 很小，故 $\ln x_A = \ln(1-x_B)$ 可作级数展开，并略去高次项

$$\ln x_A = \ln(1-x_B) = -x_B - \frac{1}{2}x_B - \frac{1}{3}x_B - \cdots \approx -x_B = -\frac{n_B}{n_A+n_B} \approx -\frac{n_B}{n_A}$$

因为 $\left(\frac{\partial \mu^*_{A,1}}{\partial p}\right)_T = V^*_{m,A}$，恒温下该式对 $p$ 作定积分，得

$$\mu^*_{A,1}(T,p+\Pi,x_A) - \mu^*_{A,1}(T,p) = \int_p^{p+\Pi} V^*_{m,A} \, \mathrm{d}p$$

由于液体的难压缩性，当压力变化不太大时，液体的摩尔体积可看作常数，因此

$$\mu^*_{A,1}(T,p+\Pi,x_A) - \mu^*_{A,1}(T,p) \approx V^*_{m,A}(p+\Pi-p) = V^*_{m,A}\Pi$$

将上式及级数展开式代入化学势表达式，并整理得

$$n_B RT = n_A V^*_{m,A} \Pi$$

对稀溶液，溶液的体积 $V \approx n_A V^*_{m,A}$，故有

$$\Pi V = n_B RT \tag{4.77}$$

或

$$\Pi = c_B RT \tag{4.78}$$

式中，$\Pi$ 是溶液的渗透压，Pa；$c_B$ 是溶液的浓度，mol·m$^{-3}$；$T$ 是热力学温度，K。1886 年，荷兰物理学家范特霍夫（van't Hoff）根据实验结果总结得到此公式，称为范特霍夫渗透压公式。

通过测定溶液的渗透压，可以计算溶质的相对分子质量，尤其是测定生物大分子的相对分子质量。

渗透作用在植物的生理活动中有着非常重要的意义。细胞膜是一种很容易透水，几乎不能透过溶解于细胞液中物质的薄膜。水进入细胞中产生相当大的压力，能使细胞膨胀，这就是植物茎、叶、花瓣等具有一定弹性的原因。它使植物能够远远地伸出它的枝叶，更好地吸收二氧化碳并接受阳光。另外，植物吸收水分和养料也是通过渗透作用，一般植物细胞汁液的渗透压约可达 2000kPa，所以水分可以从植物的根部上送到数十米高的顶端。同时，只有当土壤溶液的渗透压低于植物细胞溶液的渗透压时，植物才能不断地吸收水分和养料，促使本身生长发育；反之，植物就可能枯萎。如在根部施肥过多，会造成植物细胞脱水而枯萎。

渗透作用在动物生理上同样具有重要意义。人和动物体内的血液都要维持等渗关系，因此在向人体内血管输液时，应输入等渗溶液，如果输入高渗溶液，则红细胞中水分外渗，使之产生皱缩；如果输入低渗溶液，水自外渗入红细胞使其膨胀甚至破裂，产生溶血现象。淡水鱼不能在海洋中生活，反之亦然。

应该指出的是，稀溶液的依数性定律不适用于浓溶液和电解质溶液。浓溶液中溶质浓度大，溶质粒子之间的相互影响大为增加，使简单的依数性的定量关系不再适用。电解质溶液的蒸气压、沸点、凝固点和渗透压的变化要比相同浓度的非电解质都大，这是因为电解质在溶液中会解离产生正负离子，因此其总的粒子数大大增加，此时稀溶液的依数性取决于溶质分子、离子的总组成，稀溶液通性所指定的定量关系需要进一步修正。

**【例 4.5】** 293K 时，将 1.00g 血红素溶于水中，配制成 100mL 溶液，测得其渗透压为 366Pa，求血红素的相对分子质量。

解：根据范特霍夫渗透压公式，对稀溶液，$\Pi V = \dfrac{b_B}{M_B}RT$

$$M_B = \dfrac{b_B RT}{\Pi V} = \left(\dfrac{\dfrac{1.00}{100} \times 10^3 \times 8.314 \times 293}{366 \times 100 \times 10^{-3}}\right) \text{g} \cdot \text{mol}^{-1} = 6.66 \times 10^4 \text{g} \cdot \text{mol}^{-1}$$

血红素的相对分子质量为 $6.66 \times 10^4$。

### 4.8.5 分配定律

实验表明：在恒温、恒压下，若物质 B 以同一形态溶解于两个同时存在但互不相溶的液体相中，达到平衡后，该物质在两相中的浓度之比有定值，这就是能斯特（Nernst W H）分配定律。用公式表示为

$$K = \dfrac{b_B(\alpha)}{b_B(\beta)} \tag{4.79}$$

或者

$$K_c = \dfrac{c_B(\alpha)}{c_B(\beta)} \tag{4.80}$$

式中，$b_B(\alpha)$，$c_B(\alpha)$，$b_B(\beta)$，$c_B(\beta)$ 分别为溶质 B 两相中的浓度；$K$ 称为分配系数，与温度、压力、溶质的性质及两种溶剂的性质有关。分配定律最早是由经验总结出来的。当两相中的浓度不大时，该式能很好地与实验结果相符。这个经验定律也可以从热力学得到证明，这里不再阐述。

应用分配定律时应注意，如果溶质在任一溶剂中有缔合或解离现象，则分配定律仅能适用于溶质在溶剂中分子形态相同的部分。

在实际应用中有许多涉及从两平衡液相分离出某物质的过程、例如有机萃取等。分配定律为这些分离过程奠定了理论基础。萃取在物质及材料、工业废水的提取、分离、净化等过程中有广泛的应用。工业过程中总是期望用适量的萃取剂，获得最大的萃取效率。分配定律为提高萃取效率提供了理论指导。

设体积为 $V_A(\text{dm}^3)$ 的水（A）溶液含有某溶质 B 的质量为 $m_0(\text{kg})$，现用体积为 $V_S$（$\text{dm}^3$）的萃取剂（S）进行萃取。设第一次萃取后水溶液相中余下 $m_1(\text{kg})$ 的溶质，按分配定律，有：

$$K = \dfrac{c_{B,S}}{c_{B,A}} = \dfrac{\dfrac{(m_0 - m_1)/M_B}{V_S}}{\dfrac{m_1/M_B}{V_A}}$$

式中，$M_B$ 为溶质的摩尔质量。整理上式得：

$$m_1 = m_0 \dfrac{V_A}{KV_S + V_A}$$

若第二次再用 $V_S$（$\text{dm}^3$）的新萃取剂萃取，余下 $m_2(\text{kg})$ 的溶质留在水溶液相中，则

$$m_2 = m_1 \dfrac{V_A}{KV_S + V_A} = m_0 \left(\dfrac{V_A}{KV_S + V_A}\right)^2$$

依次类推，若每次均用 $V_S(\text{dm}^3)$ 的新萃取剂萃取，经过 $n$ 次萃取后，水溶液相中剩余的溶质为 $m_n(\text{kg})$，则：

$$m_n = m_0 \left(\frac{V_A}{KV_S + V_A}\right)^n \quad (4.81)$$

显然，$m_n$ 小，且所用萃取剂也少，萃取效果就好。由上式可见，分配系数 $K$ 越大越好，因此应选择 $K$ 大的萃取剂；$V_S/V_A$ 越大越好，但大量使用萃取剂经济上不合算。同时，还可以看出、若用一定量的萃取剂分几次萃取，比用同量萃取剂一次萃取的效率要高得多。假设将 $nV_S$（dm³）的有机相进行一次性萃取，则余下溶质 $m'$（kg）为：

$$m' = m_0 \frac{V_A}{nKV_S + V_A}$$

比较式 $m_n$ 和 $m'$ 可知，$m_n < m'$，因此，"少量多次"萃取是提高萃取效率的有效途径。

## 4.9　真实溶液中任一组分的化学势

### 4.9.1　真实溶液及其特点

真实溶液有稀溶液和浓溶液（非稀溶液）之别。这里所讲的真实溶液实际上就是指浓溶液。对于真实溶液，由于组分分子之间存在相互作用力，不符合理想溶液规律。真实溶液各组分既对拉乌尔定律有偏差，也对亨利定律有偏差。这种偏差要么是正偏差，要么是负偏差，也有可能在这一浓度范围内产生正偏差，而在另一浓度范围内产生负偏差。对拉乌尔定律产生正偏差是指实验测定的溶液的蒸气压大于按照拉乌尔定律计算的结果，如 Fe-Cu 系统，负偏差则是蒸气压小于按照拉乌尔定律计算的结果，如 Fe-Ni 系统，对亨利定律的偏差也类似。产生偏差的原因主要有分子间作用力发生变化、分子发生解离或者分子间发生缔合作用。

上面几节中讨论了理想液态混合物、理想稀溶液中各组分的化学势与浓度关系的表达式，它们具有简单的形式。如同在真实气体中引入逸度和逸度因子来修正其对理想气体的偏差，对真实溶液也通过引入活度和活度因子来修正其对理想稀溶液的偏差。

### 4.9.2　真实溶液中任一组分的化学势

为了让真实溶液中某组分 B 的化学势表达式具有与理想溶液或稀溶液的相类似的形式，路易斯（Lewis）仿照气体逸度的概念，提出了相对活度（简称活度）的概念，也就是说，提出活度概念是为了修正真实溶液中某组分 B 的化学势对理想溶液或稀溶液的偏差，本质就是依照拉乌尔定律或亨利定律进行修正。在理想溶液中无溶剂和溶质之分，任一组分 B 的化学势表示为：

$$\mu_B = \mu_B^*(T,p) + RT\ln x_B$$

对于实际溶液，拉乌尔定律已不适用，需要对浓度进行修正。如果 $x_B$ 用 $\gamma_B x_B$ 代替，令 $a_B = \gamma_B x_B$，于是真实溶液中某组分 B 的化学势为：

$$\mu_B = \mu_B^*(T,p) + RT\ln a_B \quad (4.82)$$

式中，$a_B$ 称为组分 B 的活度。

$\gamma_B$ 称为组分 B 的活度因子，也称为活度系数，它表示在真实溶液中组分 B 的浓度与理想溶液浓度的偏差，因此，活度又俗称为校正浓度。活度因子实际上是对拉乌尔定律的偏差系数。活度和活度因子均是量纲为 1 的量。可见，活度的定义包括两个部分：活度及活度因子的定义，活度及活度因子参考态的选择。如果依照拉乌尔定律进行修正，求算真实溶液的某组分 B 的活度，参考态就选择其纯组分 B 的本身状态。

有了活度概念，将理想溶液的一切热力学公式中的浓度项改为活度便可以形式不变地用于真实溶液．这就是引进活度概念的优点．

依照亨利定律校正真实溶液的浓度。此时溶质的化学势可表示为：

$$\mu_B = \mu_B^*(T,p) + RT\ln a_B \tag{4.83}$$

因为稀溶液溶质的浓度有不同的表示方法，所以真实溶液的溶质化学势的表达式也有不同的形式。对真实溶液中的溶质，若依照亨利定律为基准校正真实溶液的浓度，求算真实溶液中某组分B的活度时，其参考态的选择也有不同。

$$\mu_B = \mu_{B,b}^*(T,p) + RT\ln a_{B,b} = \mu_{B,b}^*(T,p) + RT\ln \frac{\gamma_{B,b} b_B}{b^\ominus} \tag{4.84}$$

其中

$$\gamma_{B,b} = \frac{a_B}{b_B/b^\ominus}, \quad \text{且} \lim_{b_B \to 0}(\gamma_{B,b}) = 1 \tag{4.85}$$

上式表明活度的参考态是 $b_B = b^\ominus = 1\text{mol}\cdot\text{kg}^{-1}$ 时仍能服从亨利定律的假想状态，既要求 $b_B = b^\ominus = 1\text{mol}\cdot\text{kg}^{-1}$，又要求 $\gamma_{B,b} = 1$。这与相应的化学势的标准态相同，而实际上活度因子 $\gamma_{B,b}$ 的参考态应该是 $b_B \to 0$ 的状态，也就是无限稀薄溶液的状态。

当用其它浓度表达方式定义真实溶液中溶质的活度时，有相似的结果，这里不再阐述，请同学们自行推导。

总之，对于真实溶液，引入活度的概念后，其化学势仍保留稀溶液化学势的形式。因此，对于同一溶液中的物质B，若选用不同的浓度单位，便应该选用不同的参考态来求算其活度，选用不同标准状态来确定其化学势。但是，绝不会因为采用不同的浓度单位，选用不同的标准状态而得出不同的化学势。活度及活度因子都是量纲为1的量，是针对真实溶液中某组分而言的，但它们都是系统的强度性质，是与系统的温度、压力、组成有关的函数。

# 习 题

拓展例题

**一、判断题**（正确的画"√"，错误的画"×"）

1. 化学势是广度性质的量，只有广度性质才有偏摩尔量，偏摩尔量都是状态函数。（   ）
2. 任何一个偏摩尔量均是温度、压力和组成的函数。（   ）
3. 用化学势作为判据，可以解决相变化及化学变化的方向和限度。（   ）
4. 若溶液中溶质服从亨利定律，则溶剂必服从拉乌尔定律。（   ）
5. 理想气体混合物中任意组分B的逸度等于其分压力 $p_B$。（   ）
6. 自然界中，风总是从化学势高的地域吹向化学势低的地域。（   ）
7. 在相同温度和压力下，稀溶液的渗透压仅与溶液中溶质的浓度有关而与溶质的性质无关，因此，同为 $0.01\text{mol}\cdot\text{kg}^{-1}$ 的葡萄糖水溶液与食盐水溶液的渗透压相同。（   ）
8. 因为溶入了溶质，故溶液的凝固点一定低于纯溶剂的凝固点。（   ）
9. 纯物质的熔点一定随压力升高而增加，蒸气压一定随温度的增加而增加，沸点一定随压力的升高而升高。（   ）
10. 在同一溶液中，若标准态规定不同，则其相应的相对活度也就不同。（   ）

## 二、选择题

1. 下列各式中，哪个是化学势（　　）。

   A. $\left(\dfrac{\partial G}{\partial n_i}\right)_{T,V,n_j}$　　B. $\left(\dfrac{\partial G}{\partial n_i}\right)_{T,p,n_j}$　　C. $\left(\dfrac{\partial U}{\partial n_i}\right)_{T,p,n_j}$　　D. $\left(\dfrac{\partial H}{\partial T}\right)_{p,V,n_j}$

2. $n$ mol A 与 $n$ mol B 组成的溶液，体积为 $0.65\text{dm}^3$，当 $x_B=0.8$ 时，A 的偏摩尔体积 $V_A=0.090\text{dm}^3\cdot\text{mol}^{-1}$，那么 B 的偏摩尔体积 $V_B$ 为（　　）。

   A. $0.140\text{dm}^3\cdot\text{mol}^{-1}$　　　　　　B. $0.072\text{dm}^3\cdot\text{mol}^{-1}$

   C. $0.028\text{dm}^3\cdot\text{mol}^{-1}$　　　　　　D. $0.010\text{dm}^3\cdot\text{mol}^{-1}$

3. 25℃时，A 与 B 两种气体的亨利常数关系为 $k_A>k_B$，将 A 与 B 同时溶解在某溶剂中达到溶解平衡，若气相中 A 与 B 的平衡分压相同，那么溶液中的 A、B 的浓度为（　　）。

   A. $m_A<m_B$　　B. $m_A>m_B$　　C. $m_A=m_B$　　D. 无法确定

4. 下列气体溶于水溶剂中，哪个气体不能用亨利定律（　　）。

   A. $N_2$　　　　B. $O_2$　　　　C. $NO_2$　　　　D. $CO$

5. 在恒温密封容器中有 A、B 两杯稀盐水溶液，盐的浓度分别为 $c_A$ 和 $c_B$（$c_A>c_B$），放置足够长的时间后（　　）。

   A. A 杯盐的浓度降低，B 杯盐的浓度增加　　B. A 杯液体量减少，B 杯液体量增加

   C. A 杯盐的浓度增加，B 杯盐的浓度降低　　D. A、B 两杯中盐的浓度会同时增大

6. 挥发性溶质溶于溶剂形成的稀溶液，溶液的沸点会（　　）。

   A. 降低

   B. 升高

   C. 不变

   D. 可能升高或降低

7. 冬季建筑施工时，为了保证施工质量，常在浇筑混凝土时加入盐类，为达到上述目的，现有下列几种盐，你认为用哪一种效果比较理想？（　　）

   A. NaCl　　　B. $NH_4Cl$　　　C. $CaCl_2$　　　D. KCl

8. 盐碱地的农作物长势不良，甚至枯萎，其主要原因是（　　）。

   A. 天气太热　　B. 很少下雨　　C. 肥料不足　　D. 水分倒流

9. 关于偏摩尔量，下面的说法中正确的是（　　）。

   A. 偏摩尔量的绝对值都可以求算　　　　B. 系统的容量性质才有偏摩尔量

   C. 同一系统的各个偏摩尔量之间彼此无关　　D. 没有热力学过程就没有偏摩尔量

10. 关于偏摩尔量，下面说法中不正确的是（　　）。

    A. 摩尔量是状态函数，其值与物质的数量无关

    B. 系统的强度性质无偏摩尔量

    C. 纯物质的偏摩尔量等于它的摩尔量

    D. 偏摩尔量的数值只能为正数或零

11. 在 298K，$p$ 下，苯和甲苯形成理想液体混合物，第一份溶液体积为 $2\text{dm}^3$，苯的物质的量为 $0.25\text{mol}$，苯的化学势为 $\mu_1$，第二份溶液体积为 $1\text{dm}^3$，苯的物质的量为 $0.5\text{mol}$，苯的化学势为 $\mu_2$，则（　　）。

    A. $\mu_1>\mu_2$　　B. $\mu_1<\mu_2$　　C. $\mu_1=\mu_2$　　D. 不确定

12. 自然界中，有的高大树种可以长到 100m 以上，其能够从地表供给树冠养料和水分的主要动力是（　　）。

    A. 因外界大气压引起的树干内导管的空吸作用

B. 树干中微导管的毛细作用

C. 树内体液含盐浓度大,渗透压高

D. 水蒸气有自动上升的趋势

13. 两只各装有 1kg 水的烧杯,一只溶有 0.01mol 蔗糖,另一只溶有 0.01mol NaCl,按同样速度降温冷却,则(　　)。

　　A. 溶有蔗糖的杯子先结冰　　　　　　B. 两杯同时结冰

　　C. 溶有 NaCl 的杯子先结冰　　　　　　D. 视外压而定

14. 重结晶制取纯盐的过程中让 NaCl 固体缓慢析出,则析出的 NaCl 固体的化学势与母液中 NaCl 的化学势比较,高低如何?(　　)

　　A. 高　　　　　B. 低　　　　　C. 相等　　　　　D. 不可比较

15. 下述各方法中,哪一种对于消灭蚂蟥比较有效?(　　)

　　A. 用手拍　　　　　　　　　　　　B. 用刀切成几段

　　C. 扔到岸边晾晒　　　　　　　　　D. 扔到岸上向其身体撒盐

### 三、填空题

1. 下列各种状态水的化学势,(1) 298.15K,100kPa,0.05mol·dm$^{-3}$ 乙醇的水溶液,$\mu_1$;(2) 298.15K,100kPa,0.01mol·dm$^{-3}$ 乙醇的水溶液,$\mu_2$;(3) 298.15K,100kPa,纯水,$\mu_3$。按由高到低的顺序排列为 $\mu_1$____$\mu_2$____$\mu_3$。

2. A 和 B 形成理想溶液,已知 373K 时纯 A 的蒸气压为 133.32kPa,纯 B 的蒸气压为 66.66kPa,平衡时的气相中 A 的物质的量分数为 2/3 时,则溶液中 A 的物质的量分数为____。

3. 在 298.15K,101.325kPa 时某溶液中溶剂 A 的蒸气压为 $p_A$,化学势为 $\mu_A$,凝固点为 $T_A$,与纯溶剂的 $p_A^*$,$\mu_A^*$,$T_A^*$ 相比有,$p_A^*$____$p_A$,$\mu_A^*$____$\mu_A$,$T_A^*$____$T_A$(填 >,<,=)。

4. 某液体在温度为 $T$ 时的饱和蒸气压为 11732Pa,当 0.2mol 的非挥发性溶质溶入 0.8mol 的该液体中而形成溶液时。溶液的蒸气压为 5533Pa,假设蒸气可视为理想气体,则在该溶液中溶剂的活度系数是____。

5. 写出理想液态混合物任意组分 B 的化学势表达式____。

6. 氧气和乙炔气溶于水中的亨利系数分别是 $7.20×10^7$Pa·kg·mol$^{-1}$ 和 $1.33×10^8$Pa·kg·mol$^{-1}$。由亨利定律知,相同条件下____在水中的溶解度大于____在水中的溶解度。

7. 已知 373K 时,液体 A 的饱和蒸气压为 $1×10^5$Pa,液体 B 的饱和蒸气压为 $0.5×10^5$Pa,设 A 和 B 构成理想液态混合物。则当 A 在溶液中的物质的量分数为 0.5 时,气相中 A 的物质的量分数为____。

8. 在恒温、恒压下,理想液态混合物混合过程的 $\Delta_{mix}V=$____,$\Delta_{mix}H=$____,$\Delta_{mix}S=$____,$\Delta_{mix}G=$____,$\Delta_{mix}U=$____,$\Delta_{mix}A=$____。

9. 在 101.325kPa 的大气压力下,将蔗糖在水中的稀溶液缓慢地降温,首先析出的为纯冰。相对于纯水而言,加入蔗糖将会出现:蒸气压____;沸点____;凝固点____。

10. 已知二组分溶液中溶剂 A 的摩尔质量为 $M_A$,溶质 B 的质量摩尔浓度为 $b_B$,则 B 的物质的量分数 $x_B$ 为____。

11. 在恒温恒压下,一切相变化必然是朝着化学势____的方向自动进行。

12. 写出理想气体混合物中任意组分B的化学势表达式_____。

13. 1mol理想气体在$T_1$，$p_1$时的化学势为$\mu_1$，标准态化学势为$\mu_1^\ominus$。在$T_1$，$p_2$时的化学势为$\mu_2$，标准态化学势为$\mu_2^\ominus$。已知$p_2>p_1$，则$\mu_2$_____$\mu_1$，$\mu_2^\ominus$_____$\mu_1^\ominus$。

14. 封闭体系恒温条件下发生一不可逆过程的热力学判据为_____，达到热力学平衡时的热力学判据为_____。

15. 298.15K时将压力为$p^\ominus$、1mol气态$NH_3$溶解到大量组成为$NH_3:H_2O=1:21$的溶液中，已知此溶液上方$NH_3$的蒸气分压为3600Pa，则该转移过程的$\Delta G=$_____。

## 四、计算题

1. D-果糖$C_6H_{12}O_6$（B）溶于水（A）中形成的某溶液，质量分数$w_B=0.095$，此溶液在20℃时的密度$\rho=1.0365 mg\cdot m^{-3}$。求此果糖溶液的（1）物质的量分数；（2）物质的量浓度；（3）质量摩尔浓度。

2. 在25℃、1kg水（A）溶解有醋酸（B），当醋酸的质量摩尔浓度$b_B$介于$0.16 mol\cdot kg^{-1}$和$2.5 mol\cdot kg^{-1}$之间时，溶液的总体积$V/cm^3=1002.935+51.832\times(b_B/mol\cdot kg^{-1})+0.1394(b_B/mol\cdot kg^{-1})^2$。求$b_B=1.5 mol\cdot kg^{-1}$时水和醋酸的偏摩尔体积。

3. 60℃时甲醇的饱和蒸气压是83.4kPa，乙醇的饱和蒸气压是47.0kPa。二者可形成理想液态混合物，若混合物的组成为质量百分数各50%，求60℃时此混合物的平衡蒸气的组成，以物质的量分数表示。

4. 80℃时纯苯的蒸气压为100kPa，纯甲苯的蒸气压为38.7kPa。两液体可形成理想液态混合物。若有苯-甲苯的气-液平衡混合物，80℃时气相中苯的物质的量分数$y_{苯}=0.30$，求液相的组成。

5. 20℃下HCl溶于苯中达平衡，气相中HCl的分压为101.325kPa时，溶液中HCl的物质的量分数为0.0425，已知20℃时苯的饱和蒸气压为10.0kPa。若20℃时HCl和苯蒸气总压为101.325kPa，求100g苯中溶解了多少HCl。

6. A、B两液体能形成理想液态混合物。已知在温度$t$时纯A的饱和蒸气压$p_A^*=400kPa$，纯B的饱和蒸气压$p_B^*=120kPa$。（1）在温度$t$下，于气缸中将组成为$y(A)=0.4$的A、B混合气体恒温缓慢压缩，求凝结出第一滴微小液滴时的总压及该液滴的组成（物质的量分数）为多少？（2）若将A、B两液体混合，并使此混合物在100kPa、温度$t$下开始沸腾，求该液态混合物的组成及沸腾时饱和蒸气的组成（物质的量分数）？

7. 25℃下，由各为1mol的A和B混合形成理想液态混合物，试求混合过程的$\Delta V$、$\Delta H$、$\Delta S$及$\Delta G$。

8. 苯与甲苯的混合液可视为理想液态混合物，今有一混合物组成为$x(苯)=0.3$、$x(甲苯)=0.7$，求在25℃、100kPa下1mol该混合物的标准熵、标准生成焓及标准吉布斯函数，所需25℃的热力学数据如下表所示

| 物质 | $\Delta_f H_m^\ominus/kJ\cdot mol^{-1}$ | $\Delta_f G_m^\ominus/kJ\cdot mol^{-1}$ | $S_m^\ominus/J\cdot K\cdot mol^{-1}$ |
|---|---|---|---|
| $C_6H_6(l)$ | 48.66 | 123.0 | 172.80 |
| $C_6H_5CH_3(l)$ | 12 | 114.15 | 219.58 |

9. 液体B与液体C形成理想液态混合物。在常压及25℃下，向总量$n=10mol$，组成$x_C=0.4$的B，C液态混合物中加入14mol的纯液体C，形成新的混合物。求过程的$\Delta G$、$\Delta S$。

10. 20℃某有机酸在水和乙醚中的分配系数为 0.4。今有该有机酸 5g 溶于 100cm³ 水中形成的溶液。（1）若用 40cm³ 乙醚一次萃取（所用乙醚已事先被水饱和，因此萃取不会溶于乙醚），求水中还剩下多少有机酸？（2）将 40cm³ 乙醚分为两份，每次用 20cm³ 乙醚萃取，连续萃取两次，问水中还剩下多少有机酸？

11. 25g $CCl_4$ 中溶有 0.5455g 某溶质，与此溶液成平衡的 $CCl_4$ 蒸气分压为 11.1888kPa，而在同一温度时，纯 $CCl_4$ 的饱和蒸气压为 11.4008kPa。（1）求此溶质的相对摩尔质量。（2）根据元素分析结果确定溶质的化学式，已知溶质中含 C、H 的质量分数分别为 94.34％，5.66％。

12. 10g 葡萄糖（$C_6H_{12}O_6$）溶于 400g 中，溶液的沸点较纯乙醇的上升 0.1428℃，另外有 2g 有机物溶于 100g 乙醇中，此溶液的沸点上升 0.1250℃，求此有机物的相对摩尔质量。

13. 在 100g 苯中加入 13.76g 联苯（$C_6H_5C_6H_5$），所形成溶液的沸点为 82.4℃。已知纯苯的沸点为 80.1℃。求：（1）沸点升高常数；（2）苯的摩尔蒸发热。

14. 已知樟脑（$C_{10}H_{15}O$）的凝固点降低常数 $K_f = 40 K \cdot mol^{-1} \cdot kg$。（1）某一溶质相对摩尔质量为 210，溶于樟脑形成质量百分数 5％的溶液，求凝固点降低多少？（2）另一溶质相对摩尔质量为 9000，溶于樟脑形成质量百分数 5％的溶液，求凝固点降低多少？

15. 现有蔗糖（$C_{12}H_{22}O_{11}$）溶于水形成某一浓度的稀溶液，其凝固点为 $-0.200$℃，计算此溶液在 25℃时的蒸气压。已知水的 $K_f = 1.86 K \cdot mol^{-1} \cdot kg$，纯水在 25℃时的蒸气压为 $p^*_{H_2O} = 3.617 kPa$。

16. 在 25℃时，10g 某溶质溶于 $1dm^3$ 溶剂中，测出该溶液的渗透压 $\Pi = 0.400 kPa$。确定该溶质的相对摩尔质量。

17. 在 20℃下将 68.4g 蔗糖（$C_{12}H_{22}O_{11}$）溶于 1kg 水中。求：（1）此溶液的蒸气压；（2）计算该溶液的渗透压。已知 20℃下此溶液的密度为 $1.024 g \cdot cm^{-3}$，纯水的饱和蒸气压 $p^*_{H_2O} = 2.339 kPa$。

18. 在某一温度下，将碘溶解于 $CCl_4$ 中。当碘的物质的量分数 $x_{I_2}$ 在 0.01～0.04 范围内时，此溶液符合稀溶液规律。今测得平衡时气相中碘的蒸气压为 1.638kPa 时，液相中的碘的物质的量分数为 0.03，碘的蒸气压为 16.72kPa 时，液相中碘的物质的量分数为 0.50。求 $x_{I_2} = 0.5$ 时，溶液中碘的活度 $a_{I_2}$ 及活度系数 $\gamma_{I_2}$。

习题解答

内容提要

# 第 5 章 化学平衡

化学平衡是化学科学所讨论的中心问题之一，它对于实际生产过程有很大的指导意义。在实际生产中，不仅要知道反应进行的条件，而且要知道在该条件下反应可能进行到什么程度，进一步提高产量需采取哪些措施。几乎所有的化学反应都是既可以向正向进行，又可以向逆向进行的。在一定温度、压力、浓度等条件下，当正、逆两个方向的反应速率相等时，系统就达到平衡状态。处于化学平衡的体系，只要外界条件不变，平衡就不会移动，但是外界条件一经改变，平衡状态就要发生改变。任何反应总是向着平衡状态变化，达到了平衡态，反应就达到了限度，反应物和产物的浓度或分压力就不再随时间而改变。在实际生产中，总希望一定数量的原料能转化为更多的产物。在给定的条件下，反应的最高产率是多少？此产率随外部条件如何变化？这是工业生产中的重要问题，尤其是开发新产品时需要解决的问题。因此，研究化学平衡的规律有着重要的意义。

本章主要运用化学热力学的知识来研究化学平衡遵循的规律，同时介绍化学平衡常数的测定和计算方法、探讨常见外部因素对化学平衡的影响。本章涉及的化学反应体系均指不做非体积功的封闭系统。

## 5.1 化学反应的方向和限度

在实际生产中设计一个新的化学反应时，我们都要考虑：在给定的外界条件下，这个化学反应能否进行？如果可以进行，理论上可获得的最大产率是多少？这些问题归根到底都是化学平衡的问题，前者说的是化学反应的方向，后者说的是化学反应的限度。只有解决这两个问题，才能设计出合理高效的生产工艺，最大限度地获得需要的产品，避免浪费。而要解决这两个问题，就要依赖于经典热力学基本原理。

### 5.1.1 化学反应的方向和限度

化学反应通常是多相多组分系统，因此在使用热力学函数判据来判断反应过程的方向和限度时，需要使用偏摩尔量来进行有关计算，而吉布斯函数的偏摩尔量就是化学势。

对于任意化学反应 $0 = \sum_B \nu_B B$，随着反应的进行，各组分物质的组成均发生变化，系

统的吉布斯函数也随之改变。根据多组分系统热力学基本方程

$$dG = -SdT + Vdp + \sum_B \mu_B dn_B$$

在恒温恒压、不做非体积功的条件下，有

$$dG = \sum_B \mu_B dn_B$$

将反应进度 $d\xi = \dfrac{dn_B}{\nu_B}$ 引入上式，得

$$dG = \sum_B \mu_B dn_B = \sum_B \nu_B \mu_B d\xi$$

将上式两边同时除以 $d\xi$，得

$$\left(\dfrac{dG}{d\xi}\right)_{T,p} = \sum_B \nu_B \mu_B = \Delta_r G_m \tag{5.1}$$

式中，$\left(\dfrac{dG}{d\xi}\right)_{T,p}$ 表示一定温度、压力和组成条件下，反应进行了 $d\xi$ 的反应进度折合成摩尔反应进度时所引起的系统吉布斯函数的改变量，称为摩尔反应吉布斯函数，用 $\Delta_r G_m$ 表示。为简便起见，以下将等温、等压下标略去不写，也不再重复说明不做非膨胀功这一限制条件。

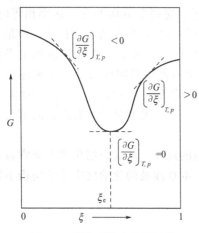

图 5.1 反应系统吉布斯函数随反应进度的变化

对于一个在等温、等压条件下进行的化学反应，以系统的吉布斯函数为纵坐标，反应进度为横坐标作图，反应系统的吉布斯函数随反应进度变化的曲线如图 5.1 所示。

由图可见，随着反应的进行，反应系统的吉布斯函数先减小，逐渐达到一个极小值，然后又随着反应进度的增加而增大。依据曲线所示，到达极小值之前，反应系统吉布斯函数随反应进度的变化率 $\left(\dfrac{dG}{d\xi}\right)_{T,p} < 0$，即反应的摩尔反应吉布斯函数 $\Delta_r G_m < 0$，表示反应可以自发地向正反应方向进行。反应进行到曲线的最低点时，反应系统吉布斯函数随反应进度的变化率 $\left(\dfrac{dG}{d\xi}\right)_{T,p} = 0$，即反应的摩尔反应吉布斯函数 $\Delta_r G_m = 0$，表示反应达到了可逆状态，反应处于平衡，正、逆反应的速率相等，此时反应进度为 $\xi_e$。在曲线最低点的右侧，即反应进度大于平衡反应进度，反应系统吉布斯函数随反应进度的变化率 $\left(\dfrac{dG}{d\xi}\right)_{T,p} > 0$，即反应的摩尔反应吉布斯函数 $\Delta_r G_m > 0$，表示反应不能正向自发进行，而逆向反应可以自发进行。从反应的吉布斯函数随反应进度的变化情况可见，所有的化学反应都不能进行彻底，在一定程度上都是可逆的。

综合以上分析，可得化学反应自发方向的判据：

(1) $\Delta_r G_m < 0$，即 $\left(\dfrac{dG}{d\xi}\right)_{T,p} < 0$，化学反应将正向自发进行；

(2) $\Delta_r G_m = 0$，即 $\left(\dfrac{dG}{d\xi}\right)_{T,p} = 0$，化学反应达到平衡；

(3) $\Delta_r G_m > 0$，即 $\left(\dfrac{dG}{d\xi}\right)_{T,p} > 0$，化学反应将逆向自发进行。

为了表达更方便，还可以将吉布斯函数随反应进度的变化率的绝对值定义为化学反应亲和势，以 $A$ 表示，来判定反应的方向和限度。

$$A = -\Delta_r G_m = -\left(\dfrac{dG}{d\xi}\right)_{T,p} = -\sum_B \nu_B \mu_B \tag{5.2}$$

化学反应亲和势亦成为化学反应净推动力，$A>0$ 化学反应将正向自发进行，$A<0$ 化学反应将逆向自发进行，$A=0$ 没有推动力，化学反应处于平衡状态。

### 5.1.2 化学反应等温方程

在多组分系统中，对于参与反应的物质中任意组分 B，最为普遍的化学势表达式为：

$$\mu_B = \mu_B^\ominus + RT\ln a_B$$

代入摩尔反应吉布斯函数表达式中，有

$$\begin{aligned}\Delta_r G_m &= \sum_B \nu_B \mu_B = \sum_B \nu_B \mu_B^\ominus + \sum_B \nu_B RT\ln a_B \\ &= \sum_B \nu_B \mu_B^\ominus + RT\ln a_B^{\sum_B \nu_B} \\ &= \sum_B \nu_B \mu_B^\ominus + RT\ln \prod_B a_B^{\nu_B} \end{aligned} \tag{5.3}$$

式中，$\sum_B \nu_B \mu_B^\ominus$ 表示产物和反应物均处于标准状态时，产物的吉布斯函数之和减去反应物的吉布斯函数之和的差值，即 $\Delta_r G_m^\ominus = \sum_B \nu_B \mu_B^\ominus$，称为标准摩尔反应吉布斯函数变。由于 $\mu_B^\ominus$ 仅是温度的函数，所以 $\Delta_r G_m^\ominus$ 也仅是温度的函数，温度一定，$\Delta_r G_m^\ominus$ 有定值。

定义

$$J_a = \prod_B a_B^{\nu_B} \tag{5.4}$$

上式称为反应的反应商，为反应处于任意指定反应进度时，参与反应的各物质的活度的幂函数积，由于使用的活度，也常称作活度商，则式(5.3)可写为：

$$\Delta_r G_m = \Delta_r G_m^\ominus + RT\ln J_a \tag{5.5}$$

上式即为著名的范特霍夫（Van't Hoff）化学反应等温方程。只要求温度 $T$ 下的 $\Delta_r G_m^\ominus$ 的值，并将参与反应的各物质活度代入，即可得到 $\Delta_r G_m$ 值，从而根据 $\Delta_r G_m$ 的正负判断化学反应自发进行的方向。对于指定反应系统，在一定温度下，$\Delta_r G_m^\ominus$ 值是确定的，但 $J_a$ 值是可以改变的，因此，可以通过改变反应物或生成物的活度来改变反应的趋势。

## 5.2 化学反应的标准平衡常数

### 5.2.1 标准平衡常数

在等温、等压不做非体积功的条件下，当化学反应达到平衡状态时，反应的摩尔吉布斯函数变 $\Delta_r G_m = 0$，代入化学反应等温方程式，可得

$$\Delta_r G_m = \sum_B \nu_B \mu_B^\ominus + RT\ln \prod_B a_B^{\nu_B} = 0$$

整理得

$$\Delta_r G_m^\ominus = \sum_B \nu_B \mu_B^\ominus = -RT \ln \prod_B a_B^{\nu_B}$$

这样

$$\exp\left(-\frac{\sum_B \nu_B \mu_B^\ominus}{RT}\right) = \prod_B a_B^{\nu_B} \tag{5.6}$$

令

$$K^\ominus = \prod_B a_{B,eq}^{\nu_B} \tag{5.7}$$

上式等号右边为反应平衡时反应的活度商，活度的下标"eq"表示此时系统处于平衡状态。由于 $K^\ominus$ 与标准态化学势相关，称为化学反应的标准平衡常数。上式为标准平衡常数的热力学定义式，它对任何化学反应都适用，只是根据各系统活度含义不同，$K^\ominus$ 的意义不同，它与参与反应的各组分物质的本性、温度以及标准态的选择有关。

在使用标准平衡常数时，应注意以下几点。

(1) 平衡常数表达式中各物质的活度，必须是反应达到平衡状态时的值。如果反应不是平衡态下求出的值，只能称为反应商，而不是标准平衡常数。

(2) 标准平衡常数 $K^\ominus$ 是量纲为 1 的量，它只是温度的函数，温度不变，$K^\ominus$ 为一定值，温度改变，$K^\ominus$ 改变。

(3) 如果反应中，有纯固态或纯液态物质参加反应，其活度定为 1，不必写入表达式。例如，下列反应中，气体看作理想气体，用分压力代替活度，纯水的活度就不出现在平衡常数表达式中。

$$O_2(g) + 2H_2(g) \Longrightarrow 2H_2O(l) \qquad K^\ominus = \frac{1}{\dfrac{p_{O_2}}{p^\ominus}\left(\dfrac{p_{H_2}}{p^\ominus}\right)^2}$$

(4) 平衡常数表达式与反应方程式的书写方式有关，表达平衡常数时，必须指明反应方程式。

例如，理想气体反应，$O_2(g) + 2H_2(g) \Longrightarrow 2H_2O(g)$ $\quad K_1^\ominus = \dfrac{\left(\dfrac{p_{H_2O}}{p^\ominus}\right)^2}{\dfrac{p_{O_2}}{p^\ominus}\left(\dfrac{p_{H_2}}{p^\ominus}\right)^2}$

$$\frac{1}{2}O_2(g) + H_2(g) \Longrightarrow H_2O(g) \quad K_2^\ominus = \frac{\left(\dfrac{p_{H_2O}}{p^\ominus}\right)}{\left(\dfrac{p_{O_2}}{p^\ominus}\right)^{\frac{1}{2}}\left(\dfrac{p_{H_2}}{p^\ominus}\right)}$$

可见，$K_2^\ominus = (K_1^\ominus)^{\frac{1}{2}}$

同时，由标准平衡常数的定义式和化学反应等温方程，可得

$$K^\ominus = \prod_B a_{B,eq}^{\nu_B} = \exp\left(-\frac{\sum_B \nu_B \mu_B^\ominus}{RT}\right) = \exp\left(-\frac{\Delta_r G_m^\ominus}{RT}\right) \tag{5.8}$$

所以

$$\Delta_r G_m^\ominus(T) = -RT \ln K^\ominus \tag{5.9}$$

上式将两个重要的物理量 $\Delta_r G_m^\ominus$ 和 $K^\ominus$ 联系起来，只要计算出 $\Delta_r G_m^\ominus$ 的值，就可以通过上式得到该温度下的标准平衡常数 $K^\ominus$，反之亦然。但是，值得注意的是，这两个物理量所处的状态完全不同。$\Delta_r G_m^\ominus$ 与反应物质的标准态化学势有关，其值是处于标准态时的数值，$K^\ominus$ 是化学反应处于平衡状态时各反应物质的活度商，是处于平衡状态的物理量。在计算时应特别注意二者的区别。

将标准平衡常数 $K^\ominus$ 和活度商 $J_a$ 引入范特霍夫化学反应等温方程，有：

$$\Delta_r G_m = -RT\ln K^\ominus + RT\ln J_a \tag{5.10}$$

上式也称为范特霍夫等温方程，该方程将化学反应过程中物质的量的关系与反应过程中系统的摩尔吉布斯函数的变化联系起来，具有重要的意义。

由上式同样可以判断等温、等压条件下化学反应的自发方向和限度：

(1) $K^\ominus > J_a$，则 $\Delta_r G_m < 0$，化学反应将正向自发进行；

(2) $K^\ominus = J_a$，则 $\Delta_r G_m = 0$，化学反应达到平衡；

(3) $K^\ominus < J_a$，则 $\Delta_r G_m > 0$，化学反应将逆向自发进行。

显然，要确定反应的方向与限度，最重要的是确定标准平衡常数 $K^\ominus$。虽然可以通过实验测定 $K^\ominus$，但是实验测定平衡时各物质的组成是有一定局限性的，因为要测定平衡时各物质的量必须先确定反应是否达到了平衡，若反应达到平衡，还要测定反应系统各组分的浓度。但可根据 $\Delta_r G_m^\ominus(T) = -RT\ln K^\ominus$，通过热力学函数求出 $\Delta_r G_m^\ominus$，即可求得再求得 $K^\ominus$。

在使用 $K^\ominus$ 和 $J_a$ 判断化学反应进行的方向和限度时，一定要注意计算反应物质活度商 $J_a$ 与参考态的选择和反应物质化学势表达式中标准态的选择有关。但是 $\Delta_r G_m$ 的数值大小与标准态的选择无关也与参考态的选择无关，因为参考态的使用同标准态的选择是对应的。

## 5.2.2 标准平衡常数的测定

当化学反应达到平衡时，系统内各物质的浓度不随时间而改变，测定了平衡系统中各物质的浓度和压力，就可以计算出化学反应的平衡常数。可由实验测定平衡系统各物质的浓度或压力，通常可采用物理法或化学法两类方法。

(1) 物理法

物理法是通过测定物质的物理性质（如颜色、电导率、折射率、吸收光谱、压力或体积改变等）来确定平衡体系的组成的方法。最好测定与浓度或压力呈线性关系的物理量。物理法测定迅速方便，通常不会扰乱系统的平衡状态，是目前常用的方法。

(2) 化学法

化学法是利用化学分析的方法来确定平衡系统的组成的方法。但是，测量时加入试剂往往会对反应平衡产生干扰，使得测定值并不是真实浓度。所以，通常要采用降温或稀释的方法先使平衡"冻结"，然后再进行测定。

(3) 判断反应系统是否已经达到平衡的几种方法

① 在外界条件不变的情况下，若反应系统已经达到平衡，则无论再经历多长时间，系统内各物质的浓度均不再改变。

② 从反应物开始正向进行反应，或是从生成物开始逆向进行反应，当反应达到平衡后，所得到的平衡常数应相等。

③ 任意改变参与反应各物质的初始浓度，达到反应平衡后所得的平衡常数相同。

第 5 章 化学平衡

## 5.3 不同反应系统平衡常数的表达

### 5.3.1 气相反应的标准平衡常数

(1) 理想气体反应的标准平衡常数

对于理想气体混合物反应系统，参与反应的任一组分 B 的化学势为

$$\mu_B = \mu_B^\ominus + RT \ln \frac{p_B}{p^\ominus}$$

这里 $a_B = \dfrac{p_B}{p^\ominus}$，结合标准平衡常数的定义式，对于任一化学反应，有

$$K^\ominus = \prod_B \left( \frac{p_{B,eq}}{p^\ominus} \right)^{\nu_B} \tag{5.11}$$

上式即为理想气体反应标准平衡常数的表达式，它是一个只取决于温度和物质本性的量纲为 1 的量。

实际应用中，对于理想气体混合物发生的化学反应，气体混合物的组成可以用不同的浓度标度方式来表达，因此除 $K^\ominus$ 之外，理想气体反应还常使用 $K_p$、$K_c$、$K_y$、$K_n$ 等相应的经验平衡常数来表达。注意经验平衡常数的量纲与 $K^\ominus$ 的量纲有所不同，由化学反应方程决定。

(2) 理想气体反应平衡常数的不同表示方法

理想气体混合物中某一组分的量可用分压 $p_B$、浓度 $c_B$、物质的量分数 $y_B$、物质的量 $n_B$ 等表示，为了计算方便，人们也经常用这些量来表示化学反应的平衡常数，如：

$$K_p = \prod_B (p_B)^{\nu_B} \tag{5.12}$$

$$K_c = \prod_B (c_B)^{\nu_B} \tag{5.13}$$

$$K_y = \prod_B (y_B)^{\nu_B} \tag{5.14}$$

$$K_n = \prod_B (n_B)^{\nu_B} \tag{5.15}$$

这四个经验平衡常数与 $K^\ominus$ 之间的关系为：

① $K^\ominus$ 与 $K_p$

$$K^\ominus = \prod_B \left( \frac{p_B}{p^\ominus} \right)^{\nu_B} = \prod_B (p_B)^{\nu_B} \prod_B \left( \frac{1}{p^\ominus} \right)^{\nu_B} = K_p \prod_B \left( \frac{1}{p^\ominus} \right)^{\nu_B}$$
$$= K_p (p^\ominus)^{-\sum_B \nu_B} \tag{5.16}$$

② $K^\ominus$ 与 $K_c$

对于理想气体，$p_B = \dfrac{n_B}{V} RT = c_B RT$，所以

$$K^\ominus = \prod_B \left( \frac{p_B}{p^\ominus} \right)^{\nu_B} = \prod_B (p_B)^{\nu_B} \prod_B \left( \frac{1}{p^\ominus} \right)^{\nu_B} = \prod_B (c_B RT)^{\nu_B} \prod_B \left( \frac{1}{p^\ominus} \right)^{\nu_B} = K_c \prod_B \left( \frac{RT}{p^\ominus} \right)^{\nu_B}$$
$$\tag{5.17}$$

$$= K_c \left(\frac{RT}{p^\ominus}\right)^{\sum\limits_B \nu_B}$$

③ $K^\ominus$ 与 $K_y$

根据分压定律，$p_B = y_B p$

$$K^\ominus = \prod_B \left(\frac{p_B}{p^\ominus}\right)^{\nu_B} = \prod_B (p_B)^{\nu_B} \prod_B \left(\frac{1}{p^\ominus}\right)^{\nu_B} = \prod_B (y_B p)^{\nu_B} \prod_B \left(\frac{1}{p^\ominus}\right)^{\nu_B} = K_y \prod_B \left(\frac{p}{p^\ominus}\right)^{\nu_B} \tag{5.18}$$

$$= K_y \left(\frac{p}{p^\ominus}\right)^{\sum\limits_B \nu_B}$$

④ $K^\ominus$ 与 $K_n$

根据分压定律，$p_B = y_B p = \dfrac{n_B}{\sum\limits_B n_B} p$

$$K^\ominus = \prod_B \left(\frac{p_B}{p^\ominus}\right)^{\nu_B} = \prod_B (p_B)^{\nu_B} \prod_B \left(\frac{1}{p^\ominus}\right)^{\nu_B} = \prod_B \left(\frac{n_B}{\sum\limits_B n_B} p\right)^{\nu_B} \prod_B \left(\frac{1}{p^\ominus}\right)^{\nu_B} \tag{5.19}$$

$$= K_n \prod_B \left(\frac{p}{p^\ominus \sum\limits_B n_B}\right)^{\nu_B} = K_n \left(\frac{p}{p^\ominus \sum\limits_B n_B}\right)^{\sum\limits_B \nu_B}$$

需要说明的是，上述平衡常数中，只有 $K^\ominus$ 是国际规定的标准平衡常数，是由热力学公式定义的，可以通过 $\Delta_r G_m^\ominus$ 计算得到，其它平衡常数不能直接由热力学函数计算得到，但是由于在分析讨论化学平衡的移动时比较方便而被经常使用。在这些平衡常数中，$K^\ominus$ 与 $K_p$ 只是温度的函数，在一定温度下为一常见；$K_y$ 和 $K_n$ 是温度和总压的函数，当温度一定时，他们会随总压的改变而改变；$K_n$ 还与系统中总的物质的量有关。不过当反应方程中气体物质的计量系数之和 $\sum\limits_B \nu_B = 0$ 时

$$K^\ominus = K_p = K_c = K_y = K_n$$

(3) 真实气体反应的标准平衡常数

对于真实气体混合物反应系统，只要将组分 B 的分压力用逸度代替就可得到相应的表达式。已知组分 B 的化学势为：

$$\mu_B = \mu_B^\ominus + RT \ln \frac{\widetilde{p}_B}{p^\ominus}$$

这里 $a_B = \dfrac{\widetilde{p}_B}{p^\ominus}$，结合标准平衡常数的定义式，对于任一化学反应，有

$$K^\ominus = \prod_B \left(\frac{\widetilde{p}_B}{p^\ominus}\right)^{\nu_B} \tag{5.20}$$

上式即为真实气体反应标准平衡常数的表达式，它是一个只取决于温度和物质本性的量纲为 1 的量。

同样，除 $K^\ominus$ 之外，真实气体反应还有用逸度表示的经验平衡常数 $K_f$，定义为：

$$K_f = \prod_B (\widetilde{p}_B)^{\nu_B} \tag{5.21}$$

比较 $K^\ominus$ 与 $K_f$，可得

$$K^{\ominus} = \prod_{B}\left(\frac{\tilde{p}_B}{p^{\ominus}}\right)^{\nu_B} = \prod_{B}(\tilde{p}_B)^{\nu_B}\prod_{B}\left(\frac{1}{p^{\ominus}}\right)^{\nu_B} = K_f(p^{\ominus})^{-\sum_{B}\nu_B} \tag{5.22}$$

对于真实气体化学反应，$K_f$ 也只是温度的函数，单位为 Pa，$\sum_{B}\nu_B$ 与压力的单位有关，$K_f$ 一般不是量纲为 1 的量，只有当 $\sum_{B}\nu_B = 0$ 时才是量纲为 1 的量。

### 5.3.2 液相反应的标准平衡常数

对于液态混合物反应系统，化学反应的反应物和生成物均为液体，反应系统是理想液态混合物。因此，系统中各组分可以同等对待，不用区分溶质和溶剂，则液相反应中组分 B 的化学势可表示为：

$$\mu_B = \mu_B^{\ominus} + RT\ln x_B$$

采用类似气体反应平衡常数的推导方法，可得理想液态混合物中反应的标准平衡常数表达式：

$$K^{\ominus} = \prod_{B}(x_B)^{\nu_B} \tag{5.23}$$

如果反应系统是非理想液态混合物，任意组分 B 对拉乌尔定律产生偏差，则应当用相应的活度 $a_B$ 代替物质的量分数 $x_B$ 来表示标准平衡常数：

$$K^{\ominus} = \prod_{B}(a_B)^{\nu_B} \tag{5.24}$$

如果参与溶液反应的一种或多种物质的量很少，且均溶于一种溶剂，并与溶剂构成稀溶液，同时假定反应体系中溶剂不参与反应，且可忽略压力对凝聚体系的影响，则可采用与第 4 章类似的方法推导稀溶液系统的标准平衡常数。当溶质的浓度标度方式采用质量摩尔浓度、物质的量浓度表示溶质的浓度时，标准平衡常数表达式分别为：

$$K^{\ominus} = \prod_{B}\left(\frac{b_B}{b^{\ominus}}\right)^{\nu_B} \tag{5.25}$$

$$K^{\ominus} = \prod_{B}\left(\frac{c_B}{c^{\ominus}}\right)^{\nu_B} \tag{5.26}$$

在两种不同的表达方式中，$K^{\ominus}$ 均只是温度的函数，量纲为 1。

对于非理想溶液反应的情况，则应当用相应的活度 $a_{b,B}$ 或 $a_{c,B}$ 代替 $b_B$ 和 $c_B$ 来表示标准平衡常数：

$$K^{\ominus} = \prod_{B}(a_{b,B})^{\nu_B} \tag{5.27}$$

$$K^{\ominus} = \prod_{B}(a_{c,B})^{\nu_B} \tag{5.28}$$

### 5.3.3 多相反应的标准平衡常数

对于既有固态或液态物质参与，又有气态物质参与的反应，化学反应主要发生在相与相的界面上，这类反应称作多相反应。由于多相反应中各物质处于不同的相态中，相应的标准态和活度也各不相同，因此在此类反应平衡常数的计算中，要特别注意标准态的选择和活度的计算。

多相反应的情况非常复杂，这里只讨论反应系统中除气体外，凝聚相均为互不相混的纯物质相，并忽略压力对凝聚相的影响，化学反应只在界面上进行，即只发生气体与纯固体或纯液体之间的化学反应。由于凝聚相的纯物质在通常温度下的摩尔体积小，在实际压力和标准压力下，凝聚相纯物质的化学势近似等于其标准态化学势，也就是说，凝聚相纯物质的活度可视作1。又假设气相为理想气体混合物，则这类多相反应的标准平衡常数只与气相物质的压力有关，反应的标准平衡常数表达式可简化为与理想气体反应的标准平衡常数表达式的形式一致，即：

$$K^{\ominus} = \prod_B \left(\frac{p_{B(g),eq}}{p^{\ominus}}\right)^{\nu_B} \tag{5.29}$$

式中，下标 B(g) 表示只对参与多相反应的气体求积。

例如，$Fe(s) + 2H^+(aq) == Fe^{2+}(aq) + H_2(g)$

$$K^{\ominus} = \frac{\dfrac{c_{Fe^{2+}}}{c^{\ominus}} \dfrac{p_{H_2}}{p^{\ominus}}}{\left(\dfrac{c_{H^+}}{c^{\ominus}}\right)^2}$$

再如，$CaCO_3(s) == CaO(s) + CO_2(g)$

$$\Delta_r G_m = \sum_B \nu_B \mu_B^{\ominus} + RT \ln \prod_B \frac{p_{CO_2}}{p^{\ominus}} = \Delta_r G_m^{\ominus} + RT \ln \prod_B \frac{p_{CO_2}}{p^{\ominus}}$$

当化学反应达到平衡时，$\Delta_r G_m = 0$，所以

$$\Delta_r G_m^{\ominus} = -RT \ln \prod_B \frac{p_{CO_2}}{p^{\ominus}} = -RT \ln K^{\ominus}$$

即

$$K^{\ominus} = \frac{p_{CO_2}}{p^{\ominus}}$$

由上式可知，此类多相化学反应的标准平衡常数与凝聚相纯物质无关，只与气相物质的平衡压力有关。反应的标准平衡常数等于平衡时 $CO_2$ 的分压与标准压力的比值；亦即在一定温度时，不论 $CaCO_3$ 和 $CaO$ 的数量有多少，平衡时 $CO_2$ 的分压总是定值。在指定温度下，通常将平衡时 $CO_2$ 的分压力称为 $CaCO_3$ 分解反应的"分解压力"，将此压力等于环境压力时的反应温度称为分解温度。

实际应用中，可根据分解压来衡量物质的稳定性，判断分解反应是否能够自发进行。同样以碳酸钙分解反应为例，如果反应系统中 $CO_2$ 的分压小于指定温度下的分解压，则分解反应可自发进行；反之，则不能进行分解反应。

如果分解产物中不止一种气体，则该物质的分解压力应为气体产物的总压力。

## 5.4 平衡常数与平衡组成的计算

### 5.4.1 平衡常数的计算

虽然可以通过物理或化学的方法来测定反应的平衡常数，但这种实验测定的方法通常具有一定的局限性，有些甚至无法直接测定，这时就有必要寻求化学反应平衡常数的计算方法。

根据标准平衡常数与化学反应的标准摩尔吉布斯函数变之间的关系式：

$$\Delta_r G_m^\ominus = -RT\ln K^\ominus$$

可知,可以通过计算化学反应的标准摩尔反应吉布斯函数来计算标准平衡常数。计算标准摩尔反应吉布斯函数的方法主要有以下几种。

(1) 利用标准摩尔生成吉布斯函数计算

$$\Delta_r G_m^\ominus = \sum_B \nu_B \Delta_f G_{m,B}^\ominus$$

根据常见化合物在 298.15K 时的标准摩尔生成吉布斯函数,就可以通过上式计算任一化学反应在 298.15K 时的标准摩尔反应吉布斯函数,再由 Gibbs-Helmholtz 方程可计算任一温度下反应的 $\Delta_r G_m^\ominus$,从而求得任一温度下反应的标准平衡常数 $K^\ominus$。

**【例 5.1】** 已知热力学数据如下

$$CO_2(g) + H_2(g) \Longrightarrow CO(g) + H_2O(g)$$

$\Delta_f G_m^\ominus(298.15K)/kJ \cdot mol^{-1}$   $-394.36$   $0$   $-137.17$   $-228.57$

计算反应在 298.15K 时的标准平衡常数。假设原料气只有 $CO_2(g)$ 和 $H_2(g)$,且 $CO_2(g)$ 和 $H_2(g)$ 的物质的量之比为 1:1。

**解:** $\Delta_r G_m^\ominus(298.15K) = \sum_B \nu_B \Delta_f G_{m,B}^\ominus$

$$= [-137.17 - 228.57 - (-394.36)]kJ \cdot mol^{-1} = 28.58 kJ \cdot mol^{-1}$$

$$\ln K^\ominus = \frac{-\Delta_r G_m^\ominus}{RT} = \frac{-28.58 \times 10^3}{8.314 \times 298.15} = -11.53$$

$$K^\ominus = 9.83 \times 10^{-6}$$

(2) 由反应的 $\Delta_r H_m^\ominus$ 和 $\Delta_r S_m^\ominus$ 计算

根据吉布斯函数的定义,$G = H - TS$,恒温下将该定义应用于标准态下的化学反应,有

$$\Delta_r G_m^\ominus = \Delta_r H_m^\ominus - T\Delta_r S_m^\ominus$$

若反应温度为 298.15K,则可以利用热力学数据表中的标准摩尔生成焓 $\Delta_f H_{m,B}^\ominus$ 或燃烧焓 $\Delta_c H_{m,B}^\ominus$ 来计算标准摩尔反应焓 $\Delta_r H_m^\ominus$,利用热力学数据表中的标准摩尔熵 $S_m^\ominus$ 来计算标准摩尔反应熵 $\Delta_r S_m^\ominus$,从而计算 298.15K 的 $\Delta_r G_m^\ominus$,进一步得到 $K^\ominus$。若反应不是在 298.15K 下进行,则应先算出所求温度下的 $\Delta_r H_m^\ominus$ 及 $\Delta_r S_m^\ominus$,然后再进一步计算 $\Delta_r G_m^\ominus$。或者当温度变化不大时,近似认为 $\Delta_r H_m^\ominus(T) = \Delta_r H_m^\ominus(298.15K)$ 和 $\Delta_r S_m^\ominus(T) = \Delta_r S_m^\ominus(298.15K)$,然后再计算 $\Delta_r G_m^\ominus$,进一步得到 $K^\ominus$。

(3) 由相关反应的 $\Delta_r G_m^\ominus$ 计算

如果所求化学反应方程能够用几个已知 $\Delta_r G_m^\ominus$ 值的反应式通过代数运算得到,就可以通过这几个相关化学反应的 $\Delta_r G_m^\ominus$ 值,利用化学反应等温方程计算该反应的标准平衡常数。

**【例 5.2】** 在 1073.15K 时,已知下列反应及其平衡常数

$$C(s) + H_2O(g) \Longrightarrow CO(g) + H_2(g), \quad K_1^\ominus = 3.90 \tag{1}$$

$$CO(g) + H_2O(g) \Longrightarrow CO_2(g) + H_2(g), \quad K_2^\ominus = 0.64 \tag{2}$$

求下列反应的 $K_3^\ominus$。

$$C(s) + CO_2(g) \Longrightarrow 2CO(g) \tag{3}$$

**解:** 因为反应(3) = 反应(1) - 反应(2),所以

$$\Delta_r G_{m,3}^\ominus(T) = \Delta_r G_{m,1}^\ominus(T) - \Delta_r G_{m,2}^\ominus(T)$$

由于 $\Delta_r G_m^\ominus(T) = -RT\ln K^\ominus$

所以,$-RT\ln K_3^\ominus = -RT\ln K_1^\ominus - (-RT\ln K_2^\ominus)$,即

$$\ln K_3^\ominus = \ln K_1^\ominus - \ln K_2^\ominus$$

所以

$$K_3^\ominus = \frac{K_1^\ominus}{K_2^\ominus} = \frac{3.90}{0.64} = 6.09$$

### 5.4.2 平衡组成的计算

平衡常数是反应的特征常数，它不随物质的初始浓度而改变。因为对于特定的反应，只要温度一定，平衡常数就有定值，该常数与反应物或生成物的初始浓度无关。计算得到标准平衡常数后，便可根据计量方程计算平衡时体系中各物质的浓度，从而可以求出指定条件下反应的最大产率和转化率。

平衡常数是讨论化学反应的重要数据，平衡常数 $K^\ominus$ 越大，表示达到平衡时生成物分压力或浓度越大，也就是正反应进行地越彻底。因为平衡状态是反应进行的最大限度，而平衡常数的表达式很好地表示了在反应达到平衡时生成物和反应物的浓度关系，一个反应的平衡常数越大，说明反应物的平衡转化率越高。平衡转化率也叫理论转化率或最高转化率，是反应达到平衡后，反应物转化为产物的百分数。平衡转化率依赖于平衡条件，在计算时应正确写出平衡混合物中各物质的含量，特别要注意反应中各物质的计量系数。某反应物的平衡转化率 $\alpha$ 表示为

$$平衡转化率(\alpha) = \frac{平衡时已转化为产物的某反应物的物质的量}{某反应物起始时的物质的量} \times 100\% \tag{5.30}$$

转化率是指在实际情况下，反应结束后，反应物转化为产物的百分数。由于实际情况下，反应常常不能达到平衡，因此实际的转化率常低于平衡转化率。转化率与反应进行的时间有关，转化率的极限就是平衡转化率。

由于在实际反应中，通常还伴随有副反应的发生，反应物一部分转化为主产物，另一部分会变为副产物，因此工业上还习惯使用"平衡产率"来表示得到期望产物的数量。与转化率不同，平衡产率是从期望产物的数量来衡量反应的限度。由于副反应的存在和反应未达到平衡，工业上的实际产率会比平衡产率低很多。

$$平衡产率(\alpha) = \frac{平衡时已转化为主产物的某反应物的物质的量}{某反应物起始时的物质的量} \times 100\% \tag{5.31}$$

产率是指在实际情况下，反应结束后，反应物转化为产物的百分数。由于实际情况下，反应常常不能达到平衡，因此实际的产率常低于平衡产率。产率与反应进行的时间有关，产率的极限就是平衡产率。

若无副反应，则平衡产率等于平衡转化率；若有副反应，则平衡产率小于平衡转化率。

利用平衡常数，可以计算某一条件下所需反应物的量、达到平衡时各物质的浓度或分压力、反应的最大产量以及某反应物的转化率，还可计算出 $K^\ominus$。进行有关平衡计算的一般步骤如下所示。

（1）写出配平的化学方程式，并注明各物质的聚集状态。

（2）在各物质下分别写出起始浓度（或分压力）、平衡浓度（或分压力）。上述浓度（或分压力）或反应中的变化量为未知时，可设符号表示之。

（3）写出正确的平衡常数表达式。

（4）将平衡时各物质的量（浓度或分压力）代入平衡常数表达式中，即得一个含有未知数的方程式。求解即得未知参量。

计算中常涉及一定体积的反应物和生成物的量之间的运算关系,其关键在于各物质在反应中变化的量之比等于它们在化学方程式中的计量系数之比。

**【例 5.3】** 在 298.15K,四氧化二氮按下式
$$N_2O_4(g) \rightleftharpoons 2NO_2(g)$$
部分离解。在 $0.50dm^3$ 的容器中装有 $1.588g\ N_2O_4(g)$,当解离达平衡时,实验测得总压力为 $1p^\ominus$,气体看作理想气体,试计算其离解度(即转化率 $\alpha$)和标准平衡常数 $K^\ominus$。

**解:** 设起始四氧化二氮的物质的量为 $n$ mol,四氧化二氮的转化率为 $\alpha$。

$$N_2O_4(g) \rightleftharpoons 2NO_2(g)$$

| | | |
|---|---|---|
| 起始物质的量/mol | $n$ | 0 |
| 平衡物质的量/mol | $n-n\alpha$ | $2n\alpha$ $\quad \sum_B n_B = n(1+\alpha)$ |

由理想气体状态方程,有
$$pV = nRT = n(1+\alpha)RT$$

$$\therefore \alpha = \frac{pV}{nRT} - 1 = \frac{100 \times 10^3 \times 0.50 \times 10^{-3}}{\frac{1.588}{92.02} \times 8.314 \times 298.15} - 1 = 18.4\%$$

由分压定律,$p_B = y_B p = \frac{n_B}{n(1+\alpha)} p$

$$p_{N_2O_4} = \frac{n(1-\alpha)}{n(1+\alpha)} p, \quad p_{NO_2} = \frac{2n\alpha}{n(1+\alpha)} p$$

$$K_p^\ominus = \frac{\left[\frac{2n\alpha}{n(1+\alpha)} \cdot \frac{p}{p^\ominus}\right]^2}{\frac{n(1-\alpha)}{n(1+\alpha)} \cdot \frac{p}{p^\ominus}} = \frac{4\alpha^2}{1-\alpha^2} \frac{100}{100} = \frac{4 \times (0.184)^2}{1-(0.184)^2} \times 1$$
$$= 0.14$$

**【例 5.4】** $NO_2$ 气体溶于水可生成硝酸。但 $NO_2$ 气体也很容易发生双聚,生成 $N_2O_4$,$N_2O_4$ 亦可解离生成 $NO_2$,二者之间存在如下平衡:
$$N_2O_4(g) \rightleftharpoons 2NO_2(g)$$
已知 25℃下的热力学数据如下表所示。

| 物质 | $\Delta_f H_m^\ominus / kJ \cdot mol^{-1}$ | $S_m^\ominus / J \cdot mol^{-1} \cdot K^{-1}$ |
|---|---|---|
| $NO_2$ | 33.18 | 240.06 |
| $N_2O_4$ | 9.16 | 304.29 |

现设在 25℃下,恒压反应开始时只有 $N_2O_4$,分别求 100kPa 下和 50kPa 下反应达到平衡时,$N_2O_4$ 的解离度(即转化率)$\alpha_1$ 和 $\alpha_2$,$NO_2$ 的物质的量分数 $y_1$ 和 $y_2$。

**解:** 首先根据热力学数据计算反应的平衡常数:
$$\Delta_r H_m^\ominus = 2\Delta_f H_m^\ominus(NO_2) - \Delta_f H_m^\ominus(N_2O_4) = (2 \times 33.18 - 9.16) kJ \cdot mol^{-1}$$
$$= 57.20 kJ \cdot mol^{-1}$$
$$\Delta_r S_m^\ominus = 2S_m^\ominus(NO_2) - S_m^\ominus(N_2O_4) = (2 \times 240.06 - 304.29) J \cdot mol^{-1} \cdot K^{-1}$$
$$= 175.83 J \cdot mol^{-1} \cdot K^{-1}$$
$$\Delta_r G_m^\ominus = \Delta_r H_m^\ominus - T\Delta_r S_m^\ominus = (57.20 - 298.15 \times 175.83 \times 10^{-3}) kJ \cdot mol^{-1}$$
$$= 4.776 kJ \cdot mol^{-1}$$

$$K^{\ominus} = \exp\left(-\frac{\Delta_r G_m^{\ominus}}{RT}\right) = \exp\left(\frac{-4.776 \times 10^3}{8.314 \times 298.15}\right) = 0.1456$$

根据反应式进行物料衡算，设 $N_2O_4$ 的起始量为 1mol，

$$N_2O_4(g) \rightleftharpoons 2NO_2(g), \qquad \sum_B \nu_B = 1$$

开始时 $n$/mol      1      0

平衡时 $n$/mol     $1-\alpha$     $2\alpha$     $\sum_B n_B = 1 - \alpha + 2\alpha = 1 + \alpha$

$$K^{\ominus} = K_n \left(\frac{p}{p^{\ominus} \sum n_B}\right)^{\sum \nu_B} = \frac{(2\alpha)^2}{(1-\alpha)}\left(\frac{p}{p^{\ominus}(1+\alpha)}\right)^{2-1} = \frac{4\alpha^2}{(1-\alpha)(1+\alpha)} \frac{p}{p^{\ominus}}$$

当 $p_1 = 100\text{kPa}$ 时，解得 $\alpha_1 = 0.1874$，

$$y_1 = \frac{n_{NO_2}}{\sum n_B} = \frac{2\alpha_1}{1+\alpha_1} = 0.3156$$

当 $p_2 = 50\text{kPa}$ 时，解得 $\alpha_2 = 0.2605$，

$$y_2 = \frac{2\alpha_2}{1+\alpha_2} = 0.4133$$

## 5.5 化学平衡的移动

平衡状态从宏观上看似为静态，实际上是一种动态平衡。所以，一切平衡都是相对的、暂时的、有条件的。化学平衡也是如此，在一定条件下才能建立和保持，一旦条件改变，平衡就会破坏，各物质的浓度或分压力就会发生变化，直到与新的条件相适应，系统又达到新的平衡。这种因条件改变使化学反应从原来的平衡状态转变到新的平衡状态的过程，称为化学平衡的移动。例如，一个可逆反应达到平衡状态以后，如果反应条件（如温度、压力、组成）改变，在新的条件下将达成新的平衡，此时化学平衡就发生了移动。移动的结果是，如果生成物的浓度（或分压力）比原平衡态增大了，就称平衡向正向移动；如果反应物的浓度（或分压力）比原平衡态增大了，则称为平衡向逆向移动。

### 5.5.1 压力或浓度对化学平衡移动的影响

从热力学观点来看，化学平衡的移动实际上是系统条件改变后，重新考虑化学反应的方向和程度的问题。压力对化学平衡的影响，可从 $K^{\ominus}$ 与 $K_y$ 的关系得到，对于理想气体反应

$$K^{\ominus} = K_y \left(\frac{p}{p^{\ominus}}\right)^{\sum_B \nu_B}$$

根据上式可知，在等温条件下：

当反应的 $\sum \nu_B(g) > 0$ 时，$p$ 增大，$K_y$ 减小，平衡向左移动。例如，$C(s) + CO_2(g) \rightleftharpoons 2CO(g)$。

当反应的 $\sum \nu_B(g) < 0$ 时，$p$ 增大，$K_y$ 增大，平衡向右移动。例如，$N_2(g) + 3H_2(g) \rightleftharpoons 2NH_3(g)$。

当反应的 $\sum \nu_B(g) = 0$ 时，$p$ 对 $K_y$ 无影响，故对平衡无影响。例如，$CO(g) + H_2O(g) \rightleftharpoons H_2(g) + CO_2(g)$。

可见，加压对气体物质的量减小 [$\sum\nu_B(g)<0$] 的反应有利；减压对气体物质的量增加 [$\sum\nu_B(g)>0$] 的反应有利。

除此之外，还可以根据化学反应等温方程

$$\Delta_r G_m(T) = \Delta_r G_m^{\ominus}(T) + RT\ln J = -RT\ln K^{\ominus} + RT\ln J$$

利用反应商 $J$ 与标准平衡常数 $K^{\ominus}$ 的相对大小，根据吉布斯函数判据判断化学平衡的移动方向。温度不变时，浓度或压力的改变可使反应商 $J$ 的值改变而保持 $K^{\ominus}$ 值不变。对于已经达到平衡的反应系统，如果增加反应物的浓度（或压力）或者减少生成物的浓度（或压力），则会使 $J<K^{\ominus}$，平衡即向正反应方向移动，移动的结果，使 $J$ 值增大，直到 $J$ 重新等于 $K^{\ominus}$，系统又建立新的平衡。反之，如果减少反应物的浓度（或压力）或者增加生成物的浓度（或压力），则会使 $J>K^{\ominus}$，平衡即向逆反应方向移动，移动的结果，使 $J$ 减小，直到 $J$ 重新等于 $K^{\ominus}$，系统又建立新的平衡。

**【例 5.5】** 常压下 $CH_4(g)+H_2O(g) \rightleftharpoons CO(g)+3H_2(g)$ 反应在 700K 时的 $K^{\ominus}=7.4$，经测定得到此时反应器内各物质的分压力分别为：$p_{CH_4}=0.2MPa$，$p_{H_2O}=0.2MPa$，$p_{CO}=0.3MPa$，$p_{H_2}=0.1MPa$。问此条件下甲烷转化反应能否自动进行。

**解**：此反应的化学计量数之和为

$$\sum_B \nu_B = (3+1)-(1+1) = 2$$

反应的压力商为

$$J = \frac{\left(\dfrac{p_{H_2}}{p^{\ominus}}\right)^3 \left(\dfrac{p_{CO}}{p^{\ominus}}\right)}{\left(\dfrac{p_{CH_4}}{p^{\ominus}}\right)\left(\dfrac{p_{H_2O}}{p^{\ominus}}\right)} = \frac{\left(\dfrac{100}{100}\right)^3 \left(\dfrac{300}{100}\right)}{\left(\dfrac{200}{100}\right)\left(\dfrac{200}{100}\right)} = 0.75$$

$K^{\ominus}>J$，化学平衡将正向移动。

## 5.5.2 温度对化学平衡移动的影响

前面讨论了压力（或浓度）对化学平衡的影响，改变浓度或压力只能使平衡发生移动，但不能改变平衡常数。温度对化学反应平衡系统的影响同浓度和压力对化学反应平衡系统的影响有着本质的区别，温度是通过改变平衡常数从而影响化学平衡的，其变化的定量关系可由吉布斯-亥姆霍兹方程导出。对于一个在标准态下进行的反应，根据吉布斯-亥姆霍兹方程，有

$$\frac{d(\Delta_r G_m^{\ominus}/T)}{dT} = -\frac{\Delta_r H_m^{\ominus}}{T^2}$$

根据化学反应等温方程，当反应达平衡时，$\Delta_r G_m^{\ominus}=-RT\ln K^{\ominus}$，代入上式整理得

$$\frac{d\ln K^{\ominus}}{dT} = \frac{\Delta_r H_m^{\ominus}}{RT^2} \tag{5.32}$$

上式是反应的标准平衡常数随温度变化的微分形式，称为范特霍夫等压方程，是计算 $K^{\ominus}$ 和温度 $T$ 关系的基本方程。$\Delta_r H_m^{\ominus}$ 是产物与反应物在标准状态时的焓值之差，即反应在一定压力条件下的标准摩尔反应焓。

如果温度变化不大，在一定温度范围内，$\Delta_r C_{p,m}^{\ominus} \approx 0$，这样 $\Delta_r H_m^{\ominus}$ 为一常数，对范特霍

夫等压方程式的微分式积分，得：

不定积分：
$$\ln K^{\ominus} = -\frac{\Delta_r H_m^{\ominus}}{RT} + C \tag{5.33}$$

定积分：
$$\ln \frac{K_2^{\ominus}}{K_1^{\ominus}} = -\frac{\Delta_r H_m^{\ominus}}{R}\left(\frac{1}{T_2} - \frac{1}{T_1}\right) \tag{5.34}$$

根据不定积分式，可以根据实验测定的一系列数据，以 $\ln K^{\ominus}$ 对 $\frac{1}{T}$ 作图，从而计算反应的标准摩尔反应焓。根据定积分式，可以利用两组数据计算准摩尔反应焓，或者已知 $\Delta_r H_m^{\ominus}$ 计算不同温度下反应的 $K^{\ominus}$。

如果温度变化较大，$\Delta_r C_{p,m} \neq 0$，对与化学反应有
$$\Delta_r C_{p,m} = \Delta a + \Delta b T + \Delta c T^2 + \cdots$$

根据基尔霍夫公式，得
$$\Delta_r H_m^{\ominus} = \Delta H_0 + \Delta a T + \frac{1}{2}\Delta b T^2 + \frac{1}{3}\Delta c T^3 + \cdots$$

将 $\Delta_r H_m^{\ominus}$ 代入范特霍夫等压方程式的微分式
$$\frac{d\ln K^{\ominus}}{dT} = \frac{\Delta H_0 + \Delta a T + \frac{1}{2}\Delta b T^2 + \frac{1}{3}\Delta c T^3 + \cdots}{RT^2} \tag{5.35}$$

积分得
$$\ln K^{\ominus} = -\frac{\Delta H_0}{RT^2} + \frac{\Delta a}{R}\ln T + \frac{\Delta b T}{2R} + \frac{\Delta c T^2}{6R} + \cdots + I \tag{5.36}$$

上式即标准平衡常数与温度的函数关系式，式中，$\Delta H_0$ 和 $I$ 都是积分常数。由于 $\Delta_r G_m^{\ominus} = -RT\ln K^{\ominus}$，可得：
$$\Delta_r G_m^{\ominus} = -RT\ln K^{\ominus} = \frac{\Delta H_0}{T} - T\Delta a\ln T - \frac{\Delta b T^2}{2} - \frac{\Delta c T^3}{6} - \cdots - RTI \tag{5.37}$$

由范特霍夫等压方程式可以总结温度对反应平衡的影响如下。

(1) 对吸热反应，$\Delta_r H_m^{\ominus} > 0$，当 $T_2 > T_1$ 时，$K_2^{\ominus} > K_1^{\ominus}$，升高温度平衡常数增大，平衡将向生成产物方向移动，升温对吸热反应有利。

(2) 对放热反应，$\Delta_r H_m^{\ominus} < 0$，当 $T_2 > T_1$ 时，$K_2^{\ominus} < K_1^{\ominus}$，升高温度平衡常数减小，平衡向生成反应物方向移动，升温对放热反应不利。

(3) 对既不放热，也不吸热的反应，$\Delta_r H_m^{\ominus} = 0$，当 $T_2 > T_1$ 时，$K_2^{\ominus} = K_1^{\ominus}$，升高温度平衡常数不变，平衡不移动。

**【例 5.6】** 在石灰窑中欲使石灰石以一定速度分解，$CO_2(g)$ 的分压力应不低于 100kPa，为此，石灰窑的温度最低应维持多少摄氏度？（所需数据可查附录，$\Delta_r H_m^{\ominus}$ 视为常数，并等于 298.15K 时的值）

**解**：查附录得，相应物质的标准摩尔生成焓和标准摩尔生成吉布斯函数如下

$$CaCO_3(s) \rightleftharpoons CaO(s) + CO_2(g)$$

$\Delta_f H_m^{\ominus}(298.15K)/kJ \cdot mol^{-1}$　　　　$-1206.92$　　$-635.09$　$-393.51$

$\Delta_f G_m^{\ominus}(298.15K)/kJ \cdot mol^{-1}$　　　　$-1128.79$　　$-604.04$　$-394.36$

$$K^{\ominus} = \left(\frac{p_{CO_2}}{p^{\ominus}}\right)$$

$$\Delta_r H_m^\ominus(298.15K) = \sum_B \nu_B \Delta_f H_m^\ominus(B, 相态, 298.15K)$$
$$= [(-393.51 - 635.09) + 1206.92] kJ \cdot mol^{-1} = 178.32 kJ \cdot mol^{-1}$$
$$\Delta_r G_m^\ominus(298.15K) = \sum_B \nu_B \Delta_f G_m^\ominus(B, 相态, 298.15K)$$
$$= [(-394.36 - 604.04) + 1128.79] kJ \cdot mol^{-1} = 130.39 kJ \cdot mol^{-1}$$

$\Delta_r G_m^\ominus(298.15K) > 0$，在 298.15K 的标准态下，反应不能正向自发进行。而 $\Delta_r H_m^\ominus > 0$，反应为吸热反应，欲使反应正向进行，可以升高温度至 $T_2$。

升高温度到 $T_2$ 时反应刚好能够正向自发进行，此时，$\Delta_r G_m^\ominus(T_2) = -RT \ln K_2^\ominus = 0$，即 $\ln K_2^\ominus = 0$。根据范特霍夫等压方程式

$$\ln \frac{K_2^\ominus}{K_1^\ominus} = -\frac{\Delta_r H_m^\ominus}{R}\left(\frac{1}{T_2} - \frac{1}{T_1}\right)$$

有

$$\ln K_2^\ominus - \ln K_1^\ominus = -\ln K_1^\ominus = -\frac{\Delta_r H_m^\ominus}{R}\left(\frac{1}{T_2} - \frac{1}{T_1}\right)$$

而
$$\Delta_r G_m^\ominus(T_1) = -RT \ln K_1^\ominus$$

所以
$$\frac{\Delta_r G_m^\ominus(T_1)}{RT_1} = -\frac{\Delta_r H_m^\ominus}{R}\left(\frac{1}{T_2} - \frac{1}{T_1}\right)$$

整理并代入数据
$$\frac{1}{T_2} = -\frac{\Delta_r G_m^\ominus(298.15K)}{T_1 \Delta_r H_m^\ominus} + \frac{1}{T_1} = -\frac{130.44 \times 10^3}{298.15 \times 178.32 \times 10^3} + \frac{1}{298.15}$$

解得 $T_2 = 1110.96K$

所以，在 100kPa 下，$CaCO_3$ 实际分解的最低温度为 1110.96K。

### 5.5.3 惰性组分对化学平衡移动的影响

惰性组分指不参与化学反应的组分，由于惰性组分不参与化学反应，加入惰性组分相当于改变系统的压力，其对化学平衡移动有影响，可从 $K^\ominus$ 与 $K_n$ 的关系得到，对于理想气体反应

$$K^\ominus = K_n \left(\frac{p}{p^\ominus \sum_B n_B}\right)^{\sum_B \nu_B}$$

当反应系统中引入不参加反应的气体，对化学平衡是否有影响，要视具体条件而定。

(1) 恒温、恒容条件下，引入不参加反应的气体对化学平衡无影响，化学平衡不移动。

(2) 恒温、恒压条件下，引入不参加反应的气体

当反应的 $\sum \nu_B(g) > 0$ 时，加入惰性气体，$\sum n_B$ 增大，$K_n$ 增大，平衡正向移动；

当反应的 $\sum \nu_B(g) < 0$ 时，加入惰性气体，$\sum n_B$ 增大，$K_n$ 减小，平衡逆向移动。

所以恒温、恒压下，加入惰性组分，相当于系统总压降低，对气体物质的量增加 $[\sum \nu_B(g) > 0]$ 的反应有利。

【例 5.7】 某温度时，反应 $CO(g) + H_2O(g) \rightleftharpoons H_2(g) + CO_2(g)$ 的 $K^\ominus = 1.00$，若反应开始时，在体积为 $3.00 dm^3$ 的密闭恒容反应器中分别装入 $CO(g)$ 和 $H_2O(g)$ 均为

0.03mol。求（1）CO(g) 的转化率；（2）若在上述平衡系统中再加入 0.12mol 的水蒸气，CO 的转化率是多少？计算结果说明什么问题？

**解：**（1）设平衡时 $c(\text{H}_2\text{O})=c(\text{H}_2)=x$

$$
\begin{array}{lcccc}
 & \text{CO(g)} + & \text{H}_2\text{O(g)} \rightleftharpoons & \text{H}_2\text{(g)} + & \text{CO}_2\text{(g)} \\
\text{起始浓度/mol·dm}^{-3} & \dfrac{0.03}{3.00}=0.01 & \dfrac{0.03}{3.00}=0.01 & 0 & 0 \\
\text{平衡浓度/mol·dm}^{-3} & 0.01-x & 0.01-x & x & x
\end{array}
$$

$$K^{\ominus}=\frac{c_{\text{CO}_2}c_{\text{H}_2}}{c_{\text{CO}}c_{\text{H}_2\text{O}}}=\frac{xx}{(0.01-x)\times(0.01-x)}=1.00$$

解得 $x=0.005$

所以，CO(g) 的转化率为

$$\alpha_1=\frac{0.005}{0.01}\times 100\%=50\%$$

（2）设达到新平衡时，又有 $y$ mol 的 $\text{CO}_2(\text{g})$ 生成，由于温度没变，$K^{\ominus}=1.00$，则

$$
\begin{array}{lcccc}
 & \text{CO(g)} + & \text{H}_2\text{O(g)} \rightleftharpoons & \text{H}_2\text{(g)} + & \text{CO}_2\text{(g)} \\
\text{起始浓度 mol·dm}^{-3} & 0.01-0.05 & 0.01-0.005+\dfrac{0.12}{3.00} & 0.005 & 0.005 \\
\text{平衡浓度} & 0.005-y & 0.045-y & 0.005+y & 0.005+y
\end{array}
$$

$$K_c=\frac{c_{\text{CO}_2}c_{\text{H}_2}}{c_{\text{CO}}c_{\text{H}_2\text{O}}}=\frac{(0.005+y)\times(0.005+y)}{(0.005-y)\times(0.045-y)}=1.00$$

解得 $x=0.0033$

所以，CO(g) 的转化率为

$$\alpha_2=\frac{0.005+0.0033}{0.01}\times 100\%=83\%$$

通过计算说明，增大反应物的浓度，平衡会向正反应方向移动，使反应物的转化率增大。

### 5.5.4 原料配比对化学平衡移动的影响

平衡移动原理在通常情况下是普遍适用的，但有时也会出现例外。在不同条件下，增加反应物的量，对平衡移动的影响不同。在实际工业生产中，选择最适宜的原料配比，使产品的产量最高，并达到最佳的分离效果具有重大的意义。

对于不止一种反应物参与的反应，如 $a\text{A(g)}+b\text{B(g)} \rightleftharpoons c\text{C(g)}$，在恒温恒容条件下增加反应物的量和恒温恒压条件下增加反应物的量，对平衡移动的影响是不同。

在恒温恒容条件下，向已经达到平衡的系统中再加入一些反应物 A(g)，在加入 B(g) 的瞬间，平衡将向生成 C(g) 的方向移动。加入反应物 B(g) 亦有同样的效果。也就是说，在恒温恒容条件下，增加反应物的量，无论是单独再增加一种还是同时增加几种，都会使平衡向右移动，对产物的生成有利。如果一个反应的两种原料气中，A(g) 比 B(g) 便宜很多，而 A(g) 又很容易从混合器中分离，那么实际生产过程中就可以让 A(g) 大大过量，提高 B(g) 的转化率，提高经济效益。

在恒温恒压条件下，增加反应物的量却不一定总是使平衡向右移动。对于合成氨反应，

当 $r=\dfrac{n_{H_2}}{n_{N_2}}=1:1$ 时,反应达到平衡时,系统中 $N_2(g)$ 的物质的量分数为 50%,此时再加入 $N_2(g)$,会使平衡向左移动。该反应不可能大大加入便宜的 $N_2(g)$ 来提高 $H_2(g)$ 的转化率。不过在维持总压不变时,随着 $r$ 的改变,产物在平衡气中的含量 $y_{N_2(g)}$ 会出现一个极大值。可以证明,当起始原料气中反应物的摩尔比等于反应物计量系数之比,即 $r=\dfrac{n_B}{n_A}=\dfrac{b}{a}$,产物在混合气中的平衡含量最大。这对工业生产中经济合理地从混合气中分离产物有着重要的指导意义。

例如,在合成氨反应中,只有使原料气中氢气和氮气的体积比为 3:1 时,产物氨的含量最高。虽然原料配比等于方程计量系数比的结论一般对其它反应也适用,但是不可生搬硬套。假如原料中某一物质比较贵重或难以获得,尤其是当原料不能循环使用时,则应适当多使用较便宜的原料,尽量促使昂贵原料更多地转化为产物,以避免浪费。

在实际生产中,除了考虑以上因素对化学反应平衡的影响外,还必须从热力学和动力学角度综合分析,才能找到最符合实际生产需要的条件。以合成氨反应为例,实际生产中,虽然有催化剂的存在,要达到反应平衡仍需要很长时间,所以一般不等到反应平衡就把氨分离出来,而将未反应的氢气和氮气循环使用。根据化学动力学研究结果,氮气的分压对氨合成速率影响更大,所以在氨浓度较低时,经常采取提高氮气对氢气的比例来加快反应速率,而在反应接近平衡时,为获得更高的氨产量,氮气和氢气的物质的量之比应尽量接近计量系数之比 1:3。综合考虑动力学和热力学要求,通常采用氮气和氢气的原料气配比为 1:2.8 至 1:2.9 才能达到反应又快、产量又多的目的。在 $SO_2$ 转化为 $SO_3$ 的反应中,实际的 $SO_2$ 和 $O_2$ 进料比并非计量系数比 2:1,而是 2:3。

### 5.5.5 化学平衡移动原理

前面讨论了浓度、压力、惰性组分和温度对化学平衡移动的影响,由此可以总结出一条平衡移动的普遍规律:若改变平衡系统的条件之一,如浓度、压力、温度,平衡就向着能削弱这个改变的方向移动,这就叫勒夏特列(Le Chatelier)原理,也称为平衡移动原理。平衡移动原理不仅适用于化学反应平衡系统,也适用于相平衡系统。

平衡移动原理只适用于处于平衡状态的系统,而不适用于未达到平衡状态的系统。

## 5.6 同时平衡

同时平衡是一种或多种组分同时参加两个以上独立反应所达到的平衡。平衡时其组成同时满足几个反应的平衡。独立反应是指相互之间没有线性组合关系的反应,独立反应的数目称为独立反应数。

例如下列四个反应:

$$CH_4(g)+H_2O(g)\rightleftharpoons CO(g)+3H_2(g) \quad (1)$$
$$CO(g)+H_2O(g)\rightleftharpoons CO_2(g)+H_2(g) \quad (2)$$
$$CH_4(g)+2H_2O(g)\rightleftharpoons CO_2(g)+4H_2(g) \quad (3)$$
$$CH_4(g)+CO_2(g)\rightleftharpoons 2CO(g)+2H_2(g) \quad (4)$$

反应(1)、反应(2)是独立反应,反应(3)、反应(4)可以分别由反应(1)、反应

(2) 相加、减得到，反应（3）、反应（4）不是独立反应，系统中独立反应数为2。

若某个反应组分同时参与两个以上的反应，平衡时其组成同时满足这几个反应的平衡关系，则称为同时反应和同时平衡。同时反应中每个独立反应都有自己的反应进度，而且可以列出一个独立的平衡常数表达式，通过物料衡算关系式，未知数的数目与方程式的数目相等。因此，若原始组成已知，则能算出达到平衡时各个独立反应的进度，进而可以计算出平衡组成。一个组分无论同时参与几个反应，平衡时其组成只有一个。

【例5.8】 真空密闭容器中两种铵盐同时发生分解反应，求平衡组成。

$$NH_4Cl(s) \rightleftharpoons NH_3(g) + HCl(g) \quad K_1^\ominus = 0.2738$$
$$NH_4I(s) \rightleftharpoons NH_3(g) + HI(g) \quad K_2^\ominus = 8.836 \times 10^{-3}$$

解：平衡时：
$$NH_4Cl(s) \rightleftharpoons NH_3(g) + HCl(g)$$
$$\qquad\qquad\qquad p_{NH_3} \quad p_{HCl}$$
$$NH_4I(s) \rightleftharpoons NH_3(g) + HI(g)$$
$$\qquad\qquad\qquad p_{NH_3} \quad p_{HI}$$

三种气体的分压应满足三个方程：

$$K_1^\ominus = p_{NH_3} p_{HCl} / (p^\ominus)^2 \tag{1}$$
$$K_2^\ominus = p_{NH_3} p_{HI} / (p^\ominus)^2 \tag{2}$$
$$p_{NH_3} = p_{HCl} + p_{HI} \tag{3}$$

方程（1）+方程（2），再将方程（3）代入，有：

$$p_{NH_3} = (K_1^\ominus + K_2^\ominus)^{1/2} \cdot p^\ominus = (0.2738 + 8.836 \times 10^{-3})^{1/2} \times 10^5 = 53.16 \text{kPa}$$

$$p_{HCl} = \frac{K_1^\ominus p^\ominus}{p_{NH_3}} = \frac{0.2738 \times 10^5}{53.17} = 51.51 \text{kPa}$$

$$p_{HI} = \frac{K_2^\ominus p^\ominus}{p_{NH_3}} = \frac{8.836 \times 10^{-3} \times 10^5}{53.17} = 1.66 \text{kPa}$$

$$p = p_{NH_3} + p_{HCl} + p_{HI} = 2p_{NH_3} = 2 \times 53.17 = 106.3 \text{kPa}$$

$$y_{NH_3} = p_{NH_3}/p = 0.5, \quad y_{HCl} = 0.4844, \quad y_{HI} = 0.0156$$

# 习 题

拓展例题

一、判断题（正确的画"√"，错误的画"×"）

1. 标准平衡常数的数值不仅与方程式的写法有关，而且还与标准态的选择有关。（　　）
2. 一个已达平衡的化学反应，只有当标准平衡常数改变时，平衡才会移动。（　　）
3. $\Delta_r G_m^\ominus$ 是平衡状时 Gibbs 函数的变化值，因为 $\Delta_r G_m^\ominus = -RT\ln K^\ominus$。（　　）
4. 在一定温度和压力下，某反应的 $\Delta_r G_m > 0$，催化剂可以使反应得以进行。（　　）
5. 某反应的 $\Delta_r G_m^\ominus < 0$，所以该反应一定能正向进行。（　　）
6. 平衡常数值改变了，平衡一定会移动；反之，平衡移动了，平衡常数也一定改变。（　　）
7. 等温等压条件下，$\Delta_r G_m = \sum_B \nu_B \mu_B > 0$ 的化学反应一定不能进行。（　　）
8. 化学反应亲和势愈大，自发反应趋势愈强，反应进行得愈快。（　　）

9. 平衡常数因条件变化而变化，则化学平衡一定发生移动；但平衡移动则不一定是由于平衡常数的改变。（　　）

10. 气相反应的经验平衡常数 $K_p$ 只与温度有关。（　　）

## 二、选择题

1. 反应 $A(s) \rightleftharpoons D(g) + G(g)$ 的 $\Delta_r G_m (J \cdot mol^{-1}) = -4500 + 11(T/K)$，要防止反应发生，温度必须（　　）。

   A. 高于 409K  B. 低于 136K
   C. 高于 136K 而低于 409K  D. 低于 409K

2. 已知下列反应的平衡常数：$H_2(g) + S(s) \rightleftharpoons H_2S(s)$ ① $K_1$；$S(s) + O_2(g) \rightleftharpoons SO_2(g)$ ② $K_2$。则反应 $H_2(g) + SO_2(g) \rightleftharpoons O_2(g) + H_2S(g)$ 的平衡常数为（　　）。

   A. $K_1 + K_2$  B. $K_1 - K_2$  C. $K_1 \cdot K_2$  D. $K_1/K_2$

3. 下列叙述中不正确的是（　　）。

   A. 标准平衡常数仅是温度的函数
   B. 催化剂不能改变平衡常数的大小
   C. 平衡常数发生变化，化学平衡必定发生移动，达到新的平衡
   D. 化学平衡发生新的移动，平衡常数必发生变化

4. 若反应气体都是理想气体，反应平衡常数之间有 $K_a = K_p = K_x$ 的反应是（　　）。
   (1) $2HI(g) \rightleftharpoons H_2(g) + I_2(g)$；(2) $N_2O_4(g) \rightleftharpoons 2NO_2(g)$；(3) $CO(g) + H_2O(g) \rightleftharpoons CO_2(g) + H_2(g)$；(4) $C(s) + CO_2(g) \rightleftharpoons 2CO(g)$。

   A. (1) (2)  B. (1) (3)  C. (3) (4)  D. (2) (4)

5. 放热反应 $2NO(g) + O_2(g) \rightleftharpoons 2NO_2(g)$ 达平衡后，若分别采取①增加压力；②减少 $NO_2$ 的分压；③增加 $O_2$ 分压；④升高温度；⑤加入催化剂，能使平衡向产物方向移动的是（　　）。

   A. ①②③  B. ②③④  C. ③④⑤  D. ①②⑤

6. 已知 298K 时理想气体反应 $N_2O_4(g) \rightleftharpoons 2NO_2(g)$ 的 $K^\ominus$ 为 0.1132。今在同温度且 $N_2O_4(g)$ 及 $2NO_2(g)$ 的分压都为 101.325kPa 的条件下，反应将（　　）。

   A. 向生成 $NO_2$ 的方向进行  B. 正好达到平衡
   C. 难以判断其进行方向  D. 向生成 $N_2O_4$ 的方向进行

7. 反应 $N_2(g) + 3H_2(g) \rightleftharpoons 2NH_3(g)$ 可视为理想气体间反应，在反应达平衡后，若维持体系温度与压力不变，而与体系中加入惰性气体，则（　　）。

   A. $K_p$ 不变，平衡时的 $N_2$ 和 $H_2$ 的量将增强，而 $NH_3$ 的量减少
   B. $K_p$ 不变，平衡时的 $N_2$、$H_2$、$NH_3$ 的量均不变
   C. $K_p$ 不变，平衡时的 $N_2$ 和 $H_2$ 的量将减少，而 $NH_3$ 的量增加
   D. $K_p$ 增加，平衡时的 $N_2$ 和 $H_2$ 的量将减少，而 $NH_3$ 的量增加

8. 某化学反应的 $\Delta_r H_m^\ominus (298K) < 0$，$\Delta_r S_m^\ominus (298K) > 0$，$\Delta_r C_{p,m}^\ominus (298K) = 0$，则该反应的标准平衡常数 $K^\ominus$ 是（　　）。

   A. $K^\ominus > 1$，且随温度升高而增大  B. $K^\ominus > 1$，且随温度升高而减少
   C. $K^\ominus < 1$，且随温度升高而增大  D. $K^\ominus < 1$，且随温度升高而减少

9. 在等温等压下，当反应的 $\Delta_r G_m^\ominus = 5 kJ \cdot mol^{-1}$ 时，该反应能否进行？（　　）

   A. 能正向自发进行  B. 能逆向自发进行
   C. 不能判断  D. 不能进行

10. 某温度时，$NH_4Cl(s)$ 分解压力是 $p^\ominus$，则分解反应的平衡常数 $K^\ominus$ 为（    ）。
   A. 1    B. 1/2    C. 1/4    D. 1/8

11. 对于理想气体反应，各种形式表示的平衡常数中与温度压力皆有关系的是（    ）。
   A. $K_c$    B. $K_x$    C. $K_p$    D. $K_e$

12. 下面的叙述中违背平衡移动原理的是（    ）。
   A. 升高温度平衡向吸热方向移动
   B. 增加压力平衡向体积缩小的方向移动
   C. 加入惰性气体平衡向总压力增大的方向移动
   D. 降低压力平衡向增加分子数的方向移动

13. 在相同条件下有反应式(1) $A+B \Longleftrightarrow 2C$，(2) $1/2A+1/2B \Longleftrightarrow C$，则对应于 (1)(2) 两式的标准摩尔吉布斯自由能变化以及平衡常数之间的关系为（    ）。
   A. $\Delta_r G_m^\ominus(1)=2\Delta_r G_m^\ominus(2)$，$K_1^\ominus=K_2^\ominus$    B. $\Delta_r G_m^\ominus(1)=2\Delta_r G_m^\ominus(2)$，$K_1^\ominus=(K_2^\ominus)^2$
   C. $\Delta_r G_m^\ominus(1)=\Delta_r G_m^\ominus(2)$，$K_1^\ominus=(K_2^\ominus)^2$    D. $\Delta_r G_m^\ominus(1)=\Delta_r G_m^\ominus(2)$，$K_1^\ominus=K_2^\ominus$

14. 反应 $CO(g)+H_2O(g) \Longleftrightarrow CO_2(g)+H_2(g)$，在 600℃、100kPa 下达到平衡后，将压力增大到 5000kPa，这时各气体的逸度系数为 $\gamma(CO_2)=1.09$，$\gamma(H_2)=1.10$，$\gamma(CO)=1.23$，$\gamma(H_2O)=0.77$。这时平衡点应当（    ）。
   A. 保持不变    B. 无法判断
   C. 移向右方（产物一方）    D. 移向左方（反应物一方）

15. 反应 $C(s)+2H_2(g) \Longleftrightarrow CH_4(g)$ 在 1000K 时的 $\Delta_r G_m^\ominus=19.29$kJ。当总压为 101.325kPa，气相组成是：$H_2$ 70%、$CH_4$ 20%、$N_2$ 10%的条件下，上述反应（    ）。
   A. 正向进行    B. 逆向进行    C. 平衡    D. 不定

### 三、填空题

1. $NH_4HCO_3(s)$ 的分解反应为：$NH_4HCO_3(s) \Longleftrightarrow NH_3(g)+CO_2(g)+H_2O(g)$。现在两个容积相等的容器Ⅰ和Ⅱ中分别装有 $NH_4HCO_3(s)$ 10g 和 200g，若两体系均在 50℃下恒温达平衡，容器Ⅰ和Ⅱ的总压 $p_1$ 和 $p_2$ 的关系为 $p_1$ _____ $p_2$。

2. 已知反应：$2A(g)+D(g) \longrightarrow C(g)$ 的标准平衡常数与温度的关系为：
$$\ln K^\ominus = 3444.7/(T/K) - 26.365$$
则 $\Delta_r S_m^\ominus = $ _____，$\Delta_r H_m^\ominus = $ _____。

3. 设某一温度下，有一定量的 $PCl_5(g)$，在 $p^\ominus$，体积为 1L 的条件下达到平衡，离解度为 50%，说明下列情况下，$PCl_5(g)$ 的离解度 $\alpha$ 的变化趋势是？
   (1) 使气体总压降低，直到体积为 2L，$\alpha$ _____
   (2) 恒压下通入 $N_2$，使体积增加到 2L，$\alpha$ _____
   (3) 恒容下通入 $N_2$，使压力增加到 $2p^\ominus$，$\alpha$ _____
   (4) 通入 $Cl_2$，使压力增加到 $2p^\ominus$，而体积仍为 1L，$\alpha$ _____

4. 在 $T=600K$ 的温度下，理想气体反应 $A(g)+B(g) \longrightarrow D(g)$，$K_1^\ominus=0.25$，则反应 $D(g) \longrightarrow A(g)+B(g)$，$K_2^\ominus=$ _____；$2A(g)+2B(g) \longrightarrow 2D(g)$，$K_3^\ominus=$ _____。

5. 在 $T=380K$，总压 $p=2.00$kPa，反应 $C_6H_5C_2H_5(g) \Longleftrightarrow C_6H_5C_2H_3(g)+H_2(g)$ 的平衡系统中，加入一定量的惰性组分 $H_2O(g)$，则反应的标准平衡常数 $K^\ominus$ _____，$C_6H_5C_2H_5(g)$ 的平衡转化率 _____，$C_6H_5C_2H_3(g)$ 的物质的量分数 $y(C_6H_5C_2H_3)$ _____。（填变大，变小，不变）

6. 在某温度下，密闭的刚性容器中的 $PCl_5(g)$ 达到分解平衡，若往此容器中充入 $N_2(g)$ 使系统压力增大二倍（看作理想气体），则 $PCl_5(g)$ 的离解度将_____（填变大，变小，不变）。

7. 反应：$2CH_4(g)+O_2(g) \rightleftharpoons 2CH_3OH(g)$ 在 400K 时的 $K^{\ominus}(400K)=1.18\times 10^{10}$，则反应：$CH_3OH(g) \rightleftharpoons CH_4(g)+(1/2)O_2(g)$ 的 $K^{\ominus}(400K)=$_____。

8. 298.15K 时，反应 $CuSO_4 \cdot 5H_2O(s) \rightleftharpoons CuSO_4(s)+5H_2O(g)$ 的 $K^{\ominus}=10^{-5}$，则此时平衡的水蒸气的分压力为_____。

9. 732.15K 时，反应 $NH_4Cl(s) \rightleftharpoons NH_3(g)+HCl(g)$ 的 $\Delta_r G_m^{\ominus}$ 为 $-20.8 kJ \cdot mol^{-1}$，$\Delta_r H_m^{\ominus}$ 为 $154 kJ \cdot mol^{-1}$，则反应的 $\Delta_r S_m^{\ominus}=$_____ $J \cdot K^{-1} \cdot mol^{-1}$。

10. 在定温下，向体积为 V 的真空容器内通入 1mol 的 $A_2(g)$ 和 3mol 的 $B_2(g)$，进行 $A_2(g)+B_2(g) \rightleftharpoons 2AB(g)$ 的反应，达到平衡时，测得生成的 $AB(g)$ 的物质的量为 $n$，若再通入 2mol 的 $A_2(g)$，测得平衡时 $AB(g)$ 的物质的量为 $2n$，则上述反应的标准平衡常数 $K^{\ominus}=$_____。

11. 某气相反应 $A \rightleftharpoons Y+Z$ 是吸热反应，在 25℃ 时其标准平衡常数 $K^{\ominus}=1$，则 25℃ 时反应的 $\Delta_r S_m^{\ominus}$ _____ 0，此反应在 40℃ 时的 $K^{\ominus}$ _____ 25℃ 时的 $K^{\ominus}$（选填 >，=，<）。

12. 某一温度下，反应 $C(s)+O_2(g) \rightleftharpoons CO_2(g)$ 的标准平衡常数为 $K_1^{\ominus}$，反应 $CO(g)+(1/2)O_2(g) \rightleftharpoons CO_2(g)$ 的标准平衡常数为 $K_2^{\ominus}$，则同样温度下反应 $2C(s)+O_2(g) \rightleftharpoons 2CO(g)$ 的标准平衡常数 $K_3^{\ominus}$ 与 $K_1^{\ominus}$ 和 $K_2^{\ominus}$ 的关系是=_____。

13. 对于化学反应 $0=\sum_B \nu_B B$，其标准平衡常数的定义是 $K^{\ominus}=$ _____，式中 $\Delta_r G_m^{\ominus}=$ _____，称为 _____。

14. 723℃ 时反应 $Fe(s)+CO_2(g) \rightleftharpoons FeO(s)+CO(g)$ 的 $K^{\ominus}=1.82$，若气相 $y(CO_2)=0.65$，$y(CO)=0.35$，则反应将_____（选填"向右进行""向左进行""达到平衡"）。

15. 反应 $C(s)+H_2O(g) \rightleftharpoons CO(g)+H_2(g)$，在 400℃ 时达到平衡，$\Delta_r H_m^{\ominus}=133.5 kJ \cdot mol^{-1}$，为使平衡向右移动，可采取的措施有（1）_____；（2）_____；（3）_____；（4）_____；（5）_____。

## 四、计算题

1. 某恒定的温度和压力下，取 $n_0=1mol$ 的 $A(g)$ 进行反应：$A(g) \rightleftharpoons B(g)$。若 $\mu_B=\mu_A$，试证明，当反应进度 $\xi=0.5mol$ 时，系统的吉布斯函数 $G$ 值为最小，这时 A，B 间达到化学平衡。

2. 已知四氧化二氮的分解反应：$N_2O_4(g) \rightleftharpoons 2NO_2(g)$，在 298.15K 时，$\Delta_r G_m^{\ominus}=4.75 kJ \cdot mol^{-1}$。判断在此温度及下列条件下，反应自发进行的方向：(1) $N_2O_4$ (100kPa)，$NO_2$ (1000kPa)；(2) $N_2O_4$ (1000kPa)，$NO_2$ (100kPa)；(3) $N_2O_4$ (300kPa)，$NO_2$ (200kPa)。

3. 1000K 时，反应 $C(s)+2H_2(g) \rightleftharpoons CH_4(g)$ 的 $\Delta_r G_m^{\ominus}=193797 J \cdot mol^{-1}$。现有与碳反应的气体，其中含有各组分的物质的量分数为：$y(CH_4)=0.10$，$y(H_2)=0.80$，$y(N_2)=0.10$。试问：(1) $T=1000K$，$p=100kPa$ 时，$\Delta_r G_m$ 等于多少，甲烷能否形成？(2) 在 $T=1000K$ 下，压力需增加到多少，上述合成甲烷的反应才能进行？

4. 在一个抽空的容器中引入氯和二氧化硫，若它们之间没有发生反应，则在 375.15K 时压力分别为 47.836kPa 和 44.786kPa。将容器保持在 375.15K，经一定时间后，压力变为常数，且等于 86.096kPa。求反应 $SO_2Cl_2(g) \rightleftharpoons SO_2(g) + Cl_2(g)$ 的 $K^{\ominus}$。

5. 使一定量 1∶3 的氮、氢混合气体在 1174K，3MPa 下通过铁催化剂以合成氨。设反应达到平衡。反应后气体混合物缓缓地通入 20cm³ 盐酸吸收氨。用气量计测得剩余气体的体积相当于 273.15K，101.325kPa 的干燥气体（不含水蒸气）2.02dm³。原盐酸溶液 20cm³ 需用浓度为 52.3mmol·dm⁻³ 的氢氧化钾溶液 18.72cm³ 滴定至终点。气体通过后则需用同样浓度的氢氧化钾溶液 15.17cm³。求 1174K 时反应 $N_2(g) + 3H_2(g) \rightleftharpoons 2NH_3(g)$ 的 $K^{\ominus}$。

6. 五氯化磷分解反应 $PCl_5(g) \rightleftharpoons PCl_3(g) + Cl_2(g)$ 在 200℃ 时的 $K^{\ominus}=0.312$，计算：(1) 200℃、200kPa 下 $PCl_5$ 的离解度；(2) 组成 1∶5 的 $PCl_5$ 与 $Cl_2$ 的混合物，在 200℃、101.325kPa 下 $PCl_5$ 的离解度。

7. 在 994K，使纯氢气慢慢地通过过量的 CoO(s)，则氧化物部分地被还原为 Co(s)。流出来的平衡气体中氢的体积分数 $y(H_2)=2.50\%$。在同一温度，若用 CO 还原 CoO(s)，平衡后气体中一氧化碳的体积分数 $y(CO)=1.92\%$。求等摩尔的一氧化碳和水蒸气的混合物在 994K 下，通过适当催化剂进行反应，其平衡转化率为多少？

8. 在真空的容器中放入故态的 $NH_4HS$，于 25℃ 下分解为 $NH_3$ 与 $H_2S$，平衡时容器内的压力为 66.66kPa。(1) 当放入 $NH_4HS$ 时容器中已有 39.99kPa 的 $H_2S$，求平衡时容器中的压力；(2) 容器中原有 6.666kPa 的 $NH_3$，问需多大压力的 $H_2S$，才能形成 $NH_4HS$ 固体？

9. 将 1mol $SO_2$ 与 1mol $O_2$ 的混合气体在 101.325kPa 及 903K 下通过盛有铂丝的玻璃管，控制气流速度，使反应达到平衡，把产生的气体急剧冷却，并用 KOH 吸收 $SO_2$ 及 $SO_3$，最后量得余下的氧气在 101.325kPa、273.15K 下体积为 13.78dm³，试计算反应 $SO_2 + \frac{1}{2}O_2 \rightleftharpoons SO_3$ 在 903K 时的 $\Delta_r G_m^{\ominus}$ 及 $K^{\ominus}$。

10. 求反应在 298.15K 下平衡的蒸气压：(1) $CuSO_4 \cdot 5H_2O(s) \rightleftharpoons CuSO_4 \cdot 3H_2O(s) + 2H_2O(g)$；(2) $CuSO_4 \cdot H_2O(s) \rightleftharpoons CuSO_4(s) + H_2O(g)$。已知各物质的 $\Delta_f G_m^{\ominus}$(298.15K) 如下：

| 物质 | $CuSO_4 \cdot 5H_2O(s)$ | $CuSO_4 \cdot 3H_2O(s)$ | $CuSO_4 \cdot H_2O(s)$ | $CuSO_4(s)$ | $H_2O(g)$ |
|---|---|---|---|---|---|
| $\dfrac{\Delta_f G_m^{\ominus}}{kJ \cdot mol^{-1}}$ | −1879.6 | −1399.8 | −917.0 | −661.8 | −228.6 |

11. 已知下列数据 (298.15K)

| 物质 | C(石墨) | $H_2(g)$ | $N_2(g)$ | $O_2(g)$ | $CO(NH_2)_2(s)$ |
|---|---|---|---|---|---|
| $\dfrac{S_m^{\ominus}(298.15K)}{J \cdot mol^{-1} \cdot K^{-1}}$ | 5.740 | 130.68 | 191.6 | 205.14 | 104.6 |
| $\dfrac{\Delta_c H_m^{\ominus}(298.15K)}{kJ \cdot mol^{-1}}$ | −393.51 | −285.83 | 0 | 0 | −631.66 |

| 物质 | $NH_3(g)$ | $CO_2(g)$ | $H_2O(g)$ |
|---|---|---|---|
| $\dfrac{\Delta_f G_m^{\ominus}(298.15K)}{kJ \cdot mol^{-1}}$ | −16.5 | −394.36 | −228.57 |

求 298.15K 下 $CO(NH_2)_2(s)$ 的标准摩尔生成吉布斯函数 $\Delta_f G_m^\ominus$ 以及反应 $CO_2(g)+2NH_3(g) \Longleftrightarrow H_2O(g)+CO(NH_2)_2(s)$ 的标准平衡常数 $K^\ominus$。

12. 已知 25℃ 时 AgCl(s)，水溶液中 $Ag^+$，$Cl^-$ 的 $\Delta_f G_m^\ominus$ 分别为 $-109.789 kJ \cdot mol^{-1}$，$77.107 kJ \cdot mol^{-1}$，$-131.22 kJ \cdot mol^{-1}$。求 25℃ 下 AgCl(s) 在水溶液中的标准溶度积 $K^\ominus$ 及溶解度 $S$。

13. 在高温下水蒸气通过灼热的煤层，按下式生成水煤气：

$$C(石墨) + H_2O(g) \Longleftrightarrow H_2(g) + CO(g)$$

若在 1000K 及 1200K 时，$K^\ominus$ 分别为 2.505 及 38.08，试计算此温度范围内平均反应热 $\Delta_r H_m$ 及在 1100K 时反应的标准平衡常数 $K^\ominus$。

14. 在 100℃下，下列反应 $COCl_2(g) \Longleftrightarrow CO(g) + Cl_2(g)$ 的 $K^\ominus = 8.1 \times 10^{-9}$，$\Delta_r S_m^\ominus(373K) = 125.6 J \cdot mol^{-1} \cdot K^{-1}$。计算：(1) 100℃、总压为 200kPa 时 $COCl_2$ 的离解度；(2) 100℃上述反应的 $\Delta_r H_m^\ominus$；(3) 总压为 200kPa、$COCl_2$ 离解度为 0.1% 时之温度，设 $\Delta_r C_{p,m} = 0$。

15. 工业上用乙苯脱氢制苯乙烯

$$C_6H_5C_2H_5(g) \Longleftrightarrow C_6H_5C_2H_3(g) + H_2(g)$$

如反应在 900K 下进行，其 $K^\ominus = 1.51$。试分别计算在下述情况下，乙苯的平衡转化率：(1) 反应压力为 100kPa 时；(2) 反应压力为 10kPa 时；(3) 反应压力为 101.325kPa，且加入水蒸气使原料气中水与乙苯蒸气的物质的量之比为 10：1 时。

习题解答

内容提要

# 第 6 章 相平衡

相平衡主要研究多相系统相变化规律,是热力学基本原理在化学领域中的重要应用,也是化学热力学的主要内容之一。本章是应用热力学原理采用图解的方法来表达相平衡规律,特别是多相系统的相平衡规律。

相图是指多相系统的相平衡状态随温度、组成、压力等变量的改变而发生变化的图形。它能够形象而直观地表达出相平衡时系统的状态与温度、组成、压力等变量的关系。

相律是根据热力学原理推导出来的,以统一观点处理各种类型多相平衡的理论方法。讨论多相平衡系统的组分数、相数以及自由度数之间的关系,并揭示多相平衡系统中外界条件(温度、组成、压力等)对相态的影响。虽然相律不能直接给出相平衡的具体数据,但它能帮助我们正确地绘制、阅读和应用相图。

本章首先介绍相律的目的是以相律为基础讨论平衡系统共存相的数目与其所需条件(温度、压力、组成)之间的关系,这些关系具体以图解形式表示时,就称之为"相图"。相图是研究多相平衡的工具,在生产科研中有重要用途,本章将扼要地介绍绘制相图的某些典型实验方法,并以实例说明相律在指导绘制相图和认识相图中的作用。

## 6.1 相　　律

### 6.1.1 基本术语

(1) 相与相数

在热力学系统中,我们把系统内物理性质和化学性质完全均匀的部分称为相 (phase)。此处的"均匀"是指若从系统中任意选取两个等量的体积元,则它们的性质完全相同。系统中相的数目称为相数,用符号"$P$"表示。

相的存在与系统所含物质量的多少无关,仅取决于平衡系统的组成和外界条件。相与相之间有一明显的界面,越过界面,相的性质发生突变。虽然"相"是均匀的,但并非一定要连续,如在水中投入冰块,只能算作两相(液态水和固态水),和投入的冰块的多少无关。但如果系统中同时含有几种不同的固态物质(包括组成相同而晶体状态不同)就算有几个相。如石灰粉与小麦粉混合,不管混合的如何均匀,也绝不能算是一相,因为在显微镜底下可看清它们晶体形态上的区别。另外还需要注意的是，这里的"均匀"并不意味着物质成分的单一性，如在水中放入少许食盐全部溶解了，此时系统为一相，如部分溶解则为固体盐和水溶液两个相。

（2）组分与组分数

系统中存在的化学物质的数目称为物种数，物种数用符号"$S$"表示。例如，水、水蒸气、冰三相平衡系统中只含有一种纯物质，故物种数$S=1$；在氯化钠及其水溶液中含有两种纯物质，NaCl 和 $H_2O$，物种数 $S=2$。当然如果考虑到溶液中存在 $Na^+$、$Cl^-$、$H_3O^+$、$OH^-$ 等，物种数也会随之改变。

由于物种数随着认识问题角度不同是一个可变的量，需要确定平衡系统中各组成所需要的最少数目的独立物质，称为"独立组分"，简称"组分"，其数目称为"独立组分数"，简称"组分数"，用符号"$C$"表示。"组分"是一种分子、原子或离子，例如水是一种组分，NaCl 也是一种组分。组分数与系统中的物种数是有区别的。系统含有几种物质，则物种数 $S$ 就是多少。但 $C$ 往往小于或等于 $S$，因它不仅与物种数 $S$ 有关，而且还受到系统的某些条件限制。如若系统中存在化学平衡，且该系统存在独立的化学反应计量式的数目为 $R$，独立的化学反应计量式的数目也会影响 $C$ 的值。如，由 $PCl_5$、$PCl_3$ 和 $Cl_2$ 三种物质组成的平衡系统，存在下列化学平衡：

$$PCl_5(g) \rightleftharpoons PCl_3(g) + Cl_2(g)$$

该系统的 $R=1$。必须注意 $R$ 是"独立的"化学平衡数目。再如，由 Fe、FeO、C、CO 和 $CO_2$ 组成的系统在一定条件下达成下列平衡：

$$FeO(s) + CO(g) \rightleftharpoons Fe(s) + CO_2(g) \tag{1}$$

$$FeO(s) + C(s) \rightleftharpoons Fe + CO(g) \tag{2}$$

$$C(s) + CO_2(g) \rightleftharpoons CO(g) \tag{3}$$

表面上看，有五种物质和三个化学平衡，实际上其中只有两个化学反应是独立的，因为反应（2）减去反应（3）即得反应（1），故该系统的 $R=2$，而不是 3。

另外，还有一些特殊的情况，如由 $H_2$、$N_2$ 和 $NH_3$ 组成的系统，除存在如下化学平衡外：

$$3H_2(g) + N_2(g) \rightleftharpoons 2NH_3(g)$$

如果反应开始时，$N_2$ 和 $H_2$ 满足反应式化学计量 1:3 的摩尔比，或者开始只投放 $NH_3$，而后由 $NH_3$ 分解得 $N_2$ 和 $H_2$，这样，当已知其中任一组分的量，便能计算其它两种成分的量，于是其组分数为 1。这种特殊的浓度关系称为浓度限制条件，其数目用 $R'$ 表示。应该注意，浓度限制条件只有物质在同一相中才存在，而不同相之间不存在，否则就会产生重复而导致错误。例如，碳酸钙的热分解，产生的 $CO_2$ 气体和 CaO 固体，虽说其摩尔数比为 1:1，但两者各处不同的相中，其数量比不代表浓度比，故不能作为浓度限制条件。所以其 $R'=0$。

这样，热力学平衡系统的组分数 $C$ 可归纳为如下等式：

$$C = S - R - R' \tag{6.1}$$

式中，$S$ 为物种数；$R$ 为独立化学平衡数；$R'$ 为独立的浓度限制条件的数目。对于同一客观系统，物种数 $S$ 可能因看问题的角度不同而有差异，但系统的组分数 $C$ 却始终保持不变。

例如，对于 NaCl(s) 和水（$H_2O$）组成的溶液。若不计它们的解离，则 $C=S=2$。若要考虑物质的解离，则生成的物质共有 $H_2O$、$H_3O^+$、$OH^-$、NaCl(s) 及 $Na^+$、$Cl^-$ 等六种，而此时相应地必须考虑以下两个平衡：$2H_2O \rightleftharpoons H_3O^+ + OH^-$，$NaCl(s) \rightleftharpoons Na^+ + Cl^-$。此外还存在两个独立的浓度限制条件：$c(H_3O^+) = c(OH^-)$，$c(Na^+) =$

$c(Cl^-)$，故其组分数 $C=S-R-R'=6-2-2=2$，仍然不变。可见，组分数的确是表征系统性质的一个重要参数。

（3）自由度

在不引起旧相消失和新相形成的前提下，系统中可自由改变的独立的强度性质变量，称为系统在指定条件下的"自由度"，这种变量的数目称为自由度数，用符号"$F$"表示。常用的强度性质有温度、压力和浓度等。如对液态水，在一定温度和压力范围内可同时任意改变其温度、压力而仍能保持单相，这意味着它有两个独立可变的强度性质，故自由度数 $F=2$。然而，当液态水与水气两相平衡时，$T$、$p$ 两变量中只有一个可以独立变动。例如，100℃下其平衡压力为 100kPa，温度若变化，压力也需相应调整才能重新建立平衡，于是 $F=1$。这就是说温度确定以后，压力就不能随意变动（即一定温度下水的平衡蒸气压是固定的），反之，指定平衡压力，温度就不能随意选择，否则必将导致两相平衡状态的破坏。

## 6.1.2 相律

（1）吉布斯相律

在恒温恒压下多组分多相系统中任一物质（B）在各相（$\alpha$，$\beta$，$\gamma$，…，$P$ 等相）平衡共存的条件是该物质在各相中的化学势相等，即

$$\mu_B^\alpha = \mu_B^\beta = \cdots = \mu_B^P$$

倘若系统中某一物质不能满足上述条件，则该物质必然自发地从化学势较高的相转移到化学势较低的相中去，且一直继续到该种物质在各相中的化学势相等为止。

对一个达成相平衡的系统来说，若影响平衡的外界因素仅为温度和压力，则相数 $P$、组分数 $C$ 和自由度数 $F$ 三者之间存在以下制约关系：

$$F = C - P + 2 \tag{6.2}$$

这个规律称为"相律"。它是 1876 年，吉布斯（Gibbs）以热力学方法导出的，故又称为"吉布斯相律"，可推导如下。

由简单的代数定理可知，在已知变量间如存在一相互制约关系，即存在一关系式，独立变量数将减少一个；如有 $n$ 个关系式则独立变量数将减少 $n$ 个，所以只要将确定系统状态的总变量数减去关联变量的关系式的数目便可以得到独立变量数或自由度数，即

自由度数＝总变量数－变量间必须满足的关系式的数目

先考虑一个包含 $S$ 个物种的多相系统，并假设每一组分均分别分布于 $\alpha$，$\beta$，$\gamma$，… 共 $P$ 个相的每一个相中。欲确定一个相的状态，必须知道其温度、压力及（$S-1$）个浓度的数值 $\left[\text{以物质的量分数 } x_B \text{ 表示浓度时，则} \sum_B x_B = 1\text{，即 } S \text{ 个浓度仅有（}S-1\text{）个是独立的}\right]$，即有（$S-1$）$+2=S+1$ 个变量。对于 $P$ 个相来说，则描述平衡系统的总变量数为 $P(S+1)$。但由于整个系统处于热力学平衡状态，必须满足下列四个平衡条件。

① 热平衡条件：各相温度相等，即 $T^\alpha = T^\beta = \cdots = T^P$，共有（$P-1$）个独立的等式

② 力学平衡条件：各相压力相等，即 $p^\alpha = p^\beta = \cdots = p^P$，共有（$P-1$）个独立的等式

③ 相平衡条件：各物质在各相的化学势相等，即

$$\mu_1^\alpha = \mu_1^\beta = \cdots = \mu_1^P$$
$$\mu_2^\alpha = \mu_2^\beta = \cdots = \mu_2^P,$$

$$\mu_s^\alpha = \mu_s^\beta = \cdots = \mu_s^P$$

共有 $S(P-1)$ 个独立的等式

④ 化学平衡条件：设有 $R$ 个独立的化学反应，则独立的化学反应计量式数目为 $R$。如果系统中还存在 $R'$ 个浓度限制条件。则以上四个平衡共有 $(P-1)+(P-1)+S(P-1)+R+R'=(P-1)(S+2)+R+R'$ 个等式，根据系统自由度数的定义，有：

$$F = P(S+1) - [(P-1)(S+2) + R + R'] = (S-R-R') - P + 2，即$$

$$F = C - P + 2 \tag{6.3}$$

由此可知，自由度数随组分数增加而增加，但随着相数的增加而减少，式中的 "2" 表示系统的温度和压力。

除相平衡限制条件外，若还有 $n'$ 个额外限制条件（如固定 $T$、$p$ 或浓度等），则相律表达式(6.2)应为 $F^* = C - P + 2 - n'$。例如凝聚系统中没有气相存在，常压下，外压对相平衡系统的影响可以忽略，可认为 $p$ 固定，即 $n'=1$，故式(6.2)可写成：

$$F^* = C - P + 2 - 1 = C - P + 1。$$

这里 $F^*$ 称为条件自由度数。如在某系统中除 $T$、$p$ 外，还考虑其它外界因素（如电场、磁场等）的影响，若总计有 $n$ 个影响因素，则式(6.2)中的 "2" 应改为 "$n$"，故相律的普遍表达式为：

$$F = C - P + n \tag{6.4}$$

关于相律应注意：① 在相律的推导中，曾假定每一组分在每一相中均存在。实际上若有些物质在某些相中不存在，则这种情况下相律的数学表达式仍然成立，因某一相少一种物质，必然这一相浓度变量也会相应减少一个，但同时也减少一个化学势的限制关系式，前后抵消，相律基本形式不变；② 相律只适用于热力学平衡系统。

(2) 相律应用举例

【例6.1】 在 $700℃$ 时，石墨、Fe、FeO 与另一个含有 CO 及 $CO_2$ 的气体混合，存在下列平衡：

$$FeO(s) + C(s) \rightleftharpoons Fe + CO(g)$$

$$C(s) + CO_2(g) \rightleftharpoons CO(g)$$

试问此混合平衡系统的条件自由度数为多少？

解：$C = S - R - R' = 5 - 2 - 0 = 3$

$P = 4$（气体、石墨、Fe、FeO），$n' = 1$（指温度恒定为 $700℃$）

$\therefore F^* = C - P + 2 - n' = 3 - 4 + 2 - 1 = 0$

这说明若此混合系统的温度固定，则达平衡时，其压力及各种物质浓度都随之固定，不存在可自由变动的强度变量。

【例6.2】 碳酸钠与水可形成三种化合物：$Na_2CO_3 \cdot H_2O$，$Na_2CO_3 \cdot 7H_2O$，$Na_2CO_3 \cdot 10H_2O$，试说明在标准压力 $p^\ominus$ 下，与碳酸钠水溶液及冰共存的含水盐最多可有几种？

解：此系统由 $Na_2CO_3$ 和 $H_2O$ 构成，则 $C=2$。
因压力恒定为 $p^\ominus$；$n'=1$。

$$F^* = C - P + 2 - n' = 2 - P + 2 - 1 = 3 - P$$

又因相数最多时自由度数最少。故 $F^*=0$ 时，$P=3$。系统中最多可有三相共存。即与 $Na_2CO_3$ 及冰共存的含水盐最多只能有一种，究竟是哪一种，需由实验确定。

## 6.2 单组分系统相图

### 6.2.1 单组分系统相律依据与图像特征

由相律 $F=C-P+2$ 可以看出，当平衡系统中组分数 $C$ 已确定时，$F$ 与 $P$ 存在着相互制约的关系：系统相数愈多时，自由度数愈少。反之，相数愈少时，自由度数愈多。然而，自由度数最小仅能为零（无变量系统），故平衡时系统相数有一最大值。而系统的相数最少为 1，在此条件下自由度数最多。因此，当外界条件及系统组分数既定时，可由相律确定用多少独立变量才足以完整地描述系统的平衡性质以及在此系统中达平衡时最多相数可能是多少。

数学上无变量，单变量，双变量和三变量系统分别可以点、线、面和体等几何图形表示，故在特定条件下，由相图的几何特征就可以确定处于某一状态时系统中有多少相处于相平衡。

对于单组分系统（$C=1$），据相律 $F=C-P+2=3-P$。显然，$F=0$ 时，$P=3$，即系统中最多只有三相共存。而最多的自由度数取决于最少的相数，相数最少为 1，而当 $P=1$，$F=2$，系统最多的自由度数为 2，这说明只要两个独立变量（$T$、$p$）就足以完整表征系统的状态。

倘若以实验数据为基础作出这些变量之间的图解，或其它变量间关系的图解，即可构成各类的相图，例如 $p \sim T$、$p \sim V$ 等相图。对于多组分系统还应引入组成的变量物质的量分数 $x$，可作 $p \sim x$，$T \sim x$，$T \sim p \sim x$，…相图。

相图又称为"状态图"，它表明指定条件下系统是由哪些相构成，各相的组成是什么。以单组分系统的"$T \sim p$"相图为例，其特征与相数、自由度数之间的对应关系如下：

$P=1$，$F=2$，双变量系统，相图特征为面；
$P=2$，$F=1$，单变量系统，相图特征为线；
$P=3$，$F=0$，无变量系统，相图特征为点。

由此可见，单组分系统的相图是二维的，在其中有单相面、两相线、三相点，但这些面、线、点居于何处，由哪些相构成，却不能从相律里得知，只能通过实验来确定。

### 6.2.2 典型相图举例

(1) 水的相图

水有三种不同的聚集状态，在指定的温度、压力下可以互成平衡，即：$H_2O(l) \rightleftharpoons H_2O(g)$；$H_2O(s) \rightleftharpoons H_2O(g)$，$H_2O(l) \rightleftharpoons H_2O(s)$。在特定条件下还可以建立 $H_2O(s) \rightleftharpoons H_2O(l) \rightleftharpoons H_2O(g)$ 的三相平衡系统。表 6.1 的实验数据表明了水在各种平衡条件下，温度和压力的对应关系。水的相图如图 6.1 所示，就是根据这些实验数据描绘而成的。

① 两相线

图中三条曲线分别代表上述三种两相平衡状态，线上的点代表两相平衡的必要条件，即平衡时系统温度与压力的对应关系。$OA$ 线是冰与水蒸气两相平衡共存的曲线，它表示冰的饱和蒸气压与温度的对应关系，称为"升华曲线"，由图 6.1 可见，冰的饱和蒸气压随温度

表 6.1 水的相平衡实验数据

| 温度/℃ | 系统的水蒸气压力/kPa | | 平衡压力/kPa |
|---|---|---|---|
| | $H_2O(l) \rightleftharpoons H_2O(g)$ | $H_2O(s) \rightleftharpoons H_2O(g)$ | $H_2O(l) \rightleftharpoons H_2O(s)$ |
| −20 | 0.126 | 0.103 | $1.935 \times 10^5$ |
| −15 | 0.191 | 0.165 | $1.611 \times 10^5$ |
| −10 | 0.287 | 0.259 | $1.104 \times 10^5$ |
| −5 | 0.421 | 0.401 | $6.18 \times 10^4$ |
| 0.00989 | 0.61062 | 0.61062 | 0.61062 |
| 20 | 2.338 | — | — |
| 100 | 101.3 | — | — |
| 200 | 1554.4 | — | — |
| 300 | 8590.3 | — | — |
| 374.2 | 22119.25 | — | — |

的下降而下降。OA 线在理论上可向左下方延伸到绝对零点附近,但向右上方不得越过交点 O,因为事实上不存在升温时该熔化而不熔化的过热冰。OB 线是冰与水两相平衡线,它表示冰的熔点随外压变化而变化的关系,故称之为冰的"熔化曲线"。熔化的逆过程就是凝固,因此它又表示水的凝固点随外压变化而变化的关系,故也可称为水的"凝固点曲线"。该线甚陡,略向左倾,斜率呈负值,意味着外压剧增,冰的熔点仅略有降低,大约是每增加 1 个 $p^{\ominus}$,下降 0.0075℃。水的这种行为是反常的,因为大多数物质的熔点随压力增加而稍有升高。同时,OB 线也不能无限向上延长,大约到 $2.03 \times 10^5$ kPa 开始,相图就变得复杂,有不同结构的冰生成,称为"同质多晶现象",情况较复杂。OC 线是水蒸气与水(液)两相平衡线,它代表气-液平衡时,温度与蒸气压的对应关系,称为"蒸气压曲线"或"蒸发曲线"。显然,水的饱和蒸气压是随温度的增高而增大。F 点表示水的"正常沸点",即在 101.325kPa 压力下液体开始沸腾的温度。必须指出,OC 线不能向上无限延伸,只能到水的临界点即 647.3K 与 $2.21 \times 10^4$ kPa 为止。因为在临界温度以上,气、液处于连续状态,气液态之间的相界面将消失。OC 线也能向下延伸如虚线 OD 所示,它代表未结冰的过冷水与水蒸气共存,是一种不稳定的状态,称为"亚稳状态"。OD 线在 OA 线之上,表示过冷水的蒸气压比同温度下处于稳定状态的冰的蒸气压大,其稳定性较低,稍受扰动或投入晶种将有冰析出。OA、OB、OC 的斜率由"克劳修斯-克拉佩龙方程"或者"克拉佩龙方程"求得。

② 单相面

从图 6.1 可以看出,三条两相线将坐标分成三个区域;每个区域代表一个单相区,其中 AOC 为气相区,AOB 为固相区,BOC 为液相区。它们都满足 $P=1$,$F=2$,说明这些区域内 T、p 均可在一定范围内自由变动而不会引起新相形成或旧相消失。换句话说要同时指定 T、p 两个变量才能确定系统的一个状态。

③ 三相点

三条两相线的交点 O 是水蒸气、水、冰三相平衡共存的点,称为三相点。在三相点上 $P=3$,$F=0$,故系统的温度、压力皆恒定,不能变动。否则会破坏三相平衡状态。三相点的压力 $p=0.611$kPa,温度 $T=273.16$K。必须强调,三相点温度不同于通常所说的水的冰点,后者是指敞露于空气中的冰-水两相平衡时的温度,在这种情况下,水已被空气中的组

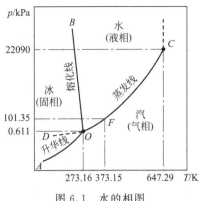
图 6.1 水的相图

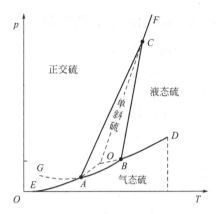
图 6.2 硫的相图

分（$CO_2$、$N_2$、$O_2$ 等）所饱和，已变成多组分系统。正由于其它组分溶入致使原来单组分系统水的冰点下降约 0.00242℃。其次，因压力从 0.61kPa 增大到 101.325kPa，根据克拉佩龙方程计算其相应冰点温度又降低 0.00747℃。这两种效应之和为 0.00989℃≈0.01℃ 就使得水的冰点从原来的三相点处即 273.16K 下降 0.01℃ 到通常的 273.15K（或 0℃）。

（2）硫的相图

硫有四种不同的相态：固态的正交（或斜方）硫，固态的单斜硫，液态硫和气态硫，图 6.2 为硫的相图。已知单组分体系可最多同时存在三个相，故上述四个相不可能同时存在。硫的相图中有四个三相点：$A$、$B$、$C$、$O$，各点代表的平衡体系如下。

$A$ 点：正交硫 $\rightleftharpoons$ 单斜硫 $\rightleftharpoons$ 气态硫，$9.33 \times 10^{-4}$ kPa，95.5℃

$B$ 点：单斜硫 $\rightleftharpoons$ 气态硫 $\rightleftharpoons$ 液态硫，$6.67 \times 10^{-3}$ kPa，119.3℃

$C$ 点：正交硫 $\rightleftharpoons$ 单斜硫 $\rightleftharpoons$ 液态硫，172.0 kPa，153.7℃

$O$ 点：正交硫 $\rightleftharpoons$ 气态硫 $\rightleftharpoons$ 液态硫，$3.47 \times 10^{-3}$ kPa，113.0℃

各实线为其相邻两相共存平衡线。如 $AB$ 线是单斜硫和气态硫共存线，$BD$ 线是气态硫和液态硫的两相共存平衡线。图中虚线 $AO$ 为 $EA$ 的延长线，为正交硫 $\rightleftharpoons$ 气态硫的介稳平衡，即过热正交硫的蒸气压曲线。若加热太快，体系可超过 95.5℃，沿 $AO$ 线上升而不转变为单斜硫。虚线 $OC$ 是 $O$、$C$ 点的连线，为正交硫 $\rightleftharpoons$ 液态硫的介稳平衡，即过热正交硫的熔化曲线。虚线 $BO$ 为 $DB$ 的延长线，为气态硫 $\rightleftharpoons$ 液态硫的介稳平衡，即过冷液硫的蒸气压曲线，虚线 $AG$ 为单斜硫 $\rightleftharpoons$ 气态硫的介稳平衡，即过冷单斜硫的蒸气压曲线。

$O$ 点是线 $AO$ 与线 $BO$ 的交点，为单斜硫 $\rightleftharpoons$ 气态硫 $\rightleftharpoons$ 液态硫三相的介稳平衡。$D$ 点为临界点，高于此点温度只有气相存在。

由相图可以发现：在室温下正交硫稳定。由于晶体转变是慢过程，故只能缓慢加热到 95.5℃ 时正交硫才逐渐转变为单斜硫，一旦加热太快，则可使正交硫以介稳态平衡到它的熔点（113.0℃）而不必经过单斜硫。95.5℃ 以上单斜硫稳定，于 119.3℃ 开始溶解。在 95.5℃ 时两种不同晶型的固体与硫蒸气平衡共存，此温度称为"转变温度"，因它处于正交硫和单斜硫熔点以下，故相变可以向任一方向进行，即相变是可逆的，这种相变叫做对称双变（异构）现象的同质多晶体转变，简称多晶体中的"互变现象"。但也有许多物质的晶型转变是不可逆的，即只能朝一个方向变化。此类物质的熔点比转变温度低，故在物质未达到转变温度之前就熔化了，这种相转变称为单变现象的同质多晶体转变，例如磷就表现出此类性质。

## 6.2.3 克拉佩龙-克劳修斯方程

相图中两相平衡时 $T$-$p$ 关系可直接通过实验测定，也可由以热力学方法推导出的两相平衡时温度和压力的定量关系——克拉佩龙方程（Clapeyron Equation）描述。若已知相变潜热及相变体积变化数据，可根据该方程进行计算。

热力学平衡条件已经指出，单组分系统中两相平衡条件是该物质在两相的化学势相等。假定温度为 $T$，压力为 $p$ 时，同一物质于 $\alpha$、$\beta$ 两相的化学势分别为 $\mu^\alpha$、$\mu^\beta$，则平衡时有：

$$\mu^\alpha = \mu^\beta \tag{6.5}$$

倘若系统的温度发生一个微小变化，即从 $T$ 变到 $T+\mathrm{d}T$ 时，只有当压力也相应地发生微小变化，即由 $p$ 变到 $p+\mathrm{d}p$，系统才会重新达到平衡。此时物质在两相中的化学势均发生了微小变化 $\mathrm{d}\mu^\alpha$ 和 $\mathrm{d}\mu^\beta$，但在新的平衡条件下，物质在两相的化学势应仍然相等，即

$$\mu^\alpha + \mathrm{d}\mu^\alpha = \mu^\beta + \mathrm{d}\mu^\beta \tag{6.6}$$

由式(6.5)和式(6.6)，得：

$$\mathrm{d}\mu^\alpha = \mathrm{d}\mu^\beta \tag{6.7}$$

根据化学势的定义，纯物质的化学势等于该物质的摩尔吉布斯函数，即

$$\mu = \frac{G}{n} = G_\mathrm{m}$$

故

$$\mathrm{d}\mu = \mathrm{d}G_\mathrm{m} \tag{6.8}$$

代入式(6.5)，则有

$$\mathrm{d}G_\mathrm{m}(\alpha) = \mathrm{d}G_\mathrm{m}(\beta) \tag{6.9}$$

这说明系统达平衡时，两相吉布斯函数的改变量也相等，而由热力学基本方程可知：

$$\mathrm{d}G_\mathrm{m} = -S_\mathrm{m}\mathrm{d}T + V_\mathrm{m}\mathrm{d}p$$

代入式(6.9)，便有

$$-S_\mathrm{m}(\alpha)\mathrm{d}T + V_\mathrm{m}(\alpha)\mathrm{d}p = -S_\mathrm{m}(\beta)\mathrm{d}T + V_\mathrm{m}(\beta)\mathrm{d}p$$

移项整理可得，

$$\frac{\mathrm{d}p}{\mathrm{d}T} = \frac{S_\mathrm{m}(\beta) - S_\mathrm{m}(\alpha)}{V_\mathrm{m}(\beta) - V_\mathrm{m}(\alpha)} = \frac{\Delta_\alpha^\beta S_\mathrm{m}}{\Delta_\alpha^\beta V_\mathrm{m}} \tag{6.10}$$

式中，$\Delta_\alpha^\beta S_\mathrm{m}$、$\Delta_\alpha^\beta V_\mathrm{m}$ 分别表示 1mol 某物质从某 $\alpha$ 相转移到 $\beta$ 相的熵变和体积变化。因温度和压力的变化极微小，相变过程的熵变可近似地用可逆过程的熵变公式表示：

$$\Delta_\alpha^\beta S_\mathrm{m} = \frac{\Delta_\alpha^\beta H_\mathrm{m}}{T} \tag{6.11}$$

式中，$\Delta_\alpha^\beta H_\mathrm{m}$ 是相应的摩尔相变焓，如蒸发摩尔焓变 $\Delta_\mathrm{vap}H_\mathrm{m}$、升华摩尔焓变 $\Delta_\mathrm{sus}H_\mathrm{m}$ 等。现将式(6.11)代入式(6.10)，可得

$$\frac{\mathrm{d}p}{\mathrm{d}T} = \frac{\Delta_\alpha^\beta H_\mathrm{m}}{T\Delta_\alpha^\beta V_\mathrm{m}} \tag{6.12}$$

此即反映单组分系统两相平衡时温度与压力之间的依赖关系——克拉佩龙方程。公式指出：若系统的温度发生变化，为继续保持两相平衡，压力也必须随之变化。上式推导过程中没有引进任何人为假设，因此，式(6.12)适用于任何纯物质系统的各类两相平衡状态，如气~液、气~固、液~固或固-固晶型转变等。

如果 $\alpha$、$\beta$ 两相中有一相是气相（设 $\beta$ 为气相），则因气体体积远大于液体或固体的体

积,即 $V_m(g) \gg V_m(l)$ 或 $V_m(s)$,于是,可略去液相或固相的体积,若将气体看成是理想气体,则式 6.12 可变为如下形式

$$\frac{dp}{dT} = \frac{\Delta_\alpha^\beta H_m}{T \Delta_\alpha^\beta V_m} = \frac{\Delta_\alpha^\beta H_m}{T \frac{RT}{p}}$$

即

$$\frac{d\ln p}{dT} = \frac{\Delta_\alpha^\beta H_m}{RT^2} \tag{6.13}$$

这就是著名的克拉佩龙-克劳修斯方程(Clapeyron-Clausius Equation)的微分形式,简称克-克方程。若对式(6.13)进行不定积分,可得

$$\ln p = -\frac{\Delta_\alpha^\beta H_m}{RT} + C \tag{6.14}$$

式(6.14)为克-克方程的不定积分式,$C$ 为积分常数。若以 $\ln p$ 对 $1/T$ 作图可得一直线,斜率为 $-\frac{\Delta_\alpha^\beta H_m}{R}$,如图 6.3 所示。因此可以通过作图法,由斜率得到摩尔相变焓 $\Delta_\alpha^\beta H_m$。

若对上式定积分,并设温度变化范围不大,可将 $\Delta_\alpha^\beta H_m$ 视为与温度无关的常数,则

$$\ln \frac{p_2}{p_1} = \frac{\Delta_\alpha^\beta H_m}{R} \left( \frac{1}{T_1} - \frac{1}{T_2} \right) \tag{6.15}$$

可见,只要知道 $\Delta_\alpha^\beta H_m$,就可以从已知温度 $T_1$ 时的饱和蒸气压 $p_1$ 计算另一温度 $T_2$ 时的饱和蒸气压 $p_2$;或者从已知压力下的沸点求得另一压力下的沸点。当然,若已知两个温度下的蒸气压亦可用来估算 $\Delta_\alpha^\beta H_m$。

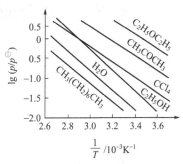

图 6.3 一些常见气体的蒸气压与温度的关系

另外,对摩尔蒸发焓 $\Delta_{vap} H_m$ 还可以用经验规则进行估计:对一些非极性液体来说,液态分子不以缔合形式存在,其正常沸点时的摩尔蒸发焓与正常沸点之比为一常数,即各种非极性液体的摩尔蒸发熵为一常数,即

$$\frac{\Delta_{vap} H_m}{T_b} = \Delta_{vap} S_m \approx 88 \text{J} \cdot \text{mol}^{-1} \cdot \text{K}^{-1} \tag{6.16}$$

该规则由爱尔兰物理学家特鲁顿(Trouton)于 1884 年发现,故称为特鲁顿规则。在知道液体沸点的情况下,可用此规则来估计它的蒸发热(焓),但对液态时形成氢键或其它结构的液体不适用。同时务必强调,使用克-克方程的定积分或不定积分形式时,应注意公式的适用范围:只当温度变化不大时才可视 $\Delta_\alpha^\beta H_m$ 为常数,其次该气态物质遵从理想气体定律,否则将引入误差。故当温度变化范围较宽时,必须考虑 $\Delta_\alpha^\beta H_m$ 对温度的依赖关系,但得到 $\ln p\text{-}F(T)$ 方程较复杂。目前常用半经验的安托因(Antoine)方程:

$$\ln p = -\frac{A}{T+C} + B \tag{6.17}$$

式中,$A$、$B$、$C$ 均是物质的特性常数,称之"安托因常数(Antoine constant)",在有关手册中查到,除低温外,它在较宽温度范围内可给出较好的结果。

【例 6.3】已知水在 101.325kPa 压力下的沸点是 100℃,汽化焓为 $4.07 \times 10^4$ J·mol$^{-1}$,试计算:(1)水在 25℃时的饱和蒸气压,与实验值 3.168kPa 比较并计算其百分误

差。(2) 设某高山上气压为 80.0kPa，求此时水的沸点为若干？

**解**：(1) 由题知：$T_1=100+273.15=373.15K$，$p_1=101.325kPa$，$\Delta_{vap}H_m=4.07\times10^4 J\cdot mol^{-1}$，$T_2=25+273.15=298.15K$，代入克-克方程得

$$\ln\frac{p_2}{101.3}=\frac{4.07\times10^4}{8.314}\left(\frac{1}{373.15}-\frac{1}{298.15}\right)$$

$$p_2=3.75kPa$$

$$\frac{3.75-3.168}{3.168}\times100\%=18.3\%$$

(2) 由题知：$T_1=100+273.15=373.15K$，$p_1=101.325kPa$，$\Delta_{vap}H_m=4.07\times10^4 J\cdot mol^{-1}$，$p_2=80.0kPa$ 代入克-克方程得

$$\ln\frac{80.0}{101.3}=\frac{4.07\times10^4}{8.314}\left(\frac{1}{373.15}-\frac{1}{T_2}\right)$$

$$T_2=366K$$

## 6.3 二组分液态完全互溶系统的气液平衡相图

将相律应用于二组分系统，因 $C=2$，其相数与自由度的关系为：
$$F=C-P+2=4-P$$
可知

$P=1$，$F=3$，三变量系统；
$P=2$，$F=2$，双变量系统；
$P=3$，$F=1$，单变量系统；
$P=4$，$F=0$，无变量系统。

系统相数最少 $P=1$ 时，$F=3$，自由度数为三，即需用三个独立变量才足以完整地描述系统的状态。通常情况下，描述系统状态时以温度（$T$）、压力（$p$）和组成（浓度 $x_1$ 或 $x_2$）三个变量为坐标构成的立体模型图。为便于在平面上将平衡关系表示出来，常固定某一个变量，从而得到立体图形在特定条件下的截面图。比如，固定 $T$ 就得 $p\sim x$ 图，固定 $p$ 就得 $T\sim x$ 图，固定 $x$（组成）就得 $T\sim p$ 图。前两种平面图对工业上的提纯、分离、精馏、分馏等方面有实用价值，是本章讨论的重点。

二组分系统相图的类型较多，根据两相平衡时各相的聚集状态常分为：气～液系统、固～液系统，和固～气系统。本节就是指液体仅由两种物质组成而研究范围内仅出现气～液两相平衡的系统，或称为双液系统。在双液系统中，常根据两种液态物质互溶程度不同又分为：完全互溶系统、部分互溶系统和完全不互溶系统。

### 6.3.1 完全互溶双液系统

两种液体在全浓度范围内都能互相混溶的系统，称为"完全互溶双液系统"。系统中两个组分的分子结构相似程度往往有所差别，所构成的溶液的性质也各异，服从拉乌尔定律的程度就有所不同。为此，完全互溶双液系统又分为"理想的"和"非理想的"两种情形。

(1) 完全互溶双液系统的压力～组成图

根据"相似相溶"原则，两种结构很相似的化合物，例如甲苯和苯，正己烷和正庚烷，

同素异构化合物的混合物等，均能以任何比例混合成理想溶液。图 6.4 为恒温下 A、B 组分组成的理想溶液 $p\sim x$ 图。各组分在全部浓度范围内其蒸气压与组成的关系均遵守拉乌尔定律，即

$$p_B = p_B^* x_B \quad (6.18)$$

$$p_A = p_A^* x_A = p_A^* (1-x_B) \quad (6.19)$$

可分别用直线 $p_A = p_A^* x_A = p_A^*(1-x_B)$ 和 $p_B = p_B^* x_B$ 表示，若以 $p$ 表示溶液的蒸气总压，则有：

$$p = p_A + p_B = p_A^*(1-x_B) + p_B^* x_B = p_A^* + (p_B^* - p_A^*)x_B \quad (6.20)$$

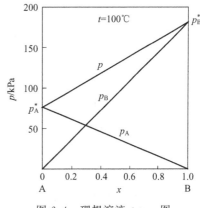

图 6.4　理想溶液 $p\sim x$ 图

由于 $x_B = 0$ 时，$p = p_A^*$；$x_B = 1$ 时，$p = p_B^*$，所以二组分理想溶液总蒸气压必然在两个纯组分蒸气压 $p_A^*$、$p_B^*$ 之间，也就是说，它与组成 $x_B$ 的关系如图 6.4 中 $p_A^*$、$p_B^*$ 两点连线 $p_A^* p_B^*$。表示溶液蒸气总压随液相组成变化关系的直线或曲线称为"液相线"。从液相线可找到总蒸气压下溶液的组成，或指定溶液组成时的蒸气总压，很明显，此时系统的自由度数应为 1。

由于 A、B 两组分蒸气压不同，气～液平衡时气相的组成与液相的组成必然亦不同，从以下分析可以看出。

由分压力定义，组分 B 在气相中浓度以物质的量分数 $y_B$ 表示，则

$$y_B = \frac{p_B}{p} = \frac{p_B^* x_B}{p_A^* + (p_B^* - p_A^*)x_B} \quad (6.21)$$

而 $y_A = 1 - y_B$，故由式 (6.21) 可知，如果知道一定温度下纯组分蒸气压 $p_A^*$、$p_B^*$，就能从溶液的组成 $x_B$ 计算与其平衡的气相组成 $y_B$。由式 (6.21) 可得：

$$x_B = \frac{p_A^* y_B}{p_B^* - (p_B^* - p_A^*)y_B} \quad (6.22)$$

将其代入式 (6.21)，整理可得：

$$p = \frac{p_A^* p_B^*}{p_B^* - (p_B^* - p_A^*)y_B} \quad (6.23)$$

式 (6.23) 表明了溶液蒸气总压 $p$ 与气相组成 $y_B$ 的关系，所作 $p\sim y_B$ 曲线（图 6.5）称为"气相组成线"，简称"气相线"。同图 6.4 比较看出，气相线与液相线形状不同。

当将气相线和液相线合并于同一图上，如图 6.6 即为理想溶液的 $p\sim x_B$ 图。在相图中表示平衡系统（包含全部相）的总组成的点称为"物系点"，亦称"系统点"。如图 6.6 中 $M$、$a$、$b$ 等，这三点的系统组成均为 $x_B = x_M$ 故此三点均是物系点。相图中表示某一相的组成的点称为"相点"，如单相系统中的 $a$、$b$ 两点为相点。$L_1$、$G_1$ 的连线又称为"结线"。

从图 6.6 可以看出，气相线位于液相线下方，从同一总压作一水平线分别与液相线和气相线交，如图中的线 $L_1G_1$、$L_2G_2$ 和 $L_3G_3$。显然，$G_1$、$G_2$、$G_3$ 处的气相组成 $y_B$ 分别大于 $L_1$、$L_2$、$L_3$ 处的液相组成 $x_B$，即 $y_B > x_B$，这就是说在气～液平衡系统中，纯态时具有较大蒸气压的组分在气相中的组成比它在液相中的组成大。或者说理想溶液中较易挥发组分在气相中的组成大于它在液相中的组成，这就是柯诺瓦诺夫（Konovalov）规则。其推导过程如下：

设蒸气为理想气体混合物，在气相中，由分压定律可得：

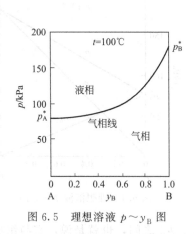

图 6.5 理想溶液 $p \sim y_B$ 图

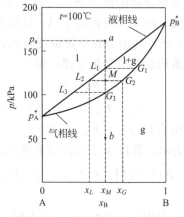

图 6.6 理想溶液 $p \sim x_B$ 图

$$p_A = p y_A, \quad p_B = p y_B$$

在液相中，由拉乌尔定律可得：

$$p_A = p_A^* x_A, \quad p_B = p_B^* x_B$$

于是，综合上述两式，得

$$y_A = \frac{p_A^* x_A}{p}, \quad y_B = \frac{p_B^* x_B}{p} \tag{6.24}$$

两式相除：

$$\frac{y_B}{y_A} = \frac{p_B^*}{p_A^*} \cdot \frac{x_B}{x_A} \tag{6.25}$$

设 B 为较易挥发组分，则 $p_B^* > p_A^*$，于是 $\frac{p_B^*}{p_A^*} > 1$，所以有 $\frac{y_B}{y_A} > \frac{x_B}{x_A}$

因为 $y_A = 1 - y_B$，$x_A = 1 - x_B$，代入上式可得：

$$\frac{y_B}{1 - y_B} > \frac{x_B}{1 - x_B}$$

两边各取倒数并整理，即得：

$$\frac{1}{y_B} < \frac{1}{x_B} \tag{6.26}$$

即：$y_B > x_B$。由此可见，平衡时较易挥发的组分在气相中的组成大于在液相中的组成。柯诺瓦诺夫规则也适用于非理想溶液。

由图 6.6 可以看出恒温下的 $p \sim x$ 图的含义与应用。液相线以上（高压区）为液相区（l 区），气相线以下（低压区）为气相区（g 区），介于液相区和气相区之间为两线所包围的区域为气～液两相平衡共存区（l+g 区）。据相律 $F^* = C - P + 1 = 2 - P + 1 = 3 - P$。可知：单相区内 $F^* = 2$，而在双相区 $F^* = 1$。如要描述系统的状态，前者需两个变量，即系统的压力和组成。后者仅需一个变量，系统的压力或组成中的一个变量。

假设液相区有一系统点 $a$，压力为 $p_a$，组成为 $x_M$。由图 6.6 可以看出，当系统处于平衡态时，不改变组成，在降压过程中相变化情况为：当降至 $L_1$ 点时，系统点即为液相线上的 $L_1$，开始形成蒸气，达到平衡时的蒸气组成用 $G_1$ 点表示。继续降压到 $M$ 点，此时气～液两相平衡共存。作一水平线 $L_2MG_2$，$L_2$、$G_2$ 两点分别表示该压力下（可由图中读出）相平衡的液和气两相状态（组成分别是 $x_L$ 和 $x_G$）。由相图可以看出，在由 $L_1$ 至 $M$ 的降压过程中，与系统点共轭的两相点都在变；液相点沿液相线降至 $L_2$，气相点沿气相线降至 $G_2$，这充分说明只要物系点在两相区内总是两相共存，系统的总组成虽然不变，但两相的组成及其相对数量都随压力而改变。当继续降压至 $G_3$ 点时，溶液几乎全部汽化，最后一滴溶液的状态为 $L_3$ 点，此后再降压则进入气相区。

(2) 杠杆规则

现在考虑计算两相区内共轭两相的相对数量的方法。以图 6.6 为例，当物系点为 $M$，总组成为 $x_M$（含 B 组分的物质的量分数）时，与之共轭的液相点 $L_2$ 的组成（含 B 组分的物质的量分数）为 $x_L$，而气相点 $G_2$ 的组成（含 B 组分的物质的量分数）为 $x_G$。以 $n_1$、$n_g$ 分别表示液、气二相的物质的量，而以 $n$ 表示系统总的物质的量，则 $n=n_1+n_g$。根据质量守恒原理，整个系统含 B 组分的质量等于各相中所含 B 组分的质量和，即 B 组分的含量必须满足下列衡算式：

$$x_M(n_1+n_g)=n_1 x_L+n_g x_G, \quad 即：n_1(x_M-x_L)=n_g(x_G-x_M)$$

整理得

$$\frac{n_1}{n_g}=\frac{x_G-x_M}{x_M-x_L}=\frac{G_2 M}{ML_2} \tag{6.27}$$

由此可知，液相和气相的物质的量之比等于 $G_2 M$ 和 $ML_2$ 两线段之比，或者说将 $G_2 M$ 和 $ML_2$ 分别比拟为一个以 $M$ 为支点的杠杆的一臂的力矩，则液相量 $n_1$ 乘以 $ML_2$ 线段，会等于气相量 $n_g$ 乘以 $G_2 M$ 线段，与力学中的"杠杆规则"类似，因此这一规律也称为"杠杆规则"。

因为杠杆规则的导出仅仅基于质量守恒，所以它不仅适用于二组分气～液系统的任何两相区，也适用于气～固，液～固，液～液，固～固等系统的两相区。至于组成的表示，可以是物质的量分数 $x$，也可是质量分数 $w$。当用 $w$ 代替 $x$ 作图时，式(6.27)仍然成立，只需要将物质的量 $n$ 改为质量 $m$ 就行了。

【例 6.4】 图 6.7 为甲苯与苯的 $t \sim x$ 相图，根据该图回答下列问题。

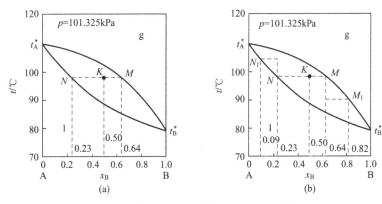

图 6.7 甲苯(A) 和苯(B) 的 $t \sim x$ 相图

① 指出图 (a) 中，$K$ 点所代表的系统的总组成，平衡相数及各平衡相的组成；

② 将组成为 $x$（苯）$=0.50$ 的苯的甲苯溶液进行一次简单蒸馏，加热到 97℃后停止蒸馏，问馏出液的组成及残液的组成、馏出液的组成与原液相比发生了什么变化？通过这样一次简单蒸馏是否能将苯与甲苯分开？

③ 将②所得的馏出液再重新加热到 90℃，问所得的馏出液的组成如何？与②中所得的馏出液相比发生了什么变化？

④ 将②所得的残液再次加热到 105℃，问所得的残液的组成又如何？与②中所得的残液相比发生了什么变化？

**解：**① 如图 6.7(a) 所示，$K$ 点代表的总组成 $x_{苯}=0.50$ 时，系统为气、液两相平衡，$N$ 点为平衡液相，$x_{苯}=0.23$，$M$ 点为平衡气相，$y_{苯}=0.64$。

② 由图 (b) 可知，馏出液组成（$M$ 点）$y_{苯1}=0.64$，残液组成（$N$ 点）$x_{苯1}=0.23$。经过简单蒸馏，馏出液中苯含量比原液高，而残液中苯含量比原液低，通过一次简单蒸馏，不能使苯与甲苯完全分开。

③ 若将②所得的馏出液再重新加热到 90℃，则所得馏出液（$M_1$ 点）组成 $y_{苯2}=0.82$，与②所得馏出液相比，苯含量又增加了。

④ 若将②中所得残液再加热到 105℃，则所得的残液组成（$N_1$ 点）$x_{苯2}=0.09$，与②中所得的残液相比，苯含量又减少了。

**（3）完全互溶双液系统的温度～组成图**

温度～组成图常被称为沸点～组成图。沸点～组成图是恒压下以溶液的温度（$T$）为纵坐标，组成（或浓度 $x$、$y$）为横坐标绘制成的相图。一般从实验数据直接绘制，对于理想溶液也可以从 $p$～$x$ 图数据间接求得。表 6.2 是甲苯（A）苯（B）二组分系统在 $p^{\ominus}$ 下的实验结果，其中 $x_B$、$y_B$ 分别为温度 $t℃$ 时 B 组分在液相、气相中的物质的量分数，$p_B^*$ 为该平衡温度下纯 B 的饱和蒸气压，$y_B$ 的计算值由式(6.21)计算得出。由于苯比甲苯容易挥发，由表可见，$y_B$ 恒大于 $x_B$，以沸点 $t$ 与气、液相组成 $y_B$、$x_B$ 关系数据绘制成甲苯（A）苯和（B）二组分系统在 $p^{\ominus}$ 下的气～液平衡 $T$～$x$ 相图，如图 6.8 所示。

**表 6.2 甲苯（A）和苯（B）二组分系统在 $p^{\ominus}$ 下的气～液平衡实验数据**

| $t/℃$ | 110.6($t_A^*$) | 109.20 | 102.20 | 95.30 | 89.40 | 84.40 | 82.20 | 80.1($t_B^*$) |
|---|---|---|---|---|---|---|---|---|
| $p_B/kPa$ | 237.40 | 212.60 | 191.20 | 158.40 | 134.20 | 115.40 | 108.20 | 101.30 |
| $x_B$ | 0.00 | 0.10 | 0.20 | 0.40 | 0.60 | 0.80 | 0.90 | 1.00 |
| $y_B$ | 0.00 | 0.21 | 0.37 | 0.62 | 0.79 | 0.91 | 0.96 | 1.00 |
| $y_B$（计算值） | 0.00 | 0.21 | 0.38 | 0.63 | 0.80 | 0.92 | 0.96 | 1.00 |

图 6.8 中，上方的 $AyB$ 曲线为气相线，表示饱和蒸气组成随温度的变化，又称为露点曲线。露点是指气体冷却时，开始凝聚出第一个液滴时的温度，露点曲线上每一点相对应的纵坐标都表示一定蒸气组成的冷凝温（即露点），其横坐标表示混合气体在该露点下的组成。下方的 $AxB$ 线为液相线，代表沸点与液相组成的关系，又称为泡点曲线。所谓泡点是指液体在恒定的外压下，加热至开始出现第一个气泡时的温度。泡点曲线上每一点相对应的纵坐标都代表混合液在某一组成下的泡点，其横坐标表示混合液在该泡点下的组成。$B$ 点是纯易挥发组分（苯）的沸点，$A$ 点是纯难挥发组分（甲苯）的沸点。气相线与液相线包围的区域为两相区，此区内物系点分成

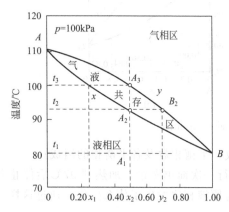

图 6.8 甲苯（A）和苯（B）的 $T$～$x$ 图

共轭的气液二相,且各相组成只决定于平衡温度,而与总组成无关。两相的数量比则由杠杆规则确定。

在恒定的压力下,若将温度为 $t_1$℃、组成为 $x_2$(点 $A_1$)的混合液加热,当温度升高到 $t_2$(点 $A_2$)时,溶液开始沸腾,此时产生第一个泡,气相组成为 $y_2$。继续升温到 $t_3$(点 $A_3$)时,气液两相共存,其相组成为 $x_2$、液相组成为 $x_1$,两相互成平衡。继续升温时,为过热气体,为气相。

与 $p\sim x$ 图相比,$T\sim x$ 图中不存在直线,这说明 $T\sim f(x)$ 关系比 $p\sim f(x)$ 关系要复杂一些。显而易见,溶液中蒸气压愈高的组分其沸点愈低,而沸点低的组分在气相中的成分总比在液相的大。所以 $T\sim x$ 图的气相线总是在液相线上方,这恰与 $p\sim x$ 图相反。这一规律在非理想溶液中依然存在。

(4) 精馏原理

工业上或实验上的精馏原理很容易由温度~组成图加以阐释。精馏过程是多次简单蒸馏的组合,也就是通过反复气化、冷凝的手段达到较完全分离液体混合物中不同组分的过程。

基本原理是:由于两组分蒸气压不同,故一定温度下达平衡时两相的组成也不同,在气相中易挥发成分比液相中的多。若将蒸气冷凝,所得冷凝物(或称馏分)就富集了低沸点组分,而残留物(母液)却富集了高沸点的组分,具体操作过程大致如下:假设图 6.9 中待分离的 A、B 混合液总组成是 $x$,先将它加热气化至温度 $T_3$(物系点为 $O$),使之部分汽化,达平衡时一分为二;液相组成为 $x_3$,其中所含高沸点或难挥发成分(A)比 $x$ 的多,气相

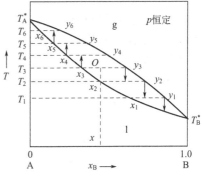

图 6.9 精馏原理示意

组成为 $y_3$,其中含低沸点或易挥发成分(B)则比 $x$ 的多。如果取出 $x_3$ 的液相加热至 $T_4$,因液相部分汽化,结果剩余液相含 A 的组成为 $x_4$,由相图可知液相 $x_4$ 中 A 的含量比 $x_3$ 中多。同理,再取 $x_4$ 液相加热至 $T_5$,所得液相含 A 组成是 $x_5$,由相图可知 $x_5$ 液相中 A 的含量比 $x_4$ 中多……如此进行多次升温气化,残留液相组成逐渐向左上端移动最后可得到纯 A。如果把 B 的组成为 $y_3$ 的气相取出降温至温度 $T_2$,让其部分冷凝,剩余气相组成则变成 $y_2$,显然,此时气相 $y_2$ 中 B 的含量比 $y_3$ 多。同理,再取 $y_2$ 的气相降温至 $T_1$,剩余气相组成变为 $y_1$,此时气相 $y_2$ 中 B 的含量比 $y_1$ 多……如此经多次反复降温、冷凝,气相组成将逐渐往右下端移动最后可得到纯 B。

工业上的精馏是在精馏塔中实现的。塔内装有许多塔板,塔底有再沸器,塔顶装有冷凝器。待分离的混合物通常从塔中部加入,因为塔板上泡罩边沿浸在液面之下,蒸气在液层内必须经泡罩孔鼓泡而出。于是,上升的蒸气有充分机会与向下溢流的液体接触,蒸气部分被冷凝,而冷凝过程所释放的热又将使液体汽化,显然液相中难挥发的组分较多,而汽化部分易挥发的组分较多。这样到达上一层蒸气中就含较多易挥发的组分,到达下一层塔板上液体就含较多的难挥发的组分。每一层塔板上气~液平衡大致相当于温度~组成图中同一温度下平衡存在的两相(如图 6.9 中 $x_3$ 与 $y_3$)。随着塔板数的增多,上升的蒸气中低沸物得到进一步富集。如果塔板数足够多,则由塔顶冷凝器出来的液体几乎是纯 B 物质,而塔底的液体高沸物的含量也越来越多,温度也越来越高,如果塔板数足够多,则由塔底出来的液体几乎是纯 A。许多混合物就是用这种方法而达到分离的目的。

## 6.3.2 有极值类型的气液平衡相图

理想溶液中溶剂和溶质都服从拉乌尔定律，而实际溶液会对拉乌尔定律产生偏差，实际溶液中分子间相互作用，随着溶液浓度的增大，其蒸气压～组成关系不服从拉乌尔定律。当系统的总蒸气压和蒸气分压的实验值均大于拉乌尔定律的计算值时，称为发生了"正偏差"，若小于拉乌尔定律的计算值，称为发生了"负偏差"。产生偏差的原因大致有如下三方面：①分子环境发生变化，分子间作用力改变而引起挥发性的改变，当同类分子间引力大于异类分子间引力时，混合后作用力降低，挥发性增强，产生正偏差，反之，则产生负偏差；②由于混合后分子发生缔合或解离现象引起挥发性改变。若离解度增加或缔合度减少，蒸气压增大，产生正偏差，反之，出现负偏差；③由于二组分混合后生成化合物，蒸气压降低，产生负偏差。按照偏差的大小，把实际溶液分为以下三种类型。

第一类：系统的总蒸气压总是在两纯组分蒸气压之间的一般偏差系统。如四氯化碳～苯，甲醇～水，四氯化碳～环己烷，苯～丙酮等系统产生正偏差，图 6.10(a) 是某实际二组分溶液的实验数据与拉乌尔定律比较的蒸气压～组成图（$p \sim x$ 图），图中虚线表示服从拉乌尔定律情况，实线表示实测的总蒸气压、蒸气分压随组成变化。图 6.10(b) 为相应的 $p \sim x$ 图，图 6.10(c) 为相应的 $T \sim x$ 图。产生负偏差的实际溶液不多，图 6.10(d) 为氯仿～丙酮二组分系统的 $p \sim x$ 图，其蒸气压产生负偏差。图 6.10(e) 为相应的 $p \sim x$ 图，而图 6.10(f) 为相应的 $T \sim x$ 图。

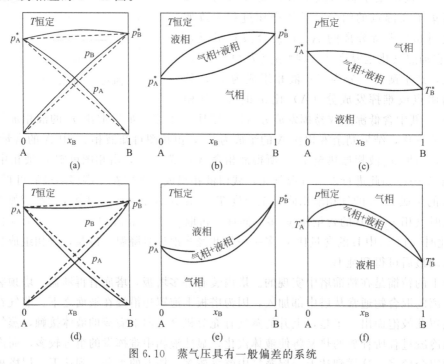

图 6.10　蒸气压具有一般偏差的系统

第二类：溶液的蒸气总压有一最大点的具有最大正偏差系统。由于正偏差有一最大值，于是在 $p \sim x$ 图上出现最高点（最大点），而 $T \sim x$ 图上出现最低点（极小点）的系统。从图 6.11(a) 的蒸气压～组成图上可以看出系统发生正偏差并在总蒸气压曲线上出现一个最高点 [图 6.11(b) 中的 $C$ 点]。蒸气压高的溶液在同一压力下其沸点低，相应地在 $T \sim x$ 图中会出现一个最低点 [图 6.11(c) 中 $C$ 点]，称为"最低恒沸点"（其温度可由相图读出），在这点上液相和气相有同样的组成（$x_C$），这一混合物称为"最低恒沸物"（数据见表6.3）。例如：水～乙醇、甲醛～苯、乙醇～苯、二硫化碳～丙酮、苯～环己烷，二硫化碳～甲缩醛等系统。

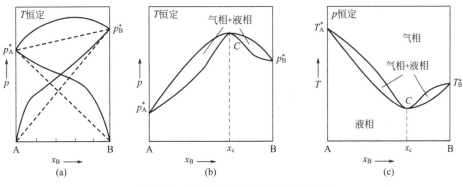

图 6.11　蒸气压具有最大正偏差系统

第三类：溶液的蒸气压曲线有一最小点的具有最大负偏差系统。由于负偏差有一最大值，于是在 $p\sim x$ 图上出现最低点，而 $T\sim x$ 图上出现最高点的系统。由图 6.12(a) 可知，组成在某一浓度范围内，溶液的总蒸气压发生负偏差且在总蒸气压曲线上出现最低点〔图 6.12(b) 中的 $C$ 点〕。而蒸气压低时的沸点就高些，故在 $T\sim x$ 图上将出现最高点〔图(c) 中的 $C$ 点〕，称为"最高恒沸点"（温度 $T_C$），在此点上气、液两相组成相同〔图 6.12(c) 中 $x_c$〕，这一混合物称为"最高恒沸物"（数据见表6.3）。

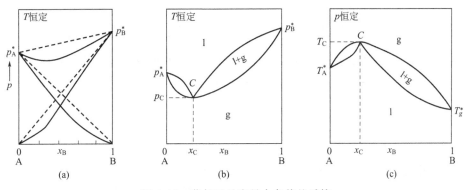

图 6.12　蒸气压具有最大负偏差系统

值得注意，图 6.11(b)、图 6.12(b) 可认为是由两个简单的图 6.10(b) 组合起来，而图 6.11(c)、图 6.12(c) 可由两个简单的图 6.10(c) 组合起来。其次，因恒沸溶液的气相与液相组成相同，不能用简单的蒸馏方法将它们分离成纯组分。例如，具有最低恒沸点的水～乙醇混合液，在 101.325kPa 下其恒沸点为 78.13℃，恒沸点组成质量分数为含乙醇 95.5%，若所取的混合液乙醇含量小于此质量分数，则分馏结果只能得到纯水和恒沸物，而得不到纯乙醇。原则上只有当组成大于恒沸物组成，才能用分馏方法分离出乙醇和恒沸物。第三类系统也不能用分馏方法分离成为两个纯组分。

应该指出，恒沸混合物的组成随外压而改变，甚至恒沸点可以消失，故恒沸物并非化合物而是混合物。表 6.4 列出了水～氯化氢系统在不同压力下的恒沸点组成情况。

表 6.3 在 101.325kPa 下二组分的恒沸溶液数据

| 组分名称 | | 组分沸点/℃ | | 共沸物沸点/℃ | 质量百分比/% | |
| --- | --- | --- | --- | --- | --- | --- |
| 组分一 | 组分二 | 组分一 | 组分二 | | 组分一 | 组分二 |
| 水 | 硝酸(最大值) | 100 | 86 | 120.5 | 32 | 68 |
| 水 | 高氯酸(最大值) | 100 | 110 | 203 | 28.4 | 71.6 |
| 水 | 氢氯酸(最大值) | 100 | −84 | 110 | 79.76 | 20.24 |
| 水 | 氢溴酸(最大值) | 100 | −73 | 126 | 52.5 | 47.5 |
| 水 | 甲酸(最大值) | 100 | 100.8 | 107.3 | 22.5 | 77.5 |
| 水 | 正丙醇 | 100 | 97.2 | 87.7 | 28.3 | 71.7 |
| 水 | 异丙醇 | 100 | 82.5 | 80.4 | 12.1 | 87.9 |
| 水 | 乙醇 | 100 | 78.4 | 78.1 | 4.5 | 95.5 |
| 水 | 乙酸乙酯 | 100 | 77.1 | 70.4 | 6.1 | 93.9 |
| 甲醇 | 四氯化碳 | 64.7 | 76.8 | 55.7 | 20.6 | 79.4 |
| 甲醇 | 氯仿 | 64.7 | 61.1 | 53.5 | 12.6 | 87.4 |
| 乙醇 | 乙酸乙酯 | 78.3 | 77.1 | 71.8 | 30.8 | 69.2 |
| 乙醇 | 氯仿 | 78.3 | 61.1 | 59.4 | 7.0 | 93 |
| 乙醇 | 四氯化碳 | 78.3 | 76.8 | 65.1 | 15.8 | 84.2 |
| 丙酮 | 二硫化碳 | 56.4 | 46.5 | 39.2 | 39.0 | 61.0 |
| 丙酮 | 氯仿 | 56.4 | 61.1 | 64.7 | 20.0 | 80.0 |

表 6.4 $H_2O(A) \sim C_2H_5OH(B)$ 系统在不同压力下的恒沸点及组成的实验数据

| 外压 $p$/kPa | 12.7 | 17.3 | 26.5 | 53.9 | 101.3 | 143.4 | 193.5 |
| --- | --- | --- | --- | --- | --- | --- | --- |
| 恒沸点 $T$/K | 306.5 | 312.35 | 320.78 | 336.19 | 351.3 | 360.27 | 368.5 |
| 组成 $x_B$ | 0.986 | 0.972 | 0.93 | 0.909 | 0.897 | 0.888 | 0.887 |

【例 6.5】 100kPa 下,乙醇(A)和乙酸乙酯(B)的组成与温度的关系如下表所示:

| $T$/℃ | 77.15 | 76.70 | 75.00 | 72.60 | 71.80 | 71.60 | 72.00 | 72.80 | 74.20 | 76.40 | 77.70 | 78.30 |
| --- | --- | --- | --- | --- | --- | --- | --- | --- | --- | --- | --- | --- |
| $x_B$ | 0.000 | 0.025 | 0.100 | 0.240 | 0.360 | 0.462 | 0.563 | 0.710 | 0.833 | 0.942 | 0.982 | 1.000 |
| $y_B$ | 0.000 | 0.070 | 0.164 | 0.295 | 0.398 | 0.462 | 0.507 | 0.600 | 0.735 | 0.880 | 0.965 | 1.000 |

乙醇和乙酸乙酯的二元液相系统有一个最低恒沸点。请根据表中数据:

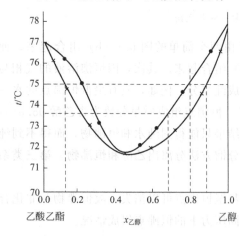

(1) 画出乙醇和乙酸乙酯的二元液相系统的沸点~组成图;

(2) 将 $x_{乙醇} = 0.8$ 的溶液蒸馏时,最初馏出物的组成是多少?此时的温度时多少?

(3) 当加热纯的乙醇和纯的乙酸乙酯混合物的沸点为 75.0℃ 时,该溶液的组成为多少?

(4) 将 $x_{乙醇} = 0.8$ 的溶液加到精馏塔中,经过足够多的塔板,在精馏塔的顶部和底部分别得到什么产品?

**解**:(1) 乙醇和乙酸乙酯的二元液相系统的沸点~组成图如左图所示。

(2) 从图中可以看出：将 $x_{乙醇}=0.8$ 的溶液蒸馏时，最初馏出物的组成即为该条件下气相的组成，$y_{乙醇}=0.69$ 此时对应的温度为 73.7℃。

(3) 当加热纯的乙醇和纯的乙酸乙酯混合物的沸点为 75.0℃ 时，该溶液的组成可能为两种，分别为 $x_{乙醇}=0.13$ 和 $x_{乙醇}=0.88$。

(4) 将 $x_{乙醇}=0.8$ 的溶液加到精馏塔中，经过足够多的塔板，在精馏塔的顶部得到最低恒沸混合物，在底部得到纯乙醇。

# 6.4 二组分液态完全不互溶系统的气液平衡相图

## 6.4.1 二组分液态完全不互溶系统的气液平衡相图

两种液体完全不互溶，严格说来是没有的。但有时两种液体的相互溶解的量非常小，以至于可以忽略不计，于是可以把这类系统近似地看作完全不互溶系统。例如，汞～水，水～氯苯，水～二硫化碳等就属于此类系统。

当系统中 A、B 液体共存时，因完全不互溶，各组分的蒸气压与单独存在时一样，液面上的总蒸气压等于两个纯液体蒸气压之和，即 $p=p_A^*+p_B^*$，也就是说当两种液体共存时，不管其相对数量如何，其蒸气总压恒大于任一纯物质的蒸气压，则其沸点恒低于任一纯物质的沸点。当系统的总蒸气压与外界压力相等时，混合物沸腾（两种物质均沸腾），此温度称为共沸点。图 6.13 为完全不互溶的二组分 $T\sim x$ 相图。图中可以看出在恒压下，共沸点低于任一纯组分沸点 $T_A^*$ 和 $T_B^*$ 的情况。当系统点在 $L_1GL_2$ 线上时（但不包括 $L_1/L_2$ 两点），为三相平衡：即液态 A、液态 B 和蒸气。由相律可知：$F^*=2-3+1=0$，此时三相组成均恒定不变。如果系统

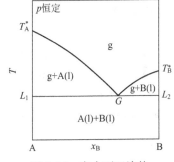

图 6.13 完全不互溶的二组分 $T\sim x$ 图

点在 $G$ 点左侧，加热时，液态 B 先消失，进入液态 A 和蒸气的两相共存区，此时气相中 A 是饱和蒸气而 B 是不饱和的。如果系统点在 $G$ 点右侧，加热时，液态 A 先消失，进入液态 B 和蒸气的两相共存区，此时气相中 B 是饱和蒸气而 A 是不饱和的。如果系统点在 $G$ 点，加热时两种纯液体会同时消失。

## 6.4.2 水蒸气蒸馏原理

有些有机物由于沸点较高，或未达纯组分沸点就会分解，因而不能用常压蒸馏进行提纯。对于这类有机物只要它们与水不互溶，就可以利用水蒸气蒸馏的方法进行提纯。例如把不溶于水的高沸点有机物氯苯和水一起蒸馏，使之在较低的温度下（低于 100℃）共沸，馏出物中水和氯苯不互溶，形成容易分离的有机液层和水层，从而获得纯氯苯，这种加水蒸气以馏出有机物质的方法称为"水蒸气蒸馏"。它可以在较低的温度下提纯有机物，同时避免受热分解。

可以计算出水蒸气蒸馏的馏出物中两种组分的质量比。若在混合液沸腾温度下，两组分

蒸气压分别是 $p_A^*$ 和 $p_B^*$,据分压定律,气相两种物质的分压之比等于其物质的量之比,即

$$\frac{p_A^*}{p_B^*} = \frac{n_A}{n_B} = \frac{m_A/M_A}{m_B/M_B} = \frac{m_A}{m_B}\frac{M_B}{M_A}$$

$$\frac{m_A}{m_B} = \frac{p_A^*}{p_B^*}\frac{M_A}{M_B} \tag{6.28}$$

式中,$n$ 是物质的量;$m$ 是某一组分(某一液层)的质量;$M$ 是摩尔质量。若组分 A 代表水,组分 B 代表有机物,则式(6.28)可改写成

$$\frac{m_{H_2O}}{m_B} = \frac{p_{H_2O}^* M_{H_2O}}{p_B^* M_B} \tag{6.29}$$

式中,比值 $\dfrac{m_{H_2O}}{m_B}$ 常称为有机物 B 在水蒸气蒸馏中的"蒸气消耗系数",它表示蒸馏出单位质量该有机物所消耗水蒸气的质量。显然,此系数愈小,则水蒸气蒸馏的效率愈高。而且,此效率取决于水和有机相的蒸气压比以及摩尔质量比。

水蒸气蒸馏的方法还可以测定与水完全不互溶的有机液体的摩尔质量,由(6.29)得出:

$$M_B = \frac{m_B p_{H_2O}^* M_{H_2O}}{p_B^* m_{H_2O}} \tag{6.30}$$

【例 6.6】 80℃时,溴苯和水的蒸气压分别是 8.825kPa 和 47.335kPa,溴苯的正常沸点是 156℃。计算:

(1) 溴苯水蒸气蒸馏的温度,已知实验室的大气压为 101.325kPa;
(2) 在这种水蒸气蒸馏的蒸气中溴苯的质量分数。已知溴苯的摩尔质量为 156.9g·mol$^{-1}$;
(3) 蒸出 10kg 溴苯需消耗多少千克水蒸气?

**解**:(1) 先分别求出溴苯和水的蒸气压随温度变化的关系式:

设 $\ln p = \dfrac{A}{T} + B$,

由溴苯在 353K 时,$p=8.825$kPa;429K 时,$p=101.325$kPa,代入上式,得

得: $$\ln p_{溴苯} = \frac{-4862.9}{T} + 15.95 \tag{1}$$

同理,对 $H_2O$ 而言在 353K 时,$p=47.335$kPa;373K 时,$p=101.325$kPa

得: $$\ln p_{水} = \frac{-5009.9}{T} + 18.05 \tag{2}$$

根据沸点定义知: $$p_{溴苯} + p_{水} = 101.325\text{kPa} \tag{3}$$

联立方程(1)、方程(2)、方程(3),解得沸腾时各物质的分压分别是:

$$p_{溴苯} = 15.66\text{kPa},\ p_{水} = 85.71\text{kPa}$$

代入方程(1)或方程(2)得:$T = 368.4\text{K} = 95.2℃$

(2) 由 $p_{溴苯} = p_{总} y_{溴苯}$;$p_{水} = p_{总} y_{水}$

可得:$p_{溴苯}/p_{水} = y_{溴苯}/y_{水} = n_{溴苯}/n_{水}$
$= (m_{溴苯}/M_{溴苯})/(m_{水}/M_{水})$

$m_{溴苯}/m_{水} = p_{溴苯} \cdot M_{溴苯}/p_{水} \cdot M_{水}$
$= (15.66 \times 156.9)/(85.71 \times 18)$
$= 1.593$

所以 $m_{溴苯} = 1.593/2.593 = 61.4\%$

(3) $m_{水} = m_{溴苯}/1.593 = (10/1.593)\text{kg} = 6.28\text{kg}$

## 6.5 二组分液态部分互溶系统的液液平衡和气液平衡相图

### 6.5.1 二组分液态部分互溶系统的液液平衡

当两个组分性质相差较大时,在液态混合时仅在一定比例和温度范围内互溶,而在另外的组成范围内只能部分互溶形成两个液相,这样的系统称为液态部分互溶双液系统。其特点是在一定的温度和浓度范围内由于两种液体的相互溶解度有限而形成两个饱和的液层,即在相图中有双液相区的存在。如:$H_2O \sim C_6H_5OH$,$H_2O \sim C_6H_5NH_2$ 等系统。

从实验看,当某一组分的量很少时,可溶于另一大量的组分而形成一个不饱和的均相溶液。然而当溶解量达到饱和并超过极限时,就会产生两个饱和溶液层,通常称为"共轭溶液"。根据溶解度随温度变化规律,部分互溶双液系统的温度~组成图($T \sim w_B$)可分为以下四种类型。

(1) 具有最高临界会溶温度系统

以水 $H_2O \sim$ 苯胺 $C_6H_5NH_2$ 二组分系统为例。这类系统的特点是相互溶解度随温度的升高而增加,当达到某一温度时,两饱和液层组成相同,形成了单一的液层。再升温时,无论组成怎么改变,也仅存在单相区。如图 6.14 所示,20℃时,向水中加入少量苯胺,溶解后形成均匀溶液,系统只有一个液相。继续加入苯胺,只要苯胺的浓度不超过 3.1%($w_B$,质量分数,下同)时,则为单相;当苯胺的浓度超过 3.1% 时,出现两个液层,上层是含苯胺 3.1% 的水溶液,下层是含水 5.0% 的苯胺溶液,即水饱和的苯胺溶液。继续加入苯胺,两液层各自的组成也不变,只是下层的量越来越多。当整个系统中苯胺含量大于 95.0%,水含量小于 5.0% 时,上层消失,只剩下水的苯胺溶液。以温度为纵坐标,组成为横坐标,可以作出苯胺和水在 20℃时的相互溶解度点 $A$ 和 $A'$,也称为共轭溶液的两相的相点,分别表示两相的组成,也可以利用杠杆原理计算两相的质量。改变温度进行同样的实验(如 $T_B$),则可得另外两个点 $B$ 和 $B'$。随着温度升高,苯胺在水中的溶解度沿 $ABC$ 线上升,水在苯胺中的溶解度则沿 $A'B'C$ 上升,温度越高,这两层的组成越靠近,最后交于 $C$ 点,此时两层液体的浓度相同成为单相系统。当温度高于 $C$ 点对应的温度 $T_C$ 时,水与苯胺能以任意比例互溶形成均一液相。$C$ 点对应的温度($T_C$)称为最高临界溶解温度或称"上临界点""最高会溶点"。在如图 6.14 中所示的

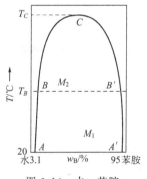

图 6.14 水~苯胺系统的液液平衡相图

$ABCB'A'$ 的帽形区域内,系统为两相,称为共轭层。在帽形区以外,系统为单相。

临界溶解温度的高低反映了两液体间互溶性强弱,故可用临界溶解温度来度量两液体间的互溶性。临界溶解温度越低,两液体间的互溶性越好。属于具有最高溶解温度类型的系统,还有异丁醇~水,苯酚~水,正己烷~硝基苯等。

(2) 具有最低临界溶解温度系统

以"水～三乙基胺"为例，其溶解度曲线如图 6.15 所示。从图中可以看出，两种液体间的溶解度是随温度的降低而增加，且两共轭层组成随温度降低而接近，最终会于曲线最低点 $B$，对应的温度 $T_B$ 称为"最低临界溶解温度"或"下临界点""最低会溶点"，此温度以下两种液体能以任意比例互溶。其中 $Bl_1$ 为三乙基胺在水中的溶解度曲线，$Bl_2$ 为水在三乙基胺中的溶解度曲线，$l_1Bl_2$ 线以外只存在单一液相，线内则是由两共轭层组成的两相区，而两相（液层）的相对质量同样可用杠杆规则确定。

(3) 同时具有最高、最低临界溶解温度系统

图 6.16 是"水～烟碱"的液液平衡相图。这两种液体有完全封闭的溶解度曲线，可以看成是由前两类曲线组合而成。在溶解度曲线的内部是两相区，外部为单相区，高温时溶解度随温度增加，曲线最终会聚于 $C'$ 点，温度为 $T_C'$，而低温时溶解度随温度降低而增加，曲线最终会聚于 $C$ 点，温度为 $T_C$。$T_C'$ 和 $T_C$ 分别称为"最高与最低临界溶解温度"或"最高与最低会溶温度"。在 $T_C'$ 以上和 $T_C$ 以下，两种液体都能以任意比例互溶。在两温度之间，不同浓度区间存在单相或两相。

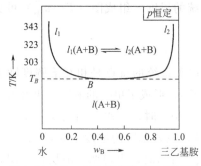

图 6.15 水～三乙基胺液液平衡相图

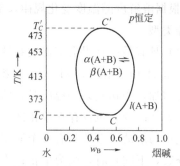

图 6.16 水～烟碱液液平衡相图

(4) 不具有临界溶解温度系统

不具有临界溶解温度系统是指一对液体在它们作为液体存在的温度范围内，无论以何种比例都是彼此部分互溶的。例如乙醚和水就不具有临界溶解温度。

## 6.5.2 二组分液态部分互溶系统的气液平衡相图

图 6.17 所示是包括气相的液态部分互溶系统水（A）～正丁醇（B）的液液气平衡相图。图中上半部分可以看成是具有最低恒沸点的两组分的沸点～组成图。水和正丁醇在 101.325kPa 下的沸点分别为 100℃ 及 117.5℃。曲线 $PGQ$ 是气相线，曲线 $PL_1GL_2Q$ 是液相线。气相线以上是气相区，气相线与液相线之间为气、液两相平衡区。图中的下半部分，即 $L_1GL_2$ 线以下与图 6.14 相似。系统点在 $L_1GL_2$ 线上时可出现三相平衡，即组成为 $L_1$、$L_2$ 所示组成的两个共轭液相及气相。即当温度低于 $L_1GL_2$ 所在的温度（约 94℃），溶液中二组分已经不能完全互溶，而分成两个共轭液相层 $l_1$ 和 $l_2$。$l_1$ 代表丁醇在水中的饱和溶液（简称水相），$l_2$ 代表水在丁醇中的饱和溶液（简称醇相），$G$ 点代表气相组成，处于液相组成 $L_1$ 和 $L_2$ 之间，故水平线 $L_1GL_2$ 为三相平衡线，简称三相线。依相律可知：$F^* = C - P + 1 = 2 - 3 + 1 = 0$，说明三相线上的物系点的温度（或称共沸温度）和各相的组成不能变化（压力固定 101.352kPa，温度 $t' = 94℃$），直到降低温度，气相消失，进入 $l_1 + l_2$ 的两液相区，此即下半部的液相部分互溶双液系统。总之，此类犹如羊角的温度～组成图，可视为

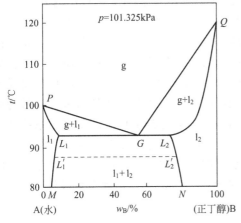
图 6.17 水～正丁醇的液液气平衡相图

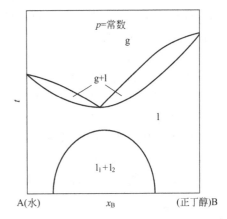
图 6.18 水～正丁醇系统在高压下的液液气平衡相图

两种系统的 $T\sim x$ 图的特殊组合。

图 6.18 是水（A）～正丁醇（B）系统在高压下的液液气平衡相图，上半部高温区为具有最低恒沸点的气～液平衡曲线，下半部低温区为部分互溶的液～液平衡曲线。因为压力增加，沸点上升，气～液平衡线的位置明显比图 6.17 的升高，而且其形状亦发生变化。但对液～液平衡影响甚微，即液～液平衡曲线的位置变动不大。图 6.17 可以看成是当压力降至一定程度时，气～液平衡线可能和液～液平衡线相交而成的特殊液液气平衡相图。

## 6.6　二组分固态完全不互溶系统的固液平衡相图

当所考虑平衡不涉及气相而仅涉及固相和液相时，则系统常称为"凝聚相系统"。由于压力对平衡性质的影响可忽略不计，故常压下测定的凝聚相系统温度～组成图一般不注明压力，将压力视为定值。因此讨论此类相图时，$F^* = C - P + 1 = 3 - P$，因系统最少相数为 $P = 1$，故在恒压下二组分凝聚相系统的自由度数最多为 $F^* = 2$，仅需用两个独立变量就足以完整地描述系统的状态。由于常用变量为温度和组成，故在二组分固液系统中最常遇到的是 $T\sim x$（温度～物质的量分数）或 $T\sim w$（温度～质量分数）相图。

### 6.6.1　形成低共熔物混合物系统的相图

（1）热分析法

热分析（thermal analysis）法是绘制凝聚系统相图的最常用的基本方法。其原理是根据系统在冷却过程中，温度随时间的变化情况来判断系统中是否发生了相变化。通常是将系统加热到熔化温度以上，然后使其缓慢均匀地冷却，记录系统的温度随时间的变化数据，并绘制温度（纵坐标）～时间（横坐标）曲线，即步冷曲线（cooling curve）。由若干条组成不同的步冷曲线就可以绘制出熔点～组成相图。

在系统的冷却过程中，由于相变潜热的释放可以弥补或者部分弥补系统向环境释放的热量。所以，若不发生相变化，步冷曲线为连续的曲线；若系统在冷却过程中有相变化发生，步冷曲线在某一温度时将出现停歇点（即虽然散热但温度不变）或转折点（在该点前后散热速度不同），或两种情况均出现。

以 Bi~Cd 二组分系统为例，讨论绘制步冷曲线和确定相应的温度~组成图的方法。

首先配好一定组成的混合物，如含 Cd 质量分数为 0.0%、20%、40%、70%、100%等五个样品，加热使其全部熔化，然后让其缓慢而均匀地冷却，分别记录每个样品温度随时间变化的数据，并绘制出步冷曲线。其中样品 a 是纯 Bi 属单组分系统。其步冷曲线可分析如下 [图 6.19(a)]：最初冷却时温度均匀下降，冷却至 A 点（温度 273℃）时，步冷曲线出现了 $AA'$ 水平段，此即为上述的停歇点。这是因为有固态 Bi 从液态中结晶出来，此时为固液两相平衡共存，$P=2$，$F^*=1-2+1=0$，温度维持不变，直到液体全部凝固，系统又变成单一的固相，其条件自由度数 $F^*=1$，温度可以变化，冷却过程可用曲线下部的平滑段表示。$AA'$ 水平段对应的温度为 Bi 的凝固点或熔点。同理，曲线 e 为纯 Cd 的单组分系统的步冷曲线，形状与曲线 a 类似，而差别在于其凝固点较高（323℃），出现平台段较早。

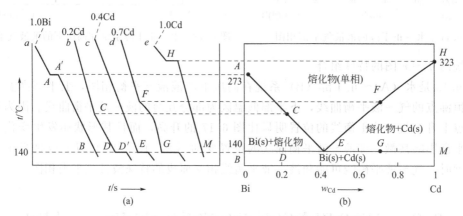

图 6.19  Bi~Cd 固-液系统步冷曲线和相图的绘制

曲线 b 为含 Cd 20% 的二组分系统，高温时为熔融液相，$C=2$，$P=1$，由相律 $F^*=2-1+1=2$，温度和组成在一定范围内均可变化而不影响其单相特征。当组成恒定时，温度仍可均匀下降，如曲线的上部平滑线段。当温度降至 C 点时，熔液中的金属 Bi 达饱和而析出固体 Bi，出现了固~液两相平衡，此时，相变潜热的释放可以部分弥补系统向环境释放的热量，温度仍可不断下降，液相中随着 Bi 的减少而含 Cd 的量逐渐增加。另外由于固体 Bi 析出时所放出凝固热，可部分抵偿系统向环境释放的热，于是冷却速度较之前缓慢，故曲线 CD 段斜率减小。即步冷曲线上拐点（或转折点）的出现意味着新相的产生。若继续降温至 140℃，则熔液中另一种金属 Cd 亦已饱和，于是析出 Bi、Cd 共晶体，此时三相共存，$C=2$，$P=3$，由相律 $F^*=2-3+1=0$，表明系统与环境虽有温差，但系统通过固相析出量的自动调节维持温度为最低共熔点（140℃）不变。故出现平台段 $DD'$（或称停点）。只有当熔液全部凝固后，系统中仅剩下固体 Bi 和 Cd，即包夹着先前析出 Bi 晶体的共晶混合物，才能继续降温，这一过程可用 $D'$ 点以下的平滑线段表示。

曲线 d（含 Cd 70%）的形状与 b 类似，不同的只是第一拐点温度高低以及平台线段的长短不同，愈接近低共熔点组成的同量样品，达低共熔点温度时剩余的熔液量愈多，析出低共熔物的时间也愈长，故平台线段比 b 要长，平台段延续的时间常称为"停顿时间"。自然，曲线 d 最终可得包夹着先前析出 Cd 晶体的共晶混合物。

曲线 c（含 Cd 40%）形状又独具一格。除上下平滑线外，仅在共熔点处出现平台段。而且都比其它曲线的平台段来得长。其原因是样品组成刚好等于低共熔物的组成，在降温至 $t_E$ 时，不是哪一种金属固体先行析出，而是两种金属的固体同时析出，成为共晶体即两纯组分微晶组成的机械混合物。此时，系统维持温度不变。应该指出，低共熔物组成（曲线 c）往往事先未能得知，需要由实验确定。亦可利用平台段延续时间（停顿时间）与组成的关系，用内插法求得，具体方法可查阅相关参考文献。

完成不同组成的步冷曲线之后，将各拐点 $A$、$C$、$E$、$F$、$H$ 及同处水平线上的三相点（或停点）$D$、$E$、$G$ 平行地转移到温度~组成图上 [图 6.19(b)]，连接 $A$、$C$、$E$ 即为 Bi 的凝固点曲线，连接 $E$、$F$、$H$ 即为 Cd 的凝固点曲线，通过 $D$、$E$、$G$ 作水平三相线，至此 Bi~Cd 合金固液相图完成。

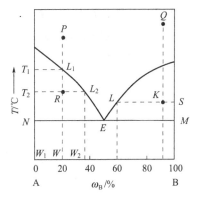

图 6.20  A~B 固液系统相

【例 6.7】 如图 6.20 所示，某含物质 B 质量分数为 90% 的溶液 200g，溶剂为 A，当熔体从 $Q$ 点降温至 $K$ 点时，问析出固体为何物？此时固相和液相的质量各为多少？

**解**：由相图可知，降温至 $K$ 点时，析出固体为 B，设固相和液相的质量分别为 $m_s$ 和 $m_1$，作图可知，液相含 B 为 60%，固相含 B 为 100%，根据杠杆规则，有

$$\frac{m_1}{m_s} = \frac{\overline{SK}}{\overline{LK}} = \frac{1.0-0.9}{0.9-0.6} = \frac{1}{3}$$

由题意知：$m_1 + m_2 = 200 \text{g}$

联解上述二式，得

$m_s = 150 \text{g}$

$m_1 = 50 \text{g}$

（2）溶解度法

图 6.21 为根据不同温度下硫酸铵在水中的溶解度实验数据绘制的水盐系统相图，这类绘制相图的方法称为"溶解度法"。纵坐标为温度 $t(\text{℃})$，横坐标为硫酸铵质量分数（以 $w$ 表示）。图中 $PL$ 线是冰和盐溶液平衡共存的曲线，它也是溶液中水的凝固点降低曲线。$LQ$ 线是硫酸铵与其饱和溶液平衡共存的曲线，也称为硫酸铵的溶解度曲线。一般盐的熔点甚高，大大超过其饱和溶液的沸点，所以 $LQ$ 不可向上任意延伸。$LQ$ 线和 $PL$ 线上 $P=2$，$F^*=1$，即温度和溶液浓度两者之中只有一个可以自由变动。

$PL$ 线与 $LQ$ 线交于 $L$ 点，在此点上为冰、盐和盐溶液（$w=39.8\%$）三相共存。此时 $P=3$，$F^*=0$，系统的温度和组成固定不变。当溶液组成位于 $L$ 点左侧时，随着温度的降低，先析出的固体是冰，当溶液组成位于 $L$ 点右侧时，随着温度的降低，先析出的固体是 $(NH_4)_2SO_4$，只有组成刚好为 $L$ 点时，降温至 $L$ 点对应的温度时，冰和固体 $(NH_4)_2SO_4$ 同时析出，成为低共熔混合物。$S_1LS_2$ 为连接同处此温度的三个点的连接线，因同时析出冰、盐共晶体，故也称共晶线。此线上各系统点（两端点 $S_1$、$S_2$ 除外）均为三相共存，系统的温度及三个相的组成固定不变。继续降温至 $S_1LS_2$ 以下，为冰、盐共存区，$P=2$，$F^*=1$。类似的水盐系统有 NaCl~$H_2O$，其低共熔点为 $-21.1\text{℃}$；KCl~$H_2O$，其低共熔点为 $-10.7\text{℃}$；$CaCl_2$~$H_2O$，其低共熔点为 $-55.0\text{℃}$；$NH_4Cl$~$H_2O$，其低共熔点为 $-15.4\text{℃}$。按照其低共熔物的组成来配制冰和盐，可以获得较低的冷冻温度。在冬天，为防止路面结冰，在路面上撒上盐，就是利用盐溶液凝固点下降的原理。

（3）相图的应用

水~盐系统的相图可用于盐的分离和提纯，帮助人们有效地选择用结晶法分离提纯盐类

的最佳工艺条件，视具体情况可采取降温、蒸发浓缩或加热等各种不同的方法。例如，从图 6.21 中 D 物系点中不能得到纯的 $(NH_4)_2SO_4$ 晶体，那么可以采取哪些操作步骤得到纯净的 $(NH_4)_2SO_4$ 晶体呢？

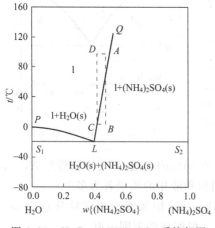

图 6.21 $H_2O \sim (NH_4)_2SO_4$ 系统相图

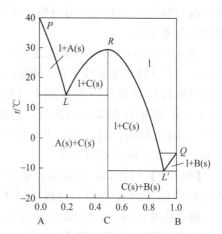

图 6.22 形成稳定化合物系统的相图

在物系点 D，若单纯降温，则进入 $PLS_1 \sim$ 液两相区，析出固体冰，继续降温，冰不断析出，溶液的组成沿 PL 线下滑，至低共熔点，出现三相共存。此时系统的温度及溶液的组成均恒定不变，直至全部液相变为固相为止，最终得到的只能是冰和固体 $(NH_4)_2SO_4$ 的混合物。由此可见，当溶液的组成落在 L 点左边时，用单纯降温的方法分离不出纯的盐。唯一可取的途径是先将此溶液蒸发浓缩，使物系点 D 沿水平方向移至 A 点，此时溶液中 $(NH_4)_2SO_4$ 含量约达 50%，冷却此溶液到 R 点（约 50℃），溶液达到饱和。若再降低温度，将析出 $(NH_4)_2SO_4$ 固体，继续降低温度，将析出更多 $(NH_4)_2SO_4$ 固体，最低可降至 $S_1LS_2$ 线上方，系统中则有组成为 y 的溶液和纯盐共存。若降至 $S_1LS_2$ 所对应的温度为 $-18.3℃$，则整个系统又成为三相共存状态，冰也开始析出。故最佳方案是先浓缩而后降温，但温度又不能降至冰~盐共析点，也不必将温度降得太低，因为根据杠杆规则，10℃时系统中固相所占的百分率与 0℃时所占的百分率相差无几，所以一般以冷却至 10~20℃ 为宜。此时分离母液和晶体，并将母液重新加热到 D 点，再溶入粗 $(NH_4)_2SO_4$，物系点又回到 A 点，沿 DABCD 重复上述操作，从而达到粗盐提纯的目的。

### 6.6.2 形成化合物的固相不互溶系统的相图

(1) 形成相合熔点化合物系统

在二组分固~液系统中，在有些情况下两组分能形成一种或几种化合物。每种化合物都有一定的熔点，当它们熔化时，所得液相和化合物具有相同的组成，这类化合物称为稳定化合物。如图 6.22 所示，若 A、B 二组分按 1:1 摩尔比形成化合物 C，虽然物种数 $S=3$，但有一个独立的化学反应存在，其独立组分数 $C=3-1=2$，故仍为二组分体系。这类相图可以看作是由两个形成简单低共熔物系统的相图合并而成，一个是 A~C 系统，另一个是 C~B 系统。液相是 A、B 和 C 的平衡均相熔化物。根据系统的组成不同，在熔化物的冷却过程中，当温度降至其低共熔点时，固态 A、C 或 C、B 同时析出。但当熔化物的组成为 $x_A=0.5$ 时，则冷却后只有纯物质 C 的固相析出，直至全部凝固为止，体系此时为单组分体系。因此 C 的步冷曲线就如纯物质一样只有一个平台段，此化合物加热到熔点（R 所对应的温度）前其组成稳定不变，而在熔化时平衡液相的组成与化合物的组成是一致的，故 $R$ 点称为化合物的"相合熔点"，而这类化合物称为"相合熔点化合物"。$CuCl$ 与 $FeCl_3$ 构成此类相图，如图 6.23 所示，图中 C 指相合熔点化合物 $CuCl \cdot FeCl_3$。不是所有化合物的组成比都是 1∶1，也可以是 1∶2，1∶3 等，其相应的化合物则为 $AB_2$，$AB_3$ 等。

某些情况下 A、B 二组分之间可形成几种化合物，如 $H_2O \sim H_2SO_4$ 系统，$H_2O$ 和 $H_2SO_4$ 能形成三种水合物，$H_2SO_4 \cdot 4H_2O$，$H_2SO_4 \cdot 2H_2O$，$H_2SO_4 \cdot H_2O$，其相图可看成是由四个简单的二组分相图组成，如图 6.24 所示。若要获得某一种水合物，则必须控制溶液浓度及温度于一定范围内。另外根据此图，还可以确定各种商品硫酸在不同气温下应具有怎样的浓度，才能够避免在运输和贮藏过程中冷冻结晶。由图中可以看出 98% 的浓硫酸的结晶温度约为 0.1℃，在冬季这种硫酸难免冻结。为此，可选择在最低共熔点附近，例如改为 92.5% 的硫酸，它的凝固点则约为 -35℃，这样在运输和贮藏过程中可避免冻结。

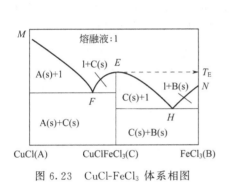

图 6.23 $CuCl-FeCl_3$ 体系相图　　　图 6.24 $H_2O-H_2SO_4$ 体系相图

形成相合熔点化合物的系统还有 $Fe_2Cl_6 \sim H_2O$、$H_2O \sim NaI$、$Au \sim Fe$、$CuCl \sim KCl$ 等。

（2）形成不相合熔点化合物系统

有的系统在两组分之间形成的化合物不能稳定地到达其熔点，在未到达其熔点前就分解成新的固相和组成不同于原来固态化合物的液相，这类化合物称为不稳定化合物，具有异成分熔点，故亦称为"不相合熔点化合物"，其分解过程称为转熔反应。现以 $Na \sim K$ 系统为例。如图 6.25 所示，Na 与 K 可形成不相合熔点化合物 $Na_2K$，加热固态 $Na_2K$ 到达其转熔温度 $t_p$（℃）时，$Na_2K$ 按下式分解成固态 Na 和组成不同于 $Na_2K$ 的熔化物。

$$Na_2K(s) \rightleftharpoons Na(s) + 熔化物(l)$$

上式亦属于等温等压下的可逆反应，平衡时三相共存，依相律 $F^* = 2 - P + 1 = 0$，故组成也不能变动，直至其全部分解成两相，$F^* = 2 - 2 + 1 = 1$，体系温度继续上升，固态 Na 不断熔化，最终全部变成熔化物。图中曲线 $AP$ 代表 Na 的熔点曲线。曲线 $BE$ 代表 K 的熔点曲线。曲线 $PE$ 代表不相合熔点化合物 $Na_2K$ 的熔点曲线。水平线 $CC'P$ 代表固体 Na、$Na_2K$ 及熔化物三相平衡共存线，此水平线对应的温度 $t_p$ 称为系统的"转熔点"。图中的弧形虚线表示 $Na_2K$ 化合物若能稳定存在时的假想状态。具有这类特点的系统有 $Na_2SO_4 \sim H_2O$，$SiO_2 \sim Al_2O_3$，$CaF_2 \sim CaCl_2$，$Na \sim K$ 等。

从图 6.25 可知，考查系统处于 $N$ 点的降温相变情况：$N$ 点时为液相，当系统降温至 $AP$ 线上的 $M$ 点时有固体 Na 析出，进入二相区。随着温度降低，析出的 Na 增多，熔化物中 K 的含量增加，其组成沿 $MP$ 线变化。刚达转熔温度时，液相组成为 $P$，此刻固体 Na

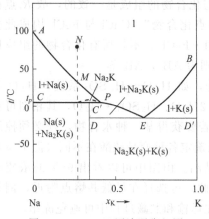

图 6.25 Na～K 固液平衡相图

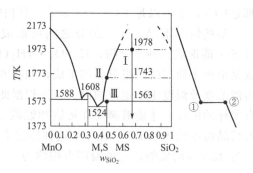

图 6.26 MnO～SiO$_2$ 相图

与液相量之比是 $n_{Na}:n_{液}=\overline{C'P}:\overline{CC'}$。此时固体 Na 与熔化物生成不相合熔点化合物 Na$_2$K 的反应,此时三相共存,$F^*=0$,温度不变。必须指出,Na 与熔液相在转熔点的反应是在固相 Na 表面进行,故生成的不相合熔点化合物 Na$_2$K 常包裹在 Na 晶粒的表面,阻止固相 Na 进一步反应,得到并非纯 Na$_2$K,而是内核为 Na 的混晶,这种现象称为"包晶现象"。

【例 6.8】 分析 MnO～SiO$_2$ 相图,见图 6.26:(1) 写出各水平线对应的物态和化学转变式;(2) 指出Ⅰ、Ⅱ、Ⅲ各点的共存相;(3) 绘出质量分数 $w_{SiO_2}=0.7$ 系统的冷却曲线。

解:(1) 温度 1588K 所在三相线:

$$L(液相) \rightleftharpoons M_2S(固相) + MnO(固相)$$

温度 1563K 所在三相线:

$$M_2S(固相) \rightleftharpoons SiO_2(固相) + L(液相)$$

温度 1524K 所在三相线:

$$L(液相) \rightleftharpoons M_2S(固相) + MnS(固相)$$

(2) Ⅰ点:SiO$_2$(固相)+L(液相)

Ⅱ点:对 SiO$_2$ 的饱和溶液线上的点

Ⅲ点:M$_2$S(固相)$\rightleftharpoons$SiO$_2$(固相)+L(液相)

(3) 冷却曲线如题图 6.26 右边曲线所示。

点①处:出现新相 M$_2$S(固相),点②处:L(液相)消失。

## 6.7 二组分固态完全互溶及部分互溶系统的液固平衡相图

### 6.7.1 二组分固态完全互溶系统的液固平衡相图

晶格类型相同,离子或原子半径相近,化学组成相似的两种物质,在液相和固相中均能以任何比例完全互溶,称之为"固态溶液"或"固溶体"。例如 Cu～Ni、Sb～Bi、Pd～Ni、KNO$_3$～NaNO$_3$ 等,这类固液平衡相图与液液完全互溶系统中气～液平衡相图类似。图 6.27 为 Sb～Bi 固液平衡系统相图,$t^*_{Sb}$ 和 $t^*_{Bi}$ 分别为 Sb 和 Bi 的熔点,混合物熔点总是处在两金属熔点之间。上方曲线为液相线(即凝固点曲线),液相线以上区域为液相区。下方曲线是固相线（即熔点曲线），固相线以下区域为固溶体的固相区。两曲线之间为固～液两相平衡区。在固液平衡区中，$F^* = C - P + 1 = 2 - 2 + 1 = 1$，不是零，故步冷曲线不会出现平台线段。

分析图中物系点 $a$ 降温情况可知，当降至 $L_1$ 点时开始析出组成为 $S_1$ 的固溶体，随着温度的下降，液相组成沿 $L_1L_2$ 线下降，固相组成则沿 $S_1S_2$ 线下降，固液平衡区内仍然服从杠杆规则。由相图可知，低熔点组分在液相中质量分数比其在固相中的质量分数大，故在生产实际中利用此特征来提纯金属，并建立了"区域熔炼法"。

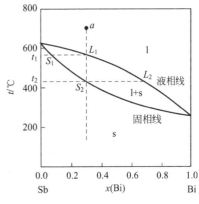

图 6.27　Sb～Bi 固液平衡 $t$～$x$ 图

"区域熔炼法"是一种利用杂质在液相和固相中的溶解度不同以制备高纯度金属的方法，其示意图如图 6.28 所示。提纯原理为：将待提纯的金属铸成长锭，放在管式高温炉中，在外部套上一个可以匀速移动的加热环，加热环所到之处为熔化区，该区域金属被加热熔化，当环离开之后，左边部分重新凝固，与熔化区的溶液构成固液平衡，显然，在液相中杂质的含量要高于固相。如把环先放在最左端，使左端金属熔化。当右移时，左端金属凝结，凝出的固相所含杂质浓度比原来的小，而液相中杂质浓度有所提高，随着环的右移，富集了的杂质也右移，加热环移到最右端之后重新送回最左端，重复同样的操作，杂质就逐步富集在右端。切去右端，可在左端得到高纯度金属。

如果所形成的固溶体接近理想固溶体，则固液平衡相图如图 6.27 所示。但如果偏离理想固溶体较大的话，则相图上也会出现最低或最高点。图 6.29 所示的 Cu～Au 体系，具有最低共熔点；图 6.30 所示的 $d\text{-}C_{10}H_{14}NOH$～$l\text{-}C_{10}H_{14}NOH$ 体系，具有最高共熔点。具有最低熔点的体系较多，如 $HgBr_2$～$HgI_2$、Cs～K、K～Rb、Ag～Sb、KCl～KBr、$Na_2CO_3$～$K_2CO_3$ 等。具有最高熔点的体系很少见。

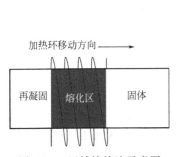

图 6.28　区域熔炼法示意图

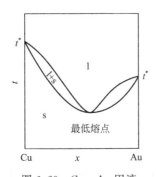

图 6.29　Cu～Au 固液平衡 $t$～$x$ 图

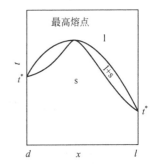

图 6.30　$d\text{-}C_{10}H_{14}NOH$～$l\text{-}C_{10}H_{14}NOH$ 固液平衡 $t$～$x$ 图

## 6.7.2　固相部分互溶系统的液固平衡相图

两个组分在液态时可互溶，但在固态时在一定的浓度范围内既非完全不互溶，也不是完全互溶，而是部分互溶，即在局限浓度范围内互溶。部分互溶系统相图，主要分为"具有低共熔点型"和"具有转熔点型"两种。

#### 6.7.2.1 具有低共熔点型

如同图 6.31 所示的 Ag~Cu 固液平衡相图,这种图形并不陌生,它和液液部分互溶的气~液平衡相图相似。$P$、$Q$ 分别为 Ag、Cu 的熔点,$PLQ$ 线以上是熔液单相区,$PL$、$QL$ 是熔液组成曲线。$PS_1M$ 线左边的封闭区域是 Cu 溶解于 Ag 中形成的 α 固溶体,$PS_1$ 为 α 固溶体的组成曲线。$QS_2N$ 右边的封闭区域是 Ag 溶解于 Cu 中形成的 β 固溶体,$QS_2$ 为 β 固溶体的组成曲线。$PS_1L$ 为 α 固溶体与熔液的两相共存区,$QS_2L$ 为 β 固溶体与熔液的两相共存区。$MS_1S_2N$ 为 α 固溶体和 β 固溶体两相共存区,两相互为共轭相,其组成可分别由 $MS_1$ 和 $S_2N$ 读出。$L$ 点就是"低共熔点",和前述的简单低共熔点相比,没有"简单"二字,表示不是两纯物质的最低共熔点。$S_1LS_2$ 水平线指组成为 $S_1$ 的 α 固溶体、组成为 $S_2$ 的 β 固溶体和组成为 $L$ 的熔液的三相平衡共存线。

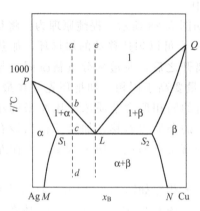

图 6.31 Ag~Cu 固液平衡相图

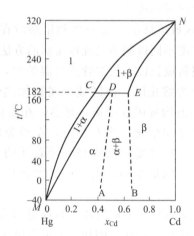

图 6.32 Hg~Cd 固液平衡 $t$~$x$ 图

如果系统从 $a$ 点开始降温,至 $b$ 点时,开始析出 α 固溶体,若继续降温,液相组成沿 $bL$ 变化,固相组成沿 $PS_1$ 变化。降温至 $c$ 点,温度达到低共熔点,β 固溶体亦开始析出,此时系统为三相共存,$F^* = 0$,熔液组成为 $L$,系统温度及各相组成都恒定不变。直至溶液全部凝固成后 α 固溶体和 β 固溶体进入两相区,$P = 2$,$F^* = 1$,方可继续降温,最后达 $d$ 点。

属于此类相图的体系还有 $KNO_3$~$Ti(NO_3)_4$,Pb~Sb,AgCl~CuCl,$KNO_3$~$NaNO_3$ 等。

#### 6.7.2.2 具有转熔点型

图 6.32 是 Hg~Cd 固液平衡相图,已知 $M$、$N$ 分别为 Hg、Cd 的熔点,$MCD$ 区为 α 固溶体与熔液的两相共存区,$NCE$ 区为 β 固溶体与熔液的两相共存区,$ADEB$ 区为 α 固溶体和 β 固溶体两相共存区。在 182℃ 时为 α 固溶体、β 固溶体和熔液三相平衡共存,此处由一种固溶体转变为另一种固溶体的温度就称为两固溶体的转熔温度或转熔点,此时存在如下平衡:

$$\alpha \text{ 固溶体} \rightleftharpoons \beta \text{ 固溶体} \rightleftharpoons \text{熔液}$$

从图 6.32 可知,为何在镉标准电池中镉汞齐电极中,Cd 的含量在 0.05~0.14 之间时,系统由液相和 α 固溶体两相平衡共存。由杠杆规则可知,在此浓度范围内,充电或放电时系统中 Cd 的总量(即两相区的组成点)的微小变化只会影响液相(饱和溶液)和固溶体(汞齐)的相对含量,而不影响它们的浓度。各相组成不变,可得到相对稳定的电位。

属于此类相图的还有 AgCl～LiCl，Ag～NaNO$_3$，Fe～Au 等。

## 6.8 三组分系统平衡相图

### 6.8.1 三组分系统组成的等边三角形表示法

根据相律，三组分系统的自由度与系统相数间关系可表示为：
$$F=C-P+2=3-P+2=5-P$$
当 $F=0$，$P=5$，表明三组分系统最多可有五个相平衡共存。而当 $P=1$，则 $F=4$，可见为完整地描述系统的状态必须用四个自由度（即温度、压力和任意两个独立的浓度），故表示这类相图属四维空间问题。如果保持温度或压力不变，则 $F^*=3$，其相图可用三维空间坐标图表示。如果保持温度和压力均不变，则 $F^*=2$，其相图可用平面坐标图表示。

如以 A、B 和 C 表示三个组分，则三个浓度变量中仅有两个是独立的，即 $x_A+x_B+x_C=1$ 或 $w_A+w_B+w_C=1$。在平面上就可以同时将三者的浓度表示出来，常用等边三角坐标来表示各组分的浓度。如图 6.33 所示，在三角坐标中利用一个等边三角形来表示三组分系统的组成，三角形顶点 A、B、C 分别表示系统的三种纯组分，即 $w_A=w_B=w_C=1$。离顶点愈远，则含顶点组分的质量分数愈低。三条边 AB、BC、CA 分别表示由 A 和 B、B 和 C 以及 C 和 A 组成的二组分系统，各边上任一点表示对应的二组分系统的组成。三角形内部的任何一点都代表一个三组分系统，各组分组成由如下方法确定：如图中物系点 O，过 O 点作平行于三条边的直线，并与三个边相交于 D、E、F 点，其长度分别为 c、a、b。系统点到对边平行线的长度就代表对应顶点组分的含量，即 O 点含 C 的量为 $c(\overline{OD})$，含 A 的量为 $a(\overline{OE})$，含 B 的量为 $b(\overline{OF})$。很容易证明三条实线段的长度之和应等于三角形的任一边的边长，即 $a+b+c=1$。若延长 DO 与 BC 边交点为 H，则 E、H 将 BC 边分成三段，$BE=c$，$EH=a$，$HC=b$。反之，如果知道系统的组成是含 A 为 $a$，B 为 $b$，C 为 $c$，则也能在三角形内确定其对应的坐标点。如图 6.33，可在 BC 边上截取 $\overline{BE}=c$，$\overline{HC}=b$，则 $\overline{EH}=a$，然后过 E、H 点分别作平行于 AB、CA 边的直线交于 O 点，O 点即为该系统的物系点。

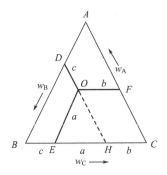

图 6.33 三组分系统组

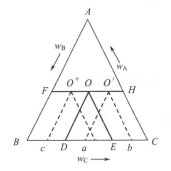

图 6.34 三组分系统等含量

应用等边三角形表示三组分系统的组成还具有以下几个特点。

（1）等含量规则 如果某几个三组分系统，其组成刚好在平行于等边三角形任意一边的直线上，如图 6.34 中的 $FH$ 线，线上任意一点如 $O$，$O'$，$O''$，因为 $FH \parallel BC$，故 $FH$ 线上各组分所含 $BC$ 边的对角 $A$ 的质量分数相等。

(2) **等比例规则**　如图 6.35 所示，通过三角形的任一顶点（如 $A$）的直线（如 $AD$）上各点的系统（如 $O$ 点和 $O'$ 点），由三角形的相似原理可知，$O$ 点和 $O'$ 点上 $A$ 组分的含量不同，但 B 和 C 两个组分的质量分数之比不变，即 $\dfrac{c}{b} = \dfrac{c'}{b'}$。

(3) **杠杆规则**　如图 6.36 所示，当把物系点分别为 $D$ 和 $E$ 的两个三组分系统合并成一个新的三组分系统时，其物系点一定在 $D$、$E$ 的连线上。某组分的质量越多，则新系统的组分点越接近该点，其具体位置可由"杠杆规则"决定。设新物系点为 $O$，混合前系统 $D$ 与系统 $E$ 的质量分别为 $m_D$ 和 $m_E$，由杠杆规则可知：$m_D \times \overline{DO} = m_E \times \overline{EO}$。很容易证明如下关系成立：$\dfrac{\overline{DO}}{\overline{EO}} = \dfrac{\overline{bd}}{\overline{df}} = \dfrac{m_E}{m_D}$

(4) **重心规则**　如图 6.37 所示，当把三个组成不同的三组分系统 $D$、$E$、$F$ 混合起来，形成一个新系统时，新的物系点 $H$ 一定处在小三角形 $DEF$ 中间，其准确位置可由"重心规则"求得。先用杠杆规则求出 $D$、$E$ 两个三组分系统的物系点 $G$，然后再用杠杆规则求出 $G$、$H$ 的混合系统的物系点 $H$。$H$ 点就是 $D$、$E$、$F$ 三个三组分系统构成的混合物系统的物系点。

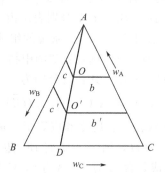

图 6.35　三组分系统等比例规则

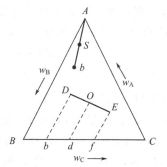

图 6.36　三组分系统杠杆规则

(5) **背向性规则**　如图 6.36 所示，设 $S$ 为三组分液相物系点，如果从液相 $S$ 中析出纯组分 $A$ 的晶体时，则剩余液相的组成将沿 $AS$ 的延长线变化，即背离顶点 $A$ 的方向变化。假定在结晶过程中，液相的浓度变化到 $b$ 点，则此时晶体 A 的量与剩余液体量之比等于线段 $bS$ 与 $SA$ 之比。反之，若在液相 $b$ 中加入组分 A，则物系点将沿 $bA$ 的连线向接近 $A$ 的方向移动。

## 6.8.2　三组分系统的液液平衡相图

### 6.8.2.1　部分互溶的三液系统

由等边三角形三顶点 A、B、C 三种液体，可两两地组成三个液对，三个液对中可以分为一对部分互溶、两对部分互溶和三对部分互溶。

图 6.38 是一对部分互溶、两对完全互溶的三组分系统相图。由图可知，常温常压下水和醋酸，氯仿和醋酸之间均能以任意比例混溶，而氯仿和水相互有一定的溶解度，形成一对部分互溶系统。

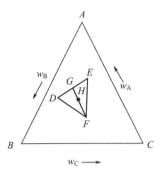

图 6.37　三组分系统重心规则

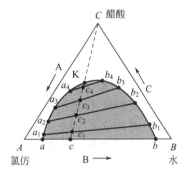

图 6.38　一对部分互溶的三液系统相图

当 $CHCl_3$ 中含 $H_2O$ 很少时（$Aa$ 部分），或 $H_2O$ 中含 $CHCl_3$ 很少时（$bB$ 部分）两组分可互溶成一相。但是，若在 $CHCl_3$ 相中加 $H_2O$ 达饱和之后再添 $H_2O$，或在 $H_2O$ 相中添 $CHCl_3$ 达饱和之后再加 $CHCl_3$，则系统将分成组成分别为 $a$ 和 $b$ 的两个液层平衡共存。$a$ 为水在 $CHCl_3$ 中的饱和溶液，而 $b$ 为 $CHCl_3$ 在水中的饱和溶液。图 6.38 中由 $aKb$ 所包围的帽形区域就是由 $CHCl_3$ 相和 $H_2O$ 相形成的两相区。若物系点介于 $a$、$b$ 之间，如图中的 $c$ 点，则必分为 $a$、$b$ 两个液层，其质量比由"杠杆规则"确定。以物系点 $c_1$ 为例，其两相的组成分别为 $a_1$ 和 $b_1$，故 $m_{氯仿} \times \overline{a_1c_1} = m_{水} \times \overline{c_1b_1}$。

若在 $CHCl_3 \sim H_2O$ 系统中加入 $HAc$，则其相互溶解度将增加。例如，自 $c$ 点加入 $HAc$，使之上升至组成为 $c_1$ 点的三组分系统混合物时，此时系统中由 $a_1$ 和 $b_1$ 两液层共存。$a_1$ 为有 $HAc$ 存在时 $H_2O$ 在 $CHCl_3$ 中的饱和溶液，而 $b_1$ 为有 $HAc$ 存在时 $CHCl_3$ 在 $H_2O$ 中的饱和溶液。通常把 $a$ 和 $b$ 以及 $a_1$ 和 $b_1$ 等每一对平衡共存的两个液层，称为"共轭溶液"。不难看出，因为 $HAc$ 的加入使 $CHCl_3$ 和 $H_2O$ 相互溶解度增加，故当物系点沿着 $cC$ 线上升时，共轭层相点连线 $ab$、$a_1b_1$、$a_2b_2$ 逐渐缩短，直至两相点汇合成一点 $K$ 为止。在 $K$ 点上，两液层浓度相同，分层消失而变成均匀单相系统，$K$ 点称为"会熔点"。曲线 $aa_1a_2K$ 为水在 $CHCl_3$ 中的溶解度曲线，而曲线 $bb_1b_2K$ 为 $CHCl_3$ 在水中的溶解度曲线。两曲线合并即得到帽形的 $CHCl_3 \sim H_2O$ 液对的部分互溶溶解度曲线。它把相图分成两个区域，曲线以外是均匀的单一液相区，曲线以内为共轭的两液相共存区。帽形区内任一个物系点都可以分离成为共轭的两液相，其数量比仍服从杠杆规则。两共轭相点连接线彼此间不一定相互平行或平行于底边，这是因为 $HAc$ 的加入对两共轭层溶解度影响存在差异。临界点 $K$ 也不一定是帽形线的最高点，而只是连接线收缩至最后所形成的某一点。

图 6.38 为恒温下的三组分系统相图或者二维相图。但若考虑温度影响，则坐标系必须

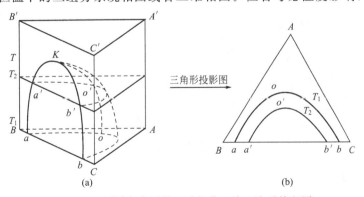

图 6.39　不同温度下的一对部分互溶三液系统相图

第 6 章　相平衡

向第三维扩展，即以温度为纵坐标形成一个三角柱。图 6.39(a) 就是一对部分互溶系统的柱形的温度~组成图。由图中可以看出，随着纵坐标温度的升高，相互溶解度增加，相图中帽形区逐渐缩小。于是不同温度的帽形两相面自下而上延伸成一个立体帽。而不同温度下的溶解度曲线（如 $aob$，$a'o'b'$）就编织成一个曲面，每一条溶解度曲线上的临界点可连接成一条曲线 $Ko'o$，高温时整个曲面收缩成一点 $K$，即最高临界点温度。将此立体模型中的各条等温溶解度曲线投影到平面上，便得到图 6.39(b)。

除形成一对液对部分互溶的三液系统以外，还有两对液对部分互溶系统，如图 6.40 所示。图中 6.40(a) 表示两相区不重叠；图 6.40(b) 表示由于温度降低，不互溶区扩大而引起两相区重叠。这样的系统如乙烯腈-水-乙醇三组分系统。乙烯腈与水，乙烯腈与乙醇只能部分互溶，而水与乙醇可无限混溶，在相图上出现了两个溶液分层的帽形区。帽形区之外是溶液单相。帽形区的大小会随温度的上升而缩小。当降低温度时，帽形区扩大，甚至发生重叠。如图 6.40(b) 所示，图的中部区域是两相区。中部区以上或以下是溶液单相区，两区中 A 含量不等。

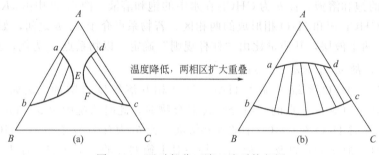

图 6.40 两对部分互溶三液系统相图

还有三对液对部分互溶系统，如图 6.41 所示。图 6.41(a) 中表示三个两相区不重叠；图 6.41(b) 表示由于温度降低，不互溶区扩大而引起两相区重叠。图中区域 1 是单相，区域 2 是两相，区域 3 则是三相平衡共存区。在三相区内，由相律知，在恒温恒压下，$P=3$，$F^*=C-P=3-3=0$，为无变量区。即在三相区内任一混合物都是三相平衡体系，物系点可以不相同，但由于 $p$、$T$ 恒定，每一相的三组分体系的组成都不变，其三相的组成就由 $D$、$E$、$F$ 三相点表示。而三相质量比可用前述三角坐标系性质（4）的"重心规则"求得。这样的系统如乙烯腈~水~乙醚三组分系统；乙烯腈~水~乙醚彼此都只能部分互溶，因此相图上有三个溶液分层的两相区。在帽形区以外，是完全互溶单相区。

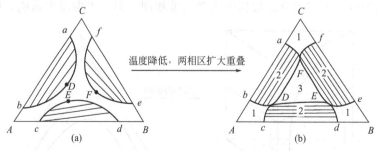

图 6.41 三对部分互溶三液系统相图

#### 6.8.2.2 萃取

部分互溶液体三组分系统相图在液~液萃取过程中有重要用途，例如芳烃和烷烃的分离在工业上所采用方法就是以此类相图的规律为依据。

实际中芳烃、烷烃以及溶剂都是混合物，它的组分数实际上大于 3。但为了讨论简便，我们将其简化为芳烃 A、烷烃 B 和萃取剂 S 三个组分，用三组分相图来说明萃取过程。

图 6.42 是芳烃 A、烷烃 B 和萃取剂 S 在某一压力和温度的相图示意图。由图可见，A 与 B，A 与 S，在该温度下都能完全互溶。而 B 与 S 则为部分互溶。

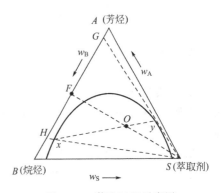

图 6.42　萃取过程示意图

将原始组成为 F 的 A、B 混合物装入分液漏斗，加入萃取剂 S 并摇动，根据等比例规则，物系点将沿 FS 线移动。例如，混合物原料液与萃取剂的总组成到达 O 点（可根据加入 S 的量，由杠杆规则计算），静置分层。此时系统分为两相，萃取相组成为 $y$，蒸去萃取剂 S，物系点将沿 $Sy$ 移动，直到 G 点，可以看出 G 点溶液中含芳烃量比 F 点提高。萃余相组成为 $x$，蒸去萃取剂 S，物系点将沿 $Sx$ 移动，到达 H 点，可以看出 H 点溶液中含烷烃量比 F 点高。经过一次萃取并除去溶剂后，就能把 F 点的原溶液分成 H 点和 G 点两个溶液，G 点溶液中含芳烃比 F 点溶液多，H 点溶液中含烷烃比 F 点溶液多。如果对浓度为 $x$ 层的萃余相溶液再加入溶剂进行多次萃取，最后可得基本上不含芳烃的烷烃，实现分离。

# 习　题

拓展例题

**一、判断下列说法是否正确，为什么？**

1. 在一给定的系统中，独立组分数是一个确定的数。（　　）
2. 单组分系统的物种数一定等于 1。（　　）
3. 相律适用于任何相平衡系统。（　　）
4. 自由度就是可以独立变化的变量。（　　）
5. 恒定压力下，根据相律得出某一系统的 $F^* = 1$，则该系统的温度就有一个唯一确定的值。（　　）
6. 在相图中总可以利用杠杆规则计算两相平衡时两相的相对的量。（　　）
7. 杠杆规则只适用于 $T \sim x$ 图的两相平衡区。（　　）
8. 对于组成确定的二组分液液完全互溶系统，通过精馏方法总可以得到两个纯组分。（　　）
9. 二组分液系中，若 A 组分对拉乌尔定律产生正偏差，那么 B 组分必定对拉乌尔定律产生负偏差。（　　）
10. 若 A、B 两液体完全不互溶，那么当有 B 存在时，A 的蒸气压与系统中 A 的物质的量分数成正比。（　　）
11. 在简单低共熔物的相图中，三相线上的任何一个系统点的液相组成都相同。（　　）
12. 三组分系统最多同时存在 5 个相。（　　）

**二、选择题**

1. 硫酸与水可形成 $H_2SO_4 \cdot H_2O(s)$，$H_2SO_4 \cdot 2H_2O(s)$，$H_2SO_4 \cdot 4H_2O(s)$ 三种水

合物，问在 101325Pa 的压力下，能与硫酸水溶液及冰平衡共存的硫酸水合物最多可有多少种？（　　）。

  A. 3 种            B. 2 种

  C. 1 种            D. 不可能有硫酸水合物与之平衡共存

2. 将固体 $NH_4HCO_3(s)$ 放入真空容器中，在等温 400K 时，$NH_4HCO_3$ 按下式分解并达到平衡：$NH_4HCO_3(s) \rightleftharpoons NH_3(g) + H_2O(g) + CO_2(g)$ 系统的组分数 $C$ 和自由度数 $F$ 为（　　）。

  A. $C=2$，$F=1$    B. $C=2$，$F=2$    C. $C=1$，$F=0$    D. $C=3$，$F=2$

3. $H_2O$、$K^+$、$Na^+$、$Cl^-$、$I^-$ 体系的组分数是（　　）。

  A. $C=3$      B. $C=5$      C. $C=4$      D. $C=2$

4. 克拉佩龙-克劳修斯方程导出过程中，忽略了固、液态体积。此方程使用时，对体系所处的温度要求（　　）。

  A. 大于临界温度          B. 在三相点与沸点之间

  C. 在三相点与临界温度之间      D. 小于沸点温度

5. 压力升高时，单组分体系的熔点将如何变化（　　）。

  A. 升高      B. 降低      C. 不变      D. 不一定

6. 硫酸与水可组成三种化合物：$H_2SO_4 \cdot H_2O(s)$、$H_2SO_4 \cdot 2H_2O(s)$、$H_2SO_4 \cdot 4H_2O(s)$，在 298.15K 下，能与硫酸水溶液共存的化合物最多有几种（　　）。

  A. 1 种      B. 2 种      C. 3 种      D. 0 种

7. 某体系中有 $Na_2CO_3$ 水溶液及 $Na_2CO_3 \cdot H_2O(s)$、$Na_2CO_3 \cdot 7H_2O(s)$、$Na_2CO_3 \cdot 10H_2O(s)$ 三种结晶水合物。在 $p^{\ominus}$ 下，$F^* = C - P + 1 = 2 - 4 + 1 = -1$，这种结果表明（　　）。

  A. 体系不是处于平衡态       B. $Na_2CO_3 \cdot 10H_2O(s)$ 不可能存在

  C. 这种情况是不存在的       D. $Na_2CO_3 \cdot 7H_2O(s)$ 不可能存在

8. 下列叙述中错误的是（　　）。

A. 水的三相点的温度是 273.15K，压力是 610.62Pa

B. 三相点的温度和压力仅由系统决定，不能任意改变

C. 水的冰点温度是 0℃（273.15K），压力是 101325Pa

D. 水的三相点 $F=0$，而冰点 $F=1$

9. 如图，对于右边的步冷曲线对应是哪个物系点的冷却过程（　　）。

  A. $a$ 点物系

  B. $b$ 点物系

  C. $c$ 点物系

  D. $d$ 点物系

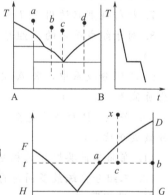

10. 如右图所示，对于形成简单低共熔混合物的二元相图，当物系的组成为 $x$，冷却到 $t$℃时，固液二相的质量之比是（　　）。

  A. $m(s):m(l) = ac:ab$

B. $m(s):m(l)=bc:ab$

C. $m(s):m(l)=ac:bc$

D. $m(s):m(l)=bc:ac$

11. 如右图所示，对于形成简单低共熔混合物的二元相图，当物系点分别处于 $C$、$E$、$G$ 点时，对应的平衡共存的相数为（　　）。

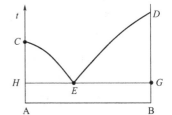

A. $C$ 点 1，$E$ 点 1，$G$ 点 1

B. $C$ 点 1，$E$ 点 3，$G$ 点 3

C. $C$ 点 2，$E$ 点 3，$G$ 点 1

D. $C$ 点 2，$E$ 点 3，$G$ 点 3

12. 右图是两组分 A 与 B 在恒压下固相部分互溶凝聚体系相图，图中有几个单相区（　　）。

A. 1 个

B. 2 个

C. 3 个

D. 4 个

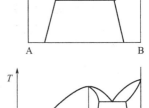

13. 右图是两组分 A 与 B 在恒压下固相部分互溶凝聚体系相图，有几个两固相平衡区（　　）。

A. 1 个

B. 2 个

B. 3 个

D. 4 个

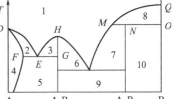

14. 设 A 和 B 可析出稳定化合物 $A_xB_y$ 和不稳定化合物 $A_mB_n$，其 $T\sim x$ 图如右图所示，其中阿拉伯数字代表相区，根据相图判断，要分离出纯净的化合物 $A_mB_n$，物系点所处的相区是（　　）。

A. 9

B. 7

C. 8

D. 10

15. 右图是三液态恒温恒压相图，$ac$、$be$ 把相图分成三个相区①、②、③，每个相区存在的相数是（　　）。

A. ①区 1、②区 1、③区 1

B. ①区 1、②区 3、③区 2

C. ①区 1、②区 2、③区 2

D. ①区 1、②区 2、③区 1

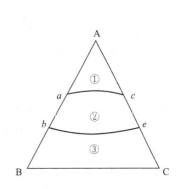

三、回答下列问题

1. 根据相律回答下列问题

（1）在 25℃时，A、B、C 三种物质（相互之间不发生反应）所形成的溶液与固态 A 和由 B、C 组成的气相同时达到平衡，问此体系的自由度为多少？平衡共存时最多有几相?

(2) 在一定温度下,草酸钙分解为碳酸钙和一氧化碳时只能有一个确定的CO压力。

2. 试求下述系统的自由度并指出变量是什么?

(1) 在$p^{\ominus}$压力下,液体水与水蒸气达平衡;

(2) 液体水与水蒸气达平衡;

(3) 25℃和$p^{\ominus}$压力下,固体NaCl与其水溶液成平衡;

(4) 固态$NH_4HS$与任意比例的$H_2S$及$NH_3$的气体混合物达化学平衡;

(5) $I_2(s)$与$I_2(g)$成平衡。

3. $Na_2CO_3$与水可形成三种水合物$Na_2CO_3 \cdot H_2O(s)$,$Na_2CO_3 \cdot 7H_2O(s)$和$Na_2CO_3 \cdot 10H_2O(s)$。问这些水合物能否与$Na_2CO_3$水溶液及冰同时平衡共存?

4. 根据碳的相图(见右图),回答下列问题。

(1) 点O及曲线OA,OB和OC具有什么含义?

(2) 试讨论在常温常压下石墨与金刚石的稳定性如何?

(3) 2000K时,将石墨变为金刚石需要多大压力?

(4) 在任意给定的温度和压力下,金刚石与石墨哪个具有较高的密度?

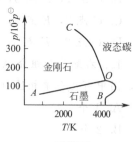

4题附图

### 四、计算题

1. 海拔4500m的西藏高原上,大气压力只有57.329kPa,水的沸点为84℃,求水的汽化热。

2. 拉萨市的平均海拔为3650m,大气压力只有64.9kPa。已知压力与温度的关系式为$\ln(p) = 25.567 - \dfrac{5216}{T}$。试计算水在拉萨市的沸点。

3. 已知固体苯的蒸气压在273K时为3.27kPa,293K时为12.30kPa;液体苯的蒸气压在293K时为10.02kPa,液体苯的摩尔气化焓为$\Delta_{vap}H_m = 34.17 kJ \cdot mol^{-1}$。试计算:(1) 在303K时液体苯的蒸气压,设摩尔汽化焓在这个温度区间内是常数。(2) 苯的摩尔升华焓。(3) 苯的摩尔熔化焓。

4. 结霜后的早晨冷而干燥,在-5℃,当大气中的水蒸气分压降至266.6Pa时,霜会升华变为水蒸气吗?若要使霜不升华,空气中水蒸气的分压要有多大?已知水的三相点的温度和压力分别为273.16K和611Pa,水的摩尔气化焓$\Delta_{vap}H_m = 45.05 kJ \cdot mol^{-1}$,冰的摩尔融化焓$\Delta_{fus}H_m = 6.01 kJ \cdot mol^{-1}$。设相变时的摩尔焓变在这个温度区间内是常数。

5. 根据$CO_2$的相图,回答如下问题。

(1) 指出OA,OB和OC三条曲线及点O与A点的含义。

(2) 在常温、常压下,将$CO_2$高压钢瓶的阀门慢慢打开一点,喷出的$CO_2$呈什么相态?为什么?

(3) 在常温、常压下,将$CO_2$高压钢瓶的阀门迅速开大,喷出的$CO_2$呈什么相态?为什么?

(4) 为什么将$CO_2(s)$称为"干冰"?$CO_2(l)$在怎样的温度和压力范围内能存在?

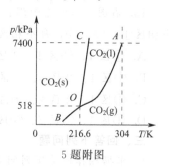

5题附图

6. 溴苯与水的混合物在101.325kPa下沸点为95.7℃,试从下列数据计算馏出物中两种物质的质量比。92 ℃时，$p^*(H_2O)=75.487$ kPa；100 ℃时，$p^*(H_2O)=101.325$ kPa（假设水的蒸发焓 $\Delta_{vap}H_m$ 与温度无关，溴苯、水的摩尔质量分别为 157.0 g·mol$^{-1}$、18.0 g·mol$^{-1}$。溴苯和水完全不互溶）。

7. 在 $p=101.3$ kPa，85 ℃时，由甲苯（A）及苯（B）组成的二组分液态混合物即达到沸腾。该液态混合物可视为理想液态混合物。试计算该理想液态混合物在 101.3 kPa 及 85 ℃沸腾时的液相组成及气相组成。已知 85 ℃时纯甲苯和纯苯的饱和蒸气压分别为 46.00 kPa 和 116.9 kPa。

8. 已知甲苯、苯在 90 ℃下纯液体的饱和蒸气压分别为 54.22 kPa 和 136.12 kPa，两者可形成理想液态混合物。取 200.0 g 甲苯和 200.0 g 苯置于带活塞的导热容器中，始态为一定压力下 90 ℃的液态混合物。在恒温 90 ℃下逐渐渐低压力，问：

(1) 压力降到多少时，开始产生气相，此气相的组成如何？

(2) 压力降到多少，液相开始消失，最后一滴液相的组成如何？

(3) 压力为 92.00 kPa 时，系统内气、液两相平衡，两相的组成如何？两相的物质的量各为多少？

9. 热分析方法测得 Ca，Mg 二组分系统有如下数据：

| $w_{Ca}$ | 0 | 0.1 | 0.19 | 0.46 | 0.55 | 0.65 | 0.79 | 0.90 | 1.00 |
|---|---|---|---|---|---|---|---|---|---|
| 转折点温度 $T_1$/K | | 883 | 787 | 973 | 994 | 923 | 739 | 1028 | — |
| 水平线的温度 $T_2$/K | 924 | 787 | 787 | 787 | 994 | 739 | 739 | 739 | 1116 |

(1) 根据以上数据画出相图，在图上标出各相区的相态；

(2) 若相图中有化合物生成时，写出化合物的分子式（相对原子质量 Ca：40，Mg：24）；

(3) 将含 Ca 为 0.40（质量分数）的混合物 700 g 加热熔化后，再冷却至 787 K 时，最多能得纯化合物若干克？

10. A 和 B 两种物质的混合物在 101325 Pa 下沸点～组成图（见附图），若将 1 mol A 和 4 mol B 混合，在 101325 Pa 下先后加热到 $t_1=200$ ℃，$t_2=400$ ℃，$t_3=600$ ℃，根据沸点～组成图回答下列问题：

(1) 上述 3 个温度中，什么温度下平衡系统是两相平衡？哪两相平衡？各平衡相的组成是多少？各相的物质的量是多少摩尔？

(2) 上述 3 个温度中，哪个温度下平衡系统是单相？是什么相？

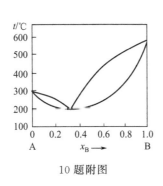

10题附图

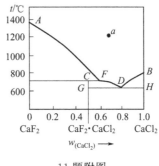

11题附图

11. 已知 CaF$_2$～CaCl$_2$ 相图（见附图），欲从 CaF$_2$～CaCl$_2$ 系统中得到化合物 CaF$_2$～

$CaCl_2$ 的纯粹结晶。试述应采取什么措施和步骤?

12. 利用下列数据,粗略地绘制出 Cu～Mg 二组分凝聚系统相图,并标出各区的稳定相。Mg 与 Cu 的熔点分别为 648℃、1085℃。两者可形成两种稳定化合物 $Mg_2Cu$,$MgCu_2$,其熔点依次为 580℃、800℃。两种金属与两种化合物四者之间形成三种低共熔混合物。低共熔混合物的组成 $\omega_t\%$(Mg)及低共熔点对应为:65%,380℃;34%,560℃;9.4%,680℃。

13. A～B 二组分凝聚系统相图(见附图),请指出图中各相区的稳定相及三相线上的相平衡关系。

14. 绘出生成不稳定化合物系统液-固平衡相图(见附图)中状态点为 $a$、$b$、$c$、$d$、$e$、$f$、$g$ 的样品的冷却曲线。

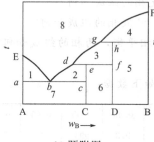
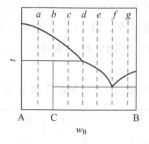

13 题附图          14 题附图

习题解答

# 第 7 章 电化学

电化学是物理化学的一个重要分支,它是研究化学能和电能之间相互转换规律的科学。基础电化学主要包括三部分内容:电解质溶液、原电池、电解与极化。电化学不仅为其它科学提供理论基础和研究方法,还广泛用于石油化工、能源、材料、地质、环境、医学和生命科学等各个领域。它的应用范围在不断地拓展,不断出现一些与电化学有关的新领域,所以电化学科学在理论上和实际应用上都有着很强的生命力,是近代高速发展的学科之一。

## 7.1 电解质溶液的导电机理及法拉第定律

### 7.1.1 电解质溶液的导电机理

物质导电需要依靠物体内部某种带电质点的运动。按带电质点本质的不同,导体可以大致分为第一类导体和第二类导体两类。

第一类导体是靠自由电子的定向运动导电,可称之为电子导体或第一类导体。如金属、石墨、某些金属氧化物(如 $PbO_2$)、金属碳化物(如 WC)等。对金属导体,温度升高,导体中内部质点的热运动加剧,电子移动的阻力增大,因此导电能力降低。

第二类导体是靠离子的定向移动导电,也称为离子导体。如电解质溶液和熔融电解质等。对离子导体,当温度升高时,由于离子运动加快,在水溶液中离子水化作用减弱等原因,导电能力增强。

除了温度的影响外,电解质溶液导电与金属导体导电的另一个不同点是:在电场作用下离子分别向两极迁移的同时,两电极上发生氧化反应或还原反应。

根据化学能与电能间相互转化方向的不同,电化学装置可分为原电池和电解池两类。图 7.1(a)和图 7.1(b)分别是电解池和原电池的示意图。由图 7.1(a)可见,在外电场的作用下,$Cu^{2+}$ 向外电势低的电极(A)阴极迁移,$OH^-$ 向

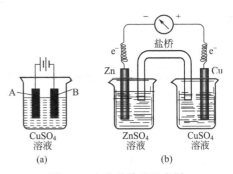

图 7.1 电化学装置示意图

外电势高的电极（B）阳极迁移。而这些带电离子的定向迁移导致回路中的电流在溶液中通过。电流在电极与溶液界面处得以连续是由两电极上发生氧化还原反应来实现的。当外加电压达到一定值时，阴极附近的 $Cu^{2+}$ 就会从电极上得到电子，发生还原反应而生成单质铜

$$Cu^{2+} + 2e^- \Longleftrightarrow Cu(s)$$

同时，$OH^-$ 在阳极上失去电子而发生氧化反应

$$2OH^- \Longleftrightarrow \frac{1}{2}O_2(g) + H_2O + 2e^-$$

两电极上发生的氧化还原反应，分别失去和得到电子，其效果就好像阴极上的电子进入了溶液，而阳极从溶液中得到了电子一样，如此使电流在电极与溶液界面处得以连续。

图 7.1(b) 表示在一个烧杯中放入 $ZnSO_4$ 溶液和锌片，在另一个烧杯中放入 $CuSO_4$ 溶液和铜片，用盐桥（饱和 KCl 溶液的琼脂）将两个烧杯中的溶液连通。这样就构成了一个原电池。在该电池中，由于 Zn 在电极上失去电子而发生氧化反应

$$Zn \Longleftrightarrow Zn^{2+} + 2e^-$$

$Zn^{2+}$ 进入溶液，电子留在电极上而使 Zn 电极具有较低的电势；与此同时，$Cu^{2+}$ 在另一电极上得到电子而发生还原反应

$$Cu^{2+} + 2e^- \Longleftrightarrow Cu(s)$$

该电极因缺少电子而具有较高的电势，因此造成了两电极间的电势差，若以导线连通两电极，电子从失电子一方流向得电子一方而产生电流，从而对外做电功。与此同时，盐桥中 $Cl^-$ 向 $ZnSO_4$ 溶液中迁移，$K^+$ 向 $CuSO_4$ 溶液中迁移，在两个电极之间形成了通过溶液的电流，外电路两电极间靠第一类导体的电子迁移导电，这样就构成了整个回路中连续的电流。

可见，电解质溶液的导电机理是：电解质溶液中的正、负离子的定向移动和电极反应同时发生的过程，这里电解质溶液既是化学反应的参与者，也是电荷的输送者。

### 7.1.2 法拉第定律

（1）法拉第定律

法拉第定律是 1833 年由法拉第从实验结果归纳出来的定律。其内容如下所述。

① 给定电极上发生化学变化的物质的量与通过的电量成正比。

② 通过相同电量时，电极上起变化的各化学物质的物质的量与电极反应过程中得失电子的数目成正比。

法拉第定律可更简洁地表示成

$$Q = nF = zF\zeta \tag{7.1}$$

或者

$$m = \frac{QM}{zF} = \frac{ItM}{zF} \tag{7.2}$$

式中，$n$，$m$ 分别为电极上反应的物质的量和质量；$M$ 为摩尔质量；$I$ 为电流；$t$ 为电解时间；$z$ 为电极反应的电子计量数；$F$ 为法拉第常数，它等于 1mol 电子所带电量的绝对值，即

$$F = 6.0220 \times 10^{23} \times 1.6022 \times 10^{-19} C \cdot mol^{-1} = 96485 C \cdot mol^{-1}$$

由于离子所带的电荷不同，所以在电解中产生 1mol 电解产物所需的电量也不同。例如：

表 7.1　电解得到 1mol 不同产物所需电量

| 半反应 | 1mol 电解产物质量/g | 所需电量/C |
| --- | --- | --- |
| $Na^+ + e^- \longrightarrow Na$ | 23 | 96485 |
| $Mg^{2+} + 2e^- \longrightarrow Mg$ | 24.3 | 2×96485 |
| $Al^{3+} + 3e^- \longrightarrow Al$ | 27 | 3×96485 |

从表 7.1 和式(7.1) 可以得出：对各种不同的电解质溶液，当通过相同的电量 $Q$ 时，由于电子计量系数 $z$ 不同，则 $n$ 应不同，即 $n$ 与 $z$ 有关。

法拉第定律是为数不多的最准确和最严格的自然科学定律之一。它在任何温度和压力下均可适用，也不受电解质浓度、电极材料及溶剂性质的影响。此外，不管是电解池或者是原电池，法拉第定律都同样适用。

根据法拉第定律可设计出用于测量电路中所通过电量的装置，这种装置称为"库仑计"。常用的库仑计有"气体库仑计"、"铜库仑计"、"银库仑计"和"电子积分库仑计"等。

气体库仑计是指在酸或碱的溶液中电解水，将在阴极上和阳极上分别析出氢气和氧气。两极上所析出的气体体积与通过电极的电量成正比，故测量出电解时析出的气体体积，就可以计算出通过电解池的电量，如图 7.2 所示。

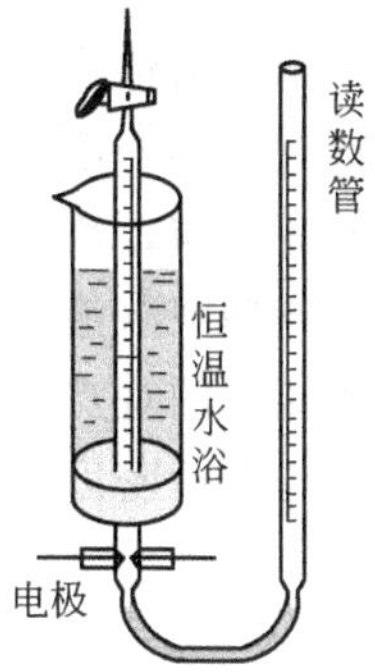

在标准状况下，每库仑电量析出 0.1741cm³ 氢气和氧气的混合气体。当得到标准状态下 $V cm^3$ 混合气体时，所需电量为

$$Q = V/0.1741 \tag{7.3}$$

银库仑计是将银电极作为阴极置于 $AgNO_3$ 水溶液中，根据通电后在电极上析出银的质量计算所通过的电量。如每析出 1.0g 银相当于通过 894.2C 电量，同理 1C 电量相当于 1.118mg 银。

图 7.2　气体库仑计示意图

现代仪器多采用电子积分库仑计测定电量。在电解过程中可记录 $Q_t$-$t$ 曲线，由

$$Q = \int_0^t I_t \, dt = \frac{I_0}{2.303k}(1 - 10^{-kt})$$

用作图法求 $I_0$ 与 $k$ 的关系，即 $\lg I_t = \lg I_0 + (-kt)$

$$Q = \frac{I_0}{2.303k} \tag{7.4}$$

得到 $Q$ 的值，即算出了所通过的电量。

(2) 电流效率

在电解中，法拉第常数是一个很重要的数据，因为它给我们提供了一个有效利用电能的极限数值。实际生产中，不可能得到理论上相应量的电解产物，因为同时有副反应或次级反应存在，所以，对于所需要的产物来说，存在着电流效率问题。通常可将电流效率定义如下：

$$\eta(\text{电流效率}) = \frac{Q(\text{理论})}{Q(\text{实际})} \times 100\% = \frac{m(\text{实际})}{m(\text{理论})} \times 100\% \tag{7.5}$$

$Q$（实际）为实际电解时的耗电量，理论耗电量 $Q$（理论）即按法拉第定律计算的耗电量。一般情况下，电流效率小于 100%，而且阴极与阳极的电流效率不同。但也偶而有电流效率大于 100% 的，这是由电化学反应以外的原因引起的。

**【例 7.1】** 在酸性电镀铜溶液中（主要成分是 $CuSO_4$），以 2.00A 电流电镀 10.00min。假定阴极上只析出 Cu，问能沉积出多少克金属 Cu?

**解**：$I=2.00\text{A}$，$t=10.00\text{min}=600\text{s}$

$$Q=It=(2.00\times 600)\text{C}=1200\text{C}$$

由

$$n=\frac{m}{M}=\frac{Q}{zF}=\frac{It}{zF}$$

得

$$m=\frac{QM}{zF}=\frac{ItM}{zF}=\left(\frac{1200\times 63.5}{2\times 96485}\right)\text{g}=1.58\text{g}$$

故沉积的 Cu 的质量为 1.58g。

（3）电解质溶液的活度

难挥发非电解质的稀溶液蒸气压降低、沸点升高、凝固点降低以及渗透压都具有依数性，即与溶液中溶质的粒子数有关，而与溶质的本性无关，但对于电解质溶液，这种简单的依数性就出现异常现象。

德拜与休克尔于 20 世纪 20 年代提出了一个理论，将离子视为一个点电荷，而将溶剂视为具有特定介电常数的连续介质。认为每个离子都被离子群所围绕，其离子分布为球形对称的电荷分布，称为离子氛，因此德拜-休克尔理论亦称离子氛理论。他们认为造成电解质溶液偏离理想溶液的长程力是离子间的引力，选择经典统计力学的玻耳兹曼（Boltzmann）方程从能量的观点描述粒子的电荷分布，用静电理论的泊松（Poisson）方程将空间某一点的电位与电荷密度关联起来。经过适当的简化，同时引入离子强度 $I$ 的概念：

$$I=\frac{1}{2}\sum_B b_B z_B^2 \tag{7.6}$$

由此导出活度系数方程

$$\lg\gamma_B=-Az_B^2\sqrt{I} \tag{7.7}$$

其中

$$A=\sqrt{2}(\varepsilon T^{-3/2})\left[\frac{N_A^2 e_0^3\sqrt{\pi/1000}}{2.303R^{3/2}}\right] \tag{7.8}$$

式中，$N_A$ 为阿伏伽德罗常数；$e_0$ 是电子电荷；$\varepsilon$ 为液体的介电常数，对于稀溶液可以近似地取水的介电常数值；$R$ 为气体常数，$8.3143\text{J}\cdot\text{mol}^{-1}\cdot\text{K}^{-1}$。对一种溶剂在确定的温度和压力下 $A$ 为常数。在 25℃ 的水中，$\varepsilon=78.6$，$A=0.509\text{mol}^{-1/2}\cdot\text{kg}^{1/2}$。

离子强度 $I$ 反映了离子间作用力的强弱。$I$ 值愈大，离子间的作用力愈大，活度系数就愈小；反之，$I$ 值愈小，离子间的作用力愈小，活度系数就愈大。

值得注意的是只有离子浓度才能用来计算离子强度。像 $0.10\text{mol}\cdot\text{kg}^{-1}$ $HgCl_2$ 溶液，离子强度并不是 $0.30\text{mol}\cdot\text{kg}^{-1}$，因为 $HgCl_2$ 在水溶液中几乎完全处于未解离状态（即以中性分子 $HgCl_2$ 存在），因此离子强度实际上趋于零。类似地，$0.05\text{mol}\cdot\text{kg}^{-1}$ HAc 溶液，离子强度仅约 $0.0005\text{mol}\cdot\text{kg}^{-1}$，因 HAc 在溶液中只有约 2% HAc 解离成为离子。

单个的离子活度及活度系数无法测量，因而没有热力学意义，但是可以将其与可测量的离子平均活度关联。如果二元电解质的一个分子离解成总共 $\nu$ 个离子，其中 $\nu_+$ 个阳离子，$\nu_-$ 个阴离子，则平均活度系数 $\gamma_\pm$ 与单个离子活度系数的关系为

$$\gamma_\pm=\sqrt[\nu]{\gamma_+^{\nu_+}\cdot\gamma_-^{\nu_-}}$$
$$\lg\gamma_\pm=(\nu_+\lg\gamma_++\nu_-\lg\gamma_-)/(\nu_++\nu_-) \tag{7.9}$$

设离子的价数分别为 $z_+$ 和 $z_-$，则
$$\lg\gamma_\pm = (z_+\lg\gamma_+ + z_-\lg\gamma_-)/(z_+ + z_-) \tag{7.10}$$

由此
$$\lg\gamma_\pm = -A|z_+ \cdot z_-|\sqrt{I} \tag{7.11}$$

德拜-休克尔理论及式(7.7)与式(7.11)通常称为德拜-休克尔极限定律，适用于极稀溶液。它认为离子在某种溶剂中的行为偏离理想状态的程度由离子强度反映的溶液电荷密度所决定，而与离子的化学本质无关。

德拜-休克尔极限定律对离子强度在 0 至 0.005 之间的强电解质稀溶液可以精确地给出其 $\gamma_\pm$ 值，亦可用电动势法测定 $\gamma_\pm$ 的实验值，用来检验理论计算值的适用范围，而且它也被用作向离子强度更高或更复杂溶液扩展的半经验理论的基础。

在强电解质溶液中，由于离子受到带相反电荷的离子氛的影响（或牵制），使离子不论在导电性能或者是依数性的作用等方面都不能充分发挥其"理想"作用，表观上相当于离子数目的减少。我们把电解质溶液中离子实际发挥作用的浓度称为"有效浓度"，有效浓度显然要低于溶液原有的实际浓度。这种有效浓度就是活度，用符号 $a_B$ 表示。活度与质量摩尔浓度之间的关系为

$$a_B = \gamma_B \frac{b_B}{b^\ominus} \tag{7.12}$$

式中，$a_B$ 表示溶液中 B 离子的活度；$\gamma_B$ 为 B 离子的活度系数；$b^\ominus = 1\text{mol} \cdot \text{kg}^{-1}$，活度和活度系数均为量纲为 1 的量。

## 7.2　电导、电导率和摩尔电导率

### 7.2.1　电导及电导率

电导是衡量金属导体和电解质溶液导电能力的物理量。用符号 $G$ 表示，其 SI 单位是西门子，符号为 S，$1\text{S} = 1\Omega^{-1}$。电导是电阻的倒数，即

$$G = \frac{1}{R} = \frac{1}{\rho}\frac{A}{l} \tag{7.13}$$

式(7.13)表明：均匀导体在均匀电场中的电导与导体截面积 $A$ 成正比，与其长度 $l$ 成反比。

式中，$\rho$ 为电阻率，其倒数为电导率，用 $\kappa$ 表示，其 SI 单位是 $\text{S} \cdot \text{m}^{-1}$。故式(7.13)可改写为

$$G = \kappa\frac{A}{l}$$

于是，有

$$\kappa = G\frac{l}{A} \tag{7.14}$$

式(7.14)表明，$\kappa$ 是电极距离为 1m，而两极板面积均为 $1\text{m}^2$ 时，电解质溶液的电导，故 $\kappa$ 有时亦称为比电导。式中，$\frac{l}{A}$ 称为电导池常数，常用 $K_{\text{cell}}$ 表示，是一个表示电导池几何特征的因子。由于电导 $G$ 与 $K_{\text{cell}}$ 有关，而 $\kappa$ 却与此无关。因此，在表示电解质溶液的导电能

力方面，$\kappa$ 比 $G$ 更常用。

电导率 $\kappa$ 的测量实质上是电解质溶液电阻的测量。由于两极间的距离及电极板的横截面积不好测量，所以电导率不能直接准确测得，测定时先用已知电导率的标准 KCl 溶液注入电导池中，用电导率仪测定其电导；再将待测溶液置于同一电导池中，用同一电导率仪测定其电导（温度相同），最后利用式(7.14)可求待测溶液的电导率 $\kappa$。

利用电导仪或电导率仪测量电解质溶液的电导或电导率时，应注意以下几个问题。

① 必须采用交流电源以防止电极发生电解反应和极化现象。

② 测定低电导率溶液时宜采用电导池常数小的电导池（如用铂黑电极增加表面积）及低频信号，反之，则需用电导池常数大的电导池及高频信号。

③ 应用高纯蒸馏水作溶剂，测量低电导率溶液时，应扣除水的电导率。

④ 电导池应置于恒温槽中并严格控制恒温温度，因温度每升高 1℃，溶液的电导率约增加 2%~2.5%。

**【例 7.2】** 在电池中，放有两支面积为 $1.25 \times 10^{-4} \mathrm{~m}^2$ 的平行电极，相距 0.105m，测得溶液的电阻为 1995.6Ω，计算电导池常数和溶液的电导率。

**解：** 已知 $A = 1.25 \times 10^{-4} \mathrm{~m}^2$，$l = 0.105 \mathrm{m}$，$R = 1995.6 \Omega$

电导池常数 $K_{\text{cell}} = \dfrac{l}{A} = \dfrac{0.105}{1.25 \times 10^{-4}} = 840 \mathrm{~m}^{-1}$

由 $G = \dfrac{1}{R} = \dfrac{\kappa}{K_{\text{cell}}}$ 得

$$\kappa = \dfrac{K_{\text{cell}}}{R} = \left(\dfrac{840}{1995.6}\right) \mathrm{S} \cdot \mathrm{m}^{-1} = 0.421 \mathrm{~S} \cdot \mathrm{m}^{-1}$$

## 7.2.2 摩尔电导率

虽然电导率已消除了电导池几何结构的影响，但它仍与溶液浓度或单位体积内的质点数目有关。因此，无论是比较不同种类的电解质溶液在指定温度下的导电能力，还是比较同一电解质溶液在不同温度下的导电能力，都需要使参与比较的溶液中所包含的质点数目相同。于是引入了一个比 $\kappa$ 更有用的物理量 $\Lambda_{\mathrm{m}}$，称为摩尔电导率（molar conductivity）。因为这时不但电解质有相同的量（都含有 1mol 的电解质），而且电极间距离也都是单位距离。当然，在比较时所选取的电解质基本粒子的荷电荷量也应该相同。

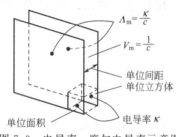

图 7.3 电导率、摩尔电导率示意图

在 SI 单位制中，$\Lambda_{\mathrm{m}}$ 规定为相距为 1m 的两个平行板电极之间装有含 1mol 电解质（基本单元）的溶液所具有的电导，见图 7.3，用公式表示为

$$\Lambda_{\mathrm{m}} = \kappa V_{\mathrm{m}} = \dfrac{\kappa}{c} \tag{7.15}$$

式中，$V_{\mathrm{m}}$ 为含有 1mol 电解质（基本单元）的溶液的体积；$c$ 为电解质溶液的物质的量浓度（单位为 $\mathrm{mol} \cdot \mathrm{m}^{-3}$），所以 $\Lambda_{\mathrm{m}}$ 的单位为 $\mathrm{S} \cdot \mathrm{m}^2 \cdot \mathrm{mol}^{-1}$。

需要注意的是，在表示电解质溶液的 $\Lambda_{\mathrm{m}}$ 时，应标明其基本单元。通常用物质的化学式指明其基本单元。例如在某一条件下

$$\varLambda_m(K_2SO_4) = 0.028 \text{ S} \cdot \text{m}^2 \cdot \text{mol}^{-1}$$
$$\varLambda_m(1/2K_2SO_4) = 0.014 \text{ S} \cdot \text{m}^2 \cdot \text{mol}^{-1}$$

显然
$$\varLambda_m(K_2SO_4) = 2\varLambda_m[1/2(K_2SO_4)]$$

**【例 7.3】** 某电导池内装有两个直径为 $4.0 \times 10^{-2}$ m 并相互平行的圆形电极，电极之间的距离为 0.12m，若池内盛满浓度为 $0.1 \text{ mol} \cdot \text{dm}^{-3}$ 的 $AgNO_3$ 溶液，并施加 20V 电压，则所测电流强度为 0.1976A。试计算电导池常数、溶液的电导、电导率和 $AgNO_3$ 的摩尔电导率。

**解**：已知 $A = 3.14 \times 4 \times 10^{-4} = 1.256 \times 10^{-3} \text{ m}^2$，$l = 0.12 \text{ m}$，$c = 0.1 \text{ mol} \cdot \text{dm}^{-3}$

电导池常数：$K_{cell} = l/A = 0.12/(1.256 \times 10^{-3}) = 95.5 \text{ m}^{-1}$

溶液的电导：$G = I/E = 9.88 \times 10^{-3} \text{ S}$

电导率：$k = G \cdot K_{cell} = 9.88 \times 10^{-3} \times 95.5 = 0.943 \text{ S} \cdot \text{m}^{-1}$

$$\varLambda_m = k/c = 9.43 \times 10^{-3} \text{ S} \cdot \text{m}^2 \cdot \text{mol}^{-1}$$

## 7.2.3 电导率、摩尔电导率与浓度的关系

电解质溶液的电导率和摩尔电导率均随溶液的浓度变化而改变，但强、弱电解质的变化规律却不尽相同。几种不同的强弱电解质其电导率 $\kappa$ 与摩尔电导率 $\varLambda_m$ 随浓度的变化关系示于图 7.4 和图 7.5。

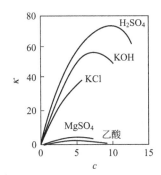

图 7.4 电解质的电导率与浓度的关系

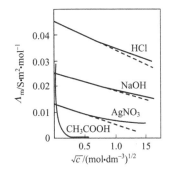

图 7.5 298.15K 时电解质在水溶液中的摩尔电导率与浓度的关系

从图 7.4 可以看出，对强电解质来说，在浓度不是很大时，$\kappa$ 随浓度增大而明显增大，这是因为单位体积溶液中导电粒子数增多的。当浓度超过某值之后，由于正、负离子间相互作用力增大，由此造成的导电能力减小大于导电粒子增多从而引起的导电能力增大，其最终结果是 $\kappa$ 随浓度增大而下降。所以在电导率与浓度的关系曲线上可能会出现最高点。弱电解质溶液的电导率随浓度的变化不显著，这是因为浓度增加电离度随之减少，所以溶液中离子数目变化不大。

与电导率不同，无论是强电解质或弱电解质，溶液的摩尔电导率 $\varLambda_m$ 均随浓度的增加而减小（见图 7.5）。但二者的变化规律不同。

对强电解质来说，在水溶液中可视为百分之百电离，因此，能导电的离子数已经给定。当浓度降低时，离子之间的相互作用力随之减弱，正、负离子的运动速度因此增加，故 $\varLambda_m$ 增大。当浓度降低到一定程度，离子间作用力已降到极限，此时摩尔电导率趋于一极限

值——无限稀释摩尔电导率或极限摩尔电导率,用 $\Lambda_m^\infty$ 表示,与摩尔电导率有相同的单位。在浓度较低时,$\Lambda_m$、$\Lambda_m^\infty$ 与浓度 $c$ 之间存在着下列经验关系式:

$$\Lambda_m = \Lambda_m^\infty(1 - A\sqrt{c}) \tag{7.16}$$

式中,$A$ 为一常数。

但对弱电解质来说,溶液变稀时解离度增大,致使参加导电的离子数目大为增加,因此 $\Lambda_m$ 的数值随浓度的降低而显著增大。当溶液无限稀释时,电解质已达 100% 解离,且离子间距离很大,相互作用力可以忽略。因此,弱电解质溶液在低浓度区的稀释过程中,$\Lambda_m$ 的变化比较剧烈,且 $\Lambda_m$ 与 $\Lambda_m^\infty$ 相差甚远,$\Lambda_m$ 与 $c$ 之间也不存在式(7.16)所示的关系。

### 7.2.4 离子独立移动定律与离子的摩尔电导率

无限稀释时电解质的摩尔电导率 $\Lambda_m^\infty$ 是电解质的一个很重要的性质,它反映了离子之间没有相互作用力时电解质所具有的导电能力。虽然 $\Lambda_m^\infty$ 有一客观存在的数值,但无法从实验直接测出。对于强电解质来说,可利用式(7.6)由作图外推得到。但弱电解质却不能用此方法得到 $\Lambda_m^\infty$。幸运的是德国科学家柯尔劳施(Kohlrausch)的离子独立运动定律解决了这一问题。

柯尔劳施从实验数据中总结出含有共同导电离子的一对正离子或一对负离子,其极限摩尔电导率的差值为一常数,这一规律可自表 7.2 中数据看出。

表 7.2  298.15K 时电解质的极限摩尔电导率

| 电解质 | $\Lambda_m^\infty/S \cdot m^2 \cdot mol^{-1}$ | $\Delta/$(差值) | 电解质 | $\Lambda_m^\infty/S \cdot m^2 \cdot mol^{-1}$ | $\Delta/$(差值) |
| --- | --- | --- | --- | --- | --- |
| KCl | 0.01499 | 0.00349 | HCl | 0.04262 | 0.00049 |
| LiCl | 0.0115 | | $HNO_3$ | 0.04213 | |
| $KNO_3$ | 0.0145 | 0.00349 | KCl | 0.01499 | 0.00049 |
| $LiNO_3$ | 0.01101 | | $KNO_3$ | 0.0145 | |
| KOH | 0.02715 | 0.00348 | LiCl | 0.0115 | 0.00049 |
| LiOH | 0.02367 | | $LiNO_3$ | 0.01101 | |

从表 7.2 左侧所列数据可以看出,指定温度下,在无限稀释时,不管负离子是什么,K 盐和 Li 盐的导电能力的差值总是相同的,可以推知 $K^+$ 和 $Li^+$ 的导电能力的差值为定值,亦即此时一种正离子的导电能力不受共存负离子的影响;同理,表 7.2 右侧所列数据说明,指定温度下,无限稀释时一种负离子的导电能力不受共存正离子的影响。

由上述事实,柯尔劳施提出了离子独立运动定律:在无限稀释时,所有电解质均完全解离,且相互作用力消失,每一种离子的迁移速度仅取决于该离子的本性而与共存的其它离子的无关。

由这定律可得以下两点推论。

(1) 无限稀释时,离子间一切相互作用均可忽略,故任何电解质的 $\Lambda_m^\infty$ 应是正、负离子单独对电导的贡献——离子极限摩尔电导率的简单加和。如电解质 $M_xA_y$,则

$$\Lambda_m^\infty(M_xA_y) = x\Lambda_{m,+}^\infty + y\Lambda_{m,-}^\infty \tag{7.17}$$

式中,$\Lambda_{m,+}^\infty$、$\Lambda_{m,-}^\infty$ 分别表示正、负离子的极限摩尔电导率。

(2) 由于无限稀释时离子的导电能力仅取决于离子本性而与共存离子无关,因此在确定的溶剂中,一定温度下,任何一种离子的极限摩尔电导率 $\Lambda_{m,\pm}^\infty$ 为一定值。

利用上述结论，可利用有关强电解质的 $\Lambda_m^\infty$ 求得一弱电解质的 $\Lambda_m^\infty$ 值。

**【例 7.4】** 已知 298.15K 时，$\Lambda_m^\infty(\text{NaAc}) = 0.00910\text{S} \cdot \text{m}^2 \cdot \text{mol}^{-1}$，$\Lambda_m^\infty(\text{HCl}) = 0.04250\text{S} \cdot \text{m}^2 \cdot \text{mol}^{-1}$，$\Lambda_m^\infty(\text{NaCl}) = 0.01281\text{S} \cdot \text{m}^2 \cdot \text{mol}^{-1}$，求 298.15K 时乙酸的 $\Lambda_m^\infty$（HAc）。

**解：** $\Lambda_m^\infty(\text{HAc}) = \Lambda_m^\infty(\text{H}^+) + \Lambda_m^\infty(\text{Ac}^-)$
$= \Lambda_m^\infty(\text{H}^+) + \Lambda_m^\infty(\text{Cl}^-) + \Lambda_m^\infty(\text{Na}^+) + \Lambda_m^\infty(\text{Ac}^-) - \Lambda_m^\infty(\text{Na}^+) - \Lambda_m^\infty(\text{Cl}^-)$
$= \Lambda_m^\infty(\text{HCl}) + \Lambda_m^\infty(\text{NaAc}) - \Lambda_m^\infty(\text{NaCl})$
$= (0.04250 + 0.00910 - 0.01281)\text{S} \cdot \text{m}^2 \cdot \text{mol}^{-1} = 0.03879\text{S} \cdot \text{m}^2 \cdot \text{mol}^{-1}$

由此例不难看出，如果知道各种离子的 $\Lambda_{m,\pm}^\infty$，不管是求强电解质，还是弱电解质的 $\Lambda_m^\infty$ 都将是十分方便。表 7.3 列出了 298.15K 时一些常见离子的极限摩尔电导率。

表 7.3　298.15K 时一些常见离子的极限摩尔电导率

| 阳离子 | $\Lambda_{m,+}^\infty \times 10^{-4}/\text{S} \cdot \text{m}^2 \cdot \text{mol}^{-1}$ | 阴离子 | $\Lambda_{m,-}^\infty \times 10^{-4}/\text{S} \cdot \text{m}^2 \cdot \text{mol}^{-1}$ |
|---|---|---|---|
| $\text{H}^+$ | 349.82 | $\text{OH}^-$ | 197.60 |
| $\text{Na}^+$ | 50.11 | $\text{F}^-$ | 55.40 |
| $\text{K}^+$ | 73.52 | $\text{Cl}^-$ | 76.34 |
| $\text{Li}^+$ | 38.69 | $\text{Br}^-$ | 78.30 |
| $\text{NH}_4^+$ | 73.40 | $\text{I}^-$ | 76.80 |
| $\text{Ag}^+$ | 61.92 | $\text{NO}_3^-$ | 71.44 |
| $1/2\text{Mg}^{2+}$ | 53.06 | $\text{CH}_3\text{COO}^-$ | 40.90 |
| $1/2\text{Ca}^{2+}$ | 59.50 | $1/2\text{SO}_4^{2-}$ | 80.02 |
| $1/2\text{Ba}^{2+}$ | 63.64 | $\text{ClO}_4^-$ | 67.30 |
| $1/2\text{Ni}^{2+}$ | 53.00 | $\text{ClO}_3^-$ | 64.40 |
| $1/2\text{Zn}^{2+}$ | 52.80 | $\text{IO}_3^-$ | 40.54 |
| $1/2\text{Cd}^{2+}$ | 54.00 | $1/2\text{CO}_3^{2-}$ | 69.30 |
| $1/2\text{Fe}^{2+}$ | 53.50 | $1/3\text{PO}_4^{3-}$ | 69.00 |
| $1/3\text{Al}^{3+}$ | 63.00 | $1/2\text{CrO}_4^{2-}$ | 85.00 |

## 7.3　离子的迁移数

### 7.3.1　电迁移率及迁移数

在电解质溶液中插入两个惰性电极（本身不发生化学变化），通电之后，溶液中担负导电任务的正、负离子将分别向阴、阳两极移动，在相应的两极界面上发生还原或氧化作用，同时两极附近溶液的浓度也将发生变化。溶液中正、负离子在电场力作用下的运动称为电迁移。离子在电场中电迁移的速率除了与离子的本性（包括离子半径、离子水化程度、所带电荷等）以及溶剂的性质（如黏度等）有关以外，还与电场的电势梯度 $E$ 有关。显然，电势梯度越大，推动离子运动的电场力也越大，因此离子的迁移速率可以写作

$$v_+ = u_+ \cdot E$$
$$v_- = u_- \cdot E$$

式中，$u_+$ 与 $u_-$ 称为离子的电迁移速率，也称为离子淌度（ionic mobility），它表示在一定溶液中，当电势梯度为 $1V \cdot m^{-1}$ 时正、负离子的运动速率。其大小与温度、浓度等因素有关。表7.4给出了在298.15K无限稀释时几种离子的电迁移率。

表7.4　298.15K时无限稀释时几种离子的电迁移率

| 阳离子 | $u_+ \times 10^8 / m^2 \cdot s^{-1} \cdot V^{-1}$ | 阴离子 | $u_- \times 10^8 / m^2 \cdot s^{-1} \cdot V^{-1}$ |
|---|---|---|---|
| $H^+$ | 36.30 | $OH^-$ | 20.50 |
| $Na^+$ | 5.19 | $F^-$ | 5.70 |
| $K^+$ | 7.62 | $Cl^-$ | 7.91 |
| $Li^+$ | 4.01 | $Br^-$ | 8.13 |
| $Rb^+$ | 7.92 | $I^-$ | 7.95 |
| $Ag^+$ | 6.41 | $NO_3^-$ | 7.40 |
| $NH_4^+$ | 7.60 | $CH_3COO^-$ | 4.23 |
| $Ca^{2+}$ | 6.16 | $SO_4^{2-}$ | 8.25 |
| $Cu^{2+}$ | 6.16 | $CO_3^{2-}$ | 7.46 |

电解质溶液中，总是同时存在两种或两种以上的离子，溶液中离子导电的能力是不同的。每种离子所传导的电流只是总电流的一部分，由于每种离子的电迁移率不同，所带的电荷数也不同，其浓度也不同，故其所传导的电流占总电流的分数也不同。为此，采用离子所传导的电流占总电流的分数来定义离子的导电能力，并称之为迁移数，用 $t_+$（$t_-$）表示。即

正离子迁移数

$$t_+ = \frac{I_+}{I_+ + I_-} = \frac{v_+}{v_+ + v_-} = \frac{u_+}{u_+ + u_-} \tag{7.18}$$

负离子迁移数

$$t_- = \frac{I_-}{I_+ + I_-} = \frac{v_-}{v_+ + v_-} = \frac{u_-}{u_+ + u_-} \tag{7.19}$$

上述两式适用于温度及外电场一定而且只含有一种正离子和一种负离子的电解质溶液，正、负离子迁移电流与在同一电场下正、负离子运动速率 $u_+$ 与 $u_-$ 有关。显然 $t_+ + t_- = 1$。

若电解质溶液中含有两种以上正（负）离子时，则其中离子B的迁移数 $t_B$ 计算式为

$$t_{B^{z\pm}} = \frac{I_B}{\sum_B I_B} \tag{7.20}$$

综合考虑，B离子电迁移所传导的电流为，

$$I_B = |z_B| F u_B c_B$$

表7.5中列出了一些物质的正离子在水溶液中的迁移数，由此我们也能很简单地得出同一离子在不同溶液中的迁移数是不同的。在电化学实验中，经常使用KCl盐桥，其原因就是由于KCl溶液的正负离子迁移数相近，从而起到消除液体接界电势的作用。

表 7.5　298.15K 时水溶液中正离子的迁移数

| $b_B$/mol·kg$^{-1}$ | HCl | LiCl | NaCl | KCl |
|---|---|---|---|---|
| 0.01 | 0.8251 | 0.3289 | 0.3981 | 0.4902 |
| 0.02 | 0.8266 | 0.3261 | 0.3902 | 0.4901 |
| 0.05 | 0.8292 | 0.3221 | 0.3876 | 0.4899 |
| 0.1 | 0.8314 | 0.3168 | 0.3854 | 0.4898 |
| 0.2 | 0.8337 | 0.3112 | 0.3821 | 0.4894 |
| 0.5 | — | 0.300 | — | 0.4888 |
| 1.0 | — | 0.287 | — | 0.4882 |

### 7.3.2 离子迁移数的测定方法

（1）希托夫法

由迁移数的定义可知，当通电时间一定时，只要测定阳离子迁出阳极区或者阴离子迁出阴极区的物质的量及发生电极反应的物质的量，亦可求出离子的迁移数，此法即为希托夫(Hittorf)法。希托夫法的实验装置如图 7.6 所示，串联的电量计可以测定电极反应物质的量，通过测定通电前后阳极区或阴极区中电解质溶液浓度变化，可计算出相应区域内电解质物质的量的变化。当实验用的两个电极均为惰性电极时，那么两电极区内的电解质溶液的浓度在电解后均会下降。但如果使用可溶性电极，如使用铜电极电解 CuSO$_4$ 溶液时，由于阳极 Cu 被氧化成 Cu$^{2+}$ 进入溶液以及 SO$_4^{2-}$ 的迁入，使阳极区在电解后 CuSO$_4$ 溶液的浓度反而增加，此时如果对阳极区的物质进行衡算，则有：

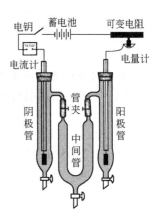

图 7.6　希托夫法测定迁移数装置示意图

$$n_{电解后}(SO_4^{2-}) = n_{原始}(SO_4^{2-}) + n_{迁移}(SO_4^{2-})$$

则，$\quad n_{迁移}(SO_4^{2-}) = n_{电解后}(SO_4^{2-}) - n_{原始}(SO_4^{2-})$

而在阴极区，溶液中 Cu$^{2+}$ 向阴极方向迁移，阴极上析出 Cu，电解后阴极区 Cu$^{2+}$ 的物质的量 $n_{电解后}$ (Cu$^{2+}$) 计算如下：

$$n_{电解后}(Cu^{2+}) = n_{原始}(Cu^{2+}) + n_{迁移}(Cu^{2+}) - n_{析出}(Cu)$$

则，$\quad n_{迁移}(Cu^{2+}) = n_{电解后}(Cu^{2+}) - n_{原始}(Cu^{2+}) + n_{析出}(Cu)$

电极反应与离子迁移引起的总结果是阴极区 CuSO$_4$ 浓度减小，阳极区的 CuSO$_4$ 浓度增大，且增加与减小的摩尔数相等。由于流过测量管路中每一截面的电量相同，因此离开与进入中间区 Cu$^{2+}$ 数相同，SO$_4^{2-}$ 数也相同，所以中间区的浓度在通电过程中保持不变。以阳极区 CuSO$_4$ 浓度变化为对象，结合上述可得计算离子迁移数的公式如下：

$$t_{SO_4^{2-}} = \frac{n_{迁移 SO_4^{2-}} \times 2 \times F}{Q_{总}} = \frac{(n_{电解后 SO_4^{2-}} - n_{原始 SO_4^{2-}}) \times 2 \times F}{Q_{总}}$$

$$t_{SO_4^{2-}} = 1 - t_{Cu^{2+}}$$

式中，$F$ 为法拉第常数；$Q_{总}$ 为总电量；"2"表示 SO$_4^{2-}$ 带电荷为 2；$Q_{总}$ 由铜库仑电量计测定。

（2）界面移动法

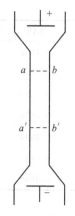

图 7.7 界面法测定
迁移数原理示

界面移动法就是利用两种溶液不同性质（如折射率、酸碱度等）在二者之间形成一清晰的界面，通电后这一界面会随着离子的移动而移动，于是通过测定界面移动距离和通过电量来计算某种离子的迁移数。其测定原理如图 7.7 所示。

以界面移动法测定盐酸中 $H^+$ 的迁移数为例说明其测定原理。

在一截面清晰的垂直迁移管中，用金属镉作为阳极，而装置下部用铂作阴极，整个装置全部用 HCl 溶液充满。通电，随着电解进行，Cd 阳极会不断溶解变为 $Cd^{2+}$。由于 $Cd^{2+}$ 的迁移速度小于 $H^+$，若在溶液中加入酸碱指示剂，则由于上下层溶液 pH 的不同而显示不同的颜色，形成清晰的界面，并渐渐地向下移动。当界面移动到某一可清晰观测的刻度如 $ab$ 时，开始计时，一段时间后，$ab$ 界面移至 $a'b'$。

若通过的电量为 $Q$，则有物质的量为 $t_+Q$ 的 $H^+$ 通过界面 $a'b'$ 向下走，也就是说，在界面 $ab$ 与 $a'b'$ 间的液柱中的全部 $H^+$ 通过了界面 $a'b'$。界面向下移动的速率等于 $H^+$ 往下迁移的平均速率。在某通电的时间 $t$ 内，界面扫过的体积为 $V$，$H^+$ 输运电荷的数量为在该体积中 $H^+$ 带电的总数，根据迁移数定义可得：

$$t_{H^+} = \frac{zF}{Q} = \frac{cAlF}{It} \tag{7.21}$$

式中，$c$ 为 $H^+$ 的浓度；$A$ 为迁移管横截面积；$l$ 为界面移动的距离；$I$ 为通过的电流；$t$ 为迁移的时间；$F$ 为法拉第常数。

## 7.4 可逆电池及其电动势的测定

### 7.4.1 可逆电池

符合热力学可逆条件的电池称为可逆电池，可逆电池应满足三个条件。

① 电极及电池的化学反应本身必须可逆，这样，电池在充电时，可使放电反应的物质得到复原。

② 通过电极的电流无限小。电极反应在接近电化学平衡的条件下进行，这样，电池在充电时，可使放电时的能量得到复原。

③ 电池工作时，无其它不可逆过程（如扩散）存在。

（1）丹尼尔电池

若将电动势为 $E$ 的铜锌双液（$ZnSO_4$、$CuSO_4$）电池与一外加电势 $E_{外}$ 电源并联，组成如图 7.8 所示的装置。

当 $E > E_{外}$，且当 $E - E_{外} = dE$ 时，电池为原电池而放电。

负极：$Zn(s) \rightleftharpoons Zn^{2+} + 2e^-$

正极：$Cu^{2+} + 2e^- \rightleftharpoons Cu(s)$

电池反应：$Zn(s) + Cu^{2+} \rightleftharpoons Zn^{2+} + Cu(s)$

当 $E < E_{外}$，且 $E_{外} - E = dE$ 时，电池为电解池而充电。

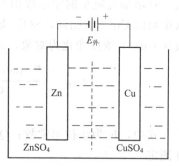

图 7.8 可逆电池的充放电示意图

负极：$Zn^{2+}+2e^-\rightleftharpoons Zn(s)$

正极：$Cu(s)\rightleftharpoons Cu^{2+}+2e^-$

电池反应：$Zn^{2+}+Cu(s)=Cu^{2+}+Zn(s)$

可见，电池充放电时，反应完全可逆；电势相差 $dE$，电极电流无限小，故为可逆电池。如果将电池中的电解质换为 $H_2SO_4$，在 $dE$ 条件下充、放电。

当放电时，负极：$Zn(s)\rightleftharpoons Zn^{2+}+2e^-$

正极：$2H^++2e^-\rightleftharpoons H_2(g)$

电池反应：$Zn(s)+2H^+=Zn^{2+}+H_2(g)$

当充电时，负极：$2H^++2e^-\rightleftharpoons H_2(g)$

正极：$Cu(s)\rightleftharpoons Cu^{2+}+2e^-$

电池反应：$Cu+2H^+\rightleftharpoons Cu^{2+}+H_2(g)$

显然，充、放电时，虽能量复原，但物质不能复原（反应不可逆），故为不可逆电池。严格说来，上述列举的图 7.8 所示电池并非真正的可逆电池，因电池放电时，有 $Zn^{2+}$ 向 $CuSO_4$ 溶液中迁移，充电时有 $Cu^{2+}$ 向 $ZnSO_4$ 溶液中迁移，即迁移未能复原，存在不可逆扩散，形成液体接界电势。但用盐桥消除这种液界电势后，可近似作为可逆电池（见图 7.9），由此看来，只含有一种电解质溶液的电池（单液电池）才可能真正构成可逆电池。如图 7.10 所示的电池就是可逆电池。

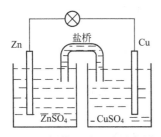

图 7.9　铜锌可逆电池示意图

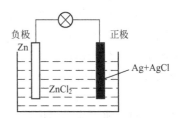

图 7.10　可逆电池示意图

凡是不能同时满足上述三个基本条件的电池称为不可逆电池。原则上，任何工业上可用的一次电池和二次电池（即可多次充、放电的电池）都是不可逆电池，如锌-二氧化锰干电池是不可逆电池，因为它不满足物质转变可逆的条件；将锌片和铜片同时插入稀硫酸溶液中构成的电池也是物质转变不可逆的电池。二次电池虽然能满足物质转变可逆的条件，但在正常的工作状态下无法满足能量转变可逆的条件。而研究可逆电池的意义在于它能揭示一个原电池将化学能转化为电能的最高限度，并且利用其电动势可求得电池反应的状态函数变化。

需要指出的是，若组成电池的任何一个部分存在着不可逆性，则该电池就不能称为可逆电池，如有液接电势存在的电池便是不可逆电池，因为液接电势将导致能量转变的不可逆。

后面的讨论中，如果没有特别指明，电池均指可逆电池。

（2）标准电池

常用标准电池为韦斯顿（Weston）电池，其构造见图 7.11。它的正极是 Hg 和 $Hg_2SO_4$ 的糊状物，下方放少许汞（Hg）是为了使引出的导线接触良好；负极是含 12.5% 镉（Cd）的汞齐，它与饱和

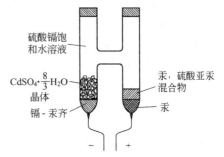

图 7.11　韦斯顿标准电池

硫酸镉溶液保持着平衡。在饱和硫酸镉中放入一些$CdSO_4 \cdot \frac{8}{3}H_2O$晶体的目的在于保持溶液的饱和性。

韦斯顿电池的电极反应和电池反应分别为：

负极反应：$Cd(Hg) + SO_4^{2-} + \frac{8}{3}H_2O \xrightleftharpoons[充电]{放电} CdSO_4 \cdot \frac{8}{3}H_2O(s) + 2e^-$

正极反应：$HgSO_4(s) + 2e^- \xrightleftharpoons[充电]{放电} 2Hg(l) + SO_4^{2-}$

电池反应：$Cd(Hg) + SO_4^{2-} + \frac{8}{3}H_2O + HgSO_4(s) \xrightleftharpoons[充电]{放电} CdSO_4 \cdot \frac{8}{3}H_2O(s) + 2Hg(l) + SO_4^{2-}$

电池反应韦斯顿电池的电动势很稳定，它与温度（$t/℃$）的关系为：

$$E_s(V) = 1.01865 - 4.06 \times 10^{-5}(t/℃ - 20) - 9.5 \times 10^{-7}(t/℃ - 20)^2$$

（3）电池符号

为标记一电池，国际纯粹与应用化学联合会（IUPAC）规定如下书写规则。

① 由左至右，按电池中各种物质的接触次序，用化学式将其顺序排列写出，且发生氧化反应的负极写在左方，发生还原反应的正极写在右方。

② 注明各种物质的状态。对气体注明分压，对溶液注明浓度（常用$mol \cdot kg^{-1}$），没有特别指明时，压力为标准压力。对一些常见的固体电极单质可不必注明。

③ 在有界面电势差的接界处，用单竖线"｜"表示；在一半电池中如溶液中同时存在两种性质不同的电解质（或微溶盐与电解质），则在两者间用逗号"，"分开；对气体电极，在惰性电极与气体之间亦用"｜"分开。

④ 被盐桥隔开的电解质溶液间的界面，用双线"‖"表示。此时，它表示液接电势可忽略。

⑤ 必须指明电池工作的温度，没有特别指明，均指298.15K。

按以上规定，韦斯顿电池的电池表示式应为

（－）$Cd(汞齐) | CdSO_4 \cdot 8/3 H_2O(s) | CdSO_4$饱和溶液 $| Hg_2SO_4(s) | Hg$ （＋）

【例7.5】 利用已知电池反应，写出原电池符号。

(1) $2Fe^{2+}(b^\ominus) + Cl_2(p^\ominus) == 2Fe^{3+}(aq)(0.10 mol \cdot kg^{-1}) + 2Cl^-(aq)(2.0 mol \cdot kg^{-1})$

(2) $Ag^+(b_1) + I^-(b_2) == AgI(s)$

**解**：(1) 此例中$Fe^{2+}$被氧化为$Fe^{3+}$，而$Cl_2$被还原为$Cl^-$，显然，两个电极反应不能共处一溶液，必须以盐桥隔开。此外，因正、负极皆为氧化还原电极，必须用惰性电极作为辅助电极。电极反应为：

正极：$Cl_2(g) + 2e^- == 2Cl^-(aq)$

负极：$Fe^{2+}(aq) == Fe^{3+}(aq) + e^-$

其原电池符号为：

（－）$Pt | Fe^{2+}, Fe^{3+}(0.10 mol \cdot kg^{-1}) \| Cl^-(2.0 mol \cdot kg^{-1}) | Cl_2 | Pt$（＋）

(2) 此反应中有关元素的化合价（氧化值）没有变化。由产物中有AgI和反应物中有$I^-$来看，可对应一个第二类电极Ag，$AgI(s) | I^-$，其电极反应为：

$$Ag(g) + I^- == AgI(s) + e^-$$

此电极应为负极，而正极则为电池反应与负极反应之差，即

$$Ag^+ + e^- == Ag(g)$$

其原电池符号为：
$$(-)Ag|AgI(s)|I^-(b_2)\|Ag^+(b_1)|Ag(+)$$

### 7.4.2 可逆电池电动势的测定

由于可逆电池必须满足能量可逆的条件，因此，电池电动势的测定不允许有电流通过电池。因为一旦有电流通过，势必造成能量转变的不可逆，同时电池内阻所消耗的电势降将造成两极间电势差较电池电动势小。这也是为什么我们不能直接用伏特计来测量一个可逆电池电动势的原因。

当电流 $I$ 趋近于零时，正极与负极两端的端电压就是电池的电动势。因而电动势应该是在几乎没有电流通过的情况下所测得的正极与负极的电位之差。要做到这一点，不能直接采用电压计，必须补偿一个方向相反、数值相同的电动势对抗待测电池的电动势，以确保电路中无电流通过，故称补偿法或对消法测电动势。

一般采用波根多夫（Poggendorff）对消法来测定可逆电池的电动势，常用仪器称为电势差计，测量回路示意图见图 7.12。DB 是均匀的电阻线。G 是检流计，当有电流（不管哪个方向）通过时，其指针偏转。工作电池（电动势为 $E_w$）和待测电池（电动势为 $E_x$）以同极相连。$E_wbBD$ 是"工作回路"，在 DB 线上产生了均匀的电位降。当电键 $K_2$ 向下按、电键 $K_1$ 也按下时，待测电池形成 $DdE_xK_1GC$ 的"待测回路"。两个回路中的电流是对抗的。移动滑头 L，一定可以找到一个 $C$ 点，此时检流计 G 不偏转，表明两股电流的大小相等而方向相反，没有电流通过待测电池。而电阻线上 $DC$ 两点的电位差就等于待测电池的电动势。

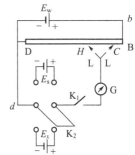

图 7.12 对消法测电动势原理图

DB 电阻线上各段的长度与电势差成正比，但因 DB 线上具体长度对应的电势差是未知的，故使用已知电动势的韦斯顿标准电池 $E_s$ 来标定。在找到 $C$ 点之后，将电键 $K_2$ 向上掀，与 $E_s$ 同极相连并按下 $K_1$，使韦斯顿标准电池形成 $DdE_sK_1GH$ 的"标准回路"。标准回路与工作回路也是对抗的。移动接头 L，找到一个 $H$ 点使检流计 G 不偏转，此时 $DH$ 间的电势差就等于标准电池的电动势 $E_s$。于是我们得到，

$$E_x = E_s \frac{\overline{DC}}{\overline{DH}} \tag{7.22}$$

由于 $E_s$ 已知，所以待测电池的电动势 $E_x$ 即可由上式算出。

在以上的电动势测量中，应注意以下几个问题。
(1) 测量 $E_x$ 时，动作要迅速，以防止有电流较长时间通过电池。
(2) 实验中若发现检流计指示无法调到零即无法对消，则应检查各电池（包括直流电源）正、负极是否接错，直流电源的工作电压 $E_w$ 是否足够。

## 7.5 电化学系统热力学

### 7.5.1 电池的能斯特方程

对于电池反应：

$$aA + bB \rightleftharpoons gG + hH$$

由化学热力学可知，在恒温恒压条件下，反应体系摩尔吉布斯自由能的减少等于体系所能做的最大非体积功，即 $\Delta_r G_m = W'_{max}$。而一个能自发进行的氧化还原反应，可以设计成一个原电池。在恒温、恒压条件下，该原电池所做的最大非体积功即为电功 $W'_{max} = W_{电}$。如果在 1 mol 的反应过程中有 $z$ mol 电子（即 $zF$ 库仑的电量）通过电动势为 $E$ 的原电池的电路，则电池反应的摩尔吉布斯自由能变与电池电动势 $E$ 之间存在以下关系：

$$\Delta_r G_m = W'_{max} = -EQ = -zEF \tag{7.23}$$

式中，$F$ 为法拉第（Faraday）常数；$z$ 为电池反应中转移的电子数；负号表示系统对外做功。

结合反应等温式 $\Delta_r G_m = \Delta_r G_m^\ominus + RT \ln \dfrac{a_G^g a_H^h}{a_A^a a_B^b}$ 可得：

$$E = -\frac{\Delta_r G_m^\ominus}{zF} - \frac{RT}{zF} \ln \frac{a_G^g \cdot a_H^h}{a_A^a \cdot a_B^b} \tag{7.24}$$

当 $a_G = a_H = a_A = a_B = 1$ 时，$E = E^\ominus$ 代入式 (7.24) 得：

$$E^\ominus = -\frac{\Delta_r G_m^\ominus}{zF} = \frac{RT}{zF} \ln K^\ominus \tag{7.25}$$

式 (7.24) 称为电池的能斯特方程，它表示出一定温度下电池电动势随参加反应的各物质活度变化的关系。而式 (7.25) 则指出了标准电动势与热力学平衡常数间的关系，即可从已知的 $K^\ominus$ 估算 $E^\ominus$，亦可从实验所测得的 $E^\ominus$ 计算 $K^\ominus$。

用能斯特方程时的几点说明：① 除非特别指明，对于有 $H_2O$ 参与的电极反应，$a(H_2O) = 1$。

② 对于任何固体纯净物或单质，其活度亦为 1。但对于合金应标明其活度。

③ 在不会引起混淆的情况下，可用 $E$（电极）或 $E^\ominus$（电极）表示电极电势和标准电极电势，即用括号里的电对表示电极符号。

④ 电极电势是一强度量，其数值与电极反应电子的得失数目无关。

一般来说，由于控制各物质的活度均为 1 并不容易，对于参与反应的各物质的活度不一定为 1 的电池，通常采用外推法求得 $E^\ominus$。现以电池 $(-)Pt|H_2(p^\ominus)|HCl(b)|AgCl(s)|Ag(+)$ 为例说明。

上述电池的电池反应为

$$1/2 H_2(p^\ominus) + AgCl(s) \rightleftharpoons HCl(a_\pm) + Ag(s)$$

根据能斯特方程式

$$E = E^\ominus - \frac{RT}{zF} \ln \frac{a_{Ag} a_\pm^2}{a_{H_2}^{\frac{1}{2}} a_{AgCl}}$$

对固体，$a = 1$，且 $a_{H_2} = p^\ominus/p^\ominus = 1$，$a_\pm = \gamma_\pm b$ 所以

$$E = E^\ominus - \frac{RT}{zF} \ln \gamma_\pm^2 b^2 = E^\ominus - \frac{2RT}{zF} \ln \gamma_\pm - \frac{2RT}{zF} \ln b$$

当 $b \to 0$ 时，$\gamma_\pm = 1$，所以

$$E^\ominus = \lim_{b \to 0} \left( E + \frac{2RT}{zF} \ln b \right) \tag{7.26}$$

若配制不同 $b$ 值的溶液，并测定其对应的电动势 $E$，则 $E + \dfrac{2RT}{zF} \ln b$ 为一系列已知数。以 $E + \dfrac{2RT}{zF} \ln b$ 对 $\sqrt{b}$ 作图，在低浓度范围内为一直线。据式 (7.26) 的含义，将所得直线外

推到 $b=0$，所得截距即为 $E^{\ominus}$ 之值。若将 $E^{\ominus}$ 代入也可计算任一浓度下的 $\gamma_{\pm}$。

## 7.5.2 电池反应温度系数与电池反应热力学量的关系

（1）电池反应温度系数与电池反应的摩尔熵变

根据吉布斯-亥姆霍兹方程 $\Delta_r G_m = -zEF$，在一定压力下，将该式对 $T$ 求偏微商：

$$\left(\frac{\partial \Delta_r G_m}{\partial T}\right)_p = -zF\left(\frac{\partial E}{\partial T}\right)_p \tag{7.27}$$

式中，$\left(\dfrac{\partial E}{\partial T}\right)_p$ 为电池电动势的温度系数，它表示恒压下电动势随温度的变化率，单位为 $\mathrm{V \cdot K^{-1}}$，其值可正可负，可通过实验测得一系列不同温度下的电动势求得。

根据热力学关系式 $\left(\dfrac{\partial \Delta_r G_m}{\partial T}\right)_p = -\Delta_r S_m$，得到可逆电池中化学反应的摩尔熵变 $\Delta_r S_m$ 为：

$$\Delta_r S_m = zF\left(\frac{\partial E}{\partial T}\right)_p \tag{7.28}$$

（2）电池反应温度系数与电池反应的摩尔焓变

因恒温时，$\Delta G = \Delta H - T\Delta S$，故可逆电池中化学反应的焓变 $\Delta_r H_m$ 为：

$$\Delta_r H_m = \Delta_r G_m + T\Delta_r S_m = -zFE + zFT\left(\frac{\partial E}{\partial T}\right)_p \tag{7.29}$$

需要注意的是，上式计算得出的 $\Delta_r H_m$ 是该反应在不做非体积功的情况下进行时的恒温恒压反应热。由于电动势可以精确测定，故由此式计算出的 $\Delta_r H_m$ 往往比用量热法测得的更准确。表 7.6 列举一些 $\Delta_r H_m$ 测量数据。

**表 7.6 电动势法测 $\Delta_r H_m$ 实验值**

| 电池反应 | $E_{298.15\mathrm{K}}/\mathrm{V}$ | $\left(\dfrac{\partial E}{\partial T}\right)_p \times 10^4 / \mathrm{V \cdot K^{-1}}$ | $\Delta_r H_m / \mathrm{kJ \cdot mol^{-1}}$ 电动势法 | $\Delta_r H_m / \mathrm{kJ \cdot mol^{-1}}$ 量热法 |
|---|---|---|---|---|
| $\mathrm{Zn + 2AgCl \rightleftharpoons ZnCl_2 + 2Ag}$ | 1.015 | -4.02 | -217.5 | -217.8 |
| $\mathrm{Cd + PbCl_2 \rightleftharpoons CdCl_2 + Pb}$ | 0.188 | -4.80 | -63.81 | -61.3 |
| $\mathrm{Ag + 1/2 Hg_2Cl_2 \rightleftharpoons AgCl + Hg}$ | 0.0455 | 3.38 | 5.335 | 7.95 |
| $\mathrm{Pb + 2AgCl \rightleftharpoons PbCl_2 + 2Ag}$ | 0.49 | -1.86 | -105.3 | -101.1 |

（3）电池反应温度系数与电池可逆放电时的反应热

同理，当原电池可逆放电时，化学反应热亦为可逆热 $Q_r$，故恒温时电池可逆反应过程的热效应 $Q_{r,m}$ 为

$$Q_{r,m} = T\Delta_r S_m = zTF\left(\frac{\partial E}{\partial T}\right)_p \tag{7.30}$$

由式(7.23)可知，在恒温条件下电池可逆放电时，

$$W_r = -zFE = \Delta_r G_m = \Delta_r H_m - T\Delta_r S_m = \Delta_r H_m - Q_{r,m} \tag{7.31}$$

若 $\left(\dfrac{\partial E}{\partial T}\right)_p = 0$，则 $Q_{r,m} = 0$，$W_r = \Delta_r H_m$，即电池反应焓变的减少全部转变为电功。

若 $\left(\dfrac{\partial E}{\partial T}\right)_p > 0$，则 $Q_{r,m} > 0$，$W_r > |\Delta_r H_m|$，即电池反应焓变的减少小于可逆电功，不足部分来自于从环境吸的热。

若 $\left(\frac{\partial E}{\partial T}\right)_p < 0$，则 $Q_{r,m} < 0$，$W_r < |\Delta_r H_m|$，即电池反应焓变的减少大于可逆电功，多出部分以热的形式放出。

需要注意的是，此处电池反应的可逆热，不是该反应的恒压反应热，因为一般情况下的反应热要求过程不做非体积功，而电池可逆热是有非体积功的过程热。

【例 7.6】 298.15K、100kPa 下，电池 $(-)$Ag$|$AgCl(s)$|$Cl$_2$(g,$p^\ominus$)$|$HCl(b)$|$Pt$(+)$ 的电动势 $E=1.136$V，该电动势的温度系数是 $-5.95\times10^{-4}$ V·K$^{-1}$，电池反应为 Ag + 1/2Cl$_2$(g,$p^\ominus$) == AgCl(s)，试计算该反应的 $\Delta_r G_m$、$\Delta_r S_m$、$\Delta_r H_m$ 及恒温恒压可逆放电过程的 $Q_r$。

**解：** 由电池反应方程式可知，$z=1$，于是

$$\Delta_r G_m = -zEF = (-1\times96485\times1.136)\text{J·mol}^{-1} = -109.6\text{kJ·mol}^{-1}$$

$$\Delta_r S_m = zF\left(\frac{\partial E}{\partial T}\right)_p = [1\times96485\times(-5.95\times10^{-4})]\text{J·mol}^{-1}\cdot\text{K}^{-1} = -57.4\text{J·mol}^{-1}\cdot\text{K}^{-1}$$

恒温时，

$$\Delta_r H_m = \Delta_r G_m + T\Delta_r S_m = [-109.6 + 298.15\times(-57.4)\times10^{-3}]\text{kJ·mol}^{-1} = -126.7\text{kJ·mol}^{-1}$$

$$Q_{r,m} = T\Delta_r S_m = [298.15\times(-57.4)\times10^{-3}]\text{kJ·mol}^{-1} = -17.1\text{kJ·mol}^{-1}$$

## 7.6 电极电势和液体接界电势

### 7.6.1 电池电动势产生的机理

（1）界面电势差

实际上，前面用对消法所测得的原电池的电动势等于构成原电池各相界面上所产生的电势差的代数和，以铜作导线的铜锌原电池为例

$$\text{Cu}|\text{Zn}|\text{ZnSO}_4(a_1)\|\text{CuSO}_4(a_2)|\text{Cu}$$
$$\Delta E_1 \quad \Delta E_2 \qquad\qquad \Delta E_3 \qquad\qquad \Delta E_4$$

即原电池的电动势为

$$E = \Delta E_1 + \Delta E_2 + \Delta E_3 + \Delta E_4 \tag{7.32}$$

一般情况下，这 4 个相间电势差之和构成了整个电池的电势差。

其中 $\Delta E_1$ 为铜线与锌电极之间的金属接触电势，即两种金属之间的电势差，是不同金属接触时，电子逸出能力的差异在接触界面产生双电层所致。如铜锌两种金属接触后，锌较容易失去电子，铜较难失去电子，因而在铜与锌的界面处，锌因失去较多电子而带正电，铜因接受较多电子而带负电，于是在界面处产生电势差。接触电势通常很小，一般可略去。

$\Delta E_2$ 和 $\Delta E_4$ 都是金属与溶液界面的电势差，$\Delta E_2$ 为阳极电势差，即 Zn 与 ZnSO$_4$ 溶液之间的电势差；$\Delta E_4$ 为阴极电势差，即 Cu 与溶液之间的电势差。它来源于金属与溶液之间的电势差。德国科学家能斯特（W. Nernst）认为：当把金属插入其盐溶液中时，金属表面上的正离子受到极性水分子的作用，有变成溶剂化离子进入溶液而将电子留在金属表面的倾向。金属越活泼、溶液中正离子浓度越小，上述倾向就越大。与此同时，溶液中的金属离子也有从溶液中沉积到金属表面的倾向，溶液中的金属离子浓度越大、金属越不活泼，这种倾向就越大。当溶解与沉积这两个相反过程的速率相等时，即达到动态平衡。当金属溶解倾向

大于金属离子沉积倾向时，则金属表面带负电层，靠近金属表面附近处的溶液带正电层，这样便构成"双电层"[如图 7.13(a)所示]。相反，若沉积倾向大于溶解倾向，则在金属表面上形成正电荷层，金属附近的溶液带一层负电荷[如图 7.13(b)所示]。由于在溶解与沉积达到平衡时，形成了双电层，从而产生了电势差。

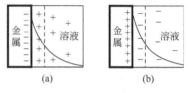

图 7.13 双电层示意图

（2）液体接界电势

$\Delta E_3$ 为液体接界电势，即 $ZnSO_4$ 与 $CuSO_4$ 两种溶液之间的电势差，简称液体接界电势。它存在于两种不同溶质的溶液界面或两种溶质相同而浓度不同的溶液界面上，如果两种浓度不同的 HCl 溶液接触时，$H^+$ 和 $Cl^-$ 均将从浓度高侧向浓度低一侧扩散，因 $H^+$ 比 $Cl^-$ 的扩散速率快，结果使低浓度一侧因 $H^+$ 过剩而带正电。高浓度一侧因 $Cl^-$ 过剩而带负电，在两种溶液的界面由于离子的相互吸引作用，形成了"双电层"，如图 7.14 所示。双电层形成后，同时可降低 $H^+$ 的扩散速率和增加 $Cl^-$ 的扩散速率，两种扩散速率相等时形成了一个稳定的"双电层"。这种电势由于是扩散引起故又称扩散电势。由于扩散过程是不可逆过程，对于可逆电池则必须设法消除这种扩散电势，常在两溶液间连接一个盛有正、负离子迁移速率几乎相等的高浓度的电解质溶液的"盐桥"。由于盐桥中溶液的正、负离子都以高浓度的形式存在于液体接界处，使电池中的扩散作用出自盐桥，正是盐桥内的这种扩散作用几乎将全部电

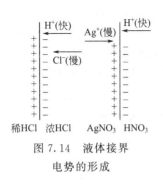

图 7.14 液体接界电势的形成

流带过接界，加之正、负离子有大致相等的迁移速率，从而使液体接界电势可以降低到能被忽略的程度。一般是用饱和的 KCl 溶液加琼脂后灌入 U 形管中，倒置插入两个溶液之间，在盐桥两端与连接的两个电解质溶液的界面上，由于 KCl 浓度高，$K^+$ 和 $Cl^-$ 迁移速率相等产生的液接电势极小，可忽略不计。应该指出，盐桥溶液的选择应以两种离子迁移速率近乎相等、不与电池电解质溶液发生反应为原则，如 $AgNO_3$ 溶液组成的电池，则不能用 KCl 溶液盐桥，而常采用 $NH_4NO_3$ 溶液盐桥。

在消除或忽略了液接电势和接触电势后，电池电动势仅取决于两个半电池的电极和溶液界面之间的电势差，则式(7.32)变为：

$$E = \Delta E_2 + \Delta E_4 \tag{7.33}$$

显然，若能分别测得每一半电池的电极电势，则上述电池的电动势可得。但遗憾的是，目前尚无法测定单个电极的电极电势。为此，常选择一相对标准电势作为零点，并以此标准电极与任一待测的电极组成一电池，利用测定电池电动势的方法测量其电动势，则所得电动势值便是待测电极的相对电势。用 $E$（电极）表示。虽然 $E$（电极）与 $\Delta E_2$ 数值不同，但由于任一电池的电动势均为正负极电势之差值，因此，用相对于同一标准电极的 $E$（电极）代替 $E$（绝对电极电势，无法从实验上测量得到）是一样的。

## 7.6.2 标准氢电极和标准电极电势

（1）标准氢电极

目前，还无法测定单个电极的平衡电势的绝对值，人们只能选定某一电对的平衡电势作为参比标准，将其它电对与之比较，求出各电对平衡电势的相对值。

通常选用标准氢电极（图 7.15）作为参比标准。

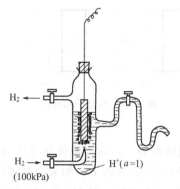

图 7.15 标准氢电极示电图

标准氢电极的电极符号可以写为：

$$Pt|H_2(100kPa)|H^+(a=1)$$

标准氢电极（standard hydrogen electrode，SHE）是将镀有一层蓬松铂黑的（铂黑是由许多微小铂晶体组成的，表面积很大，当光线射入经过不断反射均被吸收，因而呈现黑色。）铂片插入 $H^+$ 浓度为 $1mol·kg^{-1}$（严格讲应是 $a_{H^+}=1$）的稀硫酸溶液中，在一定温度下不断通入压力为 $100kPa$ 的纯 $H_2$，$H_2$ 被铂黑所吸附并饱和，$H_2$ 与溶液中的 $H^+$ 建立如下的动态平衡：

$$H_2(g)(100kPa) \rightleftharpoons 2H^+(aq)(a=1)+2e^-$$

这种状态下的平衡电势称为标准氢电极的电极电势。国际上规定标准氢电极的电极电势在任何温度下的值为 $0V$，即 $E^\ominus(H^+/H_2)=0.0V$。当需要求某电极平衡电势的相对值时，可以将该电极与标准氢电极组成原电池，该原电池的电动势就等于两电极的电势差。在化学上称此相对电势差为某电极的电极电势。

标准氢电极要求 $H_2$ 纯度高、压力稳定，而铂在溶液中易吸附其它组分而中毒失去活性，因此，在实际工作中常用制备容易、使用方便、电极电势稳定的甘汞电极、银-氯化银电极等代替标准氢电极作为参比标准进行测定，这类电极称为参比电极（reference electrode）。

（2）标准电极电势的测定

在热力学标准状态下，即有关物质的浓度为 $1mol·kg^{-1}$（严格地说，应是离子活度为1），有关气体的分压为 $100kPa$，液体或固体是纯净物质时，某电极的电极电势称为该电极的标准电极电势（standard electrode potential），以符号 $E^\ominus$（电对）表示。

一般将标准氢电极与任意给定的标准电极构成一个原电池，测定该原电池的电动势，确定正、负电极，就可以测得该给定标准电极的标准电极电势。

例如，欲测定标准锌电极的标准电极电势，可以设计构成下列原电池：

$$(-)Zn|Zn^{2+}(a=1) \| H^+(a=1)|H_2(100kPa)|Pt(+)$$

测得 298.15K 时此电池的标准电动势（$E^\ominus$）为 0.7618V。测定时可知电子由锌电极流向氢电极。所以锌电极为负极，其上发生氧化反应；氢电极为正极，其上发生还原反应。电池的标准电动势（$E^\ominus$）等于正、负两电极的标准电极电势 $E^\ominus_正$、$E^\ominus_负$ 之差，即

$$E^\ominus = E^\ominus_正 - E^\ominus_负 = E^\ominus(H^+|H_2) - E^\ominus(Zn^{2+}|Zn) = 0.7618V$$

因为
$$E^\ominus(H^+|H_2)=0V$$
所以
$$E^\ominus = 0 - E^\ominus(Zn^{2+}|Zn) = 0.7618V$$
$$E^\ominus(Zn^{2+}|Zn) = -0.7618V$$

"－"号表示与标准氢电极组成原电池时，标准锌电极为负极。该原电池中发生的电极反应和电池反应分别为：

电极反应　　　正极：　$2H^+(aq)+2e^- \rightleftharpoons H_2(g)$

＋)负极：　$Zn(s) \rightleftharpoons Zn^{2+}(aq)+2e^-$

————————————————————

电池反应　　　$Zn(s)+2H^+(aq) \rightleftharpoons Zn^{2+}(aq)+H_2(g)$

用同样方法可以测得 298.15K 时，标准铜电极的标准电极电势为 $+0.3419V$。"＋"号表示与标准氢电极组成原电池时，标准铜电极为正极。

书后附录的标准电极电势表中，列出了一系列氧化还原电对的标准电极电势。

根据物质的氧化还原能力，对照标准电极电势表中的数据可以看出，若某氧化还原电对的电极电势代数值越小，该电对中的还原态物质的还原能力就越强，越容易失去电子而发生氧化反应，该还原态物质为强还原剂；若某氧化还原电对的电极电势代数值越大，该电对中的氧化态物质的氧化能力就越强，越容易得到电子而发生还原反应，该氧化态物质为强氧化剂。因此，电极电势是表示氧化还原电对所对应的氧化态物质或还原态物质得失电子能力（即氧化还原能力）相对大小的一个物理量。以两个标准电极组成原电池时，标准电极电势较大的电对为正极，标准电极电势较小的电对为负极。

使用标准电极电势表时应注意以下几点。

① 本书采用1953年国际纯粹和应用化学联合会（IUPAC）所规定的还原电势，即认为Zn比$H_2$更容易失去电子，$E^{\ominus}(Zn^{2+}|Zn)$为负值；$Cu^{2+}$比$H^+$更容易得到电子，$E^{\ominus}(Cu^{2+}|Cu)$为正值。

② 电极电势没有加和性，即与电极反应式的化学计量系数无关。例如：

$$Cl_2 + 2e^- \rightleftharpoons 2Cl^- \qquad E^{\ominus}(Cl_2|Cl^-) = +1.358V$$

$$1/2Cl_2 + e^- \rightleftharpoons Cl^- \qquad E^{\ominus}(Cl_2|Cl^-) = +1.358V$$

③ 标准电极电势的正或负，不随电极反应的书写不同而不同。例如：

$$Cu^{2+} + 2e^- \rightleftharpoons Cu \qquad E^{\ominus}(Cu^{2+}|Cu) = +0.3419V$$

$$Cu \rightleftharpoons Cu^{2+} + 2e^- \qquad E^{\ominus}(Cu^{2+}|Cu) = +0.3419V$$

④ 该表所列的电极电势是水溶液体系中，电对的标准电极电势。对于非标准态或非水溶液体系，不能用其值比较物质的氧化还原能力大小

（3）影响电极电势的因素

在一定状态下，电极电势的大小不仅取决于电对的本性，还与氧化态物质和还原态物质的浓度、气体的分压以及反应的温度等因素有关。

① 浓度（分压）对电极电势的影响

考虑一个任意给定的电极：

$$a\,Ox + ze^- \rightleftharpoons b\,Red$$

可以从热力学推导得出：

$$E(Ox|Red) = E^{\ominus}(Ox|Red) + \frac{RT}{zF}\ln\frac{a^a(Ox)}{a^b(Red)} \tag{7.34}$$

式中，$E$是氧化态物质和还原态物质为任意浓度时电对的电极电势；$E^{\ominus}$是电对的标准电极电势；$R$是气体常数；$F$是法拉第常数；$z$是电极反应中转移的电子数。该式反映了参加电极反应的各物质的浓度、反应温度对电极电势的影响。

在298.15K时，将各常数代入上式，并将自然对数换成常用对数且在电解质浓度不大的情况下常用浓度（$b$或$c$均可）代替浓度进行计算，于是得到

$$E(Ox|Red) = E^{\ominus}(Ox|Red) + \frac{0.05916}{z}\lg\frac{\left\{\dfrac{b(Ox)}{b^{\ominus}}\right\}^a}{\left\{\dfrac{b(Red)}{b^{\ominus}}\right\}^b} \tag{7.35}$$

由于$b^{\ominus} = 1\,mol \cdot kg^{-1}$，上式可简单写成：

$$E(Ox|Red) = E^{\ominus}(Ox|Red) + \frac{0.05916}{z}\lg\frac{b^a(Ox)}{b^b(Red)} \tag{7.36}$$

此式称为电极电势的能斯特方程式(Nernst equation)。

应用能斯特方程式时,应注意以下两点。

a. 如果组成电对的物质为纯固体或纯液体时,则不列入方程式中。如果是气体物质,要用其相对压力 $p/p^{\ominus}$ 代入。

例如:
$$Br_2(l) + 2e^- \rightleftharpoons 2Br^-(aq)$$

$$E(Br_2|Br^-) = E^{\ominus}(Br_2|Br^-) + \frac{0.05916}{2}\lg\frac{1}{b(Br^-)^2}$$

$$2H^+(aq) + 2e^- \rightleftharpoons H_2(g)$$

$$E(H^+|H_2) = E^{\ominus}(H^+|H_2) + \frac{0.05916}{2}\lg\frac{b(H^+)^2 p^{\ominus}}{p(H_2)}$$

【例 7.7】 试计算 $b(Zn^{2+}) = 0.001 \text{mol} \cdot \text{kg}^{-1}$ 时,$Zn^{2+}|Zn$ 电对的电极电势。

解:$Zn^{2+}(aq) + 2e^- \rightleftharpoons Zn(s)$

由附录查得 $E^{\ominus}(Zn^{2+}|Zn) = -0.7618V$,

故
$$E(Zn^{2+}|Zn) = E^{\ominus}(Zn^{2+}|Zn) + \frac{0.05916}{2}\lg b(Zn^{2+})$$

$$= -0.7618 + \frac{0.05916}{2}\lg 0.001 = -0.8506V$$

【例 7.8】 试计算 $b(Cl^-) = 0.100 \text{mol} \cdot \text{kg}^{-1}$,$p(Cl_2) = 300\text{kPa}$ 时,$Cl_2|Cl^-$ 电对的电极电势。

解:$Cl_2(g) + 2e^- \rightleftharpoons 2Cl^-(aq)$

由附录查得 $E^{\ominus}(Cl_2|Cl^-) = 1.358V$,

故
$$E(Cl_2|Cl^-) = E^{\ominus}(Cl_2|Cl^-) + \frac{0.05916}{2}\lg\frac{p(Cl_2)}{p^{\ominus}b(Cl^-)^2}$$

$$= 1.358 + \frac{0.05916}{2}\lg\frac{300}{100 \times (0.100)^2} = 1.431V$$

b. 如果参加电极反应的除氧化态、还原态物质外,还有其它物质如 $H^+$、$OH^-$ 等,则这些物质的浓度也应表示在能斯特方程式中。

【例 7.9】 计算在 $b(Cr_2O_7^{2-}) = b(Cr^{3+}) = 1\text{mol} \cdot \text{kg}^{-1}$、$b(H^+) = 10\text{mol} \cdot \text{kg}^{-1}$ 的酸性介质中,$Cr_2O_7^{2-}|Cr^{3+}$ 电对的电极电势。

解:在酸性介质中 $Cr_2O_7^{2-} + 14H^+ + 6e^- \rightleftharpoons 2Cr^{3+}(aq) + 7H_2O$

由附录查得 $E^{\ominus}(Cr_2O_7^{2-}|Cr^{3+}) = 1.33V$,故

$$E(Cr_2O_7^{2-}|Cr^{3+}) = E^{\ominus}(Cr_2O_7^{2-}|Cr^{3+}) + \frac{0.05916}{6}\lg\frac{c(Cr_2O_7^{2-})c(H^+)^{14}}{c(Cr^{3+})^2}$$

$$= 1.33 + \frac{0.05916}{6}\lg\frac{1 \times 10^{14}}{1^2} = 1.468V$$

由此例可见,含氧酸盐的氧化能力随介质酸度的增加而增强。

② 生成沉淀或配合物对电极电势的影响

在电极反应中,加入沉淀试剂或配位剂时,由于生成沉淀或配合物,会使离子的浓度改变,结果导致电极电势发生变化。

a. 沉淀的生成对电极电势的影响

【例 7.10】 以 $Ag^+|Ag$ 电对为例。298.15K 时,$E^{\ominus}(Ag^+|Ag) = 0.7996V$,若加入

NaCl，生成 AgCl 沉淀且 $c(\text{Cl}^-)=1.0\text{mol}\cdot\text{dm}^{-3}$ 时，计算 $E(\text{Ag}^+|\text{Ag})$ 的电极电势。

**解：**相应的电极反应为：$\text{Ag}^+(\text{aq})+\text{e}^- \rightleftharpoons \text{Ag}(\text{s})$

其 Nernst 方程式为：
$$E(\text{Ag}^+|\text{Ag})=E^{\ominus}(\text{Ag}^+|\text{Ag})+0.05916\times\lg c(\text{Ag}^+)$$

若加入 NaCl，生成 AgCl 沉淀。
$$K_{\text{sp}}^{\ominus}(\text{AgCl})=1.8\times 10^{-10}, c(\text{Ag}^+)=\frac{K_{\text{sp}}^{\ominus}(\text{AgCl})}{c(\text{Cl}^-)}$$

代入上述 Nernst 方程，
$$E(\text{Ag}^+|\text{Ag})=E^{\ominus}(\text{Ag}^+|\text{Ag})+\frac{0.05916}{1}\lg\frac{K_{\text{sp}}^{\ominus}(\text{AgCl})}{c(\text{Cl}^-)}$$

当 $c(\text{Cl}^-)=1.0\text{mol}\cdot\text{dm}^{-3}$ 时，
$$E(\text{Ag}^+|\text{Ag})=E^{\ominus}(\text{Ag}^+|\text{Ag})+\frac{0.05916}{1}\lg\frac{K_{\text{sp}}^{\ominus}(\text{AgCl})}{c(\text{Cl}^-)}$$
$$=0.7996\text{V}+0.05916\lg(1.8\times 10^{-10})=0.2231\text{V}$$

由此可见，当氧化态生成沉淀时，使氧化态离子浓度减小，电极电势降低。

这里计算所得 $E(\text{Ag}^+|\text{Ag})$ 值，实际上是电对 AgCl|Ag 的标准电极电势，因为当 $c(\text{Cl}^-)=1.0\text{mol}\cdot\text{kg}^{-1}$ 时，电极反应：
$$\text{AgCl}(\text{s})+\text{e}^- \rightleftharpoons \text{Ag}(\text{s})+\text{Cl}^-(\text{aq})$$

处于标准状态。由此可以得出下列关系式：
$$E(\text{Ag}^+|\text{Ag})=E^{\ominus}(\text{Ag}^+|\text{Ag})+0.05916\lg K_{\text{sp}}^{\ominus}(\text{AgCl})$$

很显然，由于氧化态物质生成沉淀，则
$$E^{\ominus}(\text{AgCl}|\text{Ag})=E^{\ominus}(\text{Ag}^+|\text{Ag})$$

当还原态物质生成沉淀时，由于还原态离子浓度减小，电极电势增大。当氧化态和还原态都生成沉淀时，若 $K_{\text{sp}}^{\ominus}(\text{氧化态})<K_{\text{sp}}^{\ominus}(\text{还原态})$，则电极电势减小。反之，电极电势变大。

b. 配合物的形成对电极电势的影响

**【例 7.11】** 以电对 $\text{Cu}^{2+}|\text{Cu}$ 为例，298.15K 时，
$$\text{Cu}^{2+}(\text{aq})+2\text{e}^- \rightleftharpoons \text{Cu}(\text{s}), \quad E^{\ominus}(\text{Cu}^{2+}|\text{Cu})=0.3419\text{V}$$

若加入过量氨水时，生成 $[\text{Cu}(\text{NH}_3)_4]^{2+}$，当 $b[\text{Cu}(\text{NH}_3)_4^{2+}]=b(\text{NH}_3)=1.0\text{mol}\cdot\text{kg}^{-1}$ 时，
$$b(\text{Cu}^{2+})/b^{\ominus}=\frac{b[\text{Cu}(\text{NH}_3)_4^{2+}]/b^{\ominus}}{[b(\text{NH}_3)/b^{\ominus}]^4 K_{\text{稳}}[\text{Cu}(\text{NH}_3)_4^{2+}]}=\frac{1}{K_{\text{稳}}[\text{Cu}(\text{NH}_3)_4^{2+}]}$$

代入 Nernst 方程得：
$$E(\text{Cu}^{2+}|\text{Cu})=E^{\ominus}(\text{Cu}^{2+}|\text{Cu})+\frac{0.05916}{z}\lg\frac{1}{K_{\text{稳}}[\text{Cu}(\text{NH}_3)_4^{2+}]}$$
$$=0.3419\text{V}+\frac{0.05916}{2}\lg\frac{1}{2.09\times 10^{13}}=-0.3942\text{V}$$

即
$$E(\text{Cu}^{2+}|\text{Cu})=-0.052\text{V}$$

当电对的氧化态物质生成配合物时，使氧化态离子的浓度减小，则电极电势变小。同理可以推知：
$$E(\text{Cu}^{2+}|\text{CuCl}_2^-)=E^{\ominus}(\text{Cu}^{2+}|\text{Cu}^+)+0.0592\lg K_{\text{稳}}^{\ominus}(\text{CuCl}_2^-)$$

$$= 0.153\text{V} + 0.05916\text{Vlg}3.16\times10^5 = 0.478\text{V}$$

当电对的还原态物质生成配合物时,使还原态离子的浓度减小,则电极电势增大。当氧化态和还原态都生成配合物时,若 $K_{稳}^{\ominus}$(氧化态)$>K_{稳}^{\ominus}$(还原态)则电极电势变小;反之,则电极电势变大。

从以上的例子可以看出,氧化还原电对的氧化态物质或还原态物质离子浓度的改变对电对电极电势有影响。如果电对的氧化态物质生成了沉淀(或配合物),则电极电势将变小;如果电对的还原态物质生成了沉淀(或配合物),则电极电势将变大。此外,介质的酸碱性对含氧酸盐氧化性的影响比较大,一般地说,含氧酸盐在酸性介质中将表现出较强的氧化性。

## 7.7 电极的种类

一个电池总是由两个电极构成的。构成可逆电池的电极,其本身亦必须是可逆的。可逆电极主要有如下三种类型。

### 7.7.1 第一类电极

这类电极一般是将某金属或吸附了某种气体的惰性金属置于含有该元素离子的溶液中构成的。包括金属电极和气体电极(氢电极、氧电极、氯电极等)。

(1) 金属电极和卤素电极

将金属浸入含有该金属离子的溶液中构成金属电极。表示为:

$$M|M^{z+}, M \rightleftharpoons M^{z+} + ze^- \quad 如:Zn|Zn^{2+}、Cu|Cu^{2+} 等$$

将卤素气体通入含有该卤素离子的溶液中构成卤素电极。表示为:

$$X_2 + 2e^- \rightleftharpoons 2X^-$$

如:$Pt|Cl_2|Cl^-, Cl_2 + 2e^- \rightleftharpoons 2Cl^-$

(2) 氢电极

氢电极及其结构前面已经描述,即将镀有铂黑的铂(Pt)片浸入含有 $H^+$ 的溶液中,并不断通入 $H_2(g, p)$。表示为:

$$(Pt)H_2(g,p) | H^+(酸性溶液), H_2(g,p) \rightleftharpoons 2H^+ + 2e^-$$

25℃时,其标准电极电势为

$$E^{\ominus}(H^+|H_2) = 0.0\text{V}$$

但亦可将镀有铂黑的铂(Pt)片浸入碱性溶液中,并不断通入 $H_2(g, p)$。表示为:

$$Pt|H_2(g,p)|OH^-(碱性溶液), H_2 + 2OH^- \rightleftharpoons 2H_2O + 2e^-$$

25℃时,其标准电极电势为

$$E^{\ominus}(OH^-|H_2) = -0.828\text{V}$$

(3) 氧电极

氧电极与氢电极结构类似,也是将镀有铂黑的铂(Pt)片浸入含有酸性或碱性(常见)的溶液中,并不断通入 $O_2(g,p)$。

酸性氧电极表示为:$Pt|O_2(g,p)|H^+, H_2O, O_2(g,p) + 4H^+ + 4e^- \rightleftharpoons 2H_2O$

25℃时,其标准电极电势为

$$E^{\ominus}(O_2|H^+, H_2O) = 1.229\text{V}$$

碱性氧电极表示为：$Pt|O_2(g)|OH^-, H_2O, O_2(g,p)+2H_2O+4e^- \rightleftharpoons 4OH^-$
25℃时，其标准电极电势为
$$E^\ominus(O_2/OH^-, H_2O) = 0.401V$$

### 7.7.2 第二类电极

第二类电极包括金属-金属难溶盐电极和金属-难溶氧化物电极。

(1) 金属-金属难溶盐电极

这类电极是将金属覆盖一薄层该金属的难溶盐，然后浸入含有该难溶盐负离子的溶液中构成的。最常用的由甘汞电极和银-氯化银电极。

① 甘汞电极

甘汞电极（calomel electrode）的构造如图7.16所示。

内玻璃管中封接一根铂丝，铂丝插入厚度为 0.5～1cm 的纯 Hg 中，下置一层 $Hg_2Cl_2$（甘汞）和汞齐，外玻璃管中装入 KCl 溶液。电极下端与待测溶液接触的部分是熔结陶瓷芯或玻璃砂芯类多孔物质。

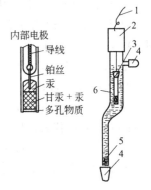

图7.16 甘汞电极示意图
1—导线；2—绝缘体；3—内部电极；4—橡皮帽；5—熔结陶瓷芯；6—饱和 KCl 溶液

甘汞电极的电极符号可以写为：
$$KCl | Hg_2Cl_2(s) | Hg(l) | Pt$$

其电极反应为：
$$Hg_2Cl_2(s) + 2e^- \rightleftharpoons 2Hg(l) + 2Cl^-(aq)$$

常用饱和甘汞电极（KCl 溶液为饱和溶液）或者 $Cl^-$ 浓度分别为 1.0mol·kg$^{-1}$、0.1mol·kg$^{-1}$ 的甘汞电极作参比电极。在 298.15K 时，它们的电极电势分别为 +0.2445V、+0.2830V 和 +0.3356V。甘汞电极的优点是容易制备，电极电势稳定。

② 银-氯化银电极

在银丝上镀一层 AgCl，浸在一定浓度的 KCl 溶液中，即构成银-氯化银电极，其电极符号可以写为：
$$Ag | AgCl(s) | KCl$$

其电极反应为：
$$AgCl(s) + e^- \rightleftharpoons Ag(s) + Cl^-(aq)$$

与甘汞电极相似，银-氯化银电极的电极电势也取决于内参比溶液 KCl 溶液的浓度。在 298.15K 时，KCl 溶液为饱和溶液或 $Cl^-$ 浓度为 1.0mol·kg$^{-1}$ 的银-氯化银电极的电极电势分别为 +0.197V 和 +0.2223V。银-氯化银电极的优点是容易制备、电极电势稳定，可在高于 60℃ 的条件下使用。

(2) 金属-难溶氧化物电极

这类电极是将金属覆盖一薄层该金属的难溶氧化物，然后浸入含有 $H^+$（$OH^-$）的溶液中构成的。如锑-氧化锑电极。

在酸性溶液中：表示为 $Sb|Sb_2O_3(s)|H^+, H_2O, Sb_2O_3(s)+6H^++6e^- \rightleftharpoons 2Sb+3H_2O$
在碱性溶液中：表示为 $Sb|Sb_2O_3(s)|OH^-, H_2O, Sb_2O_3(s)+3H_2O+6e^- \rightleftharpoons 2Sb+6OH^-$

金属锑电极制造简单、响应快、便于在线测量，在含有氰化物、硫化物、还原性糖、生物碱、含水酒精溶液中也可应用。缺点是金属锑电极的测量精度不高，当 pH 在 2～7 之间时，其线性在±0.01pH之内，pH=7~12则偏差达0.4~0.5pH。

### 7.7.3 氧化还原电极

任何电极均可发生氧化还原反应，故此处所说的氧化还原电极是指由惰性物质（如铂片）插入含有某种离子的两种不同氧化态的溶液中构成的。如 Pt|$Fe^{2+}$，$Fe^{3+}$；Pt|$MnO_4^-$，$Mn^{2+}$，$H^+$等。

表示为：$M^{m+}$，$M^{n+}$ | Pt　　($m<n$)

例如：$Fe^{2+}$，$Fe^{3+}$ | Pt　　$Fe^{3+}+e^- \rightleftharpoons Fe^{2+}$

例如：醌氢醌电极，此电极常用于测定溶液的pH值。醌氢醌电极是等分子比的醌（$C_6H_4O_2$，用Q代表）和氢醌[$C_6H_4(OH)_2$，用$H_2Q$代表]的复合物，其在水中按下式分解：

$$C_6H_4O_2 \cdot C_6H_4(OH)_2 \rightleftharpoons C_6H_4(OH)_2 + C_6H_4O_2$$

而氢醌是弱酸，在水中发生解离，但解离度很小：

$$C_6H_4(OH)_2 \rightleftharpoons C_6H_4O_2^{2-} + 2H^+$$

$C_6H_4O_2^{2-}$ 与 $C_6H_4O_2$ 可发生氧化还原反应：

$$C_6H_4O_2^{2-} \rightleftharpoons C_6H_4O_2 + 2e^-$$

故醌氢醌电极的电极反应为：$C_6H_4O_2 + 2e^- + 2H^+ \rightleftharpoons C_6H_4(OH)_2$

$$E(Q|H_2Q) = E^{\ominus}(Q|H_2Q) - \frac{RT}{zF}\ln\frac{a_{H_2Q}}{a_Q a_{H^+}^2}$$

由于醌氢醌是醌和氢醌的等分子复合物，且在水中的解离度很小，故可以认为 $a_{H_2Q}=a_Q$，所以

$$E(Q|H_2Q) = E^{\ominus}(Q|H_2Q) + \frac{RT}{zF}\ln a_{H^+}^2$$

298.15K时，$E^{\ominus}(Q|H_2Q)=0.6993V$

特点：①电极电位只与氢离子浓度有关；②不能用于碱性溶液的测定。

### 7.7.4 原电池设计举例

从原电池可以得出有关一些热力学数据，因此在理论上为了说明问题，有些时候需要使一些物理化学过程在原电池中进行，这就需要将过程设计成原电池，可以帮助我们对原电池热力学的理解。

设计原电池思路如下。

① 把给定的反应分解为氧化反应和还原反应两个半反应，从而确定电极反应。

② 按顺序从左到右依次列出阳极板到阴极板之间的各个相，相与相之间用垂线隔开，若为双液电池，在两溶液之间用双垂线表示盐桥，写出电池符号。

反应可分以下几类：①氧化还原反应；②中和反应；③沉淀反应；④扩散过程。

(1) 氧化还原反应

【例 7.12】 将反应 $H_2(g,p_1)+1/2O_2(g,p_2)\longrightarrow H_2O(l)$ 设计为原电池。

**解：** 先确定一个电极反应，然后用电池反应减去该反应得到另一个电极反应：

先确定氧化反应（负极）：$H_2(g,p_1)\longrightarrow 2H^+(a)+2e^-$

然后用电池反应减去负极反应：$H_2(g,p_1)+1/2O_2(g,p_2)\longrightarrow H_2O(l)$

$$-)\ H_2(g,p_1)\longrightarrow 2H^+(a)+2e^-$$

则得到还原反应（正极）：$1/2O_2(g, p_2) + 2H^+(a) + 2e^- \longrightarrow H_2O(l)$

电池符号：$Pt|H_2(g, p_1)|H^+(a)|O_2(g, p_2)|Pt$

在碱性溶液中，同样先确定负极：$H_2(g, p_1) + 2OH^-(a) \longrightarrow 2H_2O(l) + 2e^-$

然后用电池反应减去负极反应：$H_2(g, p_1) + 1/2O_2(g, p_2) \longrightarrow H_2O(l)$

$\quad -)\ H_2(g, p_1) + 2OH^-(a) \longrightarrow 2H_2O(l) + 2e^-$

则得到还原反应（正极）：$1/2O_2(g, p_2) + H_2O(l) + 2e^- \longrightarrow 2OH^-(a)$

电池符号：$Pt|H_2(g, p_1)|OH^-(a)|O_2(g, p_2)|Pt$

(2) 中和反应

这类反应设计成原电池的思路为：若反应前后元素的价态不发生变化，则根据反应物或产物种类确定一电极，再由电池反应与之相减，得另一电极。

例如，将反应 $H^+(a_1) + OH^-(a_2) \longrightarrow H_2O$ 设计为原电池

使用氢电极，则有

先确定正极：$H^+(a_1) + e^- \longrightarrow 1/2H_2(g, p)$

然后用电池反应减去正极反应：$H^+(a_1) + OH^-(a_2) \longrightarrow H_2O$

$\quad -)\ H^+(a_1) + e^- \longrightarrow 1/2H_2(g, p)$

则得氧化反应（负极）：$1/2H_2(g, p) + OH^-(a_2) \longrightarrow H_2O + e^-$

电池表示为：$Pt|H_2(g, p)|OH^-(a_2)\|H^+(a_1)|H_2(g, p)|Pt$

若用氧电极，则有

先确定负极：$OH^-(a_2) \longrightarrow 1/4O_2(g, p) + 1/2H_2O + e^-$

然后用电池反应减去负极反应，得正极反应：$1/4O_2(g, p) + H^+(a_1) + e^- \longrightarrow 1/2H_2O$

电池表示为：$Pt|O_2(g, p)|OH^-(a_2)\|H^+(a_1)|O_2(g, p)|Pt$

从以上两例可以看出，同一个化学反应有时可以设计成不同的原电池。需要注意的是，当不同电池产生的电荷量相等时，其电动势亦相同，如果产生的电荷量不相等，则电池的电动势亦不相同。

(3) 沉淀反应

**【例 7.13】** 利用 298.15K 时电极电势数据，表示 $AgCl(s)$ 在水中的溶度积 $K_{sp}^\ominus$。

**解**：$AgCl(s)$ 在水中的溶解过程可以表示为

$$AgCl(s) \rightleftharpoons Ag^+ + Cl^-$$

将其设计成原电池，先确定负极反应为：$Ag \rightleftharpoons Ag^+ + e^-$

然后用电池反应减去负极反应得正极反应为：$AgCl(s) + e^- \rightleftharpoons Ag + Cl^-$

电池表示为：$Ag|Ag^+\|Cl^-|AgCl(s)|Ag$

其电动势为

$$E = E^\ominus - \frac{RT}{zF} \ln \frac{a(Ag^+)a(Cl^-)}{a[AgCl(s)]}$$

其中 $E^\ominus = E^\ominus[AgCl(s)|Ag] - E^\ominus(Ag^+|Ag)$

在电池反应达到平衡（此处指沉淀达到溶解平衡）时，$E = 0V$，$a(Ag^+)a(Cl^-) = K_{sp}^\ominus$，于是有

$$E^\ominus = \frac{RT}{zF} \ln \frac{a(Ag^+) \cdot a(Cl^-)}{a[AgCl(s)]} = \frac{RT}{zF} \ln K_{sp}^\ominus$$

而 $E^\ominus[AgCl(s)|Ag]$ 和 $E^\ominus(Ag^+|Ag)$ 可通过附录查到相关数据，这样就可以通过电

极电势来计算难溶电解质的 $K_{sp}^{\ominus}$。

(4) 扩散过程——浓差电池

① 电解质浓差电池　电极材料相同的两个电极，分别插入种类相同而浓度不同的电解质溶液中。

【例 7.14】　利用原电池 $Ag|AgNO_3(a_1)\|AgNO_3(a_2)|Ag(a_2>a_1)$，判断 $Ag^+(a_2)\rightleftharpoons Ag^+(a_1)$ 能否自发进行。

**解**：先确定阳极反应：$Ag \rightleftharpoons Ag^+(a_1)+e^-$

则阴极反应：$Ag^+(a_2)+e^- \rightleftharpoons Ag$

电池反应：$Ag^+(a_2) \rightleftharpoons Ag^+(a_1)$

根据能斯特方程可知其电动势

$$E = E^{\ominus} - \frac{RT}{zF}\ln\frac{a_1}{a_2}$$

即

$$E = \frac{RT}{zF}\ln\frac{a_2}{a_1}$$

因 $a_2>a_1$，则：$E>0$，扩散能自发进行。

② 电极浓差电池　在同一电解质溶液中插入电极材料相同而浓度不同的两个电极。

【例 7.15】　利用原电池 $Pt|H_2(g,p_2)|H^+(a)|H_2(g,p_1)|Pt(p_2>p_1)$，判断扩散过程 $H_2(g,p_2)\rightleftharpoons H_2(g,p_1)(p_2>p_1)$ 能否自发进行。

**解**：先确定阳极反应：$H_2(g,p_2) \rightleftharpoons 2H^+(a)+2e^-$

则阴极反应：$2H^+(a)+e^- \longrightarrow 2H_2(g,p_1)$

电池反应：$H_2(g,p_2) \rightleftharpoons H_2(g,p_1)$

两个电极使用同一酸溶液，组成如下单液电池：

$$Pt|H_2(g,p_2)|H^+(a)|H_2(g,p_1)|Pt(p_2>p_1)$$

其电动势　　$E = \frac{RT}{F}\ln\frac{p_2}{p_1}$

因 $p_2>p_1$，则：$E>0$，扩散能自发进行。

注意：浓差电池的 $E^{\ominus}=0V$

虽然 $\Delta G<0$ 的反应原则上都可设计成原电池，但并不是所有的原电池都具有实际应用价值，可作为化学电源来使用。理想的化学电源应具有电容量大、输出功率范围广、工作温度限制小、使用寿命长、安全、可靠、廉价等优点。当然完美的化学电源是不存在的，人们根据不同用途选择不同的电池。

与其它电源相比，化学电源具有能量转换效率高、使用方便、安全可靠、易于携带等优点，因此它在人们的日常生活、工业生产以及军事航天等方面都有广泛的用途。

## 7.8　分解电压和极化作用

### 7.8.1　理论分解电压

分析电解过程，对一电解池逐渐增加电压，并记录通过的相应电流值，就可得到电流-电压关系图（见图 7.17），从该图中可见，外加电压小时，几乎没有电流流过；电压增加，电流略有增加；直至电压增加到某一数值时，电流迅速增加，电解得以不断进行。使电流顺利通过，保证电解进行的最低的外加电压，称为该电解质的分解电压（图7.17中的$E_{分解}$点）。以电解浓度为$0.1\text{mol}\cdot\text{kg}^{-1}$的NaOH溶液为例来说明。电解时，在阴极上析出氢，在阳极上析出氧，其中部分氢和氧分别吸附在两个铂电极表面，构成了下列原电池

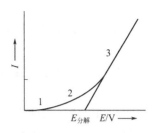

图7.17 测定分解电压的$I$-$E$曲线

$$\text{Pt}|\text{H}_2(\text{g})|\text{NaOH}(0.1\text{mol}\cdot\text{kg}^{-1})|\text{O}_2(\text{g})|\text{Pt}$$

其电动势可计算如下所示。

$c(\text{OH}^-)=0.1\text{mol}\cdot\text{kg}^{-1}$，$c(\text{H}^+)=10^{-13}\text{mol}\cdot\text{kg}^{-1}$，$p(\text{O}_2)=100\text{kPa}$，$p(\text{H}_2)=100\text{kPa}$。

正极反应：$2\text{H}_2\text{O}+\text{O}_2+4\text{e}^-=\!=\!=4\text{OH}^-$

负极反应：$2\text{H}_2=\!=\!=4\text{H}^++4\text{e}^-$

$$E(\text{正极})=E(\text{O}_2|\text{OH}^-)=E^{\ominus}(\text{O}_2|\text{OH}^-)+\frac{RT}{zF}\ln\frac{p(\text{O}_2)/p^{\ominus}}{[b(\text{OH}^-)/b^{\ominus}]^4}$$

$$=\left(0.401+\frac{0.05916}{4}\lg\frac{1}{0.1^4}\right)\text{V}=0.461\text{V}$$

$$E(\text{负极})=E(\text{H}^+|\text{H}_2)=E^{\ominus}(\text{H}^+|\text{H}_2)+\frac{RT}{zF}\ln\frac{[b(\text{H}^+)/b^{\ominus}]^4}{p(\text{H}_2)/p^{\ominus}}$$

$$=\left(0+\frac{0.05916}{4}\lg\frac{10^{-52}}{1}\right)\text{V}=-0.769\text{V}$$

氢氧原电池电动势

$$E=E_{(\text{正极})}-E_{(\text{负极})}=[0.461-(-0.769)]\text{V}=1.23\text{V}$$

此电动势的方向与外加电压相反，对电解有阻碍作用，故称为反电动势，也叫理论分解电压，然而实际分解电压约为1.7V，为什么呢？实际中，由于电极的极化而使电解存在超电压，因此实际分解电压数值与理论分解电压值不同。

### 7.8.2 实际分解电压

(1) 极化与超电势

前面所讨论的电极电势是在可逆地发生电极反应时电极所具有的电势，称为可逆电极势。可逆电极电势对于许多电化学和热力学问题的解决是十分有用的。但是，在许多实际的电化学过程中，例如进行电解操作或使用化学电池做电功等，并不是在可逆情况下实现的。当有电流通过电极时，发生的必然是不可逆的电极反应，此时的电极电势$E_i$与可逆电极电势$E_r$显然会有所不同。电极在有电流通过时所表现的电极电势$E_i$与可逆电极电势$E_r$产生偏差的现象称为"电极的极化"。偏差的大小（绝对值）称为"超电势"，记作$\eta$，即

$$\eta=|E_r-E_i| \tag{7.37}$$

无论是原电池还是电解池，相对于可逆电极电势$E_r$，当有电流通过电极时，由于电极的极化，阳极电势升高，而阴极电势降低，即

$$E_{i阳极}=E_{r阳极}+\eta_{阳极}$$
$$E_{i阴极}=E_{r阴极}-\eta_{阴极}$$

对于电解池来说，其实际分解电压$E_{实际}$为：

$$E_{实际}=E_{i阳极}-E_{i阴极}$$
$$=(E_{r阳极}+\eta_{阳极})-(E_{r阴极}-\eta_{阴极})$$

$$= (E_{r阳极} - E_{r阴极}) + (\eta_{阳极} + \eta_{阴极})$$

将阴极和阳极超电势加起来总称为超电压，即 $E_超 = \eta_{阳极} + \eta_{阴极}$，那么

$$E_{实际} = E_{理论} + E_超$$

如果考虑电池电阻引起的 $IR$ 电势降，则

$$E_{实际} = E_{理论} + E_超 + IR \tag{7.38}$$

(2) 超电势产生的原因

当有电流通过电极时，为什么会发生阳极电势升高、阴极电势降低的电极极化现象呢？最主要的原因有浓差极化和电化学极化。

当有电流通过电极时，若有电极-溶液界面处化学反应的速率较快，而离子在溶液中的扩散速率较慢，则在电极表面附近有关离子的浓度将会与远离电极的本体溶液中有所不同。

现以电极 $Cu^{2+}|Cu$ 为例，分别叙述它作为阴极和阳极时的情况。$Cu^{2+}|Cu$ 电极作为阴极时，附近的 $Cu^{2+}$ 很快沉淀到电极上去而远处的 $Cu^{2+}$ 来不及扩散到阴极附近，使电极附近的 $Cu^{2+}$ 浓度 $c'(Cu^{2+})$ 比本体溶液中的浓度 $c(Cu^{2+})$ 要小，其结果如同将 Cu 电极插入一浓度较小的溶液中一样。当 $Cu^{2+}|Cu$ 作为阳极时，$Cu^{2+}$ 溶入电极附近的溶液中而来不及扩散开，使电极附近的 $Cu^{2+}$ 浓度 $c''(Cu^{2+})$ 较本体溶液中的浓度 $c(Cu^{2+})$ 为大，其结果如同将 Cu 电极插入一浓度较大的溶液中一样。若近似以浓度代替活度，则

$$E_r(Cu^{2+}|Cu) = E^{\ominus}(Cu^{2+}|Cu) + \frac{RT}{zF}\ln b(Cu^{2+})$$

$$E_{i阴极} = E^{\ominus}(Cu^{2+}|Cu) + \frac{RT}{zF}\ln b'(Cu^{2+})$$

$$E_{i阳极} = E^{\ominus}(Cu^{2+}|Cu) + \frac{RT}{zF}\ln b''(Cu^{2+})$$

由于 $\quad b'(Cu^{2+}) < b(Cu^{2+}) \quad b''(Cu^{2+}) > b(Cu^{2+})$

故 $\quad E_{i阴极} < E_r, E_{i阳极} > E_r$

推而广之：当有电流通过电极时，因离子扩散的迟缓性而导致电极表面附近离子浓度与本体溶液中不同，从而使电极电势与 $E_r$ 发生偏离的现象，称为"浓差极化"。电极发生浓差极化时，阴极电势总是变得比 $E_r$ 低，而阳极电势总是变得比 $E_r$ 高。因浓差极化而造成的电极电势 $E_i$ 与 $E_r$ 之差的绝对值，称为"浓差超电势"。浓差超电势的大小是电极浓差极化程度的量度。其值取决于电极表面离子浓度与本体溶液中离子浓度差值之大小。因此，凡能影响这一浓差大小的因素，都能影响浓差超电势的数值。例如，需要减小浓差超电势时，可将溶液强烈搅拌或升高温度，以加快离子的扩散；而需要造成浓差超电势时，则应避免对于溶液的扰动并保持不太高的温度。

离子扩散的速率与离子的种类以及离子的浓度密切相关。因此，在同等条件下，不同离子的浓差极化程度不同；同一种离子在不同浓度时的浓差极化程度亦不同。

一个电极，在可逆情况下，电极上有一定的带电程度，建立了相应的电极电势 $E_r$。当有电流通过电极时，若电极-溶液界面处的电极反应进行得不够快，导致电极带电程度的改变，也可使电极电势偏离 $E_r$。

以电极 $(Pt)H_2(g)|H^+$ 为例，作为阴极发生还原作用时，由于 $H^+$ 变成 $H_2$ 的速率不够快，则有电流通过时到达阴极的电子不能被及时消耗掉，致使电极比可逆情况下带有更多的负电，从而使电极电势变得比 $E_r$ 低，这一较低的电势能促使反应物活化，即加速 $H^+$ 转化成 $H_2$。当 $(Pt)H_2(g)|H^+$ 作为阳极发生氧化作用时，由于 $H_2$ 变成 $H^+$ 的速率不够快，电极

上因有电流通过而缺电子的程度较可逆情况时更为严重,致使电极带有更多的正电,从而电极电势变得比 $E_r$ 高。这一较高的电势有利于促进反应物活化,加速使 $H_2$ 变为 $H^+$。

同理,当有电流通过时,由于电化学反应进行的迟缓性造成电极带电程度与可逆情况时不同,从而导致电极电势偏离 $E_r$ 的现象,称为"电化学极化"或"活化极化"。电极发生活化极化时与发生浓差极化时一样,阴极电势总是变得比 $E_r$ 低,而阳极电势总是变得比 $E_r$ 高。因活化极化而造成的电极电势 $E_i$ 与 $E_r$ 之差的绝对值,称为"电化学超电势"。电化学超电势的大小是电化学极化的量度。

(3) 影响超电势的因素

实验表明,在电解过程中,除了 Fe、Co、Ni 等一些过渡元素的离子之外,一般金属离子在阴极上还原成金属时,电化学超电势的数值都比较小。但在有气体析出时,例如在阴极析出 $H_2$、阳极上析出 $O_2$ 或 $Cl_2$ 时,电化学超电势的数值相当大。由于气体的电化学超电势相当大,而且在电化学工业中又经常遇到与气体电化学超电势有关的实际问题,因此对其研究比较多。1905 年,塔菲尔(Tafel)在研究氢气的电化学超电势与电流密度 $i$ 的关系时曾提出如下经验关系:

$$\eta = a + b \lg i \tag{7.39}$$

式(7.39)称为塔菲尔公式。其中 $a$ 和 $b$ 是经验常数。表 7.7 列出部分金属上析出 $H_2$ 时 $a$ 和 $b$ 的数值。分析表中数据可以看出,对于不同的电极材料,$a$ 值可以相差很大,而 $b$ 值却近似相同,大约为 0.12V(Pt、Pd 等贵金属除外)。这说明不同金属上析出氢气时产生电化学超电势的原因有其内在的共同性。由上式可见,氢气的电化学极化超电势 $\eta$ 与 $\lg i$ 呈线性关系,如图 7.18 所示。值得指出,当电流密度非常小时,塔菲尔公式是不适用的。

**表 7.7　氢气在不同金属上析出的塔菲尔常数**(20℃,酸性溶液)

| 电极材料 | Ag | Al | Co | Cu | Fe | Hg | Mn | Ni | Pb | Pd | Pt | Sn | Zn |
|---|---|---|---|---|---|---|---|---|---|---|---|---|---|
| $a$/V | 0.95 | 1 | 0.62 | 0.87 | 0.7 | 1.41 | 0.8 | 0.63 | 1.56 | 0.24 | 0.1 | 1.2 | 1.24 |
| $b$/V | 0.1 | 0.1 | 0.14 | 0.12 | 0.12 | 0.11 | 0.1 | 0.11 | 0.11 | 0.3 | 0.03 | 0.13 | 0.12 |

后来的研究发现,氧等气体析出时的电化学超电势与电流密度的关系也有类似于塔菲尔公式的形式。

除电极材料和电流密度之外,温度对气体析出时的超电势也有影响。一般说来,升高温度会使超电势降低。此外,电极中所含的杂质、电极的表面状态、溶液的 pH 值等因素都对超电势电势的数值也有一定影响。

已知超电势之值与通过电极的电流密度有关,可在不同的电流密度 $i$ 之下分别测定电极的电势 $E_i$。以电流密度 $i$ 对电极电势 $E_i$ 作图,所得曲线称为电极的"极化曲线"。实验测定的结果表明,阴极和阳极的极化曲线有所不同,如图 7.19 所示。极化的结果使阳极电势 $E_{i阳极}$ 比 $E_r$ 升高,使阴极电势 $E_{i阴极}$ 比 $E_r$ 降低。这一实验测定结果与前面的分析所得结论是一致的。

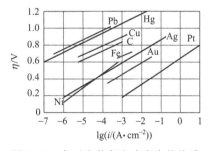

图 7.18　氢过电势与电流密度的关系

由两电极组成电池时,因阴极是正极,阳极是负极,所以阴极电势高于阳极电势,组成电池的端电压 $V_端$ 与电流密度的关系如图 7.20(a)所示。由图可知,电流密度越大,即电池放电的不可逆程度越高,电池端电压越小,所能获得的电功也越少。

对于电解池,因阳极是正极,阴极是负极,所以阳极电势高于阴极电势。外加电压,即

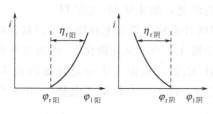

图 7.19 电极的极化曲线示

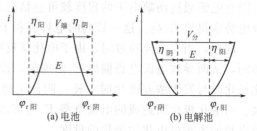

图 7.20 电池的端电压、电解池的
分解电压与电流密度的关系

分解电压 $V_分$ 与电流密度的关系如图 7.20(b) 所示。由图可知,电解池工作时,所通过的电流密度越大,即不可逆程度越高,两电极上所需要的外加电压越大,消耗掉的电功也越多。

### 7.8.3 电解时的电极反应

电解是在外加电源的作用下,在阴阳两极发生氧化还原反应的过程,电解质溶液中存在多种离子,哪种离子首先放电?如何判断电解池的两极上的电解产物呢?根据电极电势的大小可以判断氧化还原反应的方向,即电极电势的正值越大,其氧化态的氧化性越强,越容易发生得到电子的反应,相反,电极电势越小,即负值越大,则其还原态的还原性越强,越容易发生失去电子的反应。同理,在电解池中,电极上哪种离子发生氧化或者还原反应,也要通过比较它们的电极电势的大小。在通电时,阴离子向阳极发生定向移动,阳离子向阴极发生定向移动,并且,在阴极上,电极电势大的首先放电析出,在阳极上,电极电势小的首先放电析出。

这里所说的电极电势是指析出电极电势。那么如何比较析出电极电势的大小呢?根据前面的分析可知,阴极上:$E_析 = E_r - \eta$,阳极上:$E_析 = E_r + \eta$。电解时,阴极上发生还原反应的物质通常有金属离子和氢离子,阳极上发生氧化反应的通常有阴离子,如 $OH^-$、$Cl^-$ 等,或者阳极材料本身。析出电极电势中的可逆平衡电势可以通过能斯特方程进行计算,对于超电势,一般来说,析出金属的超电势较小,析出气体,特别是 $H_2$ 和 $O_2$ 的超电势较大。超电势的存在也使电解过程变得相当复杂,电解产物也就不易判断,往往需要通过实验才能确定。

## 7.9 金属的腐蚀与防护

金属与周围介质发生化学反应而生成各种化合物、使金属遭受破坏的过程叫做金属腐蚀。金属腐蚀的根本原因是这些金属处于热力学的不稳定状态。在一定条件下,它们终究要回复到在地壳中所处的状态中去,生成氧化物、硫化物、碳酸盐、硫酸盐或者生成可溶性的离子。金属腐蚀问题按照金属的腐蚀机理可以将金属腐蚀分为化学腐蚀与电化学腐蚀两大类。化学腐蚀就是金属与接触到的物质直接发生氧化还原反应而被氧化损耗的过程;电化学腐蚀是发生了电化学反应。遭到的腐蚀不管是化学腐蚀还是电化学腐蚀,金属腐蚀的实质都是金属原子被氧化转化成金属阳离子的过程。

金属腐蚀给国民经济造成了巨大的经济损失,甚至带来灾难性的事故,浪费宝贵的资源与能源，而且污染环境。在国民经济各部门中，每年都有大量的金属构件和设备因腐蚀而报废。据发达国家调查，每年由于腐蚀造成的损失约占国民经济总产值的2%～4%。在腐蚀作用下，世界上每年生产的钢铁中约有10%被腐蚀消耗。仅我国每年因腐蚀报废的钢铁就相当于上海宝钢全年的产量。同时，金属腐蚀带来的损失是多方面的。首先，经济方面就包括直接经济损失和间接经济损失。直接经济损失指的是由于腐蚀的存在而导致总费用的增量。间接损失则难以估计，主要包括由于腐蚀会带来停工、降低产品效率、产品的污染等并由此而产生的经济损失。其次是安全方面的损失，主要是因腐蚀造成的设备灾难性破坏事故所带来的人身伤亡与环境污染。从保护环境的角度来看，因为金属资源在全球的储量有限，金属腐蚀产生的浪费还伴随着这些金属构件生产制造中的能源和水的浪费。因此，研究金属的腐蚀与防护具有重要的意义。

### 7.9.1 金属的化学腐蚀

钢铁材料在空气中加热时，铁与空气中的氧气发生反应，在低于843K时，产物主要是$Fe_3O_4$，由于生成了致密的$Fe_3O_4$薄膜，可以阻止氧气与铁继续发生反应。在高于843K时，产物主要是FeO，由于FeO是一种较疏松的物质，于是，氧气与里层的铁能继续反应，从而使腐蚀进一步向深处发展。

不仅空气中的氧气会使铁在高温下氧化，高温下的$CO_2$、$H_2O$等也会使铁被氧化，反应如下：

$$Fe+CO_2 = FeO+CO$$
$$Fe+H_2O = FeO+H_2$$

而在常温常压下，这些反应不易发生。因为温度对化学反应的速率影响很大，温度越高，腐蚀速率越快。

高温下，除了铁容易被氧化外，同时还会发生脱碳现象。脱碳现象是指钢铁中的重要成分渗碳体与高温介质中的$O_2$、$CO_2$、$H_2O$和$H_2$发生反应而失去碳的现象。其反应如下：

$$Fe_3C+O_2 = 3Fe+CO_2$$
$$Fe_3C+CO_2 = 3Fe+2CO$$
$$Fe_3C+H_2O = 3Fe+CO+H_2$$

脱碳反应使钢铁结构的表面含碳量降低，其硬度和强度都显著下降，直接影响钢结构的使用寿命。

在高温高压的氢气中，碳钢和氢作用导致其机械强度大大降低，甚至破裂的过程称为氢蚀。例如石油裂解中的加氢和脱氢装置，由于与高温高压氢接触而发生氢蚀。其反应如下：

$$Fe_3C+2H_2 = 3Fe+CH_4$$

除气体化学腐蚀之外，还有溶液化学腐蚀，是指在非电解质溶液中发生的化学腐蚀。例如金属在某些有机液体（如苯、汽油）中的发生的腐蚀。

### 7.9.2 金属的电化学腐蚀

虽然金属与干燥气体或某些不电离液体发生化学作用而被腐蚀（属于化学腐蚀），但大部分的金属腐蚀现象是由电化学的原因所引起。化学腐蚀与电化学腐蚀的区别在于后者在进行过程中有电流产生。例如钢铁的生锈、锅炉壁和管道受锅炉水的腐蚀、船壳和码头台架在海水中的腐蚀、地下管道在土壤中的腐蚀、金属在溶盐中的腐蚀、铝锅装盐而穿孔。这些现象都是由于金属与电解质（水溶液或熔盐）接触，构成了一个腐蚀电池而引起的电化学腐蚀造成的。在腐蚀原电池中，把发生氧化反应的电极称为阳极，发生还原反应的电极称为阴极。例如铜板上有铁的铆钉（见图 7.21），暴露在潮湿的空气中，周围形成一个薄层水膜，就构成了一个腐蚀原电池，铁钉成为阳极，铜板为阴极。

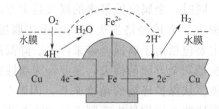

图 7.21　不同金属形成的腐蚀原电池示意图

金属的电化学腐蚀中，由于阴极反应不同，可以分为析氢腐蚀和吸氧腐蚀。

（1）析氢腐蚀

在钢铁表面吸附的水膜酸性较强时，如在含有较多 $CO_2$、$SO_2$ 等酸性气体的潮湿空气中，或在酸洗、油气田的压裂酸化中，就可能发生析氢腐蚀。该腐蚀原电池中，铁为阳极，钢中的石墨、硅、$Fe_3C$ 等杂质为阴极，其反应如下：

阳极：　　　$Fe \rightleftharpoons Fe^{2+} + 2e^-$　　　$Fe^{2+} + 2H_2O \rightleftharpoons Fe(OH)_2 + 2H^+$

阴极：　　　　　　　　　$2H^+ + 2e^- \rightleftharpoons H_2(g)$

电池反应：　　　　　　$Fe^{2+} + 2H_2O \rightleftharpoons Fe(OH)_2 + H_2(g)$

由于这类腐蚀过程中阳极发生腐蚀溶解的同时，阴极上有氢气析出，故称为析氢腐蚀。氢气在阴极上析出，实际上已构成一个氢电极，如果腐蚀要继续进行，则金属阳极的电极电势要比氢电极电势更负才行。这种腐蚀电池处于短路状态，外电阻极小，因而腐蚀反应不断地进行。进入水膜的 $Fe^{2+}$ 与 $OH^-$ 结合，反应生成的 $Fe(OH)_2$ 会进一步被空气中的氧气氧化成 $Fe(OH)_3$，$Fe(OH)_3$ 脱水生成 $Fe_2O_3 \cdot nH_2O$ 和 $Fe(OH)_3$ 是铁锈的主要成分，显棕色。

（2）吸氧腐蚀

在钢铁表面吸附的水膜酸性较弱或是中性溶液时，析氢腐蚀难以发生，则发生如下反应：

阳极：　　　　　　　　　$Fe \rightleftharpoons Fe^{2+} + 2e^-$

阴极：　　　　　　　　　$O_2 + 2H_2O + 4e^- \rightleftharpoons 4OH^-$

电池反应：　　　　　　$2Fe + 2H_2O + O_2 \rightleftharpoons 2Fe(OH)_2$

由于这类腐蚀过程中阴极吸收氧气，故称为吸氧腐蚀。阴极可以看成是氧电极，则发生吸氧腐蚀的必要条件是金属的电极电势比氧气的电极电势的电位低。由于 $O_2|OH^-$ 比 $H^+|H_2$ 的电极电势更正，$O_2$ 的氧化能力更强，故吸氧腐蚀比析氢腐蚀更容易进行，不管是在酸性、中性还是碱性溶液中，都能发生吸氧腐蚀。金属在发生析氢腐蚀的同时往往伴随着吸氧腐蚀。

（3）差异充气腐蚀

差异充气腐蚀是金属吸氧腐蚀的一种形式，它是由于在金属表面氧气分布不均匀而引起的。例如，半浸在海水中的金属，在金属浸入面处（图 7.22 中 $a$ 处），因氧的扩散途径短，故氧的浓度高，而在水的内部（图 7.22 中 $b$ 处），氧的扩散途径长，氧的浓度低。

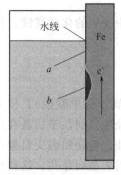

图 7.22　差异充气腐蚀

由能斯特方程可知：
$$O_2+2H_2O+4e^-=\!=\!=4OH^-$$
可得
$$E(O_2|OH^-)=E^{\ominus}(O_2|OH^-)+\frac{RT}{zF}\ln\frac{p(O_2)/p^{\ominus}}{\{b(OH^-)/b^{\ominus}\}^4}$$

由此可知，在 $O_2$ 浓度 [$p(O_2)$] 较大的部位，其相应的 $E(O_2|OH^-)$ 的代数值较大，$O_2$ 较易得电子；而在 $O_2$ 浓度较小部位，$E(O_2|OH^-)$ 的代数值较小，$O_2$ 较难得到电子。这样，就由于氧气浓度不同而形成了一个浓差电池。其中，氧气浓度大的部位（$a$ 处）为阴极，氧气浓度小的部位（$b$ 处）为阳极而遭到腐蚀。$b$ 处的金属被腐蚀以后，$O_2$ 的浓度会更小，腐蚀的深度加大。腐蚀过程的电极反应如下：

阴极（$O_2$ 浓度较大的部位）：$O_2+2H_2O+4e^-=\!=\!=4OH^-$

阳极（$O_2$ 浓度较小的部位）：$Fe=\!=\!=Fe^{2+}+2e^-$

差异充气腐蚀在生产生活中常常遇到，如金属裂缝深处的腐蚀，浸入水中的支架、埋入地里的铁柱和水封式储气柜的腐蚀，两个联结管的接触面处或螺纹联结处的腐蚀等。

### 7.9.3　金属腐蚀的防护

根据金属腐蚀的机理，可有以下防腐方法。

(1) 在金属表面形成保护层

在金属表面覆盖各种保护，把被保护金属与腐蚀性介质隔开，是防止金属腐蚀的有效方法。工业上普遍使用的保护层有非金属保护层和金属保护层两大类。它们是用化学方法、物理方法和电化学方法实现的。该法就是使金属表面形成转化层或加上一层坚固的保护层，达到隔离大气保护金属的目的。如对金属表面实施电镀、化学镀以及氧化、磷化处理等，可使金属表面覆盖一层耐腐蚀的保护层；也可以对金属表面氮化、渗铅、渗铬等使金属表面合金化；还可采用涂料保护法，即对金属涂防锈材料如油漆、防锈油脂、塑料、橡胶、搪瓷等。

① 金属的磷化处理　钢铁制品去油、除锈后，放入特定组成的磷酸盐溶液中浸泡，即可在金属表面形成一层不溶于水的磷酸盐薄膜，这种过程叫做磷化处理。磷化膜呈暗灰色至黑灰色，厚度一般为 $5\sim20\mu m$，在大气中有较好的耐腐蚀性。膜是微孔结构，对油漆等的吸附能力强，如用作油漆底层，耐腐蚀性可进一步提高。

② 金属的氧化处理　将钢铁制品加到 $NaOH$ 和 $NaNO_2$ 的混合溶液中，加热处理，其表面即可形成一层厚度约为 $0.5\sim1.5\mu m$ 的蓝色氧化膜（其外层主要是四氧化三铁，内层为氧化亚铁），以达到钢铁防腐蚀的目的，此过程称为发蓝处理，简称发蓝。这种氧化膜具有较大的弹性和润滑性，不影响零件的精度，故精密仪器和光学仪器的部件，弹簧钢、薄钢片、细钢丝等常用发蓝处理。

③ 非金属涂层　将非金属物质如油漆、搪瓷、玻璃、矿物性油脂等涂在被保护的金属表面形成保护层，使金属与腐蚀介质隔开，也可达到防腐蚀的目的，称为非金属涂层。例如，船身、车厢、水桶等常涂油漆，汽车外壳常喷漆，枪炮、机器常涂矿物性油脂等。用塑料（如聚乙烯、聚氯乙烯、聚氨酯等）喷涂金属表面，比喷漆效果更佳。塑料这种覆盖层致密光洁、色泽艳丽，兼具防腐蚀与装饰的双重功能。搪瓷是 $SiO_2$ 含量较高的玻璃瓷釉，有极好的耐腐蚀性能，因此作为耐腐蚀非金属涂层，广泛用于石油化工、医药、仪器等工业部门和日常生活用品中。

④ 金属镀层  一般采用电镀方法，将一种金属或合金镀在被保护的金属（如钢铁）表面上所形成的保护镀层，例如铁上镀锌（锌的电极电势低于铁）。金属镀层的形成，除电镀、化学镀外，还有热浸镀、热喷镀、渗镀、真空镀等方法。热浸镀是将金属制件浸入熔融的金属中以获得金属涂层的方法，作为浸涂层的金属是低熔点金属，如 Zn、Sn、Pb 和 Al 等。热镀锌主要用于钢管、钢板、钢带和钢丝，应用最广；热镀锡用于薄钢板和食品加工等贮存容器；热镀铅主要用于化工防腐蚀和包覆电缆；热镀铝则主要用于钢铁零件的抗高温氧化等。但若镀层不完整（有缺损）时，镀层与铁就构成自发的腐蚀电池。如镀锌时锌是负极，它因氧化而被腐蚀，而铁只传递电子给介质的 $H^+$，铁不被腐蚀。镀锡时铁是负极，若镀层有破损，则铁的腐蚀比不镀锡时还要快。因此金属表面保护层要求：涂层（镀层）致密、完整无孔，不透介质；与基体金属结合牢固，附着力强；硬度高，耐磨；在金属表面分布均匀。

⑤ 钝化膜处理  金属（或合金）因经过某种处理而使化学稳定性明显增强、能防止腐蚀的现象，叫做钝化。此时的金属处于钝态。金属可用两种方法进行处理使之钝化。一种方法是使用硝酸、浓硫酸、$K_2Cr_2O_7$、$KMnO_4$ 等氧化剂，在金属表面生成连续的氧化膜，完整地附着在金属表面，使金属完全与外界腐蚀介质隔绝，从而有效地抗御腐蚀，例如铁片在稀硝酸中很容易溶解，同时产生 NO 气体。在浓硝酸中泡过后处于钝态，再放到稀硝酸中就不再被溶解（不腐蚀）。钝化后的铁在铜盐溶液能将铜取代出来。金属变成钝态之后，其电极电势增大，甚至可以增大到贵金属（金、铂）的电极电势，因而能防止腐蚀。另一种方法是将金属浸入电解质溶液中（例如 Fe 置于 $0.5 mol \cdot dm^{-3}$ 的 $H_2SO_4$ 溶液中），用直流电源的正极接到金属上，使之成为阳极。直流电源的负极接到另一参比电极上。逐步使

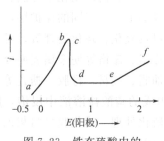

图 7.23  铁在硫酸中的阳极极化曲线

Fe(阳极)的电极电势升高，同时观察通过电解池的电流密度的变化，就可得到如图 7.23 所示的阳极极化曲线。极化开始之前，铁的静态电势约为 −0.25V。当铁的电极电势逐步升高时，其电流密度也随之增大（图 7.23 的 ab 段）。但当铁的电势超过约 0.5～0.6V 时（c 点），电流密度突然下降好几个数量级（d 点），此时虽然极化电势继续增大，而电流密度则一直维持在低值（de 段），直到电势超过约 1.5V 时，电流密度才重新增加（ef 段），此时铁上产生氧气。de 段就是铁处于稳定的钝态，此时的电流称为钝态电流，c 点所对应的电势称为钝化电势。

由此可见，用直流电源使待保护的金属作为阳极，并维持其电极电势在 de 的钝化区就能防止金属的腐蚀。在化肥厂的碳化塔上就常利用这种方法来防止碳化塔的腐蚀。

(2) 电化学保护法

电化学保护法是根据电化学原理在金属设备上采取措施，使之成为腐蚀电池中的阴极，从而防止或减轻金属腐蚀的方法。电化学保护法又可以分为以下几种。

① 牺牲阳极保护法  将电极电势较低的金属和被保护的金属连接，构成自发电池，电极电势低的金属将作为负极而溶解，而被保护的金属成了正极（它只传递电子给介质），就可避免腐蚀。例如海上航行的船舶，在船底四周镶嵌锌块，此时，船体是正极，受到保护，锌块是负极而受腐蚀。

② 阴极保护  将直流电源的负极接到被保护的金属上，正极接到石墨（或废铁），让腐蚀介质作为电解液，这样就构成一个电解池，被保护的金属成了阴极，石墨（或废铁）成了

阳极。例如埋在地下的管道,如图 7.24 所示,直流电源的负极接道上,正极接在不溶性的石墨上,让潮湿的土壤层作电解液。当直流电持续不通过时:

阴极　$2H^+ + 2e^- \rightleftharpoons H_2(g)$

阳极　$2OH^- \rightleftharpoons H_2O + O_2(g) + 2e^-$

使管道免受腐蚀的方法叫做阴极保护。如果阳极是废铁,则阳极反应是:$Fe \rightleftharpoons Fe^{2+} + 2e^-$

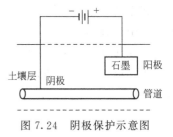

图 7.24　阴极保护示意图

③ 阳极保护法　所谓阳极保护法是指金属在电解质溶液中,给予一定量的阳极电流,使在金属表面形成一层耐腐蚀性能很高的钝化膜,然后再通以阳极电流维持这层钝化膜的存在,像这种防止金属在电解质溶液中腐蚀的手段,称为阳极保护。

(3) 缓蚀剂法

缓蚀剂是一种以适当的浓度和形式存在于环境(介质)中时,可以防止或减缓腐蚀的化学物质或几种化学物质的混合物。缓蚀剂又叫作阻蚀剂、阻化剂或腐蚀抑制剂等。它的用量很小(0.1%~1%),但效果显著。缓蚀效率愈大,抑制腐蚀的效果愈好。按缓蚀剂所形成保护膜的特征可分为以下三种。

① 氧化膜型缓蚀剂　通过使金属表面形成致密的、附着力强的氧化膜而阻滞金属腐蚀的物质。例如,铬酸盐、重铬酸盐、亚硝酸钠等。由于它们具有钝化作用,故又称为钝化剂。

② 沉淀膜型缓蚀剂　由于与介质中的有关离子反应并在金属表面生成有一定保护作用的膜,从而阻滞金属腐蚀的物质。例如在中性介质中的硫酸锌、聚磷酸钠、碳酸氢钙等。

③ 吸附膜型缓蚀剂　能吸附在金属表面形成吸附膜从而阻滞金属腐蚀的物质。例如酸性介质中的许多有机化合物。大多是含有 N、O、S 和叁键的化合物,如胺类、吡啶类、硫脲类、甲醛、咪唑啉类等。

亦可按缓蚀剂作用的电化学理论分为以下三种。

① 阳极型缓蚀剂　通过抑制腐蚀的阳极过程而阻滞金属腐蚀的物质。这种缓蚀剂通常是由其阴离子向金属表面的阳极区迁移,氧化金属使之钝化,从而阻滞阳极过程。例如,中性介质中的铬酸盐与亚硝酸盐。一些非氧化态的缓蚀剂,例如苯甲酸盐、正磷酸盐、硅酸盐等在中性介质中,只有与溶解氧并存,才起到阳极抑制剂的作用。

② 阴极型缓蚀剂　通过抑制腐蚀的阴极过程而阻滞金属腐蚀的物质。这种缓蚀剂通常是由其阳离子向金属表面的阴极区迁移,或者被阴极还原,或者与阴离子反应而形成沉淀膜,使阴极过程受到阻滞。例如 $ZnSO_4$、$Ca(HCO_3)_2$、$As^{3+}$、$Sb^{3+}$ 可以分别和 $OH^-$ 生成 $Zn(OH)_2$、$Ca(OH)_2$ 沉淀和被还原为 As、Sb 覆盖在阴极表面,以阻滞腐蚀。

③ 混合型缓蚀剂　这种缓蚀剂既可抑制阳极过程,又可抑制阴极过程。例如含氮和含硫的有机化合物。

缓蚀剂具有保护效果好、使用方便、用途广等优点。缓蚀剂保护亦有其局限性,如缓蚀剂对材料-环境体系有极强的针对性,要针对不同的体系通过实验室及现场的试验选择缓蚀剂的配方和有关参数;缓蚀剂一般只用在封闭和循环的体系中;缓蚀剂一般不适用于高温环境,大多数在 150℃ 以下使用;对于不允许污染的产品及生产介质的场合不宜采用,要考虑缓蚀剂对环境有无污染;在强腐蚀性的介质(如酸)中,不宜用缓蚀剂作长期保护。

缓蚀剂已在工业水、海水、酸、油脂、蒸汽冷凝管线、大气以及钢筋混凝土等环境中都有应用,可以保护各种与介质直接接触的材料、设备、管道、阀门、泵和仪表等。缓蚀剂还可以和涂料、电化学保护等联合使用。在石油、天然气开采领域也有大量的应用，如原油、天然气中含有 $H_2S$、$CO_2$、有机酸等造成采油采气的管道和设备的腐蚀，硫化氢中氢的存在使金属穿孔或形成层状剥落，更危险的是造成应力腐蚀破裂与氢损伤。抗硫化氢气体的缓蚀剂是研究最多的一类缓蚀剂，已有许多商品，如兰 4-A、咪唑啉、喹啉、1014、氧化松香胺等。

## 习 题

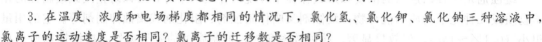
拓展例题

### 一、简答题

1. 金属和电解质溶液的导电本质有什么不同？
2. 阳极、阴极、正极、负极是怎样定义的？对应关系如何？
3. 在温度、浓度和电场梯度都相同的情况下，氯化氢、氯化钾、氯化钠三种溶液中，氯离子的运动速度是否相同？氯离子的迁移数是否相同？
4. 标准电极电势是否就等于电极与周围活度为 1 的电解质溶液之间的电势差？
5. 为什么标准电极电势的值有正有负？
6. 在电解池和原电池中，极化曲线有何异同点？
7. 为了防止铁生锈，分别电镀上一层锌和一层锡，两者防腐的效果是否一样？
8. 解释理论分解电压和实际分解电压，并简要说明其不一致的原因。
9. 电导率就是单位体积（$1m^3$）电解质溶液的电导吗？
10. 怎样求强电解质溶液和弱电解质溶液的极限摩尔电导率？
11. 可逆电池的条件是什么？举例说明。
12. 什么叫液体接界电势？产生的原因是什么？通常用什么消除？能否完全消除？
13. 电池电动势用什么方法测定？原电池电动势测定有哪些应用？
14. 什么叫极化？产生极化作用的原因主要有哪些？极化作用产生什么样的结果？
15. 金属的电化学腐蚀机理是什么？如何防护？

### 二、判断题（正确的画"√"，错误的画"×"）

1. 在氧化还原反应中，如果两个电对的电极电势相差越大，反应就进行得越快。（　）
2. 由于 $E^{\ominus}(Cu^+|Cu)=+0.52V$，$E^{\ominus}(I_2|I^-)=+0.536V$，故 $Cu^+$ 和 $I_2$ 不能发生氧化还原反应。（　）
3. 氢的电极电势是零。（　）
4. 计算在非标准状态下进行氧化还原反应的平衡常数，必须先算出非标准电动势。（　）
5. $FeCl_3$、$KMnO_4$ 和 $H_2O_2$ 是常见的氧化剂，当溶液中 $b(H^+)$ 增大时，它们的氧化能力都增加。（　）

### 三、选择题

1. 按物质导电方式的不同而提出的离子型导体，下述对它特点的描述，不正确的是（　）。
   A. 其电阻随温度的升高而增大　　B. 其电阻随温度的升高而减小
   C. 其导电的原因是离子的存在　　D. 当电流通过时在电极上有化学反应发生

2. 电解质溶液的摩尔电导率可看作是正负离子的摩尔电导率之和,这一规律只适用于(    )。
   A. 强电解质溶液　　　　　　　　　B. 弱电解质溶液
   C. 无限稀电解质溶液　　　　　　　D. 理想稀溶液

3. 使2000A的电流通过一个铜电解器,在1h内,能得到铜的质量是(    )。
   A. 10g　　　　B. 100g　　　　C. 500g　　　　D. 2369g

4. LiCl的极限摩尔电导率为$115.03\times10^{-4}$S·m²·mol⁻¹,在298K时,测得LiCl稀溶液中$Li^+$的迁移数为0.3364,则$Cl^-$的极限摩尔电导率$\Lambda_m^\infty(Cl^-)$为(    )。
   A. $76.33\times10^{-4}$S·m²·mol⁻¹　　　　B. $113.03\times10^{-4}$S·m²·mol⁻¹
   C. $38.70\times10^{-4}$S·m²·mol⁻¹　　　　D. $76.33\times10^{-4}$S·m²·mol⁻¹

5. 若向摩尔电导率为$1.4\times10^{-2}$S·m²·mol⁻¹的$CuSO_4$溶液中,加入1m³的纯水,这时$CuSO_4$摩尔电导率(    )。
   A. 降低　　　　B. 增高　　　　C. 不变　　　　D. 不能确定

6. 常用的甘汞电极的电极反应:$Hg_2Cl_2(s)+2e^-\rightleftharpoons 2Hg(l)+2Cl^-(aq)$。设饱和甘汞电极、1mol·kg⁻¹甘汞电极和0.1mol·kg⁻¹甘汞电极的电极电势相应为$E_1$、$E_2$、$E_3$,则298K时,三者之相对大小是(    )。
   A. $E_1>E_2>E_3$　　B. $E_1<E_2<E_3$　　C. $E_2>E_1>E_3$　　D. $E_3>E_1=E_2$

7. Ag棒插入$AgNO_3$溶液中,Zn棒插入$ZnCl_2$溶液中,用盐桥联成电池,其自发电池符号为(    )。
   A. $Ag(s)|AgNO_3(m_1)\|ZnCl_2(m_2)|Zn(s)$
   B. $Zn(s)|ZnCl_2(m_2)\|AgNO_3(m_1)|Ag(s)$
   C. $Ag(s)|AgNO_3(m_1)|ZnCl_2(m_2)|Zn(s)$
   D. $AgNO_3(m_1)|Ag(s)\|Zn(s)|ZnCl_2(m_2)$

8. 一个电池反应确定的电池,E值的正或负可以用来说明(    )。
   A. 电池是否可逆　　　　　　　　　B. 电池反应是否已达平衡
   C. 电池反应自发进行的方向　　　　D. 电池反应的限度

9. 通电于含有相同浓度的$Fe^{2+}$、$Ca^{2+}$、$Zn^{2+}$、$Cu^{2+}$的电解质溶液,已知$E^\ominus(Fe^{2+}|Fe)=-0.447V$,$E^\ominus(Ca^{2+}|Ca)=-2.868V$,$E^\ominus(Zn^{2+}|Zn)=-0.7618V$,$E^\ominus(Cu^{2+}|Cu)=0.3419V$,当不考虑超电势时,在电极上金属析出的次序是(    ):
   A. Cu→Fe→Zn→Ca　　　　　　　　B. Ca→Zn→Fe→Cu
   C. Ca→Fe→Zn→Cu　　　　　　　　D. Ca→Cu→Zn→Fe

10. 下列都是常见的氧化剂,其中氧化能力与溶液pH值的大小无关的是(    )。
    A. $K_2Cr_2O_7$　　B. $PbO_2$　　C. $O_2$　　D. $FeCl_3$

11. 使下列电极反应中有关离子浓度减小,而E值增加的是(    )。
    A. $Cu^{2+}+2e^-\rightleftharpoons Cu$　　　　B. $I_2+2e^-\rightleftharpoons 2I^-$
    C. $2H^++2e^-\rightleftharpoons H_2$　　　　D. $Fe^{3+}+e^-\rightleftharpoons Fe^{2+}$

12. 下列氧化还原电对中,$E^\ominus$值最大的是(    )。
    A. $Ag^+|Ag$　　B. $AgCl|Ag$　　C. $AgBr|Ag$　　D. $[Ag(NH_3)_2]^+|Ag$

13. 已知$E^\ominus(Zn^{2+}|Zn)=-0.76V$,原电池$Zn+2H^+(a\ mol\cdot kg^{-1})=Zn^{2+}(1\ mol\cdot kg^{-1})+H_2(100kPa)$的电动势为0.46V,则氢电极溶液中的pH值为(    )。
    A. 10.2　　　　B. 5.1　　　　C. 7.1　　　　D. 3.7

14. 现有原电池 $(-)Pt | Fe^{2+}, Fe^{3+} \| Ce^{4+}, Ce^{3+} | Pt(+)$，该原电池放电时所发生的反应是（    ）。

　　A. $Ce^{3+} + Fe^{3+} \rightleftharpoons Ce^{4+} + Fe^{2+}$　　　　B. $3Ce^{4+} + Ce \rightleftharpoons 4Ce^{3+}$

　　C. $Ce^{4+} + Fe^{2+} \rightleftharpoons Ce^{3+} + Fe^{3+}$　　　　D. $2Ce^{4+} + Fe \rightleftharpoons 2Ce^{3+} + Fe^{2+}$

15. 某氧化还原反应的标准吉布斯自由能变为 $\Delta_r G_m^\ominus$，平衡常数为 $K^\ominus$，标准电动势为 $E^\ominus$，则下列对 $\Delta_r G_m^\ominus$，$K^\ominus$，$E^\ominus$ 的值判断合理的一组是（    ）。

　　A. $\Delta_r G_m^\ominus < 0$，$E^\ominus > 0$，$K^\ominus < 1$　　　　B. $\Delta_r G_m^\ominus > 0$，$E^\ominus < 0$，$K^\ominus > 1$

　　C. $\Delta_r G_m^\ominus < 0$，$E^\ominus < 0$，$K^\ominus > 1$　　　　D. $\Delta_r G_m^\ominus > 0$，$E^\ominus < 0$，$K^\ominus < 1$

### 四、填空题

1. $CaCl_2$ 摩尔电导率与其离子的摩尔电导率的关系是_____。

2. 有下列四种溶液：A. $0.001 mol \cdot kg^{-1}$ KCl，B. $0.001 mol \cdot kg^{-1}$ KOH，C. $0.001 mol \cdot kg^{-1}$ HCl，D. $1.0 mol \cdot kg^{-1}$ KCl，其中摩尔电导率最大的是_____；最小的是_____。

3. 已知 $E^\ominus(Zn^{2+}|Zn) = -0.763V$，$E^\ominus(Fe^{2+}|Fe) = -0.440V$。这两电极组成自发电池时，$E^\ominus = $ _____V，当有 2 mol 电子的电量输出时，电池反应的 $K^\ominus = $ _____。

4. 将下列反应设计成电池的表示式为：

　　(1) $Hg_2^{2+} + SO_4^{2-} \longrightarrow Hg_2SO_4(s)$：_____

　　(2) $H_2(g) + PbSO_4(s) \longrightarrow Pb(s) + H_2SO_4(aq)$：_____

　　(3) $H^+(a_1) \longrightarrow H^+(a_2)$：_____

5. 将 Ag-AgCl 电极 $[E^\ominus(AgCl|Ag) = 0.2222V]$ 与标准氢电极 $[E^\ominus(H^+|H_2) = 0.000V]$ 组成原电池，该原电池的电池符号为_____；正极反应_____；负极反应_____；电池反应_____；电池反应的平衡常数为_____。

6. 电池 $(-)Cu|Cu^+ \| Cu^+, Cu^{2+}|Pt(+)$ 和 $(-)Cu|Cu^{2+} \| Cu^+, Cu^{2+}|Pt(+)$ 的反应均可写成 $Cu + Cu^{2+} \rightleftharpoons 2Cu^+$，则此二电池的 $\Delta_r G_m^\ominus$ _____，$E^\ominus$ _____，$K^\ominus$ _____（填"相同"或"不同"）。

7. 在 $Fe^{3+} + e^- \rightleftharpoons Fe^{2+}$ 电极反应中，加入 $Fe^{3+}$ 的配位剂 $F^-$，则使电极电势的数值_____；在 $Cu^{2+} + e^- \rightleftharpoons Cu^+$ 电极反应中，加入 $Cu^+$ 的沉淀剂 $I^-$ 可使其电极电势的数值_____。

8. 根据 $E^\ominus(PbO_2|PbSO_4) > E^\ominus(MnO_4^-|Mn^{2+}) > E^\ominus(Sn^{4+}|Sn^{2+})$，可以判断在组成电对的六种物质中，氧化性最强的是_____，还原性最强的是_____。

9. 反应 $2Fe^{3+}(aq) + Cu(s) \rightleftharpoons 2Fe^{2+} + Cu^{2+}(aq)$ 与 $Fe(s) + Cu^{2+}(aq) \rightleftharpoons Fe^{2+}(aq) + Cu(s)$ 均正向自发进行，在上述所有氧化剂中最强的是_____，还原剂中最强的是_____。

10. 已知 $E^\ominus(Fe^{3+}|Fe^{2+}) = 0.77V$，$[Fe(CN)_6]^{3-}$ 的稳定常数为 $1 \times 10^{42}$，$[Fe(CN)_6]^{4-}$ 的稳定常数为 $1 \times 10^{35}$。则 $E^\ominus[Fe(CN)_6^{3-}|Fe(CN)_6^{4-}]$ 值为_____V。

11. 已知 $[Ag(NH_3)_2]^+$：$K_稳 = 1.1 \times 10^7$；AgCl：$K_{sp}^\ominus = 1.8 \times 10^{-10}$，$Ag_2CrO_4$：$K_{sp}^\ominus = 2 \times 10^{-12}$。用"大于"或"小于"填写。(1) $E^\ominus[Ag(NH_3)_2^+|Ag]$ _____ $E^\ominus(Ag_2CrO_4|Ag)$；(2) $E^\ominus(Ag_2CrO_4|Ag)$ _____ $E^\ominus(AgCl|Ag)$。

12. 已知 $E^\ominus(Cu^{2+}|Cu) = 0.3419V$，$K_{sp}^\ominus[Cu(OH)_2] = 2.2 \times 10^{-20}$，则 $E^\ominus[Cu(OH)_2|Cu] = $

_____ V。

## 五、计算题

1. 用铂电极电解 $CuCl_2$ 溶液。通过的电流为 20A，经过 15min 后，问：(1) 在阴极上能析出多少质量的 Cu？(2) 在 27℃，100kPa 下阳极上能析出多少体积的 $Cl_2(g)$？

2. 已知 25℃时 $0.02mol \cdot kg^{-1}$ KCl 溶液的电导率为 $0.2768S \cdot m^{-1}$。一电导池中充以此溶液，在 25℃时测得其电阻为 453W。在同一电导池中装入同样体积的质量浓度为 $0.555mol \cdot kg^{-1}$ 的 $CaCl_2$ 溶液，测得电阻为 1050W。计算：(1) 电导池系数；(2) $CaCl_2$ 溶液的电导率；(3) $CaCl_2$ 溶液的摩尔电导率。

3. 25℃时水的电导率为 $5.5 \times 10^{-6} S \cdot m^{-1}$，密度为 $997.0 kg \cdot m^{-3}$。$H_2O$ 中存在下列平衡：$H_2O \rightleftharpoons H^+ + OH^-$，计算此时 $H_2O$ 的摩尔电导率、解离度和 $H^+$ 的浓度。已知：$\Lambda_m^\infty(H^+) = 349.65 \times 10^{-4} S \cdot m^2 \cdot mol^{-1}$，$\Lambda_m^\infty(OH^-) = 198.0 \times 10^{-4} S \cdot m^2 \cdot mol^{-1}$。

4. 用 Pb(s) 电极电解 $Pb(NO_3)_2$ 溶液。已知溶液浓度为 1g 水中含有 $Pb(NO_3)_2$ $1.66 \times 10^{-2}$ g。通电一定时间后，测得与电解池串联的银库仑计中有 0.1658g 的银沉积。阳极区的溶液质量为 62.50g，其中含有 $Pb(NO_3)_2$ 1.151g，计算 $Pb^{2+}$ 的迁移数。

5. 将下面的电池反应用电池符号表示之，并由电动势 E 和自由能变化值 $\Delta_r G_m$ 判断反应从左向右能否自发进行。已知 $E^\ominus(Cu^{2+}|Cu) = 0.3419V$，$E^\ominus(Cl_2|Cl^-) = 1.3583V$。

(1) $\frac{1}{2}Cu(s) + \frac{1}{2}Cl_2(100kPa) \rightleftharpoons \frac{1}{2}Cu^{2+}(1.0mol \cdot kg^{-1}) + Cl^-(1.0mol \cdot kg^{-1})$

(2) $Cu(s) + 2H^+(0.01mol \cdot kg^{-1}) \rightleftharpoons Cu^{2+}(0.1mol \cdot kg^{-1}) + H_2(90kPa)$

6. 甲烷燃烧过程可设计成燃料电池，当电解质微酸性溶液时，电极反应和电池反应分别为：

阳极：$CH_4(g) + 2H_2O(l) == CO_2(g) + 8H^+ + 8e^-$

阴极：$2O_2(g) + 8H^+ + 8e^- == 2H_2O(l)$

电池反应：$CH_4(g) + 2O_2(g) == CO_2(g) + 2H_2O(l)$

已知，25℃时有关物质的标准摩尔生成吉布斯函数 $\Delta_f G_m^\ominus$ 为：

| 物质 | $CH_4(g)$ | $CO_2(g)$ | $H_2O(l)$ |
|---|---|---|---|
| $\Delta_f G_m^\ominus / kJ \cdot mol^{-1}$ | -50.72 | -394.359 | -237.129 |

计算 25℃时该电池的标准电动势。

7. 已知 $H_3AsO_3 + H_2O \rightleftharpoons H_3AsO_4 + 2H^+ + 2e^-$ $E^\ominus = 0.559V$；$3I^- \rightleftharpoons I_3^- + 2e^-$，$E^\ominus = 0.535V$。

(1) 计算反应：$H_3AsO_3 + I_3^- + H_2O \rightleftharpoons H_3AsO_4 + 3I^- + 2H^+$ 的平衡常数；

(2) 若溶液的 pH=7，其它组分都处于标准态时，(1) 反应中 E=？

(3) 溶液中 $c(H^+) = 6.0 mol \cdot kg^{-1}$，(1) 中反应朝哪个方向自发进行？

8. 25℃时，电池 $Zn|ZnCl_2(0.555mol \cdot kg^{-1})|AgCl(s)|Ag$ 的电动势 E=1.015V。已知 $E^\ominus(Zn^{2+}|Zn) = -0.7620V$，$E^\ominus(Cl^-|AgCl|Ag) = 0.2222V$，电池电动势的温度系数为：$\left(\frac{dE}{dT}\right)_p = -4.02 \times 10^{-4} V \cdot K^{-1}$。

(1) 写出电池反应；(2) 计算反应的标准平衡常数 $K^\ominus$；(3) 计算电池反应的可逆热 $Q_{r,m}$。

9. 已知 $E^{\ominus}(Ag^+|Ag)=0.799V$，$Ag_2C_2O_4$ 的溶度积常数为 $3.5\times10^{-11}$。求电极反应：$Ag_2C_2O_4+2e^- \rightleftharpoons 2Ag+C_2O_4^{2-}$ 对应的 $E^{\ominus}(Ag_2C_2O_4/Ag)=?$

10. 已知 $E^{\ominus}(Au^+|Au)=1.69V$，$K_{稳}[Au(CN)_2^-]=2\times10^{38}$，试求 $E^{\ominus}[Au(CN)_2^-|Au]=?$

11. 在 298K 时，$Sn^{2+}$ 和 $Pb^{2+}$ 与其粉末金属平衡的溶液中 $b(Sn^{2+})/b(Pb^{2+})=2.98$，已知 $E^{\ominus}(Pb^{2+}|Pb)=-0.126V$，计算 $E^{\ominus}(Sn^{2+}|Sn)$。

12. 写出下列各电池的电池反应。应用附录八中的数据计算 25℃ 时各电池的电动势、各电池反应的摩尔 Gibbs 函数变及标准平衡常数，并指明的电池反应能否自发进行。

(1) $Pt|H_2(100kPa)|HCl(a=0.8)|Cl_2(100kPa)|Pt$

(2) $Zn|ZnCl_2(a=0.6)|AgCl(s)|Ag$

(3) $Cd|Cd^{2+}(a=0.01)\|Cl^-(a=0.5)|Cl_2(100kPa)|Pt$

13. 电池 $Pt|H_2(g,100kPa)|$ 待测 pH 的溶液 $\| 1mol\cdot kg^{-1} KCl|Hg_2Cl_2(s)|Hg$，在 25℃ 时测得电池电动势 $E=0.664V$，试计算待测溶液的 pH。

14. 将反应 $Ag(s)+1/2Cl_2(g)\rightleftharpoons AgCl(s)$ 设计成原电池，已知在 25℃ 时，$\Delta_f H_m^{\ominus}(AgCl,s)=-127.07kJ\cdot mol^{-1}$，$\Delta_f G_m^{\ominus}(AgCl,s)=-109.79kJ\cdot mol^{-1}$，标准电极电势 $E^{\ominus}(Ag^+|Ag)=0.7996V$，$E^{\ominus}[Cl_2(g)|Cl^-]=1.3583V$。(1) 写出电极反应和电池图示；(2) 求 25℃ 时电池可逆放电 $2F$ 电荷量时的热 $Q_r$；(3) 求 25℃ 时 AgCl 的溶度积。

15. 已知 25℃ 时，$H_2O(l)$ 的标准摩尔生成焓和标准摩尔生成吉布斯函数分别为 $-285.83kJ\cdot mol^{-1}$ 和 $-237.129kJ\cdot mol^{-1}$。计算：(1) 在氢-氧燃料电池中进行下列反应时电池的电动势及其温度系数，$H_2(g,100kPa)+\dfrac{1}{2}O_2(g,100kPa)\rightleftharpoons H_2O(l)$；(2) 应用附录的数据计算上述电池的电动势。

习题解答

# 第 8 章　化学动力学

内容提要

对于任何相变化和化学变化的研究，都面临两个基本问题：一是研究变化的可能性；二是研究变化的速率。研究变化的可能性主要是研究变化是否能够发生，进行的趋势和限度怎样？研究变化的速率即变化欲达到的目的需要多长时间，受什么因素影响，应如何控制等。前者是化学热力学的研究范围，后者是化学动力学的研究范围。在研究变化这一问题上，这两个方面缺一不可。例如，25℃时，有如下反应

$$H_2(g) + \frac{1}{2}O_2(g) =\!=\!= H_2O(l), \quad \Delta_r G_m^\ominus = -285.838 \text{kJ} \cdot \text{mol}^{-1}$$

$$2NO_2(g) =\!=\!= N_2O_4(g), \quad \Delta_r G_m^\ominus = -5.4 \text{kJ} \cdot \text{mol}^{-1}$$

从热力学的角度看，因为两个反应的 $\Delta G$ 均小于零，当参加反应的物质处在标准状态时都是可以自发进行的，而且第一个反应进行的趋势大于第二个反应。但是，将氢气和氧气放在一个容器内，好几年也看不出有生成水的痕迹，而第二个反应在常温下却进行得很快，即瞬间完成。可见化学热力学不能解决反应速率问题。一个反应的方向确定之后，就要利用动力学方法讨论如何使反应按照确定的反应方向，选择合适的反应条件以控制反应进行的快慢，这一点在实际的生产上具有重要意义，因为反应的快慢与生产直接有关。一个反应从热力学得出的结论是可能的，而从动力学上得出的结论是完成该反应所需时间很长，这样的反应在实际生产上就没有价值。因此化学动力学和化学热力学是研究一个反应的两个不同的方面，只有相互配合才能完整地解决问题。

化学动力学研究化学反应的速率和反应的机理以及温度、压力、催化剂、溶剂和光照等外界因素对反应速率的影响，把热力学的反应可能性变为现实性。化学反应的速率大小差别很大，有的反应速率很慢，如岩石的风化和地壳中的一些反应，人们很难觉察反应的进行；有的反应速率很快，如燃烧反应、爆炸反应等，瞬间即可完成；有的反应速率比较适中，反应在几十秒到几十天内可以完成。

通过化学动力学的研究，在理论上能够阐明化学反应的机理，使我们了解反应的具体过程和途径。在实际应用中，可以根据反应速率来估计反应进行到某种程度所需的时间，或某一反应时刻反应物或生成物的浓度，也可以根据影响反应速率的因素，通过控制相应的反应条件，使有利的反应更快，不利的反应尽可能地降低反应速率或者不反应。如在物质的分析与测试中，为了消除或减少干扰物质对结果的干扰，可以通过控制反应条件以达到目的。

## 8.1 化学反应的反应速率及速率方程

### 8.1.1 反应速率的定义

化学反应开始之后，反应物的数量（或浓度）不断降低，生成物的数量（或浓度）不断增加，反应物或生成物浓度随时间变化的曲线如图8.1所示。

化学反应速率通常是用单位时间单位体积内反应物物质的量的减少或生成物物质的量的增加来表示。

例如，对于恒容条件下任意化学反应 $0 = \sum_B \nu_B B$，可以用 $t_2 - t_1$ 时间间隔内，A物质浓度的减少或B物质浓度的增加来表示这一时间段内的平均反应速率：

$$\bar{v}_A = \frac{1}{V}\frac{dn_A}{dt} = -\frac{(c_2 - c_1)_A}{t_2 - t_1}$$

或

$$\bar{v}_B = \frac{1}{V}\frac{dn_B}{dt} = -\frac{(c_2 - c_1)_B}{t_2 - t_1}$$

由于反应物在反应中表现出浓度的减少，生成物表现出浓度的增加，为了保持反应速率为正值，所以用反应物表示反应速率时，往往在公式前添加一个负号。

由于在化学反应中，反应物的浓度随时都在变化，而且反应的每个时间点的反应速率均不相同，因此反应速率的最精确表示是用瞬时速率。为了求得瞬时速率，首先要根据实验测定结果绘出反应物的浓度随时间的变化曲线，如图8.2所示。例如要求某点的瞬时速率，可以通过某点绘出这条曲线的一条切线，切线斜率就是该点时的瞬时速率。即

$$-v = \frac{dc}{dt}$$

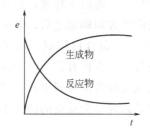

图8.1　反应物和生成物的浓度与时间的关系

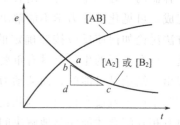

图8.2　反应物浓度随时间的变化曲线

对于某一个具体的化学反应来说，在指定时刻 $t$，用不同的反应物（或生成物）表示出反应速率，在数值上可能是不相同的，但它们之间存在一定的计量关系。以下列反应为例。

$$H_2 + I_2 \rightleftharpoons 2HI$$

反应速率可以用反应物浓度的减少率，即 $-\frac{dc_{H_2}}{dt}$ 和 $-\frac{dc_{I_2}}{dt}$ 表示，也可以用生成物浓度的增长率 $\frac{dc_{HI}}{dt}$ 来表示。根据反应的计量关系，当减少1mol $H_2$ 和1mol $I_2$ 时，就会生成2mol HI。因此HI分子增加的速率是 $H_2$ 或 $I_2$ 分子减少速率的两倍。即有如下定量关系

$$-\frac{dc_{H_2}}{dt} : -\frac{dc_{I_2}}{dt} : \frac{dc_{HI}}{dt} = 1:1:2$$

对于任一反应　　　　　　　　$aA+bB=hH+gG$

在恒容条件下，参加反应的各组分的反应速率为

$$v_A = -\frac{dc_A}{dt},\ v_B = -\frac{dc_B}{dt},\ v_H = \frac{dc_H}{dt},\ v_G = \frac{dc_G}{dt}$$

$\nu_B$ 为化学反应 $0=\sum_B \nu_B B$ 的化学计量数，于是：

$$\nu = \frac{1}{\nu_A}\frac{dc_A}{dt} = \frac{1}{\nu_B}\frac{dc_B}{dt} = \frac{1}{\nu_G}\frac{dc_G}{dt} = \frac{1}{\nu_H}\frac{dc_H}{dt}$$

因此，本书中规定化学反应速率的定义式，对于恒容反应（$V$ 为常数）如下：

$$\nu = \frac{1}{\nu_B}\frac{d}{dt}\left(\frac{dn_B}{V}\right) = \frac{1}{\nu_B}\frac{dc_B}{dt} \tag{8.1}$$

对于一反应，无论选择哪种物质的变化率来表示都可以，且数值相等。在本章讨论中，如无特别说明，均假定反应在恒容条件下进行。

在实际应用中，用哪种组分表示反应速率意义上都是一样的，但是原则上采用最容易测定的反应物或生成物的浓度变化来表示。

对于恒温、恒容气相反应，$\nu$ 和 $\nu_B$ 也可以分压作为浓度用相似的方式来定义。为了区别不同定义的反应速率可以用下标来表示。例如：

$$\nu_p = (1/\nu_B)(dp_B/dt) \quad (\text{恒容}) \tag{8.2}$$

以及　A 的消耗速率　　　　　$\nu_{p,A} = -dp_B/dt$

Z 的生成速率

$$\nu_{p,Z} = dp_B/dt$$

同样：

$$\nu_p = (1/\nu_A)(dp_B/dt) = (1/\nu_B)(dp_B/dt) = \cdots = (1/\nu_Y)(dp_B/dt) = (1/\nu_Z)(dp_B/dt)$$

因　　　　　　　　　　　　$p_B = n_B RT/V = c_B RT$

$$dp_B = RT dc_B$$

故有　　　　　　　　　　　　$\nu_p = \nu RT$ \hfill (8.3)

除了上述表示反应速率的方法之外，根据具体情况还有其它的表示方法。例如，对于在固体表面进行的气-固相反应，可以用单位固体表面上单位时间内生成物的物质的量的变化表示。即

$$\nu' = \frac{1}{S}\frac{dn_i}{dt}$$

式中，$S$ 表示固体的表面积。

也可以用固相的单位体积或单位质量上在单位时间内生成物物质的量的变化来表示。即

$$\nu'' = \frac{1}{V_a}\frac{dn_i}{dt}（\text{固相的单位体积表示}）;\quad \nu''' = \frac{1}{m}\frac{dn_i}{dt}（\text{固相的单位质量表示}）$$

式中，$V_a$ 和 $m$ 分别代表固体的体积和质量。

## 8.1.2　基元反应和非基元反应

绝大多数计量反应并非由反应物的原子进行重排一步转化为产物，而是经由一系列原子

或分子水平上的作用完成。反应中产生的活泼组分最终完全被消耗掉，从而不出现在反应计量式中。这种分子水平上的作用称为基元反应（或基元过程）。

化学动力学上，把化学反应中的每一个步骤称为基元反应。由一个基元反应组成，也就是一步完成的化学反应，称为简单反应。由两个或两个以上的基元反应构成的化学反应，称为复杂反应，也称非基元反应。

反应分子数是指基元反应中同时参加反应的分子的数目。例如：

$$CH_3CH_2Cl \longrightarrow CH_2=CH_2 + HCl \quad 单分子反应$$

$$CH_3CH_2OH + CH_3COOH \longrightarrow CH_3COOC_2H_5 + H_2O \quad 双分子反应$$

$$2NO + O_2 \longrightarrow 2NO_2 \quad 三分子反应$$

大多数基元反应是双分子或单分子反应，只有少数几个是三分子反应，三分子以上的反应并未发现，因为三个以上的分子同时碰撞在一起的概率是很小的。因此，如果在反应式中反应物的系数总和大于3，这个反应就很可能是由若干个基元反应组成的复杂反应。例如：

$$H_2O_2 + 2I^- + 2H^+ \longrightarrow I_2 + 2H_2O$$

动力学研究结果表明，这个反应的机理（指的是反应由几个基元反应构成的）如下：

第一步：$H_2O_2 + I^- \longrightarrow IO^- + H_2O$（慢）

第二步：$IO^- + H^+ \longrightarrow HIO$（快）

第三步：$HIO + I^- + H^+ \longrightarrow I_2 + H_2O$（快）

因此，它是一个由三个基元反应组成的复杂反应。显然这个反应的速率决定于第一步的基元反应。

基元反应为组成一切化学反应的基本单元。所谓一个反应的反应机理（或反应历程）一般是指该反应进行过程中所涉及的所有的基元反应。例如上述三个反应就构成了反应 $H_2O_2 + 2I^- + 2H^+ \longrightarrow I_2 + 2H_2O$ 的反应机理。

一个化学反应的反应机理不必要列出所有的基元反应。因为某些基元反应对总反应的贡献很小，忽略他们不会导致明显的误差；但同时机理又必须包含足以描述总反应动力学特征的基元反应。

除非特别说明，化学反应方程一般都属于化学计量方程，而不代表基元反应。例如：

$$N_2 + 3H_2 \rightleftharpoons 2NH_3$$

就是化学计量方程，它只说明参加反应的各个组分在反应过程中的数量之比符合该化学计量式中的比例关系，并不能说明一个 $N_2$ 分子和三个 $H_2$ 分子相碰撞直接生成两个 $NH_3$ 分子。

## 8.1.3 基元反应的速率方程——质量作用定律

对于基元反应：

$$aA + bB + \cdots \longrightarrow 产物$$

其反应速率可表示为：

$$-\frac{dc_A}{dt} = kc_A^a \cdot c_B^b \cdots \tag{8.4}$$

基元反应的反应速率与各反应物浓度的系数次方的乘积成正比，其中反应物浓度的方次等于基元反应方程中相应组分的系数。

这种表示反应速率与浓度间关系的式子称为反应的速率方程，其中 $k$ 在数值上等于反应物的浓度均为单位浓度时的速率，称为反应速率常数。温度一定，反应速率常数为一定值，与反应物的浓度无关。但要注意，反应物浓度或时间的单位不同，$k$ 值亦不同。例如浓度用单位体积的物质的量时，$k$ 值就与用单位体积分子数时的不一样。对于指定的反应来说，$k$ 值取决于温度、催化剂和溶剂性质等因素。

式(8.4)中，各浓度项方次的总和称为反应级数。例如上述反应物的浓度的方次的总和"$a+b=n$"，则该反应为 $n$ 级反应，这里 $a$ 和 $b$ 称为反应物 A 和 B 的分反应级数。

反应级数和反应分子数是从不同角度出发的两种分类方法。基元反应的反应级数和反应分子数一般是一致的，但有时也不一致。对指定的某反应，反应分子数是一个固定的数值，但反应级数可以随反应条件不同而异。例如

$$A + B \longrightarrow 产物$$

$$-\frac{dc_A}{dt} = k c_A c_B$$

这是双分子反应，也是二级反应。但如果 $c_B \gg c_A$，即使物质 A 的浓度已有很大的变化，由于 B 所占分量很大，B 的浓度几乎没有变化，因此可将 $c_B$ 看作常数而并入 $k$ 中，上式可改写成为

$$-\frac{dc_A}{dt} = k_1 c_A$$

则此反应就称为一级反应，或称假一级反应。此外有零级化学反应，但没有零分子反应。

### 8.1.4 化学反应速率方程的一般形式和反应级数

对于非基元反应，计量反应的速率方程不能由质量作用定律给出，而必须是符合实验数据的经验表达式，该表达式可以采取任何形式。

对于化学计量反应

$$a A + b B + \cdots \longrightarrow \cdots + y Y + z Z$$

对于非基元反应的速率方程，可以根据实验测定结果确定反应级数。例如测得反应速率与反应物如 A、B 的浓度关系为

$$-\frac{dc_A}{dt} = k_1 c_A^{n_A} \cdot c_B^{n_B} \cdots \tag{8.5}$$

式中，$n_A$ 和 $n_B$（一般不等于各组分的化学计量数）分别称为反应物 A 和 B 的反应分级数，量纲为一。而反应的总级数（也称反应级数）$n$ 为反应物各组分反应分级数之和。

$$n = n_A + n_B + \cdots$$

通过实验测得反应级数，有助于探讨反应机理。此外，虽然质量作用定律不适用于复杂反应，但是若已知反应机理，可将质量作用定律分别应用于复杂反应中的每个基元反应，由此而推得的各个速率方程，也可以推出这个复杂反应的速率方程。与基元反应不同，复杂反应的反应级数也比较复杂，可以是整数，也可以是分数，例如，1 级、1.5 级等。

反应级数的大小表示浓度对反应速率影响的程度，级数越大，则反应速率受浓度影响越明显。国际单位中，反应速率常数的单位为 $(mol \cdot m^{-3})^{1-n} \cdot s^{-1}$，与反应级数有关。

根据式(8.1)，如果用化学反应中不同物质的消耗速率或生成速率来表示反应的速率，则各速率常数与计量系数的绝对值及反应的速率常数存在以下关系

$$\frac{k_A}{|v_A|} = \frac{k_B}{|v_B|} = \cdots = \frac{k_X}{|v_X|} = \frac{k_Y}{|v_Y|} = k \tag{8.6}$$

如无特别注明，$k$ 表示反应的速率常数。

### 8.1.5 用气体组分的分压表示的速率方程

对于有气体组分参加的化学反应 $[\Sigma v_B(g) \neq 0]$，在恒温恒容下，随反应的进行，系统的压力随之变化，这时只要测定系统的总压随时间的变化，即可得知反应进程。对于反应

$$aA \longrightarrow 产物$$

若反应级数为 $n$，则 A 的消耗速率为

$$-dc_A/dt = k_A c_A^n$$

基于分压，A 的消耗速率为

$$-dp_A/dt = k_{p,A} p_A^n$$

式中，$k_{p,A}$ 是基于分压的速率常数，$Pa^{1-n} \cdot s^{-1}$。
代入 $p_A = c_A RT$ 即可得到 $k_{p,A}$ 与 $k_A$ 之间的关系式

$$k_A = k_{p,A}(RT)^{n-1} \tag{8.7}$$

由此可见，在 $T$、$V$ 一定时，可用 $dc_A/dt$ 和 $dp_A/dt$ 来表示气相反应的速率，两者的速率常数存在上述的关系。

### 8.1.6 反应速率的测定

反应速率的测定大致可利用两类方法进行。

① 化学法　当反应进行到一定时间后，将容器突然冷却，使反应暂时停止进行，取出部分样品后，用定量法测其浓度。这类方法的优点是设备简单，缺点是费时较多，操作不便。

② 物理法　此法是利用反应物或生成物的某一物理性质如压力、容积、颜色、旋光度、电导率、折射率等随生成物或反应物浓度的改变而改变的关系进行测定。此法的优点是迅速和简便，可以不中止反应而在反应容器中连续测定，便于自动记录。缺点是设备比较贵重。

由于温度对反应速率的影响很大，因而测定反应速率的实验应在恒温下进行。

## 8.2 速率方程的积分形式

### 8.2.1 零级反应

反应速率受其它因素影响而与反应物浓度的零次方成正比时，这类反应称零级反应。很明显，浓度的零次方等于1，故反应速率与浓度无关。某些固体表面的反应及光化学反应等均属于零级反应。零级反应的速率方程为：

$$-\frac{dc_A}{dt} = k_0 \tag{8.8}$$

将上式移项积分得

$$-\int_{c_{A,0}}^{c_A} dc_A = \int_0^t k_0 dt$$

$$c_A - c_{A_0} = -k_0 t \tag{8.9}$$

式中，$c_{A,0}$ 为反应物起始浓度；$c_A$ 为时间 $t$ 时，反应物的浓度。

如以 $c_A$ 对 $t$ 作图，可得一直线，这是零级反应的一个特征。从直线斜率可求得 $k_0$，若

以 $c_A = c_{A,0}/2$ 代入式(8.9) 可求出半衰期。所谓半衰期就是原有物质有一半发生反应所需要的时间,用符号 $t_{1/2}$ 表示,这时 $c_A = c_{A,0}/2$。即

$$t_{1/2} = \frac{c_{A,0}}{2k_0} \tag{8.10}$$

可见,零级反应的半衰期与反应物的起始浓度成正比。

## 8.2.2 一级反应

反应速率只与反应物浓度的一次方成正比的反应称为一级反应。如放射性元素的蜕变,

$$^{226}_{88}Ra \longrightarrow ^{222}_{86}Rn + ^{4}_{2}He$$

常见的分解反应,如

$$N_2O_5 \longrightarrow N_2O_4 + \frac{1}{2}O_2, \quad I_2 \longrightarrow 2I$$

对于一级反应

$$aA \longrightarrow 产物$$

其速率方程均为

$$-\frac{dc_A}{dt} = k_1 c_A \tag{8.11}$$

式中,$t$ 是时间;$k_1$ 是一级反应的速率常数。

将上式作定积分可得到反应时间与反应物浓度的关系,即

$$\ln \frac{c_A}{c_{A,0}} = -k_1 t \tag{8.12}$$

或

$$c_A = c_{A,0} e^{-k_1 t} \tag{8.13}$$

式(8.12) 表明 $k_1$ 值的单位与所采用的时间单位有关,若时间的单位为 min,则 $k_1$ 的单位为 $\min^{-1}$,此式可用于求速率常数 $k_1$,也可用于求反应经过 $t$ 时间后反应物的浓度。

对 (8.11) 不定积分,可得:

$$\ln c_A = -k_1 t + 常数 \tag{8.14}$$

$\ln c_A$ 对 $t$ 的图应得到一条直线,这是一级反应的特征之一。这条直线的斜率是 $-k_1$。

反应速率也可用另一种方程式表示:

设某一时刻反应物 A 反应掉的分数称为该时刻 A 的转化率为,并定义为: $x_A \stackrel{\text{def}}{=\!=} \frac{c_{A,0} - c_A}{c_{A,0}}$,代入式(8.13),可得

$$\ln \frac{1}{1 - x_A} = k_1 t \tag{8.15}$$

一级反应的另一个重要特性是半衰期与原料的起始浓度无关,取决于反应速率常数 $k_1$。

改写式(8.12),并将 $c_A = c_{A,0}/2$ 代入式中,得

$$t_{1/2} = \frac{1}{k_1} \ln \frac{c_{A,0}}{c_{A,0}/2} = \frac{\ln 2}{k_1} = \frac{0.693}{k_1} \tag{8.16}$$

式(8.16) 表明,一级反应的半衰期与反应的速率常数成反比,而与反应物的起始浓度无关。也就是说,不管反应物的起始浓度是多少,半衰期总是一样的。利用这一特征可以判别反应是不是一级反应。

半衰期的意义:对不同的一级反应来说 $t_{1/2} \propto k_1^{-1}$,故也可以用 $t_{1/2}$ 来表示反应的快慢。

在实际应用中我们可以用 $t_{1/3}$（$t_{1/4}$）来表示反应物浓度降低到 $1/3c_0$（$1/4c_0$）时所需的时间。

**【例 8.1】** 原子量为 210 的钋同位素，进行 β 放射，经 14d 后，同位素的活性降低 6.85%（即放射转化掉的量）。试求此同位素的蜕变速率常数 $k_1$ 和半衰期 $t_{1/2}$，并计算经过多长时间才分解 90.0%。

**解**：设反应开始时物质的量为 $c_{A,0}=100\%$，14d 后剩余的量为
$$c_A = c_{A,0} - 6.85\% = 93.15\%$$

代入式(8.15)，得
$$\ln\frac{100}{93.15} = k_1 \times 14$$

所以 $k_1 = 0.00507 \mathrm{d}^{-1}$

将 $k_1 = 0.00507 \mathrm{d}^{-1}$ 代入式(8.16) 得
$$t_{1/2} = \frac{\ln 2}{k_1} = \frac{0.693}{0.00507} = 137\mathrm{d}$$

若有 90.00% 的钋分解，则 $c_A = c_{A,0} - 90.0\% = 10.0\%$

设这个过程所需的时间为 $t_x$，代入公式(8.13) 得
$$\ln\frac{100}{10} = 0.00507 t_x$$

所以
$$t_x = 454\mathrm{d}$$

## 8.2.3 二级反应

反应的速率与浓度的二次方成正比的反应称为二级反应。二级反应是最为常见，例如乙烯、丙烯、异丁烯的二聚作用，NaCl 的分解，乙酸乙酯的皂化反应，碘化氢、甲醛的热分解等都是二级反应。二级反应的形式通常表现为

$$A + B \longrightarrow C + \cdots \quad (1)$$
$$2A \longrightarrow C + \cdots \quad (2)$$

本书只讨论第（2）种情况和两反应物初始浓度相同的简单情况，即原料为单一组分，或原料中反应物起始浓度之比符合化学计量比。其速率方程为

$$-\frac{\mathrm{d}c_A}{\mathrm{d}t} = k_2 c_A c_B = k_2 c_A^2 \tag{8.17}$$

移项积分得
$$\frac{1}{c_A} = k_2 t + 常数$$

因反应开始时 $t=0$，反应物初始浓度为 $c_{A,0}$，求出常数等于 $1/c_{A,0}$，于是

$$\frac{1}{c_A} - \frac{1}{c_{A,0}} = k_2 t \tag{8.18}$$

由式(8.18) 可以看出，若用 $1/c_A$ 对 $t$ 作图，则可得一直线，直线的斜率为速率常数 $k_2$，这是二级反应的特征之一，也是求速率常数 $k_2$ 和判定反应是不是二级反应的一种方法。

当反应物有一半发生反应时，即以 $c_A = c_{A,0}/2$ 代入上式，得

$$t_{1/2} = \frac{1}{k_2 c_{A,0}} \tag{8.19}$$

式(8.19)表明,二级反应的半衰期与反应物的起始浓度 $c_{A,0}$ 成反比,这是二级反应的又一特征。

**【例 8.2】** 400K 时,在一恒容的抽空容器中,按化学计量比引入反应物 A(g) 和 B(g),进行如下气相反应:

$$A(g) + 2B(g) \longrightarrow Z(g)$$

测得反应开始时,容器内总压为 3.36kPa,反应进行 1000s 后总压降至 2.12kPa。已知 A(g)、B(g) 的分反应级数分别为 0.5 和 1.5,求速率常数 $k_{p,A}$、$k_A$ 及半衰期 $t_{1/2}$。

**解:** 以反应物 A 表示的速率方程为

$$-\frac{dp_A}{dt} = k_{p,A} p_A^{0.5} p_B^{1.5}$$

$$n_{B,0} = 2n_{A,0} \Rightarrow p_{B,0} = 2p_{A,0} \Rightarrow p_B = 2p_A$$

于是

$$-\frac{dp_A}{dt} = k_{p,A} p_A^{0.5} (2p_A)^{1.5} = 2^{1.5} k_{p,A} p_A^2 = k'_{p,A} p_A^2$$

积分得:

$$\frac{1}{p_A} - \frac{1}{p_{A,0}} = k'_{p,A} t$$

以 $p_0$ 代表 $t=0$ 时的总压,$p_t$ 代表任意时刻 $t$ 时的总压,则不同时刻各组成的分压及总压如下:

|   | A(g) | + | 2B(g) | ⟶ | Z(g) |   |
|---|---|---|---|---|---|---|
| $t=0$ | $p_{A,0}$ |  | $p_{B,0}$ |  | 0 | $p_0 = 3p_{A,0}$ |
| $t=t$ | $p_A$ |  | $2p_A$ |  | $p_{A,0} - p_A$ | $p_t = 2p_A + p_{A,0}$ |

于是求得 $p_{A,0} = p_0/3 = 1.12 \text{kPa}$

因此 $k'_{p,A} = \frac{1}{t}\left(\frac{1}{p_A} - \frac{1}{p_{A,0}}\right) = \frac{1}{1000}\left(\frac{1}{0.5\text{kPa}} - \frac{1}{1.12\text{kPa}}\right) = 1.107 \times 10^{-3} \text{kPa}^{-1} \cdot \text{s}^{-1}$

$$k_{p,A} = \frac{k'_{p,A}}{2^{1.5}} = 3.914 \times 10^{-4} \text{kPa}^{-1} \cdot \text{s}^{-1}$$

根据式(8.7) $k_A = k_{p,A} \cdot (RT)^{n-1}$,基于浓度表示的反应速率常数为:

$k_A = k_{p,A}(RT)^{n-1} = 3.914 \times 10^{-4} \text{kPa}^{-1} \cdot \text{s}^{-1} \times 8.314 \text{J} \cdot \text{mol}^{-1} \cdot \text{K}^{-1} \times 400\text{K}$

$= 1.302 \text{dm}^3 \cdot \text{mol}^{-1} \cdot \text{s}^{-1}$

$$t_{1/2} = \frac{1}{k'_{p,A} p_{A,0}} = 807\text{s}$$

### 8.2.4 三级反应

反应速率与浓度的三次方成正比的反应称为三级反应。三级反应有如下几种形式:

$$A + B + C \longrightarrow 生成物 \tag{1}$$

$$2A + B \longrightarrow 生成物 \tag{2}$$

$$3A \longrightarrow 生成物 \tag{3}$$

三级反应为数不多,目前在气相反应中被人们了解的三级反应仅有 5 个,且都与 NO 有关。这 5 个反应是:

$$2NO + H_2 \longrightarrow N_2O + H_2O$$

$$2NO + O_2 \longrightarrow 2NO_2$$

$$2NO + Cl_2 \longrightarrow 2NOCl$$

$$2NO + Br_2 \longrightarrow 2NOBr$$
$$2NO + D_2 \longrightarrow N_2O + D_2O$$

三级反应的速率方程随反应物初始浓度的不同表现的形式也各不相同，为简化起见，本书只讨论初始浓度相同和只有一种反应物的情况。其速率方程为

$$-\frac{dc_A}{dt} = k_3 c_A c_B c_C = k_3 c_A^3 \tag{8.20}$$

移项积分得

$$\frac{1}{2c_A^2} = k_3 t + 常数 \tag{8.21}$$

因反应开始时 $t=0$，$c_A = c_{A,0}$，求出常数等于 $1/2c_{A,0}^2$，于是

$$k_3 t = \frac{1}{2}\left(\frac{1}{c_A^2} - \frac{1}{c_{A,0}^2}\right) \tag{8.22}$$

由式(8.21)可以看出，若以 $1/c_A^2$ 对 $t$ 作图，则可得一直线，直线的斜率为 $2k_3$。
另一个特征是三级反应的半衰期，即 $c_A = c_{A,0}/2$ 时代入式(8.22)，得

$$t_{1/2} = \frac{3}{2k_3 c_{A,0}^2} \tag{8.23}$$

### 8.2.5 n 级反应

反应速率与浓度的 $n$ 次方成正比的反应称为 $n$ 级反应。在 $n$ 级反应的诸多形式中，只考虑最简单的情况：

$$-\frac{dc_A}{dt} = k_n c_A^n \tag{8.24}$$

此式应用于：① 只有一种反应物的反应：$aA \longrightarrow$ 产物
② 反应物浓度符合反应物系数比的反应：$aA + bB + \cdots \longrightarrow$ 产物
方程式中反应级数可以是除 1 以外的整数 0，2，3 等，也可以是分数 1/2，1/3 等。
对 (8.24) 积分可得

$$-\int_{c_{A,0}}^{c_A} \frac{dc_A}{c_A^n} = k_n \int_0^t dt$$

$$\frac{1}{n-1}\left(\frac{1}{c_A^{n-1}} - \frac{1}{c_{A,0}^{n-1}}\right) = k_n t \tag{8.25}$$

$k$ 的单位为 $(mol \cdot m^{-3})^{1-n} \cdot s^{-1}$。$\frac{1}{c_A^{n-1}} \sim t$ 呈直线关系。
将 $c_A = c_{A,0}/2$ 代入式(8.25)。可得半衰期：

$$t_{1/2} = \frac{2^{n-1} - 1}{(n-1)k_n c_{A,0}^{n-1}} \quad (n \neq 1) \tag{8.26}$$

可见，$n$ 级反应的半衰期与 $c_{A,0}^{n-1}$ 成反比。
除上述的零级、一级、二级、三级和 $n$ 级反应之外，还有些反应是非整级反应，如 1/2 级或 3/2 级等，这里不再详细讨论了。简单级数反应的动力学方程归纳如表 8.1 所列。

表 8.1　几种不同级数反应的动力学方程

| 级数 | 速率方程 | | | 特征 | | |
| --- | --- | --- | --- | --- | --- | --- |
| | 微分式 | 积分式 | $t_{1/2}$ | | 直线关系 | $k$ 的量纲 $[k]$ |
| 0 | $-\dfrac{dc_A}{dt}=k_0$ | $c_A-c_{A,0}=-k_0 t$ | $\dfrac{c_{A,0}}{2k_0}$ | | $c_A \sim t$ | (浓度)·(时间)$^{-1}$ |
| 1 | $-\dfrac{dc_A}{dt}=k_1 c_A$ | $\ln\dfrac{c_{A,0}}{c_A}=k_1 t$ | $\dfrac{\ln 2}{k_1}$ | | $\ln c_A \sim t$ | (时间)$^{-1}$ |
| 2 | $-\dfrac{dc_A}{dt}=k_1 c_A^2$ | $\dfrac{1}{c_A}-\dfrac{1}{c_{A,0}}=k_2 t$ | $\dfrac{1}{k_2 c_{A,0}}$ | | $1/c_A \sim t$ | (浓度)$^{-1}$·(时间)$^{-1}$ |
| $n$ | $-\dfrac{dc_A}{dt}=k_1 c_A^n$ | $\dfrac{1}{(n-1)}\left(\dfrac{1}{c_A^{n-1}}-\dfrac{1}{c_{A,0}^{n-1}}\right)=k_n t$ | $\dfrac{2^{n-1}-1}{(n-1)k_n c_{A,0}^{n-1}}$ | | $1/c_A^{n-1} \sim t$ | (浓度)$^{1-n}$·(时间)$^{-1}$ |

## 8.3　速率方程的确定

动力学实验通常测定反应组分的浓度（分压）随时间的变化。确定速率方程就是要确定反应速率对组分浓度的依赖关系，而这种依赖关系很复杂。本章只讨论速率方程为：

$$v=-\frac{1}{a}\frac{dc_A}{dt}=kc_A^{n_A}c_B^{n_B}\cdots$$

的情况。首先研究 $v=kc_A^n$，对于一般的情况，实验上采取初始速率法及隔离法将其转化为最简单的形式加以研究。为确定反应级数，需要有一定温度下不同时刻的反应物浓度的数据。测定不同时刻反应物浓度的方法分为化学法和物理法。常见的确定反应级数的方法有三类。

### 8.3.1　微分法

根据速率方程的微分式来确定反应级数的方法称为微分法。对简单级数反应：

$$nA \longrightarrow 产物$$

其微分式为：

$$v=-\frac{dc_A}{dt}=kc_A^n$$

如图 8.3 所示，测定不同时间的反应物浓度，作浓度 $c_A$ 对时间 $t$ 的曲线，在曲线上任何一点切线的斜率即为该时间下反应的瞬时速率 $v$。将上式取对数，得

$$\lg v=\lg k+n\lg c_A$$

以 $\lg v$ 对 $\lg c_A$ 作图，应得一条直线，其斜率就是反应级数 $n$，其截距即为 $\lg k$，可求得 $k$。

若在 $c \sim t$ 曲线上任取两个点，由积分式可得：

$$\lg v_1=\lg k+n\lg c_{A,1}$$

$$\lg v_2=\lg k+n\lg c_{A,2}$$

两式相减，得反应级数为：

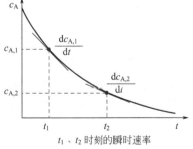

$t_1$、$t_2$ 时刻的瞬时速率

图 8.3　反应时间（$t$）与反应物浓度（$c_A$）关系

$$n = \frac{\lg v_1 - \lg v_2}{\lg c_1 - \lg c_2} \tag{8.27}$$

微分法的优点是既适用于整数级反应,也适用于分数级反应。

## 8.3.2 积分法

根据速率方程的积分式来确定反应级数的方法称为积分法。该法又可分为尝试法和作图法两种。

(1) 尝试法

将不同时间测出的反应物或产物浓度的数据分别代入各反应级数的积分式中,如果计算出不同时间的速率常数值近似相等,则该式的级数即为反应级数。

【例 8.3】 已知反应:
$$N(CH_3)_3(A) + CH_3CH_2CH_2Br(B) \longrightarrow (CH_3)_3(CH_3CH_2CH_2)N + Br$$

反应物 A、B 的起始浓度均为 $0.1\,mol \cdot dm^{-3}$,在不同反应时间,A 的转化率 $x$ 如下表所示:

| $t/s$ | 780 | 2024 | 3540 | 7200 |
|---|---|---|---|---|
| $x$ | 0.112 | 0.257 | 0.367 | 0.552 |

试用积分法确定反应的级数和速率常数。

**解**:因为 $x = \dfrac{c_{A,0} - c_A}{c_{A,0}}$,所以 $c_A = c_{A,0}(1-x)$

若代入零级反应速率方程的积分式中,得 $k_0 = \dfrac{c_{A,0}}{t} x$

若代入一级反应速率方程的积分式中,得
$$k_1 = \frac{1}{t} \ln \frac{c_{A,0}}{c_A} = \frac{1}{t} \ln \frac{1}{1-x}$$

若代入二级反应速率方程的积分式中,得
$$k_2 = \frac{1}{t}\left(\frac{1}{c_A} - \frac{1}{c_{A,0}}\right) = \frac{1}{t c_{A,0}} \frac{x}{1-x}$$

将不同时间的转化率分别代入上两式,求得速率常数列于下表:

| $t/s$ | 780 | 2024 | 3540 | 7200 |
|---|---|---|---|---|
| $10^5 k_0 / mol \cdot dm^{-3} \cdot s^{-1}$ | 1.44 | 1.27 | 1.04 | 0.77 |
| $k_1/10^4 s^{-1}$ | 1.52 | 1.46 | 1.30 | 1.12 |
| $10^4 k_2/(mol^{-1} \cdot dm^3 \cdot s^{-1})$ | 1.63 | 1.70 | 1.64 | 1.71 |

由表中结果可知,$k_0$ 和 $k_1$ 随时间增大而减小,没有近似于一个常数的趋势,而 $k_2$ 近似相等,故反应是二级反应。其速率常数的平均值为:
$$k_2 = 1.67 \times 10^{-4}\,mol^{-1} \cdot dm^3 \cdot s^{-1}$$

(2) 作图法

当各反应物的起始浓度之比等于各反应物的化学计量数之比时,可用作图法确定反应级数。将实验数据按照上表中所列的各线性关系作图,若有一种图成直线,则该图所代表的级数，就是该反应的级数。

积分法的优点是只要一次实验的数据就能尝试或作图，缺点是不够灵敏，只能运用于简单级数反应。例如，若反应级数为 1.6～1.7，究竟是二级反应还是 1.5 级反应就无法确定。对于实验持续时间不太长，转化率又低的反应，实验数据按各线性关系作图，可能均为直线。

### 8.3.3 半衰期法

利用半衰期公式来确定反应级数的方法称为半衰期法。由 $n(n\neq1)$ 级反应的半衰期为

$$t_{1/2}=\frac{2^{n-1}-1}{(n-1)kc_{A,0}^{n-1}}$$

将上式取对数，则

$$\ln t_{1/2}=\ln\frac{2^{n-1}-1}{(n-1)k}+(1-n)\ln c_{A,0} \tag{8.28}$$

即半衰期的对数与反应的初始速率成直线关系，直线的斜率为 $1-n$。

设反应在两个不同初始浓度（其它条件都相同）$c'_{A,0}$ 和 $c''_{A,0}$ 时所对应的半衰期分别为 $t'_{1/2}$ 和 $t''_{1/2}$，则由式(8.28)容易得到反应的级数 $n$：

$$n=1-\frac{\ln(t''_{1/2}/t'_{1/2})}{\ln(c''_{A,0}/c'_{A,0})} \tag{8.29}$$

由实验测定两组不同起始浓度 $c'_{A,0}$ 和 $c''_{A,0}$ 所对应的半衰期 $t'_{1/2}$ 和 $t''_{1/2}$，代入式(8.29)即可求得反应级数 $n$。若实验数据较多，也可用作图法。

半衰期法不限于 $t_{1/2}$，也可用于 $t_{1/3}$、$t_{1/4}$ 等。其缺点是反应物不止一种而起始浓度又不相同时，就变得复杂不方便了。

### 8.3.4 隔离法

对于速率方程为 $v=kc_A^{n_A}c_B^{n_B}\cdots$ 的反应，使用隔离法时，如要确定组分 A 的分反应级数，需要使除 A 外的组分大大过量，即 $c_{B,0}\gg c_{A,0}$，$c_{C,0}\gg c_{A,0}$ 等，因此在反应过程中可以认为这些组分的浓度为常数，从而得到假 $n$ 级反应：

$$v=(kc_{B,0}^{n_B}c_{C,0}^{n_C}\cdots)c_A^{n_A}=k'c_A^{n_A} \tag{8.30}$$

其反应级数可以用尝试法或者是半衰期法得到。利用同样的步骤即可确定所有的分级数。

## 8.4 温度对反应速率的影响

大多数化学反应，其反应速率随温度的升高而增加。通常认为温度对浓度的影响可以忽略，因此反应速率随温度的变化体现在速率常数随温度的变化上。一般来讲，如果将反应温度从 25℃升高到 35℃时，参加反应的分子的运动速率增大 2% 左右，但化学反应速率一般增大约 200% 至 300%。范特霍夫根据大量的实验数据总结出一条经验规律：温度每升高 10K，反应速率近似增加 1～3 倍。范特霍夫规则可以用来估计温度对反应速率的影响。

温度对反应速率影响的显著性主要表现在温度的改变直接影响了参与反应的分子的能量，分子自身所具有的能量对反应速率的影响是显著的。

## 8.4.1 阿伦尼乌斯公式

1889年阿伦尼乌斯（Arrhenius S A）根据实验结果，提出了速率常数与温度之间的关系式，称为阿伦尼乌斯公式。其微分表达式为

$$\frac{\mathrm{d}\ln k}{\mathrm{d}T} = \frac{E_a}{RT^2} \tag{8.31}$$

式中，$k$ 是温度 $T$ 时的反应速率常数；$E_a$ 为阿伦尼乌斯活化能，简称为活化能。其国际单位为 $J \cdot mol^{-1}$，它的定义式为：

$$E_a = RT^2 \frac{\mathrm{d}\ln k}{\mathrm{d}T} \tag{8.32}$$

将式（8.31）积分得：

$$\ln k = -\frac{E_a}{RT} + \ln A \tag{8.33}$$

$$k = A \cdot e^{-\frac{E_a}{RT}} \tag{8.34}$$

式中，$\ln A$ 是积分常数。

式（8.33）表明，$\ln k$ 和 $1/T$ 呈线性关系，直线斜率为 $-E_a/R$。式中，$A$ 也是反应的特性常数，称为指前因子，又称为表观频率因子，其单位与 $k$ 相同。活性能 $E_a$ 位于式（8.34）中的指数上，它的大小对 $k$ 有着重要的影响。

若将式（8.31）定积分，则得

$$\ln \frac{k_2}{k_1} = -\frac{E_a}{R}\left(\frac{1}{T_2} - \frac{1}{T_1}\right) \tag{8.35}$$

若已知 $k_1$，$k_2$，$T_1$，$T_2$，$E_a$ 中的 4 项就可以从上式求得另一项。

式（8.31）、式（8.33）、式（8.34）和式（8.35）4 个公式均称为阿伦尼乌斯公式，又分别依次称为微分式、指数式、积分式和定积分式。阿伦尼乌斯公式适用范围相当广，不仅适用于气相反应，也适用于液相反应和复相催化反应。

但是，并不是所有的反应都符合阿伦尼乌斯公式。有时会遇到更为复杂的情况，目前已知的关系如图 8.4 所示的 5 种类型。

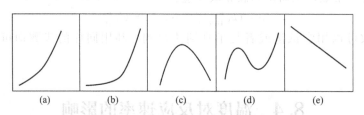

图 8.4　反应速率与温度关系的 5 种类型

（a）反应速率随温度的升高而逐渐加快，反应速率与温度之间呈指数关系，这种类型最为常见。

（b）开始时温度影响不大，达一定极限时，反应以爆炸的形式极快在进行。

（c）在温度不太高时，反应速率随温度的升高而加快，到达一定的温度，反应速率反而随温度的升高而下降，如多相催化反应和酶反应。

（d）速率在温度升高到某一温度时下降，再升高温度，反应速率又迅速上升，可能发生了副反应。

(e) 随反应温度的升高，反应速率反而下降，这种类型很少见，如一氧化氮氧化生成二氧化氮。

图 8.4(b)、(c)、(d)、(e) 类型的反应不多，它们不符合阿伦尼乌斯公式。

**【例 8.4】** 在水溶液中，$CO(CH_2COOH)_2$（戊酮-3-二酸）发生分解反应，在 10℃时的速率常数为 $k_{10℃}=1.080\times10^{-4}\,s^{-1}$，在 60℃时的速率常数为 $k_{60℃}=5.484\times10^{-2}\,s^{-1}$，求活化能及在 30℃时，此反应 $k_{30℃}$。

**解：**（1）据阿伦尼乌斯定积分公式

$$\ln\frac{5.484\times10^{-2}}{1.080\times10^{-4}}=-\frac{E_a}{8.314}\times\left(\frac{1}{333.15}-\frac{1}{283.15}\right)$$

解方程得：$E_a=97906\,J\cdot mol^{-1}$

（2）

$$\ln\frac{k_{30℃}}{1.080\times10^{-4}}=-\frac{97906}{8.314}\times\left(\frac{1}{303.15}-\frac{1}{283.15}\right)$$

解得：$k_{30℃}=1.67\times10^{-3}\,s^{-1}$

## 8.4.2 活化能

现在讨论假想的两种双原子分子 $A_2$ 和 $B_2$ 之间的反应均为气相反应：

$$A_2(g)+B_2(g)\longrightarrow 2AB(g)$$

而且 $A_2$ 和 $B_2$ 分子间的反应是在上述反应方程式一步完成的一个简单的基元反应，即通过 $A_2$ 和 $B_2$ 分子的直接碰撞完成的。

事实上，并不是每一次分子间的碰撞都会导致化学反应。如果计算在一定浓度和温度条件下气体混合物各不同分子在单位时间内的碰撞次数，一定可以得到一个天文数字，但是可以观察到这两种分子之间的反应速率却是有限的，表明在总碰撞次数中只有很少的碰撞可以发生化学反应，称为有效碰撞。两个反应分子碰撞但未发生反应的情况如图 8.5 所示。

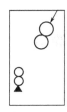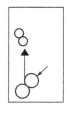

图 8.5　$A_2$ 和 $B_2$ 分子碰撞未发生化学反应

为什么绝大多数的分子间碰撞是无效的，不能导致化学反应呢？有两方面的原因：第一，互相碰撞的分子发生碰撞的方位不对，发生的不是定向碰撞；第二，碰撞的能量不足。在分子周围的负电荷电子云在分子之间造成电性排斥，这种排斥力使低能量分子互相碰撞时彼此弹回而不能发生化学反应。但具有高能量的分子互相碰撞时，分子有足够的能量可以克服排斥力，于是就会发生化学反应而导致分子重排。对于能发生有效碰撞的分子来说，相碰撞分子的相对能量一定要等于或大于某一最低能量值。

图 8.6 是一定温度下的分子能量分布曲线。图中阴影部分内的分子是活化分子。反应物分子成为活化分子所需吸收的最小能量，称为反应的活化能，通常以 1mol 物质计，用符号 $E_a$ 表示。

为什么在碰撞中会有有效碰撞和非有效碰撞呢？这是由于在反应物和产物之间构成了一个势能垒，如图 8.7 所示。分子 $A_2$ 和 $B_2$ 要生成产物 AB，首先要形成一种寿命很短的分子

AABB，这个分子就叫反应中的活化配合物。在反应过程中只有活化分子才有足够的能量爬上这个势能垒，形成活化配合物 AABB。AABB 配合物有两种变化的可能性，第一种可能性是可以分裂成产物 AB 分子，第二种可能性是可以重新成为反应物 $A_2$ 和 $B_2$ 分子。这一过程实际上也可以反过来进行，由两个高能量的 AB 分子碰撞在一起，形成过渡配合物 AABB，然后进行反应分解，这就是这一反应的逆过程。

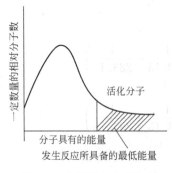
图 8.6　分子能量分布曲线

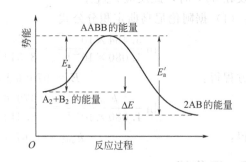
图 8.7　反应 $A_2 + B_2 \rightleftharpoons AABB \rightleftharpoons 2AB$ 势能图

在这个反应的过程中，图 8.7 中的 $E_a$ 和 $E_a'$ 即为正反应和逆反应的活化能，如果反应由 $A_2 + B_2 \longrightarrow 2AB$，反应分子要吸收 $E_a$ 的能量，变为 AABB 配合物，然后 AABB 分解为 AB 又释放出 $E_a'$ 的能量。吸收的能量和释放的能量之间的总差值即为反应的 $\Delta E$，即

$$\Delta E = E_a - E_a' \tag{8.36}$$

如果 $E_a > E_a'$，$\Delta E$ 为正值，正反应是吸热反应，逆反应是放热反应；如果 $E_a < E_a'$，$\Delta E$ 为负值，正反应是放热反应，逆反应是吸热反应。对于一般的反应，活化能 $E_a$ 的典型值在 $60 \sim 250 \text{kJ} \cdot \text{mol}^{-1}$ 范围。由图 8.7 可知反应的活化能愈大，愈不易爬上势能垒，反应就越慢。

## 8.5　反应速率理论简介

前面介绍了反应速率的基本概念和规律，这些理论已经比较成熟。现在从分子运动和分子结构等微观概念出发，在理论上研究化学反应速率。本节简要介绍碰撞理论和过渡状态理论。与热力学的经典理论相比，动力学理论发展较迟。先后形成的碰撞理论、过渡状态理论都是 20 世纪后建立起来的。

两种理论的共同点是：首先选定一个微观模型，用气体分子运动论（碰撞理论）或量子力学（过渡状态理论）的方法，并经过统计平均，导出宏观动力学中速率系数的计算公式。由于所采用模型的局限性，计算值与实验值不能完全吻合，还必须引入一些校正因子，使该理论的应用受到一定的限制。

### 8.5.1　碰撞理论

碰撞理论是在气体分子运动论的基础上，接受了阿伦尼乌斯关于活化能和活化分子的概念发展起来的。其基本假设为：

① 分子可以看成是刚性球体，无内部结构和相互作用；

② 反应物分子之间的碰撞并非每一次都能引起反应。只有当碰撞的一瞬间，两个分子

的连心线上相对于动能超过某一定值 $\varepsilon_c$ 时，才能发生反应。这种碰撞称为有效碰撞，$\varepsilon_c$ 称为临界能或阈能，若用反应进度单位表示时，则为 $E_c$；

③ 在反应过程中，反应分子的速率分布始终遵守麦克斯韦-玻尔兹曼分布。

根据上述假设，对于双分子气相反应：

$$A + B \rightleftharpoons P$$

若在单位时间、单位体积内，A，B分子之间碰撞的次数（称为碰撞频率）为 $Z_{AB}$，其中有效碰撞所占的分数为 $q$，则在单位时间、单位体积内反应掉的分子数为：

$$-\frac{dN_A}{dt} = Z_{AB} q$$

式中，$N_A$ 为反应系统中单位体积内分子 A 的个数。因为 $N_A/(LV) = c_A$（$L$ 为阿伏伽德罗常数，$V$ 为体积），所以上式又可写成：

$$-\frac{dc_A}{dt} = \frac{Z_{AB} q}{L} \tag{8.37}$$

由式(8.37)可知，只要设法求得 $Z_{AB} q$，即可计算出反应物 A 的消耗速率。

根据气体分子运动论，可以推导出：

$$Z_{AB} = d_{AB}^2 L^2 \left(\frac{8\pi RT}{\mu}\right)^{\frac{1}{2}} c_A c_B \tag{8.38}$$

式中，$d_{AB}$ 称为 A、B 分子的有效碰撞直径；$\mu$ 称为折合质量，$\mu = \dfrac{m_A m_B}{m_A + m_B}$，$m_A$，$m_B$ 分别为分子 A，B 的质量。有：

$$d_{AB} = \frac{1}{2}(d_A + d_B)$$

式中，$d_A$，$d_B$ 分别为分子 A，B 的直径。

根据式(8.38)可以计算出，在常温常压下 $Z_{AB}$ 约为 $10 \text{m}^{-3} \cdot \text{s}^{-1}$。如果每一次碰撞均能引起反应，则反应速率是非常快的，瞬间即可完成，然而实验表明，一般的气相反应的速率都远远小于这个数值，从而证明只有部分碰撞，即有效碰撞才能引起反应。

根据玻尔兹曼分布定律可以推导出，在分子碰撞的瞬间，分子连心线上相对于动能不小于 $\varepsilon_c$ 的分子所占的分数，即有效碰撞的分数 $q$ 为：

$$q = e^{-\varepsilon_c / kT}$$

或：

$$q = e^{-E_c / kT} \tag{8.39}$$

将式(8.38)、式(8.39)代入式(8.37)可得：

$$-\frac{dc_A}{dt} = d_{AB}^2 L \left(\frac{8\pi RT}{\mu}\right)^{1/2} e^{-E_c/RT} c_A c_B \tag{8.40}$$

这就是根据简单碰撞理论推导出的计算双分子反应速率的公式。对于基元反应，根据质量作用定律，其速率方程式为：

$$v = -\frac{dc_A}{dt} = k c_A c_B \tag{8.41}$$

比较式(8.40)与式(8.41)，得

$$k = d_{AB}^2 L \left(\frac{8\pi RT}{\mu}\right)^{1/2} e^{-E_c/RT} \tag{8.42}$$

将此式与阿伦尼乌斯公式对照，并利用活化能的定义 $E_a = RT^2 d\ln\{k/[k]\}/dT$，可得：

$$E_a = E_c + \frac{1}{2}RT \tag{8.43}$$

在常温并且 $E_a$ 不太小的情况下，$E_c \gg 1/2RT$，因此 $E_a \approx E_c$。虽然 $E_a$ 与 $E_c$ 数值近似相等，但二者在物理意义上是完全不同的。

对于许多反应，用碰撞理论算出的反应速率常数要比实验值大，如有的溶液中的反应，计算结果比实验值大 $10^5 \sim 10^6$ 倍。为了解决这一问题，在计算时又引入了一个校正因子 $p$，将式(8.42)写为：

$$k = pd_{AB}^2 L \left(\frac{8\pi RT}{\mu}\right)^{1/2} e^{-E_c/RT} \tag{8.44}$$

式中，$p$ 称为概率因子，又称方位因子。$p$ 的数值可以从 1 变动到 $10^{-9}$，$p$ 包含减少分子有效碰撞的所有因素，如：

① 对于某些复杂分子，虽已活化，但只有在某一定的方向碰撞才能发生反应，因而降低了反应速率。

② 分子在碰撞过程中，能量的传递需要一定的时间，如果碰撞延续时间不够长，能量来不及传递，则不能引起反应。

③ 分子碰撞后虽获得足够的能量，但在分子内部传递能量使弱键断裂，也需要一定时间。如在这一时间内这一活化分子又与其它分子碰撞，可能使此活化分子失去部分能量，成为不活化的分子。

④ 有的复杂分子，如在需断裂的化学键附近有较大的原子团，由于空间效应，也将影响反应速率。

基于上述种种原因，引入校正因子 $p$，但 $p$ 的数值为什么变化幅度这样大，目前还无满意的解释，因而使得 $p$ 的物理意义不十分明确。

碰撞理论的优点：碰撞理论为我们描述了一幅虽然粗糙但十分明确的反应图像，在反应速率理论的发展中起了很大作用；对阿伦尼乌斯公式中的指数项、指前因子和阈能都提出了较明确的物理意义，认为指数项相当于有效碰撞分数，指前因子 $A$ 相当于碰撞频率；它解释了一部分实验事实，理论所计算的速率系数 $k$ 值与较简单的反应的实验值相符。

碰撞理论的缺点：模型过于简单，所以要引入概率因子，且概率因子的值很难具体计算。活化能还必须从实验活化能求得，所以碰撞理论还是半经验的。

### 8.5.2 过渡状态理论

过渡状态理论是 1935 年由艾林（Eyring）和波兰尼（Polany）等在统计热力学和量子力学的基础上提出来的。他们认为由反应物分子变成生成物分子，中间一定要经过一个过渡状态，而形成这个过渡状态必须吸取一定的活化能，这个过渡状态就称为活化络合物，所以又称为活化络合物理论。

根据该理论，只要知道分子的振动频率、质量、核间距等基本物性，就能计算反应的速率系数，所以又称为绝对反应速率理论（absolute rate theory）。

(1) 过渡状态理论要点

① 化学反应分子不是只通过简单的碰撞就变成产物，而是要经过一个中间过渡状态，形成活化络合物。如反应：

$$A + BC \Longrightarrow AB + C$$

在反应过程中，B—C 键逐渐减弱，A—B 键逐渐形成，中间经过一过渡状态，形成活

化络合物 $[A\cdots B\cdots C]^{\neq}$，故上述反应过程可写成：
$$A+B—C=[A\cdots B\cdots C]^{\neq}=A—B+C$$

② 活化络合物很不稳定，既能与反应物很快建立热力学平衡，同时也能进一步分解为产物。

③ 反应分子相互接近和碰撞到发生反应的全过程中，系统的势能将随之而发生相应的变化。

④ 过渡状态理论进一步假设活化络合物分解为产物的一步进行得很慢，这一反应步骤控制了整个反应的反应速率。

根据以上假设，在反应过程中，单原子分子 A 向双原子分子 BC 不断接近，直到生成产物 AB 与 C。原子 A，B，C 之间的距离 $r_{AB}$、$r_{BC}$、$r_{AC}$ 在不断变化，从而使得整个反应系统的势能也在不断改变。用量子力学理论可以近似计算并绘制反应系统的势能随原子间距离而变化的势能面。图 8.8 是描述反应过程中，三个粒子系统的势能变化的示意图。从图中可知，从反应物转化成产物的过程中，必须获得一定的能量，才能越过反应过程中的能垒形成活化络化物，再转化成产物。图中的活化络合物与反应物均处于基态时的势能差。

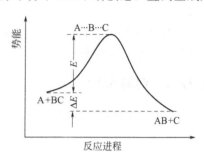

图 8.8 势能与反应进程的关系

（2）速率常数基本方程式

如以 $M^{\neq}$ 表示反应过程中的活化络合物，由过渡状态理论要点可知，反应速率与活化络合物的浓度成正比，对于反应：$A+BC \Longleftrightarrow M^{\neq} \Longleftrightarrow AB+C$，其速率实际上为活化络合物 $c_{M^{\neq}}$ 的断键时间，断键时间为断键频率的倒数，也就是一维振子的振动频率。根据量子力学对一维振子的计算结果，结合振动自由度能量均分原理，由统计热力学的原理可以导出：

$$\frac{dc_{AB}}{dt}=\frac{k_BT}{h}c_M^{\neq} \tag{8.45}$$

式中，$k_B$ 为玻尔兹曼常数；$h$ 为普朗克常数。

因活化络合物与反应物很容易达到平衡，则有：

$$K^{\neq}=\frac{c_{M^{\neq}}}{c_A c_{BC}} \tag{8.46}$$

式中，$K^{\neq}$ 为平衡常数。将 $c_{M^{\neq}}=K^{\neq} c_A c_{BC}$ 代入式（8.44）得：

$$\frac{dc_{AB}}{dt}=\frac{k_BT}{h}K^{\neq}c_A c_{BC} \tag{8.47}$$

上述反应为双分子反应，其速率方程为：

$$\frac{dc_{AB}}{dt}=kc_A c_{BC} \tag{8.48}$$

式中，$k$ 为反应速率常数。对比式（8.46）和式（8.47）得：

$$k=\frac{k_BT}{h}K^{\neq} \tag{8.49}$$

式（8.49）即为过渡状态理论速率常数的基本公式。只要 $K^{\neq}$ 已知，则可求得反应速率常数 $k$。由反应物和活化络合物的结构参数，利用统计热力学的原理，原则上可以求得平衡常数 $K^{\neq}$。因此，只要知道有关分子的结构参数，不做动力学实验即可求得反应速率常数，故过渡状态理论又称为绝对反应速率理论。

过渡状态理论利用统计热力学和量子力学的原理，将反应物质的微观结构与反应速率联系起来，从理论上计算反应速率常数，这比碰撞理论是前进了一步，但在实际应用时，因活化络合物很不稳定，很难直接测定它的结构参数，多用类比方法，假设一个可能的结构进行计算，计算时在很大程度上具有猜测性，整个计算过程复杂，对于过渡状态理论中有的基本假设，也有不同的看法，因此，对该理论，还需要进一步深入研究、探讨。

## 8.6 典型的复合反应

由两个或两个以上基元步骤组成的反应称为复合反应。典型复合反应有三种基本类型：对峙反应、平行反应和连串反应，下面对这几种典型的复合反应进行讨论。

### 8.6.1 对峙反应

正、逆方向都能进行的反应叫作对峙反应或称可逆反应。下面讨论一个正、逆两方向都是一级的反应：

$$A \underset{k_{-1}}{\overset{k_1}{\rightleftharpoons}} B$$

式中，$k_1$，$k_{-1}$ 分别为正向反应与逆向反应的速率常数，设 A 的起始浓度为 $c_{A,0}$，B 的起始浓度为 0，$\Delta c_A = c_{A,0} - c_A$ 为经过一段反应时间后，反应物 A 所消耗掉的浓度，即：

$$A \underset{k_{-1}}{\overset{k_1}{\rightleftharpoons}} B$$

| | | |
|---|---|---|
| $t=0$ | $c_{A,0}$ | $0$ |
| $t=t$ | $c_A = c_{A,0} - \Delta c_A$ | $c_B = \Delta c_A$ |
| $t=t_e$ | $c_{A,e} = c_{A,0} - \Delta c_{A,e}$ | $c_{B,e} = \Delta c_{A,e}$ |

式中，$c_{A,e}$，$c_{B,e}$，$\Delta c_{A,e}$ 分别代表反应达到平衡时 A，B 的浓度和 A 消耗掉的浓度。

$$-dc_A/dt = k_1 c_A - k_{-1} c_B \tag{8.50}$$

或

$$d\Delta c_A/dt = k_1 [c_{A,0} - \Delta c_A] - k_{-1} \Delta c_A = k_1 c_{A,0} - (k_1 + k_{-1}) \Delta c_A$$

将上式积分：

$$\int_0^{\Delta c_A} \frac{d\Delta c_A}{k_1 c_{A,0} - (k_1 + k_{-1}) \Delta c_A} = \int_0^t dt$$

得：

$$\ln \frac{k_1 c_{A,0}}{k_1 c_{A,0} - (k_1 + k_{-1}) \Delta c_A} = (k_1 + k_{-1}) t \tag{8.51}$$

式(8.51)是 1-1 级对峙反应的动力学方程式。当对峙反应达到化学平衡时

$$\frac{dc_A}{dt} = 0$$

即：

$$k_1 c_{A,e} = k_{-1} c_{B,e} \tag{8.52}$$

或：

$$k_1 c_{A,0} = (k_1 + k_{-1}) \Delta c_{A,e} \tag{8.53}$$

且：

$$\Delta c_{A,e} = c_{B,e}$$

将式(8.52)代入式(8.51)得：

$$\ln \frac{\Delta c_{A,e}}{\Delta c_{A,e} - \Delta c_A} = (k_1 + k_{-1}) t \tag{8.54}$$

此（8.54）方程式与一级反应速率方程式 $\ln\dfrac{\Delta c_{A,0}}{\Delta c_{A,0}-\Delta c_A}=k_1 t$ 有类似的形式。

由式(8.52)得到：

$$\frac{k_1}{k_{-1}}=\frac{\Delta c_{A,e}}{c_{A,0}-c_{A,e}}=\frac{c_{B,e}}{c_{A,e}}=K_c \tag{8.55}$$

式中，$K_c$ 称为经验平衡常数。

若将 A 和 B 的浓度对时间作图，可得图 8.9。由图可看出，物质 A 的浓度随反应时间的增加不可能降低到零，而物质 B 的浓度亦不能增加到物质 A 的起始浓度 $c_{A,0}$，经过足够长时间，反应物和产物都分别趋近于平衡浓度，达到平衡状态，这就是对峙反应的动力学特征。

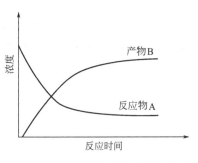

图 8.9 对峙反应中反应物和产物的浓度与反应时间的关系

## 8.6.2 平行反应

反应物同时进行几个不同的独立反应，生成不同产物称为平行反应。这类反应在有机化学中最常见。平行反应中，通常把生成物最多的反应称为主反应。其它的反应称为副反应。

设有一个由两个一级反应组成的平行反应。其反应方程式如下

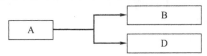

$k_1$，$k_2$ 分别为两个平行反应的消耗速率常数。这两个平行反应的速率方程式分别为：

$$v_1=\frac{dc_B}{dt}=k_1 c_A \tag{8.56}$$

$$v_2=\frac{dc_D}{dt}=k_2 c_A \tag{8.57}$$

显然。由于两个反应是同时进行的，因此总反应的消耗速率 $v_r$（即反应物 A 消耗的总速率）应等于两个反应消耗速率之和，即：

$$v_r=\frac{-dc_A}{dt}=v_1+v_2=(k_1+k_2)c_A \tag{8.58}$$

将上式定积分，得：

$$-\int_{c_{A,0}}^{c_A}\frac{dc_A}{c_A}=\int_0^t (k_1+k_2)dt$$

得：

$$\ln\frac{c_{A,0}}{c_A}=(k_1+k_2)t \tag{8.59}$$

式(8.58)、式(8.59) 分别为一级平行反应速率方程式的微分式和积分式，其形式与简单的一级反应完全相同，只是总反应的消耗速率系数为组成平行反应的各独立反应的速率常数之和。

若将式(8.55) 和式(8.56) 两式相除，可得：

$$\frac{dc_B}{dc_D}=\frac{k_1}{k_2}$$

对此式积分 [$t=0$ 时，$c_{B(0)}=0$，$c_{D(0)}=0$]：

$$\int_0^{c_B} k_2 dc_B = \int_0^{c_D} k_1 dc_D$$

得： $$k_2 c_B = k_1 c_D$$

即： $$\frac{c_B}{c_D} = \frac{k_1}{k_2} \tag{8.60}$$

式(8.60)表明，级数相同的平行反应，在反应的任一时刻，各反应的产物浓度之比保持为一个常数，即为各反应的速率常数之比，如图8.10所示，这也是平行反应的特点。

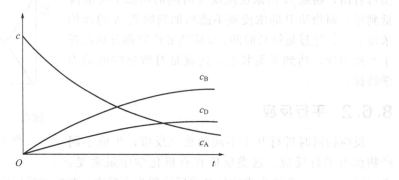

图 8.10 平行反应中浓度随反应时间的变化

在实际生产中，总是希望提高主产物在反应产物混合物中的比例，式(8.60)指出了改变产品组成的途径，即改变平行反应的速率常数 $k$ 的比值。

由阿伦尼乌斯公式，可以得到：

$$\frac{k_1}{k_2} = \frac{A_1 e^{-E_1/RT}}{A_2 e^{-E_2/RT}} = \frac{A_1}{A_2} e^{-(E_1-E_2)/RT} \tag{8.61}$$

因此，可以利用改变反应活化能或改变温度的方法来调节产物的比例。前者可通过选择适当的催化剂来实现，后者靠调节反应温度来实现。

### 8.6.3 连串反应

许多化学反应是经过连续几步完成的，前一步的生成物是下一步的反应物，如此连续进行，这种反应就称为连串反应。例如用氯胺法进行水消毒处理时，连续发生下述反应：

$$NH_3 + HOCl \rightleftharpoons NH_2Cl + H_2O$$
$$NH_2Cl + HOCl \rightleftharpoons NHCl_2 + H_2O$$
$$NHCl + HOCl \rightleftharpoons NCl_3 + H_2O$$

给水及废水处理中有关生物氧化过程，河流水体自净化过程中的耗氧和溶氧过程，含氮有机物的亚硝化和硝化过程等都可看作连串反应。污水处理设备中微生物的生长和衰亡，有机物在缺氧条件下的逐步分解等，有时也应用连串反应动力学方程式加以描述。

假设一个连串反应由两个连续的一级反应构成，即：

$$A \xrightarrow{k_1} B \xrightarrow{k_2} C$$

$t=0$    $c_{A,0}$    0    0

$t=t$    $c_A$    $c_B$    $c_C$

式中，$c_{A,0}$ 为反应物 A 的起始浓度；$c_A$、$c_B$、$c_C$ 分别为 A、B、C 在反应某一时刻 $t$ 的浓度。各物质的消耗速率或生成速率可写成：

$$-\frac{dc_A}{dt}=k_1 c_A \tag{8.62}$$

$$\frac{dc_B}{dt}=k_1 c_A - k_2 c_B \tag{8.63}$$

$$\frac{dc_C}{dt}=k_2 c_B \tag{8.64}$$

由式(8.62)积分得到:

$$c_A = c_{A,0} e^{-k_1 t} \tag{8.65}$$

代入式(8.63)积分可得:

$$c_B = \frac{k_1 c_{A,0}}{k_2 - k_1}(e^{-k_1 t} - e^{-k_2 t}) \tag{8.66}$$

因为 $c_A + c_B + c_C = c_{A,0}$,所以 $c_C = c_{A,0} - c_A - c_B$,得:

$$c_C = c_{A,0}\left[1 - \frac{1}{k_2 - k_1}(k_2 e^{-k_1 t} - k_1 e^{-k_2 t})\right] \tag{8.67}$$

图 8.11 表示反应过程中 A、B、C 三种物质的浓度变化曲线。随着反应的进行,反应物 A 的浓度不断减小,产物 C 的浓度不断增加,而中间产物 B 的浓度先升后降,有一最大值。

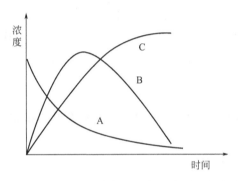

图 8.11 连串反应中各浓度与反应时间的关系

在上述连串反应中,若 $k_1 \gg k_2$,则式(8.67)可简化为:

$$c_C = c_{A,0}(1 + e^{-k_2 t}) \tag{8.68}$$

若 $k_1 = k_2$,则式(8.67)可简化为:

$$c_C = c_{A,0}(1 - e^{k_1 t}) \tag{8.69}$$

由式(8.68)和式(8.69)可以看出,如果连串反应中有一步反应的速率比其它步骤慢得多,则总反应速率主要由这一慢步骤的速率决定,这个原理称为"瓶颈原则"。速度最慢步骤通常称为"速控步"或"决速步"。

## 8.7 复合反应的近似处理方法

从典型复合反应看出,它们的速率方程式比较复杂,如果增加反应物、产物的组分数,增加反应步骤,则其速率方程式复杂程度急剧增加,求解反应过程中各组分的浓度将十分困难,甚至是不可行的。在动力学研究中,往往要求给出各组分的浓度,判断假设的反应机理是否正确。对于一些复合反应,可分别用平衡态近似法和稳态近似法进行处理,可以简便地求出各组元浓度的近似值。

### 8.7.1 速度控制步骤法

连串反应的总速率等于最慢一步的反应速率。最慢的一步称为反应速率的控制步骤。控制步骤的反应速率非常小，其它步骤速率常数非常大，此规律就越准确。这时要使反应加速进行，关键在于提高控制步骤的速率。利用控制步骤，可以简化速率方程得求解过程。

例如，对于连串反应

$$A \xrightarrow{k_1} B \xrightarrow{k_2} C$$

$c_C$ 的精确解为式(8.62)，即

$$c_C = c_{A,0}\left[1 - \frac{1}{k_2 - k_1}(k_2 e^{-k_1 t} - k_1 e^{-k_2 t})\right]$$

若 $k_1 \ll k_2$，则式(8.62)可简化为：

$$c_C = c_{A,0}(1 - e^{k_1 t})$$

如果用控制步骤法对此进行近似处理也可得到同样的结果。因为 $k_1 \ll k_2$，说明第一步是最慢的一步，为速控步，所以总的速率等于第一步的速率。即

$$\frac{dc_C}{dt} = -\frac{dc_A}{dt} = k_1 c_A$$

因为 $c_A = c_{A,0} e^{-k_1 t}$，同时 $c_{A,0} = c_A + c_B + c_C$，且 $k_1 \ll k_2$，B 不能积累，即 $c_B = 0$，故

$$c_C = c_{A,0} - c_A = c_{A,0} - c_{A,0} e^{-k_1 t} = c_{A,0}(1 - e^{-k_1 t})$$

### 8.7.2 平衡态近似法

若反应物和中间产物间为快速平衡，中间产物变为产物很慢，则可用平衡态近似法处理。

对于反应机理：

$$A + B \underset{k_{-1}}{\overset{k_1}{\rightleftharpoons}} C \quad \text{快速达到平衡}$$

$$C \xrightarrow{k_2} D \quad \text{慢}$$

若 $k_1$ 或者是 $k_{-1}$ 很大，且 $k_1 + k_{-1} \gg k_2$，则第二步为控制步骤，而第一步对峙反应事实上处于化学平衡，其正向、逆向反应速率应近似相等。

$$k_1 c_A c_B = k_{-1} c_C$$

$$\frac{c_C}{c_A c_B} = \frac{k_1}{k_{-1}} = K_c \tag{8.70}$$

式中，$K_c$ 为反应（1）的经验平衡常数。反应的总的速率常数等于控制步骤的反应速率：

$$dc_D/dt = k_2 c_C \tag{8.71}$$

将 $c_C = K_c c_A c_B$ 代入上式可得

$$\frac{dc_D}{dt} = K_c k_2 c_A c_B = \frac{k_1 k_2}{k_{-1}} c_A c_B \tag{8.72}$$

令 $k = \frac{k_1 k_2}{k_{-1}}$ 得速率方程：

$$dc_D/dt = k_2 c_A c_B \tag{8.73}$$

从上面的讨论可以看出，在一个具有对峙反应和速控步的连串反应中，总反应速率仅取决于速控步及它以前的平衡反应，与速控步以后的快速反应无关。在化学动力学中称此近似为速控步与假设平衡近似法或平衡态近似法。

### 8.7.3 稳态近似法

若中间产物非常活泼（如自由基），一旦生成将立即变为反应物或产物，其浓度保持极低的稳定值，可以用稳态近似法处理。例如对于连串反应：

$$A \xrightarrow{k_1} B \xrightarrow{k_2} C$$

若中间产物 B 很活泼，迅速反应为物质 C，即 $k_2 \gg k_1$，则在反应系统中，基本上没有物质 B 的积累，在整个反应过程中，中间产物 B 的浓度 $c_B$ 很小。反应过程中各物质的浓度 $c_A$、$c_B$、$c_C$ 与反应时间 $t$ 的关系如图 8.12 所示。

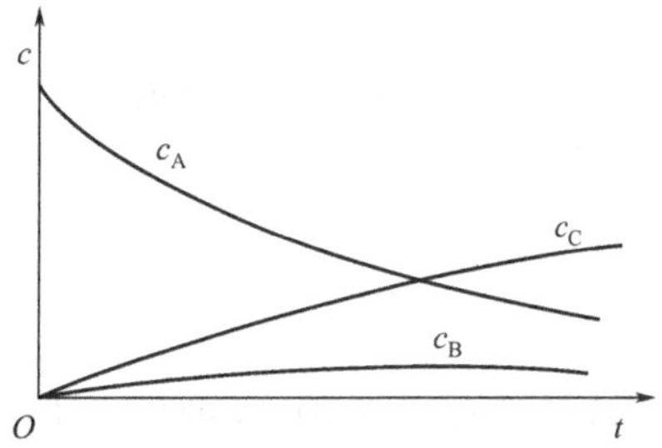

在较长的时间内，$c_B \sim t$ 曲线为一条靠近横坐标的平的曲线，中间产物 B 的浓度 $c_B$ 很小，可近似地认为此曲线的斜率为零，即：

$$\frac{dc_B}{dt} = 0 \tag{8.74}$$

图 8.12 一级连串反应物、产物浓度与时间的关系（$k_2 \gg k_1$）

$c_B$ 不随反应时间 $t$ 变化，近似地处于稳态（或称定态），因此可以利用稳态近似法处理该动力学方程（稳态近似法）。例如在上述反应中，当 $k_1 = k_2$ 时，按稳态近似法处理，则：

$$\frac{dc_B}{dt} = k_1 c_A - k_2 c_B = 0 \tag{8.75}$$

$$c_B = \frac{k_1}{k_2} c_A \tag{8.76}$$

用该式求 $c_B$，比用式(8.61)简单方便。通常中间产物为自由原子或自由基时，它们的反应能力很强，在一定的反应阶段内，可以近似认为它们处于稳态，可采用稳态近似法处理。

需要指出的是基元反应的活化能具有明确的物理意义，而复合反应的活化能则意义不明。

**【例 8.5】** 乙醛热分解反应的主要机理如下：

$$CH_3CHO \xrightarrow{k_1} CH_3 + CHO \tag{1}$$

$$CH_3 + CH_3CHO \xrightarrow{k_2} CH_4 + CH_3CO \tag{2}$$

$$CH_3CO \xrightarrow{k_3} CH_3 + CO \tag{3}$$

$$CH_3 + CH_3 \xrightarrow{k_4} C_2H_6 \tag{4}$$

试推导：(1) 用甲烷的生成速率表示的速率方程。(2) 表观活化能 $E_a$ 的表达式。

**解**：(1) 根据反应机理中的第二步，甲烷的生成速率为

$$\frac{d[CH_4]}{dt} = k_2 [CH_3][CH_3CHO]$$

但是，这个速率方程是没有实际意义的，因为含有中间产物 $[CH_3]$ 项，它的浓度无法

用实验测定。利用稳态近似,将中间产物的浓度,改用反应物的浓度来代替。设反应达到稳态时,

$$\frac{d[CH_3]}{dt}=k_1[CH_3CHO]-k_2[CH_3][CH_3CHO]+k_3[CH_3CO]-2k_4[CH_3]^2=0$$

$$\frac{d[CH_3CO]}{dt}=k_2[CH_3][CH_3CHO]-k_3[CH_3CO]=0$$

根据上面两个方程,解得

$$[CH_3]=\left(\frac{k_1}{2k_4}\right)^{1/2}[CH_3CHO]^{1/2}$$

代入甲烷的生成速率表示式,得

$$\frac{d[CH_4]}{dt}=k_2[CH_3][CH_3CHO]$$

$$=k_2\left(\frac{k_1}{2k_4}\right)^{1/2}[CH_3CHO]^{3/2}=k[CH_3CHO]^{3/2}$$

这就是有效的用甲烷的生成速率表示的速率方程,式中,表观速率系数 $k$ 为

$$k=k_2\left(\frac{k_1}{2k_4}\right)^{1/2}$$

(2) 活化能的定义:$E_a=RT^2\dfrac{d\ln k}{dT}$。对表观速率系数表达式的等式双方取对数,得:

$$\ln k=\ln k_2+\frac{1}{2}(\ln k_1-\ln 2-\ln k_4)$$

然后对温度微分:

$$\frac{d\ln k}{dT}=\frac{d\ln k_2}{dT}+\frac{1}{2}\left(\frac{d\ln k_1}{dT}-\frac{d\ln k_4}{dT}\right)$$

等式双方都乘以 $RT^2$ 因子,得

$$RT^2\frac{d\ln k}{dT}=RT^2\frac{d\ln k_2}{dT}+\frac{1}{2}\left(RT^2\frac{d\ln k_1}{dT}-RT^2\frac{d\ln k_4}{dT}\right)$$

对照活化能的定义式,表观活化能与各基元反应活化能之间的关系为:

$$E_a=E_{a,2}+\frac{1}{2}(E_{a,1}-E_{a,4})$$

## 8.8 链 反 应

在化学反应中有类反应一旦引发,就可以发生一系列的连串反应,使反应自动进行下去,这类反应称为连锁反应,也称链反应。如高分子化合物的合成、燃料燃烧、石油的裂解等皆为链反应。对链反应的发现和研究使化学动力学进入一个新的发展阶段。

链反应一般包括下列三个基本步骤。

① 链的开始(或链的引发) 即由反应物分子生成自由基的反应。由于在这一步反应过程中需要使化学键断裂,因此具有较高的活化能。

② 链的传递(或链的增长) 即自由基与分子相互作用的交替过程,这是链反应中最活泼的过程。如果在链传递的过程中每一个自由基参加反应后只生成一个新的自由基,则称为

直链反应或单链反应；若一个自由基参加反应后生成两个或两个以上新的自由基，则称为支链反应。支链反应由于自由基的数目急剧增加，使反应速率越来越快，最终导致爆炸。由于自由基比较活泼，所以链传递过程中的反应的活化能一般较低。

③ 链的终止　当自由基在反应中消失时，链就终止了。链终止反应的活化能一般为零或很小。

例如，HCl(g) 的合成反应 $H_2+Cl_2 \xrightarrow{k_2} 2HCl$，经研究其反应历程如下

$$Cl_2+M \xrightarrow{k_1} 2Cl\cdot +M \tag{1}$$

$$Cl\cdot +H_2 \xrightarrow{k_2} HCl+H\cdot \tag{2}$$

$$H\cdot +Cl_2 \xrightarrow{k_3} HCl+Cl\cdot \tag{3}$$

$$2Cl\cdot +M \xrightarrow{k_4} Cl_2+M \tag{4}$$

这就是一个链反应。基元反应（1）是由 $Cl_2(g)$ 分子和其它粒子 M（M 可以是器壁或光子等）相互作用而产生自由基 Cl·，这是链的引发步骤。基元反应（2），（3）是反应物分子 $H_2$ 和 $Cl_2$ 与自由基 Cl· 和 H· 相互作用的过程，这是链的传递过程。由于在每一基元反应中，一个自由基消失后只产生一个新自由基，因此这是一个直链反应。基元反应（4）则是自由基相互作用消失的过程，即为链终止过程。M 是将链终止反应释放出的能转移走的其它分子或器壁。

再如 $H_2(g)$ 和 $O_2(g)$ 合成 $H_2O(g)$ 的反应。该反应的历程至今尚没有一致的结论，但在反应过程中发现有 H·、O·、OH· 等自由基参加，因此推测该反应可能包含下面的基元反应：

(1) $H_2+O_2+M \Longrightarrow \cdot HO_2+H\cdot +M$　链引发

(2) $\cdot HO_2+H_2 \Longrightarrow H_2O+OH\cdot$　链传递

(3) $OH\cdot +H_2 \Longrightarrow H_2O+OH\cdot$

(4) $H\cdot +O_2 \Longrightarrow OH\cdot +O\cdot$　链传递

(5) $O\cdot +H_2 \Longrightarrow OH\cdot +H\cdot$　链传递

(6) $2H\cdot +M \Longrightarrow H_2+H\cdot$

(7) $H\cdot +OH\cdot +M \Longrightarrow H_2O+M$　链终止

链的引发还可能有其它方式，如 $H_2 \Longrightarrow 2H\cdot$，$H_2+O_2 \Longrightarrow 2OH\cdot$ 等。上述反应是一个链反应，在链传递过程的基元反应（4）和（5）中，每一个自由基反应后，产生两个自由基，因此这是一个支链反应。由于（4）和（5）的存在，使反应系统中自由基的数目越来越多，反应速率越来越快，最后导致爆炸。链反应的爆炸与温度和压力有密切关系，爆炸存在一个爆炸限和爆炸区，具体如图 8.13 所示。

从图中可以看出以下几点。

① 在压力较低时，分子之间的碰撞不剧烈，自由基向器壁扩散速度快，并在器壁销毁，不爆炸，容器越小越不爆炸。

② 在压力较高时，分子碰撞加剧，自由基在气相

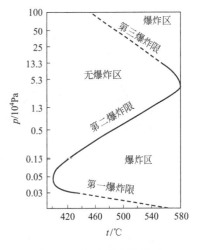

图 8.13　爆炸限和爆炸区

销毁的速率增加，也不爆炸。压力越高越不爆炸。

③ 只有在压力适中时，销毁速度低于生成速度才发生爆炸。

④ 第二爆炸限随温度的升高而增加，是因为温度越高自由基生成速度越快，为增加销毁速度应相应提高压力。

由于支链反应中的自由基一变二、二变四，数目急剧增加，反应速率迅速加快，最后形成的这类爆炸称为支链爆炸。还有一类爆炸是当强烈的放热反应在有限的空间进行时，由于放出的热不能及时传递到环境而引起反应系统温度急剧升高，温度升高又促使反应速率加快，单位时间内放出的热更多，这样恶性循环，最后使反应速率迅速增大到无法控制的地步而引起爆炸，这类爆炸称为热爆炸。

## 8.9 催化作用及其特征

凡是能够改变反应速率，但其本身的化学性质和数量在反应前、后均不改变的物质称为催化剂。这种现象称为催化作用。如果催化剂的加入能使反应速率加快，则这种现象称为正催化作用，所加催化剂叫正催化剂。反之，称为负催化剂（或阻化剂）。

若催化剂和被催化的系统都处在同一相中（气相或液相），则称为均（单）相催化作用；如果它们不处在同一相中，则称为复（多）相催化作用。前者如在 $H_2SO_4$ 作用下使醇和酸生成酯，后者如在 Fe 催化剂作用下使氮与氢合成氨等。

特殊类型的催化作用，是指在某些反应中，反应物或产物本身具有加速反应的作用，又称为自动催化作用。在生物化学反应中常遇到生物催化剂，称为酶催化作用。在生化法处理废水中经常遇到这种现象。

### 8.9.1 催化作用对反应速率的影响

一种催化剂的实际功能就是给化学反应开辟了新的进行途径，催化反应的机理将不同于无催化的反应，催化反应机理的改变可能表现为如图 8.14(a)、图 8.14(b) 两种情况。无论催化作用以何种形式改变反应机理，总的结果是均降低了反应的活化能，活化能的降低就相当于增大了活化分子的百分数。

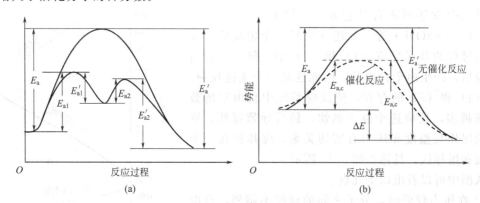

图 8.14　催化反应和无催化反应势能图

图 8.15 明显表现出使用催化剂使反应所需的最低能量值降低，相应等于增大了活化分子百分数，因而发生有效碰撞的概率提高，反应速率增大。

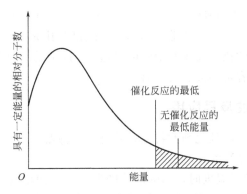

图 8.15 催化作用对反应所需最低能量的影响

### 8.9.2 催化作用的特性

（1）催化剂与反应物生成中间化合物，改变了反应的途径，降低了反应的活化能。

在其它条件一定时，反应速率取决于活化能的大小，由于催化剂能降低反应的活化能，所以反应速率就增大，例如 $A+B \longrightarrow AB$，当无催化剂参加时，反应所需活化能为 $E_0$。如有催化剂 K 参加，则可设想反应按下面两步进行：

$$A+K \longrightarrow AK(中间化合物)$$
$$AK+B \longrightarrow AB+K$$

这两步反应的活化能 $E_1$ 和 $E_2$ 都比没有催化剂参加反应的 $E_0$ 低，因而反应加快了。碘化氢的分解反应 $2HI \longrightarrow H_2+I_2$ 就是如此。当无催化剂作用时，活化能为 $184 kJ \cdot mol^{-1}$，以铂为催化剂时，活化能降为 $59 kJ \cdot mol^{-1}$。

（2）催化剂的作用是改变反应速率，因而只能缩短达到平衡的时间，不能改变平衡状态。

对任一反应，$\Delta E^{\ominus}=-RT\ln K$，因催化剂在反应前后的状态没有改变，故催化剂的作用不能改变平衡常数。又因平衡常数为正、逆反应速率常数之比，即 $k=k_1/k_2$，故催化剂的作用应同时同等程度地改变正、逆反应的速率。或者说对正反应是优良的催化剂，必定也是逆反应的优良催化剂。这一原则有助于我们去寻找催化剂。例如，在常压下如能找到气相反应 $CH_3OH \longrightarrow CO+2H_2$ 的催化剂，那么，它一定也是高压合成甲醇的优良催化剂。

### 8.9.3 催化剂具有特殊的选择性

甲酸蒸气通过加热的玻璃管进行分解反应，一部分脱氢，一部分脱水，反应为

$$HCOOH \longrightarrow CO_2+H_2$$
$$HCOOH \longrightarrow CO+H_2O$$

若在管内加入 $Al_2O_3$ 催化剂，则只有脱水反应，若加入 ZnO 催化剂，则只有脱氢反应。这说明不同性质的催化剂只能加速特定类型的化学反应过程。

当同一反应物可能有许多平行反应发生时常利用高选择性的催化剂来加快生产预期产物的反应速率，而使副反应得不到相应加速，从而获得所需要的主要产物。例如乙醇蒸气的分解，依催化剂种类及反应进行条件的不同，将得到不同产物。

$$C_2H_5OH \xrightarrow{200\sim 250℃,Cu} CH_3CHO+H_2$$
$$C_2H_5OH \xrightarrow{350\sim 360℃,Al_2O_3} C_2H_4+H_2O$$

$$2C_2H_5OH \xrightarrow{140℃，浓H_2SO_4} (C_2H_5)_2O + H_2O$$

催化剂的这种严格分工，在生物催化作用中表现得尤其突出。与催化剂性能有关的因素还有最适宜温度、催化剂的比表面积及溶液的最适宜pH值等。目前催化已发展成为一门专门学科，其深入一步的内容可参阅有关专著。

### 8.9.4 酶催化的特性及其应用

酶在一定程度上具有一般催化剂的特性，并有下列特点。

(1) 酶的活性与温度的关系

如图8.16所示，在较低温度时，酶的活性随温度升高而增大，达到具有最大活性的最适宜温度以后，继续升高温度，酶的活性迅速下降，直到完全失去活性。这是由于构成酶的蛋白质部分的热变性或者失去活性引起的。动物体内的酶一般在37~40℃时具有最大的催化活性。而植物体内的酶，一般在40~50℃时活性最大。淀粉酶的最适宜温度为50~55℃，酯酶的最适宜温度为35~38℃。

(2) 酶的活性与pH值的关系

每种酶都有其特征的pH值。例如，一些酶的最大活性pH值，淀粉酶为4.5，过氧化氢酶为6.8，尿酶为7.0，pH值对酶活性的影响可用图8.17表示，从图中可清楚地看到强酸、强碱中，酶的催化活性降低，甚至可能完全消失。

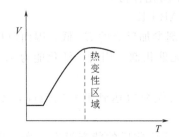

图8.16 酶的活性与温度的关系

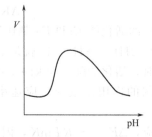

图8.17 酶的活性与pH值的关系

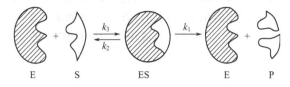

图8.18 酶和反应物相互作用示意图

(3) 酶催化具有高度的选择性

在生物化学反应中经常有酶的参与，作为催化剂促进反应，但本身并不消失。和大多数催化剂一样，酶通过与反应物形成中间化合物-酶的络合物产生作用，这个过程如图8.18所示。酶（E）和反应物（S）反应形成酶的络合物（ES），这种络合物可以分解产生酶和生成物（P），也可以分解变回原来的酶和反应物。酶和反应物的这种结合是产生酶的高度选择性的原因，如图8.18所示，假若某种酶分子的催化部位是右边的形状，则只有特殊形式的分子才能适应这种酶的催化部位，也就是只能满足若干关键结构要求的分子才能成为这种酶的反应物。这跟一把钥匙开一把锁的情况相类似。例如RB酶能催化脂肪和有机酸酯的水解作用，RB酶只能催化尿素的水解。

酶催化反应在工业污水的生化处理中有着广泛的应用。在自然界中，存在着大量以有机物为食物的微生物，它们具有将有机物氧化分解成无机物的功能。如果人为地为这种微生物创造一个良好的生长环境，以废水中的有机物作为它们的食物，那么废水中的有机物将在这种微生物的作用下，氧化分解成无机物，从而使废水得以净化。这种利用微生物的氧化分解作用，去除废水中有机物的方法，称为废水生物化学处理法，简称生化法。

实践证明，这些微生物对有机物的氧化分解作用远远超过一般的化学氧化作用。大部分生物氧化反应可以在比化学氧化反应低得多的温度下进行。有些有机物化学氧化的速率慢得令人难以察觉，而利用生物氧化却可以顺利进行。因此，生化法具有处理有害物质效率高、运转费用低、处理水的肥分较高，可用以灌溉农田等优点，目前已成为工业污水处理的一种重要方法。

有关生化处理废水的基本概念、原理、分类以及构筑物等较深入的内容有待学生在专业课中进一步学习。

# 习 题

拓展例题

## 一、判断题（正确的画"√"，错误的画"×"）

1. 某反应的速度常数 $k=4.62\times10^{-2}\mathrm{min}^{-1}$，初始浓度为 $0.1\mathrm{mol\cdot dm^{-3}}$，该反应的半衰期为 15min。（   ）

2. 单分子反应称为基元反应，双分子反应和三分子反应称为复合反应。（   ）

3. 简单反应都是简单级数反应；简单级数的反应不一定就是简单反应。（   ）

4. 当温度一定时，化学反应的活化能越大其反应速率越大。（   ）

5. 零级反应的反应速率不随反应物浓度变化而变化。（   ）

6. 若一个化学反应是一级反应，则该反应的速率与反应物浓度的一次方成正比。（   ）

7. 一个化学反应进行完全所需的时间是半衰期的 2 倍。（   ）

8. 若反应 $A+B\longrightarrow Y+Z$ 的速率方程为：$r=kc_Ac_B$，则该反应是二级反应，且肯定不是双分子反应。（   ）

9. 对于一般服从阿伦尼乌斯方程的化学反应，温度越高，反应速率越快，因此升高温度有利于生成更多的产物。（   ）

10. 温度升高，正、逆反应速度都会增大，因此平衡常数也不随温度而改变。（   ）

11. 表示化学反应速率，用参与反应的任一物质 B 的浓度对时间的变化率 $dc_B/dt$ 表示都是一样的，只要注意对反应物加以负号就行了。（   ）

12. 速率方程中即可以包括反应物以及生成物的浓度项，也可能包括计量方程中未出现的某物质的浓度项。（   ）

13. 有的平行反应的主产物比例在反应过程中会出现极大值。（   ）

14. 催化剂能改变反应历程，降低反应的活化能，但不能改变反应的 $\Delta_rG_m^\ominus$。（   ）

15. 复杂反应的速率取决于其中最慢的一步。（   ）

## 二、填空题

1. 某基元反应，若反应物反应掉 3/4 所需的时间是反应掉 1/2 所需时间的 2 倍，则该反应是_____级反应。

2. 已知气相反应 $A_3\longrightarrow 3A$ 的半衰期与初始浓度无关，在温度 $T$ 时，将 $A_3$ 放入密闭容器中，其初始压力 $p^\ominus$，当反应进行了 $t$ 后，物系总压力变成 $p$，则速率常数 $k=$_____。

3. 某基元反应 B $\longrightarrow$ C+D，测得反应的半衰期 $t_{1/2}=10h$。经 30h 后，所余下的反应物浓度 $c_B$ 与反应起始浓度 $c_{B,0}$ 之比为 _____。

4. 某复合反应的表观速率常数 $k$ 与各基元反应的速率常数间的关系为 $k=2k_2\left(\dfrac{k_1}{2k_4}\right)^{3/2}$，则其表观活化能 $E_a$ 与各基元反应活化能 $E_{a,1}$ $E_{a,2}$ 及 $E_{a,4}$ 之间的关系为 _____。

5. 某化学反应经证明是一级反应，它的速率系数在 298K 时是 $k=(2.303/3600)\ s^{-1}$，$c_{A,0}=1mol\cdot dm^{-3}$。

　（A）该反应初始速率 $v_0$ 为 _____；

　（B）该反应的半衰期 $t_{1/2}=$ _____；

　（C）设反应进行了 1h，在这一时刻反应速率 $v_1$ 为 _____。

6. 只有一种反应物的二级反应的半衰期与反应的初始浓度的关系为 _____。

7. 若反应 A+2B $\longrightarrow$ Y 是基元反应，则其反应的速率方程可以写成 _____。

8. 链反应的一般步骤是（i）_____；（ii）_____；（iii）_____。

9. 反应 A $\longrightarrow$ Y+Z 中，反应物 A 初始浓度 $c_{A,0}=1mol\cdot dm^{-3}$，初速率 $v_{A,0}=0.01mol\cdot dm^{-3}\cdot s^{-1}$，假定该反应为二级，则其速度系数 $k_A$ 为 _____，半衰期 $t_{1/2}$ 为 _____。

10. 某反应的速率系数 $k=4.62\times 10^{-2}\ min^{-1}$，则反应的半衰期为 _____。

11. 反应活化能 $E_a=250kJ\cdot mol^{-1}$，反应温度从 300K 升高到 310K 时，速率系数 $k$ 增加 _____ 倍。

12. 对于基元反应 A+B $\longrightarrow$ P，当 A 的浓度远远大于 B 的浓度时，该反应为 ____ 级，速率方程式为 _____。

13. 某放射性同位素的蜕变为一级反应，已知某半衰期 $t_{1/2}=6d$（天），经过 12d 后，该同位素的衰变率为 _____。

14. 某化学反应中，反应物消耗 7/8 所需的时间是它耗掉 3/4 所需时间的 1.5 倍，该反应的级数为 ____ 级。

15. 某复杂反应速率常数与其基元反应速率常数之间的关系为 $k=2k_1k_2\sqrt{\dfrac{k_3}{k_4}}$，则该反应的表观活化能与基元反应活化能之间的关系为 _____。

## 三、选择题

1. 基元反应 A $\longrightarrow$ P+…… 其速度常数为 $k_1$，活化能 $E_{a1}=80kJ\cdot mol^{-1}$，基元反应 B $\longrightarrow$ P+…… 其速度常数为 $k_2$，活化能 $E_{a2}=100kJ\cdot mol^{-1}$。当两反应在 25℃ 进行时，若频率因子（指前因子）$A_1=A_2$，则（　）。

　A. $k_1=k_2$　　B. $k_1>k_2$　　C. $k_1<k_2$　　D. 无法确定

2. 某反应，反应物反应掉 5/9 所需的时间是它反应掉 1/3 所需时间的 2 倍，这个反应的反应级数是（　）。

　A. 一级　　B. 二级　　C. 零级　　D. 三级

3. 若反应物的浓度 $1/c$ 与时间 $t$ 呈线性关系，则此反应为（　）。

　A. 一级反应　　B. 二级反应　　C. 零级反应　　D. 三级反应

4. 已知基元反应 A+B $\longrightarrow$ P+…… 的活化能 $E_a=100kJ\cdot mol^{-1}$，在定容条件下，在 50℃ 时，起始浓度 $c_{A,0}=c_{B,0}=a\ mol\cdot dm^{-3}$ 时，测得其半衰期为 $t_{1/2}$，在相同的起始浓度

100 ℃时，半衰期为 $t'_{1/2}$ 则（　　）。

A. $t'_{1/2} < t_{1/2}$   B. $t'_{1/2} = t_{1/2}$   C. $t'_{1/2} > t_{1/2}$   D. 无法判断

5. 反应 A+B ⟶ C+D 为二级反应，当 $c_{A,0} = c_{B,0} = 0.02\,\text{mol} \cdot \text{dm}^{-3}$ 时，反应转化率达 90% 需 80.8 min，若 $c_{A,0} = c_{B,0} = 0.01\,\text{mol} \cdot \text{dm}^{-3}$ 时，反应达同样转化率需时为（　　）。

A. 40.4 min   B. 80.8 min   C. 161.6 min   D. 20.2 min

6. 某一反应在有限时间内可反应完全，所需时间为 $c_0/k$，该反应级数为（　　）。

A. 一级反应   B. 二级反应   C. 零级反应   D. 三级反应

7. 某一基元反应，$2A(g) + B(g) \rightleftharpoons E(g)$，将 2 mol 的 A 与 1 mol 的 B 放入 1 L 容器中混合并反应，那么反应物消耗一半时的反应速率与反应起始速率间的比值是（　　）。

A. 1∶2   B. 1∶4   C. 1∶6   D. 1∶8

8. 有相同初始浓度的反应物在相同的温度下，经一级反应时，半衰期为 $t_{1/2}$；若经二级反应，其半衰期为 $t'_{1/2}$，那么（　　）。

A. $t_{1/2} = t'_{1/2}$   B. $t_{1/2} > t'_{1/2}$
C. $t_{1/2} < t'_{1/2}$   D. 两者大小无法确定

9. 某气相反应在 500 ℃下进行，起始压强为 $p$ 时，半衰期为 2 s；起始压强为 $0.1p$ 时半衰期为 20 s，该反应为（　　）级反应。

A. 零   B. 一   C. 二   D. 三

10. 某反应速率常数 $k = 2.31 \times 10^{-2}\,\text{mol}^{-1} \cdot \text{dm}^3 \cdot \text{s}^{-1}$，反应起始浓度为 $1.0\,\text{mol} \cdot \text{dm}^{-3}$，则其反应半衰期为（　　）。

A. 43.29 s   B. 15 s   C. 30 s   D. 21.65 s

11. 某反应进行时，反应物浓度与时间呈线性关系，则此反应之半衰期与反应物最初浓度有何关系（　　）。

A. 无关   B. 成正比   C. 成反比   D. 平方成反比

12. 反应 A+B ⟶ C+D 的速率方程为 $r = k[A][B]$，则反应（　　）。

A. 是二分子反应          B. 是二级反应但不一定二分子反应
C. 不是二分子反应        D. 是对 A、B 各为一级的二分子反应

13. 基元反应的反应级数（　　）。

A. 总是小于反应分子数    B. 总是大于反应分子数
C. 总是等于反应分子数    D. 也可能与反应分子数不一致

14. 对连串反应 A ⟶ B ⟶ C 中，如果需要的是中间产物 B，则为得到其最高产率应当（　　）。

A. 增大反应物 A 的浓度   B. 增大反应速率
C. 控制适当的反应温度    D. 控制适当的反应时间

15. 某等容反应的正向反应活化能为 $E_f$，逆向反应活化能为 $E_b$，则 $E_f - E_b$ 等于（　　）。

A. $-\Delta_r H_m$   B. $\Delta_r H_m$   C. $-\Delta_r U_m$   D. $\Delta_r U_m$

### 四、计算题

1. 在 300 K 时，反应 $2NOCl(g) \longrightarrow 2NO(g) + Cl_2$ 的 NOCl 浓度和反应速率的数据如下表。

| NOCl 的初始浓度/mol·dm$^{-3}$ | 0.30 | 0.60 | 0.90 |
|---|---|---|---|
| 初始速率/mol·dm$^{-3}$·s$^{-1}$ | $-3.6\times10^{-9}$ | $-1.44\times10^{-8}$ | $-3.24\times10^{-8}$ |

(1) 写出反应速率方程式；(2) 求出反应速率常数；

(3) 如果 NOCl 的初始浓度从 0.30mol·dm$^{-3}$ 增大到 0.45mol·dm$^{-3}$，反应速率增大多少倍。

2. 在 600K 时，反应 $2NO(g)+O_2(g)\longrightarrow 4NO_2(g)$ 的实验数据如下表所列。

| 初始浓度 | | $v_{NO}$ 初始反应速率/mol·dm$^{-3}$·s$^{-1}$ |
|---|---|---|
| $c_{NO}$/mol·dm$^{-3}$ | $c_{O_2}$/mol·dm$^{-3}$ | |
| 0.010 | 0.010 | $2.5\times10^{-3}$ |
| 0.010 | 0.020 | $5.0\times10^{-3}$ |
| 0.030 | 0.020 | $45\times10^{-3}$ |

(1) 写出上述反应的速率方程式和反应的级数；

(2) 计算速率常数；

(3) 当 $c_{NO}=0.015$mol·dm$^{-3}$，$c_{O_2}=0.025$mol·dm$^{-3}$ 时。反应速率应是多少？

(4) 当 $-dc_{O_2}/dt=5.0$mol$^2$·dm$^{-6}$·s$^{-1}$ 时，$dc_{NO}/dt$ 和 $dc_{NO_2}/dt$ 各为多少？

3. 下列反应：

$$2NO(g)+H_2(g)\longrightarrow N_2(g)+2H_2O(g)$$

上述反应速率方程式对 NO(g) 为 2 次、对 $H_2$(g) 为 1 次方程。试求：

(1) 写出 $N_2$(g) 的生成速率方程式；

(2) 如果浓度单位为 mol·dm$^{-3}$，反应速率常数 $k$ 的单位是什么？

(3) 如果浓度单位为 atm，$k$ 将有什么单位？

(4) 写出 NO(g) 消失的速率方程式，在这个方程式中的 $k$ 在数值上是否和（1）方程式的 $k$ 值相同？

4. 已知某药物分解 30% 即告失败，药物溶液的原来浓度为 5.0g·dm$^{-3}$，20 个月之后，浓度变为 4.2g·dm$^{-3}$。假定此分解为一级反应，问在标签上注明的有效期限是多少？此药物的半衰期是多少？

5. 乙烷在 900℃ 裂解，其反应速率方程为 $-\dfrac{dc}{dt}=kc$，已知在该条件下 $k=57.1$s$^{-1}$，求乙烷裂解 52.5% 时需要多少时间？

6. 某二级反应 $A+B\longrightarrow C$ 的起始速率为 $5.0\times10^{-7}$mol·dm$^{-3}$·s$^{-1}$，且对 A、B 均为一级反应，两反应物的起始浓度皆为 0.2mol·dm$^{-3}$，计算此反应的速率常数。

7. 65℃ 时在气相中 $N_2O_5$ 分解的 $k=0.292$min$^{-1}$，$E_a=103.4$kJ·mol$^{-1}$，求 80℃ 时的速率常数和半衰期。

8. 反应 $SO_2Cl_2(g)\longrightarrow SO_2Cl(g)+Cl_2(g)$ 为一级气相反应，320℃ 时 $k=2.2\times10^{-5}$s$^{-1}$。问在 320℃ 加热 90min $SO_2Cl_2$(g) 的分解分数为若干？

9. 某一级反应 $A\longrightarrow B$ 的半衰期为 10min。求 1h 后剩余 A 的分数。

10. 某一级反应，反应进行 10min 后，反应物反应掉 30%。问反应掉 50% 需多少时间？

11. 25℃ 时，酸催化蔗糖转化反应

$$C_{12}H_{22}O_{11} + H_2O \longrightarrow C_6H_{12}O_6 + C_6H_{12}O_6$$
（蔗糖）　　　　　　　（葡萄糖）　　（果糖）

的动力学数据如下（蔗糖的初始浓度 $c_0$ 为 $1.0023\,\text{mol}\cdot\text{dm}^{-3}$，时刻 $t$ 的浓度为 $c$）

| $t/\text{min}$ | 0 | 30 | 60 | 90 | 120 | 180 |
|---|---|---|---|---|---|---|
| $(c_0-c)/\text{mol}\cdot\text{dm}^{-3}$ | 0 | 0.1001 | 0.1946 | 0.2770 | 0.3726 | 0.4676 |

（1）使用作图法证明此反应为一级反应。求速率常数及半衰期；

（2）问蔗糖转化 95% 需时若干？

12. 对于一级反应，使证明转化率达到 87.5% 所需时间为转化率达到 50% 所需时间的 3 倍。对于二级反应又应为多少？

13. 氮甲烷分解反应
$$CH_3NNCH_3(g) \longrightarrow C_2H_6(g) + N_2(g)$$
为一级反应。在 287℃ 时，一密闭容器中 $CH_3NNCH_3(g)$ 初始压力为 $21.332\,\text{kPa}$，$1000\,\text{s}$ 后总压为 $22.732\,\text{kPa}$，求 $k$ 及 $t_{1/2}$。

14. 药物阿司匹林的水解为一级反应。已知：在 100℃ 时的速率系数为 $7.92\,\text{d}^{-1}$，活化能为 $56.43\,\text{kJ}\cdot\text{mol}^{-1}$。求在 17℃ 时，阿司匹林水解 30% 所需的时间。

15. 已知乙烯的热分解反应 $C_2H_4(g) \Longrightarrow C_2H_2(g) + H_2(g)$ 为一级反应，反应的活化能 $E_a = 250.8\,\text{kJ}\cdot\text{mol}^{-1}$。在 $1073\,\text{K}$ 时，反应经过 $10\,\text{h}$ 有 50% 的乙烯分解，求反应在 $1573\,\text{K}$ 时，分解 50% 的乙烯需要的时间。

16. 已知 1-1 级对峙反应 $A \underset{k_b}{\overset{k_f}{\rightleftharpoons}} B$，$k_f = 0.006\,\text{min}^{-1}$，$k_b = 0.002\,\text{min}^{-1}$。若反应开始时，系统中只有反应物 A，其起始浓度为 $1\,\text{mol}\cdot\text{dm}^{-3}$。计算反应进行到 $100\,\text{min}$ 时，产物 B 的浓度。

17. 基乙酸在酸性溶液中的分解反应
$$(NO_2)CH_2COOH \longrightarrow CH_3NO_2(g) + CO_2(g)$$
为一级反应。25℃，$101.3\,\text{kPa}$ 下，于不同时间测定放出的 $CO_2(g)$ 的体积如下：

| $t/\text{min}$ | 2.28 | 3.92 | 5.92 | 8.42 | 11.92 | 17.47 | $\infty$ |
|---|---|---|---|---|---|---|---|
| $V/\text{cm}^3$ | 4.09 | 8.05 | 12.02 | 16.01 | 20.02 | 24.02 | 28.94 |

反应不是从 $t = 0$ 开始的。求速率常数。

18. 氯气催化臭氧分解的机理如下：

$$Cl_2 + O_3 \overset{k_1}{\rightleftharpoons} ClO + ClO_2 \tag{1}$$

$$ClO_2 + O_3 \overset{k_2}{\rightleftharpoons} ClO_3 + O_2 \tag{2}$$

$$ClO_3 + O_3 \overset{k_3}{\rightleftharpoons} ClO_2 + 2O_2 \tag{3}$$

$$ClO_3 + ClO_3 \overset{k_4}{\rightleftharpoons} Cl_2 + 3O_2 \tag{4}$$

由此推得，速率方程 $v = k[Cl_2]^{\frac{1}{2}}[O_3]^{\frac{3}{2}}$，其中 $k = 2k_3\left(\dfrac{k_1}{2k_4}\right)^{\frac{1}{2}}$。求反应的表观活化能与各基元反应活化能之间的关系。

习题解答

# 第9章 表面化学

内容提要

近年来，由于现代科学技术的迅速发展，对于物质表面现象的研究十分关注，其已经逐渐发展成为一门独立分支——表面科学。这门学科涉及许多应用领域，尤其以表面化学、表面物理、表面技术领域更为突出。在相与相之间存在着物理界面，任意两相之间的接触面称之为界面，在相界面上发生的现象，习惯上称之为表面现象。按照两相的聚集状态的差异，有不同类型的界面，其中重要的有液-气、固-气、固-液和液-液等。若其中一相为气相，这种界面通常称为表面，但在实际工作中，界面和表面不是严格区分的，往往都称为表面。

表面现象是自然界中普遍存在的现象，比如水滴、汞滴总是呈球形，吹出的肥皂泡也是呈球形，又如油灯的灯芯会自动吸油，油污的衣服加入洗衣粉后会清洗干净等，这些日常生活中常见的现象都与表面现象有关。

表面现象产生的原因是表面分子处境与内部分子不一样，这使表面分子具有一定的特殊性，呈现不同的表面现象，如吸附、润湿现象等。表面现象既有物理的，也有化学的。对一般的化学反应通常较少地注意到表面现象，但是在研究化学反应中的多相催化作用、物质的吸附作用、胶体和乳状液等方面时，表面现象就显得很重要。

## 9.1 比表面、表面吉布斯函数和表面张力

### 9.1.1 比表面

一定量的物质的总表面积与物质的分散度（粉碎程度）有很大关系，分散度越大，离子越细，粒子数越多，表面积也就愈大。这种关系可用比表面积 $a_V$ 表示，它是物质的总表面积与该物质总体积的比值，即单位体积的物质所具有的表面积。用数学式可表示为

$$a_V = \frac{A(物质的总表面积)}{V(物质的总体积)} \tag{9.1}$$

当把边长为 1cm 的立方体逐渐分割成更小的立方体时发现，分割得愈细，比表面积就愈大。在胶体体系中粒子的大小约在 1~1000nm 之间，它具有很大的表面积，突出地表现出表面效应。因此，实际上胶体化学中所研究的许多问题都是属于表面化学的问题。此外，某些多孔性物质或粗粒分散体系也常具有相当大的表面积，它们的表面现象也是不能忽

视的。

对多孔性的固体，如活性炭、硅胶、分子筛等吸附剂，它们不仅有外观的表面，内部还有许多微孔和孔道，因此还有内表面，这时外表面对于内表面来说是微不足道的。在这种情况下比表面常以单位质量的固体物质所具有的表面积来表示，即

$$a_s = \frac{A(物质的总表面积)}{m(物质的总质量)} \tag{9.2}$$

优质的活性炭吸附剂比表面积可以达到 $500 \sim 1500 \mathrm{m}^2 \cdot \mathrm{g}^{-1}$，而一些超级活性炭甚至可以达到 $3000 \ \mathrm{m}^2 \cdot \mathrm{g}^{-1}$。

### 9.1.2 界面张力

以液体及其蒸气所形成的两相界面为例，如图 9.1 所示。液体内部分子所受的球形对称的力可以彼此抵消，合力为零。处于界面层的分子，由于在它上方气相分子的密度较液相小得多，气相分子间的距离大，相互作用力小，因此，界面层的分子处于一合力指向液体内部的不对称力场中，这些界面层中的分子就有离开界面层而进入液体内部的趋势，从而宏观上表现为界面收缩。这种作用力使界面层显示出一些独特性质（如界面张力）及界面现象（如表面吸附、毛细现象、润湿等）。

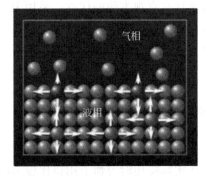

图 9.1　气液界面和体相分子受力示意图

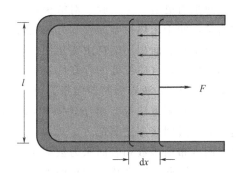

图 9.2　界面张力示意图

也可由面积可变的液膜来理解界面分子所受的收缩力，如图 9.2 所示。用金属丝做成一边可自由滑动的金属框，将其浸入液体取出后即有液膜形成。此时只有施加外力 $F$，才能阻止滑动边向缩小膜面积的方向移动。实验表明，此力 $F$ 与滑动边的长度 $l$ 成正比。考虑液膜有正、反两个气－液界面，即有

$$F = Kl = 2\gamma l$$
$$\gamma = \frac{F}{2l} \tag{9.3}$$

式(9.3)中，比例系数 $\gamma$ 是作用于单位长度界面上液体表面的收缩力，称为界（表）面张力。界面张力的方向指向在与界面相切的平面内，并垂直于界面边缘，是界面相特有的一个可测量的强度性质，单位为 $\mathrm{N} \cdot \mathrm{m}^{-1}$。表 9.1 列出部分系统界面张力的数据。

### 9.1.3 表面功及表面吉布斯函数

恒温恒压组成恒定时，使系统的表面积可逆地增加 $\mathrm{d}A$ 所需对系统做的非体积功，称为表面功，它等于此过程中系统吉布斯函数的增量。在图 9.2 中，如可逆用力 $F$ 拉动滑动边向右移动 $\mathrm{d}x$，扩大液膜面积，所做的功正比于表面积的增量。忽略阻力时，结合式(9.3)有，

$$\delta W' = F dx = \gamma(2l dx) = \gamma dA = dG$$

从而有

$$\gamma = \frac{\delta W'}{dA} \tag{9.4}$$

由此可知，$\gamma$ 也可以表示使系统增加单位表面时，所需的可逆功，称为表面功。单位为 $J \cdot m^{-2}$。IUPAC 以此来定义表面张力。

由于在恒温恒压下，可逆非体积功等于系统的吉布斯函数变。即

$$\delta W' = dG = \gamma dA$$

$$\gamma = \left(\frac{\partial G}{\partial A}\right)_{T,p,n_B} \tag{9.5}$$

式(9.5)即为 $\gamma$ 的热力学定义，其物理意义为：在温度、压力和组成恒定的条件下，增加单位表面积时，体系吉布斯函数的增量。由此，$\gamma$ 又被称为表面吉布斯函数（specific surface Gibbs function），简称表面能，其国际单位是 $J \cdot m^{-2}$。

界面张力和表面吉布斯函数是对同一现象从不同角度观察的结果，尽管量纲相同，但是这两个具有不同意义的物理量，在应用上各有特色。对于界面可自由变化的系统而言，数值相等。界面张力更适用于实验，对解决流体界面的问题具有直观方便的优点。采用表面吉布斯函数概念，便于用热力学原理和方法处理界面问题，对各种界面有普适性。特别是对于固体表面，由于其表面积不能自由变化而会存在内应力，力的平衡方法难以应用，此时用表面吉布斯函数更合适（应变能的存在使表面吉布斯函数和界面张力在数值上不再相等）。

气-液界面和液-液界面的界面张力可以直接测定。常用的方法有毛细管上升法、最大泡压法、拉环法和滴重法等。由于含固相的界面大小难以任意改变，其界面张力难以直接测定，通常需通过间接方法测定。

比表面吉布斯函数和表面张力数值相同，单位也能统一，但它们是从不同的角度来反映表面特征的，因此，物理化学中把两者作为同义词，在实际应用时习惯上用得比较多的是表面张力这个名词。表 9.1 列出的是一些液体的表面张力。

表 9.1 物质的表面张力 ($\gamma / \times 10^{-3} N \cdot m^{-1}$)（液面上为空气）

| 物质 | $N_2(l)$ | $O_2(l)$ | $Cl_2(l)$ | 苯(l) | $CCl_4(l)$ | $CH_3OH(l)$ | $C_2H_5OH(l)$ | 乙醚(l) |
|---|---|---|---|---|---|---|---|---|
| 温度/℃ | -195 | 182 | -72 | 20 | 20 | 20 | 20 | 20 |
| 表面张力 | 8.3 | 12.23 | 33.65 | 28.88 | 26.77 | 22.61 | 22.80 | 17.00 |
| 物质 | $H_2O$ | 钠皂溶液 | NaCl（熔化） | $Na_2CO_3$（熔化） | Hg(l) | Pb(l) | Cu(l) | Zn(l) |
| 温度/℃ | 20 | 20 | 801 | 850 | 20 | 325 | 1080 | 600 |
| 表面张力 | 72.25 | 40.00 | 114 | 179 | 471.6 | 509.0 | 581.0 | 770 |

## 9.1.4 影响界面张力的因素

(1) 界面张力与物质本性有关

从表 9.1 中可以清楚地看到，就物质结构之不同而言，不同的结构有不同的分子之间的作用力，物质分子间相互作用力愈大，表面张力也就愈大。在一般液体中，水的表面张力最大，水分子之间是氢键缔合的，因而表面张力很大，$\gamma_{H_2O} = 72.75 \times 10^3 N \cdot m^{-1}$。又如汞，

它的原子之间是以金属键缔合的，作用力更大，$\gamma_{Hg}=471.6\times10^3 N\cdot m^{-1}$。综合比较上述数据可以得到如下结论：具有金属键的物质（汞、铜、锌等）表面张力最大，其次是离子键的物质（熔盐），再次为极性分子物质，如水等，最小者为共价键的液体物质。

对于同一种物质，当它与不同性质的其它物质相接触时，表面层分子所处的力场不同，因而表面张力（准确地说应是界面张力）也明显不同。表9.2给出的是在20℃时，水与不同的液相接触时的界面张力值。

表9.2 水与不同的液相接触时的表面张力（20℃）

| 界面 | $\gamma/\times10^{-3}N\cdot m^{-1}$ | 界面 | $\gamma/\times10^{-3}N\cdot m^{-1}$ |
| --- | --- | --- | --- |
| $H_2O-C_6H_{13}COOH$ | 7.0 | $H_2O-C_6H_{13}OH$ | 4.42 |
| $H_2O-C_8H_{17}COOH$ | 8.5 | $H_2O-C_6H_6$ | 35 |
| $H_2O-C_8H_{18}$ | 50.8 | $H_2O-CCl_4$ | 45 |
| $H_2O-C_4H_9OH$ | 1.76 | — | — |

实验证明：水与有机液体之间相互溶解度愈大，则界面张力愈小。表面张力在两相界面都是存在的，如固-气、固-液、液-气等界面。

（2）温度对界面张力的影响

它一般随着温度的升高而降低，这是因为温度升高引起物质体积膨胀，密度降低，结果削弱了物质内部分子对表面分子的吸引力的缘故。当温度升高到临界温度时，液-气之间的界面消失，表面张力等于零。但也有少数物质，如熔融的Cd、Fe、Cu及其合金，以及某些硅酸盐等液态物质的表面张力却随着温度的升高而增大，这种反常现象至今尚无一致的解释。

（3）压力及其它因素对界面张力的影响

由于压力对界面张力的影响原因比较复杂，使得实验研究不易进行（增加系统压力时，需要引入另一组分的气体，这将会导致界面性质发生改变）。一般随压力增加，界面张力有所减小，这是由于增加气体的压力，可使气体的密度增加，减小液体表面分子受力不对称的程度。此外增加压力可使气体分子更多地溶解于液体，改变液相成分。通常每增加1MPa的压力，表面张力约下降$1mN\cdot m^{-1}$。例如20℃时，101.325kPa下水和$CCl_4$的$\gamma$分别为$72.8mN\cdot m^{-1}$和$26.8mN\cdot m^{-1}$，而1MPa的压力下$\gamma$分别为$71.8mN\cdot m^{-1}$和$25.8mN\cdot m^{-1}$。

分散度对界面张力的影响要到物质分散到曲率半径接近分子大小的尺寸时才较为明显。此外，溶质的加入也会明显的改变界面张力，这将在后面的章节中详细讨论。

## 9.1.5 表面热力学

过去研究一个系统的热力学性质如吉布斯函数时，认为吉布斯函数只是温度、压力和组成的函数，而忽略了表面大小对它的影响。但是对于高度分散系统，它具有很大的比表面，这时表面大小的影响不但不能忽视，而且成为必须考虑的因素。在水处理技术中常用活性炭吸附剂进行水质处理，以及含有废水的浮选处理等问题都涉及表面现象，因此了解表面现象的基本规律对于我们在今后的工作和学习中分析问题、解决问题是很重要的。

一个系统的吉布斯函数，可以认为是体系吉布斯函数（内部吉布斯函数$G_{int}$）和表面吉布斯函数$G_{sur}$之和，即

$$G_{tot} = G_{int} + G_{sur} = G_{int} + \gamma A$$

如果系统的表面积很小，则 $G_{sur}$ 只占 $G_{tot}$ 中极少的一部分，因而可以忽略。但在高度分散系中，因表面积很大，$G_{sur}$ 所占的比重很大，这对系统性质影响很大甚至起决定性作用。

如果系统的温度、压力和组成不变，$G_{int}$ 为一常数，则系统的吉布斯函数变化仅取决于表面吉布斯函数的变化，即

$$dG_{tot} = dG_{sur} = d(\gamma \cdot A) = \gamma dA + A d\gamma \tag{9.6}$$

上式为研究表面变化的方向提供了一个热力学准则，从中可以得出一些重要的结论：

① 当 $\gamma$ 一定时，式(9.6) 可简化为

$$dG = \gamma dA \tag{9.7}$$

若要 $dG < 0$，则必须 $dA < 0$。所以缩小表面积的过程是自发过程。

② $A$ 一定时（即分散度不变时），有

$$dG = A d\gamma \tag{9.8}$$

若要 $dG < 0$，则必须 $d\gamma < 0$。也就是说，表面张力减少的过程是自发过程，所以系统通过降低其表面张力以达到降低吉布斯函数使之趋于稳定。这就是固体和液体物质表面具有吸附作用的原因。

③ $A$ 和 $\gamma$ 两者均有变化，即系统通过表面张力和表面积的减少，使吉布斯函数降低。下一节所讨论的润湿现象就是这种情况。

## 9.2　弯曲液面的附加压力及其后果

### 9.2.1　弯曲液面的附加压力

静止液面的表面一般是一个平面，如图 9.3(a) 所示，对某一小面积 $AB$，$AB$ 以外的表面对 $AB$ 面具有表面张力作用，此时表面张力 $\gamma$ 也是水平的，当平衡时，沿着周界的表面张力相互抵消。这时液体表面内外的压力相等，而且等于表面承受的外压力。

如果液体表面是弯曲的，例如在毛细管中的液面就是弯曲的，由于表面张力的作用，在弯曲液面的内外，所受到的压力是不相等的。此时沿 $AB$ 周界上的表面张力 $\gamma$ 不是水平的，其方向如图 9.3(b)、图 9.3(c) 所示。平衡时表面张力将有一合力：当液面为凸形时，合力指向液体内部。这个合力就是弯曲液面的压力差，称为附加压力，用 $\Delta p$ 表示，即

$$\Delta p = p_内 - p_外 = p - p_0 \tag{9.9}$$

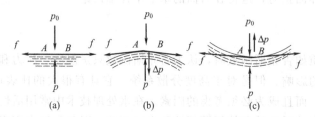

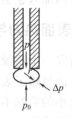

图 9.3　弯曲液面的附加压力　　　　图 9.4　附加压力与曲率半径的关系

附加压力的大小与弯曲液面的曲率半径有关。以凸形液面讨论，如图 9.4 所示，有一充满液体的毛细管，管端有半径为 $r$ 的球形液滴与之平衡。因为液滴表面分子受到向内的附加

力 $\Delta p$,同时受到外压 $p_0$,则液滴内部压力是 $\Delta p + p_0$,在液滴处于平衡时,它向外的压力 $p = \Delta p + p_0$。

若稍对活塞加以压力,管端液滴体积增加 $dV$,其表面积相应地增加以 $dA$,此时,环境为克服附加压力而对液滴所做的功应为 $(p-p_0)dV$。在恒温恒压可逆条件下进行,这些功可完全转化为表面吉布斯函数 $\gamma dA$,故

$$(p-p_0)dV = \gamma dA$$

因液滴为球形,其表面积为 $A = 4\pi r^2$,体积为 $V = \dfrac{4}{3}\pi r^3$,求微分并带入上式

$$(p-p_0)(4\pi r^2 dr) = \gamma(8\pi r dr)$$

整理得

$$\Delta p = p - p_0 = \frac{2\gamma}{r} \tag{9.10}$$

式(9.10)称为拉普拉斯方程,由此式得知。

对于指定的液体,弯曲液面的附加压力与液体表面的曲率半径成反比。

对于凸液面,$r>0$,$\Delta p = p - p_0 > 0$,$\Delta p$ 为正值,指向液体;

对于凹液面,$r<0$,$\Delta p = p - p_0 < 0$,$\Delta p$ 为负值,指向气体。

总之,附加压力的方向总是指向曲面的球心。

对于不同的液体,曲率半径相同时,弯曲液面的附加压力与表面张力成正比。

对于像空气中的肥皂泡那样的球形液膜,由于液膜有内外两个表面,它们均产生指向球心的附加压力,因此,泡内气体的压力比气泡外空气的压力大,其差值为

$$\Delta p = 2 \times \frac{2\gamma}{r} = \frac{4\gamma}{r} \tag{9.11}$$

【例 9.1】 如图 9.5 所示,在半径相同的细管下端有两个大小不同的肥皂气泡,当打开玻璃管的活塞,使两个肥皂泡得以相通,那么将会发生什么现象呢?为什么?

解:当打开活塞使两个肥皂泡相通时,会发现大肥皂泡会变得更大,小肥皂泡变得更小。

设大气泡的半径为 $r_1$,泡内气体压力为 $p_1$,小气泡半径为 $r_2$,泡内气体压力为 $p_2$,肥皂泡外气压为 $p_0$,根据肥皂泡内外压力差,即附加压力 $\Delta p = \dfrac{4\gamma}{r}$,有以下关系

$$p_1 - p_0 = \frac{4\gamma}{r_1}, \quad p_2 - p_0 = \frac{4\gamma}{r_2}$$

因为 $r_1 > r_2$,故

$$p_1 < p_2$$

可见,由于附加压力的影响,小气泡中的气压大于大气泡中的气压,因此,当两气泡相通后,气体会有小气泡流向大气泡,使小气泡越缩越小,而大气泡越胀越大,直到小气泡收缩到毛细管口,其被面的曲率半径与大气泡相等为止。

一些常见的现象和弯曲被面都与附加压力有关,如把毛细管插入水中或汞中时,管内液体将上升或下降;自由液滴或气泡通常都呈球形等,这些现象都是弯曲液面的附加压力所致。

## 9.2.2 毛细现象

在日常生活中,常见到玻璃毛细管插入水中或汞中,管内液面将上升或下降,像这种具

有细微缝隙的固体与液体接触时，液体沿缝隙上升或下降的现象称为毛细现象。

如图9.6所示，当把毛细管插入液体时，如果液体能润湿固体，即$\gamma_{s-g} > \gamma_{s-l}$，接触角$\theta < 90°$，管中液体表面呈凹形曲面，而管外液体实际上为平面。由于附加压力的存在，使管内凹面下液体所受到的压力小于管外平面上液体所受到的压力，因此管外液体将被压入管内，这时管内液柱上升到一定高度，此时在$MN$平面处液柱的静压力与凹面的附加压力相等。

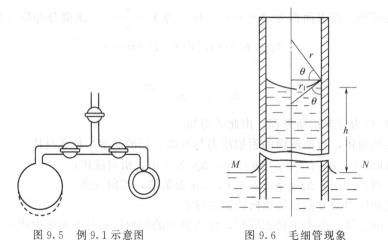

图9.5　例9.1示意图　　　　图9.6　毛细管现象

若液柱上升高度为$h$，则有

$$\Delta p = \rho g h \tag{9.12}$$

式中，$\Delta p$为凹液面的附加压力；$\rho$为液体的密度；$g$为重力加速度。

由于毛细管半径$r_1$和管内凹液面的曲率半径$r$的关系为：

$$r_1/r = \cos\theta$$

根据拉普拉斯公式$\Delta p = \dfrac{2\gamma}{r}$，可得

$$\frac{2\gamma}{r} = \frac{2\gamma\cos\theta}{r_1} = \rho g h \tag{9.13}$$

由式(9.13)可得液柱上升高度为

$$h = 2\gamma \frac{\cos\theta}{\rho g r_1} \tag{9.14}$$

式(9.14)说明，毛细管半径$r_1$越小，液面上升得越高。

当液体不能润湿管壁时，如果把玻璃毛细管插入汞中，接触角$\theta > 90°$，管内汞液面呈凸形曲向，由于附加压力的作用，汞液面将下降，下降的深度仍可用式(9.14)计算，此时$h$为负值，表示管内液面的下降深度。

以上讨论的是气液界面发生的毛细现象，在互不相溶的两相界面，也存在与此相同的问题，其处理方法也相同。例如，在油层中存在的油水界面上发生毛细管上升现象，也可以做上述处理。只是此时由于两相的密度差别不大，式(9.14)中的密度应当为水和油的密度差，即

$$h = 2\gamma_{水-油} \frac{\cos\theta}{(\rho_水 - \rho_油)g r_1} \tag{9.15}$$

通过上述讨论可以看出，毛细现象产生的根源是表面张力，表面张力使弯曲液面产生附

加压力，附加压力引起毛细现象。毛细管中弯曲液面的凸与凹，取决于液体对毛细管壁的润湿与否。毛细现象在生产及生活等方面都有应用，如农民锄地，不但可以铲除杂草，还可以破坏土壤中毛细管，防止土壤中的水分沿毛细管上升到地表蒸发，从而起到保湿的作用。棉布纤维的间隙，由于毛细作用而吸收汗水可保持使用者的干爽舒适。

毛细管现象是同采油关系特别密切的一种表面现象。油层的多孔结构，就是纵横交错的毛细管，它是毛细管现象发生的理想空间，而油水界面的存在，则是毛细管发生的必要条件。毛细管现象在包括：毛细管上升、下降和贾敏效应。

贾敏效应：当液-液，气-液不相混溶的两相在岩石孔隙中渗流，当相界面移动到毛细管孔窄口处，欲通过时，需要克服毛细管阻力，这种阻力效应称为贾敏效应。如图9.7所示。

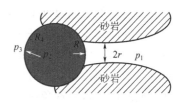

图 9.7 贾敏效应示意

贾敏效应具有加和性，当一串气泡或液珠堵住一串毛细孔时，该阻力效应就很大，对采油极为不利。减少油层中贾敏效应的措施主要有以下几种：一是可以增大毛细孔半径，用酸化或压裂的方法解决；二是可以在注入剂中加入降低表面张力的物质。有时我们也可以利用贾敏效应，例如为了降低水泥硬化的速率，在水泥中混入适量的油就是利用了这一效应。

### 9.2.3 弯曲表面上的饱和蒸气压——开尔文公式

由相律可知，在一定温度和外压下，纯液体的饱和蒸气压为一定值，不过这是对平液面而言的。实验表明：与平液面相比，同样温度和外压下具有凸液面的小液滴的饱和蒸气压较平面的蒸气压高。

由于弯曲液面存在附加压力，使弯曲液面层内的掩体分子所受的压力与平面液体不同，因而弯曲液面内液体的饱和蒸气压及其化学势与平面流体将有所不同。设外压力为 $p^\ominus$，球形小液滴的半径为 $r$，小液滴的饱和蒸电压为泡 $p_r$，与平面液体平衡的饱和蒸气压为 $p$。恒温恒压下气、液两相达到平衡时，任一组分在两相中的化学势应相等，由此可得球形小液滴的化学势 $\mu_r$ 和平面液体的化学势 $\mu_平$。分别用与之平衡的气相表示 $\mu_r$ 和 $\mu_平$，得

$$\mu_r = \mu^\ominus + RT\ln\frac{p_r}{p^\ominus}, \quad \mu_平 = \mu^\ominus + RT\ln\frac{p}{p^\ominus}$$

即
$$\Delta\mu = \mu_r - \mu_平 = RT\ln\frac{p_r}{p^\ominus} \tag{9.16}$$

对于温度及组成不变的系统，有

$$V_{m,l} = \left(\frac{\partial\mu}{\partial p_1}\right)_T$$

则
$$\Delta\mu = \int_p^{p+\Delta p}\left(\frac{\partial\mu}{\partial p}\right)_T \mathrm{d}p_1 = \int_p^{p+\Delta p} V_{m,l}\mathrm{d}p_1 \tag{9.17}$$

忽略压力对液体体积的影响，由式(9.16) 和式(9.17) 可得

$$RT\ln\frac{p_r}{p^\ominus} = V_{m,l}\Delta p$$

再结合拉普拉斯公式，有

$$RT\ln\frac{p_r}{p} = \frac{2\gamma V_{m,l}}{r} = \frac{2\gamma M}{\rho r} \tag{9.18}$$

式(9.18)即为开尔文公式,式中,$\rho$ 为密度,$M$ 为摩尔质量。依据开尔文公式,一定温度下纯液态物质的 $T$、$\gamma$、$V_{m,l}$、$M$ 和 $p$ 皆为定值,此时 $p_r$ 只是 $r$ 的函数。对于界面为球形凹液面的分析与上述情况类似,只是由于此时附加压力的存在减小了界面液体的压力,故需将式(9.18)中的积分上限改为 $p-\Delta p$,从而式(9.18)左边需加一负号或将其对数项的分子与分母交换位置。

对于弯曲液面,为了统一使用式(9.18),人为规定了曲率半径 $r$ 的符号:对凸液面,$r$ 取正值(界面液体的蒸气压高于同温度下平面液体的蒸气压);对凹液面,$r$ 取负值(界面液体的蒸气压低于同温度下平面液体的蒸气压)。

很多界面现象可以由开尔文公式得到解释。如润湿性液体在毛细管内或间隙中会形成凹液面,此界面液体的蒸气压低于同温度下平面液体的蒸气压。从而一定温度下,蒸气对平液面而言尚未达到饱和,但对凹液面而言有可能已达到过饱和状态,而在这些毛细管内或间隙中凝结成液体,这种现象称为毛细凝结。多细孔的硅胶及分子筛等物质用作干燥剂,以及"神州六号"飞船舱内湿气的去除,都是毛细凝结现象具体运用的典型例子。此外开尔文公式也可用于讨论气-固界面,其中 $\gamma$ 是固体的界面张力,$V_m$、$M$ 和 $\rho$ 分别为固体的摩尔体积、摩尔质量和密度。由此,颗粒半径越小的固体具有的饱和蒸气压也越大,从而会具有更大的溶解度。需要说明的是,由于固体难以成为严格的球形,不同晶面的界面张力也有所不同且难以准确测定,所以开尔文公式对气-固界面只能作粗略讨论。

一定温度下,液滴越小,饱和蒸气压越大。半径减小到 1nm 时,小水滴的饱和蒸气压约为平液面的 3 倍,而水中气泡的饱和蒸气压约为平液面的 1/3。因分散度增加而引起液体或固体的饱和蒸气压升高的现象,只有在尺度很小(进入纳米范围)时,才会达到可觉察的程度。在蒸气冷凝、液体凝固和沸腾、溶液的结晶、晶体的溶解等相变过程中,要从无到有生成新相,这个过程阻力极大。由于最初生成的新相的尺度极其微小(分散度很高),其表面积和表面吉布斯函数都很大,故生成新相极为困难,因而会产生过饱和蒸气(按相平衡条件应该凝结而没有凝结的蒸气)、过冷或过热液体以及过饱和溶液等亚稳状态(metastable state),即热力学不稳定状态。如过饱和水蒸气:298.15K 时,纯水的饱和蒸气压 $p^* = 3167.68$Pa,而半径为 10nm 的水滴的饱和蒸气压为此值的 1.114 倍,从而在该温度下的洁净系统中(没有尘埃)压力为 $p^*$ 的水蒸气并不能凝结,只有当水蒸气的分压继续增大至超过 $1.114p^*$ 时,热力学上才可能有半径为 10nm 的小水滴出现。水蒸气的过饱和现象还有其非平衡的因素:水滴半径为 10nm 的水珠约含有 $1.4 \times 10^5$ 个水分子,从而即使空气中的水蒸气可以过饱和 11%,这么多的水分子同时聚在一处形成水珠的可能性也是很小的,故仍难以发生水的凝结。系统中的尘埃及人工降雨过程中飞机喷洒的 AgI 微粒等,可提供有较大曲率半径的凝结中心,而使蒸气迅速凝结,这也是人工降雨的原理。类似地,为防止加热液体时的暴沸现象,可事先加入一些沸石、素烧瓷片等含有较大孔的多孔性物质,加热时这些孔中的气体可成为新相种子(汽化核心),绕过了产生极微小气泡的困难阶段,使液体的过热程度大大降低,从而避免暴沸。

【例 9.2】 在 101.3kPa、373.15K 的纯水中,如仅含有半径为 $1.00 \times 10^{-6}$m 的空气泡,试求这样的水开始沸腾的温度。已知水的汽化热为 40.668kJ·mol$^{-1}$,373.15K 时水的表面张力为 $58.9 \times 10^{-3}$N·m$^{-1}$,密度为 958.4kg·m$^{-3}$。

**解**:由开尔文公式 $RT\ln\dfrac{p_r}{p} = \dfrac{2\gamma M}{\rho r}$,得

$$\ln\frac{p_r}{p}=\frac{2\gamma M}{\rho r}=\frac{2\times 58.9\times 10^{-3}\times 18\times 10^{-3}}{958.4\times(-1\times 10^{-6})\times 8.314\times 373.15}=-7.1\times 10^{-4}$$

从而 373.15K 时气泡内水的蒸气压为：

$$p_r=101.325\times\exp(-7.1\times 10^{-4})\text{kPa}=101.25\text{kPa}$$

距液面 $h$ 处的气泡内水的蒸气压 $p'_r$ 应不低于 $p^{\ominus}+\Delta p+\rho gh$ 才能沸腾. 略去 $\rho gh$，有

$$\frac{p'_r}{\text{kPa}}=101.325+\frac{2\times 58.9\times 10^{-3}}{1\times 10^{-6}}\times 10^{-3}=219.125$$

而

$$\ln\frac{p'_r}{p_r}=\frac{\Delta_{\text{vap}}H_m}{R}\times\left(\frac{1}{373.15}-\frac{1}{T_2}\right)$$

则

$$\ln\frac{219.125}{101.325}=\frac{40.668}{8.314}\times\left(\frac{1}{373.15}-\frac{1}{T_2}\right)$$

$$T_2=396.5\text{K}$$

即在该条件下，含此气泡的水至少要高于正常沸点 23℃才会沸腾. 若向水体中投入沸石等多孔物质，可增大初生气泡尺寸而使液体易于沸腾，避免暴沸，也节约能源.

## 9.3 润湿现象

### 9.3.1 液体对固体表面的润湿作用

水在玻璃上能铺展成一薄层，叫做玻璃被水润湿了。水滴在石蜡表面上，水很少铺展，基本上还是聚集成液滴，这叫做石蜡不能被水所润湿。可见润湿现象是固-液界面之间的表面现象。润湿与不润湿以及润湿程度的大小可用润湿角（即接触角）的大小来衡量。

当水滴在固体表面时，它可以铺展开或采取一定形状而达到平衡，如图 9.8 所示。在三相交点 $A$，对液滴表面做切线 $AM$，$AM$ 与固-液界面 $AN$ 所形成的夹角 $\theta$ 就是润湿角（或接触角）。润湿角 $\theta=0°$，称为完全润湿，$\theta<90°$，称为润湿，$\theta>90°$，称为不润湿。

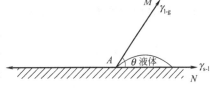

图 9.8 润湿角与三种表面张力的关系

$\theta$ 角的大小与各表面张力的相对大小有关，下面我们从表面张力的性质来讨论润湿条件。如图 9.8 所示，考虑三种表面张力同时作用于 $A$ 点。固-气的表面张力 $\gamma_{\text{s-g}}$ 力图将液体拉开，使液体往固体表面铺展开来；固-液的界面张力 $\gamma_{\text{s-l}}$，则力图使液体紧缩，阻止液体往固体表面铺展开；液体的表面张力 $\gamma_{\text{l-g}}$ 则力图维持液滴的球形，阻碍液体的铺展。根据力学平衡条件，三个表面张力之间应服从下列关系，

$$\gamma_{\text{s-g}}=\gamma_{\text{s-l}}+\gamma_{\text{l-g}}\cos\theta$$

或

$$\cos\theta=\frac{\gamma_{\text{s-g}}-\gamma_{\text{s-l}}}{\gamma_{\text{l-g}}} \tag{9.19}$$

上式清楚表明 $\theta$ 值与各表面张力之间相对大小的关系，式(9.19)称为杨氏（Young）方程。由杨氏方程可知：

(1) 如果 $\gamma_{\text{s-g}}>\gamma_{\text{s-l}}$，$\cos\theta>0$，则 $\theta<90°$，润湿；

(2) 如果 $\gamma_{s-g} < \gamma_{s-l}$，$\cos\theta < 0$，则 $\theta > 90°$，不润湿。

能够被水润湿的固体称为亲水性固体。常见的亲水固体有玻璃、石英、硫酸盐、碳酸盐、金属氧化物、金属矿物等，它们多半是离子型晶体和分子间作用力很强的固体。不被水所润湿的固体称为憎水性固体，憎水性固体有石蜡、石墨、有机物质、植物的叶子等。总体说来，极性固体均为亲水性，而非极性固体大多为疏水性。

按润湿程度的深浅或润湿性能优劣一般可以将润湿分为三类：沾湿、浸湿和铺展。

沾湿过程是气-固和气-液界面消失，形成固-液界面的过程，如图 9.9(a) 所示，单位面积上沾湿过程的吉布斯函变为：

$$\Delta G_a = \gamma_{s-l} - (\gamma_{s-g} + \gamma_{l-g}) \tag{9.20}$$

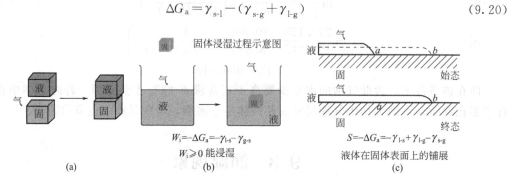

图 9.9　液体对固体的润湿过程

若沾湿过程自发进行，则有 $\Delta G_a < 0$。

沾湿过程的逆过程，即把单位面积已沾湿的固-液界面分开形成气-液界面和气-固界面过程所需的功，称为沾湿功。它是液体能否润湿固体的一种量度。沾湿功越大，液体越能润湿固体，液-固结合得越牢。在沾湿过程中，消失了单位液体表面和固体表面，产生了单位液-固界面。沾湿功就等于这个过程表面吉布斯函数变化值的负值。

$$W_a = -\Delta G_a = (\gamma_{s-g} + \gamma_{l-g}) - \gamma_{s-l} \tag{9.21}$$

浸湿是将固体浸入液体，气固界面完全被固液界面取代的过程，如图 9.9(b) 所示。等温、等压条件下，将具有单位表面积的固体可逆地浸入液体中所做的最大功称为浸湿功，它是液体在固体表面取代气体能力的一种量度。只有浸湿功大于或等于零，液体才能浸湿固体。在浸湿过程中，消失了单位面积的气、固表面，产生了单位面积的液、固界面，所以浸湿功等于该变化过程表面自由能变化的负值。

$$W_i = -\Delta G_i = \gamma_{s-l} - \gamma_{s-g} \tag{9.22}$$

铺展是少量液体能否在固体表面上自动展开，形成一种薄膜的过程。它实际上是在等温、等压条件下，单位面积的液-固界面取代了单位面积的气-固界面并产生了单位面积的气-液界面的过程。如图 9.9(c) 所示。这过程的表面自由能变化值的负值称为铺展系数，用 $S$ 表示。

$$S = -\Delta G_a = \gamma_{s-g} - \gamma_{s-l} - \gamma_{l-g} \tag{9.23}$$

若 $S \geqslant 0$，说明液体可以在固体表面自动铺展。若 $S < 0$，则不能铺展。

将杨氏方程代入式(9.21)、式(9.22)、式(9.23)，可有

沾湿过程：$\quad\quad\quad\Delta G_a = \gamma_{s-l} - (\gamma_{s-g} + \gamma_{l-g}) = -\gamma_{l-g}(\cos\theta + 1) \tag{9.21a}$

浸湿过程：$\quad\quad\quad\Delta G_i = \gamma_{s-g} - \gamma_{s-l} = -\gamma_{l-g}\cos\theta \tag{9.22a}$

铺展过程：$\quad\quad\quad\Delta G_a = \gamma_{s-l} + \gamma_{l-g} - \gamma_{s-g} = -\gamma_{l-g}(\cos\theta - 1) \tag{9.23a}$

如果某一润湿过程可以进行，必有 $\Delta G < 0$，因液体的表面张力 $\gamma_{l-g} > 0$，这时接触角一定要满足以下条件：沾湿过程：$\theta \leqslant 180°$；浸湿过程：$\theta \leqslant 90°$；铺展过程：$\theta = 0°$ 或不存在。

这表明，只要 $\theta \leqslant 180°$，沾湿过程都可以进行。因任何液体在固体上的接触角总小于 $180°$，所以沾湿过程是任何液体与固体之间都能进行的过程。

铺展过程在接触角 $\theta > 0°$，$\Delta G_a > 0$，铺展系数 $S < 0$，液体不能在固体表面铺展。当接触角 $\theta = 0°$ 时，$\Delta G_a = 0$，这是铺展能够进行的最低要求。

在三种润湿中，当 $90° < \theta \leqslant 180°$ 时，液体只能沾湿固体；当 $0° < \theta \leqslant 90°$，液体不仅能沾湿固体，还能浸润固体；当 $\theta = 0°$ 或者不存在时，液体不仅能沾湿、浸润固体，还可以在液体表面上铺展。

润湿和铺展在生产实践中有着广泛的应用。如在油田化学中，表面活性剂对岩石表面的润湿反转（wettability alteration）：由于表面活性剂的吸附，而造成的岩石润湿性改变的现象。液体对固体的润湿能力有时会因为第三种物质的加入而发生改变。例如，一个亲水性的固体表面由于表面活性物质的吸附，可以改变成一个亲油性表面。或者相反，一个亲油性的表面由于表面活性物质的吸附改变成一个亲水性表面。固体表面的亲水性和亲油性都可在一定条件下发生相互转化，因此把固体表面的亲水性和亲油性的相互转化叫做润湿反转。

### 9.3.2 液体和气体对固体表面润湿的关系

关于液体和气体对固体表面润湿的关系，可以用图 9.10 和图 9.11 来说明。图 9.10 中的固体是亲水性的，液滴能够在表面展开，平衡时的接触角 $\theta_1 < 90°$，而气泡的接触角 $\theta_2 > 90°$。图 9.11 的情况则相反，固体是憎水性的，气泡能够在水面展开，接触角 $\theta_2 > 90°$，而液体的接触角 $\theta_2 > 90°$。

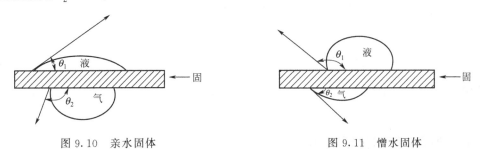

图 9.10　亲水固体　　　　　　　图 9.11　憎水固体

在上面两种情况下，$\theta_1$ 与 $\theta_2$ 互为补角即 $\theta_1 + \theta_2 = 180°$，由此可见，气体对固体的润湿性和液体对固体的润湿性恰好相反，固体的憎水程度愈大，则固体愈易被气体润湿，愈易附着在气泡上，与之一起上升到液面，浮选就是利用气体对固体的润湿作用。

例如，乳化油的处理常采用浮选的方法，其基本原理也是因为油粒与水的接触角 $\theta > 90°$，即油粒表面是憎水性的，水不能润湿油粒。相反，油类会被气体所润湿，当把空气泡通入乳化油的浮选池时，油粒就能附着在气泡表面，随气泡一起上升到液面，再利用刮油机（板）刮走表面的油沫后，水质就得到净化。

两种互不相容的液体与一固体同时接触时，也存在着哪一种液体能够润湿该固体的问题，其情况与上面谈论的相类似。

## 9.4　气体在固体表面上的吸附

固体表面的原子（或分子或离子）和在固体内部所有的原子（或分子或离子）间的关

系，是同液体表面和内部分子间的关系相似的。固体表面也有一定的表面张力，也有吸附某些物质而降低其表面张力的倾向，所以固体吸附气体（或液体）也是一种自动的过程。由于固体表面粗糙，吸附现象就更加突出。所谓吸附就是物质在相界面上浓度自动发生变化的过程，亦即在固体（或液体）表面层中某组分浓度与主体（内层）浓度相异的现象。如在充满溴蒸气的玻璃瓶中加入活性炭，经过一段时间，瓶中的红棕色气体会逐渐消失。这是由于溴蒸气在向活性炭中集中，因此瓶中的溴蒸气减少，颜色消失，也就是说活性炭吸附了溴蒸气。在系统中，具有吸附作用的物质称为"吸附剂"（如活性炭），被吸附的物质称为"吸附质"（如溴蒸气）。

气体分子被固体表面吸附为正向过程；被吸附分子也会从表面上脱离，这个过程称为解吸（或脱附），这是吸附的逆向过程。在一定条件下，正、逆两过程速率相等时，吸附达到平衡，这时被吸附物质的量即吸附量（用符号 $\Gamma$ 表示）将为一定值。

因为吸附作用发生在固体表面上，因此吸附量的表示方法应为单位面积上所吸附物质的数量（mol·m$^{-2}$），但是固体吸附剂的表面往往高低不平或带有大量孔隙，很难准确测定其面积，所以一般常用单位质量吸附剂所吸附物质的数量来表示，即

$$\Gamma = \frac{X}{m} \tag{9.24}$$

式中，$m$ 为吸附剂的质量，g；$X$ 为被吸附物质的数量（mol·g$^{-1}$ 或标准状态下的气体体积 mL）；$\Gamma$ 为吸附平衡时的吸附量。

吸附量实际上是通过测定吸附物在原有的气相或液相中的浓度变化来测定的。如果吸附前在气体或溶液中含有吸附质 $n_0$ mol，当达到吸附平衡后，气体或溶液中被吸附物质的数量减少到 $n$ mol，则

$$\Gamma = \frac{X}{m} = \frac{n_0 - n}{m} \quad \text{或} \quad \Gamma = \frac{X}{m} = \frac{V(c_0 - c)}{m} \tag{9.25}$$

式中，$c_0$ 为溶液最初时的浓度；$c$ 为达到平衡时的浓度，$V$ 为溶液的体积，$m$ 为吸附剂的质量。

### 9.4.1 物理吸附和化学吸附

一般来讲，气体的吸附可分为物理吸附和化学吸附两种，其主要区别是两种吸附在分子间作用力上有本质的不同所以表现出不同的吸附性质。物理吸附时，吸附剂和吸附质分子间以范德华力相互作用；而化学吸附时，吸附剂与吸附质之间发生化学反应，以化学键相结合。

物理吸附和化学吸附不是截然分开的，两类吸附常常同时发生，并且在不同的情况下，吸附性质也可以发生变化。一般来说，低温下主要是物理吸附，高温下主要是化学吸附。物理吸附和化学吸附的特征比较列于表 9.3 中。

表 9.3 物理吸附和化学吸附的特征

| 性质 | 物理吸附 | 化学吸附 |
| --- | --- | --- |
| 吸附力 | 范德华力 | 化学键力 |
| 吸附热 | 较小，近于液化热 8~30kJ·mol$^{-1}$ | 较大，近于反应热 40~400kJ·mol$^{-1}$ |
| 选择性 | 无选择性 | 有选择性 |
| 分子层 | 单层或多层 | 单层 |
| 吸附速率 | 较快，易平衡，也易脱附，受温度影响较小，不需要活化能 | 较慢，不易平衡，较难脱附，温度升高则速率加快，需要活化能 |

还应指出，不论是物理吸附还是化学吸附，吸附作用一定是放热过程，即 $\Delta H_{ads}$（吸附热）总是负值。这是不难理解的，按照热力学公式 $\Delta G=\Delta H-T\Delta S$，由于吸附过程是自发的，所以 $\Delta G$ 一定是负值，而气体分子被吸附后，必然比吸附前混乱度要小，即 $\Delta S<0$，所以 $\Delta H$ 一定是负值。$\Delta H_{ads}$ 是研究吸附现象很重要的参数之一，人们经常将其数值的大小作为吸附强度的一种量度。

吸附量（$\Gamma$）与吸附剂和吸附物的本性、温度、压力等因素有关时，有

$$\Gamma=f(T,p)$$

这个函数极其复杂，到目前为止尚不能预先推断，只能通过实验来确定。对于一定的吸附剂与吸附质的系统，达到吸附平衡时，吸附量是温度和吸附质压力的函数。为便于研究，在吸附量、温度、压力这三个变量中，通常固定一个变量。测定另外两个变量之间的关系。这种关系可用曲线表示。在一定压力下，表示吸附量与吸附温度间关系的曲线称为吸附等压线。吸附量恒定时，表示平衡压力与温度间关系的曲线称为吸附等量线。在恒温下，表示吸附量与吸附平衡压力间关系的曲线称为吸附等温线。

上述三种吸附曲线中最重要、最常用的是吸附等温线。常见的吸附等温线有五种类型，如图 9.12 所示。其中，除第一种为单分子层吸附等温线外，其余四种皆为多分子层吸附等温线。吸附等温线可以反映出吸附剂的表面性质、孔分布以及吸附剂与吸附质之间的相互作用等有关信息。

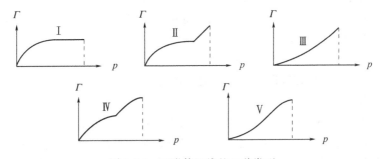

图 9.12　吸附等温线的 5 种类型

## 9.4.2　弗里德里希吸附经验式

从图 9.13 中看出，气体的浓度愈大，也就是气体的压力愈大，则吸附量愈大。每条吸附等温线可分成 3 个部分。

第Ⅰ部分（吸附的最初阶段），此时吸附量随着压力的增加而正比例增加，为一条直线。

第Ⅱ部分（即吸附的中间阶段），随着压力的增加，吸附量虽有所增加，但增加值逐渐变小，不再正比例增加，是一条曲线。

第Ⅲ部分（即吸附的饱和阶段），当压力增大到某一数值时，吸附量达到最大的饱和值，此后再增加压力，吸附量不再变化，吸附等温线是一条水平线。

(1) 弗里德里希方程式

在一定压力范围内可用下面的经验方程式即弗里德里希（Freundlich）吸附经验方程式表示吸附等温线，则

$$\Gamma=\frac{X}{m}=Kp^n \tag{9.26}$$

式中，$X$ 为气体被吸附的量，g 或 mL；$m$ 为吸附剂的量，g；$p$ 为吸附平衡时气体的

压力，Pa。

$K$ 与 $n$ 为经验常数，随温度、气体和吸附剂的不同有不同的数值。$n$ 值在 $0\sim1$ 之间，对于一条等温线来说，开始的直线部分 $n=1$，水平部分 $n=0$。

如果把上式取对数，则可以把指数式变成直线式，如图 9.14 所示。

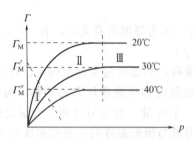

图 9.13 固体对气体的吸附等温线

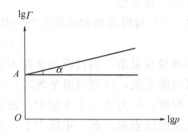

图 9.14 固体对气体的吸附等温线

$$\lg \Gamma = \frac{X}{m} = \lg K + n \lg p \tag{9.27}$$

这样我们可以更方便地用此式来验证公式的适用性，如果实验曲线符合弗里德里希公式的话，则 $\lg \Gamma$ 与 $\lg p$ 作图应得到一条直线。$\lg K$ 是直线的截距，$n$ 是直线的斜率，因此从直线的截距和斜率可求出 $K$ 和 $n$ 值。图 9.14 中 $OA$ 应等于 $\lg K$，斜率为 $n$。

实验发现，固体从液体中吸附溶质的吸附等温式也可用弗里德里希公式来描述，只是将式中气体的压力改为溶质的浓度。即

$$\Gamma = X/m = Kc^n \tag{9.28}$$

式中，$c$ 为溶液中溶质在吸附达到平衡时的浓度。

（2）温度对吸附的影响

吸附过程大多为放热，所以升高温度会使吸附量减少，如图 9.13 所示；反之，如果温度下降则吸附量将增加。但是，升高温度可以使吸附速度增加，较快达到平衡状态，所以既要速度快，又要吸附量大，就要选择一个适当的温度。至于溶液的吸附作用，吸附量与温度的关系并不像气体那样简单，在升高温度时，吸附量反而增加的例子很多，不过溶液中的吸附量随温度的不同变化一般不是太大。

上述的吸附经验式，一般在气体压力（或溶质浓度）不太大也不太小时，能够很好地符合实验结果，但在压力较低或压力较高时，就产生较大的偏差。另外式中的经验常数 $K$ 和 $n$ 都没有物理意义。

为了更好地阐明吸附的机理，朗缪尔提出了单分子层吸附理论，该理论的使用范围比弗里德里希经验式更广。

### 9.4.3 朗缪尔单分子层吸附理论

朗缪尔在研究低压下气体在金属上的吸附时，根据实验数据发现了一些规律，然后又从动力学的观点提出了一个吸附公式。其基本假设有以下 4 点。

① 固体表面的吸附作用是单分子层的吸附。
② 相邻的被吸附分子之间的相互作用小到可以忽略，无作用力。
③ 表面各处的吸附能力相同，即固体表面是均匀的。
④ 吸附平衡是动态平衡。

以 $k_1$ 及 $k_{-1}$ 分别表示吸附和解吸的速率常数，A 代表气体，M 代表固体表面，AM 代表吸附状态，则吸附的始末状态可以表示为

$$A(g) + M(表面) \underset{k_2}{\overset{k_1}{\rightleftharpoons}} AM$$

公式推导：设 $\theta$ 代表一瞬间已吸附气体的固体表面积对固体总表面积之比，即固体表面积被覆盖的分数，称为覆盖率。$1-\theta$ 代表未吸附气体的固体表面积对总表面积之比的分数，即空白表面占总表面的分数。

气体从单位表面积（或单位量的固体）上解吸的速率和 $\theta$ 成正比。即

$$解吸速率 = k_1\theta$$

式中，$k_1$ 是一定温度时的比例常数，相当于 $\theta = 1$ 时的解吸速率。

单位表面对气体的吸附速率应和 $1-\theta$ 成正比，并取决于单位时间内碰撞到单位面积上气体的分子数，而后者又与气体压力成正比，所以得到

$$吸附速率 = k_2 p(1-\theta)$$

式中，$k_2$ 是一定温度下的比例常数，相当于 $p=1$，$\theta=0$ 时的吸附速率。

$k_1$，$k_2$ 值决定于温度、吸附剂和吸附气体的本性。

在吸附过程中，$\theta$ 逐渐增大，所以解吸速率不断增大，吸附速率不断减小，最后两者速率相等，达到了吸附平衡，即

$$k_1\theta = k_2 p(1-\theta)$$

整理得

$$\theta = \frac{k_2 p}{k_1 + k_2 p} \tag{9.29}$$

若用另一常数 $b$ 表示：$b = k_2/k_1$，则

$$\theta = \frac{bp}{1+bp} \tag{9.30}$$

从本质上看，$b$ 为吸附作用的平衡常数，也称作吸附系数，其大小与吸附剂、吸附质的本性及温度有关。$b$ 越大，则表示吸附能力越强。

如果以 $\Gamma$ 代表覆盖率为 $\theta$ 时的平衡吸附量。在较低的压力下，$\theta$ 应随平衡压力的上升而增加。在压力足够高的情况下，气体分子在固体表面挤满整整一层，$\theta$ 应趋于 1。这时吸附量不再随气体压力的上升而增加，达到吸附饱和的状态。对应的吸附量称为饱和吸附量，以 $\Gamma_\infty$ 表示，则：

$$\theta = \frac{\Gamma}{\Gamma_\infty}, \quad \Gamma = \Gamma_\infty \theta$$

因此，

$$\Gamma = \Gamma_\infty \frac{bp}{1+bp} \tag{9.31}$$

式(9.31)就是朗缪尔吸附等温式，它是一个比较完整的理论公式。在一定温度下，对一定的吸附剂和吸附物来说，$\Gamma_\infty$ 和 $b$ 均为常数（$\Gamma_\infty$ 为饱和吸附量，$b$ 为吸附系数，$b$ 的大小反映了吸附的强弱）。

朗缪尔吸附等温式很好地说明了前述的吸附等温线。在低压时，$p$ 很小，式(9.31)右边的分母中 $bp$ 项与 1 相比较可忽略，于是公式变为

$$\Gamma = \Gamma_\infty bp \tag{9.32}$$

即吸附量与气体压力成正比。

在高压时，式(9.31) 右边分母中 1 与 $bp$ 项相比较，1 可以忽略不计，于是公式变成 $\Gamma=\Gamma_\infty$，即吸附达到饱和，吸附量与气体的压力无关（与压力的零次方成正比）。在中压时，压力介于低压和高压之间，式(9.31) 所代表的关系与弗里德里希经验式相符合。

为了方便计算常数 $\Gamma_\infty$ 和 $b$，通常将式(9.31) 取倒数，变成如下形式

$$\frac{1}{\Gamma}=\frac{1+bp}{\Gamma_\infty bp}=\frac{1}{\Gamma_\infty}+\frac{1}{\Gamma_\infty bp} \tag{9.33}$$

因此，以 $\frac{1}{\Gamma}$ 为纵坐标，以 $\frac{1}{p}$ 为横坐标作图时，同样应得到一条直线。直线的截距为 $\frac{1}{\Gamma_\infty}$，斜率为 $\frac{1}{\Gamma_\infty b}$，因此可以求得 $\Gamma_\infty$ 和 $b$ 的数值。

设吸附质每个分子的横截面积为 $a_m$ ($m^2$)，吸附剂的比表面积为 $A_s$ ($m^2 \cdot kg^{-1}$)，饱和吸附量 $\Gamma_\infty$ 为每千克吸附剂在盖满单分子层时所吸附吸附质的物质的量，则有

$$A_s = \Gamma_\infty N_A a_m \tag{9.34}$$

式中，$N_A$ 为阿伏伽德罗常数 ($6.02 \times 10^{22} mol^{-1}$)。

若已知 $a_m$（或 $A_s$），则可结合式(9.31) 计算 $A_s$（或 $a_m$）。

有时为了方便，也可将覆盖分数 $\theta=\dfrac{\Gamma}{\Gamma_\infty}$ 用于来表示，其中 $\Gamma$ 和 $\Gamma_\infty$ 分别是分压 $p$ 时吸附的气体的体积和吸附剂被盖满一层时被吸附的气体（均在标准状态下）的体积（饱和吸附量），将 $\theta=\dfrac{\Gamma}{\Gamma_\infty}$ 代入式(9.31) 可得

$$\Gamma=\Gamma_\infty \frac{bp}{1+bp} \tag{9.35}$$

或

$$\frac{1}{\Gamma}=\frac{1}{\Gamma_\infty}+\frac{1}{\Gamma_\infty bp} \tag{9.36}$$

若用 $\frac{1}{\Gamma}$ 对 $\frac{1}{p}$ 作图，应得到一条直线，其截距为 $\frac{1}{\Gamma_\infty}$，斜率为 $\frac{1}{\Gamma_\infty \cdot b}$，由直线的截距和斜率可得 $b$ 和 $\Gamma_\infty$ 的值。$\Gamma_\infty$ 和 $a_m$ 的值也可以计算吸附剂的比表面。

**【例 9.3】** 有实验测得每克硅胶吸附单分子层 $N_2$ 时，需要 129mL（0℃，101.325kPa）$N_2$，试计算硅胶的比表面积 $A_s$。

**解：** 为计算硅胶的比表面积 $A_s$，需先知道每个氮分子的横截面积 $a_m$。设氮分子为球形，在液态时是紧密堆积的，由液态的密度估算每个氮分子的截面积 $a_m$ 为 $16.2 \times 10^{-20} m^2$，则：

$$\begin{aligned}
A_s &= \frac{\Gamma_\infty}{22.4} \times N_A \times a_m \times 1000 \\
&= \left(\frac{0.129}{22.4} \times 6.02 \times 10^{23} \times 16.2 \times 10^{-20} \times 1000\right) mol \cdot kg^{-1} \\
&= 5.60 \times 10^5 \, mol \cdot kg^{-1}
\end{aligned}$$

最后，应该指出，我们在推导朗缪尔吸附等温式时做了许多假设，而实际情况往往比基本假设所描绘的情况要复杂得多，我们假设固体表面是均匀的，实际情况是很不均匀的，因此在整个固体表面上，吸附系数 $b$ 不是常数，这样即使在压力很小时，$V$ 与 $p$ 也不呈直线关系。我们又假设吸附层为单分子层，这就必然得出当压力很高时，吸附量与气体压力无关的结论，但实际情况并非如此，吸附层也可以是多分子层，因此，最后的吸附量并不接近于一

个常数。为此就有了多分子层吸附理论。

## 9.4.4 BET多分子层理论

在较高压力下,朗格缪尔等温式与实际有矛盾。原因之一是气体分子在固体表面上的吸附不是单分子层,而是多分子层吸附。1983年勃劳纳尔(S. Brunnauer)、爱密特(P. Emmett)和泰勒(E. Teller)三人提出了多分子层理论,简称BET理论。

理论以物理吸附为基础,它是朗缪尔单分子层吸附理论的推广。BET公式是应用统计方法导出的一个吸附等温式,即

$$\Gamma = \frac{\Gamma_\infty Cp}{(p_0-p)\left[1+(C-1)\dfrac{p}{p_0}\right]} \tag{9.37}$$

式中,$\Gamma$ 和 $\Gamma_\infty$ 分别是气体压力为 $p$ 时和吸附剂被盖满一层时吸附质在标准状态下的体积;$p_0$ 是实验温度下能使气体凝聚为液体的饱和蒸气压;$p/p_0$ 是相对压力;$C$ 是吸附热的函数。对指定温度和一定的固-气吸附系统,$C$ 是常数,反映固体与气体分子作用力的强弱。

图9.15表明,在压力较低时,BET等温线随 $C$ 值变化而有明显的差异,在 $C$ 很大的情况下,曲线一开始上升就很陡,以后很快转为平缓,甚至接近水平,压力加大,曲线又上升。$C$ 值大,反映固体与气体分子间作用力很强,第一层吸附的趋势特别大,所以第一层已经吸附了,第二层还没有开始,曲线才有一个平缓的阶段,直到压力继续增大,才发生多分子层吸附,$C=100$ 的曲线显示了这个特点。在特定情况下,$C$ 值很大,可以在 $p=p_0$ 时,基本完成单层吸附,而第二层吸附还没有显著发生,这时BET等温式就转化为朗缪尔等温式了;因为 $C\gg 1$,BET等温式中的 $C-1\approx C$,$p=p_0$ 时,$p-p_0\approx p_0$,则式(9.37)可改写为

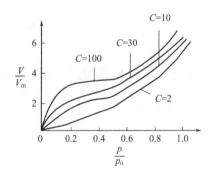

图9.15 按BET方程绘出的等温线

$$\Gamma = \Gamma_\infty \frac{Cp}{p_0\left(1+\dfrac{C}{p_0}p\right)} \tag{9.38}$$

令 $\dfrac{C}{p_0}=b$,则上式为

$$\Gamma = \Gamma_\infty \frac{bp}{1+bp} \tag{9.39}$$

反之,$C$ 很小,第一层吸附并无特别强的趋势,第一层,第二层,……吸附同时发生,所以,吸附量 $\Gamma$ 随 $p$ 均匀上升;$C=2$ 的曲线表示了这个特征。当常数 $C$ 值由大变小时,如从 $C=100$ 到 $C=2$ 时,则吸附等温线由类型Ⅱ过渡到类型Ⅲ。

BET公式能适用于单分子层和多分子层吸附,能对图9.13中的第Ⅰ、Ⅱ、Ⅲ类型的吸附等温线给予说明。此外,BET公式的重要用途是测定计算固体吸附剂的比表面。此时需要将式(9.37)重排成下列形式:

$$\frac{p}{\Gamma_0(p_0-p)} = \frac{1}{\Gamma_\infty C} + \frac{C-1}{\Gamma_\infty C}\frac{p}{p_0} \tag{9.40}$$

可见，当以 $\dfrac{p}{\Gamma_0(p_0-p)}$ 对 $\dfrac{p}{p_0}$ 作图时应得到一条直线，直线的斜率是 $\dfrac{C-1}{\Gamma_\infty C}$，截距是 $\dfrac{1}{\Gamma_\infty C}$，从斜率和截距之值可以求出 $\Gamma_\infty$ 和 $C$，即 $\Gamma_\infty=1/($斜率＋截距$)$，$C=($斜率＋截距$)/$截距。

求得 $\Gamma_\infty$ 后，如果知道被吸附分子的截面积 $a_m$ 就可算出固体吸附剂的比表面积 $A_s$，

$$A_s = \frac{\Gamma_\infty}{22400} \times \frac{N_A a_m}{m}$$

式中，$m$ 是固体吸附剂的质量；$N_A$ 是阿伏伽德罗常数。

由于固体吸附剂的比表面 $S_0$ 是一个很重要的物理量，对吸附性能有很大的影响，所以测定固体比表面是很重要的。目前，利用 BET 公式测定计算比表面的方法被公认为所有方法中最好的一种，其误差约为 10%。BET 理论基本上描述了吸附的一般规律，但 BET 理论没有考虑到表面的不均匀性和分子之间的相互作用，因此对Ⅳ和Ⅴ类型的等温线不能解释。

## 9.5 溶液表面的吸附

### 9.5.1 溶液的表面张力和表面活性物质

任何纯液体在一定温度时都有一定的表面张力，纯水是单组分系统，在一定温度下，其表面张力 $\gamma$ 也具有定值。对于溶液就不同了，加入溶质之后，水溶液的 $\gamma$ 值就会发生改变。

做一个简单的试验，在一个小烧杯中盛放自来水，中间放置一根火柴，因为在纯水中火柴受两边表面张力的作用处于平衡状态，如图 9.16(a) 所示。若在火柴的左边沿着烧杯壁小心缓慢滴加 2 滴乙醇，就可以观察到火柴随即向右移动，这说明乙醇水溶液的表面张力小于纯水。实验发现，在纯水中加入任何一种溶质后，都会引起水的表面张力发生变化，而且随溶质浓度的增加有着不同的变化情况。从对溶液表面张力的许多研究结果知道，表面张力随溶质浓度而变化的规律，如图 9.17 所示，存在两种情况：第一种情况是水溶液的表面张力随溶质浓度的增加而升高，且近似于直线上升（$A$ 线）；第二种情况是水溶液的表面张力随溶质浓度的增加而降低（$B$ 线）。

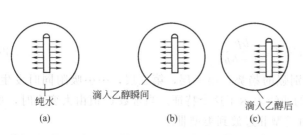
图 9.16 溶液表面张力降低示意图

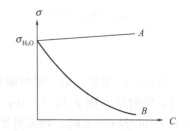
图 9.17 溶液浓度与表面张力之关系

溶质按照上述情况可以分为两种：

Ⅰ类：NaCl，$Na_2SO_4$，$NH_4Cl$，$KNO_3$，KOH 等无机化合物。

Ⅱ类：醇、醛、酸、酯等绝大部分有机化合物。

凡是能够降低液体表面张力的物质，称为表面活性物质。但习惯上，只把那些融入少量

就能显著降低溶液表面张力的物质，称为表面活性剂。Ⅰ类物质是表面惰性物质，上述Ⅱ类物质均为表面活性物质。

若任一种物质 A 能显著地降低另一液体 B 的表面张力，则 A 对 B 而言，A 为表面活性物质；相反，若 A 能增高 B 的表面张力，则 A 对 B 而言，A 为表面惰性物质。可见，所谓"表面活性"是指降低表面张力的能力。在此要注意，表面活性只是一种相对的概念，它取决于溶液成分的表面张力之间的相对大小。

例如，已知甲苯、苯胺、水的表面张力（$\gamma \times 10^{-3}/N \cdot m^{-1}$）分别是 28.5，63，72.7。当在甲苯中加入苯胺后，溶液的表面张力有所增大，所以苯胺为表面惰性物质。如在苯胺中加入甲苯，则溶液的表面张力明显降低，所以甲苯为表面活性物质。

如果在水中加入苯胺，则溶液的表面张力明显降低，所以，对水而言，苯胺为表面活性物质。因此，同是苯胺，因液体的种类（甲苯、水）不同，它可以是表面惰性物质，也可以是表面活性物质。

又如，将少量的水加入酒精中，只引起液体表面张力的轻微增大，这里水对酒精而言是表面惰性物质。但将少量的酒精加入水中，则引起液体水的表面张力显著降低。这里酒精对水而言是表面活性物质。

为什么许多有机化合物对水而言都是表面活性物质呢？因为它们的表面张力全都低于水的表面张力。例如，醚的 $\gamma(\times 10^3/N \cdot m^{-1})$ 为 16.5，乙醇为 22.3，丙醇为 22.8，醋酸为 27.6，丁酸为 26.5，苯为 28.9 等，所有这些数值都小于水的表面张力（$\gamma_{水} = 72.7$）。

水是最重要的溶剂，本书讨论的表面活性物质都是对水而言的。与加入溶质后引起溶液表面张力变化紧密相关的另一个表面现象就是吸附。溶质在液体表面层中的浓度和液体内部都是不相同的，这种浓度改变的现象称为溶液表面的吸附。

溶质在表面的吸附量（$\Gamma$）：为单位的表面层所含溶质的摩尔数比同量溶剂在本体溶液中所含溶质摩尔数的差值。简言之，吸附量又称表面过剩量，即表面浓度和本体浓度之差。若溶质在表面层的浓度大于在内部的浓度，称为正吸附；反之，若小于内部的浓度则称为负吸附。实验证明：表面活性物质在水溶液中呈正吸附，而表面惰性物质呈负吸附，这都与溶质的结构特性有关。

表面活性物质的分子具有两亲结构，如图 9.18 所示。分子的一端是亲水的极性基，例如，醇类：$CH_3—(CH_2)_n—OH$，酸类：$CH_3—(CH_2)_n—COOH$，胺类 $CH_3—(CH_2)_n—NH_2$。—OH、—COOH、—NH_2 都是极性的，能够吸引极性的水分子，因此是亲水基。分子的另一端是亲油的非极性基，如 R-等碳氢链是非极性的，不仅不能吸引水分子，还将遭到水分子的排斥，因而是憎水（亲油）基。具有两亲结构的分子称为两亲分子，将这类分子溶于水中，分子亲水基部分与水亲和并被拉入溶液内部，但分子的亲油基部分却相反，有逃向溶液表面的趋势。这种趋势表现为表面活性分子向溶液表面层聚集。因此当这种作用与扩散作用达到平衡后，表面活性分子在表层的浓度比在溶液内部的大，即产生正吸附。如果亲油基愈长，则整个分子的亲油性愈强也就愈趋向于离开所处的溶液而到达溶液的表面，结果其吸附量也就愈大。

基于结构的特点，表面活性分子在溶液表面上是有一定取向的。分子的亲水基指向极性溶剂，而亲油基则伸向表面另一侧的空气中。当在纯水中溶入表面活性物质后，在液面上，部分水就被这类分子所替代，在其中所形成的定向排列减轻了原来表面受力不平衡的程度，从而减少了表面吉布斯函数，降低了表面张力。显然，如果表面分子的亲油基愈长，在表面积聚众多，吸附量就愈大，同时使溶液表面吉布斯函数和表面张力降低愈多，也就是该物体的表面活性愈大。

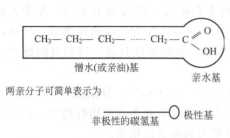

图 9.18　表面活性剂分子的两亲结构

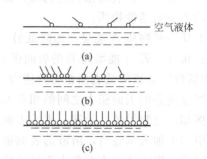

图 9.19　表面活性剂分子在液面上的定向排列
(a) 不饱和层；(b) 半饱和层；(c) 饱和层

当开始向水中加入少量表面活性物质后，由于浓度很稀，表面活性分子的碳氢链大致平躺在表面上，但两亲分子受到水分子的吸引和排斥，故虽为平躺也还有一定的取向，见图 9.19(a) 中不饱和层。随着浓度增大，吸附量增多，分子之间相互挤压，碳氢链便斜向空气，见图 9.19(b) 中半饱和层。随着浓度继续增大，分子则垂直规则地排列如栅栏，溶液的全部表面均为表面活性分子占据，并形成一层单分子膜，见图 9.19(c) 中饱和层。

应该指出，吸附层分子的定向并不只限于溶液和气体的界面上，在液-液、固-液界面的吸附层上也有定向排列，但在溶液内部的分子则是无方向性的。

### 9.5.2　表面活性剂

(1) 表面活性剂的分类

表面活性剂是指加入少量就能显著降低溶液表面张力的一类物质，通常指降低水的表面张力。表面活性剂可以从用途、物理性质或化学性质等方面进行分类。最常用的按化学结构来分类，分为离子型和非离子型两大类，离子型中又可分为阳离子型、阴离子型和两性型表面活性剂。显然阳离子型和阴离子型的表面活性剂不能混用，否则可能会发生沉淀而失去活性作用。

表面活性剂按结构分为离子型（包括阳离子型、阴离子型、两性型）和非离子型。

阴离子表面活性剂：羧酸盐（RCOONa）、硫酸酯盐（R—$OSO_3$Na）、磺酸盐（R—$SO_3$Na）、膦酸酯盐（R—$OPO_3Na_2$）等；阳离子表面活性剂：伯胺盐（R—$NH_2$·HCl）、季铵盐等；两性表面活性剂：氨基酸型（R—$NHCH_2$—$CH_2COOH$）、甜菜碱型等。

非离子表面活性剂：脂肪醇聚氧乙烯醚 [R—O—$(CH_2CH_2O)_n$H]；烷基酚聚氧乙烯醚 [R—$(C_6H_4)$—$O(C_2H_4O)_n$H]；聚氧乙烯烷基胺 [$R_2$N—$(C_2H_4O)_n$H]；聚氧乙烯烷基酰胺 [R—$CONH(C_2H_4O)_n$H]；多元醇型 [R—$COOCH_2(CHOH)_3$H]。

(2) 表面活性剂的基本性质

前面已经讲到表面活性剂的一些基本性质，如表面活性剂分子都是由亲水性的极性基团和憎水（亲油）性的非极性基团所构成。表面活性剂分子能定向排列于任意两相之间的界面层中，使界面不饱和力场得到某种程度的补偿，从而使界面张力降低。

为什么表面活性剂物质浓度极稀时，稍微增加其浓度就可以使溶液的表面张力急剧降低？为什么浓度超过某一数值之后，溶液的表面张力基本上不再变化？这些问题可以借助图 9.20 进行解释。

图 9.20(a) 表示当表面活性剂进入水中，在低浓度（<CMC）时，分子在溶液本体和

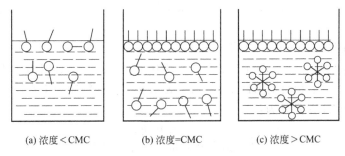

(a) 浓度＜CMC　　　　(b) 浓度＝CMC　　　　(c) 浓度＞CMC

图 9.20　表面活性剂分子在本体及表面层中的分布

表面层中分布的情况。在这种情况下，若稍微增加表面活性剂浓度，一部分表面活性剂分子将自动聚集到表面层，使水和空气的接触面减小，溶液的表面张力急剧降低。表面活性剂分子不一定是直立的，也可能是东倒西歪使非极性基团翘出水面，并且三三两两地把亲油基团靠拢而分散在水中。

图 9.20(b) 表示当表面活性剂浓度加大到一定程度时，达到饱和状态，液面上刚刚挤满了一层定向排列的表面活性剂分子，形成单分子膜。在溶液本体则形成具有一定形状的胶束。它是由几十个或几百个表面活性剂分子排列成憎水基朝里，亲水基团向外的多分子聚集体。胶束中许多表面活性物质的分子的亲水基团与水分子相接触；而非极性基团则包裹在胶束中，几乎完全脱离了与水分子接触。因此胶束能够在水溶液中稳定地存在。表面活性物质在水中形成胶束所需的最低浓度称为临界胶束浓度（critical micelle concentration），以 CMC 表示。

在 CMC 点上，由于溶液的浓度改变导致其物理及化学性质（如表面张力、电导、渗透压、浊度、光学性质等）同浓度的关系曲线出现明显的转折，如图 9.21 所示。这个现象是测定 CMC 的实验依据，也是表面活性剂的一个重要特征。

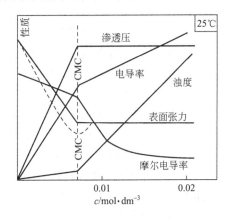

图 9.21　表面活性剂溶液性质随其浓度变化的关系图

表面活性剂效率：使水的表面张力明显降低所需要的表面活性剂的浓度。显然，所需浓度愈低，表面活性剂的性能愈好。

表面活性剂有效值：能够把水的表面张力降低到的最小值。显然，能把水的表面张力降得愈低，该表面活性剂愈有效。表面活性剂的效率与有效值在数值上常常是相反的。例如，当憎水基团的链长增加时，效率提高而有效值降低。

表面活性剂的效率与能力在数值上常常是相反的。例如，当憎水基团的链长增加时，活性剂的效率提高，而能力可能降低了。当憎水基团有支链或不饱和程度增加时，效率降低，能力却增加。

（3）亲水亲油平衡（hydrophile-lipophile balance）

表面活性剂都是两亲分子，由于亲水和亲油基团的不同，很难用相同的单位来衡量，所以 Griffin 提出了用一个相对的值即 HLB 值来表示表面活性物质的亲水性。对非离子型的表面活性剂，HLB 的计算公式为：

$$\text{HLB 值} = \frac{\text{亲水基质量}}{\text{亲水基质量} + \text{憎水基质量}} \times 20 \tag{9.41}$$

例如：石蜡无亲水基，所以 HLB=0；聚乙二醇，全部是亲水基，HLB=20；其余非离子型表面活性剂的 HLB 值介于 0～20 之间。

根据需要，可用 HLB 值选择合适的表面活性剂。例如：HLB 值在 2～6 之间，可作油包水型的乳化剂；8～10 之间作润湿剂；12～18 之间作为水包油型乳化剂。如图 9.22 所示。

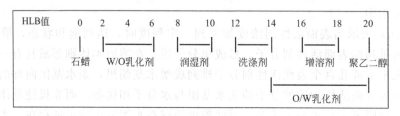

图 9.22　HLB 值对应的表面活性剂的分类

（4）表面活性剂的作用

表面活性剂的用途极广，不同的表面活性剂具有不同的作用，主要有五个方面。

① 润湿作用　表面活性剂可以降低液体表面张力，改变接触角的大小，从而达到所需的目的。例如，要农药润湿带蜡的植物表面，要在农药中加表面活性剂；如果要制造防水材料，就要在表面涂憎水的表面活性剂，使接触角大于 90°。

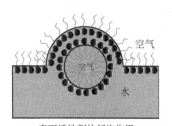

图 9.23　表面活性剂起泡作用示意图

② 起泡作用　"泡"就是由液体薄膜包围着气体。如图 9.23 所示，有的表面活性剂和水可以形成一定强度的薄膜，包围着空气而形成泡沫，用于浮游选矿、泡沫灭火和洗涤去污等，这种活性剂称为起泡剂。有时也要使用消泡剂，在制糖、制中药过程中泡沫太多，要加入适当的表面活性剂降低薄膜强度，消除气泡，防止事故。

③ 增溶作用　非极性有机物如苯在水中溶解度很小，加入油酸钠等表面活性剂后，苯在水中的溶解度大大增加，这称为增溶作用。增溶作用与普通的溶解概念是不同的，增溶的苯不是均匀分散在水中，而是分散在油酸根分子形成的胶束中。经 X 射线衍射证实，增溶后各种胶束都有不同程度的增大，而整个溶液的依数性变化不大。

④ 乳化作用　一种或几种液体以大于 $10^{-7}$m 直径的液珠分散在另一不相混溶的液体之中形成的粗分散体系称为乳状液。要使它稳定存在必须加乳化剂。根据乳化剂结构的不同可以形成以水为连续相的水包油乳状液（O/W），或以油为连续相的油包水乳状液（W/O）。

有时为了破坏乳状液需加入另一种表面活性剂，称为破乳剂，将乳状液中的分散相和分散介质分开。例如原油中需要加入破乳剂将油与水分开。

⑤ 洗涤作用  洗涤剂中通常要加入多种辅助成分，增加对被清洗物体的润湿作用，又要有起泡、增白、占领清洁表面不被再次污染等功能。

其中占主要成分的表面活性剂的去污过程如下。

a. 水的表面张力大，对油污润湿性能差，不容易把油污洗掉。

b. 加入表面活性剂后，憎水基团朝向织物表面和吸附在污垢上，使污垢逐步脱离表面。

c. 污垢悬在水中或随泡沫浮到水面后被去除，洁净表面被活性剂分子占领。

### 9.5.3 特洛贝规则

1884年特洛贝从大量的研究中得到一个经验规律，其内容是正脂肪酸、醇类等短烃链的表面活性物质，它们的同系物的表面张力几乎相等，但溶解于水后降低水的表面张力的能力却随着碳氢链的增长而快速增加。

在稀溶液时，对有机酸或醇类的同系化合物，每增加一个 $CH_2$ 基，表面张力的降低近似地按照 $1:3:3^2:3^3\cdots$ 的比例增加。

图 9.24 是几种有机酸水溶液的表面张力与有机酸浓度的关系。当溶液浓度很稀时，相邻曲线之比接近于3。特洛贝规则指出：在同系物的稀溶液中，不同的酸在相同的浓度时，对于水的表面张力降低效应随碳氢键增长而增加，每增加一个 $CH_2$，其表面张力降低效应平均可增加约 3.2 倍。

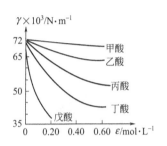

图 9.24  水溶液的表面张力与有机酸浓度的关系

表面活性物质在矿物浮选中常用作起泡剂，为了减少起泡剂的用量，我们总是喜欢使用烃链较长的物质。但烃链太长的物质溶解度往往很小，不易在水中分散而失去表面活性的特色，因此也不宜使用。矿物浮选中所用的起泡剂，碳原子数大多在 5～11 之间。

由于表面活性物质能显著地降低水的表面张力，因而出现了许多对于实际工作具有重要意义的性能，如：液-固界面具有润湿作用（可做润湿剂）；液-液界面具有乳化作用（可做乳化剂）；液-气界面具有气泡作用（可做起泡剂）。

此外，表面活性物质在日常生活中可作为洗涤剂、去污剂等，所以研究这类物质的结构和性能是很重要的。而表面惰性物质不能降低液体的表面张力，在实际工作中应用极少。

### 9.5.4 吉布斯吸附等温式

表面活性物质在溶液表面层发生正吸附，但究竟吸附了多少物质呢？这个问题迄今还没有得到很好解决，因为表面活性物质积聚在薄薄的只有几个分子厚的表面上，无法准确测定出它的浓度。

吉布斯1877年用热力学原理推导出了在指定温度下吸附量与溶液表面张力和溶液浓度的关系，至今仍被广泛应用。

$$\Gamma = -\frac{c}{RT}\left(\frac{\partial \gamma}{\partial c}\right)_T \tag{9.42}$$

式(9.42)就是著名的吉布斯吸附等温式，它表明了吸附量 $\Gamma$ 取决于溶液浓度 $c$ 及溶液表面张力随溶液浓度改变的变化率 $\left(\dfrac{\partial \gamma}{\partial c}\right)_T$，通常称为表面活化度，是溶质表面活性的量度。

从式(9.10)看出，如果浓度增加时，溶液的表面张力降低，即 $\left(\dfrac{\partial \gamma}{\partial c}\right)_T < 0$ 时，$\Gamma$ 为正值，即凡能降低溶液表面张力的溶质，在表面层的浓度必大于其在溶液内部的浓度，即进行正吸附，前述的有机物与水的关系就是这一类例子。反之，当 $\left(\dfrac{\partial \gamma}{\partial c}\right)_T > 0$ 时，$\Gamma$ 为负值，前述的无机物与水的关系就属于这一类例子。当 $\left(\dfrac{\partial \gamma}{\partial c}\right)_T = 0$ 时，$\Gamma = 0$，即无吸附作用。从公式还可看出，当温度（$T$）升高时，吸附量 $\Gamma$ 则降低，这是分子热运动加剧的结果。这些结论与前面的定性讨论是一致的。

从式(9.10)还可以知道，如果表面活化度 $\left(\dfrac{\partial \gamma}{\partial c}\right)_T$ 愈大，即降低溶液表面张力愈大的吸附质，吸附量（$\Gamma$）的值愈大，也就愈容易被吸附。因此，根据吉布斯方程和特洛贝规则可知：

醇类吸附量大小顺序为：甲醇＜乙醇＜丙醇＜……

脂肪酸吸附量大小顺序为：甲酸＜乙酸＜丙酸＜……

图 9.25 是表面活性物质水溶液表面张力随浓度变化的等温线（$\gamma \sim c$ 曲线），从低浓度到高浓度依次选几个点，作各点的切线，可求出相应的 $c$ 和 $\left(\dfrac{\partial \gamma}{\partial c}\right)_T$，或从实验测得两个不同浓度的溶液的表面张力 $\left(\dfrac{\partial \gamma}{\partial c}\right)_T$，从而近似地求出某一平衡浓度溶液在表面上溶质的吸附量。

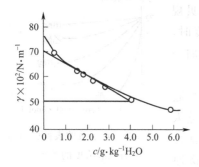

图 9.25 表面活性物质水溶液的表面张力与浓度的关系

【例 9.4】 21.5℃ 时，测量某有机酸水溶液的表面张力和浓度的数据如下：

表 9.4 某有机酸水溶液的表面张力和浓度的数据

| $c/\text{g} \cdot \text{kg}^{-1}$ 水 | 0.5026 | 0.9617 | 1.05007 | 1.7505 | 2.3515 | 3.0024 | 4.1146 | 6.1291 |
|---|---|---|---|---|---|---|---|---|
| $\gamma \times 10^{-3}/\text{N} \cdot \text{m}^{-1}$ | 69.006 | 66.49 | 63.63 | 61.32 | 59.25 | 56.14 | 52.46 | 47.24 |

试求出浓度为 $1.5\text{g} \cdot \text{kg}^{-1}$ 水时，溶质的表面吸附量。

**解**：作 $\gamma$ 对 $c$ 的曲线，当 $c = 1.5\text{g} \cdot \text{kg}^{-1}$ 水时，有

$$\text{曲线的斜率} = \dfrac{(70.4 - 50.0) \times 10^{-3}}{0 - 4.0} = -5.10 \times 10^{-3} \text{N} \cdot \text{kg} \cdot \text{m}^{-1} \cdot \text{g}^{-1}$$

$$\Gamma = -\dfrac{c}{RT}\left(\dfrac{\partial \gamma}{\partial c}\right)_T$$

$$= \left(\dfrac{1.5\text{g} \cdot \text{kg}^{-1}}{8.314 \text{N} \cdot \text{m} \cdot \text{mol}^{-1} \cdot \text{K}^{-1} \times 294.2\text{K}} \times 5.10 \times 10^{-3}\right) \text{N} \cdot \text{kg} \cdot \text{m}^{-1} \cdot \text{g}^{-1}$$

$$= 3.1 \times 10^{-6} \text{mol} \cdot \text{m}^{-2}$$

# 习题

拓展例题

**一、判断题**（正确的画"√"，错误的画"×"）

1. 只有在比表面很大时才能明显地看到表面现象，所以系统表面增大是表面张力产生的原因。（　　）
2. 对于大多数体系来说，当温度升高时，表面张力下降。（　　）
3. 由于溶质在溶液表面产生吸附，因此溶质在溶液表面的浓度恒大于它在溶液内部的浓度。（　　）
4. 表面张力在数值上等于定温定压条件下，系统可逆的增加单位表面积时环境对系统所作的非体积功。（　　）
5. 弯曲液面产生的附加压力的方向总是指向曲面的曲率中心。（　　）
6. 同温度下，液滴的饱和蒸气压恒大于平液面的蒸气压。（　　）
7. 毛细管插入水银中导致管内水银液面上升的原因是管内液面下的液体压力小于管外液面下液体所受的压力。（　　）
8. 凹液面的表面张力指向液体内部；凸液面的表面张力指向液体上方。（　　）
9. 确定温度下，小液滴的饱和蒸气压大于液面的蒸气压。（　　）
10. 兰缪尔定温吸附理论只适用于单分子层吸附。（　　）

**二、填空题**

1. 表面张力与物质的本性有关，不同的物质，分子间作用力越大，表面张力也越_____，当温度升高时，大多数物质的表面张力都是逐渐_____；固体物质一般要比液体物质更_____的表面张力；临界温度下，液体的表面张力为_____。
2. 将毛细管分别插入25℃和5℃的水中，测得毛细管内液体上升的高度分别为 $h_1$ 和 $h_2$，若不考虑毛细管半径的变化，则 $h_1$ _____ $h_2$。
3. 液滴愈小其饱和蒸气压愈_____，液体中的气泡愈小，气泡内的饱和蒸气压愈_____。
4. 空气中肥皂泡的附加压力 $\Delta p =$ _____。
5. 接触角 $\theta$ 是指_____，当 $\theta > 90°$ 时，固体_____被液体润湿（填能，不能）。
6. 水能完全润湿洁净的玻璃，而 Hg 不能，现将一根毛细管插入水中，管内液面将_____，若在管液面处加热，则液面将_____；当毛细管插入 Hg 中，管内液面将_____，在管液面处加热，则液面将_____（填上升，下降，不变）。
7. 加入表面活性剂使液体表面张力_____，溶质在表面层中的浓度_____液体内部的浓度，称为_____吸附。
8. 液体表面层中的分子总受到一个指向_____的力，而表面张力则_____方向上的力。
9. 将洁净玻璃毛细管（能被水润湿）垂直插入水中时，水柱将在毛细管中_____，管中水的饱和蒸气压比相同温度下水的饱和蒸气压值更_____。
10. 液滴自动成球的原因是_____。
11. 分散在大气中的小液滴和小气泡，以及毛细管中的凸液面和凹液面，所产生的附加压力的方向均指向_____。
12. 固体对气体的吸附分为物理吸附和化学吸附，这两种吸附最本质的差别是_____。

13. 朗缪尔吸附等温式为 $\theta = \dfrac{bp}{1+bp}$，$\theta$ 的物理意义是_____ 影响 $b$ 的因素有_____。

14. 在一定的 $T$，$p$ 下，向纯水中加入少量表面活性剂。表面活性剂在溶液表面层中将_____其在溶液本体的浓度，此时溶液的表面张力_____纯水的表面张力。

15. 20℃下，水-汞、乙醚-汞、乙醚-水三种界面的界面张力分别为 375 mN·m$^{-1}$，379 mN·m$^{-1}$ 和 10.7 mN·m$^{-1}$，则水滴在乙醚-汞界面上的铺展系数 $S=$_____ N·m$^{-1}$。

### 三、选择题

1. 对大多数纯液体其表面张力随温度的变化率是（　　）。

   A. $\left(\dfrac{\partial \gamma}{\partial T}\right)_p > 0$　　B. $\left(\dfrac{\partial \gamma}{\partial T}\right)_p < 0$　　C. $\left(\dfrac{\partial \gamma}{\partial T}\right)_p = 0$　　D. 无一定变化规律

2. 已知 400 K 时，汞的饱和蒸气压为 $p_0$，密度为 $\rho$，如果求在相同温度下，一个直径为 $10^{-7}$ m 的汞滴的蒸气压，应该用公式（　　）。

   A. $p = p_0 + 2\gamma/R'$
   B. $\ln(p/p_0) = \Delta_{vap} H_m (1/T_0 - 1/T)/R$
   C. $RT\ln(p/p_0) = 2\gamma M/\rho R'$
   D. $p = nRT/V$

3. 在一定的 $T$，$p$ 下，将一个大水滴分散为很多小水滴，基本不变的性质为（　　）。

   A. 表面吉布斯函数　　B. 饱和蒸气压
   C. 弯曲液面下的附加压力　　D. 表面张力

4. 一个能被水润湿的玻璃毛细管垂直插入 25℃ 和 75℃ 的水中，则不同温度的水中，毛细管内液面上升的高度（　　）。

   A. 相同　　B. 25℃水中较高
   C. 75℃水中较高　　D. 无法确定

5. 一定温度下，分散在气体中的小液滴，半径越小则饱和蒸气压（　　）。

   A. 越大　　B. 越小　　C. 越接近 100 kPa　　D. 不变化

6. 一定温度下，液体形成不同的分散体系时将具有不同的饱和蒸气压。分别以 $p_{平}$、$p_{凹}$ 和 $p_{凸}$ 表示形成平液面、凹液面和凸液面时对应的饱和蒸气压，则（　　）。

   A. $p_{平} > p_{凹} > p_{凸}$　　B. $p_{凹} > p_{平} > p_{凸}$
   C. $p_{凸} > p_{平} > p_{凹}$　　D. $p_{凸} > p_{凹} > p_{平}$

7. 朗缪尔提出的吸附理论及推导的吸附等温式（　　）。

   A. 只能用于物理吸附　　B. 只能用于化学吸附
   C. 适用于单分子层吸附　　D. 适用于任何物理和化学吸附

8. 一定温度压强下，气体在固体表面发生吸附，过程的熵变 $\Delta S$（　　）0，焓变 $\Delta H$（　　）0。

   A. 大于　　B. 等于　　C. 小于　　D. 无法判断

9. 固体表面不能被液体润湿时，其相应的接触角（　　）。

   A. $\theta = 0°$　　B. $\theta > 90°$　　C. $\theta < 90°$　　D. 可为任意角

10. 向液体加入表面活性物质后（　　）。

    A. $d\gamma/dc < 0$，正吸附　　B. $d\gamma/dc > 0$，负吸附
    C. $d\gamma/dc > 0$，正吸附　　D. $d\gamma/dc < 0$，负吸附

11. 下列物质在水中发生正吸附的是（　　）。

A. 氢氧化钠　　　　　　　　　　B. 蔗糖
C. 食盐　　　　　　　　　　　　D. 油酸钠（十八烯酸钠）

12. 直径 0.01m 的球型肥皂泡所受的附加压力为（　　），已知其表面张力为 0.025N·m$^{-1}$。
A. 5Pa　　　　B. 10Pa　　　　C. 15Pa　　　　D. 20Pa

13. 在相同的温度及压力下，把一定体积的水分散成许多小水滴，性质不变的是（　　）。
A. 总表面吉布斯函数　　　　　　B. 比表面
C. 液面下附加压力　　　　　　　D. 表面张力

14. 如右图所示，已知水能润湿毛细管，油则不能，若增加油层的量（深度 $h'$），则水在毛细管中上升的高度 $h$（　　）。
A. 愈小　　　　B. 愈大　　　　C. 不变

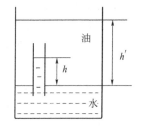

15. 封闭在钟罩内的大小液滴的变化趋势是（　　）。
A. 小的变大，大的变小
B. 小的变小，大的变大
C. 大小液滴变为半径相等为止
D. 不发生变化

### 四、计算题

1. 在 293.15K 及 101.325kPa 下，把半径为 $1\times10^{-3}$m 的汞滴分散成半径为 $1\times10^{-9}$m 小汞滴，试求此过程系统的表面吉布斯函数变为多少？已知汞的表面张力为 0.4865N·m$^{-1}$。

2. 在 298K、101.325kPa 下，将直径为 1μm 的毛细管插入水中，问需在管内加多大压力才能防止水面上升？若不加额外的压力，让水面上升，达平衡后管内液面上升多高？已知该温度下水的表面张力为 0.072N·m$^{-1}$，水的密度为 1000kg·m$^{-3}$，设接触角为 0°，重力加速度为 $g=9.8$m·s$^{-2}$。

3. 计算 373.15K 时，下列情况下弯曲液面承受的附加压力。已知 373.15K 时水的表面张力为 $58.91\times10^{-3}$N·m$^{-1}$。(1) 水中存在的半径为 0.1μm 的小气泡；(2) 空气中存在的半径为 0.1μm 的小液滴；(3) 空气中存在的半径为 0.1μm 的小气泡。

4. 水蒸气迅速冷却至 298.15K 时可达到过饱和状态。已知该温度下水的表面张力为 $71.97\times10^{-3}$N·m$^{-1}$，密度为 997kg·m$^{-3}$。当过饱和蒸气压力为平液面水的饱和蒸气压的 4 倍时，计算：(1) 开始形成水滴的直径；(2) 每个水滴中所含水分子的个数。

5. 已知在 273.15K 时，用活性炭吸附 $CHCl_3$，其饱和吸附量为 93.8dm$^3$·kg$^{-1}$，若 $CHCl_3$ 的分压力为 13.375kPa，其平衡吸附量为 82.5dm$^3$·kg$^{-1}$。试求：(1) 朗缪尔吸附等温式中的 $b$ 值；(2) $CHCl_3$ 的分压力为 6.6672kPa 时，平衡吸附量为多少？

6. 在 1373.15K 时向某固体表面涂银。已知该温度下固体材料的表面张力 $\gamma_s=965$ mN·m$^{-1}$，Ag 的表面张力 $\gamma_l=878.5$mN·m$^{-1}$，固体材料与 Ag(l) 之间的界面张力 $\gamma_{sl}=1364$mN·m$^{-1}$。计算接触角，并判断液态银能否润湿材料表面。

7. 293.15K 时，水的表面张力为 72.75mN·m$^{-1}$，汞的表面张力为 486.5mN·m$^{-1}$，汞和水之间的界面张力为 375mN·m$^{-1}$。试判断：(1) 水能否在汞的表面上铺展开？(2) 汞能否在水的表面上铺展开？

8. 在 293K 时，酪酸水溶液的表面张力与浓度的关系为：
$$\gamma=\gamma_0-12.94\times10^{-3}\ln(1+19.64c/c^{\ominus})$$
(1) 导出溶液的表面超额 $\Gamma$ 与浓度 $c$ 的关系式；(2) 求 $c=0.01$mol·dm$^{-3}$ 时，溶液的表面超额值；(3) 求 $\Gamma_\infty$ 的值；(4) 求酪酸分子的截面积。

9. 373K 时，水的表面张力为 0.0589N·m$^{-1}$，水的密度为 958.4kg·m$^{-3}$。问直径为 $1\times10^{-7}$m 的气泡内（即球形凹面上），373K 时的水蒸气压力为多少？在 101.325kPa 外压下，能否从 373K 时的水中蒸发出直径为 $1\times10^{-7}$m 的蒸气泡？

### 五、思考题

1. 比表面吉布斯函数和表面张力的物理意义，单位？
2. 纯液体、溶液和固体各采用什么方法来降低表面吉布斯函数以达到稳定状态？
3. 请根据物理化学原理简要说明锄地保墒的科学道理。
4. 什么叫接触角？
5. 两块平板玻璃在干燥时，叠放在一起很容易分开，若在其间放些水，再叠放在一起，使之分开就很费劲，为什么？
6. 人工降雨的原理是什么？为什么会发生毛细凝聚现象？为什么有机物蒸馏时要加沸石？定量分析中的"陈化"过程的目的是什么？
7. 根据定义式 $G=H-TS$ 说明气体在固体上的恒温恒压吸附过程为放热过程。
8. 什么是表面活性剂，具有哪些基本性质？
9. 物理吸附和化学吸附具有哪些基本特点？
10. 什么叫表面过剩？

习题解答

# 第 10 章 胶体化学

内容提要

胶体化学是物理化学的一个重要分支,它研究的对象是高度分散的多相系统,即一种物质以或大或小的粒子分散在另一种物质中所构成的分散系统(dispersed system)。分散系统由分散相和分散介质组成。被分散的粒子叫作分散相,它在系统中是不连续的;而另一种物质叫作分散介质,通常是连续的。如矿浆中的矿物粒子是分散相,而水是分散介质;普通溶液中的溶质是分散相,溶剂是分散介质。

1861 年英国科学家格雷厄姆(T. Grahame)研究了水溶液中物质分子的扩散。他发现有些物质,如糖、无机盐、尿素等,在水溶液中扩散很快,容易通过渗析膜或半透膜(semipermeable membrane);而另一些物质如动物胶、氢氧化铝、硅胶等扩散很慢,不易或不能通过半透膜。能够通过半透膜的这类物质,当溶剂蒸发时呈晶体析出;而不能通过半透膜的那些物质,当溶剂蒸发时无晶体析出,大多呈黏稠性状的无定形胶质,就像普通的胶水样。因此,格莱姆认为它们是两种完全不同的物质,分别叫做晶体和胶质(colloid),前者其水溶液称为真溶液,而后者其水溶液称为溶胶(sol)。这是早期溶胶的概念。

后来经过人们的研究发现,这种分类是不恰当的。通过实验证明,任何物质既可形成晶体也可形成溶胶。例如,食盐是典型的晶体,溶解在水中形成普通溶液,可以通过半透膜,但是若将其分散在苯中,则具有溶胶的性质。这就表明,晶体和溶胶并非两类不同的物质,它们是可以相互转化的,是分散质大小不同的两种状态。通常所指的溶胶,是分散粒子大小在 $10^{-9} \sim 10^{-7}$ m 之间的分散系统。因此,溶胶是一种分散系统,它是物质存在的一种状态。溶胶化学就是研究溶胶状态的科学。

自然界中很多物质均以溶胶状态存在。例如,动植物体中的蛋白质和糖类。很多矿物质也能以溶胶状态存在,如蛋白石($SiO_2 \cdot H_2O$)、杨铁矿($Fe_2O_3 \cdot nH_2O$)都属于溶胶矿物。

溶胶化学与工农业生产、日常生活密切相关,溶胶及其研究方法对于浮选冶金、材料、食品加工、水质的净化、废水处理、石油化工等有着重要的意义。

## 10.1 溶 胶 系 统

### 10.1.1 溶胶的分类

溶胶系统是一种多相分散系统(heterogeneous dispersed system)。例如,溶液、悬浮液、乳状液和烟雾等都是分散系统。溶胶是分散相粒子直径为1~1000nm的一种高度分散的分散系统。颗粒更大些的叫作粗分散系统，也属于广义的溶胶范围；颗粒更小些，即分散相粒子直径小于1nm时，称为分子分散系统（如溶液），它不同于溶胶的范围。

按分散相粒子的大小，分散系统的分类如表10.1所示。

**表 10.1 分散系统的分类**（按分散相粒子大小）

| 类型 | | 粒子直径 | 实例 | 主要特征 | 相数 |
|---|---|---|---|---|---|
| 溶胶 | 粗分散系统（悬浮液、乳状液） | >1000nm | 牛乳、烟雾 | 粒子不能通过滤纸，不扩散、不渗析，一般显微镜可以看见 | 多相热力学不稳定系统 |
| | 溶胶分散系统（溶胶） | 1~1000nm | 氢氧化铁溶胶 | 粒子能通过滤纸，扩散慢，不能渗析，普通显微镜下看不见，在超显微镜下可以看见 | 多相热力学不稳定系统 |
| 溶液 | 分子、离子分散系统 | <1nm | 氯化钠溶液、蔗糖溶液 | 粒子能通过滤纸，扩散快，能渗析，只能在电子显微镜下可以看见 | 均相热力学稳定系统 |

溶胶系统也可以按分散质和分散剂的聚集状态分类，表10.2中列出了按聚集状态分类的9类。

**表 10.2 溶胶系统的类型**（按聚集状态分类）

| 类型 | 分散质 | 分散剂 | 聚集状态 | 名称和实例 |
|---|---|---|---|---|
| 1 | 液 | 气 | 气溶胶 | 云、雾 |
| 2 | 固 | 气 | | 烟、尘 |
| 3 | 气 | 液 | | 各种泡沫 |
| 4 | 液 | 液 | 液溶胶 | 乳浊液、牛乳 |
| 5 | 固 | 液 | | 金属溶胶、$As_2S_3$ |
| 6 | 气 | 固 | | 泡沫塑料、浮石、馒头 |
| 7 | 液 | 固 | 固溶胶 | 沸石、珍珠 |
| 8 | 固 | 固 | | 有色玻璃、红宝石 |

凡分散剂为液体的溶胶系统称为液溶胶，分散剂为气体的则称为气溶胶，依此类推。

按分散剂与分散质之间亲和性的强弱，将液溶胶分为憎液溶胶（lyophobic sol）和亲液溶胶（lyophilic sol）。它们的主要不同点如下所示。

(1) 亲液溶胶的分散质与分散剂有着相当大的亲和力，即分散质的质点被溶剂化后生成一层溶剂化膜。这必须是分散质与分散剂有着某些相似，如蛋白质含有—OH等极性基，它能成为亲水溶胶。憎液溶胶与此相反，分散质本身不能形成溶剂化膜。

(2) 亲液溶胶每个粒子含有的分子数较少，甚至可由一个大分子所组成（如淀粉、蛋白质），因而在许多性质上与溶液类似，现在已将亲液溶胶（是均相的真溶液，为热力学稳定系统）称为大分子溶液。而憎液溶胶的粒子是由许多小分子或离子聚集而成（如氢氧化铁溶胶）。

本章仅就憎液溶胶分散系统作简单讨论。

## 10.1.2 溶胶系统的特征

溶胶的一个重要特征是分散介质和分散质之间有很大的相界面，具有很高的表面吉布斯能。从热力学的观点看，它是热力学上的不稳定系统，有自动趋向聚集而下沉的倾向。实验事实表明，由于溶胶粒子带电，这样可使胶粒表面层的不饱和力场得到一定的补偿，从而达到相对稳定的状态。总而言之，高度分散的多相性、动力学稳定性和热力学不稳定性是溶胶系统的三大特征，也是溶胶其它性质的依据。人们研究溶胶系统的性质及其形成、稳定与破坏都是从这些特性出发的。

### 10.1.3 溶胶溶液的制备

根据溶胶系统中分散质粒子的大小是介于粗分散系统和真溶液之间的特点，溶胶的制备有两条途径：一是由大变小，将大块物质（粗粒子）用机械研磨、超声分散或胶溶分散等方法，分散到胶粒大小范围，即所谓分散法；二是由小变大，即聚集（凝聚）法，与分散法相反，凝聚法是使个别分子（或原子、离子）在适当条件下由分散状态凝聚为溶胶分散状态的一种方法。此法不仅消耗能量少，而且比较简单。此外，要得到稳定的憎液溶胶，还必须满足两点：①分散剂在介质中的溶解度要小；②需要加入第三者作为稳定剂，一般为电解质。

### 10.1.4 溶胶的纯化

刚制备的溶胶，往往会有多余电解质或其它杂质。少量的电解质可使溶胶粒子因吸附离子而带电使溶胶稳定。但过量电解质的存在会影响溶胶的稳定性。因此，溶胶必须经过纯化处理。除去溶胶中过量电解质的过程称为溶胶的提纯。常用的方法有渗析法和电渗析法。

（1）渗析法

这种方法利用胶粒不能透过半透膜的性质，将溶胶装在加有半透膜的容器内，将整个膜浸在水中，如图 10.1 所示。最常见的半透膜有羊皮纸、动物膀胱膜、硝酸纤维、醋酸纤维等。由于膜内外杂质的浓度有差别，膜内的离子或其它能透过的小分子将向膜外迁移。若不断更换膜外溶剂，则可以降低溶胶中电解质和杂质的浓度而达到纯化的目的。有时为了提高渗析的速度，可适当加热以加速分子、离子的扩散。

（2）电渗析法

在渗析法的基础上，利用外加电场增加离子迁移速度，装置如图 10.2 所示。

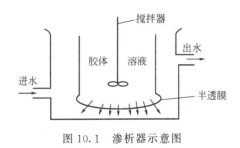

图 10.1 渗析器示意图

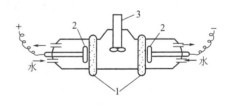

图 10.2 电渗析器示意图
1—装半透膜之隔板；2—电极；3—搅拌器

## 10.2 溶胶的光学性质

溶胶和溶液都是分散系统，但溶液、溶胶、浊液三者的分散质粒子大小不同。因此，颗粒大小的变化必然引起质的变化，所以溶液和溶胶在性质上既有相似之处又有各自独特之处。溶液和溶胶靠肉眼的观察是不能区别的，但我们可以依靠溶胶的特性来鉴别它。

## 10.2.1 丁铎尔效应

当一束强烈的太阳光射入黑暗的房间里，我们在光束旁边可以看到很多尘土的微粒在运动，其实我们并没有真正看到这些尘粒，所看到的只是尘粒散射出的光而已。英国物理学家丁铎尔（J. Tyndall）于1869年将一束强光照射通过溶胶溶液，在与光束前进方向垂直的侧向上可以看到一个发亮的光柱，这种微粒对光的散射作用在溶胶化学中常称为丁铎尔效应。

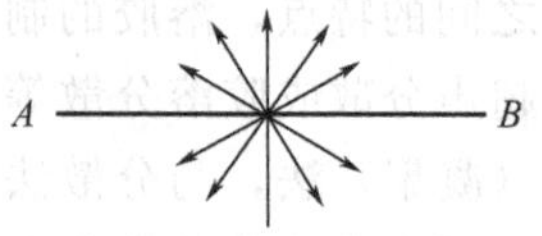

丁铎尔效应与分散质粒子的大小及入射光的波长有关。研究发现，光线入射分散系统后，产生反向光的强弱与系统的分散度有关。若分散粒子直径大于光的波长，主要产生光的反射；若分散粒子的直径小于光的波长，则光波可以绕过粒子向四面八方传播，此即光的散射，散射出来的光称为乳光（emulsion light），如图10.3所示。由于溶胶系统中分散粒子的直径在 1~1000nm 之间，比可见光波长小，因此，产生明显的光散射是大多数溶胶系统的一个重要特征。因此，丁铎尔效应是区别溶胶溶液和真溶液简单易行的办法。

图 10.3 粒子直径小于入射光波长而产生光散射示意图

## 10.2.2 瑞利(Rayleigh)公式

那么粒子对光散射的强度到底与哪些因素有关呢？1871年瑞利（Rayleigh）研究了光的散射作用提出了计算散射光强度的公式

$$I = \frac{9\pi^2 V^2 \nu}{2\lambda^4 L^2}\left(\frac{n_1^2 - n_0^2}{n_1^2 + n_0^2}\right)^2 (1+\cos^2\theta) I_0 \tag{10.1}$$

式中 $I_0, \lambda$ ——入射光的强度和波长；

$V$ ——每个分散粒子的体积；

$\nu$ ——单位体积中的粒子数；

$n_1, n_0$ ——分散相和介质的折射率；

$L$ ——观察者与散射中心的距离；

$\theta$ ——观察的方向与入射光方向之间的夹角。

若 $\theta=90°$，即在入射光垂直的方向观察，$\cos\theta=0$，则上式变为

$$I = \frac{9\pi^2 V^2 \nu}{2\lambda^4 L^2}\left(\frac{n_1^2 - n_0^2}{n_1^2 + n_0^2}\right)^2 I_0 \tag{10.2}$$

从式(10.2)可以得出如下几点结论。

(1) 散射光的强度与入射光波长的四次方成反比。因此，入射光的波长越短，散射光越强。若入射光为白光，则其中蓝色与紫色部分的散射作用强，这可以解释为什么当用白光照射溶胶溶液时，从侧面看到的散射光呈蓝色；而垂射光则成红色。同时这个事实也说明了晴朗的天空呈蔚蓝色，而日出日落的太阳呈红色的原因。

(2) 散射光强度（乳光强度）与单位体积内溶胶粒子数 $\nu$（浓度）成正比。若在相同的条件下，比较两种相同物质形成的溶胶，则从式(10.2)得 $I_1/I_2 = \nu_1/\nu_2$。

因此，在上述条件下比较两种相同物质所形成的光散射强度，就可以得知其粒子浓度的对比值。溶胶溶液的散射光强度又称浊度。若其中一种溶胶的浓度已知，则可求出另一种溶胶的浓度。这就是所谓浊度分析的原理，这类测定仪器称为浊度计。这个方法称为浊度分析。浊度是水质的一项指标。

(3) 分散相与介质之间的折射率相差越大，散射越强，这是源于光学不均匀性的自然

结果。

（4）乳光强度与粒子体积的平方成正比，即与分散度有关，见图 10.4。这意味着含有体积极小的粒子的真溶液表现出来的光散射现象非常微弱，不能被肉眼所观察；在溶胶溶液中可以看到很强的散射光；而粗分散系统的悬浮液中粒子大于可见光的波长，所以没有散射光，只有反射光。由此可见丁铎尔效应（见图 10.5）是溶胶溶液所具有的特征，根据丁铎尔光锥的存在与否，可以推断该溶液是溶胶溶液还是真溶液。

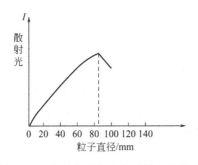

图 10.4　散射光强度与粒子尺寸的关系

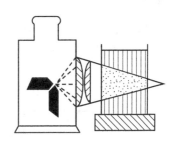

图 10.5　丁铎尔效应示意图

上述光散射现象，目前常用来研究高分子溶液的物理化学性质，或测定高分子化合物的相对分子质量。

溶胶粒子的运动除了用超显微镜观察之外，目前可以利用电子显微镜进行直接观察。当电子显微镜的放大倍数为 36 万倍时，可以看到 3～4nm 的高分散度的金溶胶。因此，电子显微镜是研究溶胶粒子微观性质的有力工具。

溶胶系统的光散射现象可以用来测定溶胶粒子的数目和大小。为此，设计制造了特殊的光学仪器，其中浊度计就是给排水专业最常用的仪器之一，利用它可以测定分散系统的浓度和分散程度。

在实际应用中的浊度计构造，如图 10.6 所示，与比色计颇为相似。

在两个相同试管的后面，有切口的隔屏 a，切口的宽度可以任意调节改变。在隔屏稍远的后面的中间装有光源 c。应用时，在一个试管中注入标准溶液（溶胶），其浓度为 $c_1$，而在另一试管中注入待测定的溶胶，其浓度为 $c_2$。再在目镜 b 中观察，就可看到两个试管有不同的亮度。调节切口宽度，则可找出亮度相同的现象。这种情况发生在光线散射的粒子数相等的时候，显然由切口宽度所决定的溶液层的厚度和溶液的浓度成反比，即

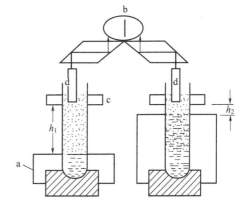

图 10.6　浊度计简图
a—隔屏；b—目镜；c—光源；d—玻璃柱

$$\frac{h_1}{h_2} = \frac{c_2}{c_1}$$

或者说，浓度 $c$ 与切口宽度 $h$ 的乘积是一个常数 $c_1 h_1 = c_2 h_2$，由此可得

$$c_2 = \frac{c_1 h_1}{h_2} \tag{10.3}$$

## 10.3 溶胶的动力学性质

动力学性质主要指溶胶中粒子的不规则运动以及由此而产生的在扩散场下的沉降及沉降平衡等性质。

### 10.3.1 布朗运动

1827 年，英国植物学家布朗（R. Brown）用显微镜观察了悬浮在水面上的花粉粉末不停地做无规则运动，后来，又发现所有足够小的颗粒，如煤、矿物、金属等粉末也都有类似的现象，而且温度越高，粒子越小，粒子运动越快。这种在溶胶溶液中，由于分散剂分子从各方面撞击分散质粒子，以及分散质粒子本身的热运动使得分散质粒子产生不规则的运动，通常称为布朗运动，如图 10.7 所示。

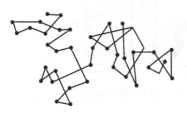

图 10.7 布朗运动

布朗运动是不规则运动着的分散剂分子对溶胶粒子碰撞的总和的结果。在悬浮体系中，大的粒子每秒受到几百万次来自各方向的撞击，由于受力均衡而相互抵消，所以应看不到布朗运动。如果粒子小到胶粒的程度，那么受到介质分子的撞击要比大粒子少得多，由于来自各个方向的撞击力不同，因而彼此抵消的可能性很小，胶粒即向合力的方向偏移。因介质分子运动是无规则的，致使其合力不断改变，胶粒在水中不断做折线运动。

Zigmondy 观察了一系列溶胶，其实验结果表明，粒子越小，温度越高，且介质的黏度越小，则布朗运动越激烈。1905 年，爱因斯坦（A. Einstein）运用分子动理论的基本观点，导出了布朗运动的基本公式，即

$$\bar{x} = \left( \frac{RT}{L} \frac{t}{3\pi\eta r} \right)^{\frac{1}{2}} \tag{10.4}$$

式中 $\bar{x}$——$t$ 时间内粒子的平均位移；

$t$——时间间隔；

$r$——离子半径；

$\eta$——介质的黏度；

$L$——阿伏伽德罗常数。

由式(10.4) 可知，只要知道了 $\bar{x}$，$t$，$r$ 及 $\eta$，即可求出阿伏伽德罗常数 $L$。

溶胶粒子的布朗运动实质上是粒子的热运动，因此与稀溶液一样，溶胶也应该具有扩散作用和渗透压。

### 10.3.2 扩散运动

对真溶液，当存在浓度梯度时，溶质、溶剂分子会因为分子热运动而发生定向迁移，从而趋于浓度均一的扩散过程。同理对存在"浓度梯度"的溶胶分散体系，尽管从微观上每个溶胶粒子的布朗运动是无序的，各个方向运动的概率都相等，但从宏观上来讲，由于较高浓度区域内单位体积溶胶所含有溶胶粒子质点数多，而较低浓度区域内单位体积溶胶所含粒子

数较少，则认为当划定任一垂直于浓度梯度方向的截面时，虽然较高浓度和较低浓度一侧均有溶胶粒子因无序的布朗运动通过此截面，但由于较高浓度一侧通过截面进入较低一侧的溶胶粒子质点数会多，总的净结果是溶胶粒子发生了由高浓度向低浓度的定向迁移过程，这种过程即为溶胶粒子的扩散。

溶胶的粒子与溶液中溶质的扩散相同，也可以用菲克第一定律来描述：

$$\frac{\mathrm{d}n}{\mathrm{d}t} = -DA_S \frac{\mathrm{d}c}{\mathrm{d}x} \tag{10.5}$$

该式表示单位时间通过某一截面的物质的量 $\mathrm{d}n/\mathrm{d}t$ 与该处的浓度梯度 $\mathrm{d}c/\mathrm{d}x$ 及面积大小 $A_S$ 成正比，其比例系数 $D$ 称为扩散系数，式中的负号表示扩散方向与浓度梯度方向相反。扩散系数 $D$ 的物理意义：单位浓度梯度下，单位时间通过单位面积的物质的量。国际单位中，$D$ 的单位为 $\mathrm{m}^2 \cdot \mathrm{s}^{-1}$。

爱因斯坦导出了扩散系数 $D$ 和时间 $t$ 与胶粒的平均位移 $\bar{x}$ 之间的关系式

$$\bar{x}^2 = 2Dt \tag{10.6}$$

此即著名的爱因斯坦-布朗运动公式，该公式指出了 $\bar{x}$ 与 $D^{1/2}$ 成比例的关系。这个公式揭示了扩散是布朗运动的宏观表现，而布朗运动则是扩散的微观基础。正因为布朗运动才使胶粒能够实现扩散。

由式(10.4)可得

$$\bar{x}^2 = \frac{RT}{L} \frac{t}{3\pi\eta r} \tag{10.7}$$

与式(10.6)比较得

$$D = \frac{RT}{L} \frac{1}{6\pi\eta r} \tag{10.8}$$

由上两式可知，胶粒越小，介质黏度越小，温度越高，则 $\bar{x}$ 越大，扩散系数 $D$ 亦越大，换言之，$D$ 越大，粒子越容易扩散。

### 10.3.3 沉降和沉降平衡

在重力场作用下，粗分散系统（如泥沙的悬浮液）中的粒子最终要全部沉降下来。对高度分散系统则情况不同，一方面粒子受重力的作用而沉降；另一方面由于布朗运动引起的扩散又有促使浓度均一的趋势，只有当扩散速度与沉降速度相等时，粒子的分布才能达到平衡，即一定高度上的粒子浓度不再随时间而变化，这种状态称为沉降平衡。这种粒子始终保持着分散状态而不向下沉降的稳定性称为动力学稳定性。

在重力场的作用下，分散系统中粒子的沉降速度和粒子的大小有关，因而通过对沉降速度的测定，可求得粒子的大小。这一关系可推导如下：

假定把粒子看作球形，其半径为 $r$，密度为 $d$，分散介质密度为 $d_0$。则粒子所受重力为

$$F_{(\text{重力})(\text{gra})} = \frac{4}{3}\pi r^3 dg - \frac{4}{3}\pi r^3 d_0 g = \frac{4}{3}\pi r^3 (d-d_0)g \tag{10.9}$$

另外，当粒子沉降时所受到的阻力，根据斯托克斯（stokes）公式，有

$$F_{(\text{阻力})(\text{fes})} = 6\pi\eta r u \tag{10.10}$$

式中，$\eta$ 是分散介质的黏度；$u$ 是粒子沉降的速度。$u$ 值越大，阻力越大，直到粒子所受阻力和重力相等时，粒子将以恒定的速度 $u$ 下降，这时 $F_{\text{gra}} = F_{\text{fes}}$，固有

$$\frac{4}{3}\pi r^3 (d-d_0)g = 6\pi\eta r u$$

因此

$$r = \sqrt{\frac{9}{2}\frac{\eta u}{(d-d_0)g}} \tag{10.11a}$$

对于某一悬浮体来说，它们的 $d$、$d_0$ 和 $\eta$ 是固定不变的，这时的沉降速度 $u$ 和粒子半径 $r$ 的关系非常简单，从而上式改写为

$$r = \frac{3}{\sqrt{2}}\sqrt{\frac{\eta}{(d-d_0)g}}\sqrt{u} = K\sqrt{u} \tag{10.11b}$$

式中，$K = \frac{3}{\sqrt{2}}\sqrt{\frac{\eta}{(d-d_0)g}}$，$K$ 是一常数。

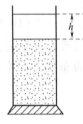

图 10.8 单粒子沉降示意图

沉降速度 $u$ 可以通过澄清界面的变化来确定，如图 10.8 所示，若在时间 $t$ 内澄清界面下降距离为 $h$，则沉降速度为

$$u = \frac{h}{t} \tag{10.12}$$

根据测得的沉降速度 $u$ 和式(10.11b)可以算出粒子的半径，但它只适用于单级分散系统。即粒子半径大小是均匀的。

为了讨论沉降速度和粒子大小的关系，为此我们可以把式(10.11a)改写为

$$u = \frac{2}{9} \times \frac{(d-d_0)gr^2}{\eta} \tag{10.13}$$

可见沉降速度与介质的黏度成反比，与分散相和分散介质的密度差值成正比，又与粒子半径的平方成正比。

【例 10.1】求 20℃时，直径为 0.002mm 的黏土粒子在水中沉降 10cm 高度所需的时间。设这时水和黏土的密度（g·cm$^{-3}$）各为 1.00 和 2.65，已知 20℃ 时水的 $\eta$ 为 0.01005Pa·s。

解：$r = \frac{1}{2} \times 0.002\text{mm} = 1 \times 10^{-4}\text{cm}$

沉降时间 $t = \frac{h}{u}$，根据式(10.10)，可得

$$t = \frac{h}{u} = h\frac{9}{2} \times \frac{\eta}{(d-d_0)gr^2} = \left[10 \times \frac{9}{2} \times \frac{0.01005}{(2.65-1.00) \times 98.1 \times (1 \times 10^{-4})^2}\right]\text{s}$$
$$= 2.79 \times 10^5 \text{s}$$

## 10.4 溶胶的电学性质

溶胶是一个高度分散的多相体系，分散相的固体粒子与分散介质之间存在着很大的相界面，溶胶系统具有巨大的表面吉布斯函数。因此，胶粒有自动聚结、沉降以减小其表面吉布斯函数的趋势，故从热力学观点看，溶胶系统是热力学不稳定系统。但事实上不少溶胶系统是非常稳定的，而溶胶系统稳定的主要原因是胶粒带电。胶粒表面带电是溶胶的重要特征。

溶胶粒子带电性质最重要的实验证据是电泳和电渗。

### 10.4.1 电学现象

**(1) 电泳**

1803年，俄国科学家列依斯将两根玻璃管插到潮湿的黏土中，在玻璃管中加入水使之达到同一高度，并在管中插上电极，通电一段时间后，可以看出在阳极的管中，黏土微粒透过砂层，由下而上移动，使水呈混浊，但管中的水面却降低了；而在阴极的管中没有混浊，但是液面升高了。电泳实验简图如图10.9所示。

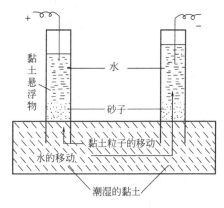

图 10.9 电泳实验简图

后来的实验证明，不仅黏土如此，其它胶粒也会在外电场作用下做定向运动，即在外电场的作用下，溶胶粒子在分散介质中定向移动的现象，这就是电泳（electro phoresis）。电泳现象说明胶粒是带电的，并指出所带电荷的符号。实验还证明，溶胶中加入电解质，对电泳会有明显影响。随着外加电解质的增加，电泳速度会降低，以至降为零。因此，外加电解质不仅可以改变胶粒带电的多少，而且能够改变胶粒带电的符号。常见溶胶质点带电情况见表10.3。

表 10.3 常见溶胶质点的带电情况

| 带正电荷的溶胶 | 氢氧化铁 | 氢氧化铝 | 氢氧化铬 | 氢氧化铈 | 氧化钛 | 氧化锆 |
|---|---|---|---|---|---|---|
| 带负电荷的溶胶 | 金属（金、银、铂、铜） | 硫、硒、碳 | $As_2S_3$、$Sb_2S_3$、$PbS$、$CuS$ | 硅胶、锡酸 | 淀粉 | 黏土玻璃粉 |

**(2) 电渗**

若设法将固相黏土（或矿粉）固定，则可观察到在外电场的作用下液体向负极移动，与电泳现象相反，使固体胶粒不动而液体介质在电场中发生定向移动，这种现象称为电渗（electro osmosis），如图10.10所示。后来威德曼（wiedemann）等发现，不用黏土而改用毛细管或多孔瓷体，也可以观察到电渗现象。同电泳一样，外加电解质对电渗也有显著影响。

电泳和电渗是两个相对的现象。在电泳中运动的是固相，而在电渗中运动的是液相。电泳和电渗都反映了带电的粒子在外加电场作用下运动的性质，总称为电动现象。

电泳和电渗在工业上有很多应用。如利用带电的橡胶颗粒的电泳使橡胶镀在金属、布匹上，电泳涂漆，石油工业中天然石油乳状液中油水分离等，都利用了电泳的原理；而泥土和泥炭的脱水则利用了电渗原理。

**(3) 流动电势**

在外力作用下，迫使液体通过多孔隔膜（或毛细管）定向移动，多孔隔膜两端所产生的电势差，称为流动电势。流动电势可以通过实验测定，图10.11是流动电势测量装置示意图。显然，此过程可视为电渗的逆过程。因为管壁会吸附某种离子，使固体表面带电，电荷从固体到液体有个分布梯度。当外力迫使扩散层移动时，流动层与固体表面之间会产生电势差，当流速很快时，有时会产生电火花。

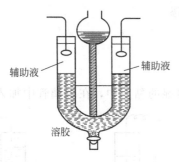

图 10.10 电渗现象

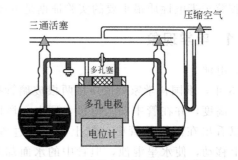

图 10.11 流动电势测量装置示意图

在用泵输送原油或易燃化工原料时,要使管道接地或加入油溶性电解质,增加介质电导,防止流动电势可能引发的事故发生。

(4) 沉降电势

分散相粒子在重力场或离心力场的作用下迅速移动时,在移动方向的两端所产生的电势差,称为沉降电势。显然,它是与电泳现象相反的过程。

贮油罐中的油内常会有水滴,水滴的沉降会形成很高的电势差,有时会引发事故。通常在油中加入有机电解质,增加介质电导,降低沉降电势。

上述的电泳、电渗以及流动电势、沉降电势(由固液相之间的相对位移而产生电势差)四种电动现象均说明,溶胶粒子和分散介质带有不同性质的电荷。但溶胶粒子为什么带电?溶胶粒子周围的分散介质中,反离子(与胶粒所带电荷符号相反)是如何分布的?电解质如何影响电动现象的?有关这些问题,直至双电层理论建立起来之后才得到令人满意的解释。

### 10.4.2 双电层理论

(1) 固体粒子表面电荷的来源

电泳和电渗现象均说明胶粒是带电的,胶粒带一种电荷,而分散介质(液体)带相反的电荷。胶粒电荷的来源主要有两个:一是胶粒的吸附;二是电离。

① 吸附作用 溶胶是一个高分散的系统,胶粒具有巨大的表面吉布斯函数,故胶粒有吸附介质中的离子而降低表面吉布斯函数的趋势。有些物质如石墨、纤维、油珠等,虽然不能电离,但可以从介质中吸附 $H^+$、$OH^-$ 或其它离子而带电,根据所吸附离子的正负,胶粒所带的电荷也就有正、有负。通常,由于阳离子的水化能力比阴离子大得多,因此悬浮于水中的胶粒容易吸附阴离子而带负电。对于由难溶的离子晶体构成的溶胶粒子,法扬斯(Fajans)指出,当有几种离子同时存在时,优先吸附与胶粒组成相同的离子,这称为法扬斯规则。以 AgBr 溶胶为例,通常用 $AgNO_3$ 与 KBr 反应制备 AgBr 溶胶。形成的溶胶中含有 $K^+$、$NO_3^-$、$Ag^+$ 及 $Br^-$,吸附哪种离子视何种反应物过量而定。与 $K^+$ 及 $NO_3^-$ 相比,先产生的 AgBr 粒子表面容易吸附 $Ag^+$ 或 $Br^-$。这是因为 AgBr 易于吸附组成相同离子连续形成晶格。若制备时 $AgNO_3$ 过量,则形成的 AgBr 将吸附过剩的 $Ag^+$ 而带正电;若是 KBr 过量,则 AgBr 将吸附 $Br^-$ 而带负电。因此,$Ag^+$ 及 $Br^-$ 是 AgBr 胶粒表面电荷的来源,溶液中 $Ag^+$ 及 $Br^-$ 的浓度将直接影响胶粒的表面电势,故称其为决定电势离子。

② 电离作用 在分散介质中,由于固体胶粒表面的分子受到水分子的作用发生电离,有一种离子进入溶液,而异性离子仍留在胶粒的表面,从而使胶粒表面带电。例如黏土粒子带负电是由于黏土表面的 $Na^+$ 溶解在水中,因而使固体胶粒表面有过剩的负电荷。而二氧

化硅溶胶粒子（SiO$_2$）所带的电荷则随溶液中 pH 的变化可以带正电，也可以带负电：

$$SiO_2 + H_2O \rightleftharpoons H_2SiO_3 \longrightarrow HSiO_3^- + H^+$$
$$\longrightarrow SiO_3^{2-} + 2H^+$$
$$\longrightarrow HSiO_3^+ + OH^-$$

有的溶胶本身就是可以电离的大分子，例如蛋白质分子中有可以离子化的羧基与氨基，在 pH 值低时，氨基的离子化占优势，形成的—NH$_3^+$ 使蛋白质分子带正电；当 pH 增高时羧基的离解占优势，使蛋白质分子带负电。

（2）平板式双电层理论

1879 年，亥姆霍兹（Helmholtz）提出了双电层（electronic double）理论。他把双电层看作一平板电容器，如图 10.12 所示。双电层中，一面是胶粒带电的离子，由于静电吸附，溶液中的反离子紧紧地被固定在固体表面的周围。双电层的厚度相当于一个水化离子的大小，双电层间的电势随距离呈直线迅速下降。

根据亥姆霍兹双电层理论，在外加电场的作用下，带电质点和溶液中的反离子（counterion）分别向不同电极运动，于是发生了电动现象。这一理论对于早期电动现象的研究起过一定的作用，但它不能说明电极电势和胶粒电势有何区别，为什么电解质对电泳和电渗速率影响很强烈。后来古依（Gouy）和查普曼（Chapman）等提出了扩散双电层理论，解决了这一问题。

（3）扩散双电层理论

针对亥姆霍兹双电层理论中存在的问题，1910 年左右，古依（Gouy）和查普曼（Chapman）提出了扩散双电层理论。他们认为靠近质点表面的反离子是呈扩散状态分布在溶液中，并不是整齐地排列在一个平面上的。溶液中的反离子受到两个相互对抗的力的作用：反离子除受到固体表面静电吸引外，由于粒子的热运动还要向溶液内部扩散，在溶液中呈均匀分布。因此，形成的双电层不像平板式电容器而像地面上空气分子的分布那样；由于静电吸引，固体粒子表面附近的反离子浓度最大。越远离固体粒子，电场的作用越小，反离子浓度随着与固体表面距离的增加而逐渐减小，直到在某一距离处反离子与同号离子的浓度相等。图 10.13 表示阳离子和阴离子在固液界面层的分布情况。

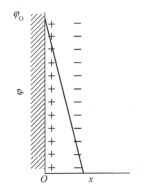

图 10.12 平板式双电层

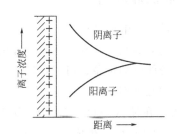

图 10.13 固体表面附近阳离子和阴离子的分布情况

若固体表面带正电，则溶液中靠近固体表面的阴离子浓度远大于阳离子浓度。随着与固体表面距离的增加，阴离子浓度逐渐减小，而阳离子浓度逐渐增大，直到溶液深处阴、阳离子浓度相等。离子在溶液中的这种分布称为扩散层分布，这样的双电层叫作扩散双电层。扩散双电层的模型和电势分布曲线如图 10.14 所示。

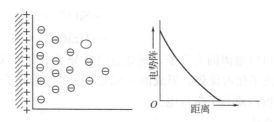

图 10.14  扩散双电层模型和电势分布曲线

1924 年，斯特恩（stern）对古依-查普曼的扩散双电层理论进行了修正，并提出了更加接近实际的双电层模型。把双电层看成由内层和外层两部分组成，如图 10.14 所示。内层表示处于固体粒子表面的那部分电荷，而外层是指处于液体中的那些反离子。外层又分为两部分：其中一部分反离子紧靠固体表面，由于受静电引力的作用，紧紧地束缚在固体表面附近，其厚度相当于一个分子大小，叫作紧密层或斯特恩层（close layer），如图 10.15 所示。AO 表示胶粒的表面，设该表面带正电，则有等当量的反离子扩散地分布在胶粒周围，其中部分反离子与正离子一起紧密地排列在胶粒表面，形成紧密层。紧密层的粒子分布类似于平板式电容器，其电势呈直线下降。另一部分反离子远离胶粒表面，离子分布呈扩散层形式，叫作扩散层（diffuse layer），其电势呈指数关系变化。必须指出，由于溶剂化作用的缘故，无论是紧密层，还是扩散层的离子都是溶剂化的。

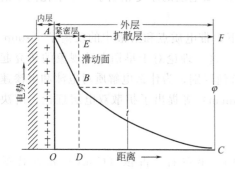

图 10.15  扩散双电层的电势分布

当发生电动现象时，即在外电场的作用下，固体胶粒同液体发生相对运动时，并非固体胶粒单独移动，而是胶粒同紧密层一起移动，而液体同扩散层的离子一起移动。图中 EBD 即发生电动现象时，固液之间发生相对移动的切动面，叫做滑动面。这时表现出来的电现象不同于电极电势的电现象。

### 10.4.3  溶胶的胶团结构

（1）胶粒的扩散双电层结构

溶胶是一个复杂的系统，它是由很多胶团分散在分散介质中组成的。根据吸附和扩散双电层理论以及溶胶的电动现象，可以推演出溶液的胶团结构，如图 10.16 所示。

下面是胶团的几个例子。

① AgI 溶胶  在稀 $AgNO_3$ 溶液中，缓慢加入 KI 稀溶液，可得到 AgI 溶胶。如果用等当量的 $AgNO_3$ 和 KI 反应，生成 AgI 沉淀而制得的溶胶是不稳定的。这是因为反应所得的电解质溶液中，$K^+$ 和 $NO_3^-$ 不能作为决定电势离子而被吸附，进而形成 AgI 晶格。但是若 KI 过量，胶粒带负电。带负电溶胶的胶核由 $m$ 个 AgI 分子聚结而成，用 $(AgI)_m$ 表示。由于溶液中 KI 过量，因此胶核能从溶液中选择性地吸收 $n$ 个 $I^-$（$n$ 比 $m$ 小得多）。这种吸附是定位吸附，$I^-$ 进入到 AgI 晶格内，构成双电层的内层。$n$ 个反离子（$K^+$）则构成双电层

的外层。其中有 $n-x$ 个 $K^+$ 进入到紧密层中与胶核一起构成胶粒。而余下的 $x$ 个 $K^+$ 则以扩散层的形式分散在胶团中。其胶团结构可以用图 10.17 表示。

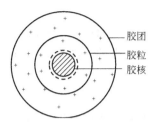
图 10.16　胶团结构示意图

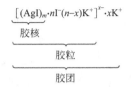
图 10.17　AgI 胶团结构示意图

由图 10.17 可以看出，上述胶粒带负电，每个胶粒带 $x$ 个负电荷。

当 $AgNO_3$ 过量时，由于胶核从介质中吸附 $Ag^+$，因此，胶粒带正电，其胶团结构为

$$[(AgI)_m \cdot nAg^+(n-x)NO_3^-]^{x+} \cdot xNO_3^-$$

带负电的 AgI 溶胶的胶团剖面图如图 10.18 所示。图中的小圆圈表示 AgI 微粒；AgI 微粒连同其表面上吸附的 $Ag^+$ 为胶核；第二个圆圈表示滑动面；最外边的圆圈表示扩散层的范围，即整个胶团的大小。

② $Fe(OH)_3$ 溶胶　将 $FeCl_3$ 水解可制得 $Fe(OH)_3$ 溶胶：

$$FeCl_3 + 3H_2O = Fe(OH)_3(溶胶) + 3HCl$$

由于 $Fe(OH)_3$ 不溶于 $H_2O$，它们彼此结合形成胶核。胶核表面的分子与 HCl 作用，即

$$Fe(OH)_3 + HCl = FeOCl + 2H_2O$$

生成的 FeOCl 电离成离子

$$FeOCl = FeO^+ + Cl^-$$

正离子 $FeO^+$ 为决定电势离子，它被吸附在胶核的表面上，胶核由相当多数目的 $m$ 个 $Fe(OH)_3$ 分子构成，外面就是固定层，此处包含有决定电势的离子 $FeO^+$ 和一部分的异电离子 $Cl^-$。在吸附层之后跟着有异电离子 $Cl^-$ 所构成的扩散层，如图 10.19 所示。

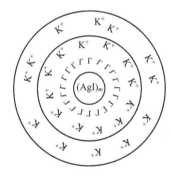
图 10.18　碘化银胶团的剖面示意图

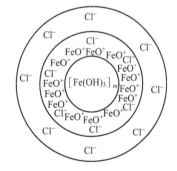
图 10.19　氢氧化铁胶团结构示意图

$Fe(OH)_3$ 溶胶的胶团也可以用下式表示

$$\{[Fe(OH)_3]_m \cdot nFeO^+ \cdot (n-x)Cl^-\}^{x+} \cdot xCl^-$$

从上式可以看出，胶粒带有正电荷，即氢氧化铁溶胶是正溶胶。

③ 硅酸溶胶　当 $SiO_2$ 微粒与水接触时，可生成弱酸 $H_2SiO_3$。硅酸很难溶于水，它们聚集起来成为硅酸溶胶的胶核。胶核表面的硅酸分子离解为离子。

$$H_2SiO_3 \rightleftharpoons H^+ + HSiO_3^-$$

$HSiO_3^-$ 被胶核吸附，成为胶核的定位离子，$H^+$ 则成为硅酸溶胶的反离子。胶团结构为：

$$[(SiO_2 \cdot yH_2O)_m \cdot nHSiO_3^- \cdot (n-x)H^+]^{x-} \cdot xH^+$$

因而硅酸溶胶是带负电的，图 10.20 所示为其胶团结构示意图。

(2) ζ 电势

前面我们讨论了胶粒的扩散双电层结构，其中固定层是很薄的（约一个分子大小），扩散层要比固定层厚很多，异电离子就是分布在固定层和扩散层中。胶核表面带有一种电荷（决定电势离子的电荷），反离子（异电离子）在其周围形成所谓双电层，它们之间的电势差可用图 10.21 表示。

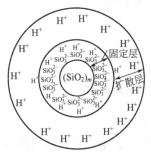

图 10.20 $SiO_2$ 胶团的结构示意图

胶核表面的电势最高，向外逐渐下降，至扩散层的边缘，电势为零，双电层之间的总电势，即自胶核表面算起的电势，称为热力学电势，用 ε 表示。当固液两相移动时，紧密层中吸附在固体表面的反离子和溶剂分子与质子作为一个整体一起运动，其滑动面在斯特恩面稍靠外一些。固定层与扩散层之间的电势，即自胶粒表面算起的电势称为动电势或 ζ 电势。

热力学电势的大小仅和溶液中被选择吸附的决定电势离子的浓度有关。而 ζ 电势的大小则和溶液中所有离子的浓度都有关。根据强电解质理论，增加溶液中电解质的浓度，扩散层的厚度减小，而减小溶液中电解质的浓度，扩散层的厚度增加。由图 10.22 可以看出：增加扩散层的厚度使部分异电离子自固定层转移到扩散层中，从而使动电势增加。反之，减小扩散层厚度将使部分异电离子自扩散层转移到固定层中，从而使动电势减小。当所有异电离子都进入固定层时，动电势等于零。电解质的这种作用称为消电效应。消电效应主要取决于和胶粒电荷符号相反的离子，这种离子的电价越高，则消电效应越大。

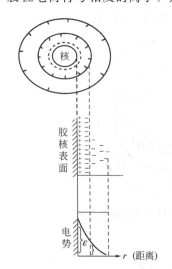

图 10.21 胶核表面电势差示意图

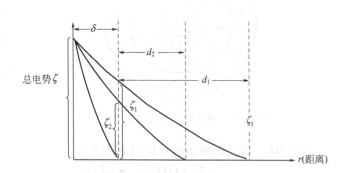

图 10.22 电解质对于动电势和扩散层厚度的影响

溶胶的电泳（或电渗）速度与热力学电势 ε 无直接关系，而与 ζ 电势直接相关。因此，

从电泳实验中可测得溶胶颗粒的电泳速度，则 ζ 电势值可按下式求得

$$u = \frac{DE\zeta}{4\pi\eta} \tag{10.14}$$

式中　$D$——介质的介电常数；
　　　$\eta$——介质的黏度；
　　　$E$——电场强度（单位长度上的电势差）；
　　　$u$——电泳速度（单位时间内移动的距离）；
　　　$\zeta$——动电势（固液两相发生相对移动时所产生的电势差）。

上式中 ζ、$E$ 均为静电系电势单位，因为 1 静电系电势单位 = 300V，若用普通伏特表示，则乘以 300 或将式(10.11)改写为

$$\zeta = \frac{4\pi\eta u}{DE} \times (300)^2$$

应当指出，尽管扩散层厚度和动电势大小是随着溶液中电解质浓度而改变的，但是固定层的厚度和热力学电势的大小一般部很少变动。

固定层是和胶核一起运动的，但扩散层就不是这样。特别是在电场中，胶核和固定层向一极移动，而扩散层则向另一极移动。相对运动不是发生在胶核和固定层之间的界面，而是发生在固定层和扩散层之间的界面上。因此，决定电泳和电渗速度的不是热力学电势，而是动电势，动电势越大则电泳和电渗速率越大。此外，胶粒和胶粒之间的排斥力也取决于动电势。因此，动电势越大，胶体越稳定。

电动势在水处理专业中是一个比较重要的概念，为了加深理解，下面再画几个图来表示外加电解质对于动电势和扩散层厚度的影响，以便进一步理解 ζ 电势的概念。将图 10.22 和图 10.23 与图 10.24 对照，可以清楚地看到，电解质对 ζ 电势和扩散层厚度的影响是很大的。

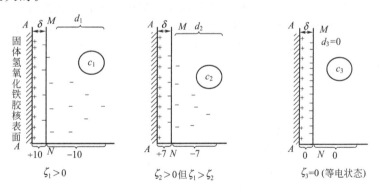

图 10.23　电解质对于 ζ 电势和扩散层厚度的影响

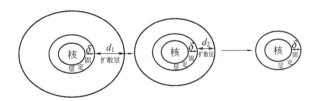

图 10.24　扩散层厚度改变示意图（$d_1 > d_2$，$d_3 = 0$，固定层厚度 δ 保持不变）

第 10 章　胶体化学　297

$\delta$ 为固定层厚度，$MN$ 为固定层和扩散层之间的界面。扩散层厚度 $d_1 > d_2 > d_3$，由此得出动电势和扩散层厚度的关系，即扩散层厚度越大，$\zeta$ 电势也越大。电解质浓度 $c_1 < c_2 < c_3$，因此，当溶胶溶液中外加电解质的浓度由 $c_1$ 到 $c_2 (c_2 > c_1)$ 改变时，引起扩散层厚度的减小，即 $d_1 > d_2$ 及 $\zeta$ 电势的降低。而固定层厚度 $\delta$ 及热力学电势值保持不变，即与溶液内电解质深度的变动无关。

现在我们再举一个例子，用来说明在加入电解质硫酸盐的前后电势和扩散层厚度的影响。对 $Fe(OH)_3$ 溶胶的 $\zeta$ 电势和扩散层厚度的影响。

图 10.25 是未加硫酸盐电解质时，固定层内有 4 个异电离子（$Cl^-$）。图 10.26 是加了硫酸盐后，由于 $SO_4^{2-}$ 比 $Cl^-$ 较易被界面吸附，所以在固定层内负电荷增加，因此虚线处的电势就降低了，同时扩散层变薄了。若加入的电解质引起了 $\zeta$ 电势降低，致使胶粒的布朗运动具有的能量足够克服该 $\zeta$ 电势的势能时，胶粒则相互碰撞而聚沉。这种由于憎液溶胶的分散度降低，以致最后发生沉降的现象称为聚沉。

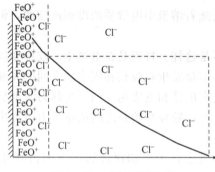

图 10.25 未加硫酸盐前

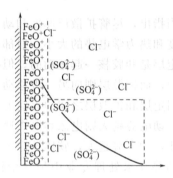

图 10.26 加硫酸盐后

上面讨论的电解质浓度和离子价数对 $\zeta$ 电势的影响只涉及静电吸引，它不能解释为什么有时可使 $\zeta$ 电势的符号发生改变。实际上固体除了对异电离子有静电吸引外，有时还有特性吸附。高价离子，尤其是有机离子，当浓度足够大时，由于特性吸附，会有过多的异电离子进入固定层，图 10.27 中曲线 1 是没有特性吸附或特性吸附很弱时的电势差曲线。曲线 2 是特性吸附强时的电势差曲线。

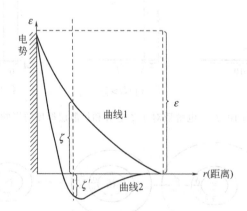

图 10.27 特性吸附对 $\zeta$ 电势的影响

可以看出，不仅 $\zeta$ 或 $\zeta'$ 的大小不同，而且它的符号也不一样。但总电势 $\varepsilon$ 并没有变化。

# 10.5 溶胶的稳定性与聚沉作用

## 10.5.1 溶胶的稳定性

溶胶溶液是一个高分散的多相体系，它具有巨大的表面吉布斯函数。因此，溶胶是热力学上的不稳定系统。粒子间有相互聚结而降低其表面吉布斯函数的趋势，即溶胶会自动聚结为大粒子，以至成为悬浮体，使整个溶胶系统遭到破坏。这是溶胶的聚结不稳定性。但是，实际上溶胶还是可以长时间保存的，有的甚至几年、几十年都看不到明显的变化。这是由于胶粒较小，布朗运动激烈，因此在重力场中不易沉降，这就保证了溶胶的动力稳定性（kinetic stability）。

由于任何一种溶胶的胶粒均带有相同的电荷，电荷的存在使得胶粒之间发生静电排斥作用，它阻碍了胶粒彼此碰撞，防止胶粒合并聚结。同时溶胶粒子之间又存在着范德华力的吸引作用；因此，溶胶的稳定性取决于胶粒之间吸引与排斥作用的相对大小。20 世纪 40 年代，苏联学者捷亚金（Deijaguin）和兰道（Landau）与荷兰学者维来（Verwey）和欧弗比克（Overbeek）提出溶胶稳定性的 DLVO 理论。该理论是以溶胶胶粒间存在相互吸引力和相互排斥力为基础，这两种相反的作用力决定了溶胶的稳定性。

因此，在讨论溶胶的稳定性时，必须考虑促使其相互聚结的粒子之间的相互吸引能（$E_A$）及阻碍其聚结的相互排斥能（$E_R$）两方面的总效能。假设一对分散相胶粒之间的相互作用的总势能为 $E$，可以用排斥能 $E_R$ 和吸引能 $E_A$ 之和来表示其总势能，即

$$E = E_R + E_A$$

若以 $E$ 对距离 $x$ 作图，即得总的势能曲线，如图 10.28 所示。当两胶粒距离较远时，双电层未重叠，吸引能起主要作用，因此 $E$ 为负值。当粒子靠近一定距离使双电层重叠时，则 $E_R > E_A$，排斥能起主要作用，势能显著增加。同时，粒子间的吸引能则随着距离的缩短而增大。当距离缩短到一定程度时，吸引能又占优势，总势能量又随之而下降。从图中可以看出，要粒子相互聚结在一起，必须克服一定势能垒 $E$。若势能垒足够高，则可以阻止离子相互接近，溶胶不会发生聚沉。这就是稳定的溶胶中粒子不相互聚结的原因，在这种情况下即使布朗运动使粒子相互碰撞，但是，当粒子接近到双电层时即发生排斥作用使其离开，不会引起聚结。当然 $E_R$ 也可能在所有距离上都小于 $E_A$。若是这样，则胶粒相互接近没有阻碍，溶胶很快聚沉。因此，势垒的大小是溶胶能否稳定的关键。

除胶粒带电是溶胶稳定的主要因素外，溶剂化作用也是使溶胶稳定的重要原因。若水为分散介质，构成胶团双电层结构的全部离子都应当是水化的，在分散相离子的周围形成一个具有一定弹性的水化外壳。因布朗运动使一对胶团彼此靠近时，水化外壳因受挤压而变形，但每个胶团都力图恢复其原来的形状又被弹开，由此可见，水化外壳的存在势必增加溶胶聚结的机械阻力，从而有利于溶胶的稳定性。

## 10.5.2 溶胶的聚沉

如果某些原因使得吸引能大于排斥能，即吸引的效应足以抵消排斥的效应，则溶胶就会表现出不稳定状态。在这种情况下，碰撞导致粒子的结合，使粒子的颗粒变大，先是系统的分散度下降，最后所有的分散相都会变为沉淀而析出，这个过程称为聚沉作用

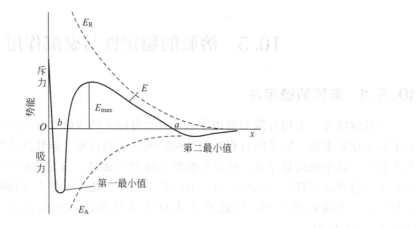

图 10.28　粒子间相互作用能与其距离的关系曲线

(coagulation)。影响溶胶聚沉的因素较多，现仅讨论几个主要因素的影响。

(1) 电解质的作用

溶胶受电解质的影响非常敏感。通常用聚沉值来表示电解质的聚沉能力。聚沉值是使一定量的溶胶在一定时间内完全聚沉所需电解质的最小浓度。表 10.4 和表 10.5 列出了各种电解质对于 $Fe(OH)_3$ 和 $As_2S_3$ 溶胶的聚沉值 $c$(mmol·dm$^{-3}$溶胶)。

表 10.4　不同电解质的聚沉值 [$Fe(OH)_3$ 溶胶（带正电）]

| 电解质 | $c$/mmol·dm$^{-3}$ | 电解质 | $c$/mmol·dm$^{-3}$ | 电解质 | $c$/mmol·dm$^{-3}$ |
|---|---|---|---|---|---|
| NaCl | 9.25 | $K_2SO_4$ | 0.205 | $K_3[Fe(CN)_6]$ | 0.096 |
| KCl | 9.0 | $K_2Cr_2O_7$ | 0.195 | — | — |
| $KNO_3$ | 12.0 | $MgSO_4$ | 0.22 | — | — |
| KBr | 12.5 | — | — | — | — |
| 平均 | 10.69 | | 0.20 | | 0.096 |

表 10.5　不同电解质的聚沉值 [$As_2S_3$ 溶胶（带负电）]

| 电解质 | $c$/mmol·dm$^{-3}$ | 电解质 | $c$/mmol·dm$^{-3}$ | 电解质 | $c$/mmol·dm$^{-3}$ |
|---|---|---|---|---|---|
| NaCl | 51 | $MgCl_2$ | 0.72 | $AlCl_3$ | 0.093 |
| KCl | 49 | $BaCl_2$ | 0.69 | $Al(NO_3)_3$ | 0.093 |
| $KNO_3$ | 50 | $ZnCl_2$ | 0.69 | $Co(NO_3)_3$ | 0.080 |
| $NH_4Cl$ | 42.5 | $MgSO_4$ | 0.81 | $Ce_2(SO_4)_3$ | 0.088 |
| 平均 | 48.25 | | 0.74 | | 0.088 |

根据一系列的实验结果，可以总结出如下实验规律。

① 所有电解质如达到足够浓度都能使溶胶聚沉。

② 聚沉能力主要取决于与胶粒带相反电荷的离子的价数。对于给定的溶胶，同价离子的聚沉能力相差不多。异电离子为一、二、三价的电解质，其聚沉值的比例大约为 100∶1.6∶0.14，亦即约为 $(1/1)^6∶(1/2)^6∶(1/3)^6$，这表示聚沉值与异电离子价数的六次方成反比，称为舒尔茨-哈代规则。聚沉值愈大，聚沉能力愈小。所以，聚沉能力之比为 0.14∶1.6∶100。

③ 价数相同的离子聚沉能力也有所不同。例如不同的一价阳离子所生成的碱金属硝酸盐对负电性胶粒的聚沉能力可以排成如下次序：

$$H^->Cs^+>Rb^+>NH_4^+>K^+>Na^+>Li^+$$

而不同的一价阴离子所成钾盐对带正电的 $Fe_2O_3$ 溶胶的聚沉能力,则有如下次序:
$$F^->Cl^->Br^->NO_3^->I^-$$
同价离子聚沉能力的这一次序称为感胶离子序。

(2) 混合电解质对憎液溶胶聚沉的影响

电解质的混合物对溶胶的聚沉作用是十分复杂的。在某些情况下,混合物中的电解质可能发挥它的聚沉本领,而且它们的作用是可以加合的。但是在另外一些情况下,也会发生下列两种特殊现象。

① 离子对抗现象　混合电解质对聚沉作用彼此相互削弱。例如用 LiCl 和 $MgCl_2$ 来聚沉 $As_2S_3$ 溶胶,假定单用 LiCl 时,聚沉值为 $c_1$,单用 $MgCl_2$ 时,聚沉值为 $c_2$。如果用 $1c_1/4$ 的 LiCl 和 $3c_2/4$ 的 $MgCl_2$ 混合液进行实验,则并无聚沉现象发生,$1c_1/4$ 的 LiCl 必须和 $2c_2$ 的 $MgCl_2$ 混合液才能使 $As_2S_3$ 溶胶发生聚沉,即两种离子的聚沉能力相互减弱了。

② 敏化作用　混合电解质的聚沉作用除有加合性与对抗性之外,有时也有相互加强的情况。这就是说,混合电解质所表现的聚沉本领,比使用个别电解质所表现的聚沉本领要大,在这样的情形中,说明一种离子敏化了另一种离子对胶粒的聚沉作用,这种现象称为敏化作用。例如向硅酸溶胶中加入少量的 KOH,可使聚沉硅酸所需的氯化钠的分量大大降低,或者说 KOH 降低了氯化钠的聚沉值。

综上所述,混合电解质所引起的聚沉颇为复杂,很多现象目前是无法解释的。其复杂的原因可能是由下面一系列的相互作用组合而成:①电解质离子和溶胶粒子间的相互作用;②离子间的相互作用;③离子和溶剂的相互作用等。

(3) 相反电荷溶胶的相互作用

将带相反电荷的溶胶互相混合,也会发生聚沉。它与电解质的聚沉作用的不同之处在于两种溶胶的用量应当恰能使其所带的总电荷量相等时,才会完全聚沉,否则可能不完全聚沉,甚至不聚沉。表 10.6 所示,系用不同数量的氢氧化铁溶胶(正电性)和定量硫化亚砷溶胶(负电性)作用时观察到的情况。

表 10.6　氢氧化铁与硫化砷两种溶胶的相互聚沉

| 混合量/cm³ | | 观察现象 | 混合后粒子带电性 |
| --- | --- | --- | --- |
| $Fe(OH)_3$ 溶胶 | $As_2S_3$ 溶胶 | | |
| 9 | 1 | 无变化 | + |
| 8 | 2 | 放置适当时间后微带浑浊 | + |
| 7 | 3 | 立即浑浊,发生沉淀 | + |
| 5 | 5 | 立即沉淀,但不完全 | + |
| 3 | 7 | 几乎完全沉淀 | 不带电 |
| 2 | 8 | 立即沉淀,但不完全 | − |
| 1 | 9 | 立即沉淀,但不完全 | − |
| 0.2 | 0.8 | 立即浑浊,但无沉淀 | − |

污水净化也是以相互聚沉为基础的。天然水中含有的悬浮性粒子及溶胶粒子大多数是带负电的,为了使它们聚沉下来,可加入明矾,因为明矾水解的结果产生带正电的 $Al(OH)_3$ 溶胶,它和悬浮体粒子相互作用而聚沉。再加上 $Al(OH)_3$ 絮状物的吸附作用,使污物清除,达到净化的目的。又如一种墨水加在另一种墨水中往往产生沉淀,这也是相互聚沉的例子。

(4) 高分子聚沉剂的应用

有机化合物的离子都具有很强的聚沉能力，这可能与其具有很强的吸附能力有关。表 10.7 列出了不同的一价阳离子所形成的氯化物对带负电的 $As_2S_3$ 溶胶的聚沉值。

表 10.7 有机化合物的聚沉作用

| 电解质 | 聚沉值/mol·m$^{-3}$ | 电解质 | 聚沉值/mol·m$^{-3}$ |
| --- | --- | --- | --- |
| KCl | 49.5 | $(C_2H_5)_2NH_2^+Cl^-$ | 9.96 |
| 氯化苯胺 | 2.5 | $(C_2H_5)_3NH^+Cl^-$ | 2.79 |
| 氯化吗啡 | 0.4 | $(C_2H_5)_4N^+Cl^-$ | 0.89 |
| $(C_2H_5)NH_3^+Cl^-$ | 18.20 | — | — |

此外，光的作用、强烈的振荡、加热等也能使溶胶溶液发生聚沉。

## 10.6 乳状液和泡沫

### 10.6.1 乳状液的形成和类型

乳状液（emulsion）是由两种液体所构成的分散体系。通常其中一种液体是水或水溶液；另一种则是与水不相溶的有机液体，一般统称为"油"。乳状液的一个特点是对于指定的"油"和水而言，可以形成"油"分散在水中即水包油乳状液（oil in water emulsion），用符号油/水（O/W）表示；也可形成水分散在"油"中即油包水乳状液（water in oil emulsion），用符号水/油（W/O）表示。这主要与形成乳状液时所添加的乳化剂性质有关，而与两种液体的相对量无关。乳状液属于粗分散体系，但由于它具有多相和聚结不稳定等特点，所以也是溶胶化学研究的对象。在自然界、生产以及日常生活中会经常接触到乳状液，例如从油井中喷出的原油、橡胶类植物的乳浆、常见的一些杀虫用乳剂、牛奶、人造黄油等皆是。

### 10.6.2 乳化剂的作用

当直接把水和"油"共同振摇时，虽可以使其分散，但静置后很快又会分成两层，例如苯和水共同振摇时可得到白色的混合液体，但静置不久后又会分层。如果加入少量合成洗涤剂再摇动，就会得到较为稳定的乳白色液体，苯以很小的液珠分散在水中，形成乳状液。为了形成稳定的乳状液而必须添加的第三种组分，通常称为乳化剂（emulsifying agent）。乳化剂的作用是使由机械分散所得的液滴不再相聚结。乳化剂的种类很多，可以是蛋白质、树胶、明胶、磷脂等天然产物，这类乳化剂能形成牢固的吸附膜或增加外相黏度，以阻止乳状液分层，但它们易水解和被微生物或细菌分解，且表面活性较低；乳化剂也可以是人工合成的表面活性剂，它们可以是阴离子型、阳离子型或非离子型。对于粒子较粗大的乳状液，也可以用具有亲水性的二氧化硅、蒙脱土及氢氧化物的粉末等做制备 O/W 型乳状液的乳化剂，或者用憎水性的固体粉末如石墨、炭黑等作为 W/O 型的乳化剂。这是因为，如果乳化剂的亲水性大，则它更倾向和水结合，因此在水"油"界面上的吸附膜是弯曲的，应当凸向水相，而在凹向"油"相，这样就使"油"不连续分布而形成 O/W 型乳状液，如图 10.29(a) 所示；如果乳化剂是憎水的，则情况刚好相反，吸附膜凹向水相，使水不连续分布而成 W/O 型乳状液，如图 10.29(b) 所示。从图 10.29(a) 中可知，亲水性固体乳化剂与水所成接触角小于90°，更多的固体部分将进入水中，把"油"分散成滴，并在其界面上形成保护膜使油滴不能相互聚结，如图 10.30(a) 所示。反之，如果设想形成了 W/O 型乳状液，如图 10.30(b) 所示，则水滴表面仍有相当部分没有受到保护，因而就不会稳定的存在。

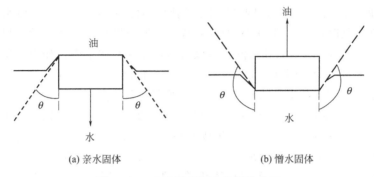

图 10.29　在水油界面上的固体粒子

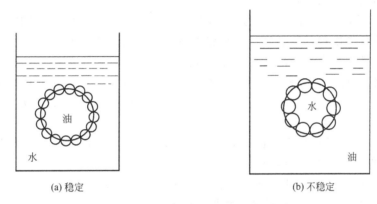

图 10.30　亲水固体粉末的乳化作用示意图

乳化剂之所以能使乳状液稳定，主要是由于：①在分散相液滴的周围形成坚固的保护膜；②降低界面张力；③形成双电层。视具体体系，可以是上述因素的一种或几种同时起作用。

### 10.6.3　乳状液类型的鉴定

乳状液是属于 O/W 型还是属于 W/O 型，可以用下列方法进行鉴定。

(1) 染色法

用溶于水中的少量色素和乳状液作用，如有色物质是连续地扩散着，则是 O/W 型的；如果不是连续扩散的则为 W/O 型的。

(2) 电导法

是利用水和油导电能力的不同来确定的。当电流通过乳状液时，O/W 型的导电能力远大于 W/O 型的。因此可知导电性大的为 O/W 型的，导电性小的为 W/O 型的。

(3) 稀释法

用水稀释乳状液，如果水与原来的分散介质混合不出现分层现象，即为 O/W 型乳状液，反之，出现分层现象即为 W/O 型乳状液。

## 10.6.4 乳状液的转化和破坏

乳状液的转化是指由 O/W 型乳状液变成 W/O 型乳状液或者相反的过程。这种转化通常是由于外加物质使乳化剂的性质发生改变而引起的,例如用钠肥皂可以形成 O/W 型的乳状液,但如果加入足量的氯化钙,则可以生成钙肥皂而使乳状液成为 W/O 型。又如当用氧化硅粉末作为乳化剂时,可形成 O/W 型的乳状液。但如果加入足够量的炭黑、钙肥皂或镁肥皂,则也可以形成 W/O 型的乳状液。应该指出,在这些例子中,如果所生成或所加入的相反类型的乳化剂量太少,则乳状液的类型亦不发生转化;如果用量适中,则两种相反类型的乳化剂同时起相反效应,则乳状液变得不稳定而被破坏。例如 $15cm^3$ 的煤油与 $25cm^3$ 的水用 0.8g 碳粉作为乳化剂,可以得到 W/O 型乳状液,加入 0.1g 二氧化硅粉末就可以破坏乳状液,若所加二氧化硅多于 0.1g,则可生成 O/W 型乳状液。

如果需要使乳状液中的两相分离,就是所谓的破乳(demulsification)。为破乳而加入的物质称为破乳剂(demulsifier)。例如石油和橡胶类植物乳浆的脱水、牛奶中提取奶油、污水中除去油沫等都是破乳过程。破坏乳状液主要是破坏乳化剂的保护作用,最终使水、油两相分层析出。常用以下几种方法。

① 对稀乳状液而言,例如含油污水中的乳化油油滴表面带负电,双电层起稳定作用,加入电解质可降低 ζ 电势,使它聚结。常加入 $Al_2(SO_4)_3$ 作为凝聚剂,使小油珠成为较大的油滴,再用浮选法除去油滴,从而达到净水目的。

② 高电压法 石油中除水就用此法,在高电压作用下,油中的水滴质点极化,一端带正电,一端带负电,彼此联结成链,最后变成大液滴,在重力作用下即能分出。目前不少国家都已采用此法。

③ 化学破坏法 用皂类做稳定剂时,加入盐酸,使弱的脂肪酸析出,于是乳状液分层,常见的例子是加酸破坏橡胶汁得到橡胶。

④ 吸附膜的破坏 可以用加压力的办法,使乳状液通过吸附层,如活性炭、硅胶、白土等,吸附乳化剂使吸附膜受到破坏以致聚结而分层。

此外,还可以用加热法即升高温度来降低乳化剂的吸附性,减小系统的黏度,增加液滴相互碰撞的机会,以达到去乳化的作用。也可用机械搅拌法来破坏保护膜,用离心机法来浓缩乳状液(如奶油分离器)等,均可使乳状液发生去乳化作用。

## 10.6.5 乳状液的应用

无论在工农业生产中或在生活中都能看到乳状液的广泛应用,但对它的认识还只停留在定性阶段,其理论有待于进一步探索和提高。下面介绍几个应用例子。

(1) 需要油和水同在一起

如金属切削和钻孔时需要用 O/W 型乳状液做润滑冷却液,水供给冷却,油是润滑剂。使用润滑冷却液后能节省动力,提高机械加工速度,延长刀具寿命,保证精密工件的质量。

(2) 少量药物的处理

杀虫剂 DDT 常制成乳状液后再使用,杀虫药多半是固体或液体,直接使用不方便且效率低。制成乳状液后(通常是 O/W 型),便于喷洒或喷雾,少量药液能占很大面积,成本低,效率高。

(3) 增加油的面积

人们食用的脂肪在体内先要乳化,使油的面积增大,便于被肠黏膜吸附。又如要长期保存水果,需在其表面涂蜡。方法是将水果浸在 O/W 型乳状液中,取出后待其干燥后即可。

## 10.6.6 泡沫

表面活性物质的另一重要用途就是可用于起泡,形成泡沫。泡沫是不溶性气体分散在液体中的分散系统。此外尚有固体泡沫,如现代建筑工业中常用的泡沫混凝土、泡沫塑料以及我们吃的馒头。这里我们只简单地讨论气体分散在液体中的分散系统。泡沫的基本性质与形成和乳状液极为相似.它们都是由两个相和界面吸附层的膜所构成。

当液体中发生的很多气泡浮在液面而不破裂时,它们就会联结在一起而形成泡沫,这时气泡与气泡之间可以仅隔一层液体薄膜。

我们都有这样的经验,搅动一杯水时,生成的气泡时间短,搅动牛奶或豆浆时却不然,泡沫能存在一定时间。所以纯液体不能形成稳定的泡沫,要得到稳定的泡沫也必须加入第三种物质,此即发(起)泡剂。多数发泡剂是表面活性物质。一般好的乳化剂例如肥皂、蛋白质等也都是很好的起泡剂,其作用原理与乳化剂相同。起泡剂可分为以下几种。

① 皂类(包括合成洗涤剂在内)  如油酸三乙醇胺等;
② 蛋白质类  如马血、牛血、明胶等;
③ 固体粉末  如石墨等。

泡沫的实际应用也很广,如泡沫浮选、泡沫灭火、泡沫水泥、泡沫玻璃(质轻、隔音隔热、机械强度高),但也有很多方面必须避免泡沫的生成,例如生化处理污水中,曝气池表面形成很多泡沫,影响我们观察活性污泥有否上浮等污水处理情况。某焦化厂采用清水浇注到泡沫上,只能消除一部分泡沫。由此看来,用来破坏泡沫的物质也是研究的对象,这种物质称为消泡剂。

破坏泡沫的方法通常采用机械方法和化学方法,机械方法通常有搅拌、改变温度、改变压力等。化学方法通常加入消泡剂如 $C_5 \sim C_8$ 的醇或醚。例如戊醇、庚醇等,一种解释是其表面活性大能顶走原来的起泡物质,但因本身链短不能形成坚固的膜,泡沫就破了,另一种解释是消泡剂分子附着在泡沫的表面上就可使泡膜的局部表面张力降低,因此,膜就发生不均匀现象而破裂,这就是对消泡作用的另一种说法。

## 习 题

**一、判断题**(正确的画"√",错误的画"×")

1. 溶胶是均相系统,在热力学上是稳定的。(    )
2. 长时间渗析,有利于溶胶的净化与稳定。(    )
3. 有无丁铎尔效应是溶胶和分子分散系统的主要区别之一。(    )
4. 亲液溶胶的丁铎尔效应比憎液溶胶强。(    )
5. 在外加直流电场中,AgI 正溶胶向负电极移动,而其扩散层向正电极移动。(    )
6. 新生成的 $Fe(OH)_3$ 沉淀中加入少量稀 $FeCl_3$ 溶液,会溶解。再加入一定量的硫酸盐溶液则又会沉淀。
7. 丁铎尔效应是溶胶粒子对入射光的折射作用引起的。(    )
8. 胶束溶液是高度分散的均相的热力学稳定系统。(    )

## 二、选择题

1. 溶胶基本特征之一是（　　）。
   A. 热力学上和动力学上皆属稳定系统　　B. 热力学上和动力学上皆属不稳定系统
   C. 热力学上稳定而动力学上不稳定系统　　D. 热力学上不稳定而动力学上稳定系统

2. 在电泳实验中，观察到胶粒向阳极移动，表明（　　）。
   A. 胶粒带正电　　B. 胶团的扩散层带负电
   C. 胶团的扩散层带正电　　D. $\zeta$ 电位相对于溶液本体为正值

3. $0.012 dm^3$ $0.02 mol \cdot dm^{-3}$ 的 NaCl 溶液和 $0.1 dm^3$ $0.005 mol \cdot dm^{-3}$ 的 $AgNO_3$ 溶液混合制得的溶胶电泳时，胶粒的移动方向是（　　）。
   A. 不移动　　B. 向正极　　C. 向负极　　D. 不能确定

4. 在一定量 KCl 为稳定剂的 AgCl 溶胶中加入电解质使其聚沉，聚沉能力顺序为（　　）。
   A. $AlCl_3 < ZnSO_4 < KCl$　　B. $KCl < ZnSO_4 < AlCl_3$
   C. $ZnSO_4 < KCl < AlCl_3$　　D. $KCl < AlCl_3 < ZnSO_4$

5. 电解质的（　　），对溶胶的聚沉效果愈好。
   A. 聚沉值愈大　　B. 聚沉值愈小
   C. 聚沉能力愈大　　D. 聚沉能力愈小

6. 处在溶液中的带电固体表面的固液界面层内形成双电层，所产生的 $\zeta$ 电势是指（　　）。
   A. 固体表面与溶液本体间的电势
   B. 滑动面处与溶液本体间的电势
   C. 紧密层与扩散层分界处与溶液体间的电势差

7. 在三个烧杯中装有 $0.02 dm^3$ 的 $Fe(OH)_3$ 溶胶，加入电解质使其明显开始聚沉时，在第一个烧杯中需加入 $0.021 dm^3$、$1 mol \cdot dm^{-3}$ 的 KCl 溶液，在第二个烧杯中需加入 $0.0125 dm^3$、$0.01 mol \cdot dm^{-3}$ 的 $Na_2SO_4$ 溶液，在第三个烧杯中需加入 $0.075 dm^3$、$0.001 mol \cdot dm^{-3}$ 的 $Na_3PO_4$，则三种电解质聚沉能力大小的顺序为（　　）。
   A. $KCl > Na_3PO_4 > Na_2SO_4$　　B. $Na_3PO_4 > KCl > Na_2SO_4$
   C. $Na_2SO_4 > Na_3PO_4 > KCl$　　D. $Na_3PO_4 > Na_2SO_4 > KCl$

8. 对于有过量 KI 存在的 AgI 溶胶，电解质（　　）的聚沉能力最强。
   A. $K_3[Fe(CN)_6]$　　B. $MgSO_4$　　C. $FeCl_3$

9. 乳状液一般可分为二大类，一类为油分散在水中，称为（　　），若乳状液膜与两边的油与水的界面张力分别用 $\gamma_{F-O}$ 和 $\gamma_{F-W}$ 表示，当 $\gamma_{F-O} > \gamma_{F-W}$ 时，则形成（　　）型乳状液，以二价金属 Ca，Mg 等的皂类为乳化剂时，则形成（　　）乳状液。
   A. 水包油型 O/W　　B. 油包水型 W/O

10. 使用明矾 $[KAl(SO_4)_2 \cdot 12H_2O]$ 来净水，主要是利用（　　）。
    A. 胶粒的特性吸附　　B. 电解质的聚沉作用
    C. 胶粒之间的相互聚沉　　D. 高分子的絮凝

## 三、填空题

1. 溶胶分散系统的主要特点是_____。
2. 丁铎尔效应是光的_____所引起的，其强度与入射光波长（$\lambda$）的_____次方成_____比，与粒子的数（浓度）成_____比。

3. 电泳、电渗、流动电势、沉降电势等电学性质均与_____间的相对移动有关，故统称为_____现象。

4. 溶胶系统的动力性指_____、_____、_____、_____。

5. 对于溶胶粒子，电势梯度愈_____，粒子带电愈_____，粒子体积愈_____，介质黏度愈_____，电泳速度愈大。

6. 溶胶分散系统的三个主要特征：（1）_____，（2）_____，（3）_____。

7. 将 $0.2dm^3$ $0.01mol\cdot dm^{-3}$ 的 KCl 溶液和 $0.2dm^3$ $0.05mol\cdot dm^{-3}$ 的 $AgNO_3$ 混合以制备溶胶，该溶胶的胶团表达式为_____。

8. 憎液溶胶的稳定原因可归纳为（1）_____、（2）_____、(3)_____；_____的大小是衡量溶胶稳定性的尺度。

9. 动电势（ζ电势）是指_____。

10. 憎液溶胶是热力学_____系统，能暂时稳定的主要原因是胶粒带电；高分子溶液是热力学_____系统，稳定的主要原因是_____。当加入少量电解质时，溶胶的_____电势降低，到达_____电势时，发生_____作用；而高分子溶液只有加入更多的电解质，超过_____点时，才会聚沉，称为_____作用。

11. 高分子化合物的聚沉作用有_____效应、_____效应、_____效应。

12. 当溶胶粒子的直径_____入射光的波长时，可出现丁铎尔效应。

### 四、简答与计算

1. 如何从分散系统粒度的大小定义粗分散系统、溶胶及真溶液？溶胶系统的主要特征是什么？

2. Tyndall 效应的实质及产生条件各是什么？

3. 何谓溶胶粒子的电动现象，它说明什么问题？

4. ζ电势数值为什么能衡量溶胶的稳定性？论述ζ电势受电解质影响的因素。

5. 简述 Stern 扩散双电层理论要点？

6. 在碱溶液中用 HCHO 与 $HAuCl_4$ 制备金溶胶：

$$HAuCl_4 + 5NaOH \longrightarrow NaAuO_2 + 4NaCl + 3H_2O$$
$$2NaAuO_2 + 3HCHO + NaOH \longrightarrow 3Au + 3HCOONa + 2H_2O$$

其中 $NaAuO_2$ 是稳定剂。

(1) 写出胶团结构，指明胶核、胶粒、胶团；

(2) 指明电泳方向。

7. 等体积的 $0.08mol\cdot dm^{-3}$ KI 溶液和 $0.1mol\cdot dm^{-3}$ $AgNO_3$ 溶液制备 AgI 溶胶，

(1) 写出胶团结构，指明胶核、胶粒、胶团；

(2) 下列电解质的聚沉能力 $CaCl_2$，$Na_2SO_4$，$MgSO_4$。

8. 用 $As_2O_3$ 与略过量的 $H_2S$ 制备 $As_2S_3$ 溶胶，

(1) 写出胶团结构，指明胶核、胶粒、胶团；

(2) 指明电泳方向。

9. 写出由 $FeCl_3$ 水溶液制备 $Fe(OH)_3$ 溶胶的胶团结构，已知稳定剂为 $FeCl_3$，

(1) 指明胶核、胶粒、可滑动面；

(2) 指明电泳方向；

(3) 若使 $0.020dm^3$ 的 $Fe(OH)_3$ 溶胶聚沉，最少需加入的电解质分别是：$1.00mol\cdot$

$dm^{-3}$ 的 NaCl 为 $0.021dm^3$，$5\times10^{-3}$ mol·$dm^{-3}$ 的 $Na_2SO_4$ 为 $0.125dm^3$，$3.333\times10^{-3}$ mol·$dm^{-3}$ 的 $Na_3PO_4$ 为 $0.0074dm^3$，求各电解质的聚沉值；聚沉能力之比。

10. 将 100 ml $0.005$mol·$dm^{-3}$ 的 $Ba(CNS)_2$ 溶液和 10ml $0.02$mol·$dm^{-3}$ 的 $K_2SO_4$ 溶液混合制备 $BaSO_4$ 溶胶。

(1) 写出胶团结构，指明电泳方向；
(2) 若用 $MgSO_4$ 和 $K_3Fe(CN)_6$ 两种电解质分别使溶胶聚沉，那一种更容易？
(3) 如何证明形成的是溶胶？

11. 水与油不相溶，为何加入洗衣粉后即生成乳状液？

12. 某带正电荷溶胶，$KNO_3$ 作为沉淀剂时，聚沉值为 $50\times10^{-3}$ mol·$dm^{-3}$，若用 $K_2SO_4$ 作沉淀剂，其聚沉值大约为多少？

# 附　录

## 附录1　国际单位制

国际单位制（international system of units）是我国法定计量单位的基础，一切属于国际单位制的单位都是我国的法定计量单位。国际单位制的国际简称为 SI。

| 量的名称 | 单位名称 | 单位符号 | 备注 |
| --- | --- | --- | --- |
| 长度 | 米 | m | 米等于光在真空中 299792458 分之一秒时间间隔内所经路径的长度 |
| 质量 | 千克(公斤) | kg | 千克是质量单位，等于国际千克原器的质量 |
| 时间 | 秒 | s | 秒是铯-133 原子基态的两个超精细能级之间跃迁所对应的辐射的 9 192631770 个周期的持续时间 |
| 电流 | 安(培) | A | 安培是一恒定电流，若保持在处于真空中相距 1 米的两无限长，而圆截面可忽略的平等直导线内，则在此两导线之间产生的和在每米长度上等于 $2×10^{-7}$ N |
| 热力学温度 | 开(尔文) | K | 热力学温度单位开尔文是水三相点热力学温度的 1/273.16 |
| 物质的量 | 摩(尔) | mol | ①摩尔是一系统的物质的量，该系统中所包含的基本单元数与 0.012kg 碳-12 的原子数目相等<br>②在使用摩尔时，基本单元应予指明，可以是原子、分子、离子、电子及其它粒子，或是这些粒子的特定组合 |
| 发光强度 | 坎(德拉) | cd | 坎德拉是一光源在给定方向上的发光强度，该光源发出频率为 $540×10^{12}$ Hz 的单色辐射，且在此方向上的辐射强度为 1683W 每球面度 |

## 附录2　希腊字母表

| 名称 | 正体 | | 斜体 | | 国际音标 | 意义 |
| --- | --- | --- | --- | --- | --- | --- |
| | 大写 | 小写 | 大写 | 小写 | | |
| alpha | A | α | *A* | *α* | [ˈælfə] | 角度；系数 |
| beta | B | β | *B* | *β* | [ˈbiːtə, ˈbeitə] | 磁通系数；角度系数 |
| gamma | Γ | γ | *Γ* | *γ* | [ˈgæmə] | 电导系数(小写) |
| delta | Δ | δ | *Δ* | *δ* | [ˈdeltə] | 变动；密度；屈光度 |
| epsilon | E | ε | *E* | *ε* | [epˈsailən, ˈepsilən] | 对数之基数 |
| zeta | Z | ζ | *Z* | *ζ* | [ˈziːtə] | 系数；方位角；阻抗；相对黏度 |
| eta | H | η | *H* | *η* | [ˈiːtə, ˈeitə] | 磁滞系数；效率(小写) |
| thet | Θ | θ | *Θ* | *θ* | [ˈθiːtə] | 温度；相位角 |
| iot | I | ι | *I* | *ι* | [aiˈoutə] | 微小，一点儿 |
| kappa | K | κ | *K* | *κ* | [ˈkæpə] | 介质常数 |
| lambda | Λ | λ | *Λ* | *λ* | [ˈlæmdə] | 波长(小写)；体积 |

| 名称 | 正体 大写 | 正体 小写 | 斜体 大写 | 斜体 小写 | 国际音标 | 意义 |
|---|---|---|---|---|---|---|
| mu | M | μ | $M$ | $\mu$ | [mju:] | 磁导系数;微;放大因数(小写) |
| nu | N | ν | $N$ | $\nu$ | [nju:] | 磁阻系数 |
| xi | Ξ | ξ | $\Xi$ | $\xi$ | [gzai, ksai, zai] | 反应进度(小写) |
| omicron | O | o | $O$ | $o$ | [ou'maikrən] | — |
| pi | Π | π | $\Pi$ | $\pi$ | [pai] | 圆周率=圆周÷直径=3.1416 |
| rho | P | ρ | $P$ | $\rho$ | [rou] | 电阻系数(小写) |
| sigma | Σ | σ | $\Sigma$ | $\sigma$ | ['sigmə] | 总和(大写),表面密度;跨导(小写) |
| tau | T | τ | $T$ | $\tau$ | [tə:] | 时间常数 |
| upsilon | Υ | υ | $Υ$ | $υ$ | [ju:p'sailən, 'ju:psilən] | 位移 |
| phi | Φ | φ | $\Phi$ | $\phi$ | [fai] | 磁通;角 |
| chi | X | χ | $X$ | $\chi$ | [kai] | |
| psi | Ψ | ψ | $\Psi$ | $\psi$ | [psai] | 角速;介质电通量(静电力线);角 |
| omega | Ω | ω | $\Omega$ | $\omega$ | ['oumigə] | 欧姆(大写);角速(小写);角 |

## 附录3 气体的范德华常数

| 气体 | 气体符号 | $10^3 a$ / Pa·m$^6$·mol$^{-2}$ | $10^6 b$ / m$^3$·mol$^{-1}$ |
|---|---|---|---|
| 氦气 | He | 3.44 | 23.7 |
| 氢气 | $H_2$ | 24.52 | 26.5 |
| 一氧化氮 | NO | 135.00 | 27.9 |
| 氧气 | $O_2$ | 1.38.20 | 31.9 |
| 氮气 | $N_2$ | 137.00 | 38.7 |
| 一氧化碳 | CO | 147.20 | 39.5 |
| 甲烷 | $CH_4$ | 230.30 | 43.1 |
| 二氧化碳 | $CO_2$ | 365.80 | 42.9 |
| 氯化氢 | HCl | 370.0 | 40.6 |
| 氨气 | $NH_3$ | 422.50 | 37.1 |
| 乙炔 | $C_2H_2$ | 451.6 | 52.2 |
| 乙烯 | $C_2H_4$ | 461.2 | 58.2 |
| 二氧化氮 | $NO_2$ | 535.0 | 44.2 |
| 水 | $H_2O$ | 553.7 | 30.5 |
| 乙烷 | $C_2H_6$ | 558.0 | 65.1 |
| 氯气 | $Cl_2$ | 634.3 | 54.2 |
| 二氧化硫 | $SO_2$ | 686.5 | 56.8 |
| 苯 | $C_6H_6$ | 1882.0 | 119.3 |
| 氩 | Ar | 135.5 | 32.0 |

续表

| 气体 | 气体符号 | $10^3 a/\text{Pa}\cdot\text{m}^6\cdot\text{mol}^{-2}$ | $10^6 b/\text{m}^3\cdot\text{mol}^{-1}$ |
|---|---|---|---|
| 丙烷 | $C_3H_8$ | 842.2 | 82.4 |
| 氯仿 | $CHCl_3$ | 1534.0 | 101.9 |
| 四氯化碳 | $CCl_4$ | 2001.0 | 128.1 |
| 甲醇 | $CH_3OH$ | 947.6 | 65.9 |
| 乙醇 | $C_2H_5OH$ | 1256.0 | 87.1 |
| 乙醚 | $(C_2H_5)_2O$ | 1746.0 | 133.3 |
| 丙酮 | $(CH_3)_2CO$ | 1602.0 | 112.4 |

## 附录4 物质的临界参数

| 物质名 | 物质符号 | 临界温度 $T_c/\text{K}$ | 临界压力 $p_c/\text{MPa}$ | 临界体积 $V_c/10^{-6}\text{m}^3\cdot\text{mol}^{-1}$ | 临界密度 $\rho/\text{kg}\cdot\text{m}^{-3}$ | 临界压缩因子 $Z_c$ |
|---|---|---|---|---|---|---|
| 氦 | He | 5.19 | 0.227 | 57.0 | 70.2 | 0.300 |
| 氩 | Ar | 150.87 | 4.898 | 75.0 | 532.0 | 0.293 |
| 氢 | $H_2$ | 32.97 | 1.293 | 65.0 | 31.0 | 0.307 |
| 氮 | $N_2$ | 126.21 | 3.390 | 90.0 | 311.0 | 0.291 |
| 氧 | $O_2$ | 154.59 | 5.043 | 73.0 | 438.0 | 0.286 |
| 氟 | $F_2$ | 144.13 | 5.172 | 66.0 | 576.0 | 0.285 |
| 氯 | $Cl_2$ | 416.90 | 7.991 | 123.0 | 576.0 | 0.284 |
| 溴 | $Br_2$ | 588.00 | 10.340 | 127.0 | 1258.0 | 0.269 |
| 水 | $H_2O$ | 647.14 | 22.060 | 56.0 | 322.0 | 0.230 |
| 氨 | $NH_3$ | 405.50 | 11.350 | 72.0 | 236.0 | 0.242 |
| 氯化氢 | HCl | 324.70 | 8.310 | 81.0 | 450.0 | 0.249 |
| 硫化氢 | $H_2S$ | 373.20 | 8.940 | 99.0 | 344.0 | 0.285 |
| 一氧化碳 | CO | 132.91 | 3.499 | 93.0 | 301.0 | 0.295 |
| 二氧化碳 | $CO_2$ | 304.13 | 7.375 | 94.0 | 468.0 | 0.274 |
| 二氧化硫 | $SO_2$ | 430.80 | 7.884 | 122.0 | 525.0 | 0.269 |
| 甲烷 | $CH_4$ | 190.56 | 4.599 | 98.6 | 163.0 | 0.286 |
| 乙烷 | $C_2H_6$ | 305.32 | 4.872 | 145.5 | 207.0 | 0.279 |
| 丙烷 | $C_3H_8$ | 369.83 | 4.248 | 200.0 | 220.0 | 0.276 |
| 乙烯 | $C_2H_4$ | 282.34 | 5.041 | 131.0 | 214.0 | 0.281 |
| 丙烯 | $C_3H_6$ | 364.90 | 4.600 | 185.0 | 227.0 | 0.281 |
| 乙炔 | $C_2H_2$ | 308.30 | 6.138 | 122.2 | 213.0 | 0.293 |
| 氯仿 | $CHCl_3$ | 536.40 | 5.470 | 239.0 | 499.0 | 0.293 |
| 四氯化碳 | $CCl_4$ | 556.60 | 4.516 | 276.0 | 557.0 | 0.269 |
| 甲醇 | $CH_3OH$ | 512.50 | 8.084 | 117.0 | 274.0 | 0.222 |
| 乙醇 | $C_2H_5OH$ | 514.00 | 6.137 | 168.0 | 234.0 | 0.241 |
| 苯 | $C_6H_6$ | 562.05 | 4.895 | 256.0 | 305.0 | 0.268 |
| 甲苯 | $C_7H_8$ | 591.80 | 4.110 | 316.0 | 292.0 | 0.264 |

## 附录5　气体的摩尔定压热容与温度的关系

**气体的摩尔定压热容与温度的关系**（$C_{p,m}=a+bT+cT^2$）

| 气体名 | 气体符号 | $a$ / J·mol$^{-1}$·K$^{-1}$ | $10^3 b$ / J·mol$^{-1}$·K$^{-2}$ | $10^6 c$ / J·mol$^{-1}$·K$^{-3}$ | 温度范围/K |
|---|---|---|---|---|---|
| 氢气 | $H_2$ | 26.88 | 4.347 | −0.3265 | 273~3800 |
| 氯气 | $Cl_2$ | 31.696 | 10.144 | −4.038 | 300~1500 |
| 溴气 | $Br_2$ | 35.241 | 4.075 | −1.487 | 300~1500 |
| 氧气 | $O_2$ | 28.17 | 6.297 | −0.7494 | 273~3800 |
| 氮气 | $N_2$ | 27.32 | 6.226 | −0.9502 | 273~3800 |
| 氯化氢 | HCl | 28.17 | 1.810 | 1.547 | 300~1500 |
| 水 | $H_2O$ | 29.16 | 14.490 | −2.022 | 273~3800 |
| 一氧化碳 | CO | 26.537 | 7.683 | −1.172 | 300~1500 |
| 二氧化碳 | $CO_2$ | 26.75 | 42.258 | −14.250 | 300~1500 |
| 甲烷 | $CH_4$ | 14.15 | 75.496 | −17.990 | 298~1500 |
| 乙烷 | $C_2H_6$ | 9.401 | 159.83 | −46.229 | 298~1500 |
| 乙烯 | $C_2H_4$ | 11.84 | 119.67 | −36.510 | 298~1500 |
| 丙烯 | $C_3H_6$ | 9.427 | 188.77 | −57.488 | 298~1500 |
| 乙炔 | $C_2H_2$ | 30.67 | 52.810 | −16.270 | 298~1500 |
| 丙炔 | $C_3H_4$ | 26.50 | 120.66 | −39.570 | 298~1500 |
| 苯 | $C_6H_6$ | −1.71 | 324.77 | −110.58 | 298~1500 |
| 甲苯 | $C_6H_5CH_3$ | 2.41 | 391.17 | −130.65 | 298~1500 |
| 甲醇 | $CH_3OH$ | 18.40 | 101.56 | −28.680 | 273~1000 |
| 乙醇 | $C_2H_5OH$ | 29.25 | 166.28 | −48.898 | 298~1500 |
| 乙醚 | $(C_2H_5)_2O$ | −103.9 | 1417.00 | −248.000 | 300~400 |
| 甲醛 | HCHO | 18.82 | 58.379 | −15.610 | 291~1500 |
| 乙醛 | $CH_3CHO$ | 31.05 | 121.46 | −36.580 | 298~1500 |
| 丙酮 | $(CH_3)_2CO$ | 22.47 | 205.97 | −63.521 | 298~1500 |
| 甲酸 | HCOOH | 30.70 | 89.20 | −34.540 | 300~700 |
| 氯仿 | $CHCl_3$ | 29.51 | 148.94 | −90.734 | 273~773 |

# 附录6 物质的部分热力学数据

**物质的标准摩尔生成焓、标准摩尔生成吉布斯函数、标准摩尔熵及摩尔定压热容**

$p^{\ominus} = 100\text{kPa}$, 25℃

| 物质 | $\Delta_f H_m^{\ominus}$ /kJ·mol$^{-1}$ | $\Delta_f G_m^{\ominus}$ /kJ·mol$^{-1}$ | $S_m^{\ominus}$ /J·mol$^{-1}$·K$^{-1}$ | $C_{p,m}$ /J·mol$^{-1}$·K$^{-1}$ |
|---|---|---|---|---|
| Ag(s) | 0 | 0 | 42.55 | 25.351 |
| AgCl(s) | −127.068 | −109.789 | 96.2 | 50.79 |
| Ag$_2$O(s) | −31.05 | −11.20 | 121.30 | 65.86 |
| Al(s) | 0 | 0 | 28.33 | 24.35 |
| Al$_2$O$_3$($\alpha$,刚玉) | −1675.70 | −1582.30 | 50.92 | 79.04 |
| Br$_2$(l) | 0 | 0 | 152.231 | 75.689 |
| Br$_2$(g) | 30.907 | 3.110 | 245.463 | 36.02 |
| HBr(g) | −36.40 | −53.45 | 198.695 | 29.142 |
| Ca(s) | 0 | 0 | 41.42 | 25.31 |
| CaC(s) | −59.80 | −64.90 | 69.96 | 62.72 |
| CaCO$_3$(s,方解石) | −1206.92 | −1128.79 | 92.90 | 81.88 |
| CaO(s) | −635.09 | −604.03 | 39.75 | 42.80 |
| Ca(OH)$_2$(s) | −986.09 | −898.49 | 83.39 | 87.49 |
| C(s,石墨) | 0 | 0 | 5.740 | 8.527 |
| C(s,金刚石) | 1.895 | 2.900 | 2.377 | 6.113 |
| CO(g) | −110.525 | −137.168 | 197.674 | 29.142 |
| CO$_2$(g) | −393.509 | −394.359 | 213.74 | 37.11 |
| CS$_2$(l) | 89.70 | 65.27 | 151.34 | 75.70 |
| CS$_2$(g) | 117.36 | 67.12 | 237.84 | 45.40 |
| CCl$_4$(l) | −135.44 | −65.21 | 216.40 | 131.75 |
| CCl$_4$(g) | −102.90 | −60.59 | 309.85 | 83.30 |
| HCN(l) | 108.87 | 124.97 | 112.84 | 70.63 |
| HCN(g) | 135.10 | 124.70 | 201.78 | 35.86 |
| Cl$_2$(g) | 0 | 0 | 223.066 | 33.907 |
| Cl(g) | 121.679 | 105.680 | 165.198 | 21.840 |
| HCl(g) | −92.307 | −95.299 | 186.908 | 29.12 |
| Cu(s) | 0 | 0 | 33.150 | 24.435 |
| CuO(s) | −157.30 | −129.70 | 42.63 | 42.30 |

续表

| 物质 | $\Delta_f H_m^\ominus$ /kJ·mol$^{-1}$ | $\Delta_f G_m^\ominus$ /kJ·mol$^{-1}$ | $S_m^\ominus$ /J·mol$^{-1}$·K$^{-1}$ | $C_{p,m}$ /J·mol$^{-1}$·K$^{-1}$ |
|---|---|---|---|---|
| Cu$_2$O(s) | −168.60 | −146.00 | 93.14 | 63.64 |
| F$_2$(g) | 0 | 0 | 202.78 | 31.30 |
| HF(g) | −271.10 | −273.20 | 173.779 | 29.133 |
| Fe(s) | 0 | 0 | 27.28 | 25.10 |
| FeCl$_2$(s) | −341.79 | −302.30 | 117.95 | 76.75 |
| FeCl$_3$(s) | −399.49 | −334.00 | 142.30 | 96.65 |
| Fe$_2$O$_3$(s)(赤铁矿) | −824.20 | −742.20 | 87.40 | 103.85 |
| Fe$_3$O$_4$(s)(磁铁矿) | −1118.40 | −1015.40 | 146.40 | 143.43 |
| FeSO$_4$(s) | −928.40 | −820.80 | 107.50 | 100.58 |
| H$_2$(g) | 0 | 0 | 130.684 | 28.824 |
| H(g) | 217.965 | 203.247 | 114.713 | 20.784 |
| H$_2$O(l) | −285.830 | −237.129 | 69.91 | 75.291 |
| H$_2$O(g) | −241.818 | −228.572 | 188.825 | 33.577 |
| I$_2$(s) | 0 | 0 | 116.135 | 54.438 |
| I$_2$(g) | 62.438 | 19.327 | 260.69 | 36.90 |
| I(g) | 106.838 | 70.250 | 180.791 | 20.786 |
| HI(g) | 26.48 | 1.70 | 206.594 | 29.158 |
| Mg(s) | 0 | 0 | 32.68 | 24.89 |
| MgCl$_2$(s) | −641.32 | −591.79 | 89.62 | 71.38 |
| MgO(s) | −601.70 | −569.43 | 26.94 | 37.15 |
| Mg(OH)$_2$(s) | −924.54 | 833.51 | 63.18 | 77.03 |
| Na(s) | 0 | 0 | 51.21 | 28.24 |
| Na$_2$CO$_3$(s) | −1130.68 | −1044.44 | 134.98 | 112.30 |
| NaHCO$_3$(s) | −950.81 | −851.00 | 101.70 | 87.61 |
| NaCl(s) | −411.153 | −384.138 | 72.13 | 50.50 |
| NaNO$_3$(s) | −467.85 | −367.00 | 116.52 | 92.88 |
| NaOH | −425.609 | −379.494 | 64.455 | 59.54 |
| Na$_2$SO$_4$(s) | −1387.08 | −1270.16 | 149.58 | 128.20 |
| N$_2$(g) | 0 | 0 | 191.61 | 29.125 |
| NH$_3$(g) | −46.11 | −16.45 | 192.45 | 35.06 |
| NO(g) | 90.25 | 86.55 | 210.761 | 29.844 |
| NO$_2$(g) | 33.18 | 51.31 | 240.06 | 37.20 |

续表

| 物质 | $\Delta_f H_m^\ominus$ /kJ·mol$^{-1}$ | $\Delta_f G_m^\ominus$ /kJ·mol$^{-1}$ | $S_m^\ominus$ /J·mol$^{-1}$·K$^{-1}$ | $C_{p,m}$ /J·mol$^{-1}$·K$^{-1}$ |
|---|---|---|---|---|
| $N_2O(g)$ | 82.05 | 104.20 | 219.85 | 38.45 |
| $N_2O_3(g)$ | 83.72 | 139.46 | 312.28 | 65.61 |
| $N_2O_4(g)$ | 9.16 | 97.89 | 304.29 | 77.28 |
| $N_2O_5(g)$ | 11.30 | 115.10 | 355.70 | 84.50 |
| $HNO_3(l)$ | −174.10 | −80.71 | 155.60 | 109.87 |
| $HNO_3(g)$ | −135.06 | −74.72 | 266.38 | 53.35 |
| $NH_4NO_3(s)$ | −365.56 | −183.87 | 151.08 | 139.30 |
| $O_2(g)$ | 0 | 0 | 205.138 | 29.355 |
| $O(g)$ | 249.170 | 231.731 | 161.055 | 21.912 |
| $O_3(g)$ | 142.70 | 163.20 | 238.93 | 39.20 |
| P($\alpha$,白磷) | 0 | 0 | 41.09 | 23.84 |
| P(红磷,三斜晶系) | −17.60 | −12.10 | 22.80 | 21.21 |
| $P_4(g)$ | 58.91 | 24.44 | 279.98 | 67.15 |
| $PCl_3(g)$ | −287.0 | −267.8 | 311.78 | 71.84 |
| $PCl_5(g)$ | −374.90 | −305.0 | 364.58 | 112.80 |
| $H_3PO_4(s)$ | −1279.0 | −1119.10 | 110.50 | 106.06 |
| S(正交晶系) | 0 | 0 | 31.80 | 22.64 |
| S(g) | 278.805 | 238.250 | 167.821 | 23.673 |
| $S_8(g)$ | 102.30 | 49.63 | 430.98 | 156.44 |
| $H_2S(g)$ | −20.63 | −33.56 | 205.79 | 34.23 |
| $SO_2(g)$ | −296.830 | −300.194 | 248.22 | 39.87 |
| $SO_3(g)$ | −395.72 | −371.06 | 256.76 | 50.67 |
| $H_2SO_4(g)$ | −813.989 | −690.003 | 156.904 | 138.91 |
| Si(s) | 0 | 0 | 18.83 | 20.00 |
| $SiCl_4(l)$ | −687.0 | −619.84 | 239.70 | 145.30 |
| $SiCl_4(g)$ | −657.01 | −616.98 | 330.73 | 90.25 |
| $SiH_4(g)$ | 34.30 | 56.90 | 204.62 | 42.84 |
| $SiO_2(\alpha$-石英) | −910.94 | −856.64 | 41.84 | 44.43 |
| $SiO_2$(s,无定形) | −903.49 | −850.70 | 46.90 | 44.40 |
| Zn(s) | 0 | 0 | 41.63 | 25.40 |
| $ZnCO_3(s)$ | −812.78 | −731.52 | 82.40 | 79.71 |
| $ZnCl_2(s)$ | −415.05 | −369.398 | 111.46 | 71.34 |

续表

| 物质 | $\Delta_f H_m^{\ominus}$ /kJ·mol$^{-1}$ | $\Delta_f G_m^{\ominus}$ /kJ·mol$^{-1}$ | $S_m^{\ominus}$ /J·mol$^{-1}$·K$^{-1}$ | $C_{p,m}$ /J·mol$^{-1}$·K$^{-1}$ |
|---|---|---|---|---|
| ZnO(s) | −348.28 | −318.30 | 43.64 | 40.25 |
| CH$_4$(g,甲烷) | −74.81 | −50.72 | 186.264 | 35.309 |
| C$_2$H$_6$(g,乙烷) | −84.68 | −32.82 | 229.60 | 52.63 |
| C$_2$H$_4$(g,乙烯) | 52.26 | 68.15 | 219.56 | 43.56 |
| C$_2$H$_2$(g,乙炔) | 226.73 | 209.20 | 200.94 | 43.93 |
| CH$_3$OH(l,甲醇) | −238.66 | −166.27 | 126.80 | 81.60 |
| CH$_3$OH(g,甲醇) | −200.66 | −161.96 | 239.81 | 43.89 |
| C$_2$H$_5$OH(l,乙醇) | −277.69 | −174.78 | 160.70 | 111.46 |
| C$_2$H$_5$OH(g,乙醇) | −235.10 | −168.49 | 282.70 | 65.44 |
| (CH$_2$OH)$_2$(l,乙二醇) | −454.80 | −323.08 | 166.90 | 149.80 |
| (CH$_3$)$_2$O(g,二甲醚) | −184.05 | −112.59 | 266.38 | 64.39 |
| HCHO(g,甲醛) | −108.57 | −102.53 | 218.77 | 35.40 |
| CH$_3$CHO(g,乙醛) | −166.19 | −128.86 | 250.30 | 57.30 |
| HCOOH(l,甲酸) | −424.72 | −361.35 | 128.95 | 99.04 |
| CH$_3$COOH(l,乙酸) | −484.50 | −389.90 | 159.80 | 124.30 |
| CH$_3$COOH(g,乙酸) | −432.25 | −374.00 | 282.50 | 66.50 |
| (CH$_2$)$_2$O(l,环氧乙烷) | −77.82 | −11.76 | 153.85 | 87.95 |
| (CH$_2$)$_2$O(g,环氧乙烷) | −52.63 | −13.01 | 242.53 | 47.91 |
| CHCl$_3$(l,氯仿) | −134.47 | −73.66 | 201.70 | 113.80 |
| CHCl$_3$(g,氯仿) | −103.14 | −70.34 | 295.71 | 65.69 |
| C$_2$H$_5$Cl(l,氯乙烷) | −136.52 | −59.31 | 190.79 | 104.35 |
| C$_2$H$_5$Cl(g,氯乙烷) | −112.17 | −60.39 | 276.00 | 62.80 |
| C$_2$H$_5$Br(l,溴乙烷) | −92.01 | −27.70 | 198.70 | 100.80 |
| C$_2$H$_5$Br(g,溴乙烷) | −64.52 | −26.48 | 286.71 | 64.52 |
| CH$_2$CHCl(l,氯乙烯) | 35.60 | 51.90 | 263.99 | 53.72 |
| CH$_3$COCl(l,氯乙酰) | −273.80 | −207.99 | 200.80 | 117.00 |
| CH$_3$COCl(g,氯乙酰) | −243.51 | −205.80 | 295.10 | 67.80 |
| CH$_3$NH$_2$(g,甲胺) | −22.97 | 32.16 | 243.41 | 53.10 |
| (NH$_3$)$_2$CO(s,尿素) | −333.51 | −197.33 | 104.60 | 93.14 |

**物质的标准摩尔燃烧焓**

($p^{\ominus}=100\text{kPa}$，25℃)

| 物质名称 | 物质符号 | $\Delta_c H_m^{\ominus}$ /kJ·mol$^{-1}$ | 物质名称 | 物质符号 | $\Delta_c H_m^{\ominus}$ /kJ·mol$^{-1}$ |
|---|---|---|---|---|---|
| 甲烷 | $CH_4(g)$ | −890.31 | 丙醛 | $C_2H_5CHO(l)$ | −1816.30 |
| 乙烷 | $C_2H_6(g)$ | −1559.80 | 丙酮 | $(CH_3)_2CO(l)$ | −1790.40 |
| 丙烷 | $C_3H_8(g)$ | −2219.90 | 甲乙酮 | $CH_3OC_2H_5(l)$ | −2444.20 |
| 正戊烷 | $C_5H_{12}(l)$ | −3509.50 | 甲酸 | $HCOOH(l)$ | −254.60 |
| 正戊烷 | $C_5H_{12}(g)$ | −3536.10 | 乙酸 | $CH_3COOH(l)$ | −874.54 |
| 正己烷 | $C_6H_{14}(l)$ | −4163.10 | 丙酸 | $C_2H_5COOH(l)$ | −1527.30 |
| 乙烯 | $C_2H_4(g)$ | −1411.00 | 正丁酸 | $C_3H_7COOH(l)$ | −2183.50 |
| 乙炔 | $C_2H_2(g)$ | −1299.60 | 丙二酸 | $CH_2(COOH)_2(s)$ | −861.15 |
| 环丙烷 | $C_3H_6(g)$ | −2091.50 | 丁二酸 | $(CH_2COOH)_2(s)$ | −1491.00 |
| 环丁烷 | $C_4H_8(l)$ | −2720.50 | 乙酸酐 | $(CH_3CO)_2O(l)$ | −1806.20 |
| 环戊烷 | $C_5H_{10}(l)$ | −3290.90 | 甲酸甲酯 | $HCOOCH_3(l)$ | −979.50 |
| 环己烷 | $C_6H_{12}(l)$ | −3919.90 | 苯酚 | $C_6H_5OH(s)$ | −3053.50 |
| 苯 | $C_6H_6(l)$ | 3267.50 | 苯甲醛 | $C_6H_5CHO(l)$ | −3527.90 |
| 萘 | $C_{10}H_8(s)$ | −5153.90 | 苯乙酮 | $C_6H_5COCH_3(l)$ | −4148.90 |
| 甲醇 | $CH_3OH(l)$ | −726.51 | 苯甲酸 | $C_6H_5COOH(s)$ | −3226.90 |
| 乙醇 | $C_2H_5OH(l)$ | −1366.80 | 邻苯二甲酸 | $C_6H_4(COOH)_2(s)$ | −3223.50 |
| 正丙醇 | $C_3H_7OH(l)$ | −2019.80 | 苯甲酸甲酯 | $C_6H_5COOCH_3(l)$ | −3957.60 |
| 正丁醇 | $C_4H_9OH(l)$ | −2675.80 | 蔗糖 | $C_{12}H_{22}O_{11}(s)$ | −5640.90 |
| 甲乙醚 | $CH_3OC_2H_5(l)$ | −2107.40 | 甲胺 | $CH_3NH_2(l)$ | −1060.60 |
| 二乙醚 | $(C_2H_5)_2O(l)$ | −2751.10 | 乙胺 | $C_2H_5NH_2(l)$ | −1713.30 |
| 甲醛 | $HCHO(g)$ | −570.78 | 尿素 | $(NH_3)_2CO(s)$ | −631.66 |
| 乙醛 | $CH_3CHO(l)$ | −1166.40 | 吡啶 | $C_5H_5N(l)$ | −2782.40 |

## 附录7 水溶液中电解质的平均离子活度因子 $\gamma_{\pm}$

**电解质的平均离子活度因子 $\gamma_{\pm}$（25℃，水溶液）**

| $b$/mol·kg$^{-1}$ | 0.001 | 0.005 | 0.01 | 0.05 | 0.10 | 0.50 | 1.00 | 2.00 | 4.00 |
|---|---|---|---|---|---|---|---|---|---|
| HCl | 0.965 | 0.928 | 0.904 | 0.830 | 0.796 | 0.757 | 0.809 | 1.009 | 1.762 |
| NaCl | 0.966 | 0.929 | 0.904 | 0.823 | 0.778 | 0.682 | 0.658 | 0.671 | 0.783 |
| KCl | 0.965 | 0.927 | 0.901 | 0.815 | 0.769 | 0.650 | 0.605 | 0.575 | 0.582 |
| HNO$_3$ | 0.965 | 0.927 | 0.902 | 0.823 | 0.785 | 0.715 | 0.720 | 0.783 | 0.982 |
| NaOH | 0.965 | 0.927 | 0.899 | 0.818 | 0.766 | 0.693 | 0.679 | 0.700 | 0.890 |
| CaCl$_2$ | 0.887 | 0.783 | 0.724 | 0.574 | 0.518 | 0.448 | 0.500 | 0.792 | 2.934 |
| K$_2$SO$_4$ | 0.885 | 0.780 | 0.710 | 0.520 | 0.430 | 0.251 | — | — | — |

续表

| $b/\text{mol} \cdot \text{kg}^{-1}$ | 0.001 | 0.005 | 0.01 | 0.05 | 0.10 | 0.50 | 1.00 | 2.00 | 4.00 |
|---|---|---|---|---|---|---|---|---|---|
| $H_2SO_4$ | 0.830 | 0.639 | 0.544 | 0.340 | 0.265 | 0.154 | 0.130 | 0.124 | 0.171 |
| $CdCl_2$ | 0.819 | 0.623 | 0.524 | 0.304 | 0.228 | 0.100 | 0.066 | 0.044 | — |
| $BaCl_2$ | 0.880 | 0.770 | 0.720 | 0.560 | 0.490 | 0.390 | 0.393 | — | — |
| $CuSO_4$ | 0.740 | 0.530 | 0.410 | 0.210 | 0.160 | 0.068 | 0.047 | — | — |
| $ZnSO_4$ | 0.734 | 0.477 | 0.387 | 0.202 | 0.148 | 0.063 | 0.043 | 0.035 | — |
| KOH | — | 0.920 | 0.900 | 0.820 | 0.800 | 0.730 | 0.760 | 0.890 | — |
| KBr | 0.965 | 0.927 | 0.903 | 0.822 | 0.770 | 0.665 | 0.625 | 0.602 | 0.622 |
| $Mg(NO_3)_2$ | 0.880 | 0.770 | 0.710 | 0.550 | 0.510 | 0.440 | 0.500 | 0.690 | — |
| $K_2CO_3$ | 0.890 | 0.810 | 0.740 | 0.580 | 0.500 | 0.360 | 0.330 | 0.330 | 0.490 |
| KI | 0.965 | 0.927 | 0.905 | 0.840 | 0.800 | 0.710 | 0.680 | 0.690 | 0.750 |
| $NH_4Cl$ | 0.961 | 0.911 | 0.880 | 0.790 | 0.740 | 0.620 | 0.570 | — | — |
| NaBr | 0.966 | 0.934 | 0.914 | 0.844 | 0.800 | 0.695 | 0.686 | 0.734 | 0.934 |
| $NaNO_3$ | 0.966 | 0.930 | 0.900 | 0.820 | 0.770 | 0.620 | 0.550 | 0.480 | 0.410 |

## 附录8 酸性水溶液中电对的标准电极电势

**电对的标准电极电势**（$p^\ominus=100\text{kPa}$，25℃，酸性水溶液）

| 电极 | 电极反应 | $E^\ominus/\text{V}$ |
|---|---|---|
| $Li^+\mid Li$ | $Li^+ + e^- \rightleftharpoons Li$ | −3.0401 |
| $Cs^+\mid Cs$ | $Cs^+ + e^- \rightleftharpoons Cs$ | −3.026 |
| $Rb^+\mid Rb$ | $Rb^+ + e^- \rightleftharpoons Rb$ | −2.98 |
| $K^+\mid K$ | $K^+ + e^- \rightleftharpoons K$ | −2.931 |
| $Ba^{2+}\mid Ba$ | $Ba^{2+} + 2e^- \rightleftharpoons Ba$ | −2.912 |
| $Sr^{2+}\mid Sr$ | $Sr^{2+} + 2e^- \rightleftharpoons Sr$ | −2.89 |
| $Ca^{2+}\mid Ca$ | $Ca^{2+} + 2e^- \rightleftharpoons Ca$ | −2.868 |
| $Na^+\mid Na$ | $Na^+ + e^- \rightleftharpoons Na$ | −2.71 |
| $La^{3+}\mid La$ | $La^{3+} + 3e^- \rightleftharpoons La$ | −2.379 |
| $Mg^{2+}\mid Mg$ | $Mg^{2+} + 2e^- \rightleftharpoons Mg$ | −2.372 |
| $Ce^{3+}\mid Ce$ | $Ce^{3+} + 3e^- \rightleftharpoons Ce$ | −2.336 |
| $H_2(g)\mid 2H^-$ | $H_2(g) + 2e^- \rightleftharpoons 2H^-$ | −2.23 |
| $AlF_6^{3-}\mid Al$ | $AlF_6^{3-} + 3e^- \rightleftharpoons Al + 6F^-$ | −2.069 |
| $Th^{4+}\mid Th$ | $Th^{4+} + 4e^- \rightleftharpoons Th$ | −1.899 |
| $Be^{2+}\mid Be$ | $Be^{2+} + 2e^- \rightleftharpoons Be$ | −1.847 |
| $U^{3+}\mid U$ | $U^{3+} + 3e^- \rightleftharpoons U$ | −1.798 |
| $HfO\mid Hf$ | $HfO^{2+} + 2H^+ + 4e^- \rightleftharpoons Hf + H_2O$ | −1.724 |
| $Al^{3+}\mid Al$ | $Al^{3+} + 3e^- \rightleftharpoons Al$ | −1.662 |
| $Ti^{2+}\mid Ti$ | $Ti^{2+} + 2e^- \rightleftharpoons Ti$ | −1.63 |
| $ZrO_2\mid Zr$ | $ZrO_2 + 4H^+ + 4e^- \rightleftharpoons Zr + 2H_2O$ | −1.553 |

续表

| 电极 | 电极反应 | $E^{\ominus}/\text{V}$ |
|---|---|---|
| $[SiF_6]^{2-}\|Si$ | $[SiF_6]^{2-}+4e^-\rightleftharpoons Si+6F^-$ | $-1.24$ |
| $Mn^{2+}\|Mn$ | $Mn^{2+}+2e^-\rightleftharpoons Mn$ | $-1.185$ |
| $Cr^{2+}\|Cr$ | $Cr^{2+}+2e^-\rightleftharpoons Cr$ | $-0.913$ |
| $Ti^{3+}\|Ti^{2+}$ | $Ti^{3+}+e^-\rightleftharpoons Ti^{2+}$ | $-0.9$ |
| $H_3BO_3\|B$ | $H_3BO_3+3H^++3e^-\rightleftharpoons B+3H_2O$ | $-0.8698$ |
| $TiO_2\|Ti$ | $TiO_2+4H^++4e^-\rightleftharpoons Ti+2H_2O$ | $-0.86$ |
| $Te\|H_2Te$ | $Te+2H^++2e^-\rightleftharpoons H_2Te$ | $-0.793$ |
| $Zn^{2+}\|Zn$ | $Zn^{2+}+2e^-\rightleftharpoons Zn$ | $-0.7618$ |
| $Ta_2O_5\|Ta$ | $Ta_2O_5+10H^++10e^-\rightleftharpoons 2Ta+5H_2O$ | $-0.75$ |
| $Cr^{3+}\|Cr$ | $Cr^{3+}+3e^-\rightleftharpoons Cr$ | $-0.744$ |
| $Nb_2O_5\|Nb$ | $Nb_2O_5+10H^++10e^-\rightleftharpoons 2Nb+5H_2O$ | $-0.644$ |
| $As\|AsH_3$ | $As+3H^++3e^-\rightleftharpoons AsH_3$ | $-0.608$ |
| $U^{4+}\|U^{3+}$ | $U^{4+}+e^-\rightleftharpoons U^{3+}$ | $-0.607$ |
| $Ga^{3+}\|Ga$ | $Ga^{3+}+3e^-\rightleftharpoons Ga$ | $-0.549$ |
| $H_3PO_2\|P$ | $H_3PO_2+H^++e^-\rightleftharpoons P+2H_2O$ | $-0.508$ |
| $H_3PO_3\|H_3PO_2$ | $H_3PO_3+2H^++2e^-\rightleftharpoons H_3PO_2+H_2O$ | $-0.499$ |
| $CO_2\|H_2C_2O_4$ | $2CO_2+2H^++2e^-\rightleftharpoons H_2C_2O_4$ | $-0.49$ |
| $Fe^{2+}\|Fe$ | $Fe^{2+}+2e^-\rightleftharpoons Fe$ | $-0.447$ |
| $Cr^{3+}\|Cr^{2+}$ | $Cr^{3+}+e^-\rightleftharpoons Cr^{2+}$ | $-0.407$ |
| $Cd^{2+}\|Cd$ | $Cd^{2+}+2e^-\rightleftharpoons Cd$ | $-0.403$ |
| $Se\|H_2Se(aq)$ | $Se+2H^++2e^-\rightleftharpoons H_2Se(aq)$ | $-0.399$ |
| $PbI_2\|Pb$ | $PbI_2+2e^-\rightleftharpoons Pb+2I^-$ | $-0.365$ |
| $Eu^{3+}\|Eu^{2+}$ | $Eu^{3+}+e^-\rightleftharpoons Eu^{2+}$ | $-0.36$ |
| $PbSO_4\|Pb$ | $PbSO_4+2e^-\rightleftharpoons Pb+SO_4^{2-}$ | $-0.3588$ |
| $In^{3+}\|In$ | $In^{3+}+3e^-\rightleftharpoons In$ | $-0.3382$ |
| $Tl^+\|Tl$ | $Tl^++e^-\rightleftharpoons Tl$ | $-0.336$ |
| $Co^{2+}\|Co$ | $Co^{2+}+2e^-\rightleftharpoons Co$ | $-0.28$ |
| $H_3PO_4\|H_3PO_3$ | $H_3PO_4+2H^++2e^-\rightleftharpoons H_3PO_3+H_2O$ | $-0.276$ |
| $PbCl_2\|Pb$ | $PbCl_2+2e^-\rightleftharpoons Pb+2Cl^-$ | $-0.2675$ |
| $Ni^{2+}\|Ni$ | $Ni^{2+}+2e^-\rightleftharpoons Ni$ | $-0.257$ |
| $V^{3+}\|V^{2+}$ | $V^{3+}+e^-\rightleftharpoons V^{2+}$ | $-0.255$ |
| $H_2GeO_3\|Ge$ | $H_2GeO_3+4H^++4e^-\rightleftharpoons Ge+3H_2O$ | $-0.182$ |
| $AgI\|Ag$ | $AgI+e^-\rightleftharpoons Ag+I^-$ | $-0.15224$ |
| $Sn^{2+}\|Sn$ | $Sn^{2+}+2e^-\rightleftharpoons Sn$ | $-0.1375$ |
| $Pb^{2+}\|Pb$ | $Pb^{2+}+2e^-\rightleftharpoons Pb$ | $-0.1262$ |
| $CO_2\|CO$ | $CO_2(g)+2H^++2e^-\rightleftharpoons CO+H_2O$ | $-0.12$ |
| $P(\text{white})\|PH_3$ | $P(\text{white})+3H^++3e^-\rightleftharpoons PH_3(g)$ | $-0.063$ |

续表

| 电极 | 电极反应 | $E^{\ominus}/V$ |
|---|---|---|
| $Hg_2I_2\vert Hg$ | $Hg_2I_2+2e^-\rightleftharpoons 2Hg+2I^-$ | $-0.0405$ |
| $Fe^{3+}\vert Fe$ | $Fe^{3+}+3e^-\rightleftharpoons Fe$ | $-0.037$ |
| $H^+\vert H_2$ | $2H^++2e^-\rightleftharpoons H_2$ | 0 |
| $AgBr\vert Ag$ | $AgBr+e^-\rightleftharpoons Ag+Br^-$ | 0.07133 |
| $S_4O_6^{2-}\vert S_2O_3^{2-}$ | $S_4O_6^{2-}+2e^-\rightleftharpoons 2S_2O_3^{2-}$ | 0.08 |
| $TiO^{2+}\vert Ti^{3+}$ | $TiO^{2+}+2H^++e^-\rightleftharpoons Ti^{3+}+H_2O$ | 0.1 |
| $S\vert H_2S(aq)$ | $S+2H^++2e^-\rightleftharpoons H_2S(aq)$ | 0.142 |
| $Sn^{4+}\vert Sn^{2+}$ | $Sn^{4+}+2e^-\rightleftharpoons Sn^{2+}$ | 0.151 |
| $Sb_2O_3\vert Sb$ | $Sb_2O_3+6H^++6e^-\rightleftharpoons 2Sb+3H_2O$ | 0.152 |
| $Cu^{2+}\vert Cu^+$ | $Cu^{2+}+e^-\rightleftharpoons Cu^+$ | 0.153 |
| $BiOCl\vert Bi$ | $BiOCl+2H^++3e^-\rightleftharpoons Bi+Cl^-+H_2O$ | 0.1583 |
| $SO_4^{2-}\vert H_2SO_3$ | $SO_4^{2-}+4H^++2e^-\rightleftharpoons H_2SO_3+H_2O$ | 0.172 |
| $SbO^+\vert Sb$ | $SbO^++2H^++3e^-\rightleftharpoons Sb+H_2O$ | 0.212 |
| $AgCl\vert Ag$ | $AgCl+e^-\rightleftharpoons Ag+Cl^-$ | 0.22233 |
| $HAsO_2\vert As$ | $HAsO_2+3H^++3e^-\rightleftharpoons As+2H_2O$ | 0.248 |
| $Hg_2Cl_2\vert Hg$(饱和 KCl) | $Hg_2Cl_2+2e^-\rightleftharpoons 2Hg+2Cl^-$(饱和 KCl) | 0.26808 |
| $BiO^+\vert Bi$ | $BiO^++2H^++3e^-\rightleftharpoons Bi+H_2O$ | 0.32 |
| $UO_2^{2+}\vert U^{4+}$ | $UO_2^{2+}+4H^++2e^-\rightleftharpoons U^{4+}+2H_2O$ | 0.327 |
| $HCNO\vert (CN)_2$ | $2HCNO+2H^++2e^-\rightleftharpoons (CN)_2+2H_2O$ | 0.33 |
| $VO^{2+}\vert V^{3+}$ | $VO^{2+}+2H^++e^-\rightleftharpoons V^{3+}+H_2O$ | 0.337 |
| $Cu^{2+}\vert Cu$ | $Cu^{2+}+2e^-\rightleftharpoons Cu$ | 0.3419 |
| $ReO_4^-\vert Re$ | $ReO_4^-+8H^++7e^-\rightleftharpoons Re+4H_2O$ | 0.368 |
| $Ag_2CrO_4+\vert Ag$ | $Ag_2CrO_4+2e^-\rightleftharpoons 2Ag+CrO_4^{2-}$ | 0.447 |
| $H_2SO_3\vert S$ | $H_2SO_3+4H^++4e^-\rightleftharpoons S+3H_2O$ | 0.449 |
| $Cu^+\vert Cu$ | $Cu^++e^-\rightleftharpoons Cu$ | 0.521 |
| $I_2\vert I^-$ | $I_2+2e^-\rightleftharpoons 2I^-$ | 0.5355 |
| $I_3^-\vert I^-$ | $I_3^-+2e^-\rightleftharpoons 3I^-$ | 0.536 |
| $H_3AsO_4\vert HAsO_2$ | $H_3AsO_4+2H^++2e^-\rightleftharpoons HAsO_2+2H_2O$ | 0.56 |
| $Sb_2O_5\vert SbO^+$ | $Sb_2O_5+6H^++4e^-\rightleftharpoons 2SbO^++3H_2O$ | 0.581 |
| $TeO_2\vert Te$ | $TeO_2+4H^++4e^-\rightleftharpoons Te+2H_2O$ | 0.593 |
| $UO_2^+\vert U^{4+}$ | $UO_2^++4H^++e^-\rightleftharpoons U^{4+}+2H_2O$ | 0.612 |
| $2HgCl_2\vert Hg_2Cl_2$ | $2HgCl_2+2e^-\rightleftharpoons Hg_2Cl_2+2Cl^-$ | 0.63 |
| $[PtCl_6]^{2-}\vert [PtCl_4]^{2-}$ | $[PtCl_6]^{2-}+2e^-\rightleftharpoons [PtCl_4]^{2-}+2Cl^-$ | 0.68 |
| $O_2\vert H_2O_2$ | $O_2+2H^++2e^-\rightleftharpoons H_2O_2$ | 0.695 |
| $[PtCl_4]^{2-}\vert Pt$ | $[PtCl_4]^{2-}+2e^-\rightleftharpoons Pt+4Cl^-$ | 0.755 |
| $H_2SeO_3\vert Se$ | $H_2SeO_3+4H^++4e^-\rightleftharpoons Se+3H_2O$ | 0.74 |
| $Fe^{3+}\vert Fe^{2+}$ | $Fe^{3+}+e^-\rightleftharpoons Fe^{2+}$ | 0.771 |

续表

| 电极 | 电极反应 | $E^{\ominus}/V$ |
|---|---|---|
| $Hg_2^{2+}\mid Hg$ | $Hg_2^{2+}+2e^-\rightleftharpoons 2Hg$ | 0.7973 |
| $Ag^+\mid Ag$ | $Ag^++e^-\rightleftharpoons Ag$ | 0.7996 |
| $OsO_4\mid Os$ | $OsO_4+8H^++8e^-\rightleftharpoons Os+4H_2O$ | 0.8 |
| $NO_3^-\mid N_2O_4$ | $2NO_3^-+4H^++2e^-\rightleftharpoons N_2O_4+2H_2O$ | 0.803 |
| $Hg^{2+}\mid Hg$ | $Hg^{2+}+2e^-\rightleftharpoons Hg$ | 0.851 |
| $(quartz)SiO_2\mid Si$ | $(quartz)SiO_2+4H^++4e^-\rightleftharpoons Si+2H_2O$ | 0.857 |
| $Cu^{2+}\mid CuI$ | $Cu^{2+}+I^-+e^-\rightleftharpoons CuI$ | 0.86 |
| $HNO_2\mid H_2N_2O_2$ | $2HNO_2+4H^++4e^-\rightleftharpoons H_2N_2O_2+2H_2O$ | 0.86 |
| $Hg^{2+}\mid Hg_2^{2+}$ | $2Hg^{2+}+2e^-\rightleftharpoons Hg_2^{2+}$ | 0.92 |
| $NO_3^-\mid HNO_2$ | $NO_3^-+3H^++2e^-\rightleftharpoons HNO_2+H_2O$ | 0.934 |
| $Pd^{2+}\mid Pd$ | $Pd^{2+}+2e^-\rightleftharpoons Pd$ | 0.951 |
| $NO_3^-\mid NO$ | $NO_3^-+4H^++3e^-\rightleftharpoons NO+2H_2O$ | 0.957 |
| $HNO_2\mid NO$ | $HNO_2+H^++e^-\rightleftharpoons NO+H_2O$ | 0.983 |
| $HIO\mid I^-$ | $HIO+H^++2e^-\rightleftharpoons I^-+H_2O$ | 0.987 |
| $VO_2^+\mid VO^{2+}$ | $VO_2^++2H^++e^-\rightleftharpoons VO^{2+}+H_2O$ | 0.991 |
| $V(OH)_4^+\mid VO^{2+}$ | $V(OH)_4^++2H^++e^-\rightleftharpoons VO^{2+}+3H_2O$ | 1.00 |
| $[AuCl_4]^-\mid Au$ | $[AuCl_4]^-+3e^-\rightleftharpoons Au+4Cl^-$ | 1.002 |
| $H_6TeO_6\mid TeO_2$ | $H_6TeO_6+2H^++2e^-\rightleftharpoons TeO_2+4H_2O$ | 1.02 |
| $N_2O_4\mid NO$ | $N_2O_4+4H^++4e^-\rightleftharpoons 2NO+2H_2O$ | 1.035 |
| $N_2O_4\mid HNO_2$ | $N_2O_4+2H^++2e^-\rightleftharpoons 2HNO_2$ | 1.065 |
| $IO_3^-\mid I^-$ | $IO_3^-+6H^++6e^-\rightleftharpoons I^-+3H_2O$ | 1.085 |
| $Br_2(aq)\mid Br^-$ | $Br_2(aq)+2e^-\rightleftharpoons 2Br^-$ | 1.0873 |
| $SeO_4^{2-}\mid H_2SeO_3$ | $SeO_4^{2-}+4H^++2e^-\rightleftharpoons H_2SeO_3+H_2O$ | 1.151 |
| $ClO_3^-\mid ClO_2$ | $ClO_3^-+2H^++e^-\rightleftharpoons ClO_2+H_2O$ | 1.152 |
| $Pt^{2+}\mid Pt$ | $Pt^{2+}+2e^-\rightleftharpoons Pt$ | 1.18 |
| $ClO_4^-\mid ClO_3^-$ | $ClO_4^-+2H^++2e^-\rightleftharpoons ClO_3^-+H_2O$ | 1.189 |
| $IO_3^-\mid I_2$ | $2IO_3^-+12H^++10e^-\rightleftharpoons I_2+6H_2O$ | 1.195 |
| $ClO_3^-\mid HClO_2$ | $ClO_3^-+3H^++2e^-\rightleftharpoons HClO_2+H_2O$ | 1.214 |
| $MnO_2\mid Mn^{2+}$ | $MnO_2+4H^++2e^-\rightleftharpoons Mn^{2+}+2H_2O$ | 1.224 |
| $O_2\mid H_2O$ | $O_2+4H^++4e^-\rightleftharpoons 2H_2O$ | 1.229 |
| $Tl^{3+}\mid Tl^+$ | $Tl^{3+}+2e^-\rightleftharpoons Tl^+$ | 1.252 |
| $ClO_2\mid HClO_2$ | $ClO_2+H^++e^-\rightleftharpoons HClO_2$ | 1.277 |
| $HNO_2\mid N_2O$ | $2HNO_2+4H^++4e^-\rightleftharpoons N_2O+3H_2O$ | 1.297 |
| $Cr_2O_7^{2-}\mid Cr^{3+}$ | $Cr_2O_7^{2-}+14H^++6e^-\rightleftharpoons 2Cr^{3+}+7H_2O$ | 1.33 |
| $HBrO\mid Br^-$ | $HBrO+H^++2e^-\rightleftharpoons Br^-+H_2O$ | 1.331 |
| $HCrO_4^-\mid Cr^{3+}$ | $HCrO_4^-+7H^++3e^-\rightleftharpoons Cr^{3+}+4H_2O$ | 1.35 |
| $Cl_2(g)\mid Cl^-$ | $Cl_2(g)+2e^-\rightleftharpoons 2Cl^-$ | 1.35827 |

续表

| 电极 | 电极反应 | $E^{\ominus}/V$ |
|---|---|---|
| $ClO_4^-\|Cl^-$ | $ClO_4^- + 8H^+ + 8e^- \rightleftharpoons Cl^- + 4H_2O$ | 1.389 |
| $ClO_4^-\|Cl_2$ | $ClO_4^- + 8H^+ + 7e^- \rightleftharpoons \frac{1}{2}Cl_2 + 4H_2O$ | 1.39 |
| $Au^{3+}\|Au^+$ | $Au^{3+} + 2e^- \rightleftharpoons Au^+$ | 1.401 |
| $BrO_3^-\|Br^-$ | $BrO_3^- + 6H^+ + 6e^- \rightleftharpoons Br^- + 3H_2O$ | 1.423 |
| $HIO\|I_2$ | $2HIO + 2H^+ + 2e^- \rightleftharpoons I_2 + 2H_2O$ | 1.439 |
| $ClO_3^-\|Cl^-$ | $ClO_3^- + 6H^+ + 6e^- \rightleftharpoons Cl^- + 3H_2O$ | 1.451 |
| $PbO_2\|Pb^{2+}$ | $PbO_2 + 4H^+ + 2e^- \rightleftharpoons Pb^{2+} + 2H_2O$ | 1.455 |
| $ClO_3^-\|Cl_2$ | $ClO_3^- + 6H^+ + 5e^- \rightleftharpoons \frac{1}{2}Cl_2 + 3H_2O$ | 1.47 |
| $HClO\|Cl^-$ | $HClO + H^+ + 2e^- \rightleftharpoons Cl^- + H_2O$ | 1.482 |
| $BrO_3^-\|Br_2$ | $BrO_3^- + 6H^+ + 5e^- \rightleftharpoons \frac{1}{2}Br_2 + 3H_2O$ | 1.482 |
| $Au^{3+}\|Au$ | $Au^{3+} + 3e^- \rightleftharpoons Au$ | 1.498 |
| $MnO_4^-\|Mn^{2+}$ | $MnO_4^- + 8H^+ + 5e^- \rightleftharpoons Mn^{2+} + 4H_2O$ | 1.507 |
| $Mn^{3+}\|Mn^{2+}$ | $Mn^{3+} + e^- \rightleftharpoons Mn^{2+}$ | 1.5415 |
| $HClO_2\|Cl^-$ | $HClO_2 + 3H^+ + 4e^- \rightleftharpoons Cl^- + 2H_2O$ | 1.57 |
| $HBrO\|Br_2(aq)$ | $HBrO + H^+ + e^- \rightleftharpoons \frac{1}{2}Br_2(aq) + H_2O$ | 1.574 |
| $NO\|N_2O$ | $2NO + 2H^+ + 2e^- \rightleftharpoons N_2O + H_2O$ | 1.591 |
| $H_5IO_6\|IO_3^-$ | $H_5IO_6 + H^+ + 2e^- \rightleftharpoons IO_3^- + 3H_2O$ | 1.601 |
| $HClO\|Cl_2$ | $HClO + H^+ + e^- \rightleftharpoons \frac{1}{2}Cl_2 + H_2O$ | 1.611 |
| $HClO_2\|HClO$ | $HClO_2 + 2H^+ + 2e^- \rightleftharpoons HClO + H_2O$ | 1.645 |
| $NiO_2\|Ni^{2+}$ | $NiO_2 + 4H^+ + 2e^- \rightleftharpoons Ni^{2+} + 2H_2O$ | 1.678 |
| $MnO_4^-\|MnO_2$ | $MnO_4^- + 4H^+ + 3e^- \rightleftharpoons MnO_2 + 2H_2O$ | 1.679 |
| $PbO_2\|PbSO_4$ | $PbO_2 + SO_4^{2-} + 4H^+ + 2e^- \rightleftharpoons PbSO_4 + 2H_2O$ | 1.6913 |
| $Au^+\|Au$ | $Au^+ + e^- \rightleftharpoons Au$ | 1.692 |
| $Ce^{4+}\|Ce^{3+}$ | $Ce^{4+} + e^- \rightleftharpoons Ce^{3+}$ | 1.72 |
| $N_2O\|N_2$ | $N_2O + 2H^+ + 2e^- \rightleftharpoons N_2 + H_2O$ | 1.766 |
| $H_2O_2\|H_2O$ | $H_2O_2 + 2H^+ + 2e^- \rightleftharpoons 2H_2O$ | 1.776 |
| $Co^{3+}\|Co^{2+}$ | $Co^{3+} + e^- \rightleftharpoons Co^{2+}$ (2 mol·L$^{-1}$ H$_2$SO$_4$) | 1.83 |
| $Ag^{2+}\|Ag^+$ | $Ag^{2+} + e^- \rightleftharpoons Ag^+$ | 1.98 |
| $S_2O_8^{2-}\|SO_4^{2-}$ | $S_2O_8^{2-} + 2e^- \rightleftharpoons 2SO_4^{2-}$ | 2.01 |
| $O_3\|O_2$ | $O_3 + 2H^+ + 2e^- \rightleftharpoons O_2 + H_2O$ | 2.076 |
| $F_2O\|F^-$ | $F_2O + 2H^+ + 4e^- \rightleftharpoons H_2O + 2F^-$ | 2.153 |
| $FeO_4^{2-}\|Fe^{3+}$ | $FeO_4^{2-} + 8H^+ + 3e^- \rightleftharpoons Fe^{3+} + 4H_2O$ | 2.2 |
| $O(g)\|H_2O$ | $O(g) + 2H^+ + 2e^- \rightleftharpoons H_2O$ | 2.421 |
| $F_2\|F^-$ | $F_2 + 2e^- \rightleftharpoons 2F^-$ | 2.866 |
| $F_2\|HF$ | $F_2 + 2H^+ + 2e^- \rightleftharpoons 2HF$ | 3.053 |

**电对的标准电极电势** ($p^{\ominus}=100\text{kPa}$，25℃，碱性水溶液)

| 电极 | 电极反应 | $E^{\ominus}/\text{V}$ |
|---|---|---|
| $Ca(OH)_2\|Ca$ | $Ca(OH)_2+2e^- \rightleftharpoons Ca+2OH^-$ | $-3.02$ |
| $Ba(OH)_2\|Ba$ | $Ba(OH)_2+2e^- \rightleftharpoons Ba+2OH^-$ | $-2.99$ |
| $La(OH)_3\|La$ | $La(OH)_3+3e^- \rightleftharpoons La+3OH^-$ | $-2.9$ |
| $Sr(OH)_2\cdot 8H_2O\|Sr$ | $Sr(OH)_2\cdot 8H_2O+2e^- \rightleftharpoons Sr+2OH^-+8H_2O$ | $-2.88$ |
| $Mg(OH)_2\|Mg$ | $Mg(OH)_2+2e^- \rightleftharpoons Mg+2OH^-$ | $-2.69$ |
| $Be_2O_3^{2-}\|Be$ | $Be_2O_3^{2-}+3H_2O+4e^- \rightleftharpoons 2Be+6OH^-$ | $-2.63$ |
| $HfO(OH)_2\|Hf$ | $HfO(OH)_2+H_2O+4e^- \rightleftharpoons Hf+4OH^-$ | $-2.5$ |
| $H_2ZrO_3\|Zr$ | $H_2ZrO_3+H_2O+4e^- \rightleftharpoons Zr+4OH^-$ | $-2.36$ |
| $H_2AlO_3^-\|Al$ | $H_2AlO_3^-+H_2O+3e^- \rightleftharpoons Al+4OH^-$ | $-2.33$ |
| $H_2PO_2^-\|P$ | $H_2PO_2^-+e^- \rightleftharpoons P+2OH^-$ | $-1.82$ |
| $H_2BO_3^-\|B$ | $H_2BO_3^-+H_2O+3e^- \rightleftharpoons B+4OH^-$ | $-1.79$ |
| $HPO_3^{2-}\|P$ | $HPO_3^{2-}+2H_2O+3e^- \rightleftharpoons P+5OH^-$ | $-1.71$ |
| $SiO_3^{2-}\|Si$ | $SiO_3^{2-}+3H_2O+4e^- \rightleftharpoons Si+6OH^-$ | $-1.697$ |
| $HPO_3^{2-}\|H_2PO_2^-$ | $HPO_3^{2-}+2H_2O+2e^- \rightleftharpoons H_2PO_2^-+3OH^-$ | $-1.65$ |
| $Mn(OH)_2\|Mn$ | $Mn(OH)_2+2e^- \rightleftharpoons Mn+2OH^-$ | $-1.56$ |
| $Cr(OH)_3\|Cr$ | $Cr(OH)_3+3e^- \rightleftharpoons Cr+3OH^-$ | $-1.48$ |
| $[Zn(CN)_4]^{2-}\|Zn$ | $[Zn(CN)_4]^{2-}+2e^- \rightleftharpoons Zn+4CN^-$ | $-1.26$ |
| $Zn(OH)_2\|Zn$ | $Zn(OH)_2+2e^- \rightleftharpoons Zn+2OH^-$ | $-1.249$ |
| $H_2GaO_3^-\|Ga$ | $H_2GaO_3^-+H_2O+2e^- \rightleftharpoons Ga+4OH^-$ | $-1.219$ |
| $ZnO_2^{2-}\|Zn$ | $ZnO_2^{2-}+2H_2O+2e^- \rightleftharpoons Zn+4OH^-$ | $-1.215$ |
| $CrO_2^-\|Cr$ | $CrO_2^-+2H_2O+3e^- \rightleftharpoons Cr+4OH^-$ | $-1.20$ |
| $Te\|Te^{2-}$ | $Te+2e^- \rightleftharpoons Te^{2-}$ | $-1.143$ |
| $PO_4^{3-}\|HPO_3^{2-}$ | $PO_4^{3-}+2H_2O+2e^- \rightleftharpoons HPO_3^{2-}+3OH^-$ | $-1.05$ |
| $[Zn(NH_3)_4]^{2+}\|Zn$ | $[Zn(NH_3)_4]^{2+}+2e^- \rightleftharpoons Zn+4NH_3$ | $-1.04$ |
| $WO_4^{2-}\|W$ | $WO_4^{2-}+4H_2O+6e^- \rightleftharpoons W+8OH^-$ | $-1.01$ |
| $HGeO_3^-\|Ge$ | $HGeO_3^-+2H_2O+4e^- \rightleftharpoons Ge+5OH^-$ | $-1.00$ |
| $[Sn(OH)_6]^{2-}\|HSnO_2^-$ | $[Sn(OH)_6]^{2-}+2e^- \rightleftharpoons HSnO_2^-+H_2O+3OH^-$ | $-0.93$ |
| $SO_4^{2-}\|SO_3^{2-}$ | $SO_4^{2-}+H_2O+2e^- \rightleftharpoons SO_3^{2-}+2OH^-$ | $-0.93$ |
| $Se\|Se^{2-}$ | $Se+2e^- \rightleftharpoons Se^{2-}$ | $-0.924$ |
| $HSnO_2^-\|Sn$ | $HSnO_2^-+H_2O+2e^- \rightleftharpoons Sn+3OH^-$ | $-0.909$ |
| $P\|PH_3(g)$ | $P+3H_2O+3e^- \rightleftharpoons PH_3(g)+3OH^-$ | $-0.87$ |
| $2NO_3^-\|N_2O_4$ | $2NO_3^-+2H_2O+2e^- \rightleftharpoons N_2O_4+4OH^-$ | $-0.85$ |
| $Cd(OH)_2\|Cd(Hg)$ | $Cd(OH)_2+2e^- \rightleftharpoons Cd(Hg)+2OH^-$ | $-0.809$ |
| $2H_2O\|H_2$ | $2H_2O+2e^- \rightleftharpoons H_2+2OH^-$ | $-0.8277$ |
| $Co(OH)_2\|Co$ | $Co(OH)_2+2e^- \rightleftharpoons Co+2OH^-$ | $-0.73$ |
| $Ni(OH)_2\|Ni$ | $Ni(OH)_2+2e^- \rightleftharpoons Ni+2OH^-$ | $-0.72$ |
| $AsO_4^{3-}\|AsO_2^-$ | $AsO_4^{3-}+2H_2O+2e^- \rightleftharpoons AsO_2^-+4OH^-$ | $-0.71$ |

续表

| 电极 | 电极反应 | $E^{\ominus}/V$ |
|---|---|---|
| $Ag_2S\vert Ag$ | $Ag_2S+2e^- \rightleftharpoons 2Ag+S^{2-}$ | $-0.691$ |
| $AsO_2^-\vert As$ | $AsO_2^-+2H_2O+3e^- \rightleftharpoons As+4OH^-$ | $-0.68$ |
| $SbO_2^-\vert Sb$ | $SbO_2^-+2H_2O+3e^- \rightleftharpoons Sb+4OH^-$ | $-0.66$ |
| $ReO_4^-\vert ReO_2$ | $ReO_4^-+2H_2O+3e^- \rightleftharpoons ReO_2+4OH^-$ | $-0.59$ |
| $SbO_3^-\vert SbO_2^-$ | $SbO_3^-+H_2O+2e^- \rightleftharpoons SbO_2^-+2OH^-$ | $-0.59$ |
| $ReO_4^-\vert Re$ | $ReO_4^-+4H_2O+7e^- \rightleftharpoons Re+8OH^-$ | $-0.584$ |
| $2SO_3^{2-}\vert S_2O_3^{2-}$ | $2SO_3^{2-}+3H_2O+4e^- \rightleftharpoons S_2O_3^{2-}+6OH^-$ | $-0.58$ |
| $TeO_3^{2-}\vert Te$ | $TeO_3^{2-}+3H_2O+4e^- \rightleftharpoons Te+6OH^-$ | $-0.57$ |
| $Fe(OH)_3\vert Fe(OH)_2$ | $Fe(OH)_3+e^- \rightleftharpoons Fe(OH)_2+OH^-$ | $-0.56$ |
| $S\vert S^{2-}$ | $S+2e^- \rightleftharpoons S^{2-}$ | $-0.4763$ |
| $Bi_2O_3\vert Bi$ | $Bi_2O_3+3H_2O+6e^- \rightleftharpoons 2Bi+6OH^-$ | $-0.46$ |
| $NO_2^-\vert NO$ | $NO_2^-+H_2O+e^- \rightleftharpoons NO+2OH^-$ | $-0.46$ |
| $[Co(NH_3)_6]^{2+}\vert Co$ | $[Co(NH_3)_6]^{2+}+2e^- \rightleftharpoons Co+6NH_3$ | $-0.422$ |
| $SeO_3^{2-}\vert Se$ | $SeO_3^{2-}+3H_2O+4e^- \rightleftharpoons Se+6OH^-$ | $-0.366$ |
| $Cu_2O\vert Cu$ | $Cu_2O+H_2O+2e^- \rightleftharpoons 2Cu+2OH^-$ | $-0.36$ |
| $Tl(OH)\vert Tl$ | $Tl(OH)+e^- \rightleftharpoons Tl+OH^-$ | $-0.34$ |
| $[Ag(CN)_2]^-\vert Ag$ | $[Ag(CN)_2]^-+e^- \rightleftharpoons Ag+2CN^-$ | $-0.31$ |
| $Cu(OH)_2\vert Cu$ | $Cu(OH)_2+2e^- \rightleftharpoons Cu+2OH^-$ | $-0.222$ |
| $CrO_4^{2-}\vert Cr(OH)_3$ | $CrO_4^{2-}+4H_2O+3e^- \rightleftharpoons Cr(OH)_3+5OH^-$ | $-0.13$ |
| $[Cu(NH_3)_2]^+\vert Cu$ | $[Cu(NH_3)_2]^++e^- \rightleftharpoons Cu+2NH_3$ | $-0.12$ |
| $O_2\vert HO_2^-$ | $O_2+H_2O+2e^- \rightleftharpoons HO_2^-+OH^-$ | $-0.076$ |
| $AgCN\vert Ag$ | $AgCN+e^- \rightleftharpoons Ag+CN^-$ | $-0.017$ |
| $NO_3^-\vert NO_2^-$ | $NO_3^-+H_2O+2e^- \rightleftharpoons NO_2^-+2OH^-$ | $0.01$ |
| $SeO_4^{2-}\vert SeO_3^{2-}$ | $SeO_4^{2-}+H_2O+2e^- \rightleftharpoons SeO_3^{2-}+2OH^-$ | $0.05$ |
| $Pd(OH)_2/Pd$ | $Pd(OH)_2+2e^- \rightleftharpoons Pd+2OH^-$ | $0.07$ |
| $S_4O_6^{2-}\vert S_2O_3^{2-}$ | $S_4O_6^{2-}+2e^- \rightleftharpoons 2S_2O_3^{2-}$ | $0.08$ |
| $HgO\vert Hg$ | $HgO+H_2O+2e^- \rightleftharpoons Hg+2OH^-$ | $0.0977$ |
| $[Co(NH_3)_6]^{3+}\vert [Co(NH_3)_6]^{2+}$ | $[Co(NH_3)_6]^{3+}+e^- \rightleftharpoons [Co(NH_3)_6]^{2+}$ | $0.108$ |
| $Pt(OH)_2\vert Pt$ | $Pt(OH)_2+2e^- \rightleftharpoons Pt+2OH^-$ | $0.14$ |
| $Co(OH)_3\vert Co(OH)_2$ | $Co(OH)_3+e^- \rightleftharpoons Co(OH)_2+OH^-$ | $0.17$ |
| $PbO_2\vert PbO$ | $PbO_2+H_2O+2e^- \rightleftharpoons PbO+2OH^-$ | $0.247$ |
| $IO_3^-\vert I^-$ | $IO_3^-+3H_2O+6e^- \rightleftharpoons I^-+6OH^-$ | $0.26$ |
| $ClO_3^-\vert ClO_2^-$ | $ClO_3^-+H_2O+2e^- \rightleftharpoons ClO_2^-+2OH^-$ | $0.33$ |
| $Ag_2O\vert Ag$ | $Ag_2O+H_2O+2e^- \rightleftharpoons 2Ag+2OH^-$ | $0.342$ |
| $[Fe(CN)_6]^{3-}\vert [Fe(CN)_6]^{4-}$ | $[Fe(CN)_6]^{3-}+e^- \rightleftharpoons [Fe(CN)_6]^{4-}$ | $0.358$ |
| $ClO_4^-\vert ClO_3^-$ | $ClO_4^-+H_2O+2e^- \rightleftharpoons ClO_3^-+2OH^-$ | $0.36$ |
| $[Ag(NH_3)_2]^+\vert Ag$ | $[Ag(NH_3)_2]^++e^- \rightleftharpoons Ag+2NH_3$ | $0.373$ |

续表

| 电极 | 电极反应 | $E^{\ominus}/V$ |
|---|---|---|
| $O_2 \mid OH^-$ | $O_2 + 2H_2O + 4e^- \rightleftharpoons 4OH^-$ | 0.401 |
| $IO^- \mid I^-$ | $IO^- + H_2O + 2e^- \rightleftharpoons I^- + 2OH^-$ | 0.485 |
| $NiO_2 \mid Ni(OH)_2$ | $NiO_2 + 2H_2O + 2e^- \rightleftharpoons Ni(OH)_2 + 2OH^-$ | 0.49 |
| $MnO_4^- \mid MnO_4^{2-}$ | $MnO_4^- + e^- \rightleftharpoons MnO_4^{2-}$ | 0.558 |
| $MnO_4^- \mid MnO_2$ | $MnO_4^- + 2H_2O + 3e^- \rightleftharpoons MnO_2 + 4OH^-$ | 0.595 |
| $MnO_4^{2-} \mid MnO_2$ | $MnO_4^{2-} + 2H_2O + 2e^- \rightleftharpoons MnO_2 + 4OH^-$ | 0.6 |
| $AgO \mid Ag_2O$ | $2AgO + H_2O + 2e^- \rightleftharpoons Ag_2O + 2OH^-$ | 0.607 |
| $BrO_3^- \mid Br^-$ | $BrO_3^- + 3H_2O + 6e^- \rightleftharpoons Br^- + 6OH^-$ | 0.61 |
| $ClO_3^- \mid Cl^-$ | $ClO_3^- + 3H_2O + 6e^- \rightleftharpoons Cl^- + 6OH^-$ | 0.62 |
| $ClO_2^- \mid ClO^-$ | $ClO_2^- + H_2O + 2e^- \rightleftharpoons ClO^- + 2OH^-$ | 0.66 |
| $H_3IO_6^{2-} \mid IO_3^-$ | $H_3IO_6^{2-} + 2e^- \rightleftharpoons IO_3^- + 3OH^-$ | 0.70 |
| $ClO_2^- \mid Cl^-$ | $ClO_2^- + 2H_2O + 4e^- \rightleftharpoons Cl^- + 4OH^-$ | 0.76 |
| $BrO^- \mid Br^-$ | $BrO^- + H_2O + 2e^- \rightleftharpoons Br^- + 2OH^-$ | 0.761 |
| $ClO^- \mid Cl^-$ | $ClO^- + H_2O + 2e^- \rightleftharpoons Cl^- + 2OH^-$ | 0.841 |
| $ClO_2(g) \mid ClO_2^-$ | $ClO_2(g) + e^- \rightleftharpoons ClO_2^-$ | 0.95 |
| $O_3 \mid O_2$ | $O_3 + H_2O + 2e^- \rightleftharpoons O_2 + 2OH^-$ | 1.24 |

## 参 考 文 献

[1] 傅献彩，沈文霞，姚天扬. 物理化学（上下册）. 第5版. 北京：高等教育出版社. 2006.
[2] 天津大学物理化学教研组. 物理化学（上下册）. 第5版. 北京：高等教育出版社. 2009.
[3] 胡英. 物理化学（上下册）. 第6版. 北京：高等教育出版社. 2014.
[4] 印永嘉，奚正楷，张树永. 物理化学简明教程. 第4版. 北京：高等教育出版社. 2008.
[5] 朱志昂，阮文娟. 物理化学. 第5版. 北京：科学出版社. 2016.
[6] 莫凤奎. 物理化学. 第2版. 北京：中国医药科技出版社. 2009.
[7] 周鲁. 物理化学教程. 第3版. 北京：科学出版社. 2016.
[8] 何杰. 物理化学. 北京：化学工业出版社. 2012.
[9] 李元高. 物理化学. 上海：复旦大学出版社. 2013.
[10] 苏克和，胡小玲. 物理化学. 西安：西北工业大学出版社. 2004.
[11] 何玉萼，袁永明，薛英. 物理化学（上下册）. 北京：化学工业出版社. 2006.
[12] 朱文涛. 基础物理化学（上下册）. 北京：清华大学出版社. 2011.
[13] 孙世刚. 物理化学（上下册）. 厦门：厦门大学出版社. 2013.
[14] 林树坤. 物理化学. 武汉：华中科技大学出版社. 2016.
[15] 王明德. 物理化学. 第2版. 北京：化学工业出版社. 2015.
[16] 南京大学化学系，等. 物理化学词典. 北京：科学出版社. 1988.
[17] Peter Atkins；Julio de Paula. Physical Chemistry, 9th ed. Oxford：Oxford University Press. 2014.